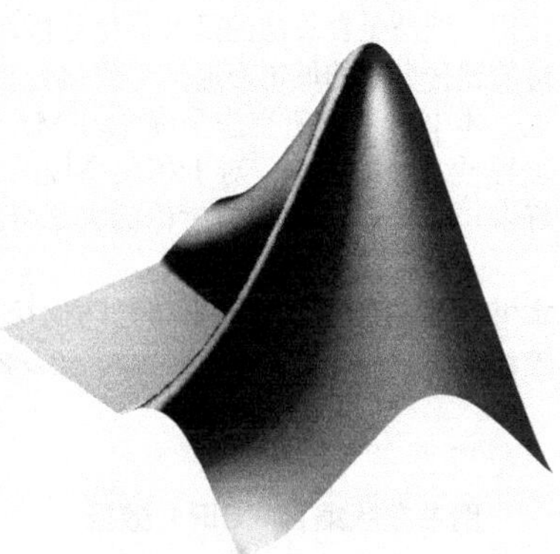

MATLAB
优化算法案例分析与应用
（进阶篇）

余胜威　编著

清华大学出版社
北　京

内 容 简 介

本书全面、系统、深入地介绍了 MATLAB 算法及案例应用。书中结合算法分析的理论和流程，详解了大量的工程案例及其具体的代码实现，让读者可以深入学习和掌握各种算法在相关领域中的具体应用。

本书共分两篇。第 1 篇为 MATLAB 常用算法应用设计，包括贝叶斯分类器的数据处理、背景差分的运动目标检测、小波变换的图像压缩、BP 的模型优化预测、RLS 算法的数据预测、GA 优化的 BP 网络算法分析、分形维数应用、碳排放约束下的煤炭消费量优化预测、焊缝边缘检测算法对比分析、指纹图像细节特征提取、多元回归模型的矿井通风量计算、非线性多混合拟合模型的植被过滤带计算、伊藤微分方程的布朗运动分析、Q 学习的无线体域网路由方法和遗传算法的公交排班系统分析。第 2 篇为 MATLAB 高级算法应用设计，包括人脸检测识别、改进的多算子融合图像识别系统设计、罚函数的粒子群算法的函数寻优、车载自组织网络中路边性能及防碰撞算法研究、免疫算法的数值逼近优化分析、启发式算法的函数优化分析、一级倒立摆变结构控制系统设计与仿真研究、蚁群算法的函数优化分析、引力搜索算法的函数优化分析、细菌觅食算法的函数优化分析、匈牙利算法的指派问题优化分析、人工蜂群算法的函数优化分析、改进的遗传算法的城市交通信号优化分析、差分进化算法的函数优化分析和鱼群算法的函数优化分析。

本书既适合所有想全面学习 MATALB 算法开发的人员阅读，也适合各种使用 MATALB 进行开发的工程技术人员阅读。对于相关高校的教学与研究，本书也是不可或缺的参考书。另外，对于 MATLAB 爱好者，本书也对网络上讨论的大部分疑难问题给出了解答，值得一读。

图书在版编目（CIP）数据

MATLAB 优化算法案例分析与应用：进阶篇 / 余胜威编著. —北京：清华大学出版社，2015 (2024. 3 重印)
ISBN 978-7-302-39701-4

Ⅰ. ①M… Ⅱ. ①余… Ⅲ. ①Matlab 软件-应用-最优化算法 Ⅳ. ①O242.23

中国版本图书馆 CIP 数据核字（2015）第 061952 号

责任编辑：杨如林
封面设计：欧振旭
责任校对：胡伟民
责任印制：曹婉颖

出版发行：清华大学出版社
网　　址：https://www.tup.com.cn, https://www.wqxuetang.com
地　　址：北京清华大学学研大厦 A 座　　邮　　编：100084
社 总 机：010-83470000　　邮　　购：010-62786544
投稿与读者服务：010-62776969，c-service@tup.tsinghua.edu.cn
质 量 反 馈：010-62772015，zhiliang@tup.tsinghua.edu.cn
印 装 者：三河市龙大印装有限公司
经　　销：全国新华书店
开　　本：185mm×260mm　　印　　张：34.75　　字　　数：910 千字
版　　次：2015 年 6 月第 1 版　　印　　次：2024 年 3 月第 8 次印刷
定　　价：79.80 元

产品编号：063390-01

在线交流，有问有答

全球知名的 MATLAB&Simulink 技术交流社区——MATLAB 中文论坛联合本书作者和编辑，一起为您提供与本书相关的问题解答和 MATLAB 技术支持服务，让您获得极佳的阅读体验。请登录 MATLAB 中文论坛，提出您在阅读本书时产生的疑问，作者将尽力为您解答。您对本书的任何建议也可以在论坛上发帖，以便于我们后续改进。您的建议将是我们创造精品的最大动力和源泉。另外，您也可以在 MATLAB 中文论坛的本书页面上下载本书源程序和教学 PPT 等资源。

“在线交流，有问有答”网络互动参与步骤如下：

（1）在 MATLAB 中文论坛 www.iLoveMatlab.cn 上注册一个会员账号并登录。

（2）在论坛上找到“MATLAB 读书频道：与作者面对面交流”版块，并找到到本书，如图 1 所示。

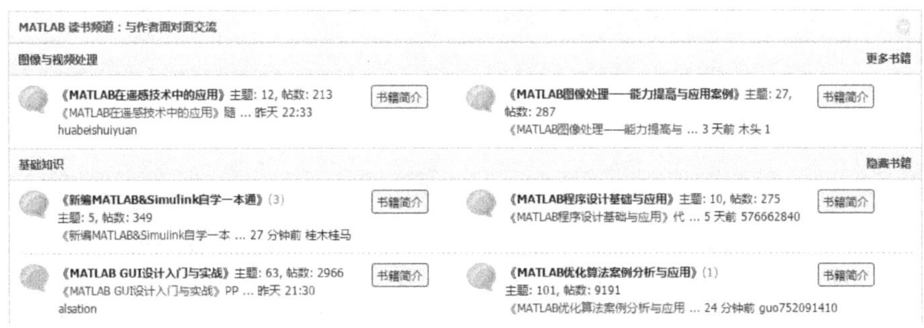

图 1 “MATLAB 读书频道：与作者面对面交流”版块

（3）单击本书链接进入本书版块，即可发帖提问，与作者交流。您也可以在该版块上下载本书配套源程序和教学 PPT，还可以查看本书的相关勘误信息，如图 2 所示。

图 2 本书“在线交流，有问有答”版块

前　　言

为了能更有效地解决工业生产过程中大量存在的优化问题，自 20 世纪 80 年代以来，涌现出了很多智能优化算法。它们通过模拟某一自然现象或过程而发展起来，为解决复杂系统的优化问题提供了新的思路和手段，自诞生就引起了国内外学者的广泛关注，并被应用于许多领域。MATLAB 作为一款科学计算软件被广大的科研人员所热爱，其强大的数据计算功能、图像的可视化界面及代码的可移植性受到了科研人员及高校师生的认可。借助 MATLAB 进行算法开发，能够解决几乎所有的工程问题。

目前市场上出版的同类书籍大多数缺少理论和背景分析，还有一些书中的代码使用了伪代码，这导致读者面对自己的课题不知道如何应用，或者是根本没法应用这些代码。为了让读者能更好地学习 MATLAB 优化算法，笔者编写并出版了《MATLAB 优化算法案例分析与应用》（清华大学出版社，2014 年 9 月第 1 版）。该书上市后深受读者欢迎，但因篇幅所限，也无法将所有常见的 MATLAB 算法都讲解到。为了让读者更加全面地学习 MATLAB 算法应用，笔者在该书的基础上重新编写了“进阶篇”。两本书中所涉及的算法在算法种类上形成了互补，读者可以通过这两本书更好及更完整地阅读相关领域的全套算法，从而丰富自己的 MATLAB 算法应用。

本书中的算法案例针对具体的工程背景，采用不同的算法对所涉及的案例用 MATLAB 进行求解，让读者能真正理解算法的本质，从而更好地将其应用到实际工程和科学研究中。本书以智能算法应用为主，以分析工程案例为辅，做到了理论和算法相结合，并详细讲解其思路和设计步骤，向读者展示了如何运用 MATLAB 进行算法开发和设计。

对算法熟悉的读者也许会注意到，一种高级算法总是和函数优化分析相结合。因为所有的工程问题归根结底都转化为函数问题，所以算法和函数优化结合的案例分析是 MATLAB 算法学习中最通用的剖析方法，也是 MATLAB 算法学习的精华。希望广大读者能够很好地掌握。

本书特色

1．提供“在线交流，有问必答”网络互动答疑服务

国内最大的 MATLAB&Simulink 技术交流平台——MATLAB 中文论坛（www.iLoveMatlab.cn）联合本书作者和编辑，一起为您提供与本书相关的问题解答和 MATLAB 技术支持服务，让您获得最佳的阅读体验。具体参与方式请详细阅读本书封底的说明。

2．内容讲解不枯燥

本书结合相关算法理论和实践案例，抽出和算法相关的理论作为支撑，通过求解流程以及算法迭代过程，让读者容易理解并且掌握。书中的案例大多数是针对具体的工程应用和研究，阅读起来不枯燥。

3．内容丰富和深入，覆盖面极广

相比笔者之前出版的《MATLAB 优化算法案例分析与应用》一书，本书内容更加丰富，涵盖面更加广泛，而且内容更加深入。本书基本包括了所有常见的 MATLAB 优化算法及应用，包括贝叶斯分类器、期望最大化算法、K 最近邻密度估计、朴素贝叶斯分类器、背景差分法、小波变换、BP 网络、递归最小二乘（RLS）算法、GA 优化的 BP 网络算法、分形盒维数、带约束的非线性目标优化、边缘检测算法、人脸检测、改进的图像边缘检测算法、指纹图形去伪算法、多元回归算法、DW 检验、非线性多混合函数拟合模型、伊藤微分方程、布朗运动、无线体域网路由方法、罚函数的粒子群算法、遗传算法、图像识别、车载自组织网络、免疫算法、启发式搜索算法、倒立摆变结构控制系统设计、蚁群算法、万有引力搜索算法、细菌觅食算法、匈牙利算法、人工蜂群算法、改进的遗传算法、差分进化算法和鱼群算法等。针对分类、预测、优化和控制系统问题，本书采用不同的算法进行设计，即便初学者通过阅读本书也可以开发出适用于自己问题的程序。

4．循序渐进，由浅入深

本书从算法原理与求解流程出发，辅以 MATLAB 程序验证，通过算法代码可以直观地理解算法原理中所涉及的公式，从而引导读者去认识和掌握群智能算法的思想。

5．大量真实案例，随学随用

本书是一本注重实践的书。因此，有大量的篇幅用在了真实的 MATLAB 算法解决具体案例中。本书在偏重于群智能算法讲解，如蚁群算法、遗传算法、差分进化算法、蜂群算法和细菌觅食算法等，通过函数优化分析，采用不同的算法通过寻优求解，读者可以从这些实例中更加深刻的理解，同时，只需要稍加修改这些案列，即可用于读者正在应用的项目或课题上去，从而实现问题的求解。

6．语言通俗易懂，讲解图文并茂

本书用通俗易懂的语言讲解各个知识点和算法案例，而且在讲解过程中提供了大量的图示帮助读者直观地理解所学知识。所以无论是新手，还是有一定基础的读者，都能顺利地阅读本书，从而提高自己的算法水平。

本书内容

第1篇　MATLAB常用算法应用设计（第1~16章）

本篇介绍了 MATLAB 的常用算法，包括贝叶斯分类器、期望最大化算法、K 最近邻密度估计、朴素贝叶斯分类器、背景差分法、小波变换、BP 网络、递归最小二乘（RLS）算法、GA 优化的 BP 网络算法、分形盒维数、带约束的非线性目标优化、边缘检测算法、人脸检测、改进的图像边缘检测算法、指纹图形去伪算法、多元回归算法、DW 检验、非线性多混合函数拟合模型、伊藤微分方程和布朗运动等案例。通过该类较为常用的算法引入，读者可以应用这些案例解决一些常见问题，如图像检测、函数优化预测、拟合回归和分类等模型。通过对这些内容的学习，也为第 2 篇的学习打下了坚实的算法基础。

第2篇　MATLAB高级算法应用设计（第17~30章）

本篇涉及面较广，而且内容较为深入，主要介绍了罚函数的粒子群算法、遗传算法、图像识别、车载自组织网络、免疫算法、启发式搜索算法、倒立摆变结构控制系统设计、蚁群算法、万有引力搜索算法、细菌觅食算法、匈牙利算法、人工蜂群算法、改进的遗传算法、差分进化算法和鱼群算法等案例。通过这些算法案例分析，并结合算法理论和程序代码，能真正适应广大科研人员和高校师生的需要。通过学习本篇的 MATALB 高级算法应用，可以让读者向更广泛、更具体和更多的应用发展，可以让读者真正掌握算法核心，设计和开发出符合要求的可移植性代码。

本书读者对象

- MATALB 算法初学者；
- MATLAB 算法爱好者；
- MATLAB 算法研究者；
- MATLAB 开发人员；
- MATLAB 爱好者；
- MATALB 相关从业人员；
- 算法开发从业人员；
- 刚入职的初中级程序员；
- 大中专院校的学生；
- 相关培训学校的学员。

本书配套资源获取方式

本书涉及的源程序及教学 PPT 需要读者自行下载。请登录 MATLAB 中文论坛 www.iLoveMatlab.cn，然后在论坛的“MATLAB 读书频道：与作者面对面交流”版块上找到本书页面后下载。读者也可以到清华大学出版社的网站上（www.tup.com.cn）搜索到本书页面，然后按照提示下载。

阅读建议

- 算法初学者建议先阅读《MATLAB 优化算法案例分析与应用》一书，然后再阅读本书，效果更好；

- 对算法有一定了解和研究的读者可以根据自己的实际情况安排阅读计划；
- 经常到 MATLAB 中文论坛上逛逛，阅读相关技术帖子，也是很好的提高方式；
- 每个案例都要亲手实践，并思考是否可以用于自己的工程项目或者研究中。

本书作者

本书由余胜威主笔编写。其他参与编写的人员有李小妹、周晨、桂凤林、李然、李莹、李玉青、倪欣欣、魏健蓝、夏雨晴、萧万安、余慧利、袁欢、占俊、周艳梅、杨松梅、余月、张广龙、张亮、张晓辉、张雪华、赵海波、赵伟、周成、朱森。

笔者结合自己在西南交通大学学习期间掌握的各类算法及出于对 MATLAB 的爱好，通过参阅大量的相关资料，精心准确，写作了本书。由于算法研究的复杂性，笔者的写作也需要借鉴前辈的一些研究成果才能做得更好，所以本书写作的过程中笔者也参考了一些自己平时积累的参考资料，部分资料可能来自于前辈们的著作。在此向这些前辈们表示深深的敬意和感谢！由于无法联系到原作者，所以写作时也无法一一征求意见。如果有不当之处，请联系笔者或者本书编辑。

阅读本书的过程中若有疑问，可以在 MATLAB 中文论坛的本书交流版块提问，也可以发邮件到 bookservice2008@163.com，我们会及时答复。

编著者

于成都

目　　录

第 1 篇　MATLAB 常用算法应用设计

第 1 篇　MATLAB 常用算法应用设计

⏭　第 1 章　基于贝叶斯分类器的数据处理与 MATLAB 实现
⏭　第 2 章　基于背景差分的运动目标检测与 MATLAB 实现
⏭　第 3 章　基于小波变换的图像压缩与 MATLAB 实现
⏭　第 4 章　基于 BP 的模型优化预测与 MATLAB 实现
⏭　第 5 章　基于 RLS 算法的数据预测与 MATLAB 实现
⏭　第 6 章　基于 GA 优化的 BP 网络算法分析与 MATLAB 实现
⏭　第 7 章　分形维数应用与 MATLAB 实现
⏭　第 8 章　碳排放约束下的煤炭消费量优化预测
⏭　第 9 章　焊缝边缘检测算法对比分析与 MATLAB 实现
⏭　第 10 章　指纹图像细节特征提取与 MATLAB 实现
⏭　第 11 章　基于多元回归模型的矿井通风量计算
⏭　第 12 章　基于非线性多混合拟合模型的植被过滤带计算
⏭　第 13 章　基于伊藤微分方程的布朗运动分析
⏭　第 14 章　基于 Q 学习的无线体域网路由方法
⏭　第 15 章　基于遗传算法的公交排班系统分析
⏭　第 16 章　人脸检测识别与 MATLAB 实现

第 1 章　基于贝叶斯分类器的数据处理与 MATLAB 实现

贝叶斯分类器的分类原理是通过某对象的先验概率，利用贝叶斯公式计算出其后验概率，即该对象属于某一类的概率，选择具有最大后验概率的类作为该对象所属的类。也就是说，贝叶斯分类器是最小错误率意义上的优化。目前研究较多的贝叶斯分类器主要有四种，分别是：Naive Bayes、TAN、BAN 和 GBN。本章的主要内容是结合贝叶斯分类器设计进行数据的分类处理以及采用 MATLAB 软件如何进行贝叶斯分类器设计等。

学习目标：

（1）学习和掌握贝叶斯分类器的原理方法；

（2）学习和掌握利用 MATLAB 进行贝叶斯分类器设计；

（3）学习和掌握期望最大化算法、Parzen 窗和 K 最近邻密度估计法等；

（4）学习和掌握朴素贝叶斯分类器法和最近邻分类原则等。

1.1　贝叶斯理论

本节内容主要讨论贝叶斯理论。对于一个分类器而言，我们考虑一个待分类的目标，任务就是将这个目标分类为 c 类。分类数 c 事先作为一个先验值，即已知值。每一个待分类的目标由一组特征值 $x(i)$ 表示，$i=1,2,\cdots,l$，则构成一个 l 维特征向量，$x=\left[x(1),x(2),\cdots,x(l)\right]^T\in R^l$。假设每一个待分类的目标能够由一组简单的特征向量表示，也就是该组特征向量只属于某一类。

考虑 $x=\left[x(1),x(2),\cdots,x(l)\right]^T\in R^l$，分类数为 c，类别表示为 w_i，$i=1,2,\cdots,c$，则贝叶斯理论表示为：

$$P(w_i\mid x)p(x)=p(x\mid w_i)P(w_i) \tag{1.1}$$

其中，

$$p(x)=\sum_{i=1}^{c}p(x\mid w_i)P(w_i)$$

其中 $P(w_i)$ 是一个分类类别 w_i 的先验概率，$i=1,2,\cdots,c$，$P(w_i\mid x)$ 是一个后验概率。$p(x)$ 是一个概率密度分布函数；并且 $p(x\mid w_i)$，$i=1,2,\cdots,c$，表示在分类类别 w_i 下的 x 的类概率密度函数（有时称为关于 x 的 w_i 似然函数）。

我们考虑一个模式识别案例，就目标进行分类。设定 $x\equiv\left[x(1),x(2),\cdots,x(l)\right]^T\in R^l$，分类数为 c，也就是分为 w_1，w_2，…，w_c。

由贝叶斯理论可知，如果 x 分类到 w_i，则满足：

$$P\left(w_i \mid x\right) > P\left(w_j \mid x\right),\quad \forall j \neq i \tag{1.2}$$

或者由式（1.1）可知，假设 $p(x)$ 为正数，则有 x 分类到 w_i，

$$p\left(x \mid w_i\right)P\left(w_i\right) > p\left(x \mid w_j\right)P\left(w_j\right),\quad \forall j \neq i \tag{1.3}$$

注意：贝叶斯分类器是一种基于概率误差最小的优化设计分类器。

1.2　高斯概率密度函数

高斯概率密度函数以其数学的灵活性、易处理性和中心极限定理被广泛应用于模式识别领域。中心极限定理表示大量的随机独立变量分布趋近于高斯分布函数，在实际应用中，只需要产生的随机数数量足够大即可。

多维度高斯概率密度分布函数如下：

$$p(x) = \frac{1}{(2\pi)^{\frac{l}{2}}|S|^{\frac{1}{2}}}\exp\left(-\frac{1}{2}(x-m)^T S^{-1}(x-m)\right) \tag{1.4}$$

其中，$m = E(x)$ 为期望向量，S 为协方差矩阵，$S = E\left[(x-m)(x-m)^T\right]$，$|S|$ 为 S 的行列式。

通常，我们视高斯概率密度分布为正态分布：$N(m,S)$。对于一维数据而言，$x \in R$，式（1.4）变为如下：

$$p(x) = \frac{1}{\sqrt{2\pi}\sigma}\exp\left(-\frac{(x-m)^2}{2\sigma^2}\right)$$

其中，σ^2 为随机变量 x 的方差。

【例 1-1】 如一个高斯概率分布函数 $N(m,S)$，$m = [0,0.1]^T$，$S = \begin{bmatrix} 1 & 0 \\ 1 & 1 \end{bmatrix}$，分别计算关于 $x_1 = [0.12,0.012]^T$，$x_2 = [0.2,-0.3]^T$ 的概率值。

编写 MATLAB 程序如下：

```
clc,clear,close all                       % 清屏、清工作区、关闭窗口
warning off                               % 消除警告
feature jit off                           % 加速代码执行
m=[0.0 0.1]'; S=[1,0;1,1];                % 初始化
x1=[0.12 0.012]'; x2=[0.2 -0.3]';         % 初始化
pg1=comp_gauss_dens_val(m,S,x1)           % 高斯概率密度分布函数计算
pg2=comp_gauss_dens_val(m,S,x2)           % 高斯概率密度分布函数计算
```

其中高斯概率密度函数如下：

```
function [z]=comp_gauss_dens_val(m,S,x)
% 输出：
%    z：在特定点 x 位置处的高斯概率密度估计值
% 输入：
%    m：  列向量，高斯 PDF 中的均值向量
```

```
%   S:  协方差矩阵
%   x:  列向量
[l,c]=size(m);
z=(1/( (2*pi)^(1/2)*det(S)^0.5) )*exp(-0.5*(x-m)'*inv(S)*(x-m));% 高斯函数
```

运行程序输出结果如下：

```
pg1 =
   0.1566
pg2 =
   0.1384
```

由结果可知，$x_1=[0.12,0.012]^T$ 的高斯密度分布概率值为 0.1566，$x_2=[0.2,-0.3]^T$ 的高斯密度分布概率值为 0.1384。

【例 1-2】 考虑一个二维空间，数据隶属于 2 个类别，分别为 w_1 和 w_2，且分别满足高斯概率密度分布 $N(m_1,S_1)$ 和 $N(m_2,S_2)$，其中：

$$m_1=[0.1,1.1]^T,\quad m_2=[1.3,0.2]^T,\quad S_1=S_2=\begin{bmatrix}1&0\\0&1\end{bmatrix}$$

假设 $P(w_1)=P(w_2)=0.5$，待分类 $x=[1.5,1.5]^T$，x 是隶属于 w_1 还是 w_2。

编写 MATLAB 程序如下：

```
clc,clear,close all                         % 清屏、清工作区、关闭窗口
warning off                                 % 消除警告
feature jit off                             % 加速代码执行
P1=0.5;                                     % 初始化
P2=0.5;                                     % 初始化
m1=[0.1 1.1]';                              % 初始化
m2=[1.3 0.2]';                              % 初始化
S=eye(2);                                   % 初始化
x=[1.5 1.5]';                               % 初始化
p1=P1*comp_gauss_dens_val(m1,S,x)           % 高斯概率密度分布函数计算
p2=P2*comp_gauss_dens_val(m2,S,x)           % 高斯概率密度分布函数计算
```

运行程序输出结果如下：

```
p1 =
   0.0276
p2 =
   0.0335
```

由结果可知，待分类 $x=[1.5,1.5]^T$，分类 x 进 w_1 的概率为 0.0276，而分类 x 进 w_2 的概率为 0.0335。因此由贝叶斯分类器可知，$x=[1.5,1.5]^T$ 隶属于类别 w_2。

【例 1-3】 随机产生 1000 个二维数据点，且服从高斯分布 $N(m,S)$，期望 $m=\begin{bmatrix}0\\0\end{bmatrix}$，协方差矩阵为 $S=\begin{bmatrix}\sigma_1^2&\sigma_{12}\\\sigma_{12}&\sigma_2^2\end{bmatrix}$，分别计算下列八种工况。

（1）$\sigma_1^2=\sigma_2^2=2$，$\sigma_{12}=0$；

（2）$\sigma_1^2=\sigma_2^2=0.4$，$\sigma_{12}=0$；

（3）$\sigma_1^2=\sigma_2^2=4$，$\sigma_{12}=0$；

（4）$\sigma_1^2 = 0.4$，$\sigma_2^2 = 4$，$\sigma_{12} = 0$；

（5）$\sigma_1^2 = 4$，$\sigma_2^2 = 0.4$，$\sigma_{12} = 0$；

（6）$\sigma_1^2 = \sigma_2^2 = 2$，$\sigma_{12} = 1.0$；

（7）$\sigma_1^2 = 0.6$，$\sigma_2^2 = 4.0$，$\sigma_{12} = 1.0$；

（8）$\sigma_1^2 = 0.6$，$\sigma_2^2 = 4.0$，$\sigma_{12} = -1.5$。

编写 MATLAB 程序如下：

```
clc,clear,close all                        % 清屏、清工作区、关闭窗口
warning off                                % 消除警告
feature jit off                            % 加速代码执行
% 针对工况（1），产生一个数据集，绘制图形
randn('seed',0);                           % 随机种子
m=[0 0]';                                  % 初始化
S=[2 0;0 2];                               % 初始化
N=1000;                                    % 数据量
X = mvnrnd(m,S,N)';                        % 产生随机数据
% 绘制图形
figure(1), plot(X(1,:),X(2,:),'.');
axis equal                                 % 坐标轴等距
grid on;                                   % 网格化
axis([-5 5 -5 5])                          % 坐标轴范围约束

% 针对工况（2），产生一个数据集，绘制图形
m=[0 0]';                                  % 初始化
S=[0.4 0;0 0.4];                           % 初始化
N=1000;                                    % 初始化
X = mvnrnd(m,S,N)';
figure(2), plot(X(1,:),X(2,:),'.');
axis equal                                 % 坐标轴等距
grid on;                                   % 网格化
axis([-5 5 -5 5])                          % 坐标轴范围约束

% 针对工况（3），产生一个数据集，绘制图形
m=[0 0]';                                  % 初始化
S=[4 0;0 4];                               % 初始化
N=1000;                                    % 数据量
X = mvnrnd(m,S,N)';                        % 产生随机数据
figure(3), plot(X(1,:),X(2,:),'.');
axis equal                                 % 坐标轴等距
grid on;                                   % 网格化
axis([-5 5 -5 5])                          % 坐标轴范围约束

% 针对工况（4），产生一个数据集，绘制图形
m=[0 0]';                                  % 初始化
S=[0.4 0;0 4];                             % 初始化
N=1000;                                    % 数据量
X = mvnrnd(m,S,N)';
figure(4), plot(X(1,:),X(2,:),'.');
axis equal                                 % 坐标轴等距
grid on;                                   % 网格化
axis([-5 5 -5 5])                          % 坐标轴范围约束

% 针对工况（5），产生一个数据集，绘制图形
```

```
m=[0 0]';                                    % 初始化
S=[4 0;0 0.4];                               % 初始化
N=500;                                       % 数据量
X = mvnrnd(m,S,N)';                          % 产生随机数据
figure(5), plot(X(1,:),X(2,:),'.');
axis equal                                   % 坐标轴等距
grid on;                                     % 网格化
axis([-5 5 -5 5])                            % 坐标轴范围约束

% 针对工况（6），产生一个数据集，绘制图形
m=[0 0]';                                    % 初始化
S=[1 0.5;0.5 1];                             % 初始化
N=500;                                       % 数据量
X = mvnrnd(m,S,N)';                          % 产生随机数据
figure(6), plot(X(1,:),X(2,:),'.');% 画图
axis equal                                   % 坐标轴等距
grid on;                                     % 网格化
axis([-5 5 -5 5])                            % 坐标轴范围约束

% 针对工况（7），产生一个数据集，绘制图形
m=[0 0]';                                    % 初始化
S=[0.6 1.0;1.0 4];                           % 初始化
N=500;                                       % 数据量
X = mvnrnd(m,S,N)';
figure(7), plot(X(1,:),X(2,:),'.');% 画图
axis equal                                   % 坐标轴等距
grid on;                                     % 网格化
axis([-5 5 -5 5])                            % 坐标轴范围约束

% 针对工况（8），产生一个数据集，绘制图形
m=[0 0]';                                    % 初始化
S=[0.6 -1.0;-1.0 4];                         % 初始化
N=500;                                       % 数据量
X = mvnrnd(m,S,N)';
figure(8), plot(X(1,:),X(2,:),'.');% 画图
axis equal                                   % 坐标轴等距
grid on;                                     % 网格化
axis([-5 5 -5 5])                            % 坐标轴范围约束
```

运行程序输出结果如图 1-1～图 1-8 所示。

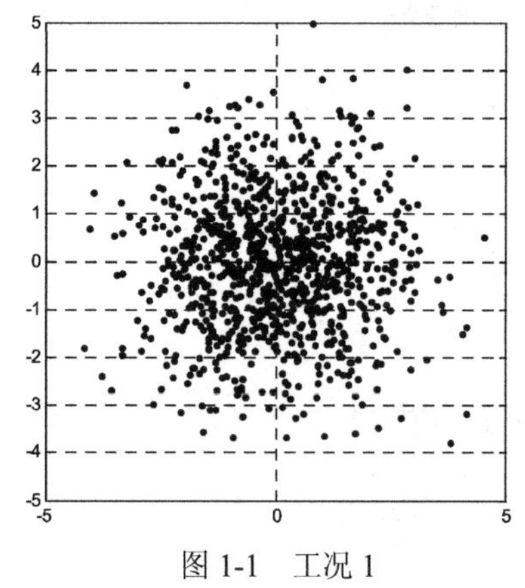

图 1-1　工况 1

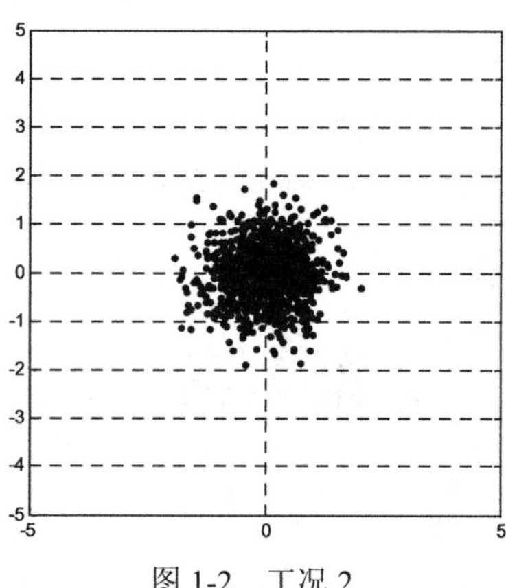

图 1-2　工况 2

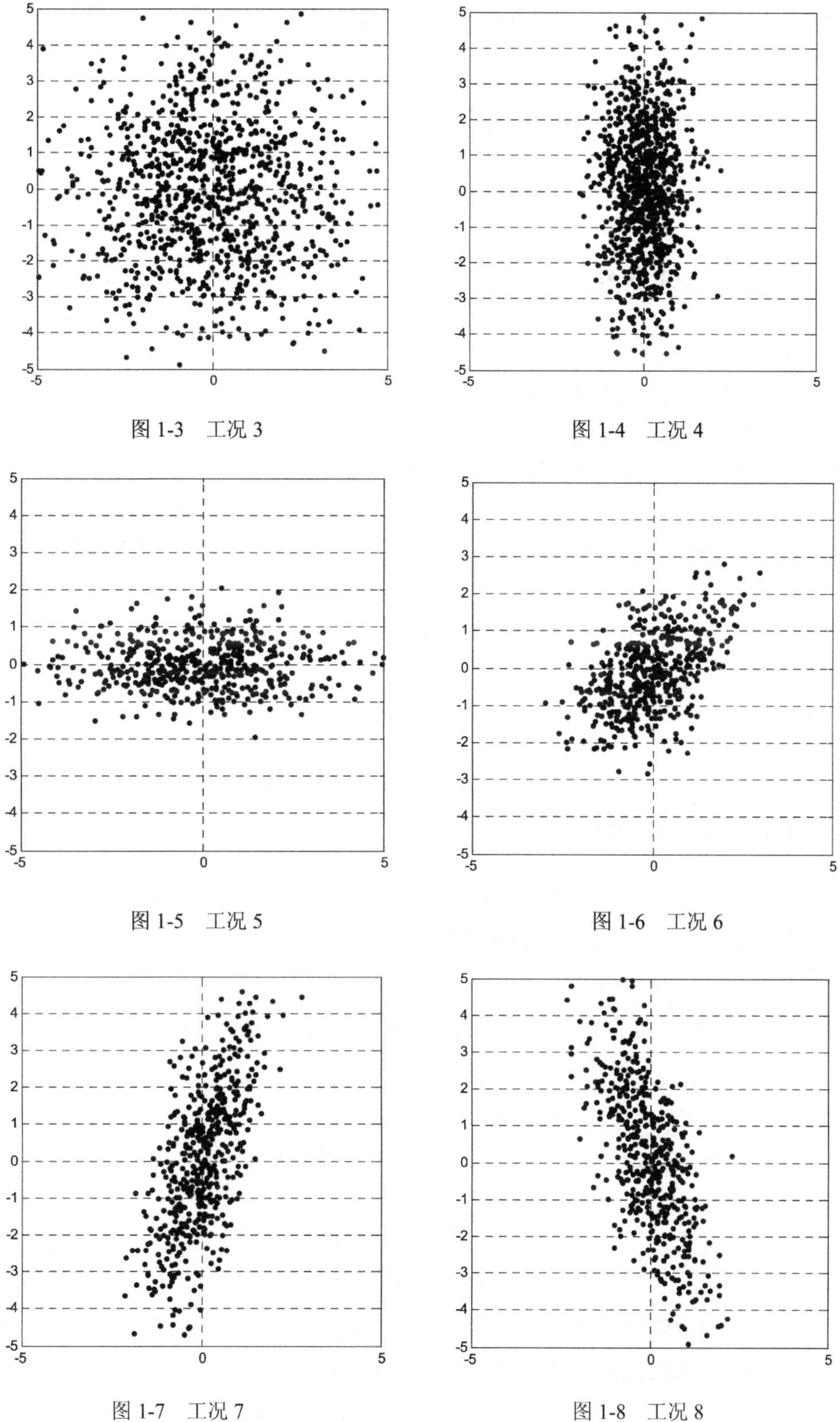

图 1-3 工况 3

图 1-4 工况 4

图 1-5 工况 5

图 1-6 工况 6

图 1-7 工况 7

图 1-8 工况 8

由图 1-1～图 1-8 可知，σ_{12} 主要表现为随机数分布的对称轴旋转的角度，如图 1-7 和

图 1-8 所示。当 $\sigma_1^2 \neq \sigma_2^2$ 时，随机数分布为椭圆分布，谁大谁做为椭圆长半轴，如图 1-4 和图 1-5 所示。

1.3　最小距离分类器

1.3.1　欧氏距离分类器

贝叶斯分类器可由下列假设进行简化处理：

（1）分类类别是等概率事件的；

（2）分类数据服从高斯分布；

（3）对于所有类别而言，协方差矩阵是相同的；

（4）协方差矩阵式对角阵，且对角元素相等，$S=\sigma^2 I$，I 为单位矩阵。

基于以上四条假设，贝叶斯分类器等效于欧氏距离分类器，对于待分类的 x，分类到 w_i 需满足：

$$\|x-m_i\| \equiv \sqrt{(x-m_i)^T (x-m_i)} < \|x-m_j\|，\ \forall i \neq j$$

即使我们觉得上述四个假设不合理，但是由于欧氏距离分类器的简单实用性，因此它常常应用于我们的生活各个案例中。如果待分类的 x 被分配给 w_i，表示 x 离 w_i 有最小欧氏距离。

1.3.2　马氏距离分类器

如果对贝叶斯分类器做前三条假设，也就是去掉“假设（4）协方差矩阵式对角阵，且对角元素相等，$S=\sigma^2 I$，I 为单位矩阵”，那么贝叶斯分类器等价于马氏距离分类器，对于待分类的 x，分类到 w_i 需满足：

$$\sqrt{(x-m_i)^T S^{-1}(x-m_i)} < \sqrt{(x-m_j)^T S^{-1}(x-m_j)}，\ \forall i \neq j$$

S 表示协方差矩阵，协方差矩阵取决于高斯分布函数的形状。

【例 1-4】 考虑一个三维空间，分类数为 2，分别为 w_1 和 w_2，均服从高斯分布，$m_1=[0,0,0]^T$ 和 $m_2=[1.2,1.2,1.2]^T$。假设两个分类类别是等概率的，协方差矩阵为：

$$S=\begin{bmatrix} 1.1 & 0.063 & 0.063 \\ 0.063 & 0.74 & 0.063 \\ 0.063 & 0.063 & 0.74 \end{bmatrix}$$

待分类 $x=[0.34,0.25,0.34]^T$，分别采用欧氏距离分类器、马氏距离分类器进行分类。

（1）采用欧氏距离分类器进行分类，MATLAB 程序如下：

```
clc,clear,close all                     % 清屏、清工作区、关闭窗口
warning off                             % 消除警告
feature jit off                         % 加速代码执行
```

```
% 欧氏距离分类器
x=[0.34 0.25 0.34]';                    % 初始化
m1=[0 0 0]';                            % 初始化
m2=[1.2 1.2 1.2]';                      % 初始化
m=[m1 m2];                              % 初始化
z=euclidean_classifier(m,x)             % 欧氏距离分类
```

欧氏距离分类器函数如下：

```
function [z]=euclidean_classifier(m,X)
%实现欧式距离分类器设计
% 输入：
%   m:  列向量，均值向量，每一列表示待分类数据的均值向量
%   X:  每一列表示待分类的数据
%输出：
%   z:  输出属于哪一类的标签
%
[l,c]=size(m);                          % 维数
[l,N]=size(X);                          % 维数

for i=1:N
    for j=1:c
        de(j)=sqrt((X(:,i)-m(:,j))'*(X(:,i)-m(:,j)));   % 欧氏距离
    end
    [num,z(i)]=min(de);                 % 最小距离
end
```

运行程序输出结果如下：

```
z=
   1
```

由结果可知，待分类 x 隶属于 w_1。

（2）采用马氏距离分类器进行分类，编写 MATLAB 代码如下：

```
clc,clear,close all                     % 清屏、清工作区、关闭窗口
warning off                             % 消除警告
feature jit off                         % 加速代码执行
% 马氏距离分类器
x=[0.34 0.25 0.34]';                    % 初始化
m1=[0 0 0]';                            % 初始化
m2=[1.2 1.2 1.2]';                      % 初始化
m=[m1 m2];
S=[1.1 0.063 0.063;                     % 初始化
  0.063 0.74 0.063;
  0.063 0.063 0.74];
z=mahalanobis_classifier(m,S,x)% 马氏距离分类
```

马氏距离分类器函数如下：

```
function z=mahalanobis_classifier(m,S,X)
% 实现马氏距离分类器设计
% 输入：
%   m:  列向量，均值向量，每一列表示待分类数据的均值向量
%   S:  方阵，协方差矩阵
%   X:  每一列是待分类的数据
```

```
%输出:
%   z:  输出属于哪一类的标签
[l,c]=size(m);                          % 维数
[l,N]=size(X);                          % 维数

for i=1:N
    for j=1:c
        dm(j)=sqrt((X(:,i)-m(:,j))'*inv(S)*(X(:,i)-m(:,j)));% 马氏距离计算
    end
    [num,z(i)]=min(dm);                 % 最小距离
end
```

运行程序输出结果如下：

```
z =
    1
```

由结果可知，待分类 x 隶属于 w_1。

1.3.3 基于高斯概率密度函数的最大似然估计

在实际问题中，我们往往不知道数据服从什么统计分布，因此需要采用最大似然估计法进行参数估计。通常处理函数估计方法是假设概率密度函数已知，但是分布函数的参数值未知。例如，我们假设一组数据服从高斯概率密度分布，但是我们也许不知道均值或者协方差矩阵等。

最大似然估计法（ML）是一种比较实用的方法。针对高斯分布，我们假设数据点数为 N，$x_i \in R^l$，$i=1,2,\cdots,N$，则最大似然估计法将得到 N 个数据的期望值和协方差矩阵：

$$m_{\mathrm{ML}} = \frac{1}{N}\sum_{i=1}^{N} x_i$$

$$S_{\mathrm{ML}} = \frac{1}{N}\sum_{i=1}^{N}\left(x_i - m_{\mathrm{ML}}\right)\left(x_i - m_{\mathrm{ML}}\right)^T$$

通常表达式中的 N 取为 N–1，从而保证所求的期望和方差为无偏估计。

【例 1-5】 随机产生 100 个服从高斯分布 $N(m,S)$ 的 2 维特征向量，其中 $m=[1,-1]^T$，$S=\begin{bmatrix}1.1 & 0.740630\\ 0.740630 & 0.87\end{bmatrix}$，由最大似然估计法估计期望值 m 和协方差矩阵 S。

编写 MATLAB 代码如下：

```
clc,clear,close all                                 % 清屏、清工作区、关闭窗口
warning off                                         % 消除警告
feature jit off                                     % 加速代码执行
% 随机产生数据集
randn('seed',0);
m = [1 -1]; S = [1.1 0.740630; 0.740630 0.87];      % 初始化
X = mvnrnd(m,S,50)';                                % 随机种子产生器
% 最大似然估计，进行均值和协方差估计
[m_hat, S_hat]=Gaussian_ML_estimate(X)
```

相应的最大似然估计函数如下：

```
function [m_hat,S_hat]=Gaussian_ML_estimate(X)
% 实现最大似然估计
% 输入:
%   X:       列向量
% 输出:
%   m_hat:  均值估计.
%   S_hat:  协方差估计.
[l,N]=size(X);                                      % 矩阵维数
m_hat=(1/N)*sum(X')';                               % 平均值
S_hat=zeros(l);                                     % 初始化
for k=1:N
    S_hat=S_hat+(X(:,k)-m_hat)*(X(:,k)-m_hat)';% 最大似然估计
end
S_hat=(1/N)*S_hat;                                  % 取平均
```

运行程序输出结果如下:

```
m_hat =
    1.0763
   -0.9326

S_hat =
    0.9903    0.6526
    0.6526    0.8451
```

由结果可知，由最大似然估计法估计期望值 $\hat{m}=[1.0763,-0.9326]^T$ 和协方差矩阵 $\hat{S}=\begin{bmatrix}0.9903 & 0.6526\\0.6526 & 0.8451\end{bmatrix}$。

尽管求得的似然估计值接近于真实值，但是和真实 $m=[1,-1]^T$，$S=\begin{bmatrix}1.1 & 0.740630\\0.740630 & 0.87\end{bmatrix}$ 相比较仍然有误差，主要原因为选取的数据点数 100 太少。

【例 1-6】 随机产生两个数据集，X 为训练数据集，X_1 为测试数据集，每个数据集包含 N=500 个三维向量，分类数为 3，分别为 w_1、w_2 和 w_3，来自于每一个类别的概率是相同的（先验概率），且均服从高斯概率密度分布，其中，$m_1=[0,0,0]^T$，$m_2=[1.4,2.23,2.45]^T$，$m_3=[3.1,3.2,5.9]^T$，协方差矩阵为:

$$S_1=S_2=S_3=\begin{bmatrix}1.828 & 0 & 0\\0 & 1.828 & 0\\0 & 0 & 1.828\end{bmatrix}$$

（1）使用训练数据集 X，采用最大似然估计法计算期望和协方差矩阵。由于事先已知协方差矩阵 $S_1=S_2=S_3$，分别计算三个类别的协方差矩阵，然后取平均值作为三个类别的协方差矩阵；

（2）基于最大似然估计法，采用欧氏距离分类器分类测试数据集 X_1；

（3）基于最大似然估计法，采用马氏距离分类器分类测试数据集 X_1；

（4）基于最大似然估计法，采用贝叶斯分类器分类测试数据集 X_1；

（5）分别计算采用欧氏距离分类器、马氏距离分类器和贝叶斯分类器分类结果误差。

编写 MATLAB 代码如下:

```
clc,clear,close all                          % 清屏、清工作区、关闭窗口
warning off                                  % 消除警告
feature jit off                              % 加速代码执行
% 利用函数 generate_gauss_classes()，产生分类数为 c、服从高斯概率密度函数分布的数
据 X
m=[0 0 0; 1.4 2.23 2.45; 3.1 3.2 5.9]';      % 初始化
S1=1.828*eye(3);                             % 初始化
S(:,:,1)=S1;S(:,:,2)=S1;S(:,:,3)=S1;         % 初始化
P=[1/3 1/3 1/3]';                            % 初始化
N=500;                                       % 个数
randn('seed',0);                             % 随机种子
[X,y]=generate_gauss_classes(m,S,P,N);       % 产生数据

% 产生另一组具有相似度的数据
randn('seed',100);
[X1,y1]=generate_gauss_classes(m,S,P,N);

% 最大似然估计计算
class1_data=X(:,find(y==1));                                  % 数据 1
[m1_hat, S1_hat]=Gaussian_ML_estimate(class1_data);           % 估计
class2_data=X(:,find(y==2));
[m2_hat, S2_hat]=Gaussian_ML_estimate(class2_data);           % 估计
class3_data=X(:,find(y==3));
[m3_hat, S3_hat]=Gaussian_ML_estimate(class3_data);           % 估计
S_hat=(1/3)*(S1_hat+S2_hat+S3_hat);
m_hat=[m1_hat m2_hat m3_hat];

% 应用分类器将产生的检测数据进行分类
z_euclidean=euclidean_classifier(m_hat,X1);                   % 欧氏距离分类器
z_mahalanobis=mahalanobis_classifier(m_hat,S_hat,X1);         % 马氏距离分类器
z_bayesian=bayes_classifier(m,S,P,X1);                        % 贝叶斯分类器

% 计算分类误差
err_euclidean = (1-length(find(y1==z_euclidean))/length(y1))   % 欧式误差
err_mahalanobis = (1-length(find(y1==z_mahalanobis))/length(y1))% 马氏误差
err_bayesian = (1-length(find(y1==z_bayesian))/length(y1))     % 贝叶斯误差
```

产生分类数为 c、服从高斯概率密度函数分布的数据集程序如下：

```
function [X,y]=generate_gauss_classes(m,S,P,N)
% 产生服从高斯 PDF 分布的数据集
%输入:
%   m:  均值向量
%   S:  正态分布的协方差矩阵
%   P:  先验概率密度
%   N:  总数据个数
%输出:
%   X:  待分类的数据
%   y:  分类的标签，对应于 X
[l,c]=size(m);
X=[];  % 初始化
y=[];
for j=1:c
% 产生每一个分布下的 the [p(j)*N] 向量
   t=mvnrnd(m(:,j),S(:,:,j),fix(P(j)*N))';
```

```
    % 由于采用的是 fix 函数，总数据数可能小于 N
    X=[X t];
    y=[y ones(1,fix(P(j)*N))*j];
end
```

贝叶斯分类器程序如下：

```
function [z]=bayes_classifier(m,S,P,X)
% 实现贝叶斯分类器设计
%输入:
%   m:      均值向量
%   S:      协方差向量
%   P:      先验概率
%   X:      待分类数据
%输出:
%   z:      分类类别
[l,c]=size(m);                    % 矩阵行列维数
[l,N]=size(X);                    % 矩阵行列维数

for i=1:N
    for j=1:c
        t(j)=P(j)*comp_gauss_dens_val(m(:,j),S(:,:,j),X(:,i));
    end
    [num,z(i)]=max(t);
end
```

运行程序输出结果如下：

```
err_euclidean =
0.1285

err_mahalanobis =
    0.1305

err_bayesian =
    0.1225
```

由结果可知，采用欧氏距离分类器计算的误差为 12.85%，采用马氏距离分类器计算的误差为 13.05%，采用贝叶斯分类器计算的误差为 12.25%。计算结果几乎相等，主要是由于欧氏距离分类器和马氏距离分类器分别为贝叶斯分类器在不同假设工况下的特殊分类器。

1.4　混合概率分布

当已知的数据不知道服从什么概率密度函数分布时，首先采用贝叶斯分类器是比较好的判别方法。本节将介绍一种比较实用的、解决未知概率密度函数分布的方法，即混合概率密度分布方法。

任意一个概率密度函数能够写为 J 个概率密度函数的线性组合：

$$p(x)=\sum_{j=1}^{J}P_j p(x\mid j) \tag{1.5}$$

其中，

$$\sum_{j=1}^{J} P_j = 1,\quad \int p(x \mid j)\,dx = 1 \tag{1.6}$$

一般 J 足够大，充分有效即可，常常假设 $p(x \mid j)$ 为服从高斯分布 $N(m_j, S_j)$，$j = 1,2,3,\cdots,J$。

式（1.6）表明可以产生更加复杂的分布数据，例如服从多个概率密度函数分布的数据。$p(x \mid j)$ 表示服从第 j 个概率分布的数据 x，且概率值为 P_j。

【例 1-7】 考虑一个二维的概率密度分布函数：

$$p(x) = P_1 p(x \mid 1) + P_2 p(x \mid 2)$$

其中 $p(x \mid j)$，$j = 1,2$ 均服从正态分布，期望值 $m_1 = [1,2]^T$、$m_2 = [2,3]^T$，协方差矩阵如下：

$$S_1 = \begin{bmatrix} \sigma_1^2 & \sigma_{12} \\ \sigma_{12} & \sigma_2^2 \end{bmatrix},\quad S_2 = \begin{bmatrix} \sigma^2 & 0 \\ 0 & \sigma^2 \end{bmatrix}$$

其中，$\sigma_1^2 = 0.5$，$\sigma_2^2 = 0.1$，$\sigma_{12} = -0.05$，$\sigma^2 = 0.2$。

随机产生一个序列 X，N=1000 个数据点，服从 $p(x)$ 正态分布，考虑下列三种工况：

（1）$P_1 = P_2 = 0.5$；

（2）$P_1 = 0.75$，$P_2 = 0.25$；

（3）试着改变协方差矩阵中 σ_1^2、σ_2^2、σ_{12} 和 σ^2 的值。

对于第一种工况，当 $P_1 = P_2 = 0.5$ 时，编写 MATLAB 程序如下：

```
clc,clear,close all                         % 清屏、清工作区、关闭窗口
warning off                                 % 消除警告
feature jit off                             % 加速代码执行
randn('seed',0);                            % 随机种子
m1=[1, 2]'; m2=[2, 3]';                     % 初始化
m=[m1 m2];                                  % 初始化
S(:,:,1)=[0.5 -0.05; -0.05 0.1];            % 初始化
S(:,:,2)=[0.2 0; 0 0.2];                    % 初始化
P=[1/2 1/2];                                % 初始化
N=1000;                                     % 初始化
sed=0;                                      % 初始化
[X,y]=mixt_model(m,S,P,N,sed);              % 产生 X ，多混合模型
figure(1);
plot(X(1,:),X(2,:),'.');
```

混合模型函数程序如下：

```
function [X,y]=mixt_model(m,S,P,N,sed)
% 产生一组数据，来自于混合高斯分布模型
%输入:
%   m:    均值向量
%   S:    协方差向量
%   P:    先验概率
%   N:    数据点数
%   sed:  rand()中的随机种子初始化
%输出:
%   X:  lxN 矩阵，列向量存储
```

```
%   y:  N 为向量，对应于 X 下的正态分布指数

rand('seed',sed);   % 随机种子
[l,c]=size(m);      % 矩阵维数
P_acc=P(1);         % 初始化
for i=2:c
    t=P_acc(i-1)+P(i);
    P_acc=[P_acc t];
end

% 初始化，产生数据
X=[];
y=[];
for i=1:N
    t=rand;
    ind=sum(t>P_acc)+1;  % 正态分布指数
    X=[X; mvnrnd(m(:,ind)',S(:,:,ind),1)];
    y=[y ind];
end
X=X';
```

运行 MATLAB 程序输出结果如图 1-9 所示。

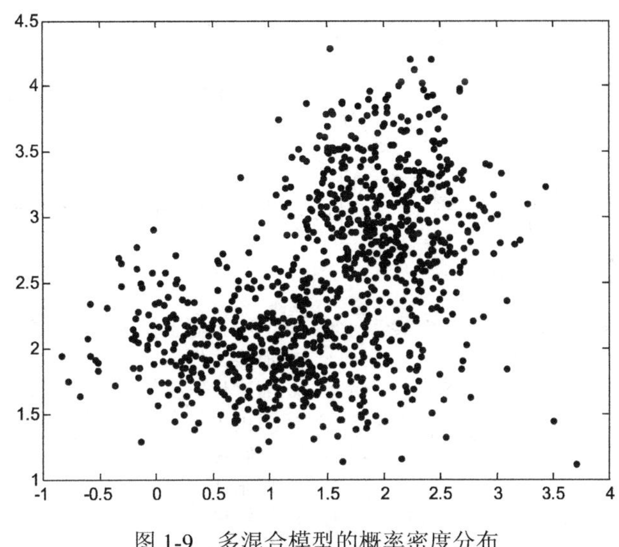

图 1-9　多混合模型的概率密度分布

对于第二种工况，当 $P_1 = 0.75$，$P_2 = 0.25$ 时，编写 MATLAB 程序如下：

```
clc,clear,close all                       % 清屏、清工作区、关闭窗口
warning off                               % 消除警告
feature jit off                           % 加速代码执行
randn('seed',0);                          % 随机种子
m1=[1, 2]'; m2=[2, 3]';                   % 初始化
m=[m1 m2];                                % 初始化
S(:,:,1)=[0.5 -0.05; -0.05 0.1];          % 初始化
S(:,:,2)=[0.2 0; 0 0.2];                  % 初始化
P=[0.75 0.25];                            % 初始化
N=1000;                                   % 初始化
sed=0;                                    % 初始化
 [X,y]=mixt_model(m,S,P,N,sed);           % 混合分布
```

```
figure(2);
plot(X(1,:),X(2,:),'.');                   % 画图
```

运行 MATLAB 程序输出结果如图 1-10 所示。

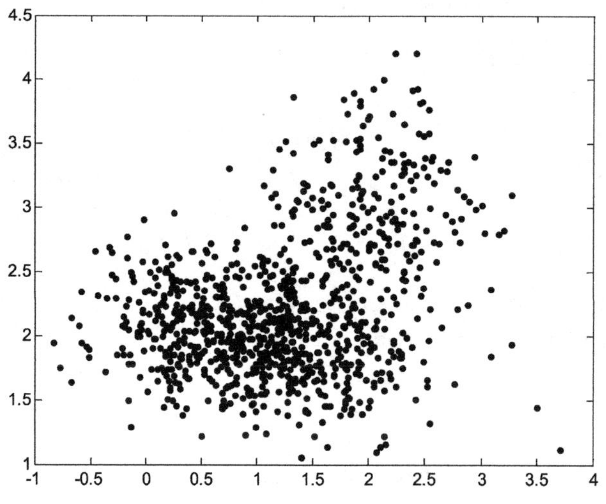

图 1-10　多混合模型的概率密度分布

对于第三种工况，分别计算当 P_1=$P_2=0.5$，$S_1=\begin{bmatrix}0.5 & 0.05\\0.05 & 0.1\end{bmatrix}$，$S_2=\begin{bmatrix}0.2 & 0\\0 & 0.2\end{bmatrix}$和 $P_1=0.25$，$P_2=0.75$，$S_1=\begin{bmatrix}0.5 & 0.05\\0.05 & 0.1\end{bmatrix}$，$S_2=\begin{bmatrix}0.2 & 0\\0 & 0.2\end{bmatrix}$时的数据混合概率分布，编写 MATLAB 程序如下：

```
clc,clear,close all                        % 清屏、清工作区、关闭窗口
warning off                                % 消除警告
feature jit off                            % 加速代码执行
randn('seed',0);                           % 随机种子
m1=[1, 2]'; m2=[2, 3]';                    % 初始化
m=[m1 m2];                                 % 初始化
S(:,:,1)=[0.5 0.05; 0.05 0.1];             % 初始化
S(:,:,2)=[0.2 0; 0 0.2];                   % 初始化
P=[0.5 0.5];                               % 初始化
N=1000;                                    % 个数
sed=0;                                     % 初始化
[X,y]=mixt_model(m,S,P,N,sed);             % 混合分布
figure(3);
plot(X(1,:),X(2,:),'.');                   % 画图

randn('seed',0);                           % 随机种子
m1=[1, 2]'; m2=[2, 3]';                    % 初始化
m=[m1 m2];                                 % 均值
S(:,:,1)=[0.5 0.05; 0.05 0.1];             % 协方差
S(:,:,2)=[0.2 0; 0 0.2];
P=[0.25 0.75];                             % 初始化
N=1000;                                    % 个数
sed=0;                                     % 初始化
```

```
[X,y]=mixt_model(m,S,P,N,sed);        % 混合分布
figure(4);
plot(X(1,:),X(2,:),'.');              % 画图
```

运行 MATLAB 程序输出结果如图 1-11 和图 1-12 所示。

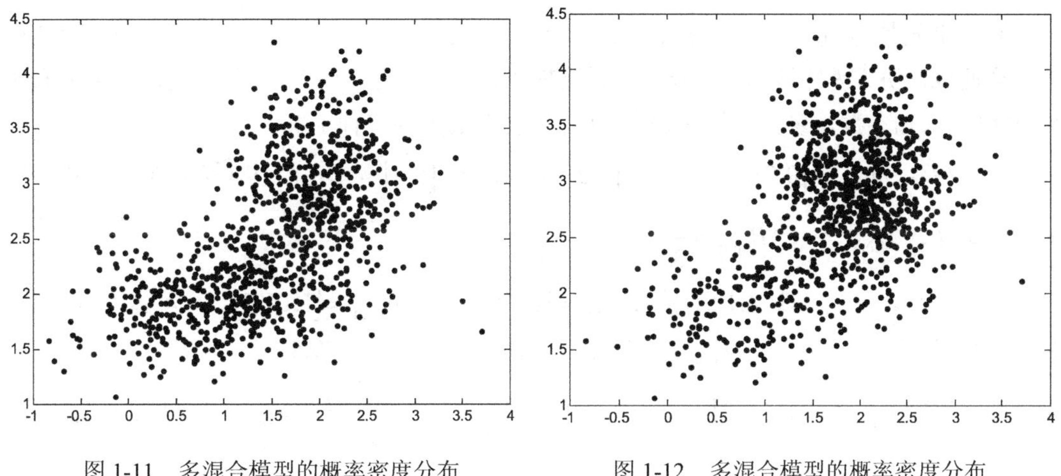

图 1-11　多混合模型的概率密度分布　　图 1-12　多混合模型的概率密度分布

对比图 1-9 和图 1-11 可知，当 $S_1=\begin{bmatrix}0.5 & -0.05\\ -0.05 & 0.1\end{bmatrix}$ 和 $S_1=\begin{bmatrix}0.5 & 0.05\\ 0.05 & 0.1\end{bmatrix}$，数据概率分布旋转角度不同。图 1-10 和图 1-12 也正好相反，由于 $P_2=0.25<P_1=0.75$，因此其数据分布更加稀疏。

1.5　期望最大化算法

假设有一组 N 个数据的序列，$x_i\in R^l$，$i=1,2,\cdots,N$，这组数据的统计特性服从混合概率密度分布，如方程式（1.6）所示。选取一个合适的混合概率密度函数，包含 J 个单一的概率分布函数，我们的目标是利用一个算法估计每个概率分布函数 $p(x\mid j)$ 的概率系数 P_j，$j=1,2,3,\cdots,J$。例如，我们假设每一个概率密度分布函数服从高斯分布，协方差矩阵为 $\sigma_j^2 I$，其中 I 为单位矩阵，则有：

$$p(x\mid j)=\frac{1}{(2\pi)^{\frac{l}{2}}\sigma_j^l}\exp\left(-\frac{(x-m_j)^T(x-m_j)}{2\sigma_j^2}\right),\quad j=1,2,\cdots,J \tag{1.7}$$

其中，均值 m_j 和标准差 σ_j^2 为未知的。

期望最大化法采用用户给定的初始值进行迭代计算，从而计算出最优解。

【例 1-8】 随机产生一组二维数据，$N=1000$，且服从下列概率密度分布：

$$p(x)=\sum_{j=1}^{3}P_j p(x\mid j)$$

其中 $p(x\mid j)$，$j=1,2,3$ 均服从正态分布，均值分别为 $m_1=[1,2]^T$、$m_2=[2,3]^T$ 和

$m_3=[3,6]^T$，协方差矩阵 $S_1=0.1I=\begin{bmatrix}0.1 & 0\\ 0 & 0.1\end{bmatrix}$，$S_2=0.2I=\begin{bmatrix}0.2 & 0\\ 0 & 0.2\end{bmatrix}$，$S_3=0.3I=\begin{bmatrix}0.3 & 0\\ 0 & 0.3\end{bmatrix}$，$I=\begin{bmatrix}1 & 0\\ 0 & 1\end{bmatrix}$，$P_1=0.4$，$P_2=0.4$，$P_3=0.2$。

我们事先是不知道数据是怎么产生的，因此假设 $p(x)$ 是由 J 个单一的正态概率分布函数混合而成，协方差矩阵为 $S_i=\sigma_i^2 I$，采用期望最大化算法（EM）去估计混合概率分布函数 $p(x)$ 的未知参数。参数初始化操作 $p(x)$ 主要考虑下列三种工况。

（1）J=3，$m_{1,\text{init}}=[0,2]^T$，$m_{2,\text{init}}=[5,2]^T$，$m_{3,\text{init}}=[5,5]^T$，$S_{1,\text{init}}=0.15I$，$S_{2,\text{init}}=0.32I$，$S_{3,\text{init}}=0.4I$，$P_{1,\text{init}}=\frac{1}{3}$，$P_{2,\text{init}}=\frac{1}{3}$，$P_{3,\text{init}}=\frac{1}{3}$。

（2）J=3，$m_{1,\text{init}}=[1.4,1.5]^T$，$m_{2,\text{init}}=[1.3,1.8]^T$，$m_{3,\text{init}}=[1.1,1.7]^T$，$S_{1,\text{init}}=0.15I$，$S_{2,\text{init}}=0.4I$，$S_{3,\text{init}}=0.3I$，$P_{1,\text{init}}=0.02$，$P_{2,\text{init}}=0.04$，$P_{3,\text{init}}=0.4$。

（3）J=2，$m_{1,\text{init}}=[1.16,1.2]^T$，$m_{2,\text{init}}=[1.3,1.2]^T$，$S_{1,\text{init}}=0.2I$，$S_{2,\text{init}}=0.34I$，$P_{1,\text{init}}=\frac{2}{3}$，$P_{2,\text{init}}=\frac{1}{2}$。

随机的产生三个分布数据，MATLAB 程序如下：

```
clc,clear,close all                          % 清屏、清工作区、关闭窗口
warning off                                  % 消除警告
feature jit off                              % 加速代码执行
% 产生 X，并画图
randn('seed',0);                             % 随机种子初始化
m1=[1, 1]'; m2=[3, 3]';m3=[2, 6]';           % 已知量
m=[m1 m2 m3];

S(:,:,1)=0.1*eye(2);                         % 初始化
S(:,:,2)=0.2*eye(2);                         % 初始化
S(:,:,3)=0.3*eye(2);                         % 初始化
P=[0.4 0.4 0.2];                             % 初始化
N=500;                                       % 初始化
sed=0;                                       % 初始化
[X,y]=mixt_model(m,S,P,N,sed);               % 混合分布
plot_data(X,y,m,1)
```

画图函数程序如下：

```
function plot_data(X,y,m,h)
% 画图，实现不同的数据类，用不同的颜色表示
% 输入:
%   X:  lxN matrix，画图采用 X 的列向量进行一列一列绘制
%   y:  N-dimensional vector，数据类别
%   m:  lxc matrix，均值向量.
%   h:  图像句柄

[l,N]=size(X); % N=no. of data vectors, l=dimensionality
[l,c]=size(m); % c=no. of classes

if(l~=2) || (c>7)
```

```
    fprintf('数据维数有问题，请检查\n')
    return
else
    pale=['r.'; 'g.'; 'b.'; 'y.'; 'm.'; 'c.';'co'];
    figure(h)
    % 画图
    hold on
    for i=1:N
        plot(X(1,i),X(2,i),pale(y(i),:))
        hold on
    end

    % 绘制数据类重心
    for j=1:c
        plot(m(1,j),m(2,j),'k+')
        hold on
    end
end
```

运行程序输出图形如图 1-13 所示。

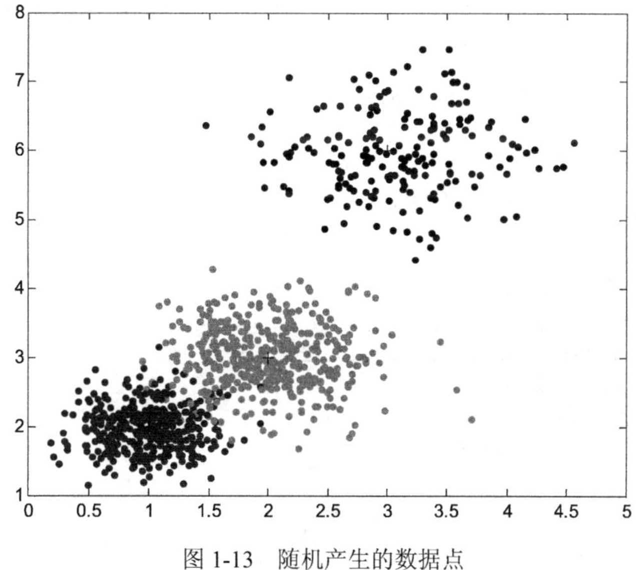

图 1-13　随机产生的数据点

对于工况（1），J=3，$m_{1,\text{init}}=[0,2]^T$，$m_{2,\text{init}}=[5,2]^T$，$m_{3,\text{init}}=[5,5]^T$，$S_{1,\text{init}}=0.15I$，$S_{2,\text{init}}=0.32I$，$S_{3,\text{init}}=0.4I$，$P_{1,\text{init}}=\frac{1}{3}$，$P_{2,\text{init}}=\frac{1}{3}$，$P_{3,\text{init}}=\frac{1}{3}$，采用 EM 算法进行参数迭代寻优，编写 MATLAB 程序如下：

```
clc,clear,close all                      % 清屏、清工作区、关闭窗口
warning off                              % 消除警告
feature jit off                          % 加速代码执行
% 产生数据集 X 并画图
randn('seed',0);                         % 初始化种子
m1=[1, 1]'; m2=[3, 3]';m3=[2, 6]';       % 初始化
m=[m1 m2 m3];                            % 初始化

S(:,:,1)=0.1*eye(2);                     % 初始化
```

```
S(:,:,2)=0.2*eye(2);                                    % 初始化
S(:,:,3)=0.3*eye(2);                                    % 初始化
P=[0.4 0.4 0.2];                                        % 初始化
N=500;                                                  % 初始化
sed=0;                                                  % 初始化
[X,y]=mixt_model(m,S,P,N,sed);                          % 混合分布
m1_ini=[0; 2];m2_ini=[5; 2];m3_ini=[5; 5];
m_ini=[m1_ini m2_ini m3_ini];
s_ini=[0.15 0.32 0.4];
Pa_ini=[1/3 1/3 1/3];
e_min=10^(-6);

[m_hat,s_hat,Pa,iter,Q_tot,e_tot]=em_alg_function(X,m_ini,s_ini,Pa_ini,
e_min);
m_hat,s_hat,Pa
```

其中 EM 算法程序如下：

```
function [m,s,Pa,iter,Q_tot,e_tot]=em_alg_function(x,m,s,Pa,e_min)
% 韩式使用格式:
%  [m,s,Pa,iter,Q_tot,e_tot]=em_alg_function(x,m,s,Pa,e_min)
%  EM 算法估计混合高斯分布参数
% 输入:
%   x:      1xN 矩阵, 每一列是一个特征向量
%   m:      1xJ 矩阵, 均值估值
%   s:      1xJ 向量, 第 j 列为第 j 个高斯分布的协方差值
%   Pa:     J-维向量, 第 j 列为第 j 个高斯分布的先验概率值
%   e_min:  迭代终止阈值
%输出:
%   m:       正态分布的均值估值
%   s:       正态分布的协方差估值
%   Pa:     J-dimensional vector, 先验概率估值
%   iter:     迭代收敛数
%   Q_tot:   每次迭代的似然值
%   e_tot:   每次迭代的误差值
x=x';                                  % 转置
m=m';                                  % 转置
[p,n]=size(x);                         % 矩阵维数
[J,n]=size(m);                         % 矩阵维数

e=e_min+1;

Q_tot=[];                              % 初始化
e_tot=[];                              % 初始化

iter=0;
while (e>e_min)
    iter=iter+1;                       % 迭代次数
    e;

    P_old=Pa;                          % 当前值赋给上一次值
    m_old=m;                           % 当前值赋给上一次值
    s_old=s;                           % 当前值赋给上一次值

    % 确定 P(j|x_k; theta(t))
    for k=1:p
```

```
        temp=gauss(x(k,:),m,s);
        P_tot=temp*Pa';
        for j=1:J
            P(j,k)=temp(j)*Pa(j)/P_tot;
        end
    end

    % 对数似然函数值
    Q=0;
    for k=1:p
        for j=1:J
            Q=Q+P(j,k)*(-(n/2)*log(2*pi*s(j)) - sum( (x(k,:)-m(j,:)).^2)
            /(2*s(j)) + log(Pa(j)) );
        end
    end
    Q_tot=[Q_tot Q];

    % 确定均值
    for j=1:J
        a=zeros(1,n);
        for k=1:p
            a=a+P(j,k)*x(k,:);
        end
        m(j,:)=a/sum(P(j,:));
    end

    % 确定方差
    for j=1:J
        b=0;
        for k=1:p
            b=b+ P(j,k)*((x(k,:)-m(j,:))*(x(k,:)-m(j,:))');
        end
        s(j)=b/(n*sum(P(j,:)));

        if(s(j)<10^(-10))          % 最小值约束
            s(j)=0.001;
        end

    end

    %先验概率值
    for j=1:J
        a=0;
        for k=1:p
            a=a+P(j,k);
        end
        Pa(j)=a/p;
    end

    e=sum(abs(Pa-P_old))+sum(sum(abs(m-m_old)))+sum(abs(s-s_old));
    e_tot=[e_tot e];
end
```

计算每一个点 x 处的高斯概率值，函数程序如下：

```
function [z]=gauss(x,m,s)
% 计算在 x 点处的高斯概率值
% 输入:
%   x:  l-dimensional 行向量
```

```
%   m:  Jxl matrix, 高斯分布均值
%   s:  J-dimensional row vector 协方差矩阵
%输出:
%   z:  J-dimensional vector，在 x 处的高斯概率值.

[J,l]=size(m);
[p,l]=size(x);
z=[];
for j=1:J
    t=(x-m(j,:))*(x-m(j,:))';
    c=1/(2*pi*s(j))^(1/2);
    z=[z c*exp(-t/(2*s(j)))];
end
```

运行程序输出结果如下：

```
>> m_hat,s_hat,Pa
m_hat =
    0.9871    1.9738
    1.9816    3.0070
    3.0825    5.9746

s_hat =
    0.0987    0.2074    0.3299

Pa =
    0.3795    0.4334    0.1871
```

由计算结果可得到，$m_1=[0.9871,1.9738]^T$，$m_2=[1.9816,3.0070]^T$，$m_3=[3.0825,5.9746]^T$，$S_1=0.0987I=\begin{bmatrix}0.0987 & 0\\0 & 0.0987\end{bmatrix}$，$S_2=0.2074I=\begin{bmatrix}0.2074 & 0\\0 & 0.2074\end{bmatrix}$，$S_3=0.3299I=\begin{bmatrix}0.3299 & 0\\0 & 0.3299\end{bmatrix}$，$P_1=0.3795$，$P_2=0.4334$，$P_3=0.1871$，其中真实值为 $m_1=[1,2]^T$，$m_2=[2,3]^T$，$m_3=[3,6]^T$，$S_1=0.1I=\begin{bmatrix}0.1 & 0\\0 & 0.1\end{bmatrix}$，$S_2=0.2I=\begin{bmatrix}0.2 & 0\\0 & 0.2\end{bmatrix}$，$S_3=0.3I=\begin{bmatrix}0.3 & 0\\0 & 0.3\end{bmatrix}$，$P_1=0.4$，$P_2=0.4$，$P_3=0.2$，计算结果较接近真实值。

对于工况(2)，J=3，$m_{1,\text{init}}=[1.4,1.5]^T$，$m_{2,\text{init}}=[1.3,1.8]^T$，$m_{3,\text{init}}=[1.1,1.7]^T$，$S_{1,\text{init}}=0.15I$，$S_{2,\text{init}}=0.4I$，$S_{3,\text{init}}=0.3I$，$P_{1,\text{init}}=0.02$，$P_{2,\text{init}}=0.04$，$P_{3,\text{init}}=0.4$，采用 EM 算法进行参数迭代寻优，编写 MATLAB 程序如下：

```
clc,clear,close all                    % 清屏、清工作区、关闭窗口
warning off                            % 消除警告
feature jit off                        % 加速代码执行
% 产生数据集 X 并画图
randn('seed',0);
m1=[1, 2]'; m2=[2, 3]';m3=[3, 6]';
m=[m1 m2 m3];

S(:,:,1)=0.1*eye(2);
S(:,:,2)=0.2*eye(2);
S(:,:,3)=0.3*eye(2);
```

```
P=[0.4 0.4 0.2];
N=1000;
sed=0;
[X,y]=mixt_model(m,S,P,N,sed);            % 混合分布
m1_ini=[1.4; 1.5];
m2_ini=[1.3; 1.8];
m3_ini=[1.1; 1.7];
m_ini=[m1_ini m2_ini m3_ini];

s_ini=[0.15 0.4 0.3];
Pa_ini=[0.02 0.04 0.4];
e_min=10^(-7);
[m_hat,s_hat,Pa,iter,Q_tot,e_tot]=em_alg_function(X,m_ini,s_ini,Pa_ini,
e_min);
m_hat,s_hat,Pa
```

运行程序输出结果如下：

```
m_hat =
    0.9871    1.9738
    3.0825    5.9746
    1.9816    3.0070

s_hat =
    0.0987    0.3299    0.2074

Pa =
    0.3795    0.1871    0.4334
```

由计算结果可得到，$m_1=[0.9871,1.9738]^T$，$m_2=[3.0825,5.9746]^T$，$m_3=[1.9816,3.0070]^T$，$S_1=0.0987I=\begin{bmatrix}0.0987 & 0\\0 & 0.0987\end{bmatrix}$，$S_2=0.3299I=\begin{bmatrix}0.3299 & 0\\0 & 0.3299\end{bmatrix}$，$S_3=0.2074I=\begin{bmatrix}0.2074 & 0\\0 & 0.2074\end{bmatrix}$，$P_1=0.3795$，$P_2=0.1871$，$P_3=0.4334$，其中真实值为 $m_1=[1,2]^T$，$m_2=[2,3]^T$，$m_3=[3,6]^T$，$S_1=0.1I=\begin{bmatrix}0.1 & 0\\0 & 0.1\end{bmatrix}$，$S_2=0.2I=\begin{bmatrix}0.2 & 0\\0 & 0.2\end{bmatrix}$，$S_3=0.3I=\begin{bmatrix}0.3 & 0\\0 & 0.3\end{bmatrix}$，$P_1=0.4$，$P_2=0.4$，$P_3=0.2$，计算结果偏离真实值。

对于工况（3），J=2，$m_{1,\text{init}}=[1.16,1.2]^T$，$m_{2,\text{init}}=[1.3,1.2]^T$，$S_{1,\text{init}}=0.2I$，$S_{2,\text{init}}=0.34I$，$P_{1,\text{init}}=\dfrac{2}{3}$，$P_{2,\text{init}}=\dfrac{1}{2}$，采用 EM 算法进行参数迭代寻优，编写 MATLAB 程序如下：

```
clc,clear,close all                       % 清屏、清工作区、关闭窗口
warning off                               % 消除警告
feature jit off                           % 加速代码执行
% 产生数据集 X 并画图
randn('seed',0);
m1=[1, 2]'; m2=[2, 3]';m3=[3, 6]';
m=[m1 m2 m3];

S(:,:,1)=0.1*eye(2);
S(:,:,2)=0.2*eye(2);
S(:,:,3)=0.3*eye(2);
```

```
P=[0.4 0.4 0.2];
N=1000;
sed=0;
[X,y]=mixt_model(m,S,P,N,sed);
m1_ini=[1.16; 1.2];
m2_ini=[1.3; 1.2];
m_ini=[m1_ini m2_ini];

s_ini=[0.2 0.34 ];
Pa_ini=[2/3 0.5 ];
e_min=10^(-7);
[m_hat,s_hat,Pa,iter,Q_tot,e_tot]=em_alg_function(X,m_ini,s_ini,Pa_ini,
e_min);
m_hat,s_hat,Pa
```

运行程序输出结果如下：

```
m_hat =
    1.0469    2.0325
    2.3459    3.9688

s_hat =
    0.1259    1.3240

Pa =
    0.4125    0.5875
```

由计算结果可得到，$m_1=[1.0469,2.0325]^T$，$m_2=[2.3459,3.9688]^T$，$S_1=0.1259I=\begin{bmatrix}0.1259 & 0\\0 & 0.1259\end{bmatrix}$，$S_2=1.3240I=\begin{bmatrix}1.3240 & 0\\0 & 1.3240\end{bmatrix}$，$P_1=0.4125$，$P_2=0.5875$。其中真实值为$m_1=[1,2]^T$，$m_2=[2,3]^T$，$m_3=[3,6]^T$，$S_1=0.1I=\begin{bmatrix}0.1 & 0\\0 & 0.1\end{bmatrix}$，$S_2=0.2I=\begin{bmatrix}0.2 & 0\\0 & 0.2\end{bmatrix}$，$S_3=0.3I=\begin{bmatrix}0.3 & 0\\0 & 0.3\end{bmatrix}$，$P_1=0.4$，$P_2=0.4$，$P_3=0.2$，计算结果偏离真实值。

【例 1-9】 本案例主要使用期望最大化 EM 算法来处理分类问题。考虑以一个类别为 2 的分类问题，数据集 X 包括 N=1000 个 2 维数据点，其中 500 个数据点来自类别 w_1，概率分布函数为 $p_1(x)=\sum_{j=1}^{3}P_{1j}p_1(x|j)$，其中 $p_1(x|j)$，$j=1,2,3$ 是正态分布，期望值 $m_{11}=[1.3,1.3]^T$，$m_{12}=[3.1,3.1]^T$，$m_{13}=[4,5]^T$，协方差矩阵为 $S_{1j}=\sigma_{1j}^2 I$，j=1,2,3，$I=\begin{bmatrix}1 & 0\\0 & 1\end{bmatrix}$，$\sigma_{11}^2=0.5$，$\sigma_{12}^2=0.2$，$\sigma_{13}^2=0.3$，混合概率密度 $P_{11}=0.4$，$P_{12}=0.4$，$P_{13}=0.2$。

另外 500 个数据来自于类别 w_2，概率分布函数为 $p_2(x)=\sum_{j=1}^{3}P_{2j}p_2(x|j)$，其中 $p_2(x|j)$，$j=1,2,3$ 是正态分布，期望值 $m_{21}=[1.3,3.1]^T$，$m_{22}=[3.1,1.3]^T$，$m_{23}=[6,5]^T$，协方差矩阵为 $S_{2j}=\sigma_{2j}^2 I$，$j=1,2,3$，$I=\begin{bmatrix}1 & 0\\0 & 1\end{bmatrix}$，$\sigma_{21}^2=0.5$，$\sigma_{22}^2=0.2$，$\sigma_{23}^2=0.3$，混合概率密度 $P_{21}=0.2$，$P_{22}=0.3$，$P_{23}=0.5$。

首先随机产生服从题目所要求的 1000 个数据点，编写 MATLAB 程序如下：

```
clc,clear,close all                              % 清屏、清工作区、关闭窗口
warning off                                      % 消除警告
feature jit off                                  % 加速代码执行
% 第一类点
m11=[1.25 1.25]'; m12=[2.75 2.75]';m13=[2 6]';
m1=[m11 m12 m13];
S1(:,:,1)=0.1*eye(2);
S1(:,:,2)=0.2*eye(2);
S1(:,:,3)=0.3*eye(2);
P1=[0.4 0.4 0.2];
N1=500;
sed=0;
[X1,y1]=mixt_model(m1,S1,P1,N1,sed);
% 第二类点
m21=[1.25 2.75]'; m22=[2.75 1.25]';m23=[4 6]';
m2=[m21 m22 m23];
S2(:,:,1)=0.1*eye(2);
S2(:,:,2)=0.2*eye(2);
S2(:,:,3)=0.3*eye(2);
P2=[0.2 0.3 0.5];
N2=500;
sed=0;
[X2,y2]=mixt_model(m2,S2,P2,N2,sed);
```

计算混合高斯分布模型的函数程序如下：

```
function [X,y]=mixt_model(m,S,P,N,sed)
% 产生一组数据，来自于混合高斯分布模型
%输入:
%   m:     均值向量
%   S:     协方差向量
%   P:     先验概率
%   N:     数据点数
%   sed:  rand()中的随机种子初始化
%输出:
%   X:  lxN 矩阵，列向量存储
%   y:  N 为向量，对应于 X 下的正态分布指数

rand('seed',sed);
[l,c]=size(m);
P_acc=P(1);
for i=2:c
    t=P_acc(i-1)+P(i);
    P_acc=[P_acc t];
end

% 初始化，产生数据
X=[];
y=[];
for i=1:N
    t=rand;
    ind=sum(t>P_acc)+1;                          % 正态分布指数
    X=[X; mvnrnd(m(:,ind)',S(:,:,ind),1)];
    y=[y ind];
end
X=X';
```

画图执行程序如下：

```
>> plot_data(X1,y1,m1,1)
>> hold on
>> plot_data(X2,y2,m2,1)
```

运行 MATLAB 程序输出图形如图 1-14 所示。

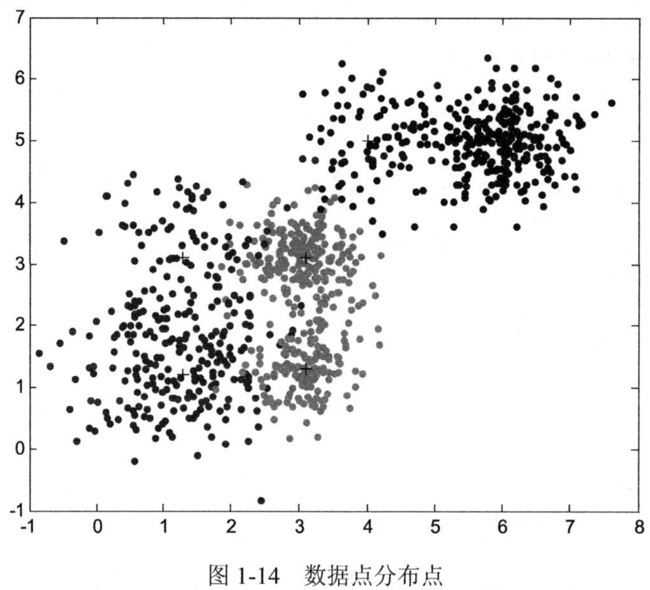

图 1-14　数据点分布点

由图 1-14 可知，两类数据互相交叉，接下来采用期望最大化 EM 算法进行概率密度分布函数的参数估计，从而实现数据的分类。

（1）由于事先我们是不知道数据怎么产生的，在此我们假设每一类数据包含 2 个高斯分布模型，采用 EM 算法进行参数估计，编写相应的 MATLAB 程序如下：

```
%%估计每一类的高斯混合模型
m11_ini=[0; 1]; m12_ini=[2; 4]; m13_ini=[2; 5];  % 题目初始化值
m1_ini=[m11_ini m12_ini m13_ini];
S1_ini=[0.25 0.34 0.24];
w1_ini=[1/3 1/3 1/3];
m21_ini=[.5; .2]; m22_ini=[1; 6]; m23_ini=[1; 2];
m2_ini=[m21_ini m22_ini m23_ini];
S2_ini=[0.5 0.7 0.3];
w2_ini=[1/3 1/3 1/3];

m_ini{1}=m1_ini;
m_ini{2}=m2_ini;
S_ini{1}=S1_ini;
S_ini{2}=S2_ini;
w_ini{1}=w1_ini;
w_ini{2}=w2_ini;
[m_hat,S_hat,w_hat,P_hat]=EM_pdf_est([X1 X2],[ones(1,500) 2*ones(1,500)],
m_ini,S_ini,w_ini);
m_hat,S_hat,w_hat
```

运行程序输出结果如下：

```
>> m_hat{1,1}
ans =
    1.1835    3.0718    4.1029
```

```
   1.2856    3.1087    5.0946

>>  m_hat{1,2}
ans =
   3.0600    5.9925    1.3254
   1.3183    5.0018    3.1631

>> S_hat{1,1}
ans =
   0.4881    0.2255    0.2686

>> S_hat{1,2}
ans =
   0.1567    0.2683    0.5374

>> w_hat{1,1}
ans =
   0.3828    0.4524    0.1648

>> w_hat{1,2}
ans =
   0.3068    0.5040    0.1892
```

由结果可知，$m_{11}=[1.1835,1.2856]^T$，$m_{12}=[3.0718,3.1087]^T$，$m_{13}=[4.1029,5.0946]^T$，$S_{1j}=\sigma_{1j}^2 I$，$j=1,2,3$，$I=\begin{bmatrix}1&0\\0&1\end{bmatrix}$，$\sigma_{11}^2=0.4881$，$\sigma_{12}^2=0.2255$，$\sigma_{13}^2=0.2686$，$P_{11}=0.3828$，$P_{12}=0.4524$，$P_{13}=0.1648$；$m_{21}=[3.0600,1.3183]^T$，$m_{22}=[5.9925,5.0018]^T$，$m_{23}=[1.3254,3.1631]^T$，$S_{2j}=\sigma_{2j}^2 I$，$j=1,2,3$，$I=\begin{bmatrix}1&0\\0&1\end{bmatrix}$，$\sigma_{21}^2=0.1567$，$\sigma_{22}^2=0.2683$，$\sigma_{23}^2=0.5374$，$P_{21}=0.3068$，$P_{22}=0.5040$，$P_{23}=0.1892$。

题目真实值如下：

$m_{11}=[1.3,1.3]^T$，$m_{12}=[3.1,3.1]^T$，$m_{13}=[4,5]^T$，$S_{1j}=\sigma_{1j}^2 I$，$j=1,2,3$，$I=\begin{bmatrix}1&0\\0&1\end{bmatrix}$，$\sigma_{11}^2=0.5$，$\sigma_{12}^2=0.2$，$\sigma_{13}^2=0.3$，$P_{11}=0.4$，$P_{12}=0.4$，$P_{13}=0.2$；$m_{21}=[3.1,1.3]^T$，$m_{22}=[1.3,3.1]^T$，$m_{23}=[6,5]^T$，$S_{2j}=\sigma_{2j}^2 I$，$j=1,2,3$，$I=\begin{bmatrix}1&0\\0&1\end{bmatrix}$，$\sigma_{21}^2=0.2$，$\sigma_{22}^2=0.5$，$\sigma_{23}^2=0.3$，$P_{21}=0.3$，$P_{22}=0.2$，$P_{23}=0.5$。

因此可知，采用 EM 算法能够较精确的实现数据的分类。

（2）对比与 EM 算法，采用贝叶斯分类器进行本题数据分类，编写 MATLAB 程序如下：

```
% 500 个数据点入 Z1
mZ11=[1.3 1.3]'; mZ12=[3.1 3.1]';mZ13=[4 5]';
mZ1=[mZ11 mZ12 mZ13];
SZ1(:,:,1)=0.5*eye(2);
SZ1(:,:,2)=0.2*eye(2);
SZ1(:,:,3)=0.3*eye(2);
wZ1=[0.4 0.4 0.2];
NZ1=500;
sed=100;
```

```
[Z1,yz1]=mixt_model(mZ1,SZ1,wZ1,NZ1,sed);

% 另 500 个数据点入 Z2
mZ21=[1.3 3.1]'; mZ22=[3.1 1.3]';mZ23=[6 5]';
mZ2=[mZ21 mZ22 mZ23];
SZ2(:,:,1)=0.5*eye(2);
SZ2(:,:,2)=0.2*eye(2);
SZ2(:,:,3)=0.3*eye(2);
wZ2=[0.2 0.3 0.5];
NZ2=500;
sed=100;
[Z2,yz2]=mixt_model(mZ2,SZ2,wZ2,NZ2,sed);

% 产生数据及 Z
Z=[Z1 Z2];
%使用混合贝叶斯分类器计算分类误差
for j=1:2
   le=length(S_hat{j});
   te=[];
   for i=1:le
      te(:,:,i)=S_hat{j}(i)*eye(2);
   end
   S{j}=te;
end
[y_est]=mixture_Bayes(m_hat,S,w_hat,P_hat,Z);
[classification_error]=compute_error([ones(1,500) 2*ones(1,500)],y_est)
```

混合贝叶斯分类器函数程序如下：

```
function [y]=mixture_Bayes(m,S,P,P_cl,X)
% 函数调用格式：
%   [y]=mixture_Bayes(m,S,P,P_cl,X)
% 贝叶斯分类器，概率密度函数为混合正态分布模型
%输入：
%   m:  cl-维胞组，每一个胞组为对应的均值
%   S:  cl-维胞组，每一个胞组为对应的协方差矩阵
%   P:  cl-维胞组，正态分布的混合概率值
%   P_cl: cl-维数组,每一个胞组为对应的先验概率值
%   X:    lxN 矩阵 数据 X
%输出：
%   y:    N-dimensional 数组,分类类别

cl=length(m);
[l,N]=size(X);

y=[];
for i=1:N
   temp=[];
   for j=1:cl
      t=mixt_value(m{j},S{j},P{j},X(:,i));
      temp=[temp t];
   end
   temp=P_cl.*temp;
   [q1,q2]=max(temp);
   y=[y q2];
end
```

混合概率分布函数中其中一个分部函数的概率值计算程序如下：

```
function [y]=mixt_value(m,S,P,X)
% 函数调用个数:
%   [y]=mixt_value(m,S,P,X)
% 对于给定的数据点，计算混合概率密度函数分布下的对应的概率值
%输入:
%   m:  lxc matrix，每一个正态分布下对应的均值
%   S:  lxlxc matrix.，对应的正态分布下的协方差矩阵
%   P:  c-维向量， 混合概率值
%   X:  lxN 数据矩阵
%输出:
%   y:  N dimensional 数组， 混合概率密度函数分布下的对应的概率值
[l,N]=size(X);
[l,c]=size(m);

y=[];
for i=1:N
   temp=[];
   for j=1:c
      t=mvnpdf(X(:,i)',m(:,j)',S(:,:,j));
      temp=[temp t];
   end
   y_temp=sum(P.*temp);
   y=[y y_temp];
end
```

误差计算程序如下：

```
function [clas_error]=compute_error(y,y_est)
% 函数调用格式
%   [clas_error]=compute_error(y,t_est)
% 计算分类误差
%输入:
%   y:      N-dimensional vector 分类标签
%   y_est:  N-dimensional vector 按照分类规则分类类别
%输出:
%   clas_error: 分类误差.

[q,N]=size(y);                   % N = 向量个数
c=max(y);                        % 确定分类数
clas_error=0;                    % 初始化
for i=1:N
   if(y(i)~=y_est(i))
      clas_error=clas_error+1;
   end
end
%误差
clas_error=clas_error/N;
```

运行 MATLAB 程序输出结果如下：

```
classification_error =
   0.0630
```

可以得到采用 EM 算法求得的期望 $m(j)$、方差 $S(j)$ 和单一概率分布函数组成概率 $P(j)$，采用贝叶斯分类器进行分类，得到的分类误差为 6.3%，因此更加证明了采用期望最大值法能够得到更好的分类结果。

1.6　Parzen 窗

本节将主要介绍非参数检验方法。考虑有 N 个数据点，$x_i \in R^l$，$i=1,2,\cdots,N$，采用 Parzen 窗来估计未知的密度函数，具体的表达式如下：

$$p(x) \approx \frac{1}{Nh^l}\sum_{i=1}^{N}\phi\left(\frac{x-x_i}{h}\right) \tag{1.8}$$

其中 N 足够大，h 充分小，通常由用户自己设定。$\phi(\cdot)$ 函数为核密度估计函数。通常核密度估计函数采用高斯分布函数，因此有：

$$p(x) \approx \frac{1}{N}\sum_{i=1}^{N}\frac{1}{(2\pi)^{\frac{l}{2}}h^l}\exp\left(-\frac{(x-x_i)^T(x-x_i)}{2h^2}\right) \tag{1.9}$$

【例 1-10】 随机产生 N=1000 个数据点，$x_i \in R^l$，$i=1,2,\cdots,N$，具体的概率密度分布函数如下：

$$p(x)=\frac{2}{3}\frac{1}{\sqrt{2\pi\,\sigma_1^2}}\exp\left(-\frac{(x-1)^2}{2\sigma_1^2}\right)+\frac{1}{3}\frac{1}{\sqrt{2\pi\,\sigma_2^2}}\exp\left(-\frac{(x-4)^2}{2\sigma_2^2}\right)$$

其中 $\sigma_1^2=\sigma_2^2=0.3$。

使用式（1.9）Parzen 窗画出逼近图形，h=0.1，$x\in[-5,5]$。

编写 MATLAB 程序如下：

```
clc,clear,close all                     % 清屏、清工作区、关闭窗口
warning off                             % 消除警告
feature jit off                         % 加速代码执行
% 概率密度函数实际是一个混合高斯分布函数
% 采用 generate_gauss_classes 函数产生所需要的数据
m=[1; 4]';                              % 初始化
S(:,:,1)=[0.3];                         % 初始化
S(:,:,2)=[0.3];                         % 初始化
P=[2/3 1/3];                            % 初始化
N=1000;                                 % 初始化
randn('seed',0);                        % 初始化
[X]=generate_gauss_classes(m,S,P,N);

% 绘图 pdf
x=-5:0.1:5;
pdfx=(2/3)*(1/sqrt(2*pi*0.2))*exp(-.5*((x-1).^2)/0.2)+(1/3)*(1/sqrt(2*pi*
0.2))*exp(-.5*((x-4).^2)/0.2);
plot(x,pdfx); hold on;

%Parzon 窗计算，h = 0.1 and x in [-5, 5]
h=0.1;
pdfx_approx=Parzen_gauss_kernel(X,h,-5,5);
plot(-5:h:5,pdfx_approx,'r');
legend('原始分布函数','Parzen 窗逼近效果')
```

其中 Parzen 窗逼近函数如下：

```
function [px]=Parzen_gauss_kernel(X,h,xleftlimit,xrightlimit)
% 函数调用格式
%   [px]=Parzen_gauss_kernel(X,h,xleftlimit,xrightlimit)
% Parzen 使用高斯基逼近一维 PDF
%输入:
%   X:              数据点
%   h:              步长
%   xleftlimit:     x 的最小估计值
%   xrightlimit:    x 的最大估计值
%输出:
%   px:           p(x)的估计值

[l,N]=size(X);
xstep=h;
k=1;
x=xleftlimit;
while x<xrightlimit+xstep/2
   px(k)=0;
   for i=1:N
      xi=X(:,i);
      px(k)=px(k)+exp(-(x-xi)'*(x-xi)/(2*h^2));
   end
   px(k)=px(k)*(1/N)*(1/(((2*pi)^(l/2))*(h^l)));
   k=k+1;
   x=x+xstep;
end
```

运行程序输出图形如图 1-15 所示。

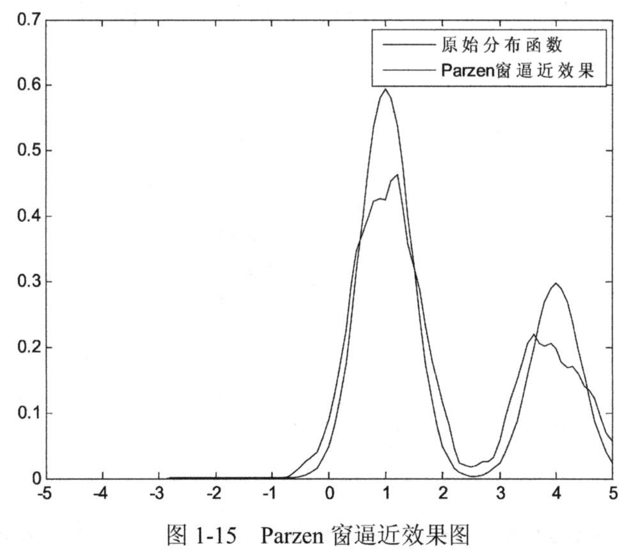

图 1-15　Parzen 窗逼近效果图

1.7　K 最近邻密度估计法

考虑有 N 个数据点，$x_i \in R^l$，$i=1,2,\cdots,N$，对于我们而言，这组数据统计分布未知，

对于给定的 x，本节将通过 K 最近邻密度估计法，计算未知概率密度函数的参数值，主要的计算步骤如下：

（1）选择 k 值；

（2）计算 x 到所有 $x_i \in R^l$, $i=1,2,\cdots,N$ 的距离（距离计算可用欧式距离或者马氏距离等）；

（3）找到 k 个离 x 最近的点；

（4）计算 k 个离 x 最近的点所在的体积 $V(x)$；

（5）得到概率分布函数：

$$p(x) \approx \frac{k}{NV(x)}$$

采用欧氏距离计算，在得到的 k 个离 x 最近的点找到最远的那一个点，距离记为 ρ，则体积 $V(x)$ 为：

- 对于一维数据点而言，$V(x)=2\rho$；
- 对于二维数据点而言，$V(x)=\pi\rho^2$；
- 对于三维数据点而言，$V(x)=\frac{4}{3}\pi\rho^3$。

【例 1-11】 随机产生 N=1000 个数据点，$x_i \in R^l$，$i=1,2,\cdots,N$，具体的概率密度分布函数如下：

$$p(x)=\frac{2}{3}\frac{1}{\sqrt{2\pi\sigma_1^2}}\exp\left(-\frac{(x-1)^2}{2\sigma_1^2}\right)+\frac{1}{3}\frac{1}{\sqrt{2\pi\sigma_2^2}}\exp\left(-\frac{(x-4)^2}{2\sigma_2^2}\right)$$

其中 $\sigma_1^2=\sigma_2^2=0.3$。

采用 K 最近邻参数估计法进行计算，k=21，h=0.1，$x\in[-5,5]$。

编写 MATLAB 程序如下：

```
clc,clear,close all                          % 清屏、清工作区、关闭窗口
warning off                                  % 消除警告
feature jit off                              % 加速代码执行
%概率密度函数实际为混合高斯模型
m=[1; 4]';                                   % 初始化
S(:,:,1)=[0.3];                              % 初始化
S(:,:,2)=[0.3];                              % 初始化
P=[2/3 1/3];                                 % 初始化
N=1000;                                      % 初始化
randn('seed',0);                             % 初始化
[X]=generate_gauss_classes(m,S,P,N);

% Plot the pdf
x=-5:0.1:5;                                  % 初始化
pdfx=(2/3)*(1/sqrt(2*pi))*exp(-((x-1).^2)/2)+(1/3)*(1/sqrt(2*pi))*exp(-(
(x-4).^2)/2);
plot(x,pdfx); hold;

%函数 knn_density_estimate 估计概率密度函数 pdf (k=21)
pdfx_approx=knn_density_estimate(X,21,-5,5,0.1);
plot(-5:0.1:5,pdfx_approx,'r');

legend('原始分布函数','K 最近邻密度估计')
```

k 最近邻密度估计函数如下：

```
function [px]=knn_density_estimate(X,knn,xleftlimit,xrightlimit,xstep)
% 函数调用格式
%   [px]=knn_density_estimate(X,knn,xleftlimit,xrightlimit,xstep)
%  k-nn 最近邻密度估计
%输入:
%   X:                数据点
%   knn:              最近邻个数.
%   xleftlimit:       x 的最小估计值
%   xrightlimit:      x 的最大估计值
%   xstep:        步长
%输出:
%   px:          p(x)的估计值

[l,N]=size(X);
if l>1
   px=[];
   fprintf('Feature set has more than one dimensions ');
   return;
end

k=1;
x=xleftlimit;
while x<xrightlimit+xstep/2
   eucl=[];
   for i=1:N
      eucl(i)=sqrt(sum((x-X(:,i)).^2));
   end
   eucl=sort(eucl,'ascend');  % 升序
   ro=eucl(knn);
   V=2*ro;
   px(k)=knn/(N*V);
   k=k+1;
   x=x+xstep;
end
```

运行程序输出图形如图 1-16 所示。

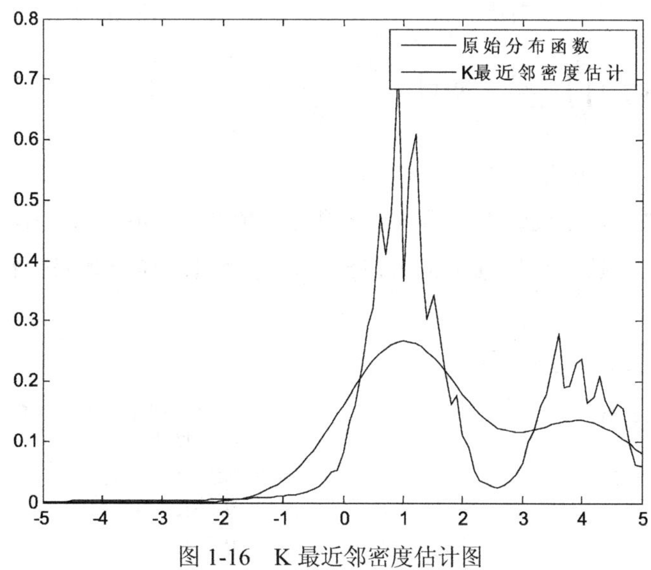

图 1-16　K 最近邻密度估计图

1.8　朴素贝叶斯分类器

朴素贝叶斯分类器也用于对未知概率密度函数进行参数估计，朴素贝叶斯分类器所需估计的参数很少，对缺少数据不太敏感，算法也相对比较简单，考虑 $x=\left[x(1),x(2),\cdots,x(l)\right]\in R^l$，有：

$$p(x)=\prod_{j=1}^{l}p\left(x(j)\right)$$

假设特征向量 x 是互相条件独立，对于高维数据空间而言，该假设是合理的。考虑到维数的束缚，一般工况下，常常需要大量的训练数据得到一些可信的参数值，但是朴素贝叶斯分类器则需要较少的数据能够得到较高的可信度值。

【例 1-12】 随机产生一个 X_1 序列，包含 N_1=100 个 5 维度的向量，分别来自 2 个等概率的不同的类别 w_1 和 w_2，两个不同的类别分别服从高斯分布，期望值 $m_1=[0.1,0.1,0.1,0.1,0.1]^T$，$m_2=\left[0.2,0.2,0.2,0.2,0.2\right]^T$，协方差矩阵为：

$$S_1=\begin{bmatrix}0.1 & 0.1 & 0.7 & 0.4 & 0.06\\ 0.3 & 0.08 & 0.7 & 0.1 & 0.8\\ 0.2 & 0.8 & 0.0 & 0.3 & 0.7\\ 0.8 & 0.2 & 0.4 & 0.1 & 0.01\\ 0.01 & 0.05 & 0.01 & 0.03 & 0.7\end{bmatrix},\quad S_1=\begin{bmatrix}0.1 & 0.3 & 0.6 & 0.7 & 0.9\\ 0.6 & 0.1 & 0.0041 & 0.1 & 0.1\\ 0.7 & 0.4 & 0.06 & 0.3 & 0.087\\ 0.1 & 0.8 & 0.2 & 0.8 & 0.03\\ 0.7 & 0.8 & 0.2 & 0.4 & 0.1\end{bmatrix}$$

在同样的设置前提下，产生一个序列 N_2=10000 的数据集 X_2，X_1 序列作为训练样本，X_2 序列作为测试样本。

由朴素贝叶斯分类器，假设每一类别特征向量均是条件独立的，每一个变量均服从高斯概率分布；对于每一类别中的数据（5 维）中的任意一维，使用最大似然估计法进行均值 m_{1j}，m_{2j}，$j=1,2,3,4,5$ 和方差 σ_{1j}^2，σ_{2j}^2，$j=1,2,3,4,5$ 计算。

（1）使用朴素贝叶斯分类器进行分类数据集 X_2，对于给定的 x 有：

$$p\left(x\,|\,w_i\right)=\prod_{j=1}^{5}\frac{1}{\sqrt{2\pi\,\sigma_{ij}^2}}\exp\left(-\frac{\left(x(j)-m_{ij}\right)^2}{2\sigma_{ij}^2}\right),\quad i=1,2,\quad j=1,2,3,4,5$$

通过 $p\left(x\,|\,w_i\right)$ 计算分类误差。

（2）使用 X_1 序列，通过最大似然估计法进行均值 m_{1j}，m_{2j}，$j=1,2,3,4,5$ 和方差 σ_{1j}^2，σ_{2j}^2，$j=1,2,3,4,5$ 计算，采用基于最大似然估计法的贝叶斯分类器进行分类，计算分类误差。

具体的 MATLAB 程序如下：

```
clc,clear,close all                          % 清屏、清工作区、关闭窗口
warning off                                  % 消除警告
feature jit off                              % 加速代码执行
m=[zeros(5,1)+0.1 0.2*ones(5,1)];            % 初始化
S(:,:,1)=[0.1 0.1 0.7 0.4 0.06;              % 初始化
```

```
        0.3 0.08 0.7 0.1 0.8;
        0.2 0.8 0.0 0.3 0.7;
        0.8 0.2 0.4 0.1 0.01;
        0.01 0.05 0.01 0.03 0.7];
S(:,:,2)=[0.1 0.3 0.6 0.7 0.9;          % 初始化
        0.6 0.1 0.0041 0.1 0.1;
        0.7 0.4 0.06 0.3 0.087;
        0.1 0.8 0.2 0.8 0.03;
        0.7 0.8 0.2 0.4 0.1];
P=[1/2 1/2 ]'; N_1=1000;
P=[1/2 1/2 ]'; N_1=1000;
% 数据 X1 and X2
randn('state',0);
[X1,y1]=generate_gauss_classes(m,S,P,N_1);
N_2=10000;          % 初始化
randn('state',100);     % 初始化
[X2,y2]=generate_gauss_classes(m,S,P,N_2);

% 使用函数 Gaussian_ML_estimate 计算最大似然估计均值和协方差
for i=1:5
   [m1_hat(i), S1_hat(i)]=Gaussian_ML_estimate(X1(i,find(y1==1)));
end
m1_hat=m1_hat'; S1_hat=S1_hat';
for i=1:5
   [m2_hat(i), S2_hat(i)]=Gaussian_ML_estimate(X1(i,find(y1==2)));
end
m2_hat=m2_hat'; S2_hat=S2_hat';

% 采用朴素贝叶斯分类器分类 X2
for i=1:5
   perFeature1(i,:)=normpdf(X2(i,:),m1_hat(i),sqrt(S1_hat(i)));
   perFeature2(i,:)=normpdf(X2(i,:),m2_hat(i),sqrt(S2_hat(i)));
end
naive_probs1=prod(perFeature1);
naive_probs2=prod(perFeature2);
classified=ones(1,length(X2));
classified(find(naive_probs1<naive_probs2))=2;
% 计算分类误差
true_labels=y2;
naive_error=sum(true_labels~=classified)/length(classified)

% 计算最大似然值
[m1_ML, S1_ML]=Gaussian_ML_estimate(X1(:,find(y1==1)));
[m2_ML, S2_ML]=Gaussian_ML_estimate(X1(:,find(y1==2)));
% 基于似然值 ML，采用贝叶斯分类器分类数据 X2
m_ML(:,1)=m1_ML;
m_ML(:,2)=m2_ML;
S_ML(:,:,1)=S1_ML;
S_ML(:,:,2)=S2_ML;
P=[1/2 1/2];
z=bayes_classifier(m_ML,S_ML,P,X2);
% 计算分类误差
true_labels=y2;
Bayes_ML_error=sum(true_labels~=z)/length(z)
```

运行程序输出结果如下：

```
naive_error =
   0.1415
```

```
Bayes_ML_error =
   0.1063
```

有结果可知，朴素贝叶斯分类器分类误差为 0.1415，而基于最大似然估计法的贝叶斯分类器分类误差为 0.1063，换句话说就是朴素贝叶斯分类器的性能要优于基于最大似然估计法的贝叶斯分类器。

1.9　最近邻分类原则

尽管最近邻分类原则（NN）是一种很陈旧的分类准则，但它仍是最受欢迎的一种分类原则。对于分类数为 c，w_i（$i=1,2,3,\cdots,c$）N 个训练点 x_i（$i=1,2,3,\cdots,N$），在 1 维数据空间，每一个数据隶属于某一个类别，给定一个数据点 $x \in R^l$，隶属于哪一个类别未知。现在的任务就是分类 $x \in R^l$ 进哪一个类别，分类的原则有如下几步：

（1）使用欧氏距离或者是马氏距离进行 $x \in R^l$ 与 N 个训练点 x_i 距离计算，得到 k 个最近邻的训练点，k 可由用户自己设置，特别注意的是 k 比 c 大，对于类别为 2 的数据空间而言，k 为奇数。

（2）确认找出的 k 个最近邻的训练点 k_i 隶属的类别 w_i，有 $\sum_{i=1}^{c} k_i = k$。

（3）k 个最近邻的训练点 k_i 隶属于哪一个类别比较多，则 $x \in R^l$ 属于哪一个类 w_i。

对于一个 N，$N \to \infty$，采用 $k-$NN 分类器，当 k 充分大时，k—NN 分类器效果更优于贝叶斯分类器，如果 N 取值比较小，当 k 充分大时，k—NN 分类器效果不一定好。

采用 k—NN 分类器，缺点就是计算量比较大，计算较复杂。

【例 1-13】 考虑一个二维数据分类问题，数据来自于等概率的两个类别 w_1 和 w_2，均服从高斯分布，$m_1=[0,1]^T$，$m_2=[5,6]^T$，协方差矩阵为 $S_1=S_2=\begin{bmatrix}0.5 & 0.1\\0.1 & 0.5\end{bmatrix}$，产生两个数据集 X_1 和 X_2，N_1=1000，N_2=5000。视数据集 X_1 为训练数据集，数据集 X_2 为测试数据集，采用 k—NN 分类器去分类数据集 X_2，选取 k=3，采用欧氏距离进行距离计算，并计算最终的分类误差。

编写 MATLAB 程序如下：

```
clc,clear,close all                      % 清屏、清工作区、关闭窗口
warning off                              % 消除警告
feature jit off                          % 加速代码执行
m=[0 1; 5 6]';                           % 初始化
S=[0.5 0.1;0.1 0.5];                     % 初始化
S(:,:,1)=S;S(:,:,2)=S;                   % 初始化
P=[1/2 1/2 ]'; N_1=1000;                 % 初始化
% 随机产生初始化数据 X1 and X2
randn('seed',0);
[X1,y1]=generate_gauss_classes(m,S,P,N_1);
N_2=5000;
randn('seed',100);
[X2,y2]=generate_gauss_classes(m,S,P,N_2);

%使用 k_nn_classifier (k=3)分类器分类
```

```
k=3;
z=k_nn_classifier(X1,y1,k,X2);

% 计算分类误差
pr_err=sum(z~=y2)/length(y2)
```

k-NN 分类器函数程序如下：

```
function [z]=k_nn_classifier(Z,v,k,X)
% 函数使用格式如下:
%   [z]=k_nn_classifier(Z,v,k,X)
% k-NN 分类器函数
% 输入:
%   Z:  lxN1  matrix, 第 i 列对应第 i 个参考向量
%   v:  N1-dimensional vector 参考向量所隶属的类别
%   k:  最近邻个数
%   X:  lxN matrix 每一列为待分类的数据
%输出:
%   z:  N-dimensional vector X 分类后的类别
[l,N1]=size(Z);
[l,N]=size(X);
c=max(v);  %分类数
% 计算欧氏距离
for i=1:N
    dist=sum((X(:,i)*ones(1,N1)-Z).^2);
    %升序排列
    [sorted,nearest]=sort(dist);
    refe=zeros(1,c); %计算每一类的参考向量
    for q=1:k
        class=v(nearest(q));
        refe(class)=refe(class)+1;
    end
    [val,z(i)]=max(refe);
end
```

运行程序输出结果如下：

```
pr_err =
    0.0
```

由结果可知，采用 *k*-NN 分类器分类的结果误差为 0%。

1.10　本 章 小 结

本章就贝叶斯分类器，比较全面地介绍了常用的分类方法，贝叶斯分类器的分类原理是通过某对象的先验概率，利用贝叶斯公式计算出其后验概率，即该对象属于某一类的概率，选择具有最大后验概率的类作为该对象所属的类。

常见的距离分类器有欧氏距离分类器和马氏距离分类器等，较高级的方法有贝叶斯分类器和朴素贝叶斯分类器等，对于均值和方差的估计，则列举了高斯概率密度似然估计、混合概率分布模型、期望最大化算法、Parzon 窗和 K 最近邻密度估计法等。本章比较全面而系统的对贝叶斯理论进行揭示，对数据的分类处理也做了详细的介绍，读者朋友可以仔细对比本章例子和源程序进行学习。

第 2 章　基于背景差分的运动目标检测与 MATLAB 实现

运动目标检测是图像处理与计算机视觉的一个分支，在理论和实践上都有重大意义，长久以来一直被国内外学者所关注。在实际中，利用摄像机对某一特定区域进行监视，是一个细致而连续的过程，它可以由人来完成，但是人执行这种长期枯燥的例行检测是不可靠的，而且费用也很高，因此引入运动检测非常有必要。背景差分法是目前运动检测中最常用的一种方法，它是利用当前图像与背景图像的差分来检测出运动区域的一种技术。它一般能够提供最完全的特征数据，但对于动态场景的变化，如光照和外来无关事件的干扰等特别敏感。该算法首先选取背景中的一幅或几幅图像的平均作为背景图像，然后把以后的序列图像当前帧和背景图像相减，进行背景消去。若所得到的像素数大于某一阈值，则判定被监控场景中有运动物体，从而得到运动目标。

学习目标：

（1）学习和掌握背景差分、帧间差法的原理方法；

（2）学习和掌握背景差分、帧间差法用 MATLAB 实现；

（3）学习和掌握用 MATLAB 进行运动目标检测。

2.1　运动目标检测的一般过程

在进行运动目标检测时，一个很重要的步骤就是区分出运动目标和背景范围，常见的一种情况是摄像机处于静止状态并且焦距也是固定的，拍摄的背景是一致的，人眼就能很轻易的识别运动的物体。在这种情况下，无论是使用背景差法，还是使用帧间差法，运动目标检测与识别效果均较好。然而，实际应用中，视频中背景并不是一成不变的，如果在变化的背景（或者是曝光度不同或带噪声等）中，去检测运动的目标，则直接采用帧间差法或者是背景差法，就显得比较棘手；针对这种情况，需要我们去挖掘这个实时变化的运动背景图像，国内外众多学者提出了自适应变化背景模型，实现了背景模型的实时更新，能够比较准确地分割和识别出运动目标。

接下来讨论几种背景分析法：手动背景法、统计中值法和算术平均法。

2.1.1　手动背景法

手动背景法需要人去观察背景图像，选取某一帧图像作为背景图像，然后把其他物体与该选定的背景图像进行分析运算。然而这种背景提取方法耗费了大量的人力和物力，而且在很多情况下，是很难获得背景图像的，因为一个视频中，背景可能会晃动，且不同图像曝光度不同，也可能背景里面的物体是一直存在的，因此手动背景法误差是比较大的。然而对于高速公路的车辆监控系统，由于摄像头是固定不动的，图像背景可以在没有车辆的时候获取，从而在车辆检测以及车辆流统计等运用中应用比较广泛，也可以应用到社区门禁系统等。

2.1.2　统计中值法

考虑到运动物体较少的情况下，也就是连续多帧图像中，背景像素值占主要部分，也就是背景图像在该段时间内变化较缓慢，则我们可对该序列图像进行统计取中值，取中值图像便可以认为它是背景图像。

统计中值算法具体的实现过程简要介绍如下：

假设图像像素点 $A_i(x,y)$ 在连续帧图像中的亮度值为 I_i，那么在这一段时间内，对该序列图像的亮度值 I_i 进行排序，然后取亮度中值 $M_i(x,y)$ 作为背景图像，其中 $(i=1,2,3,\cdots,N)$。

统计中值法也有其缺陷，具体如下：

第一，图像最大特点就是数据量大，图像像素点数大多是数万到数十万的像素点数，因此对单帧图像进行处理，本身计算量就很大，对于视频处理显得不适宜；

第二，我们知道，图像帧数量 N 比较大，那么我们还得统计取中值，则我们需要对庞大的数组进行排序，再取中值，实现过程计算量太大，处理较慢，同时需要占用大量的 CPU 内存单元用于存储数据，因此统计中值法进行背景提取显得不合适。

2.1.3　算术平均法

采用算术平均法提取背景图像，是较简单的一种背景计算方法，即将所有的图像进行加法，然后取平均值即背景图像。为什么可用算法平均法进行背景提取，主要考虑到背景信息占图像主要部分，不同帧图像均含有图像背景信息，采用加法求均值法，弱化运动目标，突出了背景信息，因此可以连续读入 N 帧图像，然后进行算法平均法进行背景提取。同样这样的一种算法平均法，也可以弱化图像的背景白噪音点，因此，算术平均值法具有平滑图像的作用。

算术平均法的统计公式如式（2.1）所示。

$$B(x,y)=\frac{1}{N}\sum_{i=1}^{N}I_i(x,y) \tag{2.1}$$

式（2.1）中：$B(x,y)$ 表示背景图像，$I_i(x,y)$ 表示第 i 帧序列图像，N 表示平均帧数。

在实际场景中，一段时间内，同一区域很少有可能总是存在运动的目标，因此通过算术平均法得到的背景就会消除亮暗分布不均匀的情况。

选取 N=120 进行 MATLAB 仿真，如图 2-1 所示。从序列第 1、30 和 60 帧图像可以看出，在第 1 帧至第 60 帧时都存在运动目标。

（a）第 1 帧图像

（b）第 30 帧图像

（c）第 60 帧图像

图 2-1　各帧图像

经过对连续 60 帧计算算术平均值，MATLAB 程序如下：

```
clc,clear,close all                                         % 清屏、清工作区、关闭窗口
warning off                                                 % 消除警告
feature jit off                                             % 加速代码执行
im1 = imread('1.jpg');  im1 = im2double(im1);               % 加载图像并转化为 double 类型
im2 = imread('30.jpg'); im2 = im2double(im2);               % 加载图像并转化为 double 类型
im3 = imread('60.jpg'); im3 = im2double(im3);               % 加载图像并转化为 double 类型
im4 = imread('80.jpg'); im4 = im2double(im4);               % 加载图像并转化为 double 类型
im5 = (im1+im2+im3+im4)/4;                                  % 平均操作
figure,imshow(im5,[])
```

运行程序得到了基本不包含运动目标的背景图像，如图 2-2 所示。

图 2-2　算术法提取的背景图像

采用算术平均法求得的背景图像，能够较好的反应背景信息，且弱化了图像的运动目标（汽车）。由此可得，采用算术平均法，算法较简单，计算简便。

也许我们能够发现，采用算术平均值法求得背景图像，计算量也比较大，相比于统计中值法，算术平均值法无需进行像素排序，很大的减小了计算量，如图 2-2 所示，采用背景平均值法得到的图像背景是较真实的，受运动目标的影响较小；如果选取的图像帧数足够多，那么求得的图像背景就越好，如果选取的图像帧数过少，那么图像中运动目标是不容易被滤除的，很容易干扰背景图像的提取。值得注意的是，如果图像序列帧数选取过多，那么会增大 CPU 计算量，也应该引起读者朋友们的注意。

图像算术平均法具有一定的自适应背景提取能力。当然用户可以一段时间、一段时间的选取，从而得到不同时间段对应的背景图像，从而实现背景图像的自适应更新，因此算术平均值法具有较好的图像目标识别功能，能够较好地提取背景。

2.2　运动目标检测的一般方法

在实际的安防与监控应用中，大多数会考虑摄像头固定的情况。因此本章在研究运动目标检测算法时，也做如下假设：摄像头固定，只对视场内的目标进行检测，离开视场后再次进入的物体被视为新目标。目前，大多数的运动目标检测的方法或是基于图像序列中时间信息的，或是基于图像序列中空间信息的。常见的方法有如下 3 种。

1．光流法

光流法是根据新图像目标的亮度信息进行检测，从而实现目标的检测。光流法算法难度较大，实际不常用，而且光流法进行光流的准确估计，需要准确地定位图像像素点变化的大小与方向，因此计算量是相当大的，然而光流法的优点也是较明显的。例如，采用光流法不需要先验信息——图像场景原始信息等，所以采用光流法能够实现复杂背景图像的自适应提取。考虑到运动目标检测的实用型及简便性，本章内容侧重于背景差法以及帧间差法。

2．背景差法

背景差法，就是直接采用各帧图像与背景图像做差，进而得到实时图像中出现的运动目标，做差后，残留的图像结果即是运动像素，这种方法提取运动目标较简单，操作较容易。但是背景差法对光照、曝光度以及外界环境的变化等影响较大，因此背景差法并不适用于所有的帧图像运动目标提取，也就是说背景差法只适用于一段时间的运动目标提取，要实现对所有场景的帧图像进行运动目标提取，需要对背景图像进行实时更新。

3．帧间差法

帧间差法类似于背景差法，即采用相连帧图像做差，从而实现运动目标的提取，这个相连帧选取，可由用户自定，例如选择相隔 1 帧、相隔 2 帧、…、N 帧图像等。采用帧间差法也可以忽略图像背景的影响，能够适应复杂图像的运动目标检测，但是采用帧间差法进行运动目标提取，提取误差是较大的，用户需要进行辅以其他图像处理方法进行运动目标精确提取。因此可以总结到：相连帧的选取不当，不利于图像运动目标的提取，用户需要不断地调试，从而确定相隔帧数的合理选择。

2.2.1　帧间差法运动目标检测

基于帧间差法的运动检测根据相邻帧图像间亮度变化的大小来检测运动目标，帧间差法公式如式（2-2）所示。

$$D_i\left(x,y\right)=I_i\left(x,y\right)-I_{i-1}\left(x,y\right) \tag{2-2}$$

$I_i\left(x,y\right)$、$I_{i-1}\left(x,y\right)$ 为前后两帧图像，帧间差法运动检测只针对前景区域进行，运动检测公式如下，其中 T 为门限值。

$$M_i(x,y)=\begin{cases}1, D_i > T\\0, D_i \leqslant T\end{cases} \tag{2-3}$$

选取 T=20，相应的 MATLAB 程序如下：

```
clc,clear,close all                                % 清屏、清工作区、关闭窗口
warning off                                        % 消除警告
feature jit off                                    % 加速代码执行
im1 = imread('19.jpg'); % im1 = im2double(im1); % 加载图像并转化为 double 类型
im2 = imread('20.jpg'); % im2 = im2double(im2); % 加载图像并转化为 double 类型
im3 = imread('79.jpg'); % im3 = im2double(im3); % 加载图像并转化为 double 类型
im4 = imread('80.jpg'); % im4 = im2double(im4); % 加载图像并转化为 double 类型
im5 = imread('139.jpg');% im5 = im2double(im5); % 加载图像并转化为 double 类型
im6 = imread('140.jpg');% im6 = im2double(im6); % 加载图像并转化为 double 类型
T = 20;
im12 = im2-im1; im12 = im12(:,:,1) > T;   % T=20
figure,imshow(im12,[])
im34 = im4-im3; im34 = im34(:,:,1) > T;   % T=20
figure,imshow(im34,[])
im56 = im6-im5; im56 = im56(:,:,1) > 20;  % T=20
figure,imshow(im56,[])
```

仿真结果如图 2-3 所示。

（a）第 19 帧图像　（b）第 20 帧图像　（c）差分后二值化图像

（d）第 79 帧图像　（e）第 80 帧图像　（f）差分后二值化图像

（g）第 139 帧图像　（h）第 140 帧图像　（i）差分后二值化图像

图 2-3　帧间差分实验

由图 2-3 可知，运用帧间差法进行运动目标的检测，可以有效地检测出运动物体。帧间差法可以使背景像素不随时间积累，从而实现快速更新，因此这种算法有比较强的适应场景变化能力。帧间差法表示的是相邻做差两帧图像上同位置的像素点变化量，如果运动物体运动过于缓慢，帧间差法并不适用，或者是对于图像场景突然出现的突变像素变化区域，也会较大地影响运动目标的检测，这些缺陷也应该引起广大科研人员的注意。

在差分后的二值化图像中，也有很多“雪花”般的噪声（就是一些噪声小点），这些是由于图像局部的干扰或者是摄像设备的不固定造成图像的晃动等影响。使用帧间差法，我们首先需要考虑的是如何选择合理的时间间隔，时间间隔的选取大多数取决于运动目标的运动速度，实际视频处理中，主要靠技术员的多次试验。对于快速运动的目标，需要选择较短的时间间隔，如果选择不当，相连图像没有重叠，被检测为两个分开的目标；对于慢速运动的目标，应该选择较长的时间间隔，如果选择不当，最坏情况下目标在前后两帧中几乎完全重叠，根本检测不到目标。此外，在场景中由于多个运动目标的速度不一致也给时间间隔的选取带来很大干扰，特别是对于有重叠的车辆时，根本无法定位某个运动的车辆，因此对于帧间差法的合理运用显得尤为重要。

2.2.2　背景差法运动目标检测

背景差法的实质是：实时输入的场景图像与已知的背景图像进行作差，从而较准确地实现运动目标的检测。

但是背景差法也有其缺陷，具体表现为：随着录制视频的推移，场景的光照变化、摄像机设备的曝光度变化、外界噪声的变化等都会很大程度影响已经建立好的背景图像。

本章假设背景处于理想情况下进行背景差法的研究。

设(x, y)是二维数字图像的平面坐标，基于背景差法的二值化数学描述为：

$$D_i(x,y)=\left|I_i(x,y)-B_i(x,y)\right| \tag{2-4}$$

$$M_i(x,y)=\begin{cases}1, D_i > T\\ 0, D_i \leqslant T\end{cases} \tag{2-5}$$

$I_i(x,y)$表示图像序列中当前帧的灰度图像，$B_i(x,y)$表示当前帧背景的灰度图像，$M_i(x,y)$表示相减后的二值化结果，T 表示对应的相减后灰度图像的阈值，选取固定阈值 T=20。基于背景差法的 MATLAB 仿真，程序如下：

```
clc,clear,close all                                    % 清屏、清工作区、关闭窗口
warning off                                            % 消除警告
feature jit off                                        % 加速代码执行
im1 = imread('1.jpg');  im1 = im2double(im1);          % 加载图像并转化为 double 类型
im2 = imread('30.jpg'); im2 = im2double(im2);          % 加载图像并转化为 double 类型
im3 = imread('60.jpg'); im3 = im2double(im3);          % 加载图像并转化为 double 类型
im4 = imread('80.jpg'); im4 = im2double(im4);          % 加载图像并转化为 double 类型
im6 = imread('145.jpg'); % im6 = im2double(im6);% 加载图像并转化为 double 类型
T = 20;                                                % 固定阈值 T=20
im5 = (im1+im2+im3+im4)/4;  im5 = im2uint8(im5);
im1 = im2uint8(im1);   im2 = im2uint8(im2);
```

```
im3 = im2uint8(im3);    im4 = im2uint8(im4);
im15 = im1-im5; im15 = im15(:,:,1) > T;                      % 阈值
figure,imshow(im15,[])
im25 = im2-im5; im25 = im25(:,:,1) > T;                      % 阈值
figure,imshow(im25,[])
im35 = im3-im5; im35 = im35(:,:,1) > T;                      % 阈值
figure,imshow(im35,[])
im45 = im4-im5; im45 = im45(:,:,1) > T;                      % 阈值
figure,imshow(im45,[])
im65 = im6-im5; im65 = im65(:,:,1) > T;                      % 阈值
figure,imshow(im65,[])
```

运行程序输出结果如图 2-4 所示。

（a）第 1 帧图像　（b）第 1 帧背景　（c）差分后二值化图像

（d）第 30 帧图像　（e）第 30 帧背景　（f）差分后二值化图像

（g）第 145 帧图像　（h）第 145 帧背景　（i）差分后二值化图像

图 2-4　背景差分实验

在背景差法实验结果图中，左图为原始输入图像，中图为背景图像，右图为背景差分法得出的二值化图像。实验结果表明：背景差法可以有效地检测出运动目标。由于背景建模算法的引入，使得背景对噪声有一定的抑制作用，同时，使用背景差分算法检测出的运动物体轮廓，比帧间差法的检测结果更清晰。因此，在背景建模与背景更新处于比较理想的状态下，背景差法得到的检测结果略好于帧间差法得到的结果。

2.3 本章小结

本章简单地介绍了运动目标检测方法，详细地介绍了帧间差法和背景差法等在运动目标检测中的应用研究。本章分别采用帧间差法和背景差法对运动目标进行分割，达到较好的效果，其中采用背景差法较之于帧间差法，效果更好。而一个良好的分割结果，需要较好的背景图像，背景图像又不断地受到光照和外界干扰等影响，因此提取背景算法显得较为重要。本章分析了手动背景法、统计中值法和算术平均法，其中算法平均值法具有较好的效果，贯穿于本章背景图像的计算。整体上而言，本章给予广大读者一个学习平台，即如何从一个视频流中获得背景图像。

第 3 章　基于小波变换的图像压缩与 MATLAB 实现

1974 年，法国工程师 J.Morlet 首先提出了小波变换的概念。1986 年著名数学家 Y.Meyer 偶然构造出一个真正的小波基，并与 S.Mallat 合作建立了构造小波基的多尺度分析之后，小波分析才开始蓬勃发展起来。小波分析的应用领域十分广泛，在数学方面，它已用于数值分析、构造快速数值方法、曲线曲面构造、微分方程求解和控制论等；在信号分析方面已应用于滤波、去噪声、压缩和传递等；在图像处理方面已应用于图像压缩、分类、识别与诊断，去噪声等。本章将着重阐述小波在图像中的应用分析。

学习目标：

（1）掌握小波应用原理及分析方法；

（2）掌握和运用 MATALB 进行小波分析；

（3）掌握小波分解和压缩应用方法等。

3.1　小波变换原理

小波分析是一个比较难的分支，用户采用小波变换，可以实现图像压缩，振动信号的分解与重构等，因此在实际工程上应用较广泛。小波分析与 Fourier 变换相比，小波变换是空间域和频率域的局部变换，因而能有效地从信号中提取信息。小波变换通过伸缩和平移等基本运算，实现对信号的多尺度分解与重构，从而很大程度上解决了 Fourier 变换带来的很多难题。

小波分析作为一个新的数学分支，它是泛函分析、Fourier 分析和数值分析的完美结晶；小波分析也是一种“时间—尺度”分析和多分辨分析的新技术，它在信号分析、语音合成、图像压缩与识别、大气与海洋波分析等方面的研究，都有广泛的应用。

（1）小波分析用于信号与图像压缩。小波压缩的特点是压缩比高，压缩速度快，压缩后能保持信号与图像的特征不变，且在传递中能够抗干扰。基于小波分析的压缩方法很多，具体有小波压缩、小波包压缩和小波变换向量压缩等。

（2）小波也可以用于信号的滤波去噪、信号的时频分析、信噪分离与提取弱信号、求分形指数、信号的识别与诊断以及多尺度边缘检测等。

（3）小波分析在工程技术等方面的应用概括的包括计算机视觉、曲线设计、湍流、远程宇宙的研究与生物医学方面。

3.2　多尺度分析

定理 1　假设利用尺度函数ϕ对$\{V_j, j \in Z\}$进行多解分析，可得到以下的结论：对任意的整数j，函数组$\left\{\phi_{jk}(x) = 2^{\frac{j}{2}}\phi\left(2^j x - k\right); k \in Z\right\}$构成$V_j$的一个正交基。

定理 2　假设利用尺度函数ϕ对$\{V_j, j \in Z\}$进行多解分析，则以下的关系式成立：

$$\phi(x) = \sum_k p_k \phi(2x - k)$$

其中，$p_k = \int_a^b \phi(x)\phi(2x-k)\mathrm{d}x$，$(a = -\infty, b = \infty)$；$\phi\left(2^{j-1} - j\right) = \sum_k p_{k-2j}\phi\left(2^j x - k\right)$或者是$\phi_{j-1,j} = 2^{-1/2}\sum_k p_{k-2j}\phi_{\left(2^j x - k\right)} jk$。

其中，$\phi_{jk}(x) = 2^{\frac{j}{2}}\phi\left(2^j x - k\right)$。

定理 3　假设利用尺度函数$\phi(x) = \sum_k p_k \phi(2x-k)$对$\{V_j, j \in Z\}$进行多解分析，令$W_j$空间$\left\{\varphi\left(2^j x - k\right), k \in Z\right\}$，其中，$\varphi(x) = \sum_k (-1) p_{1-k}\phi(2x-k)$，则空间$W_j$是空间$V_{j+1}$中与$V_j$正交的部分。此外，$\left\{\varphi(x) = 2^{\frac{j}{2}}\varphi\left(2^j x - k\right), k \in Z\right\}$是空间$W_j$的一个正交基分解与重构公式。

假定要处理空间V_j中的信号 f，有两个正交基可以用于表示 f。第一个是尺度函数基$\{\phi_{jk}\}$，当仅用这个基时，f可以表示为$f = \sum_k < f$，$\{\phi_{jk} < \phi_{jk}(1)\}$，当然，由于有$V_{j+1} = V_j \oplus W_j$成立，则可以利用空间$V_j$和$W_j$的联合基，即此时的基为：

$$\{\phi_{j-1,k}\}_{k \in Z} \cup \{\varphi_{j-1,k}\}_{k \in Z}$$

当用此正交基时，f可以表示为：

$$f = \sum_k < f\ ,\ \ \phi_{j-1,k} > \phi_{j-1,k} + \sum_k < f\ ,\ \ \varphi_{j-1,k} > \phi 3_{j-1,k}$$

分解公式：

$$\begin{cases} \left\langle f, \phi_{j-1,k} \geqslant 2^{-1/2}\sum_k p_{k-2j} < f, \phi_{jk} \right\rangle \\ \left\langle f, \varphi_{j-1,k} \geqslant 2^{-1/2}\sum_k (-1)^k p_{1-k+2j} < f, \phi_{jk} \right\rangle \end{cases}$$

重构公式：

$$\left\langle f, \phi_{jk} \geqslant 2^{-1/2}\sum_k p_{k-2j} < f, \phi_{j-1,\ j} > 2^{-1/2}\sum_k (-1)^k p_{1-k+2j} < f, \varphi_{j-1,j} \right\rangle$$

若将$f(x)$表示为：

$$f(x) = \sum_k 2^{\frac{j}{2}}\left\langle f, \varphi_{jk}\right\rangle 2^{\frac{j}{2}}\phi_{jk} = \sum_k a_k{}^j \phi\left(2^j x - k\right)$$

则：

$$f=\sum_k a_k{}^{j-1}\phi\left(2^{j-1}x-k\right)+\sum_k b_k{}^{j-1}\varphi\left(2^{j-1}x-k\right)$$

其中 $a_k{}^{j-1}=2^{\frac{j-1}{2}}\left\langle f,\varphi_{j-1,k}\right\rangle$，$b_k{}^{j-1}=2^{\frac{j-1}{2}}\left\langle f,\varphi_{j-1,k}\right\rangle$。

则相应的分解和重构公式可写为如下形式。

分解公式：

$$\begin{cases}a_k{}^{j-1}=2^{-1}\sum\limits_k p_{k-2j}a_k{}^j\\ b_j{}^{j-1}=2^{-1}\sum\limits_j p_{k-2j}a_j{}^{j-1}+\sum\limits_j(-1)^k p_{1-k+2j}b_j{}^{j-1}\end{cases}$$

重构公式：

$$a_k{}^j=\sum_j p_{k-2j}a_j{}^{j-1}+\sum_j(-1)^k p_{1-k+2j}b_j{}^{j-1}$$

对于图像的分解问题，一般都将图像分解为水平分量、垂直分量、对角分量和低频分量四部分，对于图像分解，一般需对图像做两次如上所讲到的变换方能实现一次分解。

3.3　图像的分解和量化

小波图像压缩算法是一种高速简单的小波图像压缩技术。小波图像压缩算法设计的目的在于降低算法计算和执行的复杂性，并且尽可能获取最佳的压缩效果。而且一个较好的图像压缩算法，能够满足一定的泛化能力及适应能力，且在不同配置 CPU 上能够实现算法的压缩与解压缩功能，并且压缩与解压缩的效果较好。

具体的小波压缩图像算法结构如图 3-1 所示。

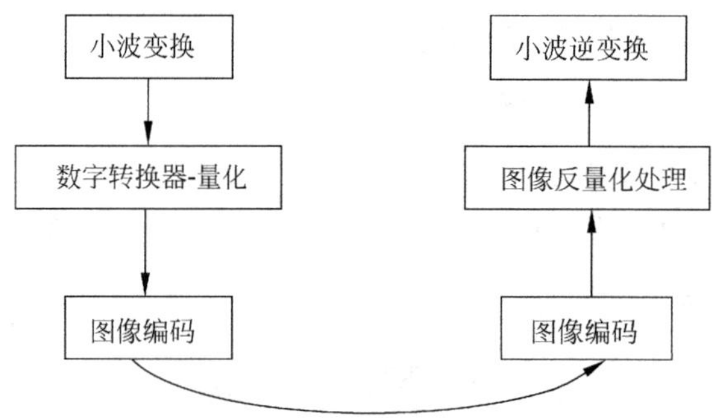

图 3-1　小波压缩图像的算法流程

针对给定的一张原始图像，我们首先进行小波变换，其中包括小波变换和数字转换器量化的过程，接下来就是图像编码，最后由小波反变换复原，这个得到图像的编码和解码过程就是图像压缩过程。

3.3.1　一维小波变换

一维前向小波变换通过一对滤波器 st 来定义，也被称作分析滤波器，具体如下：

$$l_i = \sum_{j=-nL}^{nL} S_i X_{2i+1}\text{，}\quad h_i = \sum_{j=nH}^{nH} t_i X_{2i+1} \tag{3.1}$$

尽管 l（低通滤波器）和 h（高通滤波器）是两个各自独立的输出，但是它们的初始数据有相同的系数数目。

3.3.2　二维变换体系

小波变换最大的优点是能够在许多不同的尺度和方向上对信息进行分解。为了获得一个二维小波变换，我们可以首先在水平方向做一次一维变换，然后再在垂直方向上做一次一维变换。通过这样的两次一维变换后，我们将图像分解为水平分量、垂直分量、对角分量和低频分量。在每一级变换中的低频分量可以再次进行分解进一步去除图像的相关性。

在 AWIC（Adaptive Wavelet Image Compression）算法中对“级”和“分量”作出了定义。AWIC 允许用户自行规定所希望的变换级数，但是我们一般只进行四次分解。

3.3.3　量化

量化是将具有连续幅度值的输入信号转换到只具有有限个幅度值的输出信号的过程。在压缩编码中，量化是一个对压缩后的码（比特）率和重建图像质量很关键的步骤。

一般情况下，量化器的输入是一个随机模拟信号，我们对于数据量大的信号可以采用抽样方法，并按照预先规定，将抽样值变换成 M 个电平 $q_1, q_2, q_3, \cdots q_M$，量化后的信号与原信号是近似的，这种近似程度的好坏，通常用信号量化噪声功率比来衡量。

量化又分为均匀量化和非均匀量化。

（1）均匀量化是把输入信号的取值域按等距离分割的量化。

在均匀量化中，每个量化区间的量化电平都取在各区间的中点，其量化间隔取决于输入信号的变化范围和量化电平数。当信号的变化范围和量化电平数确定后，量化间隔也将被确定。

在量化器中从输入信号 x 到输出信号 y 的转换过程可表示为：

$$y = Q(x) = y_i\text{，}\quad (x \in A_i) \tag{3.2}$$

式（3.2）中，A_i：$\{x_i < x \leqslant x_{i+1}\}$，$(i = 1, 2, \cdots, N)$。

式（3.2）中，x_i 为判决电平，y_i 为输入电平，N 为量化器的量化级数。量化器输出幅度与输入幅度之差，称为量化误差，其均方误差值 $\delta_d{}^2$ 为：

$$\delta_d{}^2 \leqslant [x - Q(x)]^2 \geqslant \sum_{i=1}^{N} \int_a^b (x - y_i)^2 p(x) \mathrm{d}x\text{，}\quad (a = x_i, b = x_{i+1}) \tag{3.3}$$

式（3.3）中，$p(x)$ 为量化器输入信号 x 的概率分布密度。

均匀量化的主要缺点是，无论抽样值大小如何，量化噪声的均方根值都固定不变。因此，当信号较小时，则信号量化噪声功率比也就小。

（2）非均匀量化是根据信号的不同区间来确定量化间隔的。对于信号取小的区间，其量化间隔也小；反之，量化间隔就大。实际中，非均匀量化的实现方法通常是将区间值压缩，再进行均匀量化。

非均匀量化与均匀量化相比，有两个突出的优点。

- 当输入量化器的信号具有非均匀分布的概率密度时，非均匀量化器的输出端可以得到较高的平均信号量化噪声功率比；
- 非均匀量化时，量化噪声功率的均方根值基本上与信号抽样值成比例。因此，量化噪声对大、小信号的影响大致相同，即改善了小信号时的量化信噪比。

量化是图像压缩中唯一产生能量损失的步骤。因此，这一步骤中的细节处理对重建图像的质量有重要的影响。

在基于小波的图像压缩中，常采用非均匀量化，对不同层次的分解采用不同的量化电平。分解后的图像分为四部分：水平分量、垂直分量、对角分量及低频分量，低频部分细节丰富，对其使用量化台阶大的量化器，而对其他几个部分采用量化台阶小的量化器。

（1）高通方式的量化器

在 AWIC 中，均匀量化的量化器用于量化变换系数,均匀量化器被定义如式（3.4）所示。

$$F(v) = \mathrm{sgn}(v)\left[|v|/q + 1 - z\right] \tag{3.4}$$

其中，q 为量化器的量化宽度，z 为系数，它控制着所产生的这一系列零的宽度。

与前向变换相对应的逆向量化器的量化公式为：

$$G(v) = \mathrm{sgn}(v)\left[|v|/q + f\right] \tag{3.5}$$

其中，f 为一个常量，通过适当的选择可以使误差降到最低。

（2）低通方式的量化器

与高通方式有所不同的是：低通时的数据在零点时并不会下降，而且编码器对零点时数据的处理和其他数据的处理并没有不同。所以，增加更多的零值在低通方式时并没有什么特别的好处。事实上，尽可能精确地再现原始数据的值是非常重要的。

低通方式时的量化公式：

$$G(v) = \mathrm{sgn}(v)\left[|v|/q + 0.5\right]$$

$$G(v) = vq$$

3.4 图像压缩编码

多媒体数据压缩方法分类如下。

（1）根据图像压缩是否有数据丢失可分为：有损编码和无损编码；

（2）根据作用域是空域还是频域可分为：空间编码、变换编码和混合编码；

（3）根据编码方法是否自适应可分为：自适应编码和非自适应性编码。

总结各种编码方法如图 3-2 所示。

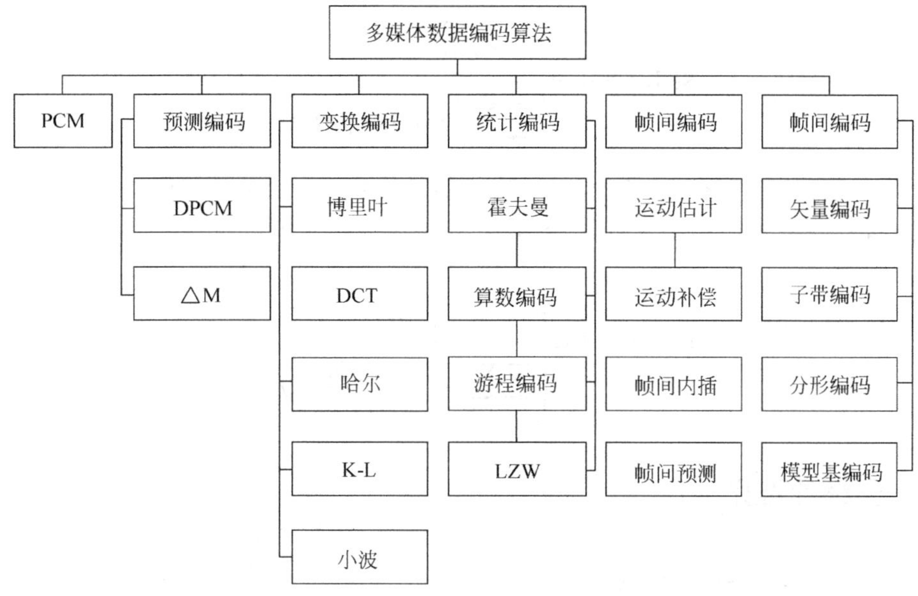

图 3-2　多媒体数据编码分类

3.4.1　图像编码评价

在图像编码中，编码质量是一个很重要的评价指标，怎么样以尽可能少的比特数来存储或传输一幅图像，同时又让浏览图像的用户感到满意，这是图像编码的目的。因此对于有失真的压缩算法（有损压缩），应该有一个评价准则——图像编码评价。

当输入图像与压缩编码后的图像可用函数表示时，最常用的一个准则是计算输入图像和输出图像之间的均方误差（EMS）或均方根误差（ERMS）。

设 $f(i,j)$ $(i=1,2,\cdots N,\ j=1,2,\cdots,M)$ 为原始图像，$\hat{f}(i,j)$ 为压缩后的还原图像。则 $f(i,j)$ 和 $\hat{f}(i,j)$ 之间的均方误差（EMS）定义为：

$$E_m=\frac{1}{NM}\sum_{i=1}^{N}\sum_{j=1}^{M}\left[f(i,j)-\hat{f}(i,j)\right]^2 \tag{3.6}$$

如果对式（3.6）求平方根，就可以得到 $f(i,j)$ 和 $\hat{f}(i,j)$ 之间的均方根误差（ERMS），即：

$$E_{rms}=\sqrt{E_{ms}} \tag{3.7}$$

还有一种常用的客观评价准则是输入图像和输出图像之间的均方信噪比，定义为：

$$\text{SNR}=\frac{\sum_{i=1}^{N}\sum_{j=1}^{M}\left[f(i,j)\right]^2}{\sum_{i=1}^{N}\sum_{j=1}^{M}\left[f(i,j)-\hat{f}(i,j)\right]^2} \tag{3.8}$$

除了均方根信噪比，还有基本信噪比，它用分贝表示压缩图像的定量性评价。设 $\bar{f}=\frac{1}{NM}\sum_{i=1}^{N}\sum_{j=1}^{M}\left[f(i,j)\right]^2$，则基本的信噪比定义为：

$$\mathrm{SNR}_{\lg} = 10\lg\left[\frac{\sum_{i=1}^{N}\sum_{j=1}^{M}\left[f(i,j)-\bar{f}\right]^2}{\sum_{i=1}^{N}\sum_{j=1}^{M}\left[f(i,j)-\hat{f}(i,j)\right]^2}\right] \tag{3.9}$$

最常用的信噪比是峰值信噪比(PSNR)，设 $f_{\max} = 2^k - 1$，k 为图像中表示一个像素点所用的二进制位数，则峰值信噪比定义为：

$$\mathrm{PSNR} = 10\lg\left[\frac{NMf_{\max}{}^2}{\sum_{i=1}^{N}\sum_{j=1}^{M}\left[f(i,j)-\hat{f}(i,j)\right]^2}\right] \tag{3.10}$$

3.4.2　压缩比准则

压缩比是衡量数据压缩程度的指标之一，现今都没有一个统一的定义。目前常用的压缩比 $\mathrm{P_r}$ 定义为：

$$\mathrm{P_r} = \frac{L_s - L_d}{L_s} \times 100\% \tag{3.11}$$

式中，L_s 为源代码长度，L_d 为压缩后的代码长度。

压缩比的物理意义是被压缩掉的数据占原始数据的百分比。一般压缩比 $\mathrm{P_r}$ 大，则说明被压缩掉的数据量多。当压缩比 $\mathrm{P_r}$ 接近 100%时，压缩效率是最理想的，但也是最难实现的。

3.5　图像压缩与 MATLAB 实现

一般所说的图像压缩主要指无损压缩（无失真）和有损压缩（有一定的失真）两大类。

图像无损压缩是指图像数据经压缩后可以完全得到原始数据，复原后的图像可以与原图像完全一致，即压缩和解压缩过程不会丢失数据。而有损压缩则是指经过压缩处理后，图像一部分数据丢失，但是全局主要特征没有丢失。

图像能够进行压缩的主要原因如下：

（1）原始图像信息存在着很大的冗余度，数据之间存在着相关性，如相连间像素之间色彩的相关性等，这些冗余的信息将会产生额外的编码，浪费占用资源，如果去掉这些冗余信息，就会减少信息所占的空间。

（2）在多媒体系应用领域中，人眼作为图像信息的接收端，人视觉对于边缘急剧变化不敏感（视觉掩盖效果），人眼对图像的亮度信息较敏感，而对颜色分辨率弱等，因此在高压缩比下，再经解压缩后的图像信号仍让人比较满意。

（3）只要损失的数据不太影响人眼主观接受的效果，即可觉得这个压缩方法可行。

MATLAB 中实现了图像的压缩，主要包括获取压缩阈值和进行图像压缩两方面。实现获取压缩阈值的函数有 ddencmp 和 wdcbm2 两个；实现图像压缩的函数有 wdencmp、wpdencm 和 wthcoef2 三个。

对于静止图像的压缩，如 JPEG 压缩，MATLAB 程序如下：

```
%%格式压缩
clc,clear,close all                          % 清屏、清工作区、关闭窗口
warning off                                  % 消除警告
feature jit off                              % 加速代码执行
% load wbarb;
cametif=imread('cameraman.tif');
subplot(121),subimage(cametif);
title('tif 图像')
%将 tif 图像转换成 JPG 格式
imwrite(cametif,'came.jpg','jpg');
camejpg=imread('came.jpg');
subplot(122),subimage(camejpg);
title('jpg 图像')
% 由于 JPEG 是有损压缩，计算 TIF 和 JPG 之间的 PSNR
PSNR(cametif,camejpg)
```

PSNR 函数编写如下：

```
%% 压缩比函数
function psnr=PSNR(A,B)
sizeA=size(A);
sizeB=size(B);
if sizeA~=sizeB
    error('图像尺寸不一致')
end
if A==B
    error('两幅图像一样')
end
max2_A=max(max(A));
max2_B=max(max(B));
min2_A=min(min(A));
min2_B=min(min(B));
if max2_A>255 || max2_B>255 || min2_A<0 || min2_B<0     % 灰度值约束
    error('输入的灰度值范围应为[0,255]')
end
error_diff=A-B;
decibels=20*log10(255/(sqrt(mean(mean(error_diff.^2)))));
psnr=decibels;
% disp(sprintf('PSNR=+%5.2fdB',decibels))
```

运行程序其结果如图 3-3 所示。

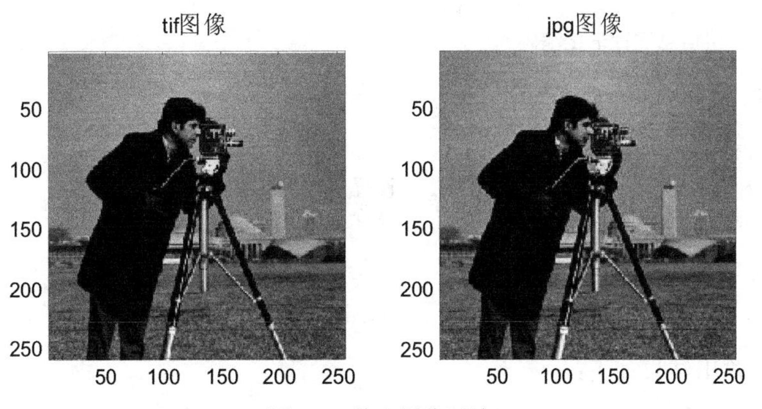

图 3-3　静止图像压缩

采用 Bior 算子，对图像进行小波分解和重构，对图像的第一层和第二层信息进行压缩，MATLAB 程序如下：

```
clc,clear,close all                    % 清屏、清工作区、关闭窗口
warning off                            % 消除警告
feature jit off                        % 加速代码执行
load wbarb;
subplot(2,2,1);image(X);
colormap(map);
xlabel('(a) 原始图像');
axis square
disp('压缩前图像 X 的大小');           % 显示文字
whos('X')                              % 显示图像属性
%对图像用小波进行层小波分解
[c,s]=wavedec2(X,2,'bior3.7');  % 提取小波分解结构中的一层的低频系数和高频系数
ca1=appcoef2(c,s,'bior3.7',1);  % 水平方向
ch1=detcoef2('h',c,s,1);               % 垂直方向
cv1=detcoef2('v',c,s,1);               % 斜线方向
cd1=detcoef2('d',c,s,1);
%各频率成份重构
a1=wrcoef2('a',c,s,'bior3.7',1);
h1=wrcoef2('h',c,s,'bior3.7',1);
v1=wrcoef2('v',c,s,'bior3.7',1);
d1=wrcoef2('d',c,s,'bior3.7',1);
c1=[a1,h1;v1,d1];
%显示分频信息
subplot(2,2,2);image(c1);
colormap(jet)                          % 设置色彩索引图
axis square;                           % 设置显示比例
xlabel ('(b) 分解后低频和高频信息');
ca1=appcoef2(c,s,'bior3.7',1);
ca1=wcodemat(ca1,440,'mat',0);
%改变图像高度并显示
ca1=0.5*ca1;
subplot(2,2,3);image(ca1);
colormap(map);                         % 设置色彩索引图
axis square;                           % 设置显示比例
xlabel('(c) 第一次压缩图像');
disp('第一次压缩图像的大小为：');      % 显示文字
whos('ca1')                            % 显示图像属性
%保留小波分解第二层低频信息进行压缩
ca2=appcoef2(c,s,'bior3.7',2);
%首先对第二层信息进行量化编码
ca2=wcodemat(ca2,440,'mat',0);
%改变图像高度并显示
ca2=0.25*ca2;
subplot(2,2,4);image(ca2);
colormap(map);                         % 设置色彩索引图
axis square;                           % 设置显示比例
xlabel('(d) 第二次压缩图像');
disp('第二次压缩图像的大小为：');      % 显示文字
whos('ca2')                            % 显示图像属性
```

运行程序输出结果如下：

```
压缩前图像 X 的大小
```

```
  Name         Size              Bytes  Class     Attributes
  X       256x256              524288  double
第一次压缩图像的大小为：
  Name         Size              Bytes  Class     Attributes
  ca1      135x135              145800  double
第二次压缩图像的大小为：
  Name        Size            Bytes  Class     Attributes
  ca2      75x75              45000  double
```

生成的图像压缩结果如图 3-4 所示。

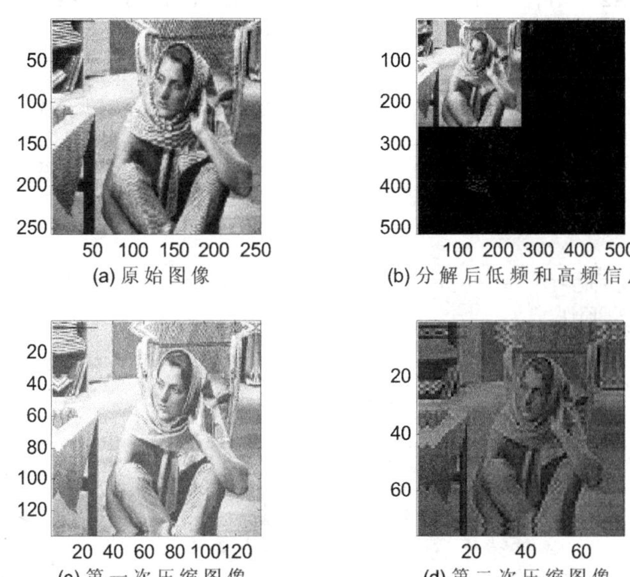

图 3-4　基于小波的图像压缩

基于小波算法的压缩方法，得到相应的图像属性，具体如表 3-1 所示。

表 3-1　小波压缩图像属性

	Name	Size	Bytes	Class
压缩前图像 X 的大小	X	256×256	524288	double
第一次压缩图像的大小	ca1	135×135	145800	double
第二次压缩图像的大小	ca2	75×75	45000	double

调用 MATLAB 自带的一个图片进行相关的运算，读入图片和利用 haar 算子对图像进行小波降噪的结果，编程如下：

```
function [XDEN,cfsDEN,dimCFS] = func_denoise_dw2d(X)
%   X：图像矩阵数据
%   XDEN：图像去噪矩阵数据
%   cfsDEN：分解向量
%   dimCFS：对应的数据缓存矩阵
wname = 'haar';                    % 小波名称
level = 2;                         % 2 级小波
% 去噪参数设置
sorh = 's';    % Specified soft or hard thresholding
thrSettings =  [...
```

```
    4.405464908006699      4.078667960675236 ; ...
    4.405464908006699      4.078667960675236 ; ...
    4.405464908006699      4.078667960675236   ...
    ];
roundFLAG = true;
% 使用 WDENCMP 函数降噪
 [coefs,sizes] = wavedec2(X,level,wname);
[XDEN,cfsDEN,dimCFS] = wdencmp('lvd',coefs,sizes, ...
    wname,level,thrSettings,sorh);
if roundFLAG , XDEN = round(XDEN); end                          % 取整
if isequal(class(X),'uint8') , XDEN = uint8(XDEN); end       % 数据类型转换
```

主函数如下：

```
clc,clear,close all                                    % 清屏、清工作区、关闭窗口
warning off                                            % 消除警告
feature jit off                                        % 加速代码执行
load wbarb;
figure,image(X)
colormap(map)
[XDEN,cfsDEN,dimCFS] = func_denoise_dw2d(X);       % 函数调用
figure,image(XDEN)
colormap(map)
```

运行程序输出结果如图 3-5 和图 3-6 所示。

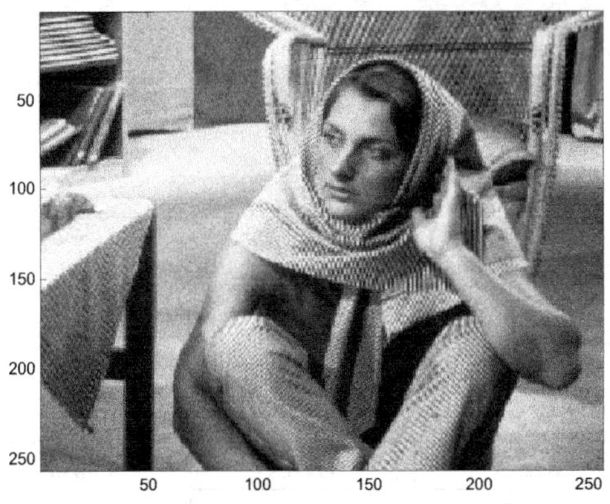

图 3-5　原始图像

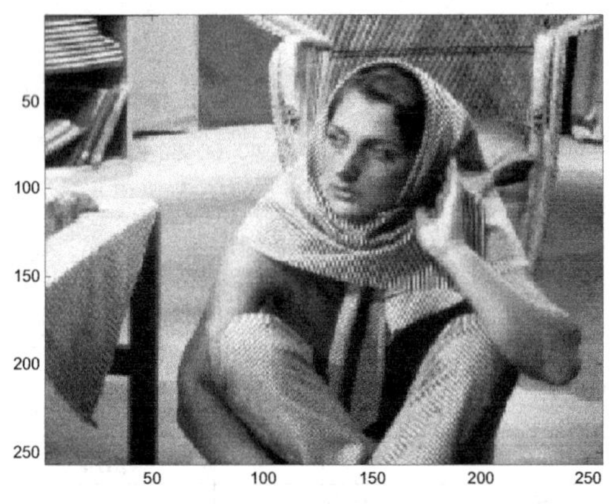

图 3-6　降噪图像

采用 haar 算子对该降噪后的图像进行压缩，并得到压缩后图像的大小和比特数值，以及得到图像压缩后的峰值信噪比 PSNR 值，采用 haar 压缩函数如下：

```
function [XCMP,cfsCMP,dimCFS] = func_compress_dw2d(X)
%   X：图像矩阵数据
%   XCMP：压缩后的图像矩阵
%   cfsCMP：分解向量
%   dimCFS：对应的数据缓存矩阵
wname = 'haar';                                        % haar 小波
level = 2;                                             % 2 级小波分解
% 压缩参数
sorh = 'h';    % Specified soft or hard thresholding
thrSettings = 331.750000000000110;                     % 阈值
roundFLAG = true;
% 使用 WDENCMP.函数进行压缩
```

```
 [coefs,sizes] = wavedec2(X,level,wname);
[XCMP,cfsCMP,dimCFS] = wdencmp('gbl',coefs,sizes, ...
   wname,level,thrSettings,sorh,1);
if roundFLAG , XCMP = round(XCMP); end                    % 取整
if isequal(class(X),'uint8') , XCMP = uint8(XCMP); end    % 数据类型转换
```

主函数如下：

```
[XCOMP,cfsCOMP,dimCFS]=func_compress_dw2d(X);
image(XCOMP)
colormap(map)
PSNR(X,XCOMP)
```

运行程序输出图形如图 3-7 所示。

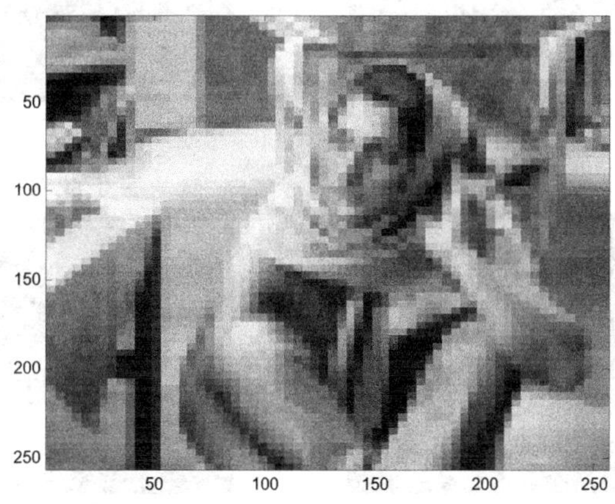

图 3-7　Haar 小波图像压缩

对于小波图像压缩编码分析，小波一级分解，分解成水平、垂直和斜线方向的梯度值，编程如下：

```
%第一层小波分解
clc,clear,close all                        % 清屏、清工作区、关闭窗口
warning off                                % 消除警告
feature jit off                            % 加速代码执行
load wbarb;
image(X);
colormap(map);
colorbar;
% 小波分解
[cA1,cH1,cV1,cD1] = dwt2(X,'bior3.7');
% 第一层小波逼近系数--cA1
% 水平系数--cH1
% 垂直系数--cV1
% 对角系数--cD1
A1 = upcoef2('a',cA1,'bior3.7',1);
H1 = upcoef2('h',cH1,'bior3.7',1);
V1 = upcoef2('v',cV1,'bior3.7',1);
D1 = upcoef2('d',cD1,'bior3.7',1);
%显示第一层小波分解图形
colormap(map);
subplot(2,2,1); image(wcodemat(A1,192));
title('Approximation A1')
subplot(2,2,2); image(wcodemat(H1,192));
```

```
title('Horizontal Detail H1')
subplot(2,2,3); image(wcodemat(V1,192));
title('Vertical Detail V1')
subplot(2,2,4); image(wcodemat(D1,192));
title('Diagonal Detail D1')
```

运行程序输出图形如图 3-8 所示。

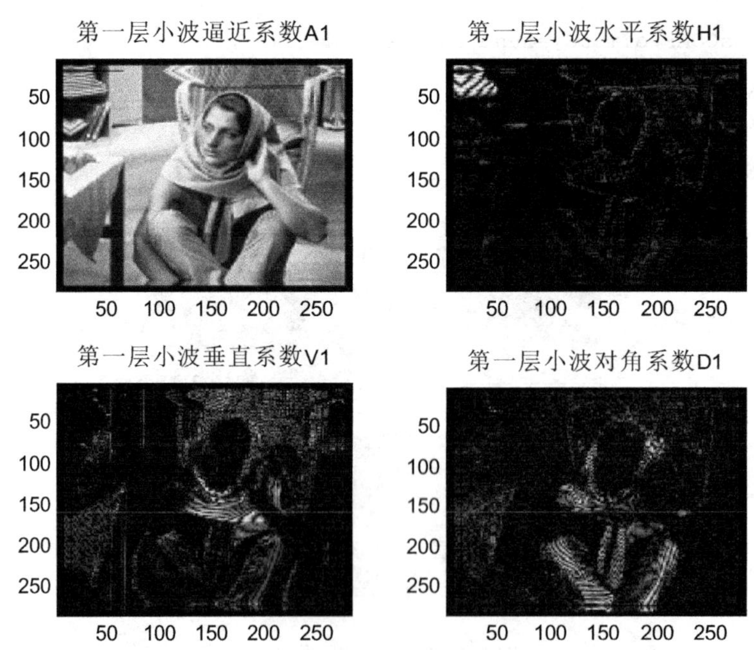

图 3-8　Bior 一级小波分解

对该图像进行第二层小波分解，同样的得到水平、垂直和斜线方向的梯度值，编程如下：

```
%% 由单层逆小波变换重新产生一副图像
% 逆变换
Xsyn = idwt2(cA1,cH1,cV1,cD1,'bior3.7');
%图像 2 级小波分解
[C,S] = wavedec2(X,2,'bior3.7');
%提取第二层小波逼近系数
cA2 = appcoef2(C,S,'bior3.7',2);
%提取第一层、第二层小波系数
cH2 = detcoef2('h',C,S,2);
cV2 = detcoef2('v',C,S,2);
cD2 = detcoef2('d',C,S,2);
cH1 = detcoef2('h',C,S,1);
cV1 = detcoef2('v',C,S,1);
cD1 = detcoef2('d',C,S,1);
%重构 the level 2 approximation from C
A2 = wrcoef2('a',C,S,'bior3.7',2);
%重构 the level 1 and 2 details from C
H1 = wrcoef2('h',C,S,'bior3.7',1);
V1 = wrcoef2('v',C,S,'bior3.7',1);
D1 = wrcoef2('d',C,S,'bior3.7',1);
H2 = wrcoef2('h',C,S,'bior3.7',2);
V2 = wrcoef2('v',C,S,'bior3.7',2);
```

```
D2 = wrcoef2('d',C,S,'bior3.7',2);
%显示 2 级小波分解结果
colormap(map);
subplot(2,4,1);image(wcodemat(A1,192));
title('Approximation A1')
subplot(2,4,2);image(wcodemat(H1,192));
title('Horizontal Detail H1')
subplot(2,4,3);image(wcodemat(V1,192));
title('Vertical Detail V1')
subplot(2,4,4);image(wcodemat(D1,192));
title('Diagonal Detail D1')
subplot(2,4,5);image(wcodemat(A2,192));
title('Approximation A2')
subplot(2,4,6);image(wcodemat(H2,192));
title('Horizontal Detail H2')
subplot(2,4,7);image(wcodemat(V2,192));
title('Vertical Detail V2')
subplot(2,4,8);image(wcodemat(D2,192));
title('Diagonal Detail D2')
```

运行程序输出图形如图 3-9 所示。

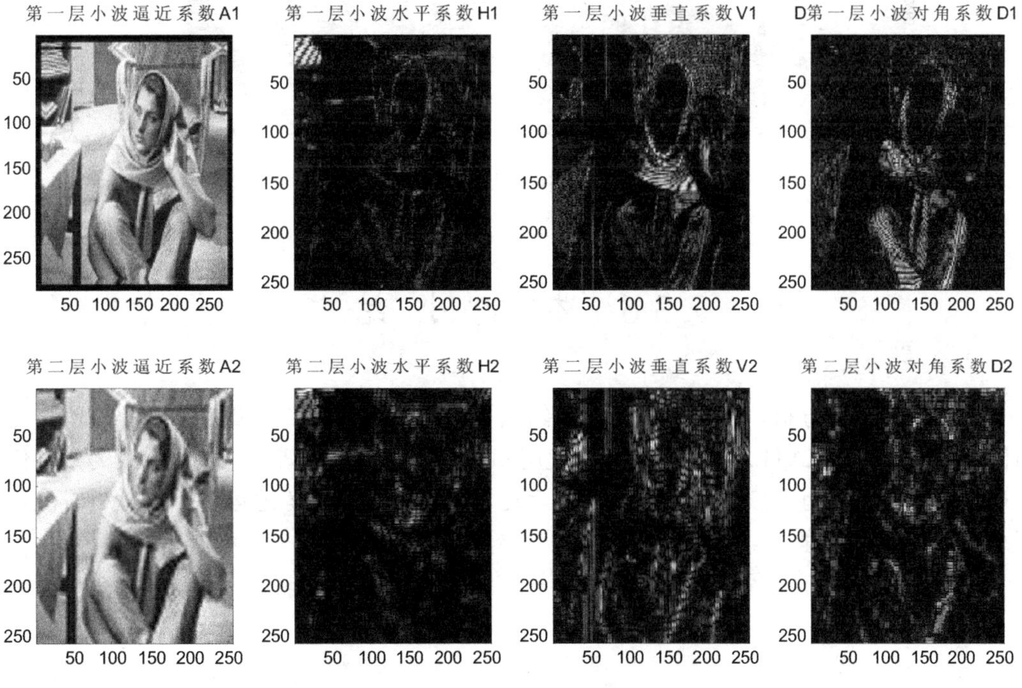

图 3-9　Bior 二级小波分解

第一层小波压缩和第二层小波压缩以及采用 wdencmp 小波压缩方法得到的结果及图的程序如下：

```
%% 重构 the original image from the wavelet decomposition structure
X0 = waverec2(C,S,'bior3.7');
% 压缩图像 X
[thr,sorh,keepapp]= ddencmp('cmp','wv',X);
% 降噪 or 压缩 using wavelets.
[Xcomp,CXC,LXC,PERF0,PERFL2] = ...
wdencmp('gbl',C,S,'bior3.7',2,thr,sorh,keepapp);
```

```
% 对比查看压缩前后图像
colormap(map);
subplot(121); image(X); title('Original Image');
axis square
subplot(122); image(Xcomp); title('Compressed Image');
axis square
PSNR(X,Xcomp)
```

运行程序输出结果如下：

```
ans =
   42.2575
```

输出压缩图像如图 3-10 所示。

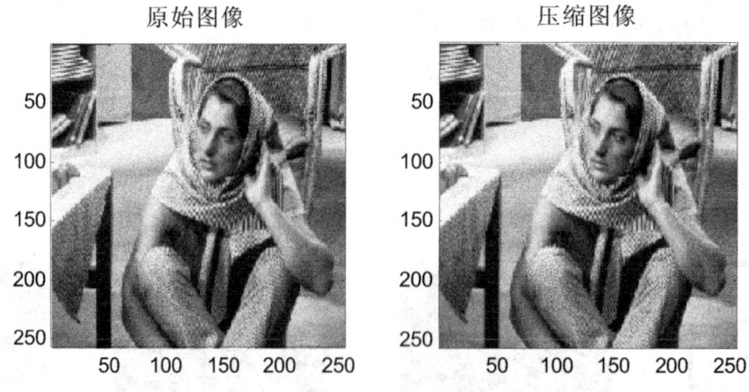

图 3-10　Bior 小波图像压缩

3.6 本章小结

本章基于小波分析，应用 MATLAB 给出了小波的一维、二维变换以及小波的量化、图像的压缩编码、MATLAB 小波工具箱使用和图像的压缩评价等。小波分析成为数字信号处理的一个分支，有着广泛的应用，本章旨在使读者能更加熟练地运用小波分析方法，理解小波分析应用原理。

第 4 章　基于 BP 的模型优化预测与 MATLAB 实现

BP（Back Propagation）神经网络是一种神经网络学习算法，是由输入层、中间层和输出层组成的阶层型神经网络，中间层可扩展为多层。相邻层之间各神经元进行全连接，而每层各神经元之间无连接。网络按有教师示教的方式进行学习，当一对学习模式提供给网络后，各神经元获得网络的输入响应产生连接权值（Weight）。然后按减小期望输出与实际输出误差的方向，从输出层经各中间层逐层修正各连接权，回到输入层。此过程反复交替进行，直至网络的全局误差趋向给定的极小值，即完成学习的过程。本章主要内容是对依托 BP 神经网络进行 PID 参数整定和数字识别技术研究。

学习目标：

（1）学习和掌握 BP 神经网络基本原理；

（2）学习和掌握 MATLAB BP 神经网络编程实现；

（3）学习和掌握 BP 优化的 PID 参数整定；

（4）学习和掌握 BP 下的数字识别技术等。

4.1　BP 神经网络模型及其基本原理

BP 神经网络应用较广泛，几乎所有学者接触神经网络时，均会首先研究 BP 神经网络，为什么 BP 神经网络如此地受到关注呢？其实归根结底在于 BP 神经网络的设计原理，BP 神经网络是一种经典的误差反向传播神经网络，它由一个或者多个输入层，一个或多个隐含层和一个或者多个输出层构成，每一层都由一定数量的神经元构成。这些神经元如同人的神经细胞一样是互相关联的。BP 神经网络结构如图 4-1 所示。

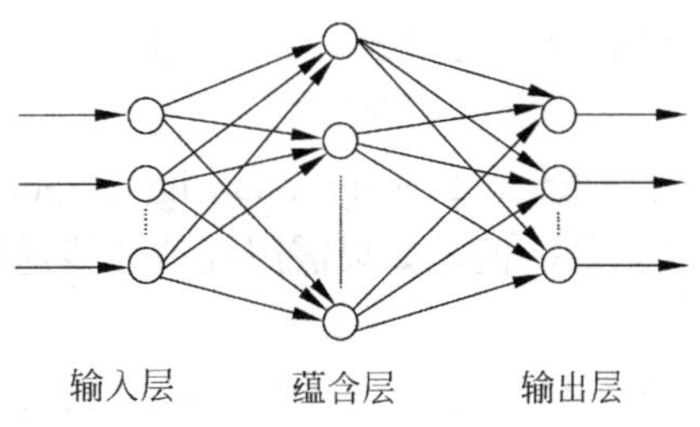

图 4-1　BP 神经网络结构

BP 神经网络模拟生物神经元信号的传递过程，生物神经元信号的传递是通过突触进行的一个复杂过程，而 BP 神经网络则将生物神经元信号传递过程，简化成一组（或者多组）

数字信号通过一定的学习规则而不断更新的过程，这组数字映射到神经网络结构，则为不同神经元之间的连接权重。

BP 神经网络的输入层模拟的是生物神经网络系统中的感觉神经元，感觉神经元接收输入样本信号。对于 BP 神经网络而言，输入信号经输入层输入，通过隐含层内部的计算，由输出层输出，输出信号与期望输出值相比较，计算其误差值，再将误差信号反向由输出层通过隐含层处理后向输入层传播。在这个过程中，通过误差梯度下降方法，以此调整神经元权值。此过程完成后，输入信号再次输入，BP 神经网络重复上述过程。这种信号正向传播与误差反向传播的各层权值调整过程周而复始地进行着，直到 BP 神经网络输出的误差下降到用户可接受的程度，或训练到程序预先设定的学习次数为止。

BP 神经网络中，权值不断更新的过程就是网络的学习训练过程。

BP 神经网络的数据处理方式具有如下特点：

（1）信息分布存储。BP 神经网络内部神经元结构分明，由输入层、隐藏层和输出层构成，且神经元之间的协作与配合是分布式的，由输入层输出给隐藏层，隐藏层输出给输出层，从而快速高效地实现信息的交互共享。

（2）信息并行处理。并行处理，顾名思义就是可以同时处理多个信息源，就像人脑一样，能顾眼观四方，耳听八方，通过信息的整合，实现问题的估计并作出快速响应。BP 神经网络结构模仿人脑并行处理结构，因而也具有并行处理的特征，从而大大地提高了网络功能。

（3）具有容错性。生物神经系统部分神经元失效，并不影响整体神经系统工作，因为神经网络内部特性，一部分神经控制一部分功能，BP 神经网络也集成这种特性，BP 神经网络就是依靠误差下降梯度进行寻优，直到满足用户特性为止，因此 BP 神经网络的容错能力是可控的，误差在可控前提下，也是可以自动反馈调节的。

（4）具有自学习、自组织、自适应的能力。BP 神经网络具有初步的自适应与自组织能力，在学习或训练中通过改变突触权值以适应输入输出数据特性，可以在使用过程中不断学习完善网络分类和预测等功能，并且同一网络因学习方式的不同可以具有不同的功能，它甚至具有创新能力，可以挖掘新的知识，以至超过设计者原有的知识水平等。

4.2　MATLAB BP 神经网络工具箱

在 MATLAB 2014a 中常用的 BP 神经网络的转移函数有 logsig()、tansig()、purelin()。当网络的输出层采用曲线函数时，输出被限制在一个很小的范围内，如果采用线性函数（purelin），则输出层输出可为任意值。Logsig()、tansig()和 purelin()三个函数是 BP 神经网络中用户常常用到的曲线估计函数，但是如果需用其他曲线逼近函数，用户也可以自定义函数。

在 BP 神经网络中，转移函数可求导是非常重要的，tansig、logsig 和 purelin 都有其分别对应的导函数 dtansig()、dlogsig()和 dpurelin()。

对于转移函数的导函数，MATLAB 工具箱提供带字符“deriv”的转移函数：

```
tansig('deriv')
ans = dtansig
```

（1）训练前馈网络的第一步是建立网络对象

函数 newff()建立一个可训练的前馈网络，MATLAB 2014a 工具箱中的调用格式如下：

net = newff(P, T, S, SPREAD)

参数说明：

- P 是一个 $M\times2$ 的矩阵，用来定义 M 个输入向量的最小值和最大值。
- T 是一个包含每层神经元个数的数组。
- S 是包含每层用到的转移函数名称的细胞数组。
- SPREAD 是用到的训练函数的名称。

例如：

```
net=newff([0 2; 1 5],[5,1],{'tansig','purelin'},'traingd');
```

这个命令建立了网络对象并且初始化了网络权重和偏置，接下来该网络就可以进行训练了。

在训练前馈网络之前，权重和偏置一般需要初始化。初始化权重和偏置的工作用命令 init( )来实现。这个函数接收网络对象并初始化权重和偏置后返回网络对象。

MATLAB 2014a 工具箱中 init( )函数的调用格式：

net = init(net)

参数说明：

net 是输入的 BP 神经网络，可以通过设定网络参数 net.initFcn 和 net.layer{i}.initFcn 来初始化一个给定的网络。net.initFcn 用来初始化整个网络。设定了 net.initFcn 后，那么参数 net.layer{i}.initFcn 则是用来初始化每一神经网络结构层。

初始化 init( )函数被 newff( )所调用。因此当网络创建时，它根据缺省的参数自动初始化。init( )不需要单独的调用，我们只需要重新初始化权重和偏置或者进行初始化自定义即可。例如，我们用 newff()创建的网络，如果我们想要用 rands 初始化第一层的权重和偏置，我们可以用以下命令：

```
net.layers{1}.initFcn = 'initwb';
net.inputWeights{1,1}.initFcn = 'rands';
net.biases{1,1}.initFcn = 'rands';
net.biases{2,1}.initFcn = 'rands';
net = init(net);
```

（2）网络模拟（sim）

函数 sim( )模拟一个网络，MATLAB 调用格式如下：

A = sim(net, P)

参数说明：

- net：是函数 sim()接收的网络对象；
- P：接收的网络输入 p；
- A：返回的网络输出 A。

```
p = [1;2];
A = sim(net,p)
```

结果为：

```
a =
```

```
-0.1011
```

调用 sim( )来计算一个同步输入 3 向量网络的输出，编程如下：

```
p = [1 3 2;2 4 1];
A=sim(net,p)
A =
-0.1011 -0.2308 0.4955
```

（3）网络训练

一旦网络加权和偏差被初始化，网络就可以开始训练了。我们能够训练网络来做函数近似、预测、模式分类和识别等。网络训练处理需要网络输入 p 和目标输出 t。在训练期间网络的加权和偏差不断地把网络性能函数 net.performFcn 减少到最小。

前馈网络的缺省性能函数是均方误差（mse）——网络输出和目标输出 t 之间的均方误差。

误差梯度主要由误差反向传播决定，它要通过网络实现反向计算。

MATLAB 自带函数 train( )用于训练一个神经网络，它的调用格式如下：

[net, R] = train(net, X, T)

参数说明如下。

- net：接收的初始网络对象；
- X：网络输入；
- T：目标输出；
- 返回结果中的 net 为训练后的网络，R 为训练后的网络的标记。

4.3　基于 BP 神经网络的 PID 参数整定

4.3.1　理论分析

PID 控制要取得好的控制效果，就必须调整好比例系数 k_p、积分系数 k_i 和微分系数 k_d（工程上常采用试凑方法得到 PID 三个参数值）。BP 神经网络具有逼近任意非线性函数的能力，而且 BP 神经网络结构和学习算法简单明确，算法理论较成熟，因此可以通过对系统性能的学习来实现最佳组合的 PID 控制参数。

采用基于 BP 神经网络优化的 PID 自适应控制，可以建立参数 k_p、k_i 和 k_d 自学习的神经网络 PID 控制，从而达到参数自行调整。

BP 神经网络优化的 PID 控制器由两部分组成。

（1）经典的 PID 控制器：直接对被控对象进行闭环控制，靠改变受控系统的三个参数 k_p、k_i 和 k_d 来获得满意的控制效果。

（2）BP 神经网络：根据系统的运行状态，调节 PID 控制器的参数，以其达到控制输出误差最小化。采用如图 4-2 所示的系统结构，使输出层神经元的输出状态对应于 PID 控制器的三个可调参数 k_p、k_i 和 k_d，通过神经网络的自学习功能、权值和阈值调整，从而使其稳定状态对应于某种最优控制规律下的 PID 的控制器各个参数。

采用基于 BP 神经网络的 PID 控制的系统结构如图 4-2 所示。

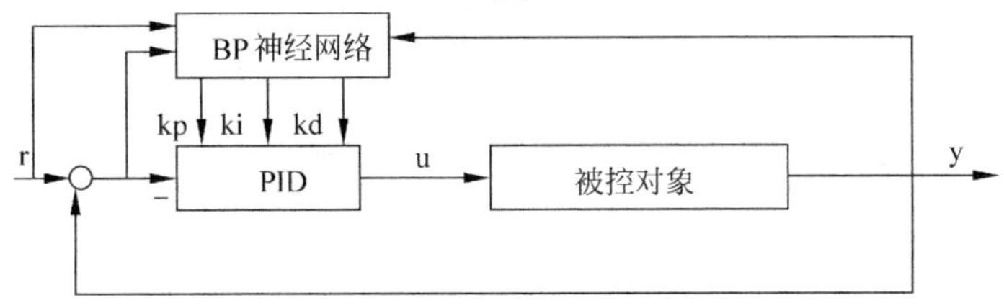

图 4-2　基于 BP 神经网络的 PID 控制结构图

图 4-2 中的 BP 神经网络选取如图 4-3 所示的形式，采用三层结构：一个输入层，一个隐含层，一个输出层，j 表示输入层节点，i 表示隐含层节点，l 表示输出层节点。输入层有 m 个输入节点，隐含层有 n 个隐含节点，输出层有 3 个输出节点。输入节点对应所选的系统运行状态量，如系统不同时刻的输入量和输出量、偏差量等。输出节点分别对应 PID 控制器的三个参数 k_p 、k_i 和 k_d ，考虑到 k_p 、k_i 和 k_d 不能为负值，所以输出层神经元活化函数取非负的 Sigmoid()函数。

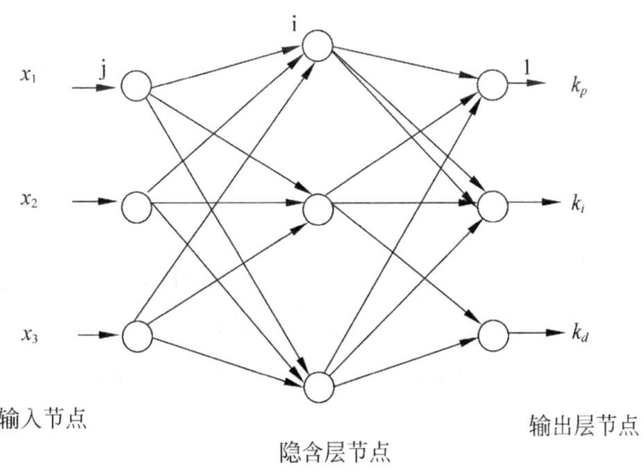

图 4-3　BP 神经网络结构图

由图 4-3 可见，此处 BP 神经网络的输入层输出为：

$$O_j^{(1)} = x(j)\text{，}\quad j = 1,2,3,\cdots,m \tag{4.1}$$

隐藏层输入（输入层输出）为：

$$\mathrm{net}_i^{(2)}(k) = \sum_{j=o}^{m} w_{ij}^{(2)} o_j^{(1)} \tag{4.2}$$

隐藏层输出（输出层输入）为：

$$O_i^{(2)}(k) = g(\mathrm{net}_i^{(2)}(k))\text{，}\quad i = 1,2,\cdots,q \tag{4.3}$$

式（4.2）中，$w_{ij}^{(2)}$ 为输入层到隐含层加权系数，$g(x)$为正负对称的 Sigmoid()函数，即：

$$g(x) = \tanh(x) = \frac{\mathrm{e}^x - \mathrm{e}^{-x}}{\mathrm{e}^x + \mathrm{e}^{-x}} \tag{4.4}$$

最后隐藏层输出，作为输出层的输入，表达式如式（4.5）所示。

$$\mathrm{net}_l^{(3)}(k)=\sum_{i=0}^{q} w_{li}^{(3)} o_i^{(2)}(k) \tag{4.5}$$

最后的输出层的三个输出为：

$$o_l^{(3)}(k)=f(\mathrm{net}_l^{(3)}(k))\text{，}\quad l=1,2,3 \tag{4.6}$$

即

$$\left.\begin{aligned} o_1^{(3)}(k)&=k_p\\ o_2^{(3)}(k)&=k_i\\ o_3^{(3)}(k)&=k_d \end{aligned}\right\} \tag{4.7}$$

式（4.7）中，字母上标（1）、（2）、（3）分别代表输入层、隐含层和输出层，$w_{li}^{(3)}$为隐含层到输出层加权系数，输出层神经元活化函数为：

$$f(x)=\frac{1}{2}\big(1+\tanh(x)\big)=\frac{\mathrm{e}^x}{\mathrm{e}^x+\mathrm{e}^{-x}} \tag{4.8}$$

取控制对象性能指标函数：

$$E(k)=\frac{1}{2}(r(k)-y(k))^2 \tag{4.9}$$

用梯度下降法修正网络的权系数，并增加一项使全局寻优快速收敛的惯性项，则有：

$$\Delta w_{li}^{(3)}(k)=-\eta\frac{\partial E(k)}{\partial w_{li}^{(3)}}+\alpha\Delta w_{li}^{(3)}(k-1) \tag{4.10}$$

式（4.10）中，η 为学习率，α 为惯性系数。其中：

$$\frac{\partial E(k)}{\partial w_{li}^{(3)}}=\frac{\partial E(k)}{\partial y(k)}\cdot\frac{\partial y(k)}{\partial u(k)}\cdot\frac{\partial u(k)}{\partial o_l^{(3)}(k)}\cdot\frac{\partial o_l^{(3)}(k)}{\partial \mathrm{net}_l^{(3)}(k)}\cdot\frac{\partial \mathrm{net}_l^{(3)}(k)}{\partial w_{li}^{(3)}} \tag{4.11}$$

由式（4.11）可知，变量$\partial y(k)/\partial u(k)$未知，但是可以测出$u(k),y(k)$的相对变化量，即：

$$\frac{\partial y}{\partial u}=\frac{y(k)-y(k-1)}{u(k)-u(k-1)} \tag{4.12}$$

也可以近似用符号函数取代，如式（4.13）所示。

$$\mathrm{sgn}\left(\frac{y(k)-y(k-1)}{u(k)-u(k-1)}\right) \tag{4.13}$$

如果按照式（4.13）计算，其解的不精确度可以通过调整学习速率η来补偿。这样做的目的：一方面可以简化运算，减小计算量；另一方面也可以避免当$u(k),u(k-1)$很接近时，即$u(k)-u(k-1)\approx 0$，导致式（4.11）~式（4.13）趋于无穷。因此这种替代在算法上是可行的，因为$\partial y(k)/\partial u(k)$是式（4.11）中的一个乘积因子，它的符号的正负决定着权值变化的方向，而数值变化的大小只影响权值变化的速度，但是权值变化的速度可以通过学习步长加以调节。

则$u(k)$为：

$$u(k)=u(k-1)+o_1^{(3)}(e(k)-e(k-1))+o_2^{(3)}e(k)+o_3^{(3)}(e(k)-2e(k-1)+e(k-2)) \tag{4.14}$$

由此可得到：

$$\left.\begin{aligned}\frac{\partial u(k)}{\partial o_1^{(3)}(k)}&=e(k)-e(k-1)\\\frac{\partial u(k)}{\partial o_2^{(3)}(k)}&=e(k)\\\frac{\partial u(k)}{\partial o_3^{(3)}(k)}&=e(k)-2e(k-1)+e(k-2)\end{aligned}\right\}\tag{4.15}$$

因此我们可得到 BP 神经网络输出层权计算公式为：

$$\Delta w_{li}^{(3)}(k)=\eta e(k)\frac{\partial y(k)}{\partial u(k)}\frac{\partial u(k)}{\partial o_l^{(3)}(k)}f'(\text{net}_l^{(3)}(k))o_i^{(2)}(k)+\alpha\Delta w_{li}^{(3)}(k-1)\tag{4.16}$$

把式（4.13）代入式（4.16）后得：

$$\Delta w_{li}^{(3)}(k)=e(k)\text{sgn}\left(\frac{y(k)-y(k-1)}{u(k)-u(k-1)}\right)\eta\frac{\partial u(k)}{\partial o_l^{(3)}(k)}f'(\text{net}_l^{(3)}(k))o_i^{(2)}(k)+\alpha\Delta w_{li}^{(3)}(k-1),\quad l=1,2,3\tag{4.17}$$

令 $\delta_l^{(3)}=e(k)\text{sgn}\left(\frac{y(k)-y(k-1)}{u(k)-u(k-1)}\right)\frac{\partial u(k)}{\partial o_l^{(3)}(k)}f'(\text{net}_l^{(3)}(k))$，则式（4.17）可写为：

$$\Delta w_{li}^{(3)}(k)=\eta\delta_l^{(3)}o_i^{(2)}(k)+\alpha\Delta w_{li}^{(3)}(k-1)\tag{4.18}$$

$\frac{\partial u(k)}{\partial o_l^{(3)}(k)}$ 由式（4.15）可确定，$\frac{\partial y(k)}{\partial u(k)}$ 由式（4.13）符号函数代替，$f'(\text{net}_l^{(3)}(k))$ 由 $f'(x)=\frac{2}{\left(\mathrm{e}^x+\mathrm{e}^{-x}\right)^2}$ 可得。

同理可得隐含层权计算公式为：

$$\Delta w_{ij}^{(2)}(k)=\eta g'(\text{net}_i^{(2)}(k))\sum_{l=1}^{3}\delta_l^{(3)}w_{li}^{(3)}(k)o_j^{(1)}(k)+\alpha\Delta w_{li}^{(2)}(k-1),\quad i=1,2,\cdots,q\tag{4.19}$$

令 $\delta_i^{(2)}=gf'(\text{net}_i^{(2)}(k))\sum_{l=1}^{3}\delta_l^{(3)}w_{li}^{(3)}(k)$，则：

$$\Delta w_{ij}^{(2)}(k)=\eta\delta_i^{(2)}o_j^{(1)}(k)+\alpha\Delta w_{li}^{(2)}(k-1),\quad i=1,2,\cdots,q\tag{4.20}$$

4.3.2　算法流程

基于 BP 网络的 PID 控制器算法步骤如下：

（1）确定 BP 神经网络的结构，即确定输入节点数 m 和隐含层节点数 n，并给出各层加权系数的初值 $w_{ij}^1(0)$ 和 $w_{ij}^2(0)$，选定学习速率 η 和惯性系数 α，此时迭代次数设置为 k=1；

（2）采样得到 rin(k)和 yout(k)，计算该时刻误差 error(k)=rin(k)-yout(k)；

（3）计算 BP 神经网络各层神经元的输入和输出，BP 神经网络输出层的输出即为 PID 控制器的 3 个可调参数 k_p、k_i 和 k_d；

（4）根据 PID 的控制算法计算 PID 控制器的输出 $u(k)$：

$$\begin{aligned}u(k)=u(k-1)+k_p(\text{error}(k)-\text{error}(k-1))+k_i\text{error}(k)+\\k_d(\text{error}(k)-2\text{error}(k-1)+\text{error}(k-2))\end{aligned}$$

（5）进行神经网络学习，在线调整加权系数 $w_{ij}^{1}(k)$ 和 $w_{ij}^{2}(k)$ 实现 PID 控制参数的自适应调整；

（6）迭代次数增加，置 k=k+1，返回到（1）。

具体的算法流程框图如图 4-4 所示。

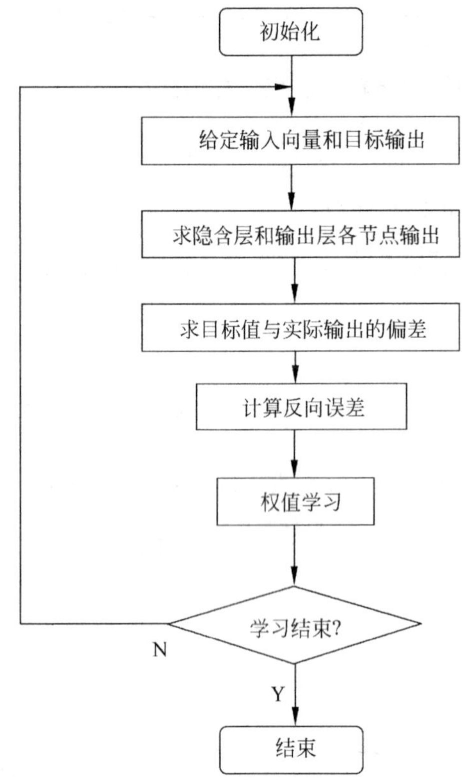

图 4-4　BP_PID 算法流程

4.3.3　算法仿真

考虑仿真对象，输入为 rink(k)=1.0，输入层为 4，隐藏层为 5，输出层为 3，仿真输出满足 $a(k)=1.2(1-0.8\exp(-0.1k))$，$\text{yout}(k)=a(k)\dfrac{y-1}{1+(y-1)^2}+u-1$，进行 MATLAB 2014a 编程仿真分析。

首先进行 BP_PID 参数整定的初始化操作，程序如下：

```
%BP 神经网络优化的 PID 控制
clc,clear,close all                        % 清屏、清工作区、关闭窗口
warning off                                % 消除警告
feature jit off                            % 加速代码执行
xite=0.25;                                 % 学习因子
alfa=0.05;                                 % 惯量因子
S=1;                                       % 信号类型设定
% NN 神经网络结构
```

```
IN=4;                                  % 输入层个数
H=5;                                   % 隐藏层个数
Out=3;                                 % 输出层个数
if S==1  % 不同的 S，不同的权值
wi=[-0.6394   -0.2696   -0.3756   -0.7023;
    -0.8603   -0.2013   -0.5024   -0.2596;
    -1.0749    0.5543   -1.6820   -0.5437;
    -0.3625   -0.0724   -0.6463   -0.2859;
     0.1425    0.0279   -0.5406   -0.7660];

wi_1=wi;wi_2=wi;wi_3=wi;
wo=[0.7576 0.2616 0.5820 -0.1416 -0.1325;
   -0.1146 0.2949 0.8352  0.2205  0.4508;
    0.7201 0.4566 0.7672  0.4962  0.3632];

wo_1=wo;wo_2=wo;wo_3=wo;
end

if S==2     % 正弦信号
wi=[-0.2846    0.2193   -0.5097   -1.0668;
    -0.7484   -0.1210   -0.4708    0.0988;
    -0.7176    0.8297   -1.6000    0.2049;
    -0.0858    0.1925   -0.6346    0.0347;
     0.4358    0.2369   -0.4564   -0.1324];

wi_1=wi;wi_2=wi;wi_3=wi;
wo=[1.0438    0.5478    0.8682    0.1446    0.1537;
    0.1716    0.5811    1.1214    0.5067    0.7370;
    1.0063    0.7428    1.0534    0.7824    0.6494];

wo_1=wo; wo_2=wo; wo_3=wo;
end

x=[0,0,0];                             % 初始化
u_1=0;u_2=0;u_3=0;u_4=0;u_5=0;         % 初始化
y_1=0;y_2=0;y_3=0;                     % 初始化
% 初始化
Oh=zeros(H,1);                         %从隐藏层到输出层
I=Oh;                                  %从输入层到隐藏层
error_2=0;   % 误差初始化
error_1=0;   % 误差初始化

ts=0.001;    % 采样时间
```

通过 S 的取值，选择输入为常数 1.0，采用 BP 神经网络优化得出 PID 参数，然后采用 PID 控制参数对输入对象进行控制，具体的程序如下：

```
for k=1:1:500
time(k)=k*ts;                          % 采样时间
if S==1
   rin(k)=1.0;                         % 阶跃信号
elseif S==2
   rin(k)=sin(1*2*pi*k*ts);            % 正弦信号
end
%非线性模型
a(k)=1.2*(1-0.8*exp(-0.1*k));
yout(k)=a(k)*y_1/(1+y_1^2)+u_1;        % 输出
```

```
error(k)=rin(k)-yout(k);                    % 误差
xi=[rin(k),yout(k),error(k),1];

x(1)=error(k)-error_1;                      % P 误差项
x(2)=error(k);                              % I 误差项
x(3)=error(k)-2*error_1+error_2;            % D 误差项

epid=[x(1);x(2);x(3)];                      % 合并矩阵
I=xi*wi';
for j=1:1:H
    Oh(j)=(exp(I(j))-exp(-I(j)))/(exp(I(j))+exp(-I(j)));    %隐藏层
end
K=wo*Oh;                                    %输出层
for l=1:1:Out
    K(l)=exp(K(l))/(exp(K(l))+exp(-K(l))); %存储 kp、ki 和 kd 三个参数
end
kp(k)=K(1);ki(k)=K(2);kd(k)=K(3);
Kpid=[kp(k),ki(k),kd(k)];

du(k)=Kpid*epid;
u(k)=u_1+du(k);
% 饱和限制—抗积分饱和
if u(k)>=10                                 % 上限
   u(k)=10;
end
if u(k)<=-10                                % 下限
   u(k)=-10;
end

dyu(k)=sign((yout(k)-y_1)/(u(k)-u_1+0.0000001));          % 符号向量

%输出层
for j=1:1:Out
    dK(j)=2/(exp(K(j))+exp(-K(j)))^2;
end
for l=1:1:Out
    delta3(l)=error(k)*dyu(k)*epid(l)*dK(l);
end

for l=1:1:Out
   for i=1:1:H
       d_wo=xite*delta3(l)*Oh(i)+alfa*(wo_1-wo_2);
   end
end
    wo=wo_1+d_wo+alfa*(wo_1-wo_2);
%隐藏层
for i=1:1:H
    dO(i)=4/(exp(I(i))+exp(-I(i)))^2;
end
    segma=delta3*wo;
for i=1:1:H
   delta2(i)=dO(i)*segma(i);
end

d_wi=xite*delta2'*xi;
wi=wi_1+d_wi+alfa*(wi_1-wi_2);
% 参数更新
u_5=u_4;u_4=u_3;u_3=u_2;u_2=u_1;u_1=u(k);
```

```
y_2=y_1;y_1=yout(k);

wo_3=wo_2;          % 赋值更新
wo_2=wo_1;          % 赋值更新
wo_1=wo;            % 赋值更新

wi_3=wi_2;          % 赋值更新
wi_2=wi_1;          % 赋值更新
wi_1=wi;            % 赋值更新

error_2=error_1;    % 赋值更新
error_1=error(k);   % 赋值更新
end
```

循环结束，则进行相关的图形绘制，具体的程序如下：

```
% 绘图
figure(1);
plot(time,rin,'r',time,yout,'b','linewidth',2);
xlabel('time(s)');ylabel('rin,yout');                      % 输入和输出
figure(2);
plot(time,error,'r','linewidth',2);
xlabel('time(s)');ylabel('error');                         % 误差
figure(3);
plot(time,u,'r','linewidth',2);
xlabel('time(s)');ylabel('u');                             % 控制输出
figure(4);
subplot(311);                                              % PID 参数
plot(time,kp,'r','linewidth',2);
xlabel('time(s)');ylabel('kp');
subplot(312);
plot(time,ki,'g','linewidth',2);
xlabel('time(s)');ylabel('ki');
subplot(313);
plot(time,kd,'b','linewidth',2);
xlabel('time(s)');ylabel('kd');
```

运行程序输出图形如图 4-5～图 4-7 所示。

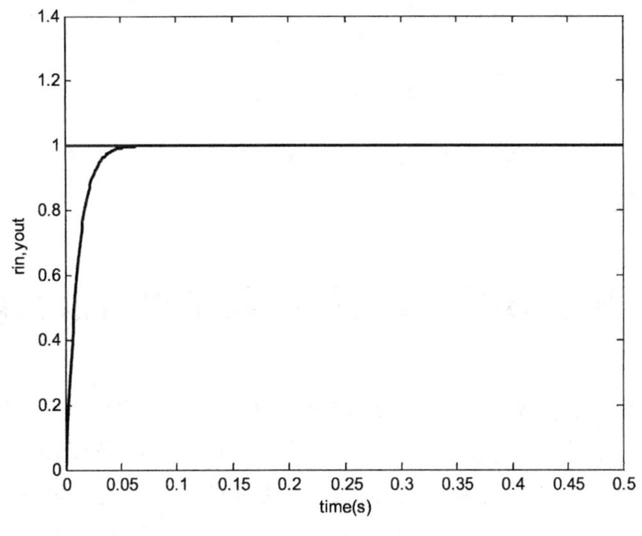

图 4-5　系统逼近

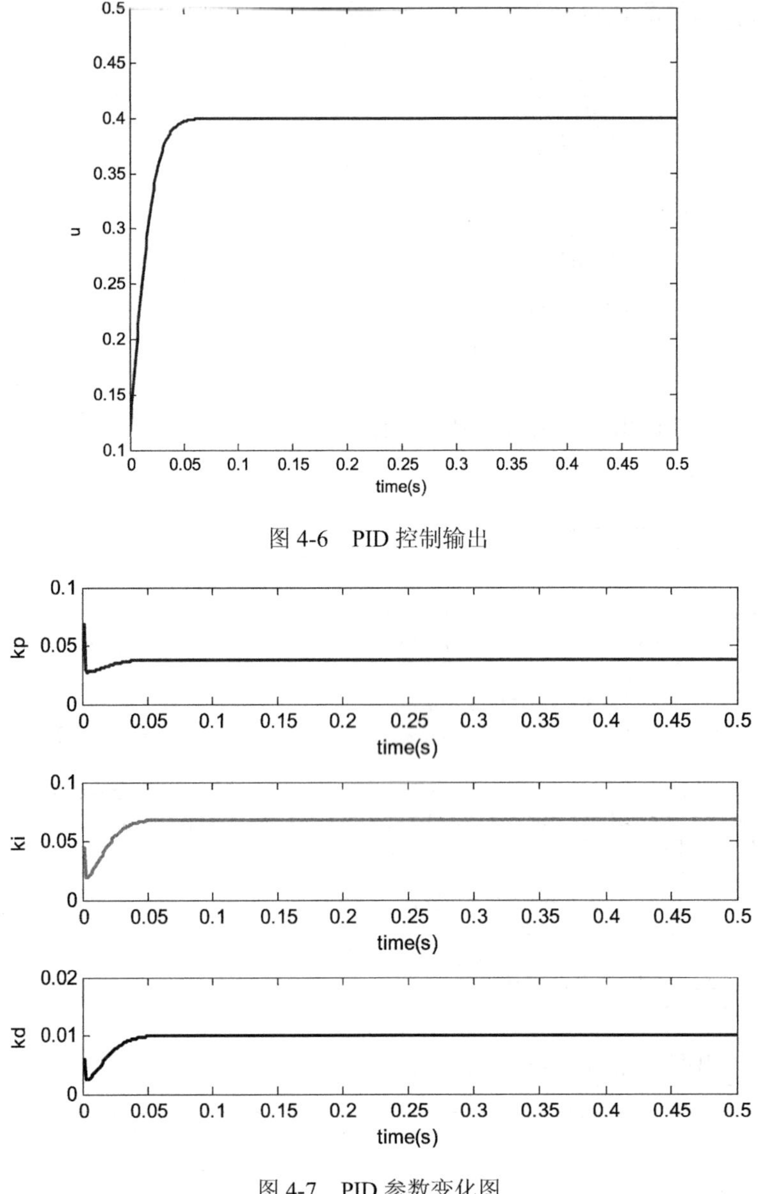

图 4-6　PID 控制输出

图 4-7　PID 参数变化图

由图 4-5～图 4-7 可知，采用 BP 神经网络优化的 PID 参数整定，具有收敛性能，能够实现系统的快速逼近功能。

4.4　基于 BP 神经网络的数字识别系统设计

对于如图 4-8 所示的样本数字，进行 BP 神经网络训练预测，识别所测数字。

如图 4-8 所示，数字可能很不规整，对于样本的直接读取及识别，显得比较困难。常用的做法是采用该字体数字进行神经网络训练，通过训练好的神经网络，对读入的测试数字图像进行识别，可以向被测数字图像上添加噪声或者不加噪声，最后由 BP 神经网络给出训练结果。

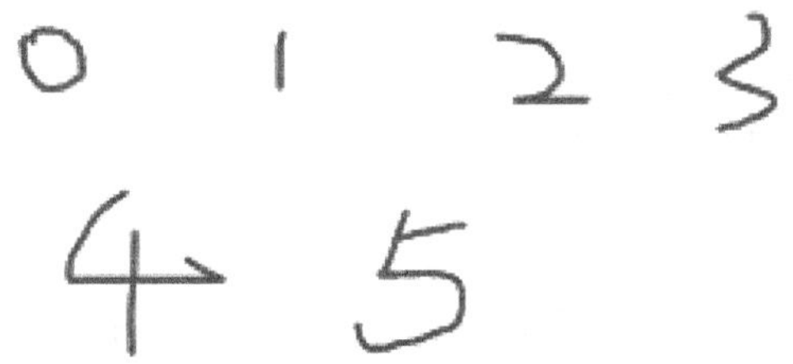

图 4-8　样本数字

BP 神经网络训练样本数据构造，MATLAB 程序如下：

```
clc,clear,close all                                 % 清屏、清工作区、关闭窗口
warning off                                         % 消除警告
feature jit off                                     % 加速代码执行
%%%%读入 7x7 的五幅图片
I0=imread('.\检验样本图片\num0_1.bmp');              % 数字 0
yb0=im2bw(I0);                                      % 转化成二值图像
I1=imread('.\检验样本图片\num1_1.bmp');              % 数字 1
yb1=im2bw(I1);                                      % 转化成二值图像
I2=imread('.\检验样本图片\num2_1.bmp');              % 数字 2
yb2=im2bw(I2);                                      % 转化成二值图像
I3=imread('.\检验样本图片\num3_1.bmp');              % 数字 3
yb3=im2bw(I3);                                      % 转化成二值图像
I4=imread('.\检验样本图片\num4_1.bmp');              % 数字 4
yb4=im2bw(I4);                                      % 转化成二值图像
I5=imread('.\检验样本图片\num5_1.bmp');              % 数字 5
yb5=im2bw(I5);                                      % 转化成二值图像
p0=zeros(49,6);
%转化格式用以生成训练样本
T=zeros(49,6);
ta=eye(6);
yb=[yb0,yb1,yb2,yb3,yb4,yb5];                       % 生成训练样本
for k=1:6
    for m=1:7
        for n=1:7
            T(n+7*(m-1),k)=yb(m,n+7*(k-1));         % 图像数据保存为 1 列
        end
    end
end
```

训练数据是每一张图像的像素点，每一张训练样本均为 7×7 的矩阵，数字 0~5 各一张图像，总计 6 张，则 T 数组需要存储 6 列 49 行的数据点，相应的目标值 ta 则表示数值的大小。例如序号为 1~6，而实际的数字为 0~5，因此需要将最终的 BP 神经网络的预测值减 1 得到最后的预测结果。BP 神经网络的初始化如下：

```
%生成神经网络
S1=10;
S2=R2;
net=newff(minmax(T),[S1,S2],{'logsig' 'logsig'},'traingdx');
                                                          % 建立一个网络输入
net.LW{2,1}=net.LW{2,1}*0.01;                             % 权值
```

```
net.b{2}=net.b{2}*0.01;                                    % 阈值
%用理想样本训练神经网络
net.performFcn='sse';
net.trainParam.goal=0.01;                                  % 训练误差
net.trainParam.epochs=1000;                                % 训练步数
net.trainParam.mc=0.02;                                    % 效率
[net,tr]=train(net,T,ta);
```

（1）训练好 BP 神经网络后，则相应的需要提取测试样本进行 BP 神经网络测试，选择数字 3 进行网络测试，不添加噪声，MATLAB 程序如下：

```
%利用不含噪声的“3”作为测试对象
ya3=double(yb3);
t3=imnoise(ya3,'gaussian',0,0.0);
subplot(121),imshow(t3);title('加噪声的测试对象： 3');
%对输入模式进行识别
a3=zeros(49,1);
for m=1:7
    for n=1:7
        a3(n+7*(m-1),1)=yb3(m,n);
    end
end
result=sim(net,a3);
[resultmax,r]=max(result)                    % 取最大者为一的位置作为识别结果
re=eye(7);                                   % 绘制识别结果位图
for m=1:7
    for n=1:7
        re(m,n)=T(n+7*(m-1),r);
    end
end
subplot(122);
imshow(re);
title('识别结果');
```

运行程序输出结果如下：

```
resultmax =
    0.9744
r =
     4
```

生成相应的图形如图 4-9 所示。

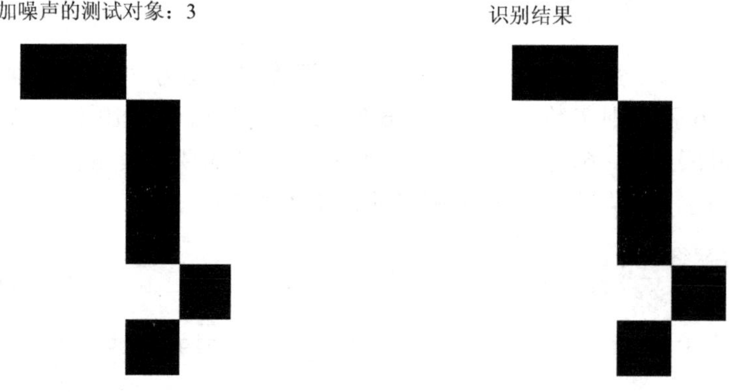

图 4-9　不加高斯噪声的数字 3 测试结果

由图 4-9 和运行结果可知，系统测试结果很好。

（2）添加均值为 0，方差为 0.01 的高斯白噪声，同样进行数字 3 测试，MATLAB 程序如下：

```
%利用含噪声的“3”作为测试对象
ya3=double(yb3);
t3=imnoise(ya3,'gaussian',0,0.01);
subplot(121),imshow(t3);title('加噪声的测试对象： 3');
%对输入模式进行识别
a3=zeros(49,1);
for m=1:7
    for n=1:7
        a3(n+7*(m-1),1)=yb3(m,n);
    end
end
result=sim(net,a3);
[resultmax,r]=max(result)                  % 取最大者为一的位置作为识别结果
re=eye(7);                                 % 绘制识别结果位图
for m=1:7
    for n=1:7
        re(m,n)=T(n+7*(m-1),r);
    end
end
subplot(122);
imshow(re);
title('识别结果');
```

运行程序输出结果如下：

```
resultmax =
    0.9715
r =
     4
```

生成相应的图形如图 4-10 所示。

如图 4-10 所示和测试结果，测试结果精度仍然较高，因此采用 BP 神经网络进行数字模式识别具有较高的识别率。

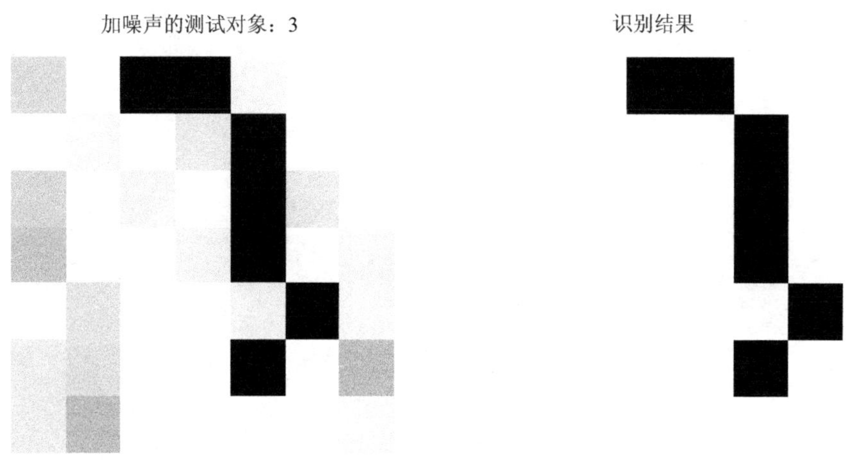

图 4-10　加高斯噪声的数字 3 测试结果

4.5　本 章 小 结

BP 神经网络应用越来越广泛，从基本的数据预测和分类，再到图像分割，越来越受广大学者和科研爱好者的欢迎。BP 神经网络简单实用，本章将其用于 PID 参数整定和数字模式识别领域，取得较好的应用效果，本章从最基本的原理出发，循序渐进地讲解了 BP 神经网络算法应用，对于读者而言，真正做到易读性和易学易用性。

第 5 章　基于 RLS 算法的数据预测与 MATLAB 实现

递归最小二乘（RLS）算法是一种典型的数据处理方法，由著名学者高斯在 1795 年提出，高斯认为，根据所获得的观测数据来推断未知参数时，未知参数最可能的值是这样一个数据，即它使各项实际观测值和计算值之间的差的平方乘以度量其精度的数值以后的和为最小，这就是著名的最小二乘。递归最小二乘（RLS）算法在信号自适应滤波分析中广泛应用，递归最小二乘（RLS）算法收敛速度快，且对自相关矩阵特征值的分散性不敏感，然而其计算量较大。本章主要内容是研究基于 RLS 进行数据的预测与 MATLAB 实现。

学习目标：

（1）学习和掌握递归最小二乘（RLS）算法原理；

（2）学习和掌握 MATLAB 编程实现 RLS 算法进行数据预测等。

5.1　递归最小二乘（RLS）算法应用背景

在自适应滤波系统中，最陡梯度（LMS）法由于其简便性及易用性得到广泛的应用。但各种最陡梯度（LMS）算法收敛速度较慢，特别是对于非平稳信号的适应性差。究其原因主要是各种最陡梯度（LMS）算法只是简单的用以各时刻的抽头参量等作为该时刻数据块估计，采用平方误差为极小原则，而没有考虑到当前时刻的抽头参量等，来对以往各时刻的数据块做重新估计，即没有采用累加平方误差最小原则（即所谓的最小平方（LS）准则）。

为了克服各种最陡梯度（LMS）算法收敛速度慢，信号非平稳适应性差等缺点，根据最小平方（LS）准则，即在每时刻对所有输入信号作重估，采用 LS 准则。这种方法是在现有的约束条件下，利用了最多的可利用信息的准则，在很大程度上提高了算法收敛速度，并且它也是一种最有效，信号非平稳的适应性能最好的算法之一。按照这样一种改进算法思路，广大学者建立起来的适应非平稳信号处理的方法就是递归最小二乘（RLS：Recursive Least Square）算法，又称为广义 Kalman 自适应算法。

用矩阵来表示 RLS 算法显得较为简便，因此我们首先定义一些向量和矩阵。假定在时刻 t，均衡器的输入信号为 r_t，线性均衡器对于信息符号的估计可以表示为：

$$\hat{I}(t)=\sum_{j=-K}^{K}c_j(t-1)r_{t-j} \tag{5.1}$$

式（5.1）中，$j=0,1,\cdots,(N-1)$，同时定义 $y(t)=v_{t+K}$，则 $\hat{I}(t)$ 变为：

$$\hat{I}(t)=\sum_{j=0}^{N-1}c_j(t-1)y(t-j)=C'_N(t-1)Y_N(t) \tag{5.2}$$

式（5.2）中，$C_N(t-1)$ 和 $Y_N(t)$ 分别为均衡器系数 $c_j(t-1)$，$j=0,1,\cdots,N-1$ 和输入信号 $y(t-j)$，$j=0,1,\cdots,N-1$ 的列向量。

同理，在 DFE 均衡器结构中，均衡器系数 $c_j(t)$，$j=0,1,\cdots,N-1$ 的前 K_1+1 个系数为前向滤波器系数，剩下的 $K_2=N-K_1-1$ 为反馈滤波器系数。用来预测 $\hat{I}(t)$ 的数据为 $r_{t+K_1},\cdots,r_{t+1},\tilde{I}_{t-1},\tilde{I}_{t-K_2}$，其中 $\tilde{I}_{t-j},1\leqslant j\leqslant K_2$ 为判决器先前作出判决的数据。

一般情况下，我们忽略判决器误判的情况，此时 $\tilde{I}_{t-j}=I_{t-j},1\leqslant j\leqslant K_2$。我们在这里也定义 $y(t-j)$ 的取值，具体如下：

$$y(t-j)=\begin{cases}v_{t+K_1-j}(0\leqslant j\leqslant K_1)\\ I_{t+K_1-j}(K_1<j\leqslant N-1)\end{cases} \tag{5.3}$$

因此有，

$$Y_N(t)=[y(t),y(t-1),\cdots,y(t-N+1)]' \tag{5.4}$$

$$Y_N(t)=[r_{t+K_1},\cdots,r_{t+1},r_t,I_{t-1},\cdots,I_{t-K_2}]' \tag{5.5}$$

假定我们的观测向量为 $Y_N(n)$，$n=0,1,\cdots,t$，我们期望得到均衡器的系数向量 $C_N(t)$ 使得均方误差的加权平方和最小。其中误差定义为：

$$\varepsilon(n)=\sum_{n=0}^{t}\lambda^{t-n}\,|\,e_N(n,t)\,|^2 \tag{5.6}$$

$$e_N(n,t)=I(n)-C'_N(t)Y_N(n) \tag{5.7}$$

式（5.6）中，λ 代表遗忘因子，$0<\lambda<1$。为什么引入遗忘因子呢？主要是考虑到信道时变特性，因此需要对过去的情况进行分析与处理。

5.2　RLS 算法基本原理与流程

5.2.1　RLS 算法基本原理

如图 5-1 所示的 M 抽头（M 个权系数）横向滤波器，滤波器输入信号 $u(n)$ 仅有 N 个输入数据，期望响应也仅有 N 个数据。

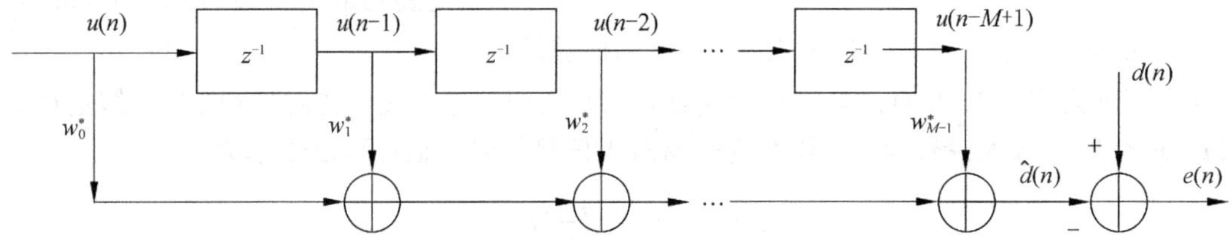

图 5-1　M 抽头权系数的横向滤波器

定义滤波器权向量 w、误差向量 e 和期望响应向量 b 分别为：

$$w = \left[w_0, w_1, \cdots, w_{M-1}\right]^T \tag{5.8}$$

$$e = \left[e(M), e(M+1), \cdots e(N)\right]^H \tag{5.9}$$

$$b = \left[d(M), d(M+1), \cdots, d(N)\right]^H \tag{5.10}$$

定义数据矩阵：

$$\begin{aligned} A^H &= \left[u(M) \quad u(M+1) \quad \cdots \quad u(N)\right] \\ &= \begin{bmatrix} u(M) & u(M+1) & \cdots & u(N) \\ u(M-1) & u(M) & \cdots & u(N-1) \\ \vdots & \vdots & & \vdots \\ u(1) & u(2) & \cdots & u(N-M+1) \end{bmatrix} \end{aligned} \tag{5.11}$$

$$e = b - \hat{b} = b - Aw$$

横向滤波器的设计原则是，寻找权向量 w 使得误差信号 $e(n)$ 的模的平方和最小。

在此定义代价函数，如式（5.12）所示：

$$J = \sum_{n=M}^{N} \left|e(n)\right|^2 = \left\|e\right\|^2 = \mathrm{e}^H e \tag{5.12}$$

对式（5.12）求 J 关于 w 的梯度，并令其为零：

$$\nabla J = 2\frac{\partial J}{\partial w^*} = -2A^H b + 2A^H Aw = 0 \tag{5.13}$$

得到确定性正则方程如式（5.14）所示。

$$A^H A\hat{w} = A^H b \tag{5.14}$$

当 $M < N - M + 1$ 时，通常方阵 $A^H A$ 是非奇异的，得权向量的最小二乘解：

$$\hat{w} = \left(A^H A\right)^{-1} A^H b \tag{5.15}$$

5.2.2　RLS 算法流程

RLS 算法流程主要有如下几步。

（1）初始化：$P(0)=\delta I \in C^{M\times M}$，$\delta$ 是小的正数，$\hat{w}(0)=0$；遗忘因子 λ 一般取值接近于 1，例如 $\lambda=1$ 或 $\lambda=0.98$ 等。

（2）当 $n=1,2,\cdots,N$ 时，完成如下迭代运算：

$$k(n) = \frac{\lambda^{-1}P(n-1)u(n)}{1+\lambda^{-1}u^H(n)P(n-1)u(n)} \tag{5.16}$$

$$\xi(n) = d(n) - \hat{w}^H(n-1)u(n) \tag{5.17}$$

$$\hat{w}(n) = \hat{w}(n-1) + k(n)\xi^*(n) \tag{5.18}$$

$$P(n) = \lambda^{-1}P(n-1) - \lambda^{-1}k(n)u^H(n)P(n-1) \tag{5.19}$$

（3）更新 $n=n+1$，转（2）。

5.3　RLS 数据线性预测分析与 MATLAB 实现

考虑一阶 AR 模型$u(n)=-0.99u(n-1)+v(n)$的线性预测。假设白噪声$v(n)$的方差为$\sigma_v^2=0.995$。使用抽头数为 M=2 的 FIR 滤波器，用 RLS 算法实现$u(n)$的线性预测，选择遗忘因子 λ=0.98。

产生满足该一阶 AR 模型的样本序列，编程如下：

```
clc,clear,close all              % 清屏、清工作区、关闭窗口
warning off                      % 消除警告
feature jit off                  % 加速代码执行
N = 1000;                        % 信号观测长度
a1 = 0.99;                       % 一阶 AR 参数
sigma = 0.0731;                  % 加性白噪声方差
v = sqrt(sigma)*randn(N,1);      % 产生 v（n）加性白噪声
u0 = [0];                        % 初始数据
num = 1;                         % 分子系数
den = [1,a1];                    % 分母系数
Zi = filtic(num,den,u0);         % 滤波器的初始条件
un = filter(num,den,v,Zi);       % 产生样本序列 u(n), N x 1 x trials
figure,stem(un),title('随机信号');grid on;
```

运行程序输出图形如图 5-2 所示。

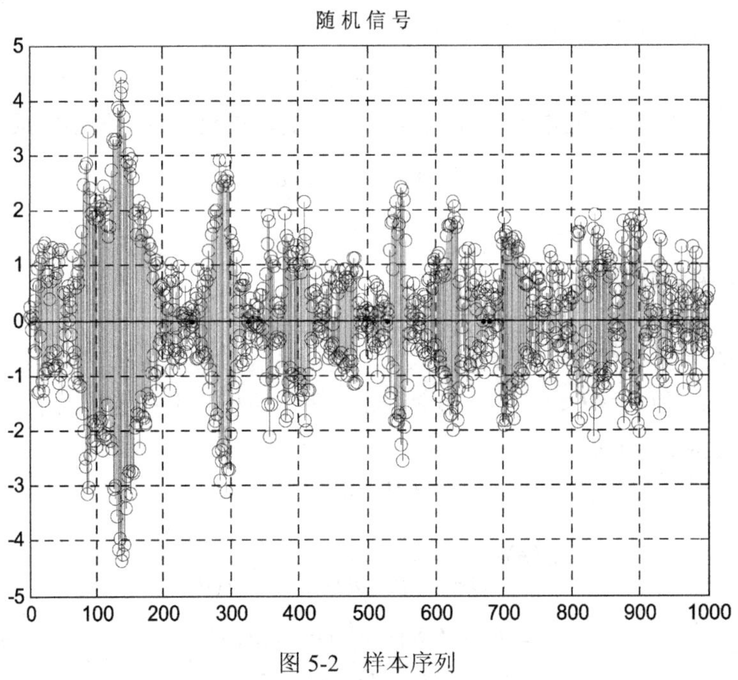

图 5-2　样本序列

重复 100 次，产生样本经由 FIR 滤波器，用 RLS 算法实现$u(n)$的线性预测，RLS 算法迭代运算如下：

$$k(n)=\frac{\lambda^{-1}P(n-1)u(n)}{1+\lambda^{-1}u^{H}P(n-1)u(n)}$$

$$\xi(n)=d(n)-\hat{w}^{H}(n-1)u(n)$$

$$\hat{w}(n)=\hat{w}(n-1)+k(n)\xi^{*}(n)$$

$$P(n)=\lambda^{-1}P(n-1)-\lambda^{-1}k(n)u^{H}P(n-1)$$

其中，$k(n)$为增益矩阵，$\hat{w}(n)$为权向量，$P(n)$为相关矩阵的逆矩阵，$\xi(n)$为先验估计误差。

由此编程如下：

```
clc,clear,close all                    % 清屏、清工作区、关闭窗口
warning off                            % 消除警告
feature jit off                        % 加速代码执行
N = 1000;                              % 信号观测长度
a1 = 0.99;                             % 一阶 AR 参数
sigma = 0.0731;                        % 加性白噪声方差
for kk =1:100
   v = sqrt(sigma)*randn(N,1);         % 产生 v (n) 加性白噪声
   u0 = [0];                           % 初始数据
   num = 1;                            % 分子系数
   den = [1,a1];                       % 分母系数
   Zi = filtic(num,den,u0);            % 滤波器的初始条件
   un = filter(num,den,v,Zi);          % 产生样本序列 u(n), N x 1 x trials
%     figure,stem(un),title('随机信号');grid on;
   % 产生期望响应信号和观测数据矩阵
   n0 = 1;                             % 虚实现 n0 步线性预测
   M = 2;                              % 滤波器阶数
   b = un(n0+1:N);                     % 预测的期望响应
   L = length(b);
   un1 = [zeros(M-1,1)',un'];          % 扩展数据
   A = zeros(M,L);
   for k=1:L
      A(:,k) = un1(M-1+k : -1 : k);% 构建观测数据矩阵
   end
   % 应用 RLS 算法进行迭代寻优计算最优权向量
   delta = 0.004;                      % 调整参数
   lamda = 0.98;                       % 遗忘因子
   w = zeros(M,L+1);
   epsilon = zeros(L,1);
   P1 = eye(M)/delta;
   % RLS 迭代算法过程
   for k=1:L
      PIn = P1 * A(:,k);
      denok = lamda + A(:,k)'*PIn;
      kn = PIn/denok;
      epsilon(k) = b(k)-w(:,k)'*A(:,k);
      w(:,k+1) = w(:,k) + kn*conj(epsilon(k));
      P1 = P1/lamda - kn*A(:,k)'*P1/lamda;
   end
```

```
    w1(kk,:) = w(1,:);
    w2(kk,:) = w(2,:);
    MSE = abs(epsilon).^2;
    MSE_P(kk) = mean(MSE);
end
W1 = mean(w1);                          % 取平均值
W2 = mean(w2);                          % 取平均值
figure,plot(1:kk,MSE_P,'r','linewidth',2),title('平均 MSE');grid on;
figure,plot(1:length(W1),W1,'r','linewidth',2),title('平均 MSE');hold on;
plot(1:length(W2),W2,'b','linewidth',2),title('权值');hold on;
grid on;legend('\alpha1=0','\alpha2=-1')
```

运行程序输出图形如图 5-3 和图 5-4 所示。

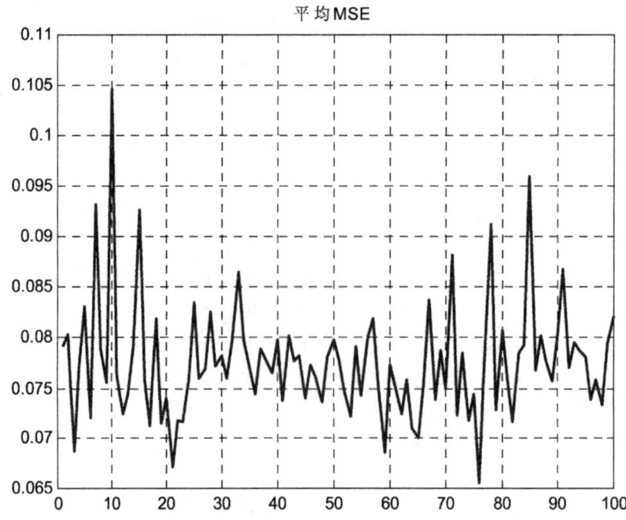

图 5-3　100 次迭代平均均方差曲线

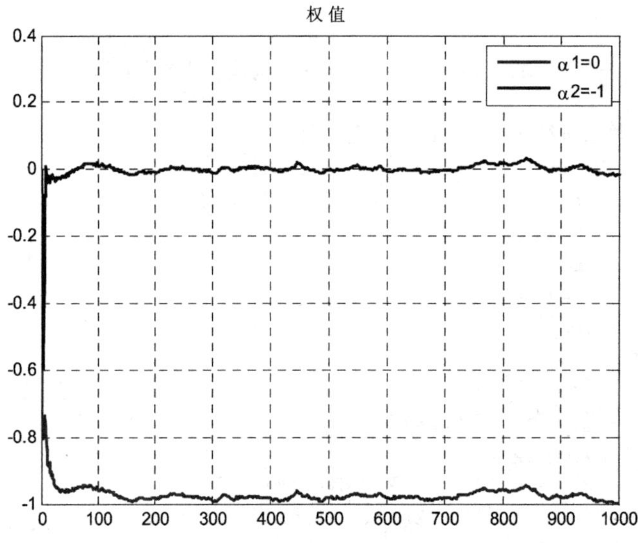

图 5-4　100 次迭代平均权值曲线

由图 5-3 可知，误差比较小，所求权值实际值为 0 和-1，和图 5-4 中曲线非常逼近，因此该算法具有一定的可行性。

5.4 本章小结

自适应信号处理是近 40 年发展起来的信号处理领域的一个新的分支，自适应滤波是统计平稳信号处理和非平稳随机信号处理的主要内容，它具有维纳滤波和卡尔曼滤波的最佳滤波性能，而且不需要先验知识的初始条件。本章主要讲解了基于递归最小二乘（RLS）算法进行数据预测，递归最小二乘（RLS）算法表现收敛速度快，但是计算量比较大等特点。

第 6 章　基于 GA 优化的 BP 网络算法分析与 MATLAB 实现

遗传算法是生物智能算法的一种，它采用生物染色体交叉变异，保留优良个体的特性，从而实现问题的求解。BP 神经网络作为一个黑匣子，其应用相当广泛，也得到了广大科研爱好者的肯定。BP 神经网络简单实用，收敛速度和执行效率都较高，然而就是算法的稳定性比较差，基于遗传算法优化的 BP 网络算法分析，采用遗传算法对 BP 神经网络进行权值和阈值优化求解，得到相应的权值和阈值，从而可以稳定地控制 BP 神经网络结构，实现问题的快速高效求解，并且大大地提高算法稳定性。

学习目标：

（1）学习和掌握遗传算法原理及应用；

（2）学习和掌握 BP 神经网络原理及应用；

（3）学习和掌握基于遗传算法优化的 BP 神经网络算法运用。

6.1　遗 传 算 法

遗传算法（GA）是模仿自然界生物进化理论发展而来的一个高度并行，自适应检测算法。遗传算法通过仿真生物个体，区别个体基因变化信息来保留高适应环境的基因特征，消除低适应环境的基因特征，以实现优化目的。遗传算法能够在数据空间进行全局寻优，而且高度地收敛。缺点就是不能有效地使用局部信息，因此需要花很长时间收敛到一个最优点。

基于 GA 目标优化具体实现步骤如下：

（1）种群参数的初始化，个体中变量取值范围视具体工程应用背景估计确定。

（2）将种群中每个个体依次赋给待求解未知参数；求出种群中各个体的适应度函数值 F。很多情况下，系统都是以误差极小值作为适应度值直接计算的，因此适应度函数值直接为 F，但是对于 PID 参数优化等，则需要将极小值进行转换，将极小值问题转换为极大值问题，即适应度函数取倒数，相应适应度函数取为：$1/F$。在遗传算法优化的 BP 神经网络计算中，则是直接以绝对误差值作为目标函数即适应度函数的。

（3）采用遗传算法的选择、交叉和变异操作找到最优个体及种群。

（4）计算新种群的适应度值，直到满足终止条件，否则返回执行步骤（3）。

6.2　BP 神经网络

1986 年，D.E.Rumelhart 和 J.L.McClelland 提出了一种利用误差反向传播训练算法的神经网络，简称 BP 网络，是一种经典实用的前馈网络，系统地解决了多层中隐含单元连接权的学习问题。

如果网络的输入节点数为 M、输出节点数为 L，则 BP 神经网络可看成是从 M 维欧式空点到 L 维欧式空间的映射。这种映射是高度非线性的，其主要用于如下情况。

（1）模式识别与分类：用于语言、文字、图像的识别和分类等。

（2）函数逼近：用于非线性控制系统的建模和机器人的轨迹控制等。

（3）数据压缩：用于编码压缩和存储以及图像特征的抽取等。

BP 学习算法的基本原理是梯度最速下降法，它的中心思想是调整权值使网络总误差最小。也就是采用梯度搜索技术，希望网络的实际输出值与期望输出值的误差均方值为最小。网络的学习过程是一种误差向后传播，不断更新修正权值和阈值系数的过程。

多层网络运用 BP 学习算法时，实际上包含了正向和反向传播两个阶段。在正向传播过程中，输入信息从输入层经隐含层逐层处理，并传向输出层，每一层神经元的状态只影响下一层神经元的状态。如果在输出层不能得到期望输出，则转入反向传播，将误差信号沿原来的连接通道返回，通过修改各层神经元的权值和阈值，使输出误差信号最小。除了输入层的节点外，隐含层和输出层的节点的输入是前一层节点输出的加权和。每个节点的激活程度由它的输入信号、激活函数和节点的偏置来决定。

对于 BP 神经网络的说明，各类书籍比比皆是，然而在实际应用过程中，或许我们根本不需要懂其原理，只需要参阅一下 BP 神经网络如何使用即可，因为神经网络本身就是一个黑匣子，然后通过设置的参数运行，得到我们想要的结果。对于 BP 神经网络的设置，权值和阈值的设置显得尤为关键，其可以设置为一个定值，也可以采用工具箱默认设置，进而由系统动态进行调整权值和阈值；基于阈值和权值可调的原理，基于遗传算法的 BP 神经网络算法，即采用遗传算法优化求解 BP 神经网络的权值和阈值，而对于 BP 神经网络的参数步长、学习率、迭代收敛条件和迭代次数的设置都可以采用常用的设置——用户可以随心所欲地调整。

6.3　基于 GA 优化的 BP 神经网络的大脑灰白质图像分割

如图 6-1 所示为一副大脑切片图像。

大脑灰白质就是图像中脑腔中的部分，然而对于这样的图像，则需要单独提取大脑灰白质出来，进行图像分析，即作为训练样本。同样对于如图 6-2 所示的测试图像样本，也需要提取其灰白质部分出来。

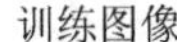

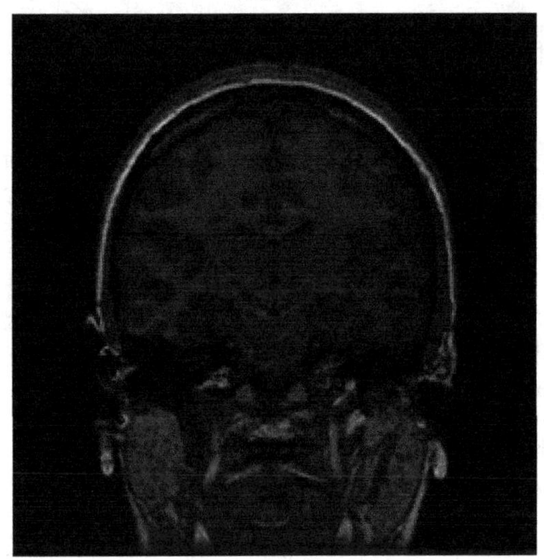

图 6-1　大脑切片图像

测试图像

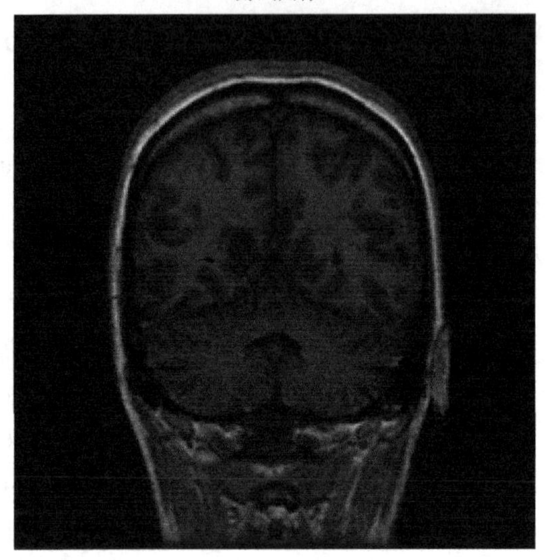

图 6-2　测试图像

现在的目标是剔除背景的影响，例如嘴、鼻和脑壳等部分的影响，采用灰度预处理和形态学相结合的方法进行灰白质图像提取，选择如图 6-2 所示的图像进行研究，编写 MATLAB 程序如下：

```
function im_sep= MRI_pic(num)
% num:  data 文件中的切片图像的第 num 张 MRI 图像
% im_sep : 分解出来的大脑组织
%% 大脑头像预处理
% clc,clear,close all
warning off
load('data.mat');                              % 加载 MRI 图像数据,整个头颅图像
% 从 13 - 31   (32-44 取反)
if num <13 || num>31
   msgbox('num 数字不对! num 在 13-31 之间! ! ! ');
else

im_org = data(:,:,num);                        % 第 i 帧图像
% figure,imshow(im_org);title('原始图像');     % 显示原图像
max_level = double(max(data(:)));
if size(im_org,3)==1
   im = im_org;
else
   im = rgb2gray(im_org);
end
% figure,imshow(im);title('切片伪彩色图像');  % 显示伪彩色图像
% colorbar                                     % 插入颜色栏
% colormap jet                                 % change colormap

%%
im = permute(im,[3 2 1]);                      % 重置矩阵的维数
for i=1:3
   im = flipdim(im,i);
end
im(im<=40/255) = 0;                            % 剔除灰度值低的部分（脑袋和背景）
```

```
im(im>=100/255) = 0;                    % 剔除灰度值高的部分（颅骨和其他的组织）
im(:,:,1) = 0;                          % 剔除大脑灰白质下面的部分灰度部分
blk = ones([1 7 7]);                    % 块操作
% im = imerode(im,blk);                 % 腐蚀
% 分离大脑脑组织
lev = graythresh(double(im)/max_level) * max_level;% 阈值
bw = (im>=lev);                                    % 二值化
bw = imrotate(squeeze(bw),90);                     % 变异复原
% 去掉小块
cc=bwconncomp(bw);                                 % 连通域操作
s  = regionprops(bw, {'centroid','area'});         % 标记中心
[A, id] = max([s.Area]);
bw(labelmatrix(cc)~=id)=0;
bw = imdilate(bw,blk);                             % 膨胀
im_sep = immultiply(im_org,bw);
%  figure,imshow(im_sep);title('seperate brain,gray matter and white
matter')

%% 大脑灰白质提取
% lev2 = 50/255;  % 阈值
% L = zeros(size(im_sep));                         % 0=背景
% L(im_sep<lev2 & im_sep>0) = 2;                   % 2=灰质
% L(im_sep>=lev2) = 3;                             % 3=白质
% L = mat2gray(L);
% figure,imshow(L);title('灰白质分割图')
%%
% edge_L = edge_ysw(L);                            % 边缘分割
% figure,imshow(edge_L);title('灰白质边缘检测图')
%%
end
end
```

运行程序输出结果如图 6-3 所示。

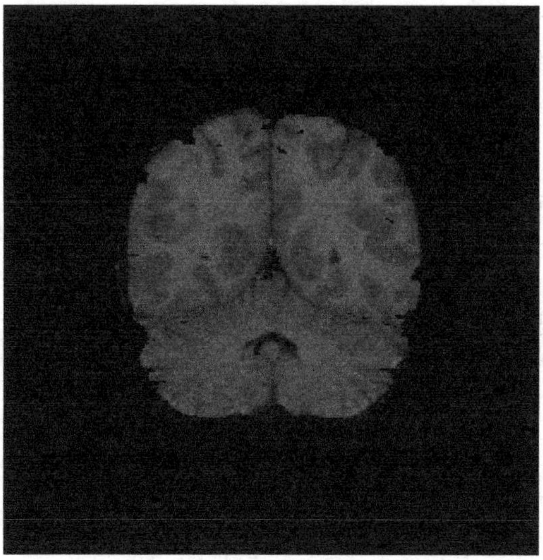

MRI 大脑图像

图 6-3　大脑灰白质原始图像

则如图 6-2 所示图像的大脑灰白质图像得到较好的分割，相应的该程序应该具有一定的适应能力，对于其他的图像分割效果如图 6-4 所示。

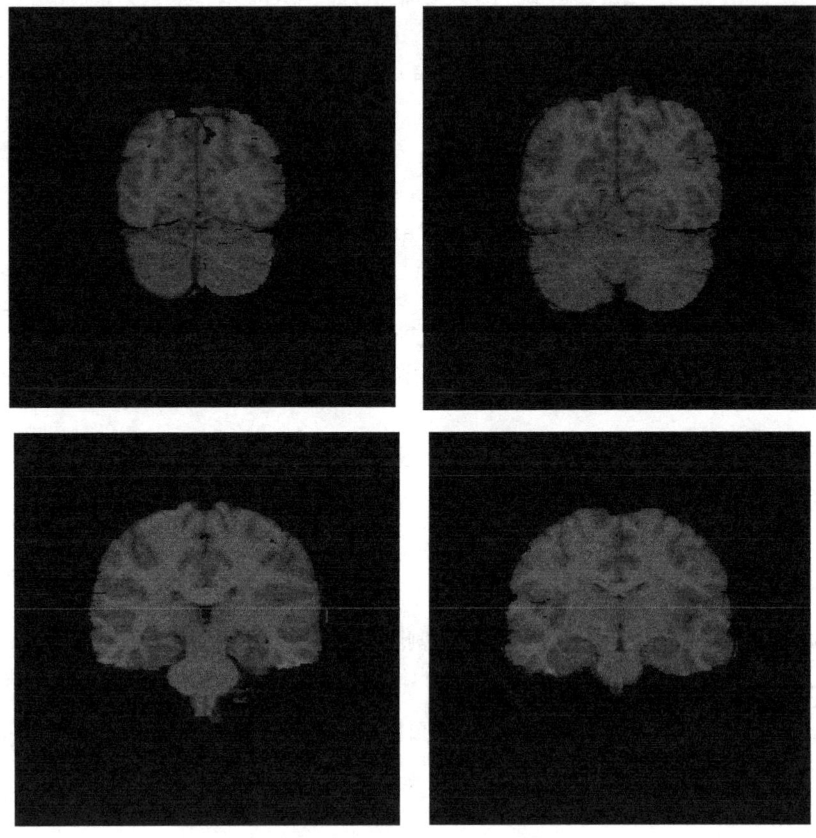

图 6-4　大脑灰白质分割

如图 6-3 和图 6-4 所示的结果可知，该图像分割算法具有极强的自适应能力，能够精确地分割大脑灰白质部分，并成功地提出背景影响部分。

接下来就是构造训练样本，对于如图 6-1 所示的图像，进行输入和输出构建，作为 BP 神经网络的训练样本，编程如下：

```
%% GA_BP 图像分割
%% 清空环境变量
clc,clear,close all                % 清屏、清工作区、关闭窗口
warning off                        % 消除警告
feature jit off                    % 加速代码执行
%% 训练数据预测数据提取及归一化
%下载输入输出数据
load('data.mat');                  % 原始数据以列向量的方式存放在 workplace 文件中
%% 构造训练样本
im_sep = MRI_pic(30);              % 选取第 30 张图像，train 输入样本，选为 30
% 获取输出数据 output
lev2 = 50/255;                     % 阈值
L = zeros(size(im_sep));           % 0 = 背景
L(im_sep<lev2 & im_sep>0) = 2;     % 2 = 灰质
L(im_sep>=lev2) = 3;               % 3 = 白质
```

```
L = mat2gray(L);
% figure,imshow(L);title('灰白质分割图')
```

运行程序输出结果如图 6-5 所示。

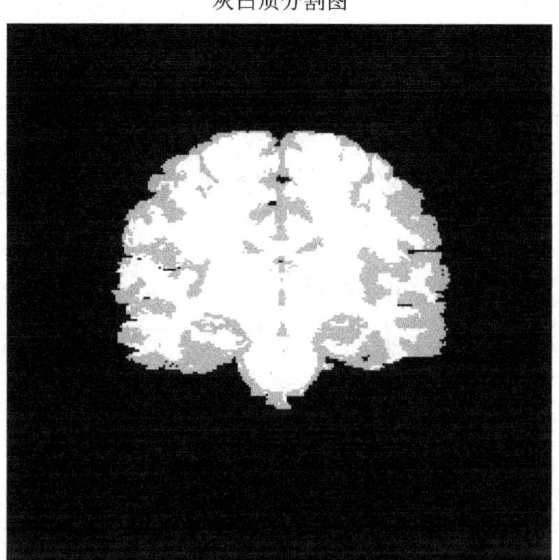

图 6-5　灰白质分割

黑色背景灰度值为 0，灰质部分灰度值为 2，白质部分灰度值为 3，则如图 6-1 所示中大脑灰白质图像原始灰度值作为输入数据，如图 6-5 所示灰度值作为输出值，从而较好地训练网络。

训练好网络后，即可开始随机选取一张测试图像，如图 6-2 所示的图像，进行测试分析。该图像，首先进行大脑灰白质部分分割，得到如图 6-3 所示的图像，将图 6-3 所示的图像数据作为测试样本，构造测试数据，编程如下：

```
%% 测试样本
num = 20;                                  % num 取值 13--31 之间
im_sep_test = MRI_pic(num);                % 提取 num 张图像，test 输入样本，测试样本
nd_test = size(im_sep_test);               % 数据大小
input_test = reshape(im_sep_test,nd_test(1,1)*nd_test(1,2),1)';
                                           % 作为输入测试
```

通过该段程序，图像数据保存为一列一维数组进行输入到神经网络参与训练，以上训练数据和测试数据均以构造完成，接下来就是进行初始化 BP 神经网络，具体的代码如下：

```
%% BP 网络设置
%节点个数
inputnum  = 1;                             % 输入层
hiddennum = 7;                             % 隐藏层
outputnum = 1;                             % 输出层
%构建网络
nntwarn off                                % 警告消除
net=newff(input_train,output_train,hiddennum);
```

遗传算法的初始化操作，程序如下：

```
%% 遗传算法参数初始化
maxgen = 5;                                %进化代数，即迭代次数
sizepop = 5;                               %种群规模
pcross = [0.3];                            %交叉概率选择，0 和 1 之间
pmutation = [0.1];                         %变异概率选择，0 和 1 之间
%节点总数
numsum=inputnum*hiddennum+hiddennum+hiddennum*outputnum+outputnum;
lenchrom=ones(1,numsum);
bound=[0*ones(numsum,1) 3*ones(numsum,1)]; %数据范围
```

采用遗传算法优化的 BP 神经网络的图像分割，对训练样本进行分析，使得分割绝对误差总和最小，适应度函数如下：

```
function error = fun(x,inputnum,hiddennum,outputnum,net,inputn,outputn)
%该函数用来计算适应度值
%x          input     个体
%inputnum   input     输入层节点数
%outputnum  input     隐含层节点数
%net        input     网络
%inputn     input     训练输入数据
%outputn    input     训练输出数据
%error      output    个体适应度值
%提取
w1=x(1:inputnum*hiddennum);
B1=x(inputnum*hiddennum+1:inputnum*hiddennum+hiddennum);
w2=x(inputnum*hiddennum+hiddennum+1:inputnum*hiddennum+hiddennum+hiddenn
um*outputnum);
B2=x(inputnum*hiddennum+hiddennum+hiddennum*outputnum+1:inputnum*hiddenn
um+hiddennum+hiddennum*outputnum+outputnum);
net=newff(inputn,outputn,hiddennum);
%网络进化参数
net.trainParam.epochs = 10;
net.trainParam.lr = 0.1;
%网络权值赋值
net.iw{1,1}=reshape(w1,hiddennum,inputnum);
net.lw{2,1}=reshape(w2,outputnum,hiddennum);
net.b{1}=reshape(B1,hiddennum,1);
net.b{2}=B2;
%网络训练
net=train(net,inputn,outputn);
an=sim(net,inputn);
error=sum(abs(an-outputn));
```

适应度函数编写完成后，即可进行种群的初始化操作，种群个体为 BP 神经网络的权值和阈值，程序如下：

```
%-------------------------------种群初始化-------------------------------
individuals=struct('fitness',zeros(1,sizepop), 'chrom',[]);  %将种群信息定
义为一个结构体
avgfitness = [];                           %每一代种群的平均适应度
bestfitness = [];                          %每一代种群的最佳适应度
bestchrom = [];                            %适应度最好的染色体
%初始化种群
```

```
for i=1:sizepop
    %随机产生一个种群
    individuals.chrom(i,:)=Code(lenchrom,bound); %编码 (binary 和 grey 的编码
结果为一个实数，float 的编码结果为一个实数向量)
    x=individuals.chrom(i,:);
    %计算适应度
    individuals.fitness(i)=fun(x,inputnum,hiddennum,outputnum,net,input_
    train,output_train);    %染色体的适应度
end
```

初始化种群个体，初始化种群全局最优个体，并记录每一代种群进化最好的适应度值和平均适应度值，编程如下：

```
%找最好的染色体
[bestfitness bestindex]=min(individuals.fitness);
bestchrom=individuals.chrom(bestindex,:);                    % 最好的染色体
avgfitness=sum(individuals.fitness)/sizepop;                 % 染色体的平均适应度
%记录每一代进化中最好的适应度和平均适应度
trace=[avgfitness bestfitness];
```

初始化种群后，即可进行遗传算法优化的 BP 神经网络阈值和权值求解运算，采用误差最小原则，进行种群个体交叉变异更新，具体的程序如下：

```
%% 迭代求解最佳初始阀值和权值
% 进化开始
for i=1:maxgen
    i
    % 选择
    individuals=Select(individuals,sizepop);
    avgfitness=sum(individuals.fitness)/sizepop;
    %交叉
    individuals.chrom=Cross(pcross,lenchrom,individuals.chrom,sizepop,bound);
    % 变异
    individuals.chrom=Mutation(pmutation,lenchrom,individuals.chrom,
    sizepop,i,maxgen,bound);

    % 计算适应度
    for j=1:sizepop
        x=individuals.chrom(j,:); %解码
        individuals.fitness(j)=fun(x,inputnum,hiddennum,outputnum,net,
        input_train,output_train);
    end

  %找到最小和最大适应度的染色体及它们在种群中的位置
    [newbestfitness,newbestindex]=min(individuals.fitness);
    [worestfitness,worestindex]=max(individuals.fitness);
    % 代替上一次进化中最好的染色体
    if bestfitness>newbestfitness
        bestfitness=newbestfitness;
        bestchrom=individuals.chrom(newbestindex,:);
    end
    individuals.chrom(worestindex,:)=bestchrom;
    individuals.fitness(worestindex)=bestfitness;
    avgfitness=sum(individuals.fitness)/sizepop;
```

```
    trace=[trace;avgfitness bestfitness];        %记录每一代进化中最好的适应度
和平均适应度

end
```

其中，选择算子相当于轮赌算法，具体什么含义呢？就好比于甲手上有 10 个棒棒糖，乙和甲打赌，赌法是“抛硬币，如果硬币朝上，甲给乙一个糖，总共抛 10 次，则乙手上或多或少总有几个糖”。

遗传算法选择函数如下：

```
function ret=select(individuals,sizepop)
% 该函数用于进行选择操作
% individuals input     种群信息
% sizepop     input     种群规模
% ret         output    选择后的新种群
%求适应度值倒数
fitness1=10./individuals.fitness; %individuals.fitness 为个体适应度值
%个体选择概率
sumfitness=sum(fitness1);
sumf=fitness1./sumfitness;

%采用轮盘赌法选择新个体
index=[];
for i=1:sizepop   %sizepop 为种群数
    pick=rand;
    while pick==0
        pick=rand;
    end
    for i=1:sizepop
        pick=pick-sumf(i);
        if pick<0
            index=[index i];
            break;
        end
    end
end

%新种群
individuals.chrom=individuals.chrom(index,:);   %individuals.chrom 为种群
中个体
individuals.fitness=individuals.fitness(index);
ret=individuals;
```

交叉操作具体又是什么含义呢？打个比方，甲手上有 7、8、9 这三个数字，且按照顺序排列是 7、8、9，乙手上也有三个数字 4、5、6，且按照顺序排列是 4、5、6，指定一个规则：“如果抛一个骰子，如果得到数字 1，则甲手上的 7 和乙手上的 4 交换，此时甲的数字为 4、8、9，乙的数字为 7、5、6；如果为数字 2，则甲手上的 8 和乙手上的 5 交换，此时甲的数字为 7、5、9，乙的数字为 4、8、6；如果为数字 3，则甲手上的 9 和乙手上的 6 交换，此时甲的数字为 7、8、6，乙的数字为 4、5、9；如果骰子的值为 4、5、6 时，则不进行交叉互换操作”，如此是不是感觉交叉操作很简单可理解。

遗传算法个体交叉函数如下：

```
function ret=Cross(pcross,lenchrom,chrom,sizepop,bound)
%本函数完成交叉操作
```

```
% pcorss                input  : 交叉概率
% lenchrom              input  : 染色体的长度
% chrom    input  : 染色体群
% sizepop               input  : 种群规模
% ret                  output : 交叉后的染色体
 for i=1:sizepop  %每一轮 for 循环中，可能会进行一次交叉操作，染色体是随机选择的，交叉位置也是随机选择的，%但该轮 for 循环中是否进行交叉操作则由交叉概率决定（continue 控制）
    % 随机选择两个染色体进行交叉
    pick=rand(1,2);
    while prod(pick)==0
        pick=rand(1,2);
    end
    index=ceil(pick.*sizepop);
    % 交叉概率决定是否进行交叉
    pick=rand;
    while pick==0
        pick=rand;
    end
    if pick>pcross
        continue;
    end
    flag=0;
    while flag==0
        % 随机选择交叉位
        pick=rand;
        while pick==0
            pick=rand;
        end
        pos=ceil(pick.*sum(lenchrom)); %随机选择进行交叉的位置，即选择第几个变量进行交叉，注意：两个染色体交叉的位置相同
        pick=rand;                                                  %交叉开始
        v1=chrom(index(1),pos);
        v2=chrom(index(2),pos);
        chrom(index(1),pos)=pick*v2+(1-pick)*v1;
        chrom(index(2),pos)=pick*v1+(1-pick)*v2;                    %交叉结束
        flag1=test(lenchrom,bound,chrom(index(1),:));   %检验染色体 1 的可行性
        flag2=test(lenchrom,bound,chrom(index(2),:));   %检验染色体 2 的可行性
        if   flag1*flag2==0
            flag=0;
        else flag=1;
        end                                      %如果两个染色体不是都可行，则重新交叉
    end
 end
ret=chrom;
```

选择和交叉完成，接下来就是最后的变异算子这一步了，变异就显得很简单了，也可以采用打赌的方法，将某个个体或者整个染色体变异为另一组可行解，就相当于初始化操作，重新生成一组个体赋值给当前的这个染色体，遗传算法个体变异函数如下：

```
function ret=Mutation(pmutation,lenchrom,chrom,sizepop,num,maxgen,bound)
% 本函数完成变异操作
% pcorss                input  : 变异概率
% lenchrom              input  : 染色体长度
% chrom                 input  : 染色体群
% sizepop               input  : 种群规模
```

```
% opts              input  : 变异方法的选择
% pop               input  : 当前种群的进化代数和最大的进化代数信息
% bound             input  : 每个个体的上届和下届
% maxgen            input  : 最大迭代次数
% num               input  : 当前迭代次数
% ret               output : 变异后的染色体

for i=1:sizepop   %每一轮 for 循环中，可能会进行一次变异操作，染色体是随机选择的，变异位置也是随机选择的
   %但该轮 for 循环中是否进行变异操作则由变异概率决定（continue 控制）
   % 随机选择一个染色体进行变异
   pick=rand;
   while pick==0
      pick=rand;
   end
   index=ceil(pick*sizepop);
   % 变异概率决定该轮循环是否进行变异
   pick=rand;
   if pick>pmutation
      continue;
   end
   flag=0;
   while flag==0
      % 变异位置
      pick=rand;
      while pick==0
         pick=rand;
      end
      pos=ceil(pick*sum(lenchrom)); %随机选择了染色体变异的位置，即选择了第 pos 个变量进行变异

      pick=rand;                                          %变异开始
      fg=(rand*(1-num/maxgen))^2;
      if pick>0.5
         chrom(i,pos)=chrom(i,pos)+(bound(pos,2)-chrom(i,pos))*fg;
      else
         chrom(i,pos)=chrom(i,pos)-(chrom(i,pos)-bound(pos,1))*fg;
      end                                                 %变异结束
      flag=test(lenchrom,bound,chrom(i,:));               %检验染色体的可行性
   end
end
ret=chrom;
```

种群进化迭代终止，得到最优个体，即 BP 神经网络的权值和阈值，绘制适应度值变化曲线，程序如下：

```
%% 遗传算法结果分析
figure('color',[1,1,1]),
[r c]=size(trace);
plot([1:r]',trace(:,2),'b--');
title(['适应度曲线  ' '终止代数=' num2str(maxgen)]);
xlabel('进化代数');  ylabel('适应度');
legend('平均适应度','最佳适应度');
disp('适应度                 变量');
x=bestchrom;
```

运行程序输出适应度曲线如图 6-6 所示。

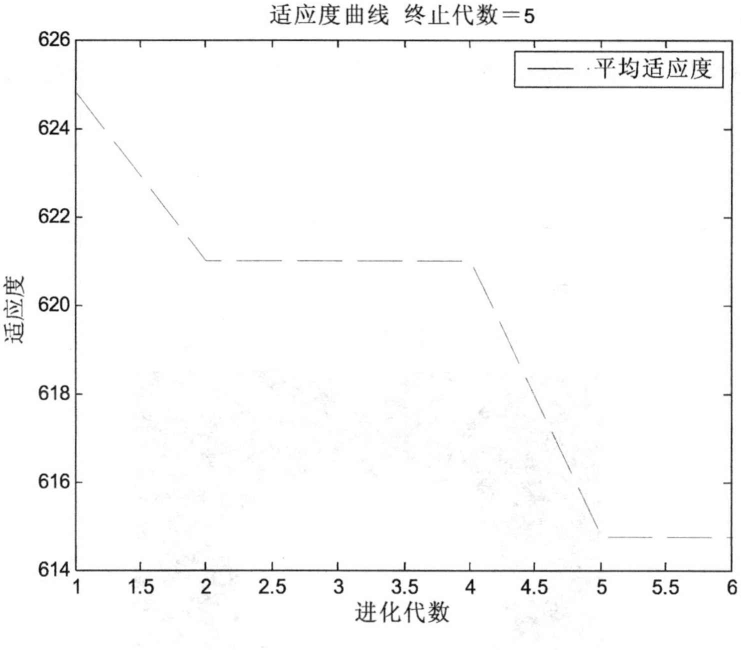

图 6-6　适应度曲线

种群迭代 6 次，误差值（适应度值）逐渐降低，说明种群个体在不断地更新，得到的 BP 神经网络的权值和阈值也越来越好。

BP 神经网络权值和阈值优化得到后，即可进行 BP 神经网络的训练操作，具体的程序如下：

```
%% 把最优初始阀值权值赋予网络预测
%%用遗传算法优化的 BP 网络进行值预测
w1=x(1:inputnum*hiddennum);
B1=x(inputnum*hiddennum+1:inputnum*hiddennum+hiddennum);
w2=x(inputnum*hiddennum+hiddennum+1:inputnum*hiddennum+hiddennum+hiddenn
um*outputnum);
B2=x(inputnum*hiddennum+hiddennum+hiddennum*outputnum+1:inputnum*hiddenn
um+hiddennum+hiddennum*outputnum+outputnum);

net.iw{1,1}=reshape(w1,hiddennum,inputnum);
net.lw{2,1}=reshape(w2,outputnum,hiddennum);
net.b{1}=reshape(B1,hiddennum,1);
net.b{2}=B2;

%% BP 网络训练
%网络进化参数
net.trainParam.epochs=10;
net.trainParam.lr=0.1;
%net.trainParam.goal=0.00001;
%网络训练
[net,per2]=train(net,input_train,output_train);
```

训练好网络后，加载如图 6-3 所示的图像，进行 BP 神经网络预测，程序如下：

```
%% BP 网络预测
[net,per2] = train(net,input_train,output_train);
output_test_simu = sim(net,input_test);  % BP 预测
```

```
im = reshape(output_test_simu,nd_test(1,1),nd_test(1,2));
```

BP 神经网络预测得到的结果保存在“im”数组里，采用程序进行输出查看分割结果，程序如下：

```
%画图显示
figure,imshow(im);title('基于 BP 神经网络的灰白质分割图')
figure,imshow(im_sep_test);title('MRI 大脑图像')
```

运行程序输出结果如图 6-7 所示。

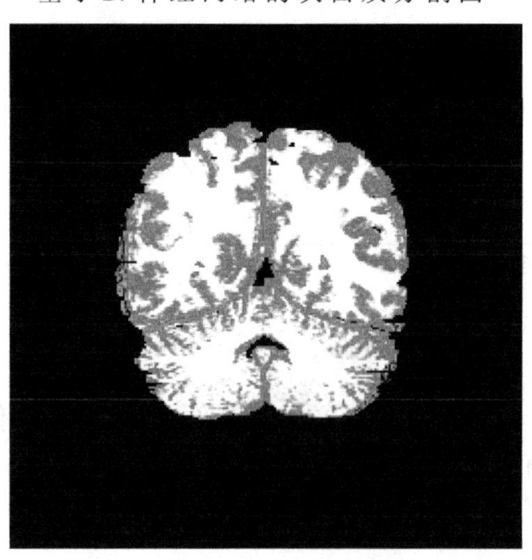

图 6-7　大脑灰白质分割图像

从如图 6-7 所示的大脑灰白质分割图像结果可知，采用遗传算法优化的 BP 神经网络图像分割算法，能够对大脑图像进行较好的分割，分割效果较好，并且分割的结果较稳定。

为了对比遗传算法优化的 BP 神经网络算法的改进性能，对比传统的 BP 神经网络对图像进行分割，程序如下：

```
clc,clear,close all                      % 清屏、清工作区、关闭窗口
warning off                              % 消除警告
feature jit off                          % 加速代码执行
%% 训练数据预测数据提取
%下载输入输出数据
load('data.mat');                        % 原始数据以列向量的方式存放在 workplace 文
件中
%% 构造训练样本
num_train = get(handles.edit2,'string');
num_train = str2num(num_train);
im_sep = MRI_pic(num_train);             % 选取第 30 张图像，train 输入样本，选为 30
% 获取输出数据 output
lev2 = 50/255;                           % 阈值
L = zeros(size(im_sep));                 % 0=背景
L(im_sep<lev2 & im_sep>0) = 2;           % 2=灰质
L(im_sep>=lev2) = 3;                     % 3=白质
L = mat2gray(L);
% figure,imshow(L);title('灰白质分割图')
%% train 输入和 train 输出
```

```
nd = size(im_sep);                          % 数据大小
% 训练样本
input_train = reshape(im_sep,nd(1,1)*nd(1,2),1)';  % 作为输入
output_train = reshape(L,nd(1,1)*nd(1,2),1)';      % 作为目标向量
% 测试样本
num = get(handles.edit4,'string');                 % num 取值 13--31 之间
num = str2num(num);
im_sep_test = MRI_pic(num);                 % 提取 num 张图像，test 输入样本，测试样本
nd_test = size(im_sep_test);                % 数据大小
input_test = reshape(im_sep_test,nd_test(1,1)*nd_test(1,2),1)';% 作为输入

%% BP 网络设置
%节点个数
inputnum=4;
hiddennum=7;
outputnum=1;

%构建网络
nntwarn off
net=newff(input_train,output_train,hiddennum);

%% BP 网络训练
%网络进化参数
net.trainParam.epochs = 40;
net.trainParam.lr = 0.1;
%net.trainParam.goal=0.00001;
%网络训练
[net,per2]=train(net,input_train,output_train);
output_test_simu = sim(net,input_test);                  % BP 预测
im = reshape(output_test_simu,nd_test(1,1),nd_test(1,2));
%画图显示
axes(handles.axes3);
imshow(im);
xlabel('基于 BP 神经网络的灰白质分割图')
```

运行程序，得到的结果如图 6-8 所示。

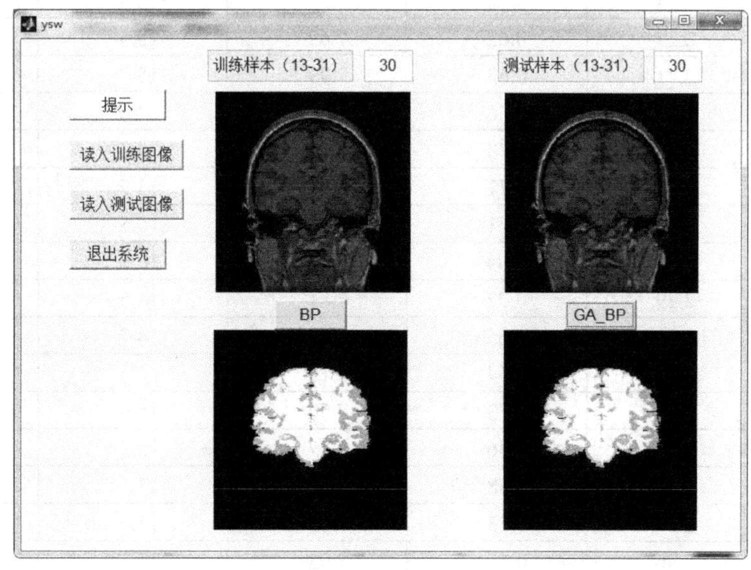

图 6-8　不同算法分割结果对比

采用遗传算法优化的 BP 神经网络算法进行图像分割，算法运行时间较长，BP 神经网络执行次数较多，然而其分割结果是可观的，分割结果更加稳定且效果更加好。采用单纯的 BP 神经网络算法进行大脑图像分割，得到的图像分割结果不稳定，归因于 BP 神经网络训练过程的动态变化，因此导致每一次训练结果误差不同。

6.4　基于 GA 优化的 BP 神经网络的矿井通风量计算

目前煤矿矿井通风自动化系统对于防止一氧化碳、煤尘、瓦斯和火灾等事故可进行有效的掌控，在一定层面上改善矿井安全境况，实现通风安全的现代化和科学化的管理。

通风过程中，过大的风速或过小的风速都是会引发不安全情况的发生。一般情况下，现在国内矿山企业矿井送风系统中风机的功率是采用定功功率，对于送多大的风量一般条件下是固定好一个值后就不太去做过多改变，只能控制每个巷道或者工作面的局部通风机和可控风门来调节工作面的风速大小，所以如何合理地给出最优风速值以使得每个工作面的瓦斯煤尘能控制在最合理的范围成为了矿井生产中需要解决的问题。

实际煤矿矿井内部，现多采用多风机自动通风系统进行系统通风，然而通风量的设定完全由系统采集相应的衡量指标数据来完成，具体的指标有通风量、瓦斯、煤尘、温度、湿度、人员心理素质、技术和管理等，通风系统根据采集的数据指标进行通风风量的调节。选取某工作面和某总回风巷道上的数据点（通风量、瓦斯、煤尘、温度和湿度等）进行基于遗传算法优化的 BP 神经网络优化分析，具体的数据如表 6-1 和表 6-2 所示。

表 6-1　某工作面上的数据点

时间点	风速（m/s）	瓦斯（%）	煤尘（g/m^3）	温度（g/m^3）	湿度（g/m^3）
1	2.4	0.71	8	17	15
2	2.56	0.62	8.4	15	13
3	2.24	0.66	7.61	16	14
4	2.27	0.62	7.69	15.5	13.2
5	2.41	0.63	7.99	15	14.1
6	2.4	0.66	7.87	14.6	13.5
7	2.27	0.78	7.75	14.3	15.3
8	2.22	0.71	7.71	13.9	14.3
9	2.34	0.61	7.83	16.5	14.6
10	2.43	0.64	8.1	17.6	15.3
11	2.29	0.72	7.81	13.5	17
12	2.52	0.65	8.23	14.7	14.3
13	2.49	0.64	8.19	15	14.2
14	2.21	0.73	7.59	15.6	14.8
15	2.27	0.66	7.67	16.3	15.3
16	2.37	0.68	8.08	17	14.3
17	2.27	0.73	7.65	13.5	12.8
18	2.36	0.65	7.95	15.7	14.9

续表

时间点	风速（m/s）	瓦斯（%）	煤尘（g/m^3）	温度（g/m^3）	湿度（g/m^3）
19	2.37	0.69	8.1	16.1	15.8
20	2.37	0.71	7.77	13.2	14.3
21	2.21	0.76	7.59	15.4	14.1
22	2.36	0.69	8	13.9	13.6
23	2.31	0.69	7.75	16.7	13.8
24	2.52	0.63	8.08	14.3	13.21
25	2.27	0.7	7.75	14.6	13.8
26	2.37	0.68	8	13.8	14.3
27	2.43	0.65	8	14.3	15.9
28	2.41	0.66	8.05	14.7	15.3
29	2.36	0.65	7.88	15.2	14.6
30	2.36	0.69	7.95	17.2	13.6
31	2.4	0.64	7.88	15.6	13.2
32	2.27	0.66	7.62	16.2	12.9
33	2.29	0.7	7.84	17.5	14.2
34	2.36	0.62	7.96	16.2	15.5
35	2.45	0.64	8.14	14	15.7
36	2.39	0.63	7.7	13.2	16.1
37	2.27	0.7	7.77	15	14.3
38	2.52	0.64	8.12	12.7	12.2
39	2.36	0.68	7.71	15.2	11.5
40	2.34	0.66	7.73	15.6	11.2
41	2.36	0.68	7.9	17.2	12.3
42	2.31	0.72	7.9	15.9	12.2
43	2.25	0.7	7.82	15.4	13

表 6-2　某总回风巷上的数据点

时间点	风速（m/s）	瓦斯（%）	煤尘（g/m^3）	温度（g/m^3）	湿度（g/m^3）
1	5.15	0.67	7.05	17	15
2	5.36	0.6	7.28	15	13
3	5.31	0.63	6.8	16	14
4	5.14	0.6	7.06	15.5	13.2
5	5.39	0.64	7.22	15	14.1
6	5.32	0.62	7.03	14.65	13.5
7	5.19	0.68	7.03	14.3	15.3
8	5.26	0.65	6.93	13.95	14.3
9	5.05	0.63	6.94	16.5	14.65714
10	5.17	0.68	6.95	17.6	15.3
11	5.14	0.58	6.95	13.5	17
12	5.36	0.58	6.99	14.73	14.38463
13	5.21	0.61	7	15	14.21646

续表

时间点	风速（m/s）	瓦斯（%）	煤尘（g/m^3）	温度（g/m^3）	湿度（g/m^3）
14	5.37	0.58	7.1	15.6	14.8
15	5.03	0.65	6.96	16.3	15.3
16	5.08	0.66	7.02	17	14.33
17	5.01	0.68	7.06	13.5	12.8
18	5.07	0.68	6.94	15.75	14.9
19	5.19	0.6	7.07	16.15	15.868
20	5.18	0.62	7.12	13.2	14.32
21	5.29	0.64	7.43	15.4	14.05
22	5.34	0.59	7.38	13.9	13.6
23	5.01	0.62	6.94	16.7	13.89
24	5.13	0.63	7.01	14.3	13.21
25	5.17	0.61	7.19	14.67	13.85
26	5.28	0.63	7.03	13.88	14.32
27	5.19	0.58	6.94	14.3	15.92625
28	5.18	0.65	6.99	14.7	15.3
29	5.23	0.62	7.07	15.2	14.6
30	5.21	0.6	7.16	17.2	13.6
31	5.1	0.62	6.9	15.6	13.25
32	5.17	0.61	7	16.23	12.98
33	5.08	0.64	7.11	17.05	14.182
34	5.06	0.6	6.96	16.2	15.562
35	5.13	0.58	7.05	14	15.792
36	5.28	0.57	7.18	13.2	16.022
37	5.16	0.68	7.19	15	14.36
38	5.36	0.62	7.05	12.73	12.25
39	5.1	0.66	7.07	15.24	11.564
40	5.13	0.57	7.1	15.67	11.22143
41	5.22	0.69	7.15	17.2	12.32
42	5.16	0.64	7.07	15.9	12.25
43	5.32	0.55	7.15	15.4	13.00306

在煤矿矿井最优化通风量中，由于拟合非线性函数有 4 个输入参数，1 个输出参数（如表 6-1 所示），所以可设置的 BP 神经网络结构为 4-7-1，即输入层有 4 个节点，隐含层有 7 个节点，输出层有 1 个节点，共有 4×7+7×1=35 个权值，7+1=8 个阈值，所以遗传算法个体编码长度为 35+8=43。从非线性函数中随机得到 31 组输入输出数据，从中随机选择 6 组作为训练数据，用于网络训练，6 组作为测试数据。把训练数据预测误差绝对值的和作为个体适应度值，个体适应度值越小，该个体越优。

具体步骤如下：

（1）数据的初始化操作，包括数据的导入，归一化处理及变量取值范围的大致设定以及染色体长度的设置等；

（2）采用遗传算法对该输入数据进行优化分析，考虑到 BP 神经网络具有自学习、网络内部结构的训练误差负反向传播特性，因此采用遗传算法对 BP 神经网络权值和阈值进行优化分析，以优化的 BP 神经网络输出绝对误差的和作为遗传算法的适应度函数响应值，适应度值越低，表示网络权值和阈值个体最优，神经网络逼近效果越好，相应的绝对误差的和就越小，达到优化 BP 网络的目的，从而不断地迭代得出最优的 BP 网络权值和阈值；

（3）采用已经寻优的权值和阈值，对待训练数据进行神经网络训练，设定 BP 网络参数，得到相应的训练结果；

（4）将待检测数据输入进行数据输出模拟，得出相应的预测误差；并采取瓦斯、煤尘、温度和湿度等数据在各自变量范围内依此选取，得出所有的预测通风量值，选取其中通风量和瓦斯、煤尘之和最小的一组结果作为目标最优值；

（5）实验数据的输出，图形的绘制等，结束。

6.4.1　某工作面最优通风量分析

针对表 6-1 所示的数据，画出相应的各因素对应下的通风量之间的三维曲面图，具体如图 6-9～图 6-14 所示。

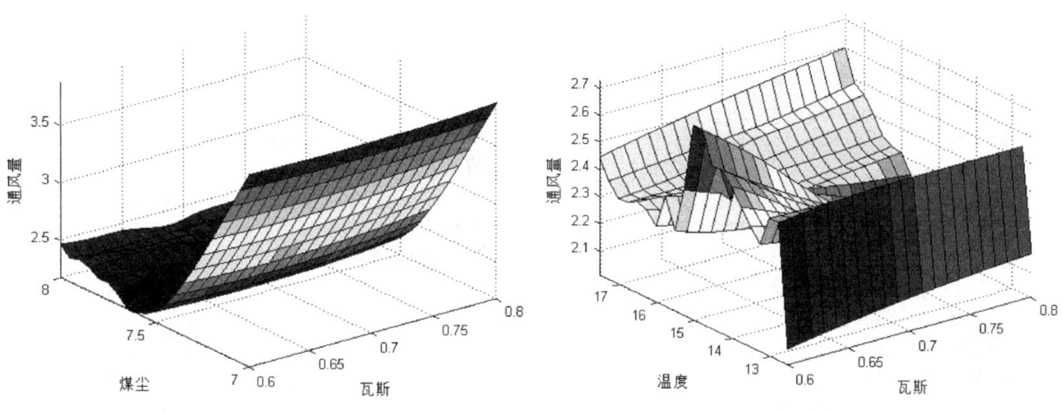

图 6-9　某工作面煤尘、瓦斯与通风量之间的关系图　　图 6-10　某工作面温度、瓦斯与通风量之间的关系图

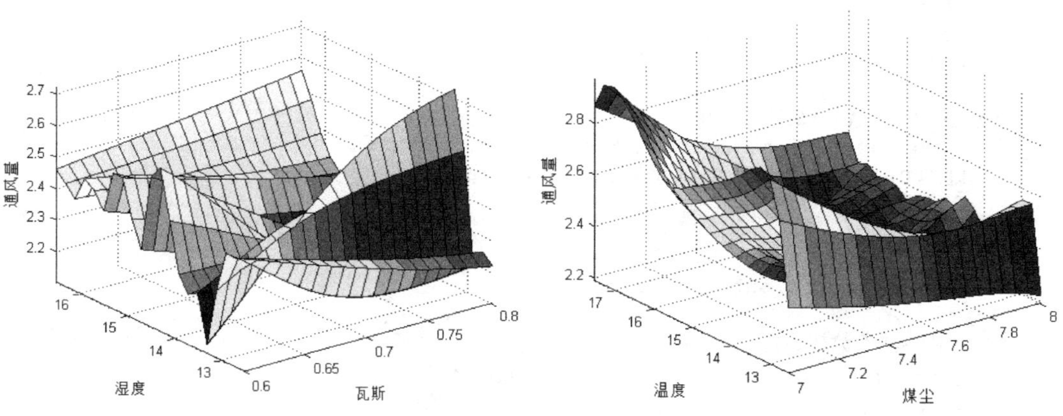

图 6-11　某工作面湿度、瓦斯与通风量之间的关系图　　图 6-12　某工作面温度、煤尘与通风量之间的关系图

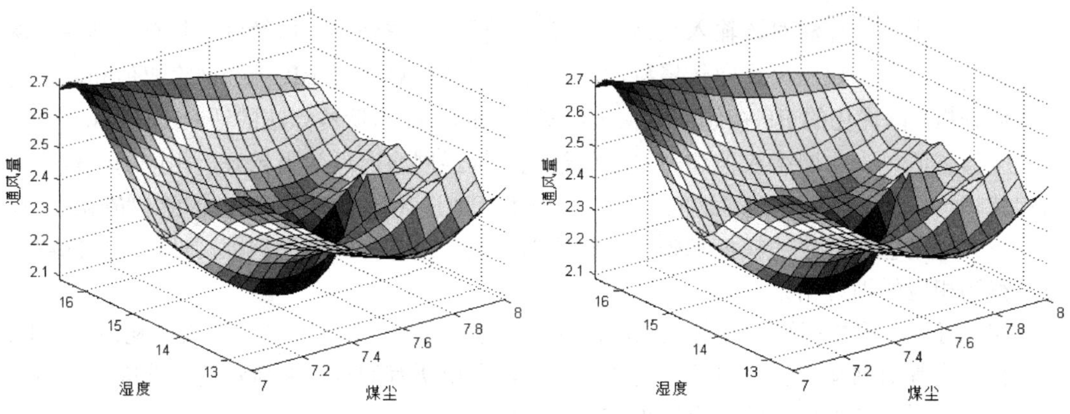

图 6-13　某工作面湿度、煤尘与通风量之间的关系图　图 6-14　某工作面煤尘、湿度与通风量之间的关系图

不同的变量对通风量影响是不同的，由图 6-9 可知，随着风速值的增大，煤尘逐渐增大，当风速值增大到一定程度，煤尘相应的减小，瓦斯随着风速值的增大而减小。如图 6-13 和图 6-14 所示，温湿度对通风量的影响相当，系统的通风量受温湿度影响较小。

结合表 6-1 所示的数据，采用基于遗传算法优化的 BP 神经网络对通风量进行最优值估计，程序如下：

```
clc,clear,close all                       %清屏、清工作区、关闭窗口
warning off                               %消除警告
feature jit off                           %加速代码执行
%% 训练数据预测数据提取及归一化
%下载输入输出数据
load data1.mat;                        %原始数据以列向量的方式存放在 workplace 文件中
data =data1;                              %赋值
n=size(data);
input=data(:,3:6);                        %作为输入
output=data(:,2);                         %作为目标向量
%节点个数
inputnum=4;
hiddennum=7;
outputnum=1;

%训练数据和预测数据
input_train=input(1:n(1,1),:)';
input_test=input(1:n(1,1),:)';
output_train=output(1:n(1,1))';
output_test=output(1:n(1,1))';

%选连样本输入输出数据归一化
[inputn,inputps]=mapminmax(input_train);
[outputn,outputps]=mapminmax(output_train);

%构建网络
nntwarn off
net=newff(inputn,outputn,hiddennum);

%% 遗传算法参数初始化
maxgen=10;                                %进化代数，即迭代次数
sizepop=50;                               %种群规模
pcross=[0.3];                             %交叉概率选择，0 和 1 之间
pmutation=[0.1];                          %变异概率选择，0 和 1 之间
```

```
%节点总数
numsum=inputnum*hiddennum+hiddennum+hiddennum*outputnum+outputnum;

lenchrom=ones(1,numsum);
bound=[0.1*ones(numsum,1) 20*ones(numsum,1)];     %数据范围

%-----------------------------种群初始化-------------------------------
individuals=struct('fitness',zeros(1,sizepop), 'chrom',[]);  %将种群信息定
义为一个结构体
avgfitness=[];                          %每一代种群的平均适应度
bestfitness=[];                         %每一代种群的最佳适应度
bestchrom=[];                           %适应度最好的染色体
%初始化种群
for i=1:sizepop
   %随机产生一个种群
   individuals.chrom(i,:)=Code(lenchrom,bound);    %编码(binary 和 grey 的编
   码结果为一个实数，float 的编码结果为一个实数向量)
   x=individuals.chrom(i,:);
   %计算适应度
   individuals.fitness(i)=fun(x,inputnum,hiddennum,outputnum,net,inputn,
   outputn);    %染色体的适应度
end

%找最好的染色体
[bestfitness bestindex]=min(individuals.fitness);
bestchrom=individuals.chrom(bestindex,:);          %最好的染色体
avgfitness=sum(individuals.fitness)/sizepop;       %染色体的平均适应度
% 记录每一代进化中最好的适应度和平均适应度
trace=[avgfitness bestfitness];

%% 迭代求解最佳初始阀值和权值
% 进化开始
for i=1:maxgen
   i
   % 选择
   individuals=Select(individuals,sizepop);
   avgfitness=sum(individuals.fitness)/sizepop;
   %交叉
   individuals.chrom=Cross(pcross,lenchrom,individuals.chrom,sizepop,
   bound);
   % 变异
   individuals.chrom=Mutation(pmutation,lenchrom,individuals.chrom,
   sizepop,i,maxgen,bound);

   % 计算适应度
   for j=1:sizepop
      x=individuals.chrom(j,:);                           %解码
      individuals.fitness(j)=fun(x,inputnum,hiddennum,outputnum,net,inputn,
      outputn);
   end

  %找到最小和最大适应度的染色体及它们在种群中的位置
   [newbestfitness,newbestindex]=min(individuals.fitness);
   [worestfitness,worestindex]=max(individuals.fitness);
   % 代替上一次进化中最好的染色体
```

```
    if bestfitness>newbestfitness
        bestfitness=newbestfitness;
        bestchrom=individuals.chrom(newbestindex,:);
    end
    individuals.chrom(worestindex,:)=bestchrom;
    individuals.fitness(worestindex)=bestfitness;

    avgfitness=sum(individuals.fitness)/sizepop;

    trace=[trace;avgfitness bestfitness];   %记录每一代进化中最好的适应度和平
    均适应度

end
%% 遗传算法结果分析
figure('color',[1,1,1]),
[r c]=size(trace);
plot([1:r]',trace(:,2),'b--');
title(['适应度曲线  ' '终止代数=' num2str(maxgen)]);
xlabel('进化代数');ylabel('适应度');
legend('平均适应度','最佳适应度');
disp('适应度变量');
x=bestchrom;
```

种群个体编码，函数如下：

```
function ret=Code(lenchrom,bound)
%本函数将变量编码成染色体，用于随机初始化一个种群
% lenchrom   input : 染色体长度
% bound      input : 变量的取值范围
% ret        output: 染色体的编码值
flag=0;
while flag==0
    pick=rand(1,length(lenchrom));
    ret=bound(:,1)'+(bound(:,2)-bound(:,1))'.*pick;     %线性插值，编码结果以
    实数向量存入 ret 中
    flag=test(lenchrom,bound,ret);                      %检验染色体的可行性
end
```

得相应的适应度曲线如图 6-15 所示。

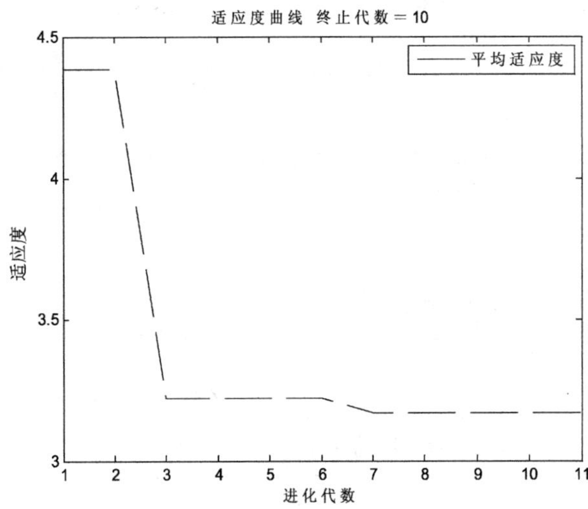

图 6-15　遗传算法适应度曲线

采用优化好的 BP 神经网络进行网络训练，将表 6-1 所示的数据全部作为训练数据，程序如下：

```
%% 把最优初始阀值权值赋予网络预测
% %用遗传算法优化的 BP 网络进行值预测
w1=x(1:inputnum*hiddennum);
B1=x(inputnum*hiddennum+1:inputnum*hiddennum+hiddennum);
w2=x(inputnum*hiddennum+hiddennum+1:inputnum*hiddennum+hiddennum+hiddenn
um*outputnum);
B2=x(inputnum*hiddennum+hiddennum+hiddennum*outputnum+1:inputnum*hiddenn
um+hiddennum+hiddennum*outputnum+outputnum);

net.iw{1,1}=reshape(w1,hiddennum,inputnum);
net.lw{2,1}=reshape(w2,outputnum,hiddennum);
net.b{1}=reshape(B1,hiddennum,1);
net.b{2}=B2;

%% BP 网络训练
%网络进化参数
net.trainParam.epochs=100;
net.trainParam.lr=0.1;
%net.trainParam.goal=0.00001;
%网络训练
[net,per2]=train(net,inputn,outputn);

%% BP 网络预测
%数据归一化
inputn_test=mapminmax('apply',input_test,inputps);
an=sim(net,inputn_test);
test_simu=mapminmax('reverse',an,outputps);
error=test_simu-output_test;
save data1_GA_BP test_simu output_test error
```

考虑每一个变量的取值范围，然后采用循环计算的方法，将所有的可能组合输入到训练好的 BP 神经网络中，得到相应的最优风速预测值，编程如下：

```
%% 寻优分析
Up=0.5:0.05:0.85;    %作为瓦斯输入
Utp=6.5:0.1:9.1;     %作为煤尘输入
Ut=13:0.5:19;        %作为温度输入
Us = 12:0.5:19;      %作为适度输入

n1=size(Up);
n2=size(Utp);
n3=size(Ut);
n4 = size(Us);

sum_count = n1(1,2)*n2(1,2)*n3(1,2)*n4(1,2);
count = 0;
```

```
m=1;
for i=1:n1(1,2)
    for j=1:n2(1,2)
        for k=1:n3(1,2)
            for kk = 1:n4(1,2)
                count = count+1   %计数
                input_rand=[Up(1,i),Utp(1,j),Ut(1,k),Us(1,kk)]';
                inputn_result=mapminmax('apply',input_rand,inputps);
                result=sim(net,inputn_result);
                test_result(m,1:4)=input_rand;
                test_result(m,5)=mapminmax('reverse',result,outputps);
                m=m+1;
            end
        end
    end
end
%% GA_BP_min
% 瓦斯 + 煤尘 + 温度 + 湿度 + 最优风速
[a,b]=min(test_result(:,5) + test_result(:,1) +test_result(:,2) );
actual_result=test_result(b,:);% 得到预测最小值
save data1_GA_BP_test_result.mat test_result actual_result
```

运行程序将保存最优预测结果，以及测试和训练预测数据和误差数据。

绘制误差曲线，程序如下：

```
clc,clear,close all                          %清屏、清工作区、关闭窗口
warning off                                  %消除警告
feature jit off                              %加速代码执行
load('data1_GA_BP.mat')                      %遗传算法+BP
load('data1_GA_BP_test_result.mat')          %遗传算法+BP
load('error_hg.mat')                         %回归分析的
figure('color',[1,1,1])
    error(38) = 0;
    plot(error,'linewidth',2)
    xlabel('误差 error')
figure('color',[1,1,1])
    plot(output_test,'r','linewidth',2)
    hold on
    test_simu(38)=output_test(38);
    plot(test_simu,'linewidth',2)
    xlabel('时间点');ylabel('通风量')
    legend('原始信号','GA _ BP 预测')
figure('color',[1,1,1])
    plot(error,'r','linewidth',2)
    hold on
    plot(error_hg,'linewidth',2)
    xlabel('误差 error')
    legend('GA _ BP 预测误差','回归预测误差')
    mse_GA_BP = mse(error)
    mean_GA_BP =mean(abs(error))
    mse_hg = mse(error_hg)
    mean_hg =mean(abs(error_hg))
```

输出相应的遗传算法优化的 BP 神经网络的预测值，如图 6-16 所示。

相应误差曲线如图 6-17 所示。

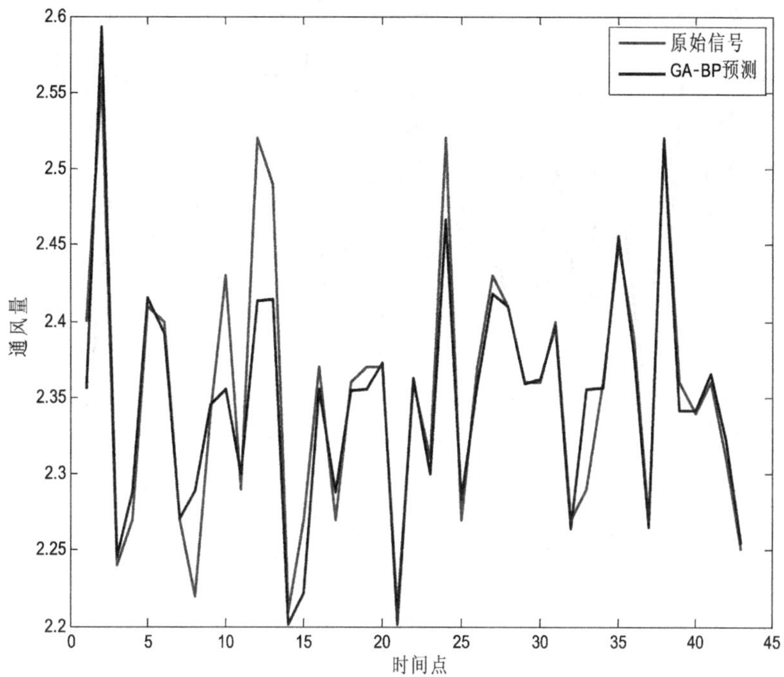

图 6-16　基于遗传算法优化的 BP 神经网络算法的工作面最优通风量预测

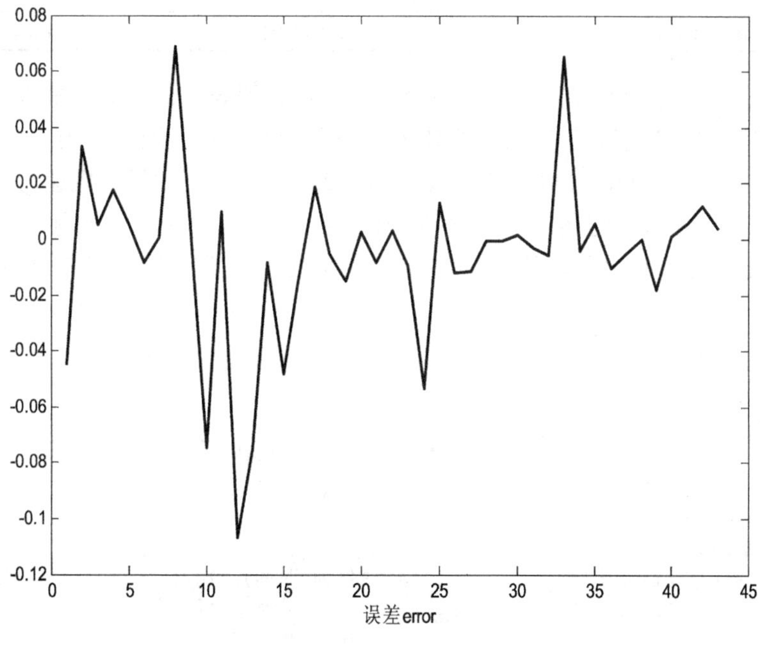

图 6-17　工作面预测误差分析

对比多元回归方程预测的数值误差可得如图 6-18 所示。

采用遗传算法优化的 BP 神经网络算法能够对通风量进行较精确预测，相对于多元回归分析，预测效果更好，预测结果更加平滑，具体的绝对误差均值及误差均方差对比如

表 6-3 所示。

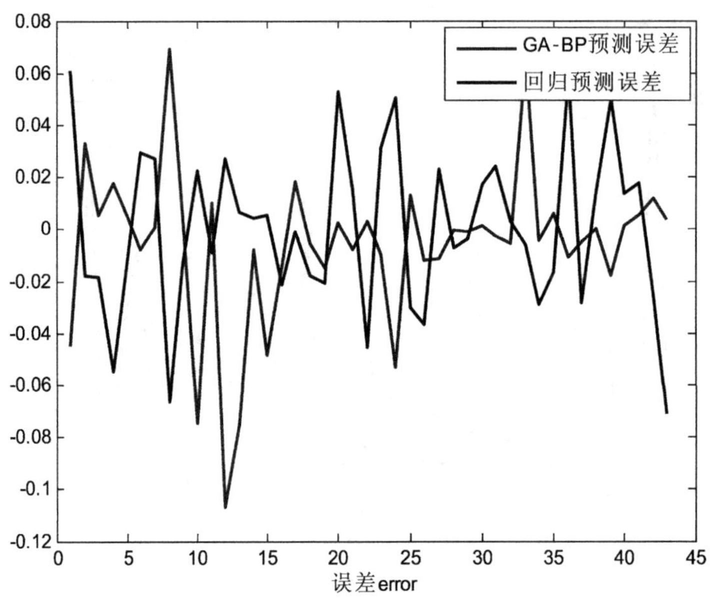

图 6-18　GA_BP 预测和回归预测工作面误差比较

表 6-3　GA_BP预测和回归工作面预测误差对比表

	绝对误差误差均值	误差均方差
多元回归分析	0.025831309028624	0.001004571008376
遗传算法优化的 BP 神经网算法	0.019108395013953	9.955130436414340e-04

采用基于遗传算法优化的 BP 神经网络可以较好地对煤矿矿井通风量进行预测。对系统进行全域搜索，经过遗传算法优化的 BP 神经网络可得出最优通风量的最优条件分别为：瓦斯 0.5000、煤尘 6.5000、温度 13.0000、湿度 12.0000，预测的最优风速为 1.3847。

绘制该工作面上基于遗传算法优化的 BP 神经网络算法预测的最优通风量与瓦斯、煤尘、温度及湿度的曲面图，绘制煤尘和瓦斯下的工作面最优通风量估计曲面，编程如下：

```
%下载输入输出数据
clc,clear,close all                    % 清屏、清工作区、关闭窗口
warning off                            % 消除警告
feature jit off                        % 加速代码执行
load('data1_GA_BP_test_result.mat')% 遗传算法+BP
data = test_result;
n=size(data);
datax1=(1:n(1,1))';                    %作为 时间点 输入
datay=data(:,5);                       %作为 通风量 目标变量
datax2=data(:,1);                      %作为 瓦斯 输入
datax3=data(:,2);                      %作为 煤尘 输入
datax4=data(:,3);                      %作为 温度 输入
datax5=data(:,4);                      %作为 湿度 输入

datax22=min(datax2):0.01:max(datax2);          %作为 瓦斯 输入
datax33=min(datax3):(max(datax3)-min(datax3))/(size(datax22,2)-1):max(d
```

```
atax3);      %作为 煤尘 输入
[datax222,datax333]=meshgrid(datax22,datax33);
datay3=griddata(datax3,datax2,datay,datax333,datax222,'v4');% 'v4'MATLAB
4 格点样条函数内插
figure('Color',[1 1 1]);
surf(datax22,datax33,datay3);
xlabel('瓦斯');  ylabel('煤尘');  zlabel('通风量');  grid on; axis tight
```

运行程序输出结果如图 6-19 所示。

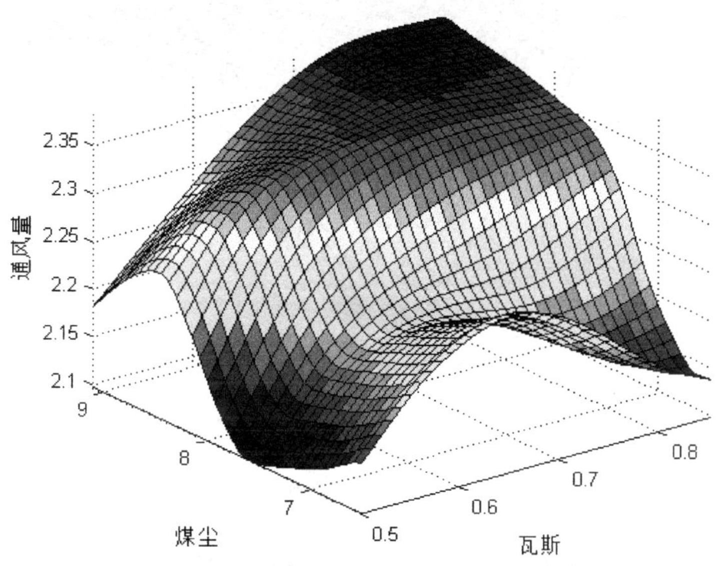

图 6-19　煤尘和瓦斯下的工作面最优通风量估计曲面图

绘制温度和瓦斯下的工作面最优通风量估计曲面图，编程如下：

```
%% draw surf2
clc,clear,close all                         % 清屏、清工作区、关闭窗口
warning off                                 % 消除警告
feature jit off                             % 加速代码执行
load('data1_GA_BP_test_result.mat')         % 遗传算法+BP
data = test_result;
n=size(data);
datax1=(1:n(1,1))';                         %作为 时间点 输入
datay=data(:,5);                            %作为 通风量 目标变量
datax2=data(:,1);                           %作为 瓦斯 输入
datax3=data(:,2);                           %作为 煤尘 输入
datax4=data(:,3);                           %作为 温度 输入
datax5=data(:,4);                           %作为 湿度 输入

datax22=min(datax2):0.01:max(datax2);       %作为 瓦斯 输入
datax33=min(datax4):(max(datax4)-min(datax4))/(size(datax22,2)-1):max(d
atax4);                                     %作为 温度 输入
[datax222,datax333]=meshgrid(datax22,datax33);
datay3=griddata(datax4,datax2,datay,datax333,datax222,'v4');% 'v4'MATLAB
4 格点样条函数内插
```

```
figure('Color',[1 1 1]);
surf(datax22,datax33,datay3);
xlabel('瓦斯');   ylabel('温度');   zlabel('通风量');  grid on;  axis tight
```

运行程序输出结果如图 6-20 所示。

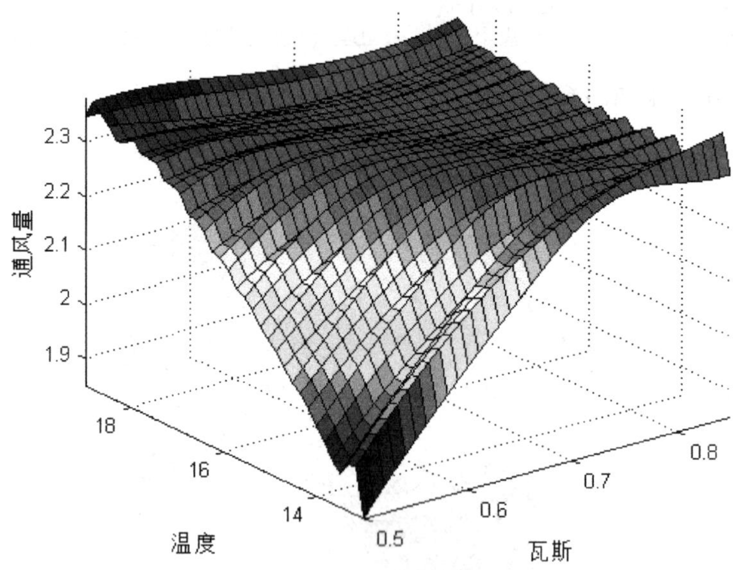

图 6-20　温度和瓦斯下的工作面最优通风量估计曲面图

绘制湿度和瓦斯下的工作面最优通风量估计曲面图，编程如下：

```
%% draw surf3
clc,clear,close all                        % 清屏、清工作区、关闭窗口
warning off                                % 消除警告
feature jit off                            % 加速代码执行
load('data1_GA_BP_test_result.mat')        % 遗传算法+BP
data = test_result;
n=size(data);
datax1=(1:n(1,1))';                        %作为 时间点 输入
datay=data(:,5);                           %作为 通风量 目标变量
datax2=data(:,1);                          %作为 瓦斯 输入
datax3=data(:,2);                          %作为 煤尘 输入
datax4=data(:,3);                          %作为 温度 输入
datax5=data(:,4);                          %作为 湿度 输入

datax22=min(datax2):0.01:max(datax2);     %作为 瓦斯 输入
datax33=min(datax5):(max(datax5)-min(datax5))/(size(datax22,2)-1):max(d
atax5);                                    %作为 湿度 输入
[datax222,datax333]=meshgrid(datax22,datax33);
datay3=griddata(datax5,datax2,datay,datax333,datax222,'v4');% 'v4'MATLAB
4 格点样条函数内插
figure('Color',[1 1 1]);
surf(datax22,datax33,datay3);
xlabel('瓦斯');   ylabel('湿度');   zlabel('通风量');  grid on;  axis tight
```

运行程序输出结果如图 6-21 所示。

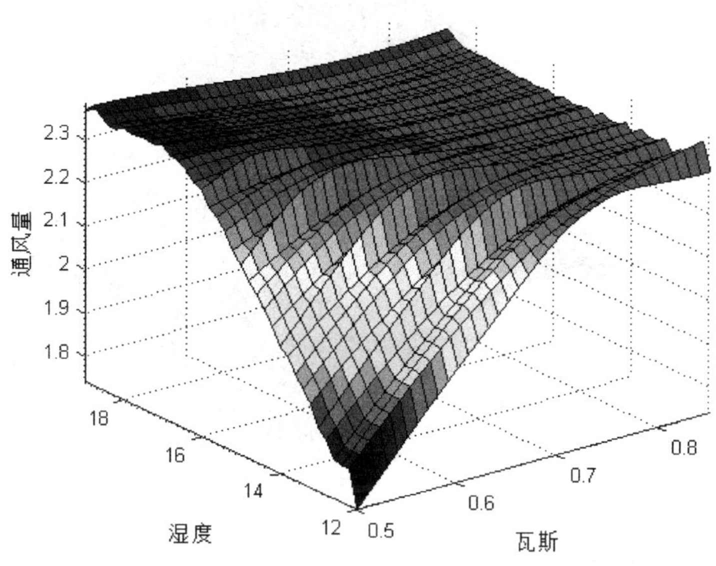

图 6-21　湿度和瓦斯下的工作面最优通风量估计曲面图

绘制温度和煤尘下的工作面最优通风量估计曲面图，编程如下：

```
%% draw surf4
clc,clear,close all                        % 清屏、清工作区、关闭窗口
warning off                                % 消除警告
feature jit off                            % 加速代码执行
load('data1_GA_BP_test_result.mat')        % 遗传算法+BP
data = test_result;
n=size(data);
datax1=(1:n(1,1))';                        %作为 时间点 输入
datay=data(:,5);                           %作为 通风量 目标变量
datax2=data(:,1);                          %作为 瓦斯 输入
datax3=data(:,2);                          %作为 煤尘 输入
datax4=data(:,3);                          %作为 温度 输入
datax5=data(:,4);                          %作为 湿度 输入

datax22=min(datax3):1/20:max(datax3);  %作为 煤尘 输入
datax33=min(datax4):(max(datax4)-min(datax4))/(size(datax22,2)-1):max(d
atax4);                                    %作为 温度 输入
[datax222,datax333]=meshgrid(datax22,datax33);
datay3=griddata(datax4,datax3,datay,datax333,datax222,'v4');% 'v4'MATLAB
4 格点样条函数内插
figure('Color',[1 1 1]);
surf(datax22,datax33,datay3);
xlabel('煤尘');   ylabel('温度');   zlabel('通风量');  grid on;  axis tight
```

运行程序输出结果如图 6-22 所示。

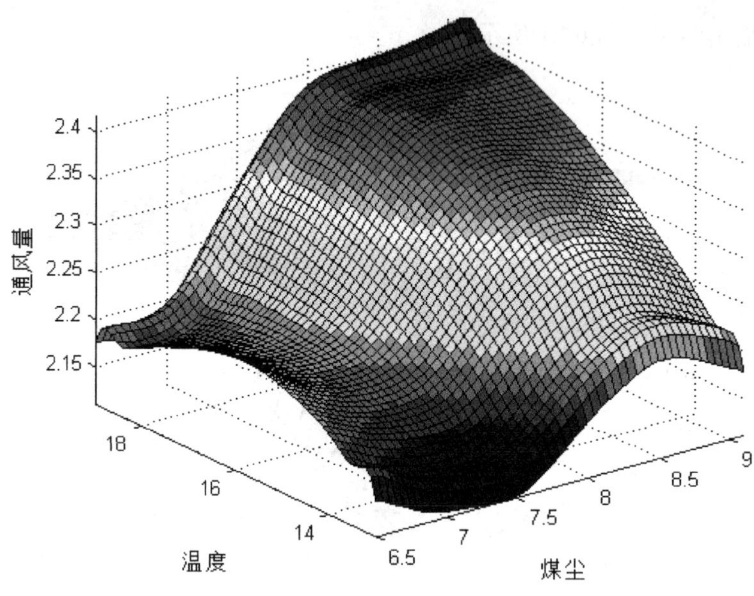

图 6-22　温度和煤尘下的工作面最优通风量估计曲面图

绘制湿度和煤尘下的工作面最优通风量估计曲面图，编程如下：

```
%% draw surf5
clc,clear,close all                         % 清屏、清工作区、关闭窗口
warning off                                 % 消除警告
feature jit off                             % 加速代码执行
load('data1_GA_BP_test_result.mat')         % 遗传算法+BP
data = test_result;
n=size(data);
datax1=(1:n(1,1))';                         %作为 时间点 输入
datay=data(:,5);                            %作为 通风量 目标变量
datax2=data(:,1);                           %作为 瓦斯 输入
datax3=data(:,2);                           %作为 煤尘 输入
datax4=data(:,3);                           %作为 温度 输入
datax5=data(:,4);                           %作为 湿度 输入

datax22=min(datax3):1/20:max(datax3);  %作为 煤尘 输入
datax33=min(datax5):(max(datax5)-min(datax5))/(size(datax22,2)-1):max(d
atax5);                                     %作为 湿度 输入
[datax222,datax333]=meshgrid(datax22,datax33);
datay3=griddata(datax5,datax3,datay,datax333,datax222,'v4');
                                            %'v4'MATLAB 4 格点样条函数内插
figure('Color',[1 1 1]);
surf(datax22,datax33,datay3);
xlabel('煤尘');   ylabel('湿度');   zlabel('通风量');   grid on;   axis tight
```

运行程序输出结果如图 6-23 所示。

绘制湿度和温度下的工作面最优通风量估计曲面图，编程如下：

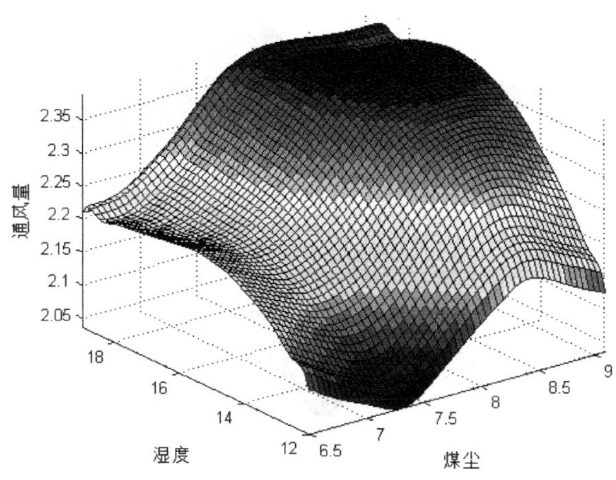

图 6-23　湿度和煤尘下的工作面最优通风量估计曲面图

```
%% draw surf6
clc,clear,close all                          % 清屏、清工作区、关闭窗口
warning off                                  % 消除警告
feature jit off                              % 加速代码执行
load('data1_GA_BP_test_result.mat')          % 遗传算法+BP
data = test_result;
n=size(data);
datax1=(1:n(1,1))';                          %作为 时间点 输入
datay=data(:,5);                             %作为 通风量 目标变量
datax2=data(:,1);                            %作为 瓦斯 输入
datax3=data(:,2);                            %作为 煤尘 输入
datax4=data(:,3);                            %作为 温度 输入
datax5=data(:,4);                            %作为 湿度 输入

datax22=min(datax4):5/20:max(datax4);   %作为 温度 输入
datax33=min(datax5):(max(datax5)-min(datax5))/(size(datax22,2)-1):max(d
atax5);     %作为 湿度 输入
[datax222,datax333]=meshgrid(datax22,datax33);
datay3=griddata(datax5,datax4,datay,datax333,datax222,'v4');
                                          % 'v4'MATLAB 4 格点样条函数内插
figure('Color',[1 1 1]);
surf(datax22,datax33,datay3);
xlabel('温度');   ylabel('湿度');   zlabel('通风量');  grid on;  axis tight
```

运行程序输出结果如图 6-24 所示。

如图 6-19 所示，煤尘和瓦斯量较大时，风速值相对较大；如图 6-20 和图 6-21 可知，当温、湿度一定时，随着瓦斯浓度的增大，风速值也跟着增大；如图 6-22 和图 6-23 可知，随着煤尘浓度的增大，风速值变化如“S”曲线，先降低，后增大，到煤尘浓度很大时，风速值有一定的降低；而由图 6-24 可知，温、湿度对通风量的影响较小，一方面归因于系统大环境影响，另一方面由于空气的流动和矿井的间断作业等影响。

6.4.2　总回风巷最优通风量分析

单位时间内，总回风巷气流量等于回风巷和掘进工作面气流量之和，具体的数据如表 6-2 所示。

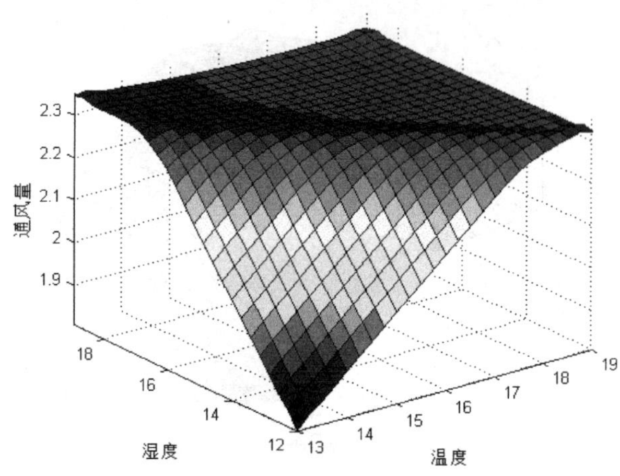

图 6-24　湿度和温度下的工作面最优通风量估计曲面图

针对表 6-2 所示的数据，画出相应的各因素对应下的通风量之间的三维曲面图，具体如图 6-25～图 6-30 所示。

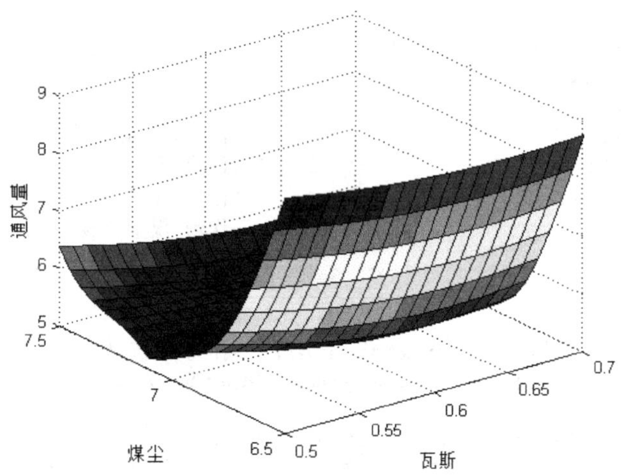

图 6-25　某总回风巷煤尘、瓦斯与通风量之间的关系图

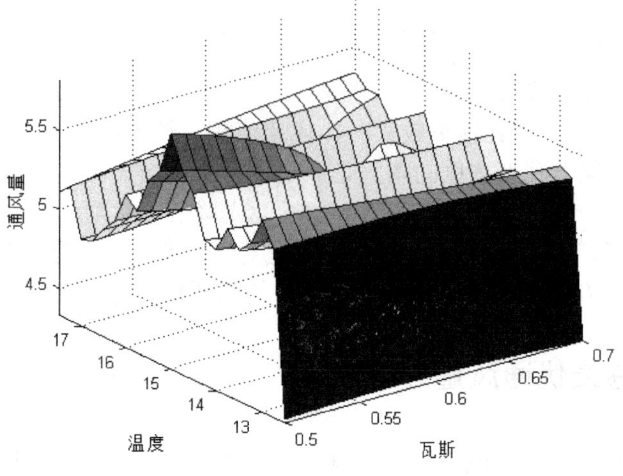

图 6-26　某总回风巷温度、瓦斯与通风量之间的关系图

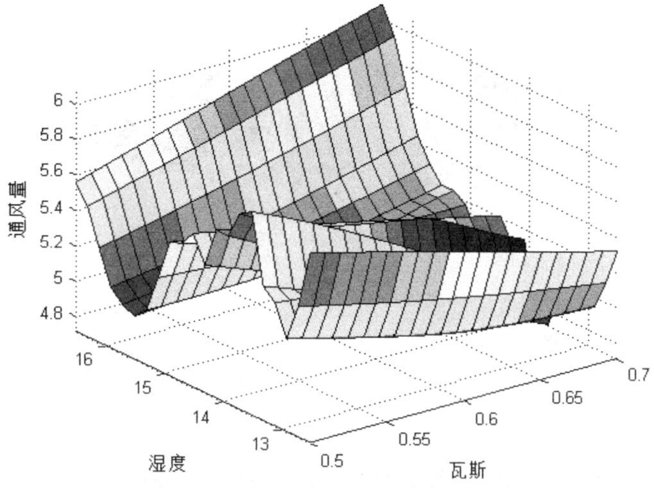

图 6-27　某总回风巷湿度、瓦斯与通风量之间的关系图

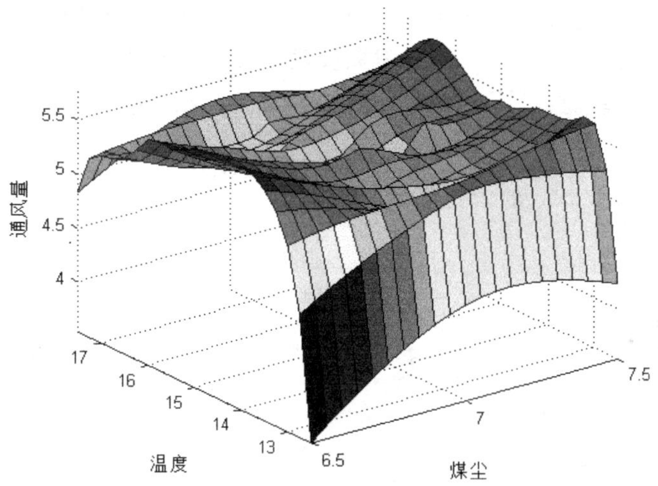

图 6-28　某总回风巷温度、煤尘与通风量之间的关系图

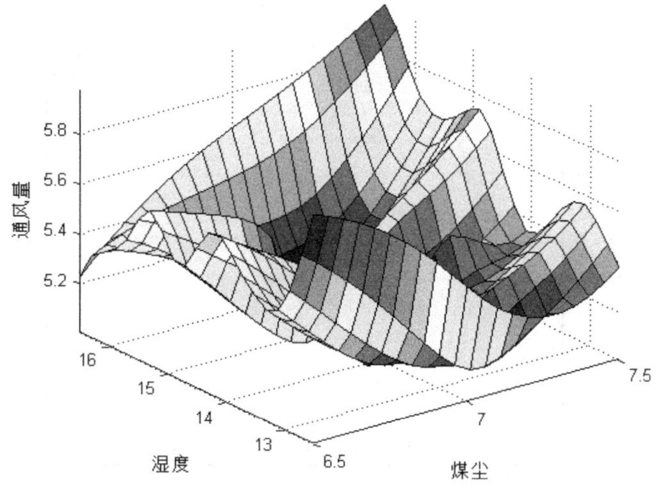

图 6-29　某总回风巷湿度、煤尘与通风量之间的关系图

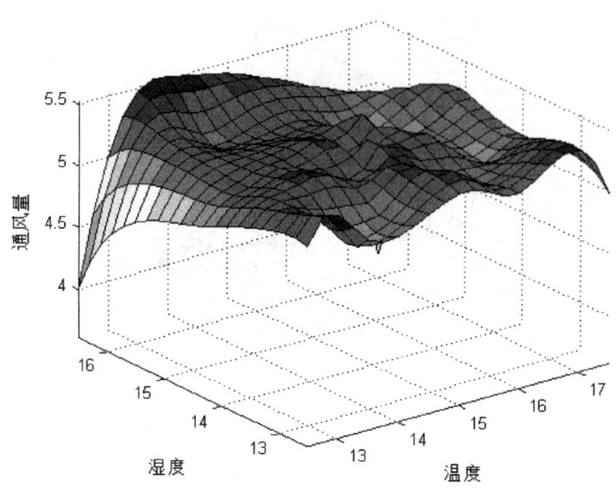

图 6-30　某总回风巷湿度、温度与通风量之间的关系图

不同的变量对通风量影响是不同的，很大可能由于间断作业导致。结合表 6-2 所示的数据，采用基于遗传算法优化的 BP 神经网络对通风量进行最优值估计，对于总回风巷的分析和某工作面最优通风量分析相当，参数设置和数据加载程序如下：

```
clc,clear,close all                    % 清屏、清工作区、关闭窗口
warning off                            % 消除警告
feature jit off                        % 加速代码执行
%% 训练数据预测数据提取及归一化
%下载输入输出数据
load data2.mat;                        % 原始数据以列向量的方式存放在 workplace 文件中
data =data2;                           % 赋值
n=size(data);
input=data(:,3:6);                     % 作为输入
output=data(:,2);                      % 作为目标向量
%节点个数
inputnum=4;
hiddennum=7;
outputnum=1;
```

运行程序得相应的适应度曲线如图 6-31 所示。

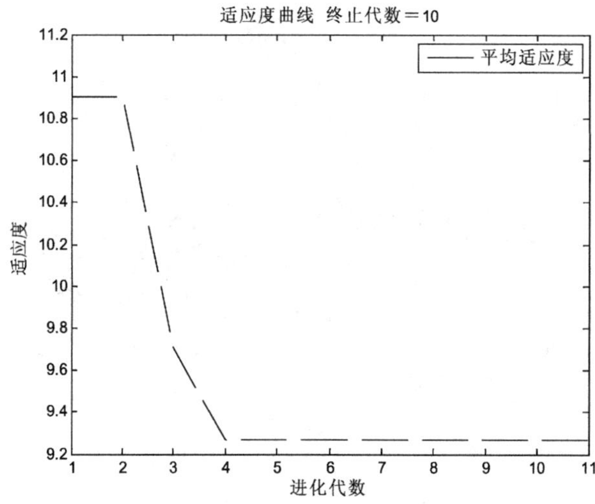

图 6-31　遗传算法的适应度曲线图

分析分别采用 GA 优化的 BP 神经网络算法的最优通风量计算和采用多元回归预测方法计算的最优通风量的误差，编程如下：

```
%% 总回风巷
clc,clear,close all                        % 清屏、清工作区、关闭窗口
warning off                                % 消除警告
feature jit off                            % 加速代码执行
load('data2_GA_BP.mat')                    % 遗传算法+BP
load('data2_GA_BP_test_result.mat')        % 遗传算法+BP
load('error_hg_2.mat')                     % 回归分析的
figure('color',[1,1,1])
%     error(38) = 0;
    plot(error,'linewidth',2)
    xlabel('误差 error')
figure('color',[1,1,1])
    plot(output_test,'r','linewidth',2)
    hold on
    test_simu(38)=output_test(38);
    plot(test_simu,'linewidth',2)
    xlabel('时间点');ylabel('通风量')
    legend('原始信号','GA _ BP 预测')
figure('color',[1,1,1])
    plot(error,'r','linewidth',2)
    hold on
    plot(error_hg_2,'linewidth',2)
    xlabel('误差 error')
    legend('GA _ BP 预测误差','回归预测误差')
    mse_GA_BP = mse(error)
    mean_GA_BP =mean(abs(error))
    mse_hg = mse(error_hg_2)
    mean_hg =mean(abs(error_hg_2))
```

输出相应的遗传算法优化的 BP 神经网络的预测值，如图 6-32 所示。

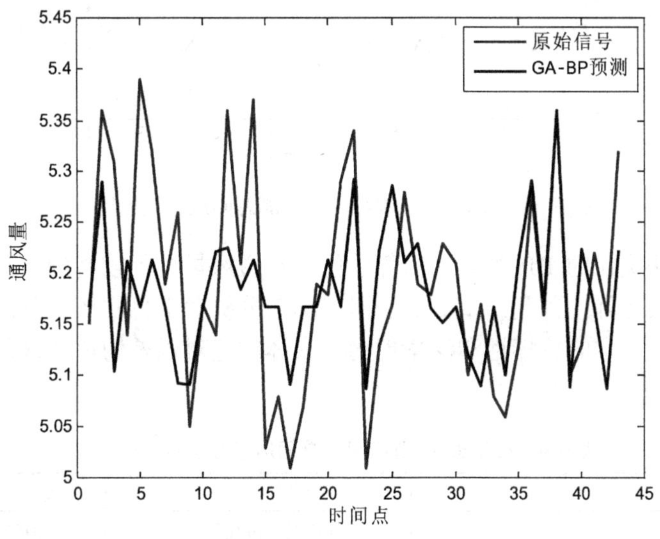

图 6-32　基于遗传算法优化的 BP 神经网络算法的总回风巷最优通风量预测

相应的误差曲线如图 6-33 所示。

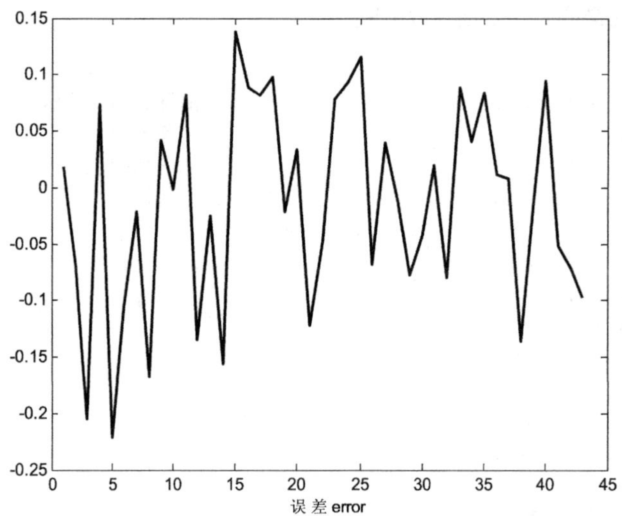

图 6-33　总回风巷预测误差分析

对比多元回归方程预测的数值误差可得如图 6-34 所示。

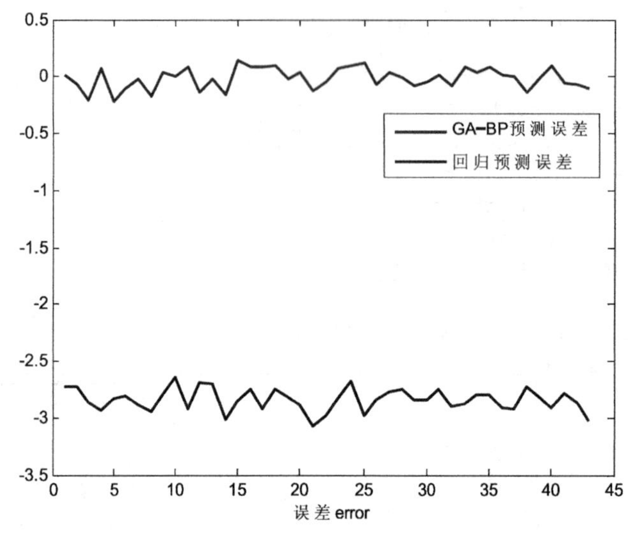

图 6-34　GA-BP 预测和回归预测总回风巷误差比较

采用遗传算法优化的 BP 神经网络算法能够对通风量进行较精确预测，相对于多元回归分析，预测效果更好，预测结果更加平滑，回归分析对于总回风巷预测误差较大，因此在一定程度上具有一定的鲁棒性和泛华能力。具体的绝对误差均值及误差均方差对比如表 6-4 所示。

表 6-4　GA-BP预测和回归总回风巷预测误差对比表

	绝对误差均值	误差均方差
多元回归分析	2.838372093023256	8.066146002529310
遗传算法优化的 BP 神经网算法	0.076201594614181	0.008495472479197

采用基于遗传算法优化的 BP 神经网络较好地对煤矿矿井通风量进行预测。对系统进行全域搜索，经过遗传算法优化的 BP 神经网络可得出通风量的最优条件分别为：瓦斯 0.5000、煤尘 6.5000、温度 16.5000、湿度 12.5000，预测的最优风速为：4.1584。

绘制该工作面上基于遗传算法优化的 BP 神经网络算法预测的最优通风量与瓦斯、煤尘、温度及湿度的曲面图，编程如下：

```
%% 总回风巷
%% draw surf1
clc,clear,close all                    % 清屏、清工作区、关闭窗口
warning off                            % 消除警告
feature jit off                        % 加速代码执行
%下载输入输出数据
clc,clear,close all
load('data2_GA_BP_test_result.mat')    % 遗传算法+BP
data = test_result;
n=size(data);
datax1=(1:n(1,1))';                    %作为 时间点 输入
datay=data(:,5);                       %作为 通风量 目标变量
datax2=data(:,1);                      %作为 瓦斯 输入
datax3=data(:,2);                      %作为 煤尘 输入
datax4=data(:,3);                      %作为 温度 输入
datax5=data(:,4);                      %作为 湿度 输入

datax22=min(datax2):0.01:max(datax2); %作为 瓦斯 输入
datax33=min(datax3):(max(datax3)-min(datax3))/(size(datax22,2)-1):max(d
atax3);      %作为 煤尘 输入
[datax222,datax333]=meshgrid(datax22,datax33);
datay3=griddata(datax3,datax2,datay,datax333,datax222,'v4');% 'v4'MATLAB
4 格点样条函数内插
figure('Color',[1 1 1]);
surf(datax22,datax33,datay3);
xlabel('瓦斯');  ylabel('煤尘');  zlabel('通风量');  grid on; axis tight
```

运行程序输出图形如图 6-35 所示。

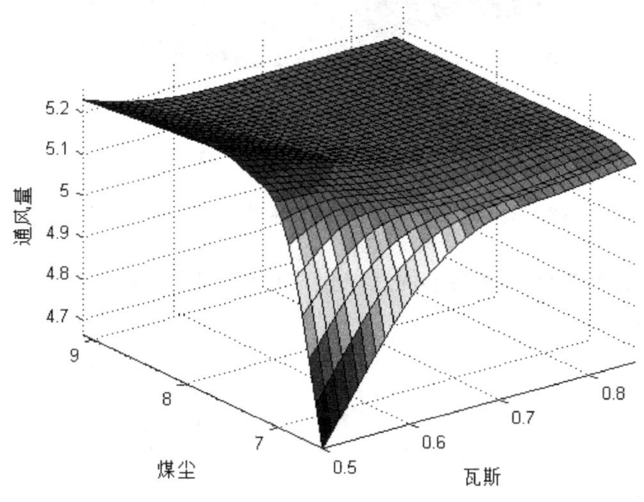

图 6-35　煤尘和瓦斯下的总回风巷最优通风量估计曲面图

绘制温度和瓦斯下的总回风巷最优通风量估计曲面图，编程如下：

```
%% draw surf2
clc,clear,close all                         % 清屏、清工作区、关闭窗口
warning off                                 % 消除警告
feature jit off                             % 加速代码执行
load('data2_GA_BP_test_result.mat')         % 遗传算法+BP
data = test_result;
n=size(data);
datax1=(1:n(1,1))';                         %作为 时间点 输入
datay=data(:,5);                            %作为 通风量 目标变量
datax2=data(:,1);                           %作为 瓦斯 输入
datax3=data(:,2);                           %作为 煤尘 输入
datax4=data(:,3);                           %作为 温度 输入
datax5=data(:,4);                           %作为 湿度 输入

datax22=min(datax2):0.01:max(datax2);       %作为 瓦斯 输入
datax33=min(datax4):(max(datax4)-min(datax4))/(size(datax22,2)-1):max(d
atax4); %作为 温度 输入
[datax222,datax333]=meshgrid(datax22,datax33);
datay3=griddata(datax4,datax2,datay,datax333,datax222,'v4');
                                            %'v4'MATLAB 4 格点样条函数内插
figure('Color',[1 1 1]);
surf(datax22,datax33,datay3);
xlabel('瓦斯');   ylabel('温度');   zlabel('通风量');  grid on;  axis tight
```

运行程序输出图形如图 6-36 所示。

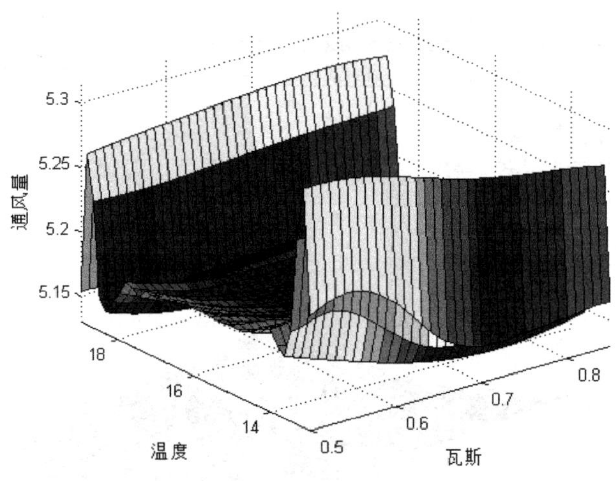

图 6-36　温度和瓦斯下的总回风巷最优通风量估计曲面图

绘制湿度和瓦斯下的总回风巷最优通风量估计曲面图，编程如下：

```
%% draw surf3
clc,clear,close all                         % 清屏、清工作区、关闭窗口
warning off                                 % 消除警告
feature jit off                             % 加速代码执行
load('data2_GA_BP_test_result.mat')         % 遗传算法+BP
data = test_result;
n=size(data);
datax1=(1:n(1,1))';                         %作为 时间点 输入
```

```
datay=data(:,5);                                    %作为 通风量 目标变量
datax2=data(:,1);                                   %作为 瓦斯 输入
datax3=data(:,2);                                   %作为 煤尘 输入
datax4=data(:,3);                                   %作为 温度 输入
datax5=data(:,4);                                   %作为 湿度 输入

datax22=min(datax2):0.01:max(datax2);  %作为 瓦斯 输入
datax33=min(datax5):(max(datax5)-min(datax5))/(size(datax22,2)-1):max(d
atax5); %作为 湿度 输入
[datax222,datax333]=meshgrid(datax22,datax33);
datay3=griddata(datax5,datax2,datay,datax333,datax222,'v4');% 'v4'MATLAB
4 格点样条函数内插
figure('Color',[1 1 1]);
surf(datax22,datax33,datay3);
xlabel('瓦斯');   ylabel('湿度');   zlabel('通风量');  grid on;  axis tight
```

运行程序输出图形如图 6-37 所示。

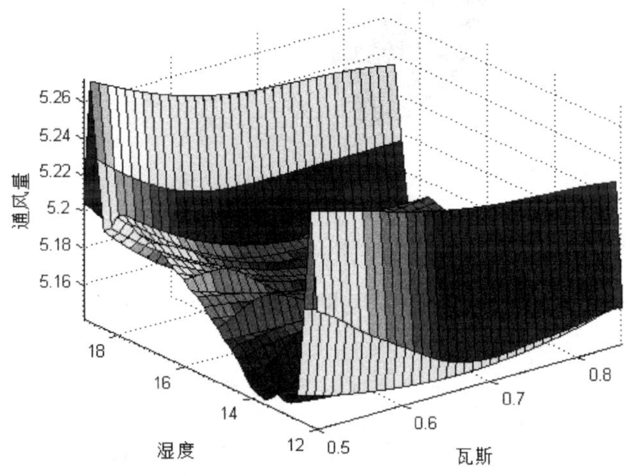

图 6-37　湿度和瓦斯下的总回风巷最优通风量估计曲面图

绘制温度和煤尘下的总回风巷最优通风量估计曲面图，编程如下：

```
%% draw surf4
clc,clear,close all                                 % 清屏、清工作区、关闭窗口
warning off                                         % 消除警告
feature jit off                                     % 加速代码执行
load('data2_GA_BP_test_result.mat')                 % 遗传算法+BP
data = test_result;
n=size(data);
datax1=(1:n(1,1))';                                 %作为 时间点 输入
datay=data(:,5);                                    %作为 通风量 目标变量
datax2=data(:,1);                                   %作为 瓦斯 输入
datax3=data(:,2);                                   %作为 煤尘 输入
datax4=data(:,3);                                   %作为 温度 输入
datax5=data(:,4);                                   %作为 湿度 输入

datax22=min(datax3):1/20:max(datax3);  %作为 煤尘 输入
datax33=min(datax4):(max(datax4)-min(datax4))/(size(datax22,2)-1):max(d
atax4); %作为 温度 输入
[datax222,datax333]=meshgrid(datax22,datax33);
```

```
datay3=griddata(datax4,datax3,datay,datax333,datax222,'v4');
                                        %'v4'MATLAB 4 格点样条函数内插
figure('Color',[1 1 1]);
surf(datax22,datax33,datay3);
xlabel('煤尘');  ylabel('温度');  zlabel('通风量');  grid on;  axis tight
```

运行程序输出图形如图 6-38 所示。

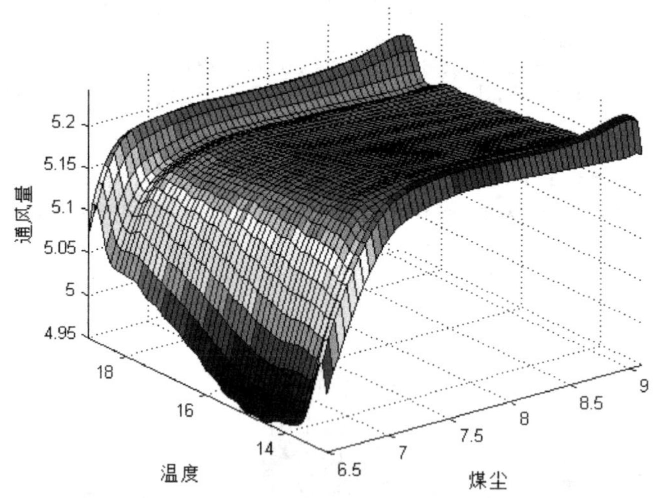

图 6-38　温度和煤尘下的总回风巷最优通风量估计曲面图

绘制湿度和煤尘下的总回风巷最优通风量估计曲面图，编程如下：

```
%% draw surf5
clc,clear,close all                       % 清屏、清工作区、关闭窗口
warning off                               % 消除警告
feature jit off                           % 加速代码执行
load('data2_GA_BP_test_result.mat')       % 遗传算法+BP
data = test_result;
n=size(data);
datax1=(1:n(1,1))';                       %作为 时间点 输入
datay=data(:,5);                          %作为 通风量 目标变量
datax2=data(:,1);                         %作为 瓦斯 输入
datax3=data(:,2);                         %作为 煤尘 输入
datax4=data(:,3);                         %作为 温度 输入
datax5=data(:,4);                         %作为 湿度 输入

datax22=min(datax3):1/20:max(datax3);    %作为 煤尘 输入
datax33=min(datax5):(max(datax5)-min(datax5))/(size(datax22,2)-1):max(d
atax5);      %作为 湿度 输入
[datax222,datax333]=meshgrid(datax22,datax33);
datay3=griddata(datax5,datax3,datay,datax333,datax222,'v4');% 'v4'MATLAB
4 格点样条函数内插
figure('Color',[1 1 1]);
surf(datax22,datax33,datay3);
xlabel('煤尘');  ylabel('湿度');  zlabel('通风量');  grid on;  axis tight
```

运行程序输出图形如图 6-39 所示。

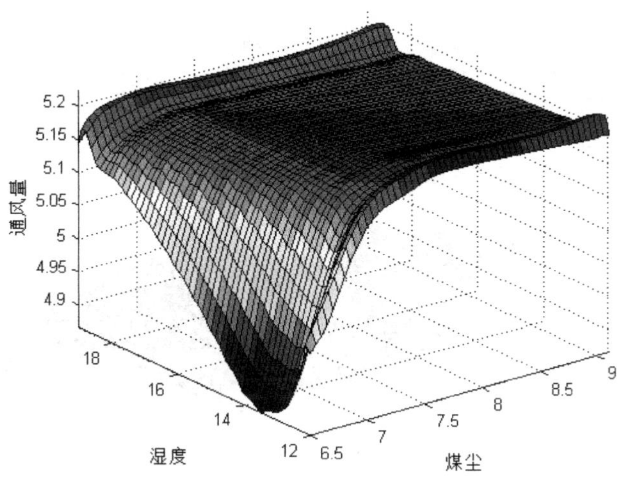

图 6-39　湿度和煤尘下的总回风巷最优通风量估计曲面图

绘制湿度和温度下的总回风巷最优通风量估计曲面图，编程如下：

```
%% draw surf6
clc,clear,close all                                  % 清屏、清工作区、关闭窗口
warning off                                          % 消除警告
feature jit off                                      % 加速代码执行
load('data2_GA_BP_test_result.mat')                  % 遗传算法+BP
data = test_result;
n=size(data);
datax1=(1:n(1,1))';                                  %作为 时间点 输入
datay=data(:,5);                                     %作为 通风量 目标变量
datax2=data(:,1);                                    %作为 瓦斯 输入
datax3=data(:,2);                                    %作为 煤尘 输入
datax4=data(:,3);                                    %作为 温度 输入
datax5=data(:,4);                                    %作为 湿度 输入

datax22=min(datax4):5/20:max(datax4);  %作为 温度 输入
datax33=min(datax5):(max(datax5)-min(datax5))/(size(datax22,2)-1):max(d
atax5);     %作为 湿度 输入
[datax222,datax333]=meshgrid(datax22,datax33);
datay3=griddata(datax5,datax4,datay,datax333,datax222,'v4');% 'v4'MATLAB
4 格点样条函数内插
figure('Color',[1 1 1]);
surf(datax22,datax33,datay3);
xlabel('温度');   ylabel('湿度');   zlabel('通风量');  grid on;  axis tight
```

运行程序输出图形如图 6-40 所示。

如图 6-35 所示，煤尘和瓦斯量较大时，风速值相对较大，但是通风量变化不大，主要受系统本身所限制；由图 6-36 和图 6-37 可知，当温、湿度一定时，随着风速值增大，瓦斯浓度减小；由图 6-38 和图 6-39 可知，随着煤尘浓度的增大，风速值变化如“L”曲线，先有增大，到煤尘浓度很大时，风速值基本不变，主要受系统最大安全域量限制；而由图 6-40 可知，温、湿度对通风量的影响较小，温、湿度较小时，风速值较高，说明该矿井一般不小于该温、湿度值，一方面归因于系统大环境影响，另一方面由于空气的流动和矿井的人机安全等因素影响。

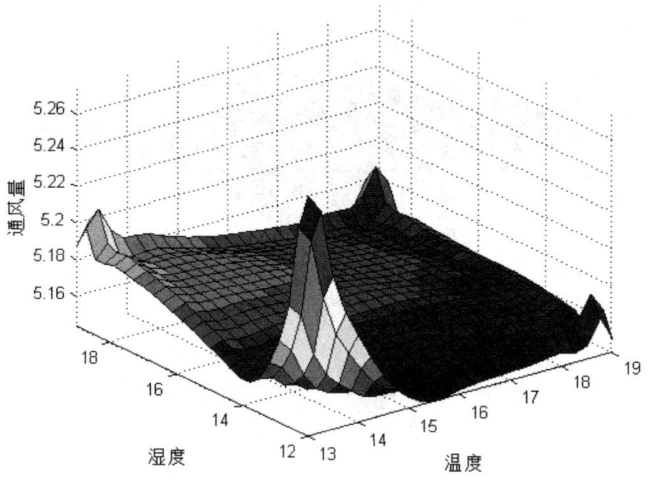

图 6-40　湿度和温度下的总回风巷最优通风量估计曲面图

6.5　本章小结

遗传算法是一种高度并行的生物智能算法，能够实现函数优化问题的快速求解，本章基于遗传算法，对 BP 神经网络权值和阈值进行优化分析，弊端是增加了计算时间，然而对于 BP 神经网络用于图像分割和通风量计算预测性能大大提升，因此整体上来说，采用 GA 优化的 BP 神经网络算法在算法性能上是可取的，如果要应用到实际生活中，则寻求更快速的优化算法和更简化的神经网络显得很有必要。

第 7 章　分形维数应用与 MATLAB 实现

被誉为大自然的几何学的分形（Fractal）理论，是现代数学的一个新分支，但其本质却是一种新的世界观和方法论。分形维数反映了复杂形体占有空间的有效性，它是复杂形体不规则性的量度。分形理论在现在图像处理和信号分析处理领域应用越来越广泛。本章主要内容是借助分形维数理论，对二维图像和语音信号进行分析计算，让读者真正掌握分形盒维数的计算。

学习目标：

（1）学习和掌握分形维数理论；

（2）学习和掌握 MATLAB 分形盒维数计算；

（3）学习和掌握图像的分形维数计算；

（4）学习和掌握信号分形维数计算等。

7.1　分形盒维数概述

一般而言，对于信号相似性分析，通常采用容量维和关联维；而在图像处理领域中，应用较为广泛的是盒子维数。

分形盒维数分为以下几类。

（1）相似维数：若某图形是由把全体缩小成 1/*a* 的 *b* 个相似形所组成，由于 $b = a^D$，则有 $D=\log b / \log a$。

（2）Kolmogorov 容量维数：用半径为 ε 的 d 维球包覆某 d 维图形集合时，假定 $N(\varepsilon)$ 是球的个数的最小值。容量维数 D_c 可用下式来定义：$D_c = \lim\limits_{\varepsilon \to 0} \dfrac{\log N(\varepsilon)}{\log(1/\varepsilon)}$。

（3）盒子维数（Box-Counting Dimension）：在双对数坐标纸上画出 $\ln N(\varepsilon)$ 对 $\ln \varepsilon$ 的曲线，其直线部分的斜率就是此分形对象的盒子分维数 D_0。ε 是小盒子的边长，$N(\varepsilon)$ 为盒子数。

（4）信息维数（Information Dimension）：把小盒子编号，如果知道分形中的点落入第 i 只盒子的概率是 P_i，定义“信息维数” D_i，$D_i = \lim\limits_{\varepsilon \to 0} \dfrac{\sum_{i=1}^{N(\varepsilon)} P_i \ln P_i}{\ln \varepsilon}$。

（5）关联维数（Correlation Dimension）：如果把在空间随机分布的某量坐标 X 处中的密度记为 $\rho(x)$，则关联函数 $C(\varepsilon) = <\rho(x)\rho(x+\varepsilon)>$，$<\cdots>$ 表示平均。可以是全体平均，也可以是空间平均。1983 年，P. Grassberger 和 J. Procassia 给出了关联维数的定义

$D_2 = \lim\limits_{\varepsilon \to 0} \dfrac{\ln C(\varepsilon)}{\ln \varepsilon}$。

（6）广义维数：H. G. E. Hentschel 等提出了广义维数的概念，其定义是：$D_q = -\lim\limits_{\varepsilon \to 0} \dfrac{S_q(\varepsilon)}{\ln \varepsilon}$，其中 $S_q(\varepsilon) = \dfrac{1}{1-q} \ln \left[\sum\limits_{i=1}^{N(\varepsilon)} P_i^q \right]$ 是 q 阶 Renyi 信息，D_q 叫作 q 阶广义维数，有时也叫 Renyi 信息维数。

分形盒维数应用较广泛，在用数字图像盒维数法求得分维值时增大图像的大小可以降低分维值计算的误差。通过信号时域短时分形盒维数进行低信噪比的带噪信号的计算机仿真，实验表明，该方法能较准确地检测低信噪比下的语音端点，并且其算法也相对简单。

7.2　二维图像分形盒维数分析

在自然界中，很多的自然景观都具有自相似性，如云彩、山脉、海岸线、火焰和水波等，只要抽象出这些自然景观的某些特征，再不断放大，就可以得到整体。分形集都具有任意小尺度下的比例细节，或者说它具有精细的结构。

对滤波后所得到的滤波图像进行局部分形维数的计算，即计算滤波图像中每一点的分形维数。以图像中每一像素点为中心的 r 像素×r 像素窗口的分形维数是该像素点的分形维数。并且不同的图像具有不同的分形盒维数，例如对大气颗粒物的分形维数的计算表明，不同不规则程度的颗粒物有不同的分形维数，有可能通过颗粒物分形维数的计算分析颗粒物的来源和输运过程。

选择自然界一副图像进行分形盒维数计算，如图 7-1 所示。

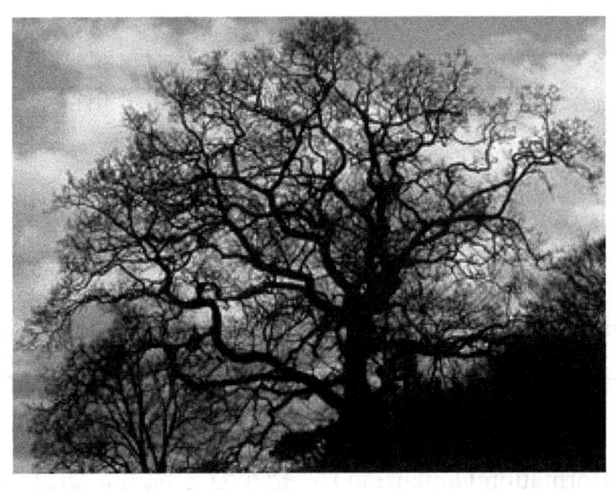

图 7-1　大树分形计算

对该图像进行分形维数计算，MATLAB 程序如下：

```
% 求二维图形分形维数
clc,clear,close all                    % 清屏、清工作区、关闭窗口
warning off                            % 消除警告
feature jit off                        % 加速代码执行
% Read the image
```

```
[sFileName,sPath]=uigetfile('*.*','Load Image');
sFullFileName=[sPath,sFileName];
im = imread(sFullFileName);
im1 =imresize(im,[32 32]);      % 图像压缩尺寸到 32*32，尺寸太大，PC 运算太慢
im1(:,:,1) = medfilt2(im1(:,:,1),[3,2]);   % 中值滤波
im1(:,:,2) = medfilt2(im1(:,:,2),[3,2]);   % 中值滤波
im1(:,:,3) = medfilt2(im1(:,:,3),[3,2]);   % 中值滤波
D = myfractal(im1);                        % wait a long time
disp(['分形维数为:  ',num2str(D)])
```

分形盒维数计算程序如下：

```
function D = myfractal(I)
% 求图形分形维数的程序---差分盒维数计算
% I: 输入二维图像
% D: 返回分形维数
[M,N]=size(I);
TotalGary=0;
Rmax=sqrt((M-1)^2+(N-1)^2);            %求最大距离
Nr=zeros(1,floor(Rmax));
for k=1:floor(Rmax)
    for i=1:M
        for j=1:N
            for m=1:M
                for n=1:N
                    if k==1
                        TotalGary=TotalGary+double(abs(I(i,j)-I(m,n)));
                    end
                    if k<=sqrt((i-m)^2+(j-n)^2)&sqrt((i-m)^2+(j-n)^2)<(k+1)
                        Nr(k)=Nr(k)+1;
                    end
                end;
            end;
        end;
    end;
end;
k=[1:floor(Rmax)];
E=2.*TotalGary.*ones(1,floor(Rmax))./Nr(1,floor(Rmax));
[P ,s]=polyfit(log(k),log(E),1);
D=3-P(1);
```

运行程序输出结果如下：

```
分形维数为:   3
```

对于不同的图像，分形盒维数计算均不同，图像的大小和质量均对分形盒维数计算存在一定的影响，因此如果比较不同特征的分形盒维数，需要尽量找到一个基准点进行对比研究。

7.3　基于短时分形维数的语音信号检测

7.3.1　时间序列信号图形的网格分形

对于一个连续时间信号 $x(t)$，将其离散成时间序列信号 $x(t_i)$（对应的数字信号是 $x(i)$，

近似逼近于连续时间信号 $x(t)$ ）。设时间序列信号点与点间的间隙为 Δ（即信号的 A/D 抽样间隔），则：

$$t_i = i \cdot \Delta,\quad i = 1,2,\cdots,K \tag{7.1}$$

对每一个时间点 t_i，对应一个 $x(i) = x(t_i)$，并包含了 $\left|x(i+1) - x(i)\right| / \Delta$ 个网格，取定 $\Delta > 0$，设整个 $x(t)$ 波形图被 M 个长、宽均为 Δ 的正方形网格所覆盖，如图 7-2 所示。

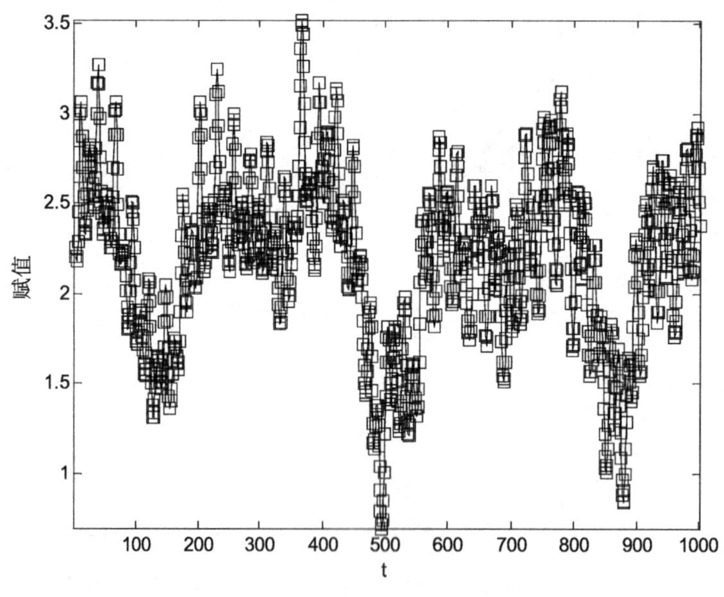

图 7-2　$x(t)$ 信号为正方形网格所覆盖

假设所取的 Δ 足够的小，覆盖整个 $x(t)$ 图形网格所包含的信号的点为 $N(\Delta)$（网格中的信号点数）。则时间信号 $x(t)$ 波形图形的分形维数计算如式（7.2）所示。

$$\log\left(N(\Delta)\right) = -d_F \cdot \log(\Delta) + \log C \tag{7.2}$$

式（7.2）中的 d_F 是 $x(t)$ 波形图的分形盒维数，由于式（7.2）是非线性方程，有两个未知数：d_F 和 $\log C$，一个式（7.2）的方程式不能求解出 d_F 的。为了能求解 d_F，将网格放大为 $k\Delta$ 网格，令 $N(k\Delta)$ 为 $x(t_i)$（点与点间的间隔为 $k\Delta$）网格内的信号点计数，最方便的做法是令 k=2，这样能得到两个不同网格宽度的信号点计数 $N(\Delta)$ 和 $N(2\Delta)$，用 d_F 和 $\log C$ 这两个参数可构造式（7.2）的方程组，当满足 $\Delta \to 0$ 时，便可以求解时间信号 $x(t)$ 的分形盒维数 d_F。

7.3.2　噪声语音信号的短时网格分形

考虑到本章所讲述的语音信号特点，即在 20ms（根据用户自己录像设备的频响而定）内信号可近似看成为平稳信号。这种做法可以同时兼顾程序计算量和信号 $x(i)$ 的时变性，帧长 K 一般控制在 128 点左右（分形理论要求长度 K 要大，$K \to \infty$），即 $x^k(1)$，$x^k(2)$，$x^k(3)$，…，$x^k(128)$，组成第 K 帧信号 $\left(x^k(0) = x^{k-1}(128), x^k(129) = x^{k+1}(1)\right)$。令

$$D_k(\Delta)=\sum_{i=1}^{128}\left|x(i)-x(i+1)\right| \tag{7.3}$$

$$D_k(2\Delta)=\sum_{i=1}^{64}\left[\max\left\{\begin{array}{l}x(2i-1),x(2i),x(2i+1)-\\ \min\{x(2i-1),x(2i),x(2i+1)\}\end{array}\right\}\right] \tag{7.4}$$

以及：

$$N_k(\Delta)=D_k(\Delta)/\Delta \tag{7.5}$$

$$N_k(2\Delta)=D_k(2\Delta)/2\Delta \tag{7.6}$$

$N_k(\Delta)$ 和 $N_k(2\Delta)$ 分别表示用宽度为 Δ 及 2Δ 的正方形网格覆盖第 k 帧信号图形所需要的网格格子数。

将式（7.5）和式（7.6）带入式（7.2）联立可得 $x(i)$ 第 K 帧的短时分形盒维数 $d_F^{(k)}$ 为：

$$d_F=\frac{\log N_k(\Delta)-\log N_k(2\Delta)}{\log_2}=1+\log_2\frac{D_k(\Delta)}{D_k(2\Delta)} \tag{7.7}$$

式（7.7）用于动态计算 $x(i)$ 的分形盒维数的近似平均算法。

求解信号的分形维数，程序如下：

```
% 求一维信号分形维数
clc,clear,close all                         % 清屏、清工作区、关闭窗口
warning off                                 % 消除警告
feature jit off                             % 加速代码执行
data = csvread('lod78.csv');
samplerate = 365;                           % 采样率
freqsol = 400;                              % 频率分辨率
timesol = 800;                              % 时间分辨率
df = dbox(data,samplerate);                 % 分形维数
disp(['分形维数为:  ',num2str(df)])
```

分形维数函数如下：

```
function df=dbox(s,Fs)
% df: 网格维数
% s: 一维信号
% Fs: 采样频率
d=length(s);
da1=0;
da2=0;
if d/2==0
    s=[s,s(d)];                      % 补成奇数个，方便第二个 for 循环
    d=d+1;
end
for i=1:(d-1)
    a=abs(s(i)-s(i+1))*Fs;           % 以 1/Fs 为边的正方形去覆盖两采样点连成的直线，所得正
                                       方形网格数
    da1=da1+a;
end
for j=1:2:(d-2)
```

```
    % 以 2/Fs 和以 1/Fs 为边的正方形去覆盖临近三个采样点连成的折线区域，所得正方形网格数
    b=(max(s(j),max(s(j+1),s(j+2)))-min(s(j),min(s(j+1),s(j+2))))*Fs/2;
    da2=da2+b;
end
df=(log(da1)-log(da2))/log(2);    % 盒维数，公式见式（7.7）
```

运行程序输出结果如下：

```
分形维数为:  1.0184
```

考虑增加白噪音，程序如下：

```
data = csvread('lod78.csv');
data = awgn(data,10,'measured');      % Add white Gaussian noise
samplerate = 365;                     % 采样率
freqsol = 400;                        % 频率分辨率
timesol = 800;                        % 时间分辨率
df = dbox(data,samplerate);           % 分形维数
disp(['分形维数为:  ',num2str(df)])
```

运行程序输出结果如下：

```
分形维数为:  1.3933
```

基于分型盒维数的语音信号分析，能够区分有用信号和噪声信号。带有噪音的信号的分形盒维数计算值往往比不带噪音的信号大，因此基于分形维数的语音信号分析可以作为信号的降噪处理或者是产生异常（故障）数据判断的基准。

为了扩展用户对语音信号的处理技术，在此提供语音信号的读取与基本处理，具体程序如下。

（1）语音信号的读取

对语音信号读取，程序如下：

```
clc,clear,close all                   % 清屏、清工作区、关闭窗口
warning off                           % 消除警告
feature jit off                       % 加速代码执行
[FileName,PathName] = uigetfile({'*.wav'},'Load Wav File');
[x,fs] = wavread([PathName '/' FileName]);
handlesx = x;             % 数据
handlesfs = fs;           % 采样频率
time = 0:1/fs:(length(handlesx)-1)/fs;
figure,plot(time,handlesx(:,1));
figure,plot(time,handlesx(:,2));
title('Original Signal');
figure,specgram(handlesx(:,1), 1024, handlesfs);
figure,specgram(handlesx(:,2), 1024, handlesfs);
title('Spectrogram of Original Signal');
```

运行程序输出结果如图 7-3 所示。

（2）时频分析

对信号进行谱值分析，程序如下：

```
figure,specgram(handlesx(:,1), 1024, handlesfs);
```

```
figure,specgram(handlesx(:,2), 1024, handlesfs);
title('Spectrogram of Original Signal');
```

运行程序输出结果如图 7-4 所示。

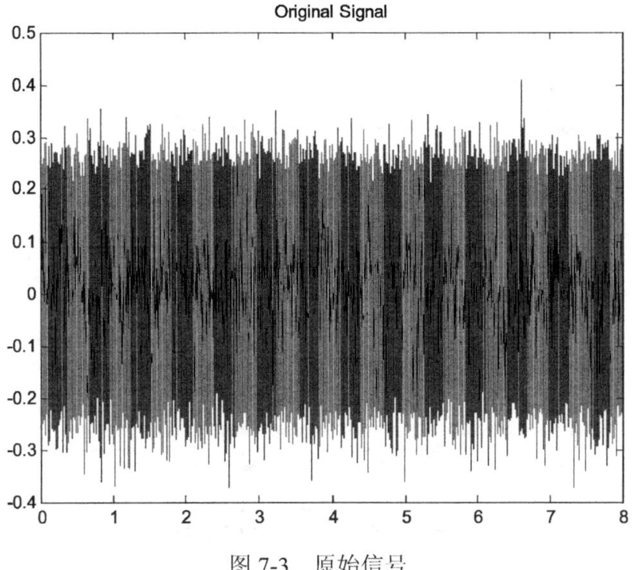

图 7-3　原始信号

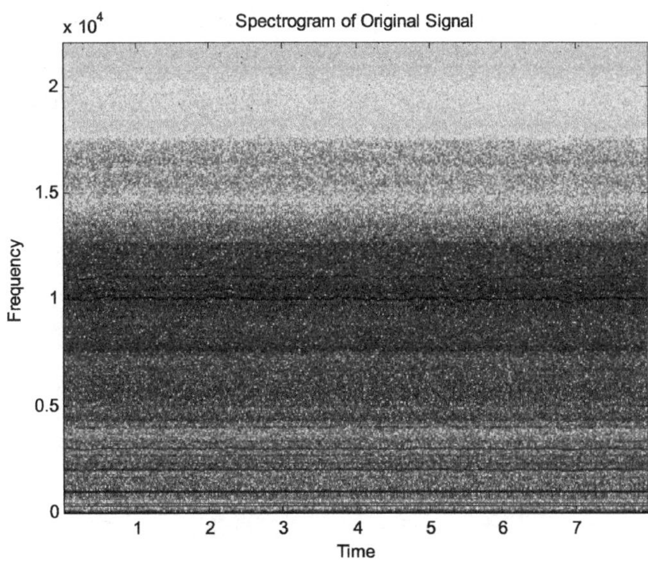

图 7-4　时频分析

（3）welch 分析

对信号进行 welch 分析，功率谱密度程序如下：

```
h = spectrum.welch;
hs = psd(h,handlesx,'fs',handlesfs);
figure;plot(hs);
title('功率谱密度')
```

运行程序输出结果如图 7-5 所示。

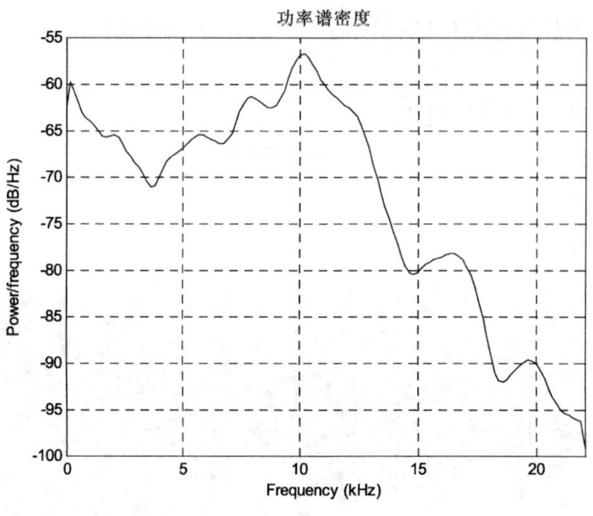

图 7-5　功率谱密度

7.4　本 章 小 结

本章主要研究分形盒维数的应用，分形盒维数反应数据的细微特征的变化，能够从数据的局部反应数据的整体趋势，因此分形盒维数在图像和信号处理领域广泛应用。本章内容基于分形盒维数计算，针对二维图像盒维数计算和语音信号的盒维数计算展开讨论，并利用 MATLAB 辅以验证，有助于广大读者对分形盒维计算的理解。

第 8 章 碳排放约束下的煤炭消费量优化预测

本章内容是针对江苏省煤炭消费量的预测问题进行讲解。首先进行主成分分析，找出GDP 以及各产业对应的生产总值指数等影响煤炭消耗的指标；然后分别以第一、二、三产业以及总共的煤炭消费量为因变量，以主成分因子为回归变量，建立多元线性回归模型，通过偏相关系数，分析煤炭消耗量影响因素；最后引入 CO_2 排放强度因变量，以三大能源消耗为回归变量，建立多元线性回归模型，同时考虑节能目标和经济发展目标，以碳排放量最小为目标函数，线性回归方程等作为约束条件，建立优化模型，对在碳排放约束下的未来十年江苏省煤炭消费量进行预测，得到未来十年主要能源消费结构的优化预测结果。

学习目标：

（1）学习和掌握优化预测分析方法；

（2）学习和掌握回归方程中的残差检验法；

（3）学习和掌握如何解决非线性问题等。

8.1 煤炭消费量概述

本章以江苏省煤炭消费量为例进行分析运算。

从煤炭储量来看，2010 年江苏省基础储量为 14.23 亿吨，查明资源储量为 36.01 亿吨，仅占全国的 2.7%。2010 年江苏省煤炭产量为 2090 万吨，消费量为 23100 万吨，由于我国煤炭生产基地逐步西移，使得江苏省未来煤炭组织能力进一步降低，从煤炭的产量和需求量来看，江苏省的经济增长与煤炭资源紧缺的矛盾突出。江苏省煤炭资源匮乏而煤炭消费总量逐年增长，煤炭消耗问题成为影响江苏省经济发展的重要因素。因此，解决好未来江苏省巨大的煤炭供需缺口，分析预测江苏省未来的煤炭消费，可以为江苏省战略性能源开发供应提供依据，从而保证全省经济社会的绿色发展。

具体的数据如表 8-1、8-2 和表 8-3 所示：

表 8-1 江苏省碳排放约束指标

碳排放约束	指标名称		单位地区生产总值能耗降低（%）	单位地区生产总值二氧化碳排放减少（%）	非化石能源占一次能源消费比重（%）
	指标值	2015 年	18	19	7 左右
		2020 年	…	50	…

表 8-2　1995～2010 年江苏省三次产业产值及煤炭消费量

年份	第一产业		第二产业		第三产业		CO_2 排放强度 (tCO_2/万元 GDP)
	GDP（万元）	耗煤量（万 t）	**GDP**（万元）	耗煤量（万 t）	**GDP**（万元）	耗煤量（万 t）	
1995	1002.1	116.2	3143.5	8624.2	1819.3	70.6	3.37
1996	1104.6	150	3427.6	8007.3	2162.3	82.3	2.99
1997	1161.7	110.7	3829.8	7977.4	2503.3	132.8	2.61
1998	1206.5	61.7	4210.1	8186.4	2903.8	53	2.37
1999	1236.6	57.5	4662.5	8347.7	3261	55.8	2.2
2000	1235.7	60.1	5256.8	8455.8	3636.2	65.5	2.06
2001	1294.2	50.7	5790.4	8714.5	4072.2	58.5	1.89
2002	1308.1	75.5	6578	9403.1	4572.2	53.5	1.82
2003	1316.5	65.6	7728.9	10608.9	5110.1	54.6	1.83
2004	1478.2	60	9145.1	13071.5	5620.2	51.5	1.91
2005	1469.3	74.4	10526.9	4377.7	6621.1	106.7	2.1
2006	1517.3	60.9	12074	18180.7	7778.6	93.5	2
2007	1718.8	63	13652	19709.3	9183.2	82.3	1.89
2008	1881.7	63.1	15164.4	20504.3	10626.1	87.3	1.73
2009	2022.6	63	16772.3	20780.2	12322.5	81.8	1.59
2010	2139.2	50.7	18411.5	22940.4	14518.7	62.5	1.56

表 8-3　江苏省主要能源消费量（单位：tec）

年　份	能　源	煤炭消费量	石油消费量	天然气消费量
1985	4123.1	3199.54	729.79	4.12
1986	4382.2	3418.15	788.8	4.38
1987	4922.3	3829.58	979.55	4.92
1988	5508.1	4334.87	1112.64	5.51
1989	5586.5	4430.08	1128.47	5.59
1990	5509	4379.65	1178.92	5.51
1991	5780.8	4520.58	1242.87	5.78
1992	6296.5	4980.56	1309.68	6.3
1993	6625.8	5234.38	1338.41	6.63
1994	7357.7	5900.85	1353.81	2.66
1995	8047.2	6357.27	1440.45	2.53
1996	8111.2	6310.54	1492.47	1.86
1997	7991.1	6153.13	1582.23	1.6
1998	8118	6153.41	1607.36	2.26
1999	8163.5	6261.43	1689.85	2.93
2000	8612.4	6312.91	1963.63	3.19
2001	8881.4	6439.02	1882.86	2.79
2002	9608.6	6975.84	2008.2	9.61
2003	11060.7	7808.84	2444.41	11.06
2004	13651.7	9542.53	2675.73	40.96
2005	16895.4	12164.68	3227.02	185.85

续表

年　　份	能　　源	煤炭消费量	石油消费量	天然气消费量
2006	18742.2	13381.92	3298.63	412.33
2007	20604.4	14464.31	3502.75	597.53
2008	21775.5	14698.48	3309.88	849.25
2009	23709	15003.06	3802.13	843.62
2010	25774	16500.33	4283.73	951.88

8.2　煤炭影响因素分析

目前，工业化和城市化进程的加快，能源消费总量随之增加，导致我国能源用量紧张。在“十一五”期间，煤炭消费量与 GDP 总值呈现密切的相关关系，通过调整产业结构与能源强度关系，可有效地促使能源强度下降。经济、能源和环境是密不可分的。本节选取了 1985 年～2010 年江苏省煤炭消费量数据进行相关分析，以 CO_2 排放强度（CO_2 排放强度是由 CO_2 排放量和 GDP 增长共同构成，可以同时反应节能、减排和经济增长，单位：t CO_2/万元 GDP）为目标，运用相关分析法、回归分析法和目标最优化法，构建煤炭资源供求预测模型，对未来十年煤炭消耗量进行定量分析。

统一能源（煤炭、石油和天然气等）消费结构数据量纲，对数据标准化处理如式（8.1）所示。

$$x'_{ij} = \frac{x_{ij} - \overline{x}_{ij}}{\mathrm{std}(x_{ij})} \tag{8.1}$$

其中，$\mathrm{std}(x_{ij})$ 为 x_{ij} 的标准差，$\overline{x}_{ij}$ 为 x_{ij} 的 j 列平均值。

对煤炭消费总量进行回归分析，得各指标对煤炭消费总量以及第一、二、三产业煤炭消费量的影响情况，如表 8-4 所示。

表 8-4　各指标对三大产业煤炭消耗的影响

	煤炭消费总量	第 一 产 业	第 二 产 业	第 三 产 业
复相关系数 R	0.986	0.826	0.883	0.603
样本决定系数 R^2	0.973	0.681	0.78	0.364
F	234.872	8.588	23.11	2.285
P	0.000	0.003	0.000	0.131
D-W 统计量	0.945	1.994	2.283	2.49
煤炭消费总量回归方程	$\hat{y}_1 = -5.24\times10^{-16} + 0.923\xi_1 + 0.184\xi_2$			
第一产业煤炭消费量回归方程	$\hat{y}_2 = -1.251\times10^{-15} - 4.626\xi_3 + 4.166\xi_4 + 0.12\xi_5$			
第二产业煤炭消费量回归方程	$\hat{y}_3 = -5.755\times10^{-16} + 0.893\xi_3 - 0.064\xi_5$			
第三产业煤炭消费量回归方程	$\hat{y}_4 = 1.768\times10^{-15} - 1.833\xi_3 + 1.758\xi_4 + 0.573\xi_5$			

（注：ξ_1和ξ_2分别表示地区生产总值和地区 GDP 增长率指标。ξ_3、ξ_4、ξ_5分别为第一、第二、第三产业各自对应的煤炭消费量指标、GDP、产业生产总值。）

从煤炭消费总量回归方程可知，地区生产总值权值系数最大，说明其对煤炭消费总量影响较大，而地区 GDP 增长率影响则相对较小。从第一、二、三产业消费总量回归方程可知，第三产业煤炭消费量影响较小，第一产业煤炭消耗量则较大，为了直观地说明 GDP 和生产总指数对煤炭消耗量的影响，计算偏相关系数如表 8-5 所示。

表 8-5　各指标对各类煤炭消耗量的偏相关系数

煤炭	地区生产总值	地区 GDP 增长率
消费总量	0.983	0.734
第一产业	GDP	生产总值
煤耗量	–0.627	0.595
第二产业	GDP	生产总指数
煤耗量	0.882	–0.134
第三产业	GDP	生产总值
煤耗量	–0.185	0.177

其中，偏相关系数绝对值越大，则影响越大；偏相关系数为负值则表示为负影响，对该因变量有一定的遏制作用。表 8-5 中，第一产业和第三产业煤耗量受 GDP 的制约，GDP 上升越高，将影响第一产业和第三产业所占比重，煤耗量将牵制下降；而生产总指数则对第二产业煤耗量影响较显著。

8.3　煤炭消耗量优化预测模型构建

8.3.1　CO_2 排放强度的双立方插值拟合

CO_2 排放强度反应煤炭消耗量和 GDP 指数，因此可作为经济和煤炭消耗量优化指标。由 2015 年 CO_2 的排放强度为 1.26 及 2020 年 CO_2 的排放强度为 1.05 可知，需要对 CO_2 的排放强度进行插值预测。对于已知某函数 $y = f(x)$ 的一组观测数据 $(x_i, y_i)(i = 1, 2, \cdots, n)$，要寻求一个函数 $\phi(x)$，使得 $\phi(x_i) = y_i (i = 1, 2, \cdots, n)$，则 $\phi(x) \approx f(x)$，此类问题为插值问题。

预测 CO_2 在未来十年间的排放强度时，本节采用三次立方多项式函数做插值在采样点处的光滑性能好。对 CO_2 的排放强度进行插值预测，MATLAB 编程如下：

```
%CO2 插值
clc,clear,close all                 % 清屏、清工作区、关闭窗口
warning off                         % 消除警告
feature jit off                     % 加速代码执行
load CO2.mat                        % 加载数据
n0=size(CO2);
t=1:n0(1,1);
t(1,n0(1,1)+1)=31;
t(1,n0(1,1)+2)=36;
t=t';
```

```
CO2(n0(1,1)+1,1)=1.2636;
CO2(n0(1,1)+2,1)=1.05;
n1=size(CO2);                                    %矩阵维数
j=1;
for i=1:36
   CO2CZ(j,1)=interp1(t,CO2,i,'cubic');     %立方插值
   j=j+1;
end
t=[];
t=[1985:2010,2015,2020];
plot(t,CO2,'bs','linewidth',2)
hold on          % 图形保持句柄
grid on          % 网格
plot(1985:2020,CO2CZ,'ro--','linewidth',2)
xlabel('year')
ylabel('CO₂排放强度: tCO₂/万元GDP')
legend('已知值','插值点值')
axis tight
```

运行程序输出结果如图 8-1 所示。

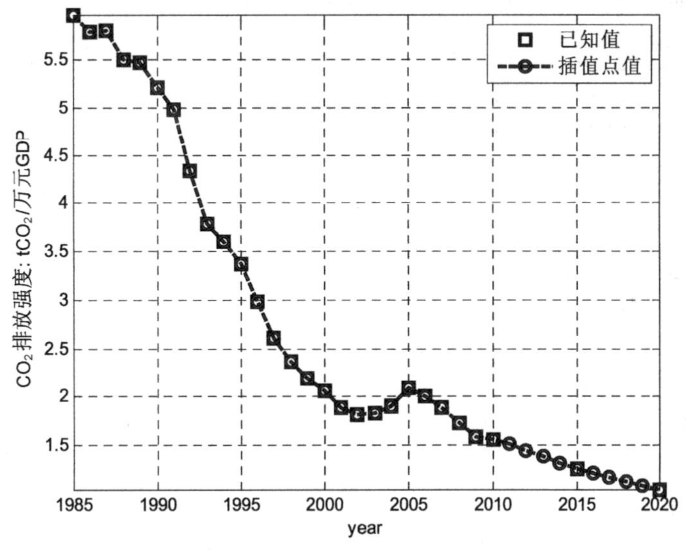

图 8-1　CO_2 排放强度插值拟合图

8.3.2　煤炭、石油和天然气与 CO_2 排放强度回归模型构建

CO_2 碳排放强度主要受三大能源（煤炭、石油和天然气）消费量影响，考虑到环境因素、能源利用率、各能源消费比例和产业结构等影响，因此直接采用各能源消费量运算不能反映碳排放强度，本小节采用多元回归分析，通过加权和常数项计算，能够逼近整个系统碳排放强度，使得误差最小。以 CO_2 的排放强度为因变量，煤炭、石油和天然气三大能源为回归变量，建立多元回归方程。

选取 1985～2010 年煤炭、石油和天然气数据作为输入变量，进行自回归分析。剔除异常点，得到煤炭、石油和天然气与 CO_2 排放强度回归模型，MATLAB 编程如下：

```
% 回归模型
clc,clear,close all                  % 清屏、清工作区、关闭窗口
warning off                          % 消除警告
feature jit off                      % 加速代码执行
load mstdata1.mat
n0=size(mstdata);
a=mean(mstdata);                     % 均值
% %a=mean(a');
a1=std(mstdata);                     % 方差
% %b=std(b');
% for i=1:n0(1,2)
%     for j=1:n0(1,1)
%         mstdata(j,i)=(mstdata(j,i)-a(1,i))/b(1,i);
%     end
% end
%
mstdata=zscore(mstdata);             %标准化
xs12010 = mstdata(26,1);             %2010 年煤炭
xs22010 = mstdata(26,2);             %2010 年石油
xs32010 = mstdata(26,3);             %2010 年天然气

xs12005 = mstdata(21,1);             %2005 年煤炭
xs22005 = mstdata(21,2);             %2005 年石油
xs32005 = mstdata(21,3);             %2005 年天然气

figure(1),
X=mstdata(:,1:3);
X=[ones(n0(1,1),1),X];
Y=mstdata(:,n0(1,2));
[b,bint,r,rint,s]=regress(Y,X);
rcoplot(r,rint)

%%
%删除一些异常点
j=1;
for i=1:n0(1,1)
    if i~=21
        Cmstdata(j,:)=mstdata(i,:);
        j=j+1;
    end
end
figure(2),
n1=size(Cmstdata);
X=Cmstdata(:,1:3);
X=[ones(n1(1,1),1),X];
Y=Cmstdata(:,n1(1,2));
[b,bint,r,rint,s]=regress(Y,X)          % 回归分析
rcoplot(r,rint)                         % 残差检验图

% %%
% x1=0*a1(1,1)+a(1,1)
% x2=0*a1(1,2)+a(1,2)
% x3=1.431741*a1(1,3)+a(1,3)
```

运行程序输出图形如图 8-2 和图 8-3 所示。

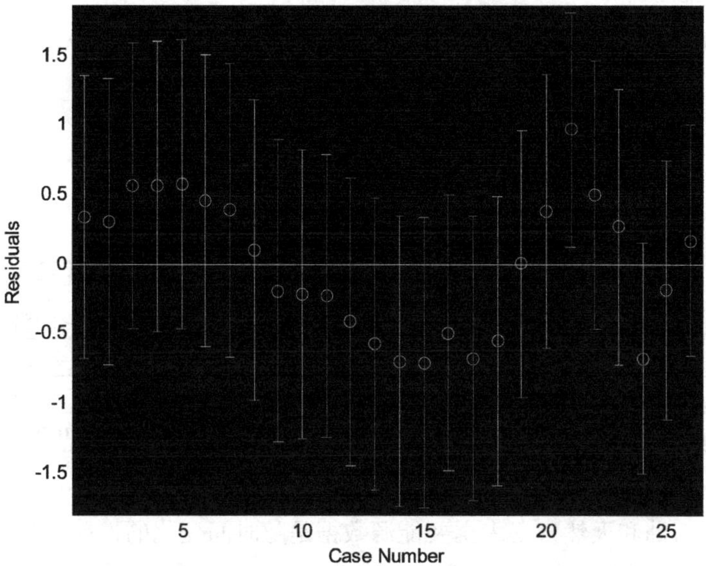

图 8-2　残差及置信区间图

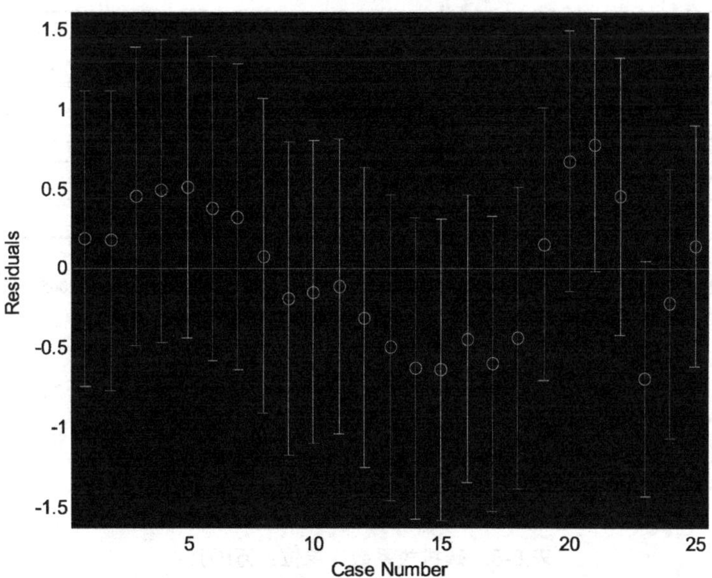

图 8-3　剔除异常点后的残差及置信区间图

输出结果如下：

```
b =    % 回归系数
   -0.0516
   -0.8155
   -0.9845
    1.0907

bint =    % 置信区间
   -0.2517    0.1485
```

```
  -2.4346    0.8036
  -2.2673    0.2983
   0.4902    1.6912

s =  % 四个判断系数
   0.8037   28.6618    0.0000    0.2286
```

整理输出结果如表 8-6 所示。

表 8-6　去异常点后回归系数表

回 归 系 数	回归系数估计值	回归系数置信区间
β_0	–0.0516	[–0.2517 0.1485]
β_1	–0.8155	[–2.4346 0.8036]
β_2	–0.9845	[–2.2673 0.2983]
β_3	1.0907	[0.4902 1.6912]
R^2=0.8037、F=28.6618、$p<0.0001$、s^2=0.2286		

由于煤炭、石油和天然气三大主要能源数据是随时间变化的，前期数据点的选取对预测值有较大影响，考虑经济背景及时间序列数据存在时滞性等特征，不断剔除数据异常点，最终选取 2005～2010 年的数据进行回归分析，回归效果很好，如表 8-7 所示。

表 8-7　改进后的回归系数表

回 归 系 数	回归系数估计值	回归系数置信区间
β_0	$-2.483 \cdot 10^{-15}$	[–0.128 0.128]
β_1	1.066	[0.252 1.88]
β_2	–0.645	[–1.013 –0.276]
β_3	–1.516	[–2.102 0.929]
R^2=0.998、F=314.622、$p<0.0001$、s^2=0.07271		

由表 8-6 和表 8-7 对比可知，${R^2}_{2005} > {R^2}_{1985}$、$F_{2005} > F_{1985}$、${S^2}_{2005} < {S^2}_{1985}$，因此选取 2005 年～2010 年的数据进行预测和优化，其结果更为理想。

8.3.3　煤炭、石油和天然气碳排放系数构建

统计美国、日本和中国碳排放系数表如表 8-8 所示。

表 8-8　碳排放系数（单位：万t/万t）

数 据 来 源	煤　　炭	石　　油	天　然　气	水电、核电
DOE/EIA	0.702	0.478	0.389	0
日本能源经济研究所	0.756	0.586	0.449	0
国家发改委能源所	0.7476	0.5825	0.4435	0
国家科委气候变化项目	0.726	0.583	0.409	0

设煤炭碳综合排放系数为 $\overline{w}_m = \sum_{i=1}^{4} w_{mi}/4$，石油碳综合排放系数为 $\overline{w}_s = \sum_{i=1}^{4} w_{si}/4$，天然气碳综合排放系数为 $\overline{w}_t = \sum_{i=1}^{4} w_{ti}/4$，易得煤炭、石油和天然气碳综合排放系数。

8.3.4　节能减排和经济发展优化目标构建与求解

在整个碳排放约束下，考虑节能目标和江苏省经济发展目标主要取决于 CO_2 排放强度 Q_{CO_2}，即需满足国家政策约束，在 2015 年碳排放约束指标值为 $Q_{CO_2}(2005)=1.26$，在 2020 年碳排放约束指标值为 $Q_{CO_2}(2020)=1.05$，由回归方程系数表 8-7 可知节能减排和经济发展目标应满足下式：

$$\hat{Q}_{CO_2}=-2.483\cdot 10^{-15}+1.066\hat{x}_1-0.645\hat{x}_2-1.516\hat{x}_3 \tag{8.2}$$

考虑到各能源未来十年消费量未知，且没有直接被政府约束，采用 Q_{CO_2} 可间接进行能源消费量反求，因此将式（8.2）Q_{CO_2} 作为约束条件。

碳排放量（CO_2 排放量 / GDP）是直接制约经济发展的主要因素，各省通过控制碳排放量来节能减排。由于各省能源结构不一样，能源消费量统计较困难，各能源消耗量主要受国家宏观调控和政策约束，在满足碳排放量最小的前提下，各省因地制宜，尽可能地使能源消费量达到最低，保证经济平稳快速发展，即应努力完成各省能源消费和经济发展目标，因此满足目标方程如式（8.3）所示。

$$\min=\sum_{j=1}^{10}(\overline{w}_m\hat{x}_{1j}+\overline{w}_s\hat{x}_{2j}+\overline{w}_t\hat{x}_{3j}),\quad j=1,2,3,\cdots 10 \tag{8.3}$$

由江苏省“十二五”节能目标及“十一五”完成情况中 2006～2015 年江苏省累计单位国内生产总值能耗降低率为 34.77%，“十一五时期”江苏省累计单位国内生产总值能耗降低率为 20.45%，则在“十二五时期”需最低完成情况应满足式（8.4）硬约束条件。

$$\frac{\hat{x}_{15}+\hat{x}_{25}+\hat{x}_{35}}{x\hat{s}_{2010}}\geqslant 14.32\% \tag{8.4}$$

其中，$\hat{x}s_{2010}$ 为 2010 年江苏省能源总消费量标准化值，$\hat{x}s_{2010}$=2.3513。

江苏省“十二五时期”单位国内生产总值 CO_2 排放下降目标为 19%，江苏省未来十年单位国内生产总值 CO_2 排放下降目标为 50%，则应满足式（8.5）和式（8.6）硬约束条件。

$$\frac{(\overline{w}_m\hat{x}_{15}+\overline{w}_s\hat{x}_{25}+\overline{w}_t\hat{x}_{35})}{\overline{w}_m\hat{x}_{12010}+\overline{w}_s\hat{x}_{22010}+\overline{w}_t\hat{x}_{32010}}\geqslant 19\% \tag{8.5}$$

$$\frac{(\overline{w}_m\hat{x}_{110}+\overline{w}_s\hat{x}_{210}+\overline{w}_t\hat{x}_{310})}{\overline{w}_m\hat{x}_{12005}+\overline{w}_s\hat{x}_{22005}+\overline{w}_t\hat{x}_{32005}}\geqslant 50\% \tag{8.6}$$

其中，$\hat{x}_{12010}$ 表示 2010 年江苏省煤炭消费量标准化值，$\hat{x}_{12010}=2.1892$；$\hat{x}_{22010}$ 表示 2010 年石油消费量标准化值，$\hat{x}_{22010}=2.2839$；$\hat{x}_{32010}$ 表示 2010 年天然气消费量标准化值，$\hat{x}_{32010}=2.6368$。同样，$\hat{x}_{12005}=1.1174$，$\hat{x}_{22005}=1.2381$，$\hat{x}_{32005}=0.1093$。

江苏省实施节能减排，应满足煤耗量逐年减少碳排放，则需满足式（8.7）软约束条件（GDP 增长过快，相应的 CO_2 排放强度也会下降）。

$$\overline{w}_m\hat{x}_{1n}+\overline{w}_s\hat{x}_{2n}+\overline{w}_t\hat{x}_{3n}\geqslant\overline{w}_m\hat{x}_{1(n+1)}+\overline{w}_s\hat{x}_{2(n+1)}+\overline{w}_t\hat{x}_{3(n+1)}\quad(n=1,2,\cdots,9) \tag{8.7}$$

综合式（8.2）~（8.7）可知，建立优化模型如下：

$$
\begin{cases}
\min: \quad \sum_{j=1}^{10}(\overline{w}_m\hat{x}_{1j}+\overline{w}_s\hat{x}_{2j}+\overline{w}_t\hat{x}_{3j}) \\
s.t. \\
\quad \beta_0+\beta_1\hat{x}_{1j}+\beta_2\hat{x}_{2j}+\beta_3\hat{x}_{3j}\leqslant\hat{Q}_{CO_2j} \quad (j=1,2,\cdots,10) \\
\quad \dfrac{\hat{x}_{15}+\hat{x}_{25}+\hat{x}_{35}}{x\hat{s}_{2010}}\geqslant 14.32\% \\
\quad \dfrac{(\overline{w}_m\hat{x}_{15}+\overline{w}_s\hat{x}_{25}+\overline{w}_t\hat{x}_{35})}{\overline{w}_m\hat{x}_{12010}+\overline{w}_s\hat{x}_{22010}+\overline{w}_t\hat{x}_{32010}}\geqslant 19\% \\
\quad \dfrac{(\overline{w}_m\hat{x}_{110}+\overline{w}_s\hat{x}_{210}+\overline{w}_t\hat{x}_{310})}{\overline{w}_m\hat{x}_{12005}+\overline{w}_s\hat{x}_{22005}+\overline{w}_t\hat{x}_{32005}}\geqslant 50\% \\
\quad \overline{w}_m\hat{x}_{1n}+\overline{w}_s\hat{x}_{2n}+\overline{w}_t\hat{x}_{3n}\geqslant\overline{w}_m\hat{x}_{1(n+1)}+\overline{w}_s\hat{x}_{2(n+1)}+\overline{w}_t\hat{x}_{3(n+1)} \quad (n=1,2,\cdots,9) \\
\quad \overline{w}_m、\overline{w}_s、\overline{w}_t、\beta_k、x\hat{s}_{2010}、\hat{x}_{12010}、\hat{x}_{22010}、\hat{x}_{32010}、 \\
\quad \hat{x}_{12005}、\hat{x}_{22005}、\hat{x}_{32005}\in\text{const} \quad (k=0,1,2,3) \\
\quad \hat{x}_{ij}>0 \quad (i=1,2,3,\ j=1,2,\cdots,10)
\end{cases}
$$

由于考虑到此类问题并不偏向于计算程序的仿真，而在于过程及结果分析，因此本章侧重于该领域爱好者学习借鉴，采用应用较多的 LINGO 11.0 行业软件进行编程，程序如下：

```
model:
min=0.7329*x11+0.5574*x21+0.4226*x31+0.7329*x12+0.5574*x22+0.4226*x32+0.
7329*x13+0.5574*x23+0.4226*x33+0.7329*x14+0.5574*x24+0.4226*x34+0.7329*x1
5+0.5574*x25+0.4226*x35+0.7329*x16+0.5574*x26+0.4226*x36+0.7329*x17+0.55
74*x27+0.4226*x37+0.7329*x18+0.5574*x28+0.4226*x38+0.7329*x19+0.5574*x29+
0.4226*x39+0.7329*x110+0.5574*x210+0.4226*x310;      !碳排放量最小;

!CO2 排放强度 -0.7289 -0.7663 -0.8076    -0.8482 -0.8831 -0.9131-0.9414
-0.9680 -0.9926 -1.0151;

1.066*x11-0.645*x21-1.516*x31-0+ 0.7289 =0;!节能经济目标;
1.066*x12-0.645*x22-1.516*x32-0 + 0.7663 =0;
1.066*x13-0.645*x23-1.516*x33-0 + 0.8076 =0;
1.066*x14-0.645*x24-1.516*x34-0 + 0.8482 =0;
1.066*x15-0.645*x25-1.516*x35-0 + 0.8831 =0;
1.066*x16-0.645*x26-1.516*x36-0 + 0.9131 =0;
1.066*x17-0.645*x27-1.516*x37-0 + 0.9414 =0;
1.066*x18-0.645*x28-1.516*x38-0 + 0.9680 =0;
1.066*x19-0.645*x29-1.516*x39-0 + 0.9926 =0;
1.066*x110-0.645*x210-1.516*x310-0 + 1.0151 =0;

x15+x25+x35-0.1432*2.3513>0;
!x15+x25+x35-0.18*2.3513<0;

0.7329*x15+0.5574*x25+0.4226*x35-0.19*0.7329*2.1892-0.19*0.5574*2.2839-0.
19*0.4226*2.6368>0;
0.7329*x110+0.5574*x210+0.4226*x310-0.19*0.7329*1.1174-0.19*0.5574*1.2381
-0.19*0.4226*0.1093>0;

0.7329*x11+0.5574*x21+0.4226*x31-0.7329*x12-0.5574*x22-0.4226*x32>0;
0.7329*x12+0.5574*x22+0.4226*x32-0.7329*x13-0.5574*x23-0.4226*x33>0;
0.7329*x13+0.5574*x23+0.4226*x33-0.7329*x14-0.5574*x24-0.4226*x34>0;
```

```
0.7329*x14+0.5574*x24+0.4226*x34-0.7329*x15-0.5574*x25-0.4226*x35>0;
0.7329*x15+0.5574*x25+0.4226*x35-0.7329*x16-0.5574*x26-0.4226*x36>0;
0.7329*x16+0.5574*x26+0.4226*x36-0.7329*x17-0.5574*x27-0.4226*x37>0;
0.7329*x17+0.5574*x27+0.4226*x37-0.7329*x18-0.5574*x28-0.4226*x38>0;
0.7329*x18+0.5574*x28+0.4226*x38-0.7329*x19-0.5574*x29-0.4226*x39>0;
0.7329*x19+0.5574*x29+0.4226*x39-0.7329*x110-0.5574*x210-0.4226*x310>0;

!x11*4045.3+7644.5-x21*1010.5-1975.9>0;
!x21*1010.5+1975.9-x31*303.0789-152.7173>0;
!x31>0;
end
```

运行程序输出结果如下：

```
 Global optimal solution found.
 Objective value:                              5.269718
 Infeasibilities:                              0.000000
 Total solver iterations:                            24

                     Variable           Value        Reduced Cost
                          X11       0.5390552            0.000000
                          X21        0.000000            0.000000
                          X31       0.8598502            0.000000
                          X12       0.5817010E-01        0.000000
                          X22        1.284200            0.000000
                          X32        0.000000            0.000000
                          X13       0.3659316E-01        0.000000
                          X23        1.312571            0.000000
                          X33        0.000000            0.000000
                          X14       0.1538194E-01        0.000000
                          X24        1.340461            0.000000
                          X34        0.000000            0.000000
                          X15        0.000000            0.000000
                          X25        1.356657            0.000000
                          X35       0.5314303E-02        0.000000
                          X16        0.000000            0.000000
                          X26       0.1084793            0.000000
                          X36       0.5561549            0.000000
                          X17        0.000000            0.000000
                          X27       0.8758704E-01        0.000000
                          X37       0.5837113            0.000000
                          X18        0.000000            0.000000
                          X28       0.6794982E-01        0.000000
                          X38       0.6096124            0.000000
                          X19        0.000000            0.000000
                          X29       0.4978908E-01        0.000000
                          X39       0.6335660            0.000000
                         X110        0.000000            0.000000
                         X210       0.3317864E-01        0.000000
                         X310       0.6554748            0.000000
```

整理输出结果如表 8-9 所示结果。

表 8-9　模型求解结果

年　份	$\hat{x}_1$	$\hat{x}_2$	$\hat{x}_3$
2011	0.5391	0.0000	0.8599
2012	0.0582	1.2842	0.0000
2013	0.0366	1.3126	0.0000

续表

年　　份	$\hat{x}_1$	$\hat{x}_2$	$\hat{x}_3$
2014	0.0154	1.3405	0.0000
2015	0.0000	1.3567	0.0053
2016	0.0000	0.1085	0.5562
2017	0.0000	0.0876	0.5837
2018	0.0000	0.0679	0.6096
2019	0.0000	0.0498	0.6336
2020	0.0000	0.0332	0.6555

反标准化数据得到未来十年三大能源的消费结构如表 8-10 所示。

表 8-10　未来十年三大能源消费结构

年　　份	x_1 煤炭消费量	x_2 石油消费量	x_3 天然气消费量
2011	15164.6	3570.7	895.9
2012	14454.7	4092.9	640.1
2013	14422.8	4104.4	640.1
2014	14391.5	4115.8	640.1
2015	14368.8	4122.4	641.7
2016	14368.8	3614.8	805.5
2017	14368.8	3606.3	813.7
2018	14368.8	3598.3	821.4
2019	14368.8	3590.9	828.5
2020	14368.8	3584.2	835.1

绘制折线图，MATLAB 编程如下：

```
% 画图
clc,clear,close all                    % 清屏、清工作区、关闭窗口
warning off                            % 消除警告
feature jit off                        % 加速代码执行
load('yc.mat');
x=2005:2020;
hf=figure('units','normalized','position',[0.4 0.4 0.5 0.4]); % [x,y,宽, 高]
plot(x,yc(:,1),'rh--','linewidth',2)
hold on
plot(x,yc(:,2),'gs--','linewidth',2)
plot(x,yc(:,3),'bo--','linewidth',2)
plot(x,yc(:,4),'k>--','linewidth',2)
grid on
axis tight
legend('能源消耗量','煤炭消耗量','石油消耗量','天然气消耗量')
```

运行程序，得到图形如图 8-4 所示。

从图 8-4 能源消费量走势图中可知，能源消费量在 2010 年～2011 年有一个突变下降值，在 2011 年～2020 年，能源消费量总体上保持平稳有一定的下降的趋势；在“十二五”期间及未来十年江苏省煤炭消费量下降到 14368.797 万 t 保持不变；石油消费量呈现一个上升的趋势，上升的幅度不大；天然气消费量先升高后下降，波动较平稳。因此，该方法具有一定的可行性，泛化能力。

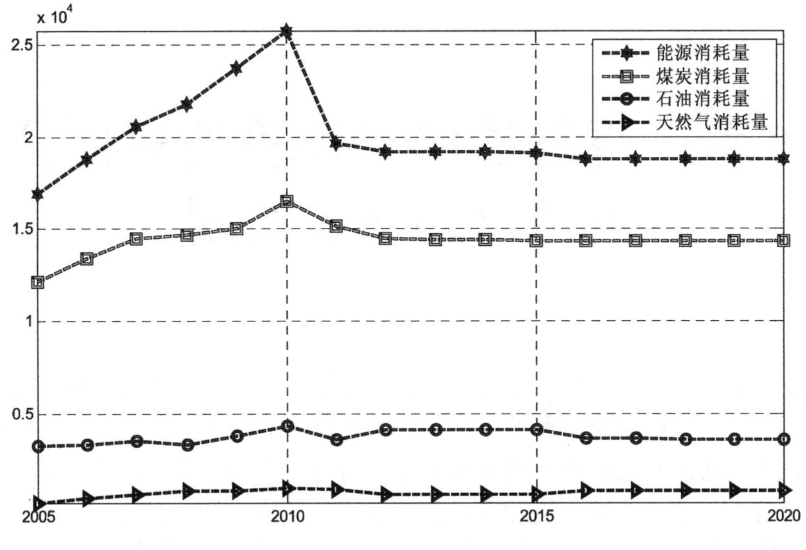

图 8-4　各能源消费量走势图

综上所述，能源消费量预测问题常受多种因素影响制约，导致能源消费结构呈现多样化，使得实际问题求解复杂化，考虑到 CO_2 排放强度指标和能源消费量直接相关，本章通过引入碳强度指标，对未来能源消费量预测进行计算。该方法能够在实际应用中起到宏观的调控各省各产业及各能源结构，指导各省经济平稳快速的发展等作用。

8.4　本 章 小 结

本章针对江苏省煤炭消费量的预测问题，通过引入 CO_2 排放强度，建立多元线性回归模型，分析煤炭消耗量影响因素；在满足节能目标和经济发展目标前提下，以碳排放量最小为目标函数，优化得到未来十年江苏省煤炭、石油和天然气消耗量，其中煤炭消耗量将基本持平，石油和天然气消耗量下降幅度不大；因此，满足“十二五时期”指标，一定程度上并不能解决低碳的目的，江苏省政府可改变市场运作机制、调整产业结构和推广循环经济等措施实现碳排放约束。

第 9 章　焊缝边缘检测算法对比分析与 MATLAB 实现

目前很多机械关键部件均为钢焊接结构，钢焊接结构易出现裂纹、漏焊及焊缝外观不规则等缺陷，因此对焊缝质量检测尤为重要。焊缝边缘是焊缝图像最重要的特征，经典的边缘提取算法通过考虑相连像素间的灰度变化，利用边缘邻接第一或第二阶导数的变化规律来实现边缘提取。在常用的一些边缘检测算子中，Sobel 常常形成不封闭的区域，其他算子例如 Laplace 算子通常产生重响应。本章采用 T 型焊接焊缝图像进行分析，讨论了基于形态学处理的焊缝边缘检测方法，该算法信噪比大且精度高。该算法首先采用中值滤波、白平衡处理和图像归一化处理等图像预处理技术纠正采集图像，然后采用形态学处理算法提取焊缝的二值化图，该算法不仅有效的降噪，而且保证图像有用信息不丢失。

学习目标：

（1）学习和掌握焊缝特征提取分析方法；

（2）学习和掌握利用 MATLAB 进行图像 Sobel 算子边缘检测算法；

（3）学习和掌握利用 MATLAB 进行图像 Prewitt 算子边缘检测算法；

（4）学习和掌握利用 MATLAB 进行图像 Canny 算子边缘检测算法；

（5）学习和掌握利用 MATLAB 进行图像形态学处理边缘检测算法等。

9.1　焊缝边缘检测研究

目前很多机械关键部件主要采用焊接加工制造，难免由于人为误差，导致焊缝质量不合理，造成构架结构变形和性能下降，严重影响列车运行安全性。随着计算机技术和电子技术的发展，在大规模生产中，广泛应用焊接机器人。焊接缺陷识别是焊接生产自动化和提高焊接质量的关键。焊接过程中，所摄焊缝图像往往存在很多噪声，图像预处理一般包括图像平滑滤波和图像矫正等。边缘检测是图像测量、检测和位置阶跃变化的集合。通常边缘检测算法有梯度检测、统计性方法、数学形态学、小波多尺度检测、模糊算法和基于边缘检测方法的积分变换等等。

现行的焊缝质量检测手段有：对工程常见焊接缺陷（烧穿、夹杂和气孔等）基于 X 射线焊缝图像缺陷自动提取与识别技术；采用超声相控阵检测图像特征与识别，统计焊缝缺陷的特征规律，总结不同的典型缺陷特征；采用 Canny 边缘检测算法对焊缝边缘提取，通过直方图对比分析，判断焊缝是否合格。采用遗传算法对焊缝图像边缘进行检测并提取焊缝边缘。广大学者多集中在构架的强度分析和焊接温度场模拟以及焊缝内部检测上，对于焊缝表面质量检测，很少有学者进行图像检测和识别研究。

本章采用形态学处理技术对焊缝边缘检测研究和识别能力较高，其焊缝图像检测精度和降噪效果也明显提高。

9.2　图像预处理技术

焊接过程中，CCD 所摄图像往往存在大量的噪声，对工件焊缝采样焊缝图像如图 9-1 所示。

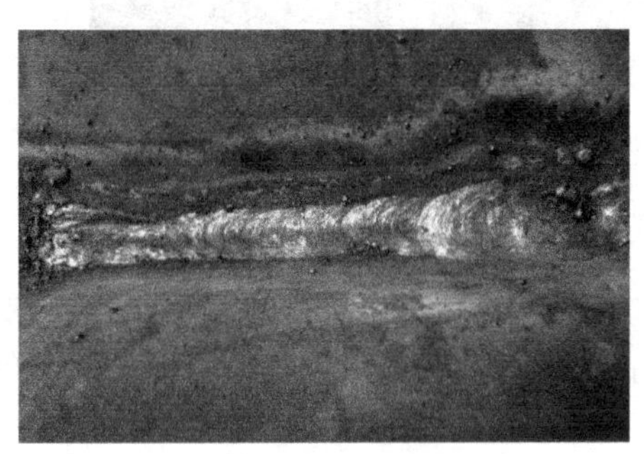

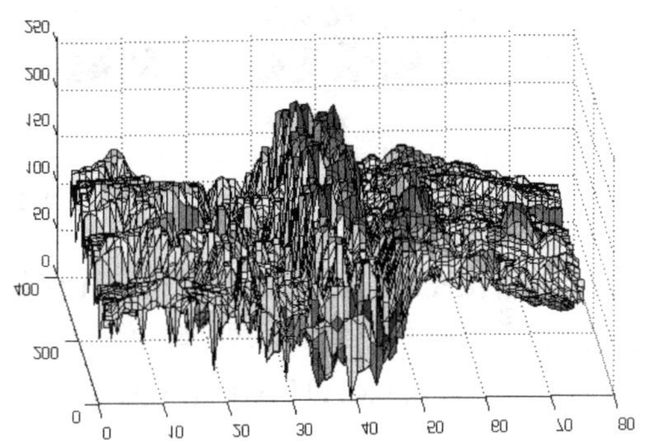

图 9-1　焊缝图像

图 9-1 中焊缝的 3D 视图生成程序如下：

```
clc,clear,close all                       % 清屏、清工作区、关闭窗口
warning off                               % 消除警告
feature jit off                           % 加速代码执行
ps=imread('1.jpg');
subplot(121),imshow(ps)
background=imopen(ps,strel('disk',4)); % 形态学开运算
% imshow(background);
subplot(122),surf(double(background(1:4:end,1:4:end))),zlim([0 256]);
set(gca,'Ydir','reverse');
```

如图 9-1 所示，该焊缝图像存在大量的噪声，对于焊缝图像边缘提取有较大的影响。

中值滤波是由 Tukey 首先提出的一种典型的非线性滤波技术，采用中值滤波可较好地消除脉冲干扰和保持信号边缘，中值滤波是一种邻域运算，类似于卷积，信号中值是按信号值大小顺序排列后的中间值。MATLAB 程序如下：

```
%% 读取焊缝图像
clc,clear,close all                          % 清屏、清工作区和关闭窗口
warning off                                  % 消除警告
feature jit off                              % 加速代码执行
obj=imread('1.jpg');
r=obj(:,:,1);g=obj(:,:,2);b=obj(:,:,3);
%% 去噪中值滤波
objn=imnoise(g,'salt & pepper',0.04);       %加入少许椒盐噪声
K1=medfilt2(objn,[3,3]);                     %3x3 模板中值滤波
K2=medfilt2(objn,[5,5]);                     %5x5 模板中值滤波
figure('color',[1,1,1])
```

```
subplot(121),imshow(objn);xlabel('加噪图像')
subplot(122),imshow(K1);xlabel('去噪图像')
```

运行程序输出图像如图 9-2 所示。

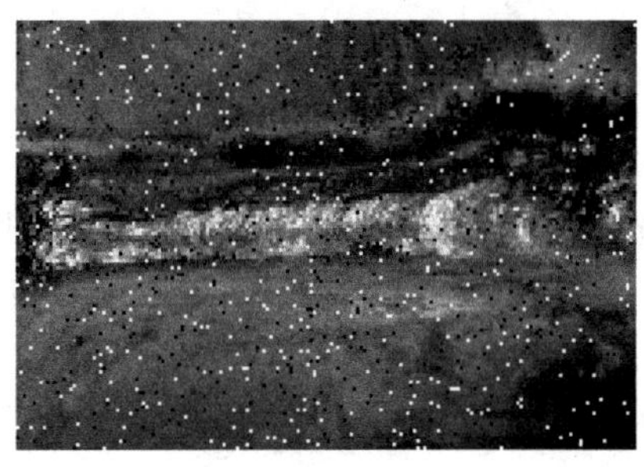

加噪图像

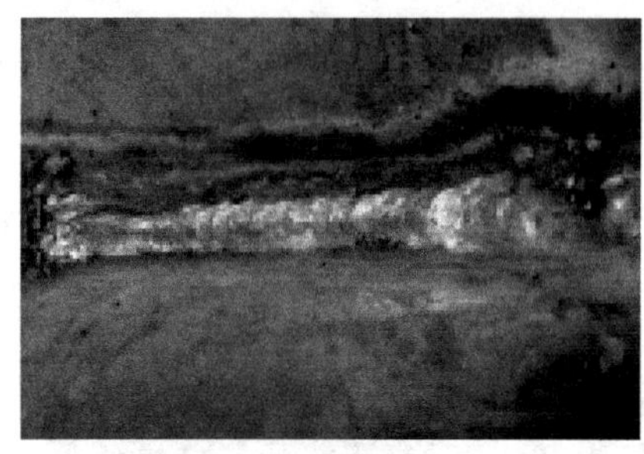

去噪图像

图 9-2　中值滤波

由于所摄图像存在大量的噪声，往往使得图像中所有物体的颜色都偏离了它们原有的真实色彩，采用白平衡方法处理图像失真，从而校正有色偏的图像颜色，以获得正常颜色的图像。白平衡的 MATLAB 程序如下：

```
clc,clear,close all                        % 清屏、清工作区和关闭窗口
warning off                                % 消除警告
feature jit off                            % 加速代码执行
img=imread('1.jpg');
subplot(121),imshow(img),title('原始图像')
img_1=img(:,:,1);  % R
img_2=img(:,:,2);  % G
img_3=img(:,:,3);  % B
Y=0.299*img_1+0.587*img_2+0.114*img_3;  % 白平衡系数
[m,n]=size(Y);
k=Y(1,1);
for i=1:m
    for j=1:n
        if Y(i,j)>=k      % 判断比较
            k=Y(i,j);
            k1=i;         % 保存角标
            k2=j;         % 保存角标
        end
    end
end
[m1,n1]=find(Y==k);
Rave=sum(sum(img_1));   % 求和
Rave=Rave/(m*n);        % 比例系数
Gave=sum(sum(img_2));   % 求和
Gave=Gave/(m*n);
Bave=sum(sum(img_3));   % 求和
Bave=Bave/(m*n);
Kave=(Rave+Gave+Bave)/3;     % 求均值
img_1=(Kave/Rave)*img_1;     % 重构 R 通道
img_2=(Kave/Gave)*img_2;     % 重构 G 通道
img_3=(Kave/Bave)*img_3;     % 重构 B 通道
imgysw=cat(3,img_1,img_2,img_3);
subplot(122),imshow(imgysw),title('白平衡处理结果')
```

经由白平衡处理的效果图如图 9-3 所示。

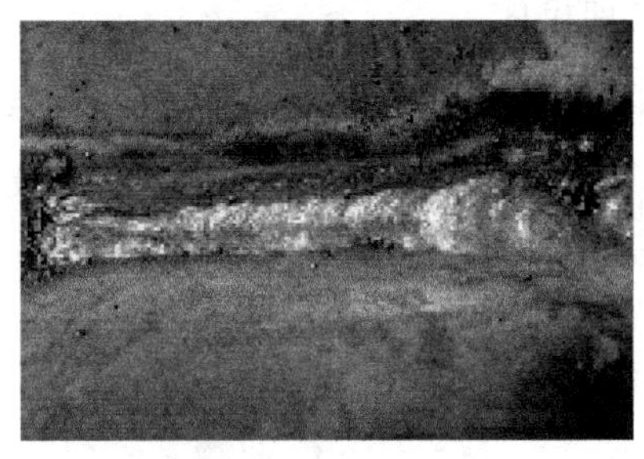

原始图像

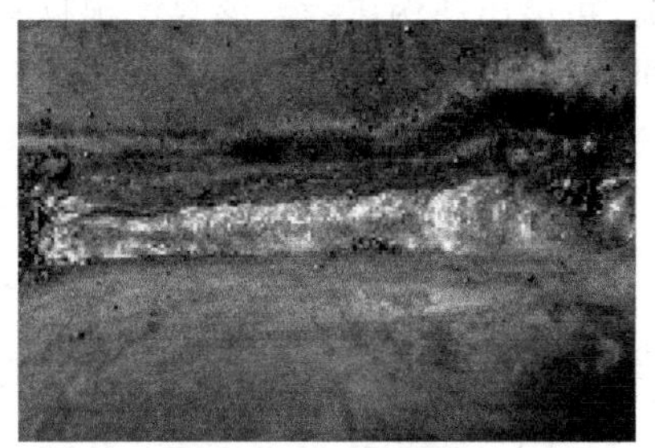

白平衡处理结果

图 9-3　焊缝图像的白平衡处理

预处理后的焊缝图像有利于边缘提取，目标焊缝边缘存在较大的灰度变化和梯度变化，较常用的有 Sobel、Canny 和 Prewitt 算子等，通常直接获得图像二维等效方程导数进而检测图像边缘。梯度检测算子使用该区域的梯度值，这些梯度值近似等于该区域的像素梯度值，然后采用合适的阈值来获取边缘。

9.3　焊缝图像边缘检测

图像边缘是图像中灰度不连续或急剧变化的所有像素的集合，集中了图像的大部分信息，是图像最基本的特征之一。边缘检测是后续的图像分割、特征提取和识别等图像分析领域关键性的一步，在工程应用中有着十分重要的地位。传统检测法通过计算图像各个像素点的一阶或二阶微分来确定边缘，图像一阶微分的峰值点或二阶微分的过零点对应图像的边缘像素点，较常见的检测算子有：Sobel、Prewitt 和 Canny 等算子。

9.3.1　Sobel 算子

Sobel 算子是把图像中的每个像素的上、下、左和右四领域的灰度值加权差，在边缘处达到极值从而检测边缘。其定义为：

$$S_x = \left[f(x+1,y-1)+2f(x+1,y)+f(x+1,y+1)\right]-\left[f(x-1,y-1)+2f(x-1,y)+f(x-1,y+1)\right] \tag{9.1}$$

$$S_y = \left[f(x-1,y+1)+2f(x,y+1)+f(x+1,y+1)\right]-\left[f(x-1,y-1)+2f(x,y-1)+f(x+1,y-1)\right] \tag{9.2}$$

图像中每个像素点都与下面两个核做卷积，一个核对垂直边缘影响最大，而另一个核对水平边缘影响最大，两个卷积的最大值作为这个像素点的输出值。Sobel 算子卷积模板为：

$$\begin{bmatrix} -1 & -2 & -1 \\ 0 & 0 & 0 \\ 1 & 2 & 1 \end{bmatrix}, \quad \begin{bmatrix} -1 & 0 & 1 \\ -2 & 0 & 2 \\ -1 & 0 & 1 \end{bmatrix}$$

Sobel 算法能够产生较好的检测效果，而且对噪声具有平滑抑制作用，但是得到的边缘较粗，可能出现伪边缘，该算法根据具体工况合理设计。

Sobel 算法程序如下：

```
%% Sobel
clc,clear,close all                    % 清屏、清工作区和关闭窗口
warning off                            % 消除警告
feature jit off                        % 加速代码执行
I=imread('1.jpg');  % 读入图像
r=I(:,:,1);g=I(:,:,2);b=I(:,:,3);
nI=size(r);
im = single(I) / 255;

    yfilter = fspecial('sobel'); % sobel
    xfilter = yfilter';

    rx = imfilter(im(:,:,1), xfilter);
    gx = imfilter(im(:,:,2), xfilter);
    bx = imfilter(im(:,:,3), xfilter);

    ry = imfilter(im(:,:,1), yfilter);
    gy = imfilter(im(:,:,2), yfilter);
    by = imfilter(im(:,:,3), yfilter);

    Jx = rx.^2 + gx.^2 + bx.^2;
    Jy = ry.^2 + gy.^2 + by.^2;
    Jxy = rx.*ry + gx.*gy + bx.*by;

    D = sqrt(abs(Jx.^2 - 2*Jx.*Jy + Jy.^2 + 4*Jxy.^2));
                                               % 2x2 matrix J'*J 的第一个特征值
    e1 = (Jx + Jy + D) / 2;
    %  e2 = (Jx + Jy - D) / 2;                 %第二个特征值

edge_magnitude = sqrt(e1);
edge_orientation = atan2(-Jxy, e1 - Jy);
% figure,
% subplot(121),imshow(edge_magnitude)        % 梯度
% subplot(122),imshow(edge_orientation)      % 方向

sob=edge(edge_magnitude,'sobel',0.29);
% sob=bwareaopen(sob,100);                   % 剔除小块
% figure,imshow(y),title('Sobel Edge Detection')

% 3*3 sobel
f=edge_magnitude;
sx=[-1 0 1;-2 0 2;-1 0 1];             % 卷积模板 convolution mask
sy=[-1 -2 -1;0 0 0;1 2 1];             % 卷积模板 convolution mask
for x=2:1:nI(1,1)-1
   for y=2:1:nI(1,2)-1
      mod=[f(x-1,y-1),2*f(x-1,y),f(x-1,y+1);
          f(x,y-1),2*f(x,y),f(x,y+1);
          f(x+1,y-1),2*f(x+1,y),f(x+1,y+1)];
      mod=double(mod);
      fsx=sx.*mod;
      fsy=sy.*mod;
      ftemp(x,y)=sqrt((sum(fsx(:)))^2+(sum(fsy(:)))^2);
   end
end
```

```
fs=im2bw(ftemp); % fs=im2uint8(ftemp);
fs=bwareaopen(fs,500);
% figure,imshow(fs);title('Sobel Edge Detection')

subplot(131),imshow(edge_magnitude),title('edge magnitude')
subplot(132),imshow(sob),title('edge magnitude extraction')
subplot(133),imshow(fs);title('sobel Edge Detection')
```

9.3.2 Prewitt 算子

Prewitt 算子将边缘检测算子模板的大小从 2×2 扩大到 3×3，进行差分算子的计算，将方向差分运算与局部平均相结合，从而减小噪声对图像边缘检测的影响。其表达式如下：

$$S_x=\left[f(x-1,y+1)+f(x,y+1)+f(x+1,y+1)\right]-\left[f(x-1,y-1)-f(x,y-1)-f(x+1,y-1)\right] \tag{9.3}$$

$$S_y=\left[f(x+1,y-1)+f(x+1,y)+f(x+1,y+1)\right]-\left[f(x-1,y-1)-f(x-1,y)-f(x-1,y+1)\right] \tag{9.4}$$

Prewitt 算子卷积模板为：$G(i,j)=|P_x|+|P_y|$，式中：

$$P_x=\begin{bmatrix}-1 & 0 & 1\\ -1 & 0 & 1\\ -1 & 0 & 1\end{bmatrix},\quad P_y=\begin{bmatrix}1 & 1 & 1\\ 0 & 0 & 0\\ -1 & -1 & -1\end{bmatrix}$$

P_x 是水平模板，P_y 是垂直模板。对图像中每个像素点都用这两个模板进行卷积，取最大值作为输出，最终产生边缘图像。Prewitt 算法对图像边缘检测效果较粗，背景噪声对算法有效性影响较大，阈值选取不适当会造成边缘点误判等缺陷。

Prewitt 算子边缘检测程序如下：

```
%% Prewitt
clc,clear,close all                    % 清屏、清工作区、关闭窗口
warning off                            % 消除警告
feature jit off                        % 加速代码执行
I=imread('1.jpg');   % 读入图像
r=I(:,:,1);g=I(:,:,2);b=I(:,:,3);
nI=size(r);
im = single(I) / 255;

    yfilter = fspecial('prewitt'); % prewitt
    xfilter = yfilter';            % 转置

    rx = imfilter(im(:,:,1), xfilter);      % x 滤波模板
    gx = imfilter(im(:,:,2), xfilter);      % x 滤波模板
    bx = imfilter(im(:,:,3), xfilter);      % x 滤波模板

    ry = imfilter(im(:,:,1), yfilter);      % y 滤波模板
    gy = imfilter(im(:,:,2), yfilter);      % y 滤波模板
    by = imfilter(im(:,:,3), yfilter);      % y 滤波模板

    Jx = rx.^2 + gx.^2 + bx.^2;
    Jy = ry.^2 + gy.^2 + by.^2;
    Jxy = rx.*ry + gx.*gy + bx.*by;
```

```
    D = sqrt(abs(Jx.^2 - 2*Jx.*Jy + Jy.^2 + 4*Jxy.^2));
                                            % 2x2 matrix J'*J的第一个特征值
    e1 = (Jx + Jy + D) / 2;
    % e2 = (Jx + Jy - D) / 2;               %第二个特征值

edge_magnitude = sqrt(e1);
edge_orientation = atan2(-Jxy, e1 - Jy);
% figure,
% subplot(121),imshow(edge_magnitude)       % 幅值
% subplot(122),imshow(edge_orientation)     % 方向

pre=edge(edge_magnitude,'prewitt',0.19);
% figure,imshow(y),title('Prewitt Edge Detection')

% 3*3 prewitt
f=edge_magnitude;
sx=[-1 0 1;-1 0 1;-1 0 1]; % convolution mask卷积掩膜
sy=[1 1 1;0 0 0;-1 -1 -1]; % convolution mask卷积掩膜
for x=2:1:nI(1,1)-1
    for y=2:1:nI(1,2)-1
        mod=[f(x-1,y-1),f(x-1,y),f(x-1,y+1);   % 模板
            f(x,y-1),f(x,y),f(x,y+1);
            f(x+1,y-1),f(x+1,y),f(x+1,y+1)];
        mod=double(mod);     % 转换类型
        fsx=sx.*mod;         % 边缘检测
        fsy=sy.*mod;         % 边缘检测
        ftemp(x,y)=sqrt((sum(fsx(:)))^2+(sum(fsy(:)))^2);
    end
end
fs=im2bw(ftemp); % fs=im2uint8(ftemp);
fs=bwareaopen(fs,1000);
% figure,imshow(fs);title('Prewitt Edge Detection');

subplot(131),imshow(edge_magnitude),title('edge magnitude')    % 幅值
subplot(132),imshow(pre),title('edge magnitude extraction')    % 边缘提取
subplot(133),imshow(fs);title('Prewitt Edge Detection');  % Prewitt锐化滤波
```

9.3.3　Canny 算子

Canny 边缘检测算法是高斯函数的一阶导数，是对信噪比与定位精度之乘积的最优化逼近算子。Canny 算法首先用二维高斯函数的一阶导数，对图像进行平滑，设二维高斯函数为：

$$G(x,y)=\frac{1}{2\pi\sigma}\left[-\frac{x^2+y^2}{2\sigma}\right] \tag{9.5}$$

其梯度矢量为：

$$\nabla G=\begin{bmatrix}\dfrac{\partial G}{\partial x}\\ \dfrac{\partial G}{\partial y}\end{bmatrix} \tag{9.6}$$

其中，σ 为高斯滤波器参数，它控制着平滑程度。对于 σ 小的滤波器，虽然定位精度

高，但信噪比低；σ 大的情况则相反，因此要根据需要适当的选取高斯滤波器参数 σ。

传统的 Canny 算法采用 2×2 邻域一阶偏导的有限差分来计算平滑后的数据阵列 $I(x,y)$ 的梯度幅值和梯度方向。其中，x 和 y 方向偏导数的两个阵列 $P_x(i,j)$ 和 $P_y(i,j)$ 分别为：

$$P_x(i,j)=\left(I(i,j+1)-I(i,j)+I(i+1,j+1)-I(i+1,j)\right)/2 \tag{9.7}$$

$$P_y(i,j)=\left(I(i,j)-I(i+1,j)+I(i,j+1)-I(i+1,j+1)\right)/2 \tag{9.8}$$

像素的梯度幅值和梯度方向用直角坐标到极坐标的坐标转化公式来计算，用二阶范数来计算梯度幅值为，

$$M(i,j)=\sqrt{P_x(i,j)^2+P_y(i,j)^2} \tag{9.9}$$

梯度方向为，

$$\theta[i,j]=\arctan\left(P_y(i,j)/P_{xj}(i,j)\right) \tag{9.10}$$

Canny 算子进行图像边缘检测是较为有效的，检测样本边缘的噪声和焊接位置是精确的，但是焊缝表面质量纹理较不规则，Canny 检测纹理较细，增加了计算工作量，对噪声影响较大。

Canny 边缘检测算子程序如下：

```
%% Canny
clc,clear,close all                          % 清屏、清工作区、关闭窗口
warning off                                  % 消除警告
feature jit off                              % 加速代码执行
im=imread('1.jpg');                          % 载入图像
im=im2double(im);
r=im(:,:,1);g=im(:,:,2);b=im(:,:,3);
% 滤波器平滑系数
filter= [2 4 5 4 2;
        4 9 12 9 4;
        5 12 15 12 5;
        4 9 12 9 4;
        2 4 5 4 2];
filter=filter/115;
% N-dimensional convolution
smim= convn(im,filter);
% imshow(smim);title('Smoothened image');

% 计算梯度
gradXfilt=[-1 0 1;          % 卷积模板 convolution mask
          -2 0 2;
          -1 0 1];
gradYfilt=[1  2   1;        % 卷积模板 convolution mask
           0  0   0;
          -1  -2  -1];
GradX= convn(smim,gradXfilt);                % 卷积
GradY= convn(smim,gradYfilt);                % 卷积
absgrad=abs(GradX)+abs(GradY);               % 绝对梯度值
% 计算梯度角
[a,b]=size(GradX);
theta=zeros([a b]);
for i=1:a
```

```
    for j=1:b
          if(GradX(i,j)==0)
             theta(i,j)=atan(GradY(i,j)/0.000000000001); % 避免字母为 0 情况
          else
              theta(i,j)=atan(GradY(i,j)/GradX(i,j));
          end
    end
end
 theta=theta*(180/3.14);
 for i=1:a
    for j=1:b
          if(theta(i,j)<0)
              theta(i,j)= theta(i,j)-90;
              theta(i,j)=abs(theta(i,j));
          end
    end
end
 for i=1:a
    for j=1:b
        if ((0<theta(i,j))&&(theta(i,j)<22.5))||((157.5<theta(i,j))&&(theta
        (i,j)<181))
              theta(i,j)=0;
        elseif (22.5<theta(i,j))&&(theta(i,j)<67.5)
               theta(i,j)=45;
        elseif (67.5<theta(i,j))&&(theta(i,j)<112.5)
               theta(i,j)=90;
        elseif (112.5<theta(i,j))&&(theta(i,j)<157.5)
               theta(i,j)=135;
        end
    end
 end

% non-maximum suppression 非极大值抑制
nmx = padarray(absgrad, [1 1]);
[a,b]=size(theta);
for i=2:a-2
   for j=2:b-2
         if (theta(i,j)==135)    % 角度 135 度
               if ((nmx(i-1,j+1)>nmx(i,j))||(nmx(i+1,j-1)>nmx(i,j)))
                    nmx(i,j)=0;
                end
         elseif (theta(i,j)==45)
                if ((nmx(i+1,j+1)>nmx(i,j))||(nmx(i-1,j-1)>nmx(i,j)))
                     nmx(i,j)=0;
                end
         elseif (theta(i,j)==90)
                if ((nmx(i,j+1)>nmx(i,j))||(nmx(i,j-1)>nmx(i,j)))
                    nmx(i,j)=0;
                end
         elseif (theta(i,j)==0)
                if ((nmx(i+1,j)>nmx(i,j))||(nmx(i-1,j)>nmx(i,j)))
                    nmx(i,j)=0;
                end
         end
   end
end
```

```
nmx1=im2uint8(nmx);                     % 图像数据类型转换
tl=85;                                  % 阈值下限 lower threshold
th=100;                                 % 阈值上限 upper threshold

% 基于阈值的边界提取
[a,b]=size(nmx1);
gedge=zeros([a,b]);
for i=1:a
    for j=1:b
        if(nmx1(i,j)>th)
             gedge(i,j)=nmx1(i,j);
        elseif (tl<nmx1(i,j))&&(nmx1(i,j)<th)
             gedge(i,j)=nmx1(i,j);
        end
    end
end

[a,b]= size(gedge);
finaledge=zeros([a b]);
for i=1:a
    for j=1:b
        if (gedge(i,j)>th)
            finaledge(i,j)=gedge(i,j);
             for i2=(i-1):(i+1)
                 for j2= (j-1):(j+1)
                     if (gedge(i2,j2)>tl)&&(gedge(i2,j2)<th)
                         finaledge(i2,j2)=gedge(i,j);
                     end
                 end
             end
        end
   end
end

% 去除边界 border
finaledge= im2uint8(finaledge(10:end-10,10:end-10));

subplot(131);imshow(absgrad);title('image gradients');     % 梯度
subplot(132);imshow(nmx);title('NonMaximum Suppression'); % 非极大值抑制
subplot(133);imshow(finaledge(:,1:452-10));title('canny edge detection');
                                                            % Canny 边缘检测
```

9.3.4　形态学处理

数学形态学处理的基本思想是用具有一定形态的结构元素去度量和提取图像中的对应形状，以达到对图像分析和识别的目的。数学形态学的应用大大简化了图像数据，保持它们基本的形状特征，并除去不相干的结构，提高了图像分析处理速度。

形态学处理采用三原色 RGB 通道线性组合模型 $rgb'=aR+bG+cB$，得到凸显焊缝目标二维图像，对该图像进行二值化操作，通过剔除小块和标记块中心得到二值化图像，通过填充、膨胀和腐蚀操作优化二值化图像，可以很大程度地抑制噪声并保留细节部分检测出真正的边缘，算法简单，结构元选取灵活。形态学处理流程如图 9-4 所示。

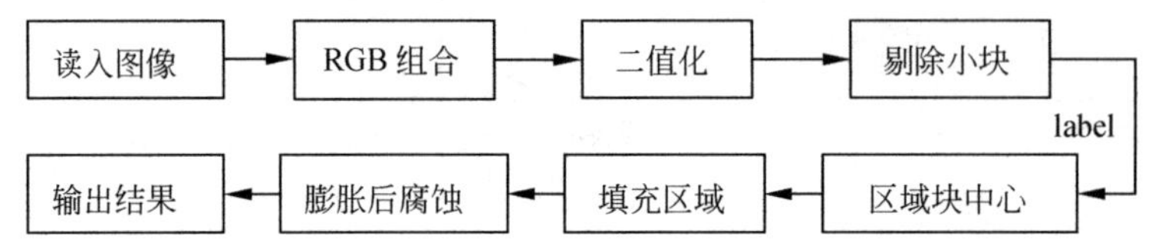

图 9-4　形态学处理流程

形态学处理程序如下：

```
%% 颜色特征提取
clc,clear,close all                          % 清屏、清工作区、关闭窗口
warning off                                  % 消除警告
feature jit off                              % 加速代码执行
I=imread('1.jpg');
r=I(:,:,1);
g=I(:,:,2);
b=I(:,:,3);
HF1=b-g*0.0-r*0.70;
% imshow(HF1)
HF2=HF1 > 55;                                % 二值化操作
% imshow(HF2)
% colormap(gray);
HF2=bwareaopen(HF2,1000);                    % 剔除面积小于 1000 的二值化块
% figure(1),imagesc(HF2)
cc=bwconncomp(HF2);                          % 连通域计算
s  = regionprops(HF2, {'centroid','area'});  % 计算二值化块中心
HF2(labelmatrix(cc)~=2)=0;                   % 标记
HF2=imfill(HF2,'holes');                     % 填充空洞
se=strel('disk',5);                          % 圆盘算子
HF2=imdilate(HF2,se);                        % dilate 膨胀
HF2=imerode(HF2,se);                         % erode 腐蚀
% imshow(HF2)
%%
r1=immultiply(r,HF2);                        % 交运算
g1=immultiply(g,HF2);                        % 交运算
b1=immultiply(b,HF2);                        % 交运算
HF3=cat(3,r1,g1,b1);                         % 融合为 RGB 图像
%% 显示
subplot(131),imshow(I);title('original pic')
subplot(132),imshow(HF2);title('bw pic')
subplot(133),imshow(HF3);axis tight
title('morphological edge detection')
set(gca,'xtick',[]);set(gca,'ytick',[]);
```

9.3.5　边缘检测效果对比

通过以上分析，采用 Sobel、Prewitt、Canny 和形态学处理效果图分别如图 9-5～图 9-8 所示。

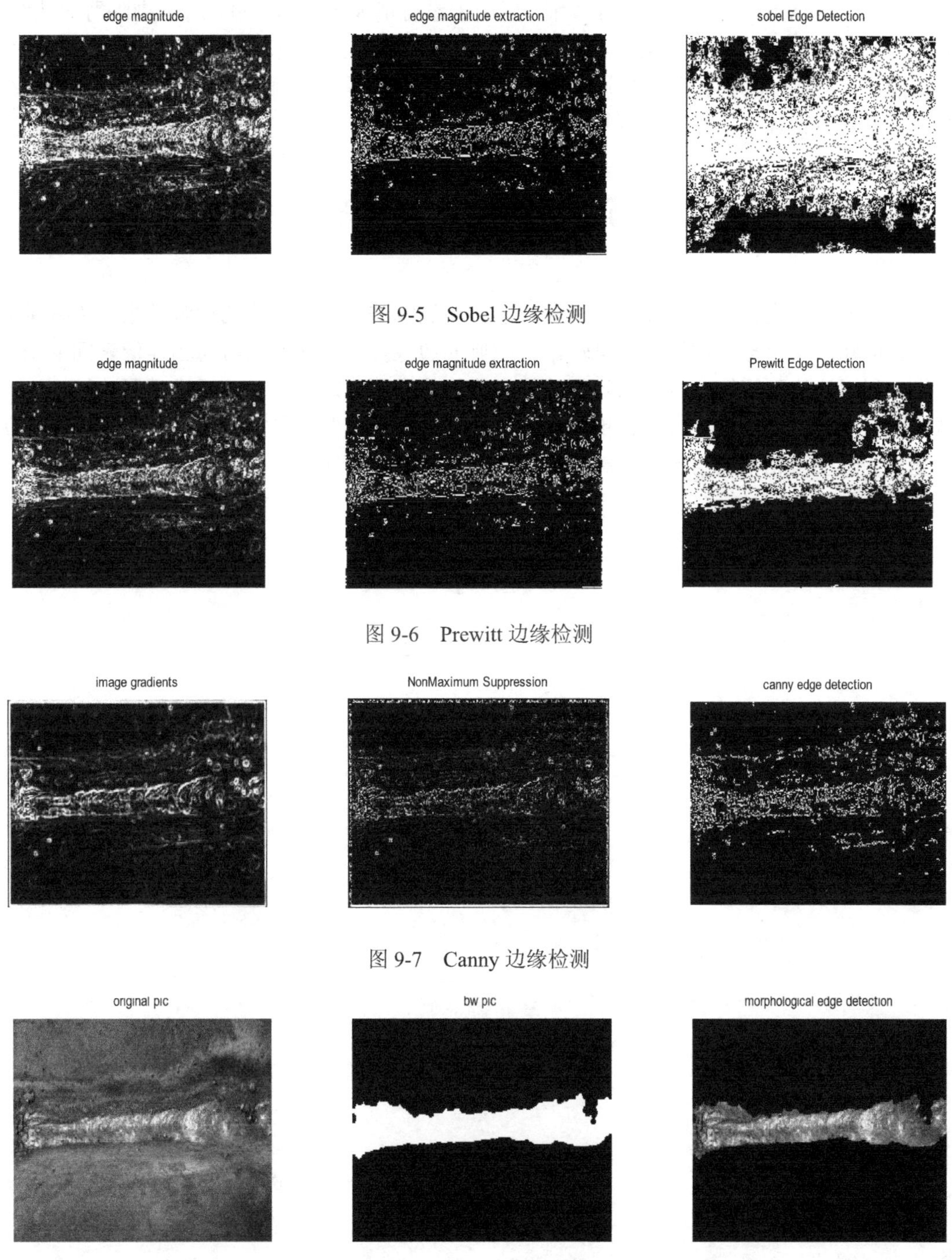

图 9-5　Sobel 边缘检测

图 9-6　Prewitt 边缘检测

图 9-7　Canny 边缘检测

图 9-8　形态学边缘检测

从图 9-5 中可看出，Sobel 算子对图像边缘进行检测，其检测结果较细致，背景轮廓干扰太大，以至于不能对目标焊缝进行单一提取。从图 9-6 中可看出，Prewitt 算子对图像边缘具有较好的提取作用，但是焊缝受背景影响较大，提取的效果较差，提取边缘没有闭合的区域。从图 9-7 可看出，Canny 算子基于双阈值的非极大值抑制，得到边缘图像，较之于 Sobel 和 Prewitt 算子，检测纹理较细，但由于没有形成闭合的区域，对于剔除背景边缘，单独提取焊缝轮廓，仍较难操作。从图 9-8 中可看出，采用形态学边缘检测，对图像噪声过滤较好，得到的二值化图像接近于实际目标，保证了焊缝特征信息的不丢失，从而能很好地提取焊缝特征，信噪比大且精度高。

9.4 本 章 小 结

本章对比研究传统边缘检测算子和形态学检测算法对焊缝边缘的检测效果，从图 9-5~图 9-8 可知，采用形态学处理效果较好。经典的边缘提取算法通过考虑相连像素间的灰度变化，利用边缘邻接第一或第二阶导数的变化规律来实现边缘提取，受噪声影响较大，检测结果常常出现伪边缘且边缘较粗，形态学处理通过简化图像数据，保持它们基本的形状特征，并除去不相干的结构，提高了边缘检测效果和信噪比。

第 10 章　指纹图像细节特征提取与 MATLAB 实现

指纹图像的特征提取是指纹识别的关键，而指纹匹配通常基于细节点匹配。指纹特征提取是从细化后的指纹图中得到细节特征点（即端点和分叉点），此特征点含有大量的伪特征，既耗时又影响匹配精度。本章采用了边缘去伪和距离去伪，使得特征点去伪前后减小了近 1/3，然后提取可靠特征点信息，以便实现指纹匹配。基于 MATLAB 实现的指纹细节特征提取方法，并给出了去伪算法，算法实现简单快速，而且具有较高的准确率。

学习目标：

（1）学习和掌握指纹图像特征点提取方法；

（2）学习和掌握 MATLAB 指纹特征去伪等。

10.1　指纹识别技术概述

指纹识别技术是一种应用前景非常乐观的生物识别技术。国内外很多机构都在进行相关研究，尽管目前已有多种商用自动指纹识别系统在市场上销售，但是不同商标的指纹识别机，指纹验证识别的快速性、准确性和可靠性都是不同的，一方面是指纹采集的偏差，另一方面也是指纹识别算法的不同，指纹识别算法的好坏，严重影响到指纹识别的准确率。因此如何提高指纹识别算法的有效性和鲁棒性，一直以来是广大学者的研究热点及难点。

在指纹自动识别系统中，首先是对指纹进行特征提取，然后根据特征及其相互之间的位置与拓扑关系在预先建立好的指纹库中进行匹配，从而检索到匹配指纹信息。指纹的特征主要是指纹脊线的某种构型，如端点和分叉点等，本章也主要是对指纹的端点及分叉点进行分析。

本章介绍了一套基于 MATLAB 2014a 实现的指纹细节特征提取及其后处理算法，以 MATLAB 2014a 作为指纹图像识别算法仿真的平台，具有较高的准确率，而且可以大大减小仿真的难度。

10.2　指纹识别系统的工作原理

指纹图像经由采集图像设备进行采集图像含有大量的指纹噪声，例如设备噪声及白平衡等，因此有必要进行图像的预处理，预处理后，则需要对图像进行特征提取，主要包括端点及分叉点，指纹图像特征点提取之后进行数据的保存；假定对于 100 个人的指纹进行采集，则得到 100 个特征数组，将每一个数组设定对应的人员信息；当再额外采集一个指纹图像时，可能是这 100 个人中的一个人或者是其他人，对采集的指纹图像进行同样的特征提取，然后与指纹库特征集进行一一匹配，找出匹配结果，进而完成指纹识别的整个过程。

具体的指纹识别流程如图 10-1 所示。

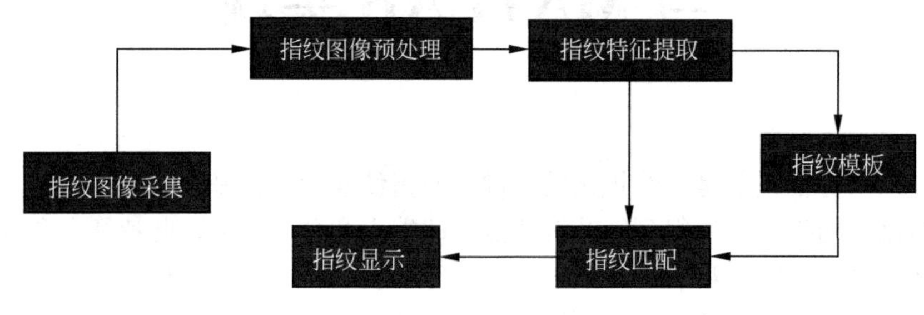

图 10-1　指纹识别流程图

10.3　指纹细节特征的提取

10.3.1　指纹特征提取的方法

细节特征提取的方法分为两种：第一种是从指纹灰度图像中提取特征，第二种是从指纹细化二值图像中提取特征。

第一种方法，直接从指纹灰度图像中提取特征，一般是对灰度指纹纹线进行跟踪，根据跟踪结果寻找指纹特征的位置和判断特征的类型，这种方法省去了复杂的指纹图像预处理过程，但是特征提取的算法十分复杂，再加上噪声等因素影响，得到的特征信息（位置和方向等）不够精确地反应一个人。

第二种方法，从指纹细化二值图像中提取特征，该方法比较简单，能够得到可靠的细化二值图像，只需要用一个 3×3 的模板就可以将端点和分叉点提取出来。

指纹图像特征点提取的好坏将直接影响匹配的结果。现实生活中，指纹输入时，由于汗渍、干燥及按压力度不同等影响，得到的指纹图像大都含有断纹、褶皱、模糊及灰度不均匀等质量问题，虽然经过预处理（Gabor 滤波器滤波去噪），图像质量会有所增强，然而指纹图像预处理算法对各个指纹的适应性和有效性也会不同，并且会引入新的噪声，使得到的细化二值图像往往含有大量的伪特征点。

伪特征点不仅会影响匹配的速度，而且还会严重影响整个识别的正确率。所以对指纹图像提取特征点后要进行去伪处理，程序应该尽可能滤除伪特征点和保留真特征点。

经广大学者实验发现，伪特征点的数量一般占总特征数量的一半以上，所以去伪是必不可少的过程。

指纹图像去伪过程可以在两个阶段进行：

第 1 个阶段是在特征提取之前对细化二值图像进行平滑、去除毛刺和连接断纹等操作，然后提取特征作为真特征；

第 2 个阶段是在特征提取之后，根据特征之间的相互关系，尽可能准确地识别伪特征点并滤除它们。

第 1 个阶段直接对图像进行修补，操作比较复杂，容易引入新的伪特征；第 2 个阶段对特征提取后的数据进行判断，识别较麻烦，但是速度很快，应用也较广泛。

本章采用第 2 个阶段去伪方法，即从已提取的特征点中滤除伪特征，保留真特征。

10.3.2　指纹图像的细化后处理

为了便于算法的描述，本小节定义了一个八邻域模型，如图 10-2 所示。

P3	P2	P1
P4	P	P0
P5	P6	P7

图 10-2　八领域模型

八邻域模型即以当前点 P 为中心，与紧邻中心点的八个点组成一个 3×3 的模板，各邻点与中心点的位置关系组成八邻域模型。P 代表当前中心点，P0~P7 分别代表中心点 8 个方向上的相邻点，黑点取值 0，白点取值 1。

由于指纹特征提取是从细化指纹图中得到特征点，因此在特征提取之前，我们需要把指纹细化二值化图像做进一步处理，使之细化指纹真正达到一个像素的宽度，即在不破坏纹线连续性的前提下，将锯齿直角转折处的点去掉。在此采用模板匹配法，具体标准模板如图 10-3 所示。

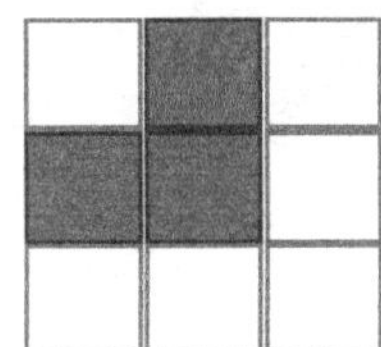
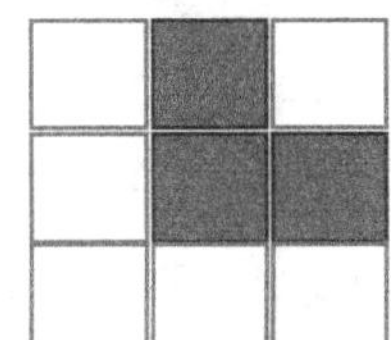
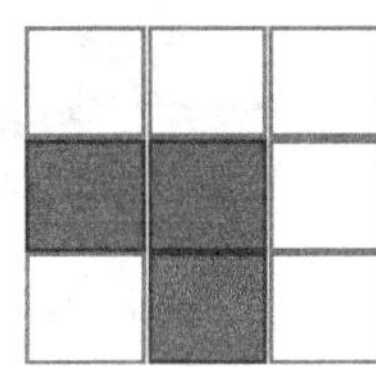
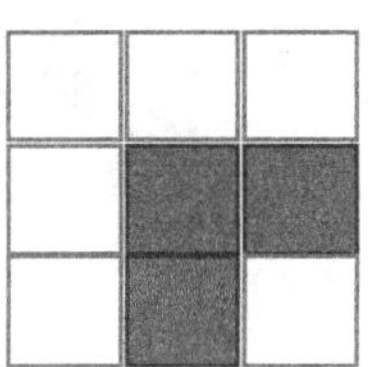

图 10-3　模板细化后处理

细化处理的主要 MATLAB 2014a 实现程序如下：

```
%细化指纹图像，用匹配模板法
[M,N]=size(I);                          % 矩阵维数
for i=2: M-1                            % 行采样
    for j=2: N-1                        % 列采样
        if I(i,j)==0                    % 二值化图像为 0-1 灰度值
            if (I(i-1,j)==0&I(i,j+1)==0)|(I(i-1,j)==0&I(i,j-1)==0)|
            (I(i+1,j)==0&I(i,j-1)==0)|(I(i+1,j)==0&I(i,j+1)==0)
                I(i,j)=1;               % 检测上下 8 个点的二值化像素值
            else
                I(i,j)=0;               % 0 为黑色，1 为白色
            end
        end
    end
end
```

10.3.3　特征点的提取

如图 10-4 所示，端点和分叉点是指纹细化图像的主要特征，在此采用这两种主要特征来构造指纹特征向量，它的提取方法是模板匹配法。模板匹配法有运算量小和速度快的优点。

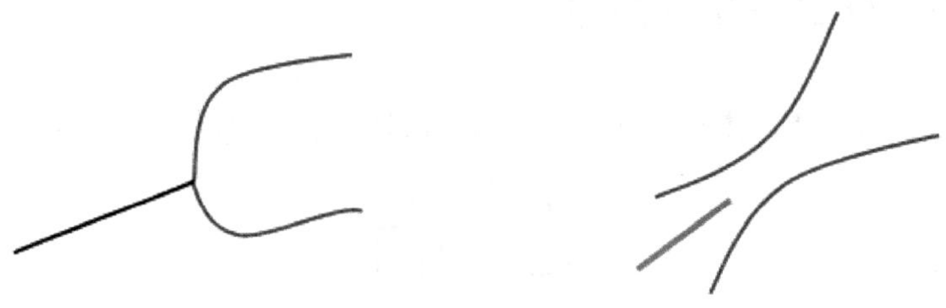

图 10-4　端点和分叉点

在八邻域的所有状态中，满足端点特征条件的有 8 种，满足分叉点特征条件的有 9 种，分别如图 10-5 和图 10-6 所示。

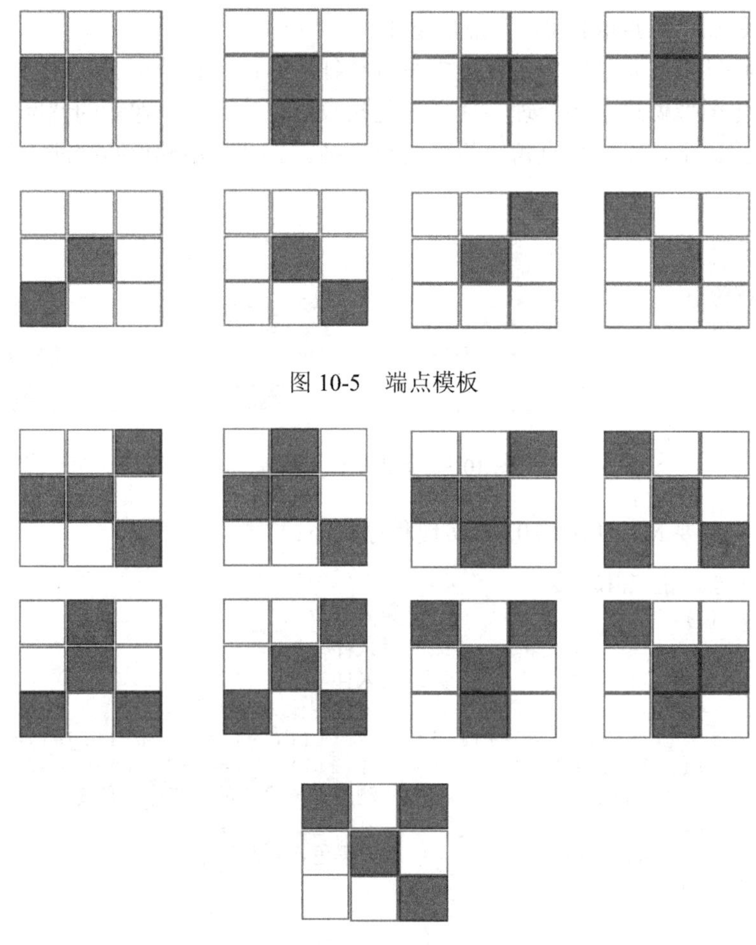

图 10-5　端点模板

图 10-6　分叉点模板

由实验可知，基于 MATLAB 2014a 提取的特征点，比较简单，而且准确率非常高，则主要的 MATLAB 2014a 实现程序如下：

```
%特征点提取（端点或交叉点）
t=0;                        % 初始化
for i=2:M-1                 % 行扫描
    for j=2:N-1             % 列扫描
        if I(i,j)==0        % 如果为黑色背景
            n=I(i-1,j-1)+I(i-1,j)+I(i-1,j+1)+I(i,j-1)+I(i,j+1)+I(i+1,j-1)
            +I(i+1,j)+I(i+1,j+1);  % 8 个领域的值叠加和
            if (n==5|n==7)  % 记录有 5 个或 7 个点的领域，中心点
                t=t+1;      % 旗标量加 1
                x(t)=j;     % 下标保存
                y(t)=i;     % 下标保存
            end
        end
    end
end
```

10.3.4　指纹特征的去伪

指纹特征去伪操作主要是将冗余的指纹特征的特征点滤除掉。

伪特征一般具有以下特点：大部分处于图像边缘；在图像内部的伪特征点距离较近，两个或多个伪特征同时存在于很小的区域内。

本章根据指纹图像伪特征分布特点提出了两种去伪方法：首先对于图像边缘的点，采用指纹图像切割的方法，即对边缘的点直接切除掉；然后利用最短距离阈值法去除距离较近的特征点。

主要的 MATLAB 代码实现过程如下：

```
for i=1:t-1
    for j=i+1:t    %指纹特征去伪
        d=sqrt((x(i)-x(j))^2+(y(i)-y(j))^2);
        if d<6              %去除距离较近的特征点
            x(i)=-1;y(i)=-1;x(j)=-1;y(j)=-1;  % 保留 x 和 y
        end
    end
end
```

10.4　指纹图像去伪与 MATLAB 实现

对于如图 10-7 所示的指纹图像的细化图像进行特征提取。

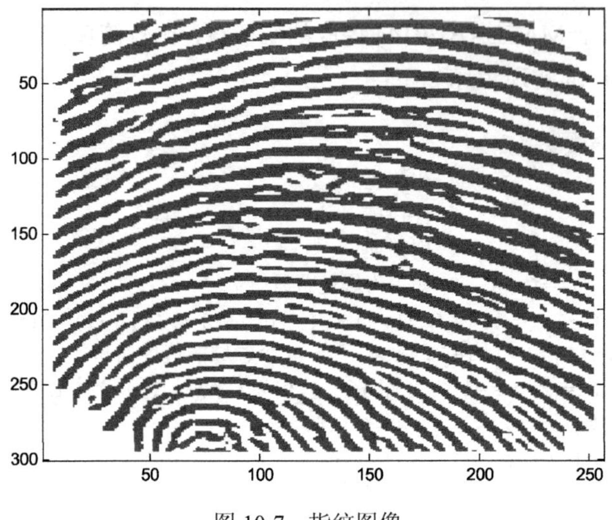

图 10-7　指纹图像

MATLAB 2014a 主函数程序如下：

```
% 指纹图像细节特征提取
clc,clear,close all                    % 清屏、清工作区、关闭窗口
warning off                            % 消除警告
feature jit off                        % 加速代码执行
origin=imread('im2.bmp');              % 读图
subplot(2,2,1);imagesc(origin);
colormap(gray); xlabel('(a)原始图像')
I=im2bw(origin);                       % 二值化
%细化指纹图像，用匹配模板法
[M,N]=size(I);                         % 矩阵维数
for i=2:M-1                            % 行扫描
    for j=2:N-1                        % 列扫描
        if I(i,j)==0                   % 为黑色背景
            if (I(i-1,j)==0&I(i,j+1)==0)|(I(i-1,j)==0&I(i,j-1)==0)|(I(i+1,j)==
            0&I(i,j-1)==0)|(I(i+1,j)==0&I(i,j+1)==0)
                I(i,j)=1;              % 1 为白色二值化块
            else
                I(i,j)=0;              % 背景点
            end
        end
    end
end
subplot(2,2,2);imagesc(I);
xlabel('(b)细化后的指纹图像')
%特征点提取（端点或交叉点）
t=0;
for i=2:M-1
    for j=2:N-1
        if I(i,j)==0
            n=I(i-1,j-1)+I(i-1,j)+I(i-1,j+1)+I(i,j-1)+I(i,j+1)+I(i+1,j-1)+
            I(i+1,j)+I(i+1,j+1); % 8 个领域的值叠加和
            if (n==5|n==7)       % 记录有 5 个或 7 个点的领域，中心点
                t=t+1;           % 旗标加 1
                x(t)=j;          % 下标保存
                y(t)=i;          % 下标保存
```

```
            end
        end
    end
end
subplot(2,2,3);imagesc(I);
xlabel('(c)细化后的指纹图像')
hold on;plot(x,y,'bo');hold off;
for i=1:t-1
    for j=i+1:t                                          %指纹特征去伪
        d=sqrt((x(i)-x(j))^2+(y(i)-y(j))^2);
        if d<6                                           %去除距离较近的特征点
            x(i)=-1;y(i)=-1;x(j)=-1;y(j)=-1;
        end
    end
end
c=0;
d=0;
for i=1:t
    if (x(i)>=10&x(i)<165)&(y(i)>=10&y(i)<140)      %去除边缘的特征点
        c=c+1;l(c)=x(i);d=d+1;h(d)=y(i);
    end
end
x=find(x);y=find(y);
subplot(2,2,4);imagesc(I);
xlabel('(d)细去伪后的指纹图像特征点')
hold on;plot(l,h,'bo');hold off;
```

运行程序输出结果如图 10-8 所示。

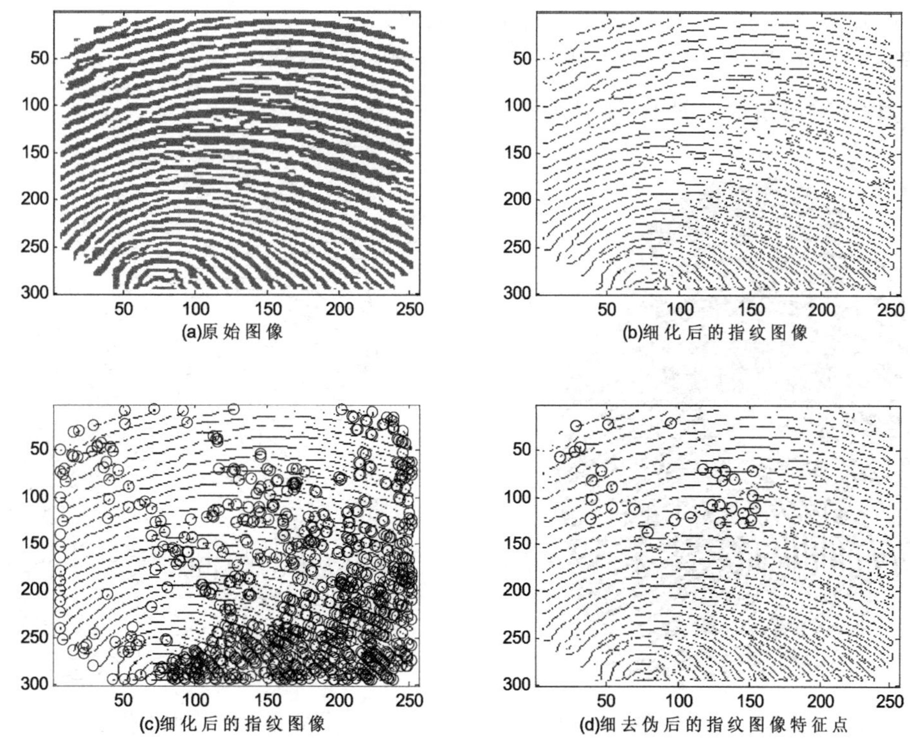

图 10-8　指纹图像去伪分析

观测指纹图像的处理结果，绝大多数细节点被准确地提取出来。图 10-8 中（a）~（d）为一幅图像的处理过程，图（a）为原始指纹图像；图（b）为细化后的指纹图像，但纹线成锯齿形，严格讲并不是一个像素的宽度；图（c）是细节点的提取，在边缘存在大量的伪特征；图（d）是边缘去伪和距离去伪后的特征点。由图（c）可知，去伪前的指纹图像特征点比较多，然而去伪后的指纹图像特征点仅有 31 个，在实际应用中，匹配所需特征点个数为 15 个左右，特征点太多耗时，特征点太少影响匹配精度，由此可见，特征点去伪，使得指纹图像特征点数量大大减小，这样做的目的既不影响匹配精度，又会使得后续算法的运算量和代码量大大减小。

当然算法不同，得到的结果也就不同，针对如图 10-9 所示的指纹图像进行指纹特征点提取。

采用 MATLAB 工具箱函数进行指纹图像特征点提取，具体步骤如下。

（1）细化图像，MATLAB 2014a 程序如下：

```
%指纹特征点(细节点)提取
clc,clear,close all
%% Read Input Image
binary_image=im2bw(imread('2.bmp'));
% figure;imshow(binary_image);title('Input image');
%% Small region is taken to show output clear
binary_image = binary_image(30:460,25:350);          %截取其中一部分
figure;imshow(binary_image);title('Input image');
%% Thinning
thin_image=~bwmorph(binary_image,'thin',Inf);
figure;imshow(thin_image);title('Thinned Image');
```

运行程序输出图形如图 10-10 所示。

图 10-9　指纹图像

图 10-10　图像细化处理

（2）指纹图像纹数和分叉点计算，程序如下：

```
s=size(thin_image);
N=3;      %window size
n=(N-1)/2;
r=s(1)+2*n;
c=s(2)+2*n;
double temp(r,c);
temp=zeros(r,c);bifurcation=zeros(r,c);ridge=zeros(r,c);  %‘0’ 表示全黑色
temp((n+1):(end-n),(n+1):(end-n))=thin_image(:,:);
outImg=zeros(r,c,3);          % For Display
outImg(:,:,1) = temp .* 255;
outImg(:,:,2) = temp .* 255;
outImg(:,:,3) = temp .* 255;
for x=(n+1+10):(s(1)+n-10)
    for y=(n+1+10):(s(2)+n-10)
        e=1;
        for k=x-n:x+n
            f=1;
            for l=y-n:y+n
                mat(e,f)=temp(k,l);
                f=f+1;
            end
            e=e+1;
        end;
         if(mat(2,2)==0)
            ridge(x,y)=sum(sum(~mat));
            bifurcation(x,y)=sum(sum(~mat));
         end
    end;
end;
hold on
```

将得到的纹数和分叉点进行图像显示，纹数显示如下：

```
%% 纹数
[ridge_x ridge_y]=find(ridge==2);
plot(ridge_y,ridge_x,'r*')
```

运行程序输出图形如图 10-11 所示。

将得到的分叉点显示如下：

```
%% 分叉点
[bifurcation_x bifurcation_y]=find(bifurcation==4);
plot(bifurcation_y,bifurcation_x,'b.','markersize',8)

save ridge.mat ridge_x ridge_y
save bifurcation.mat bifurcation_x bifurcation_y
```

运行程序输出图形如图 10-12 所示。

如图 10-11 和图 10-12 所示，指纹图像的特征点数量很庞大，怎么去合理地选取特征点，实现快速、准确和高效地进行生物信息识别，一直以来是广大科研人员研究的焦点。

图 10-11　纹数

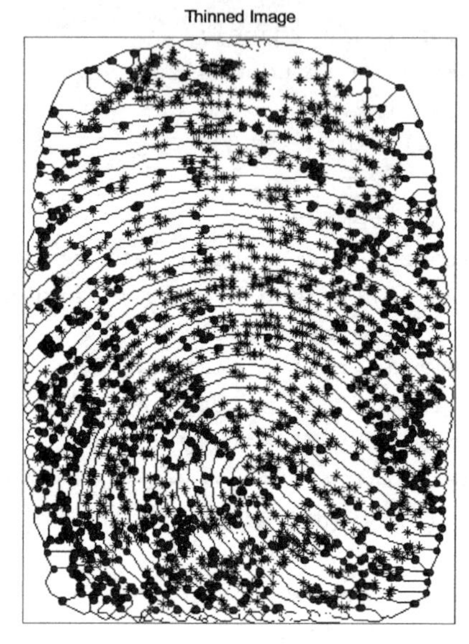

图 10-12　分叉点

10.5　本章小结

指纹匹配通常基于细节点匹配，本章对细节点提取问题进行了深入研究。在细化后的指纹点线图上利用 MATLAB 2014a 提取细节特征并对其去伪存真。实验证明，该方法能够简单准确地提取出指纹的细节点，对于各种原因产生的伪特征点，分别采用不同的算法加以去除，使保留的特征点为处理前的 1/3，既没有影响匹配精度，又为提高指纹图像匹配识别的速度和性能奠定了良好的基础。

第 11 章　基于多元回归模型的矿井通风量计算

矿井通风作为煤矿行业在安全生产中是至关重要的一个环节，不仅在防止瓦斯爆炸方面起着至关重要的作用，而且也是将有毒气体排出井外和氧气送入井内的必要方法。对矿井通风的研究一直都是煤矿企业安全生产的重要研究内容。风量过大，煤尘浓度上升引发爆炸危险，风量过小，瓦斯浓度上升引发爆炸危险。可见风量大小对井下安全作业起着至关重要的影响。矿井通风的计算多靠猜测、经验和大量繁琐的人为计算，其科学性和准确性可见一般。针对矿井通风风量如何科学计算这一问题，本章采用多元回归模型来对风量进行研究与计算。

学习目标：

（1）学习和掌握矿井通风量计算；

（2）学习和掌握 MATLAB 多元回归分析；

（3）学习和掌握 DW 检验等。

11.1　矿井通风量概述

煤炭作为我国的基础能源，其分布广泛，如今全球占有量已超 50%。我国是“富煤、贫油和少气”的国家，这一特点决定了煤炭将在一次性能源生产和消费中占主导地位并且长期不会改变。近年来，由于能源紧张，煤炭市场的好转也同时带来了煤矿安全方面的问题。其中主要是以瓦斯和煤尘等自然灾害为主。矿井开采方式为如今煤炭行业的主要方式，一般来说瓦斯含量越高的矿井其开采条件越恶劣，这就导致了开采难度的上升，同时增加了开采过程中的危险性。由于国家地质条件的复杂性以及在矿井通风、防止瓦斯、防止没车和防灭火等技术方面受到一定限制，导致了瓦斯爆炸和井下火灾事故等矿难频繁发生。近年来，虽然全国煤矿安全生产状况不断好转，但形势依然十分严峻。

针对矿井通风、防止瓦斯、防治煤尘及防灭火为主的“一通三防”方面的事故，本章采用多元回归模型应用于煤矿井下通风量的最优预测方案，旨在解决煤矿井下通风影响因素的复杂，以及风速、瓦斯和煤尘等各因素之间复杂的非线性关系对瓦斯浓度和煤尘浓度的影响，利用该方法揭示煤矿井下风速与瓦斯和煤尘等因素之间的内在规律，有效预防瓦斯和煤尘爆炸事故的发生。

11.2　矿井通风量回归模型分析

新型矿井通风系统应为矿井各用风场所提供足够的新鲜风量，保证作业空间良好气候条件，冲淡或稀释有毒有害气体和矿尘等。矿井通风技术研究的进展和方向主要是：在矿井通风系统技术改造与建设中，不存在统一的技术模式，应根据各自系统的具体条件，沿着多种技术途径发展。这些途径主要是：分区通风系统、多风机多级机站通风系统、主—辅多风机系统、统一主扇通风系统；新型、高效、节能矿用风机的研制与应用；采用优化设计技术；矿井通风系统的微机自动控制技术研究等。

本章基于采集的煤矿通风量、瓦斯、煤尘、温度和湿度等数据进行最优化矿井通风量设计。常规的数据处理为回归分析，用采集的瓦斯、煤尘、矿井温度和湿度等数据进行通风量的计算，通过多元回归分析，控制系统输出。

回归分析（regression analysis）是确定两种或两种以上变数间相互依赖的定量关系的一种统计分析方法。运用十分广泛，回归分析按照涉及的自变量的多少，可分为一元回归分析和多元回归分析；按照自变量和因变量之间的关系类型，可分为线性回归分析和非线性回归分析。如果在回归分析中，只包括一个自变量和一个因变量，且二者的关系可用一条直线近似表示，这种回归分析称为一元线性回归分析。如果回归分析中包括两个或两个以上的自变量，且因变量和自变量之间是线性关系，则称为多元线性回归分析。

相关分析研究的是现象之间是否相关及相关的方向和密切程度，一般不区别自变量或因变量。而回归分析则要分析现象之间相关的具体形式，确定其因果关系，并用数学模型来表现其具体关系。比如说，从相关分析中我们可以得知“质量”和“用户满意度”变量密切相关，但是这两个变量之间到底是哪个变量受哪个变量的影响，影响程度如何，则需要通过回归分析方法来确定。

一般来说，回归分析是通过规定因变量和自变量来确定变量之间的因果关系，建立回归模型，并根据实测数据来求解模型的各个参数，然后评价回归模型是否能够很好地拟合实测数据；如果能够很好地拟合，则可以根据自变量作进一步预测。

11.3　通风量多元回归分析

实际煤矿矿井内部，现多采用多风机自动通风系统进行系统通风，然而通风量的设定完全由系统采集相应的衡量指标数据来完成，具体的指标有通风量、瓦斯、煤尘、温度、湿度、人员心理素质、技术和管理等，通风系统根据采集的数据指标进行通风风量的调节。本节选取某工作面和某总回风巷道上的数据点（通风量、瓦斯、煤尘、温度和湿度等）进行回归分析，具体的数据参照第 6 章中表 6-1 和 6-2 所示。

11.3.1　数据的预处理

考虑到通风量、瓦斯、煤尘、温度和湿度等数据大小问题，防止大数吃小数问题，对数据进行的标准化处理如下：

$$x'_{ij} = \frac{x_{ij} - \overline{x}_{ij}}{\mathrm{std}(x_{ij})} \tag{11.1}$$

其中，$\mathrm{std}(x_{ij})$ 为 x_{ij} 的标准差，$\overline{x}_{ij}$ 为 x_{ij} 的 j 类列平均值。处理结果如表 11-1 和表 11-2 所示。

表 11-1　工作面数据点归一化处理结果

时间点	瓦斯	煤尘	温度	湿度	通风量
1	0.176471	0.012346	0.753405	0.307787	0.085714
2	−0.88235	1	−0.06858	−0.38443	1
3	−0.41176	−0.95062	0.342414	−0.03832	−0.82857
4	−0.88235	−0.75309	0.136919	−0.3152	−0.65714
5	−0.76471	−0.01235	−0.06858	−0.00371	0.142857
6	−0.41176	−0.30864	−0.21242	−0.21137	0.085714
7	1	−0.60494	−0.35627	0.411619	−0.65714
8	0.176471	−0.7037	−0.50012	0.065513	−0.94286
9	−1	−0.40741	0.54791	0.189122	−0.25714
10	−0.64706	0.259259	1	0.411619	0.257143
11	0.294118	−0.45679	−0.68506	1	−0.54286
12	−0.52941	0.580247	−0.17858	0.094803	0.771429
13	−0.64706	0.481481	−0.06858	0.0366	0.6
14	0.411765	−1	0.178018	0.238566	−1
15	−0.41176	−0.80247	0.465712	0.411619	−0.65714
16	−0.17647	0.209877	0.753405	0.075896	−0.08571
17	0.411765	−0.85185	−0.68506	−0.45365	−0.65714
18	−0.52941	−0.11111	0.240613	0.273177	−0.14286
19	−0.05882	0.259259	0.407753	0.608208	−0.08571
20	0.176471	−0.55556	−0.80836	0.072435	−0.08571
21	0.764706	−1	0.09582	−0.02101	−1
22	−0.05882	0.012346	−0.52067	−0.17676	−0.14286
23	−0.05882	−0.60494	0.630108	−0.07639	−0.42857
24	−0.76471	0.209877	−0.35627	−0.31174	0.771429
25	0.058824	−0.60494	−0.20153	−0.09023	−0.65714
26	−0.17647	0.012346	−0.52864	0.072435	−0.08571
27	−0.52941	0.012346	−0.35627	0.628368	0.257143
28	−0.41176	0.135802	−0.19187	0.411619	0.142857
29	−0.52941	−0.28395	0.013621	0.169345	−0.14286
30	−0.05882	−0.11111	0.835604	−0.17676	−0.14286
31	−0.64706	−0.28395	0.178018	−0.2979	0.085714
32	−0.41176	−0.92593	0.436942	−0.39135	−0.65714
33	0.058824	−0.38272	0.774542	0.024672	−0.54286
34	−0.88235	−0.08642	0.424612	0.502299	−0.14286
35	−0.64706	0.358025	−0.47957	0.581904	0.371429
36	−0.76471	−0.7284	−0.80836	0.661508	0.028571
37	0.058824	−0.55556	−0.06858	0.086279	−0.65714
38	−0.64706	0.308642	−1	−0.644	0.771429
39	−0.17647	−0.7037	0.031294	−0.88143	−0.14286
40	−0.41176	−0.65432	0.206787	−1	−0.25714
41	−0.17647	−0.23457	0.835604	−0.61978	−0.14286
42	0.294118	−0.23457	0.301315	−0.644	−0.42857
43	0.058824	−0.4321	0.09582	−0.38336	−0.77143

表 11-2　总回风巷数据点归一化处理结果

时　间　点	瓦　　斯	煤　　尘	温　　度	湿　　度	通　风　量
1	0.714286	−0.20635	0.753405	0.307787	−0.26316
2	−0.28571	0.52381	−0.06858	−0.38443	0.842105
3	0.142857	−1	0.342414	−0.03832	0.578947
4	−0.28571	−0.1746	0.136919	−0.3152	−0.31579
5	0.285714	0.333333	−0.06858	−0.00371	1
6	0	−0.26984	−0.21242	−0.21137	0.631579
7	0.857143	−0.26984	−0.35627	0.411619	−0.05263
8	0.428571	−0.5873	−0.50012	0.065513	0.315789
9	0.142857	−0.55556	0.54791	0.189122	−0.78947
10	0.857143	−0.52381	1	0.411619	−0.15789
11	−0.57143	−0.52381	−0.68506	1	−0.31579
12	−0.57143	−0.39683	−0.17858	0.094803	0.842105
13	−0.14286	−0.36508	−0.06858	0.0366	0.052632
14	−0.57143	−0.04762	0.178018	0.238566	0.894737
15	0.428571	−0.49206	0.465712	0.411619	−0.89474
16	0.571429	−0.30159	0.753405	0.075896	−0.63158
17	0.857143	−0.1746	−0.68506	−0.45365	−1
18	0.857143	−0.55556	0.240613	0.273177	−0.68421
19	−0.28571	−0.14286	0.407753	0.608208	−0.05263
20	0	0.015873	−0.80836	0.072435	−0.10526
21	0.285714	1	0.09582	−0.02101	0.473684
22	−0.42857	0.84127	−0.52067	−0.17676	0.736842
23	0	−0.55556	0.630108	−0.07639	−1
24	0.142857	−0.33333	−0.35627	−0.31174	−0.36842
25	−0.14286	0.238095	−0.20153	−0.09023	−0.15789
26	0.142857	−0.26984	−0.52864	0.072435	0.421053
27	−0.57143	−0.55556	−0.35627	0.628368	−0.05263
28	0.428571	−0.39683	−0.19187	0.411619	−0.10526
29	0	−0.14286	0.013621	0.169345	0.157895
30	−0.28571	0.142857	0.835604	−0.17676	0.052632
31	0	−0.68254	0.178018	−0.2979	−0.52632
32	−0.14286	−0.36508	0.436942	−0.39135	−0.15789
33	0.285714	−0.01587	0.774542	0.024672	−0.63158
34	−0.28571	−0.49206	0.424612	0.502299	−0.73684
35	−0.57143	−0.20635	−0.47957	0.581904	−0.36842
36	−0.71429	0.206349	−0.80836	0.661508	0.421053
37	0.857143	0.238095	−0.06858	0.086279	−0.21053
38	0	−0.20635	−1	−0.644	0.842105
39	0.571429	−0.14286	0.031294	−0.88143	−0.52632
40	−0.71429	−0.04762	0.206787	−1	−0.36842
41	1	0.111111	0.835604	−0.61978	0.105263
42	0.285714	−0.14286	0.301315	−0.644	−0.21053
43	−1	0.111111	0.09582	−0.38336	0.631579

11.3.2　瓦斯、煤尘、温度、湿度与通风量模型的建立

由表 11-1 数据分析可知，瓦斯、煤尘、温度和湿度变量之间没有明显关系，均属于环境激励下的产物，因此本小节考虑各因子相互独立存在，设通风量为因变量，瓦斯、煤尘、温度和湿度分别为回归变量，根据回归分析原理建立回归方程如下：

$$y^* = \beta_0 + \beta_1 x_1^* + \beta_2 x_2^* + \beta_3 x_3^* + \beta_4 x_4^*$$

其中，x_1^* 表示归一化后的瓦斯变量；x_2^* 为归一化后的煤尘变量；x_3^* 为归一化后的温度变量；x_4^* 为归一化后的湿度变量。

选取表 11-1 和表 11-2 中数据进行自回归分析，编程如下：

```
%% 回归分析  -- 工作面
clc,clear,close all                   % 清屏、清工作区、关闭窗口
warning off                           % 消除警告
feature jit off                       % 加速代码执行
format long
ysw1;                                 % 加载数据
n0=size(data1);                       % 矩阵维数
a=mean(data1);                        % 均值
a1=std(data1);                        % 方差
mstdata=zscore(data1);                % 归一化操作

figure('color',[1 1 1])
X=mstdata(:,3:6);                     % X
X=[ones(n0(1,1),1),X];
Y=mstdata(:,2);                       % Y
[b,bint,r,rint,s]=regress(Y,X)        % 回归操作
rcoplot(r,rint)                       % 残差分析

yuc=b(1)+b(2)*mstdata(:,3)+b(3)*mstdata(:,4)+b(4)*mstdata(:,5)+b(5)*
mstdata(:,6);                         % 预测
n1=size(yuc);
for i=1:n1(1,1)
   for j=2
       yu(i,j-1)=yuc(i,j-1)*a1(1,j)+a(1,j);   %反归一化操作
   end
end

figure('color',[1 1 1])
plot(data1(:,1),data1(:,2),'r.-','linewidth',2)
hold on
plot(data1(:,1),yu,'bo-','linewidth',2)
xlabel('时间点');  ylabel(' 通风量');  grid off; axis tight
legend('原始信号','回归预测')

error_hg= data1(:,2)-yu;
save error_hg.mat error_hg
```

运行程序输出结果如下：

```
b =
  -0.000000000000014
  -0.286036730295328
```

```
   0.752693811976425
  -0.192107535682876
  -0.114043054117302

bint =
  -0.118389414669910   0.118389414669882
  -0.420741980634752  -0.151331479955903
   0.617378917153912   0.888008706798939
  -0.312641922961112  -0.071573148404639
  -0.235299671408910   0.007213563174306

s =
  Columns 1 through 2
   0.866942807598381  61.897869055625883
  Columns 3 through 4
   0.000000000000000   0.147063212654421
```

整理结果如表 11-3 所示。

表 11-3　回归模型参数

参　数	参数估计值	置 信 区 间
β_0	–0.000000000000014	[–0.118389414669910，0.118389414669882]
β_1	–0.286036730295328	[–0.420741980634752，–0.151331479955903]
β_2	0.752693811976426	[0.617378917153912，0.888008706798939]
β_3	–0.192107535682876	[–0.312641922961112，–0.071573148404639]
β_4	–0.114043054117302	[–0.235299671408910，0.007213563174306]
R^2=0.8669、F=61.89787、p<0.00001、s^2=0.14706		

系统回归系数衡量指标 $R^2=0.8669$、$F=61.89787$、$p<0.00001$、$s^2=0.14706$，该多元回归分析具有一定的意义，回归预测图如图 11-1 所示。

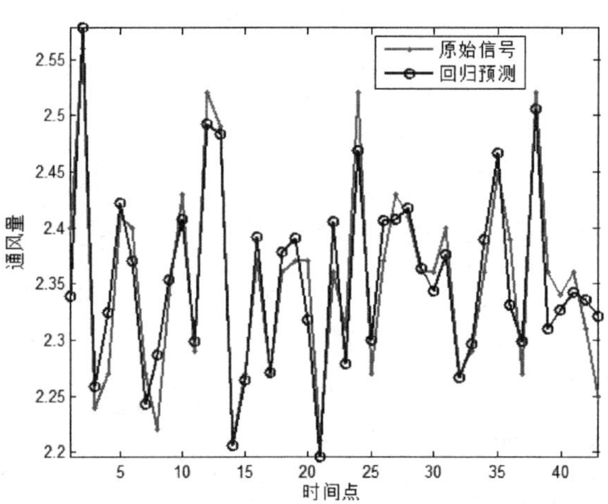

图 11-1　回归分析结果显示

从图 11-1 可知，该回归方程拟合较好，误差较小，回归分析模型在一定程度上能够反应相应的通风量数据。由此可得系统回归模型如下：

$$\begin{aligned} y^* &= \beta_0+\beta_1x_1^*+\beta_2x_2^*+\beta_3x_3^*+\beta_4x_4^* \\ &= -0.00-0.28604x_1^*+0.5269x_2^*-0.192x_3^*-0.114x_4^* \end{aligned} \tag{11.2}$$

11.4　矿井最优通风风量有效性分析

本节围绕空气中煤尘浓度与风速映射关系建模、空气中瓦斯浓度与风速映射关系建模以及温湿度与风速的关系分布等，全面分析最优通风风量的合理性及进行有效性验证。

11.4.1　空气中煤尘浓度与风速映射关系建模

据经验表明，在同样误差情况下，自变量区间越小，数据模型越难拟合，甚至集中在小区间的数据点会让整个模型的建立起到负面作用；然而，变量区间的选取以及数据点的分布合成往往能反映数据本身的属性，从而得到相应的数据趋势。以速度为自变量，空气中煤尘为因变量绘制散点图，程序如下：

```
%% 空气中煤尘浓度与风速映射关系建模
clc,clear,close all                         % 清屏、清工作区、关闭窗口
warning off                                 % 消除警告
feature jit off                             % 加速代码执行
ysw1;                                       % 加载数据
x=[v1,v3, v4];                              % 风速
y=[Pc1, Pc3 ,Pc4];                          % 煤尘
figure('color',[1 1 1])
scatter(x,y,'.')
xlabel('风速(m/s)');  ylabel(' 煤尘浓度(g/m3)');  grid off; axis tight

p = polyfit(x,y,1)                     % 拟合
Pc=p(1)*x+p(2);
hold on
plot(x,Pc,'r*--')
```

运行程序输出图形如图 11-2 所示。

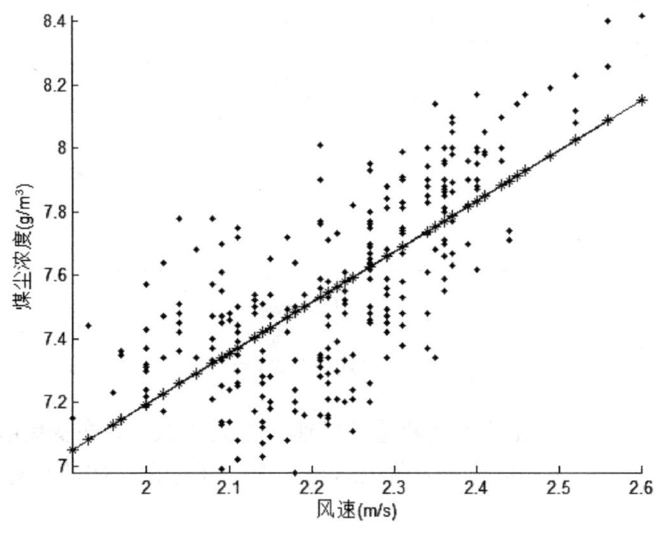

图 11-2　风速与煤尘散点图

由图 11-2 可知，空气中煤尘浓度随巷道风速的增大而增大，在变化区间里增长趋势类似一条直线。这和实际工况相吻合，因此风速与煤尘之间存在正比的趋势，数据模拟成立，模型验证成立。

11.4.2　空气中瓦斯浓度与风速映射关系建模

瓦斯和煤尘严重影响煤矿矿井工作条件，瓦斯和煤尘通常相互存在，对系统产生不稳定因素增多，以速度为自变量，空气中瓦斯为因变量绘制散点图，编程如下：

```
%% 空气中瓦斯浓度与风速映射关系建模
clc,clear,close all                        % 清屏、清工作区、关闭窗口
warning off                                % 消除警告
feature jit off                            % 加速代码执行
ysw1;                                      % 加载数据
x=[v1,v4];                                 % 风速
y=[Pg1,Pg4];                               % 瓦斯
figure('color',[1 1 1])
scatter(x,y,'.')
xlabel('风速(m/s)');  ylabel(' 煤尘浓度(g/m3)');  grid off; axis tight

p = polyfit(x,y,1)                         % 拟合
Pc=p(1)*x+p(2);
hold on
plot(x,Pc,'r*--')
```

运行程序输出图形如图 11-3 所示。

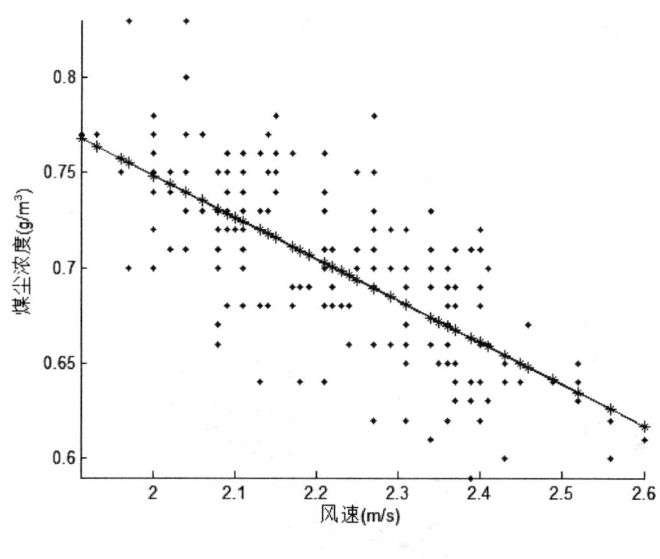

图 11-3　风速与瓦斯散点图

由图 11-3 可知，空气中瓦斯浓度随巷道风速的增大而减小，在变化区间里减小趋势类似一条直线。这和实际工况相吻合，因此风速与瓦斯之间存在负比的趋势，数据模拟成立，模型验证成立。

11.4.3　矿井中温湿度与风速映射关系建模

矿井中温湿度变化常常也是系统瓦斯和煤尘的催化剂，温湿度的变化由于不像气体固体颗粒一样变化，温度和湿度变化受环境影响较大，通风量的大小变化在一定程度上影响温湿度较小。经实际验证可知，温湿度受风速影响较小，矿井内部环境工作并不是一直持续不断的工作，使得系统温湿度变化不大，然而风速对于温湿度影响也是不可忽略的，温湿度的变化影响煤矿矿井内不安全因素增多，因此温湿度分布受风速影响不容忽视。编写风速与温湿度分布图程序如下：

```
%% 矿井中温湿度与风速映射关系建模
clc,clear,close all                         % 清屏、清工作区、关闭窗口
warning off                                 % 消除警告
feature jit off                             % 加速代码执行
ysw1;                                       % 加载数据
data = data1;
n=size(data);
datay=data(:,2);                            %作为 风速 目标变量
datax4=data(:,5);                           %作为 温度 输入
datax5=data(:,6);                           %作为 湿度 输入
figure('Color',[1 1 1]);
subplot(121),scatter(datay,datax4,'.')
xlabel('风速(m/s)');   ylabel('温度');  grid off;  axis tight

subplot(122),scatter(datay,datax5,'.')
xlabel('风速(m/s)');   ylabel('湿度');  grid off;  axis tight
```

运行程序输出结果如图 11-4 所示。

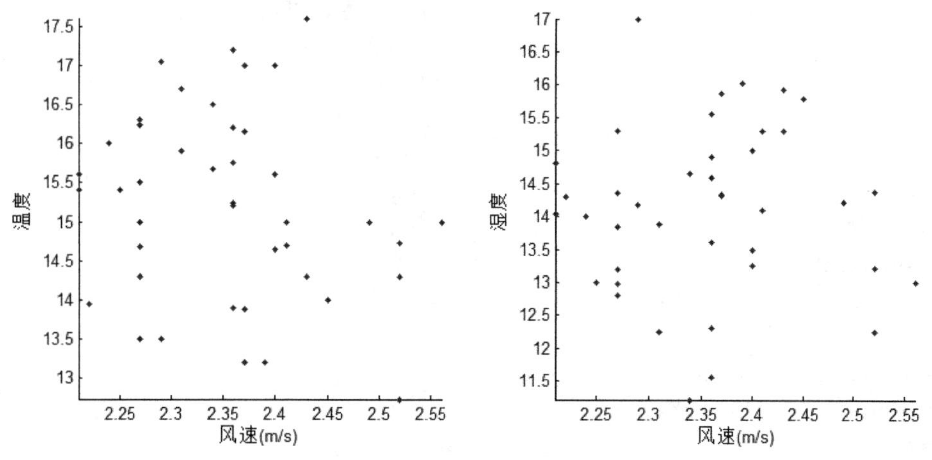

图 11-4　风速与温湿度散点图

从图 11-4 中可知，由于外界环境的作用，风速和温湿度在一定程度上不相关，温湿度变化根据早中晚的气温影响而变化，风速影响较小，符合实际要求。

11.5　预测模型误差检验

由于在时间序列数据的处理中会引起序列相关问题，因此必须对回归预测模型进行序列相关检验，也就是 DW 检验，以保证预测结果的有效性。

统计量 DW 定义为：

$$\mathrm{DW}=\frac{\sum_{t=2}^{n}\left(e_t-e_{t-1}\right)^2}{\sum_{t=2}^{n}e_t^2} \tag{11.3}$$

由于 $\mathrm{DW}\approx 2(1-\hat{\rho}),-1\leqslant\hat{\rho}\leqslant 1$，所以 $0\leqslant \mathrm{DW}\leqslant 4$，并且，若 $\hat{\rho}$ 在 0 附近，则 DW 在 2 附近，ε_t 的自相关性很弱（或不存在自相关）；若 $\hat{\rho}$ 在 ±1 附近，则 DW 接近 0 或 4，ε_t 的自相关性很强。

由回归分析可得如表 11-4 所示的检验结果。

表 11-4　检验的结果

R^2	F	p	s^2
0.86694280	61.897869055	0.0000000	0.14706

经 DW 检验可得：

$$\mathrm{DW}=2.018859\text{，}\quad \hat{\rho}=0.99057$$

编写 MATLAB DW 检验程序如下：

```
%% 回归分析 DW 检验
clc,clear,close all                    % 清屏、清工作区、关闭窗口
warning off                            % 消除警告
feature jit off                        % 加速代码执行
format long                            % long 型数据
ysw1;                                  % 加载数据
n0=size(data1);                        % 维数
a=mean(data1);                         % 均值
a1=std(data1);                         % 方差
mstdata=zscore(data1);                 % 归一化

X=mstdata(:,3:6);                      % X
X=[ones(n0(1,1),1),X];
Y=mstdata(:,2);                        % Y
[b,bint,r,rint,s]=regress(Y,X);        % 回归操作

yuc=b(1)+b(2)*mstdata(:,3)+b(3)*mstdata(:,4)+b(4)*mstdata(:,5)+b(5)*
mstdata(:,6);                          % 预测操作
n1=size(yuc);
```

```
for i=1:n1(1,1)
    for j=2
        yu(i,j-1)=yuc(i,j-1)*a1(1,j)+a(1,j);    %反归一化操作
    end
end

error = data1(:,2)-yu;                      % 误差
e1=error(1:n0(1,1)-1,:);                    % 前一个时刻误差
e2=error(2:n0(1,1),:);                      % 下一个时刻误差
delta=0;
E2=0;
for i=1:n0(1,1)-1
    delta=delta+(e2(i,1)-e1(i,1))*(e2(i,1)-e1(i,1));  % 统计量 DW 计算
    E2=E2+e2(i,1)*e2(i,1);
end
DW=delta/E2                                 % 统计量 DW 计算
rou = 2-DW/2                                % 统计量 ρ̂ 计算
figure('color',[1 1 1])
plot(e1,e2,'+')                             % 自相关性画图
xlabel('e1')
ylabel('e2')
title('模型 DW 检验')
```

运行程序画出误差分布图如图 11-5 所示。

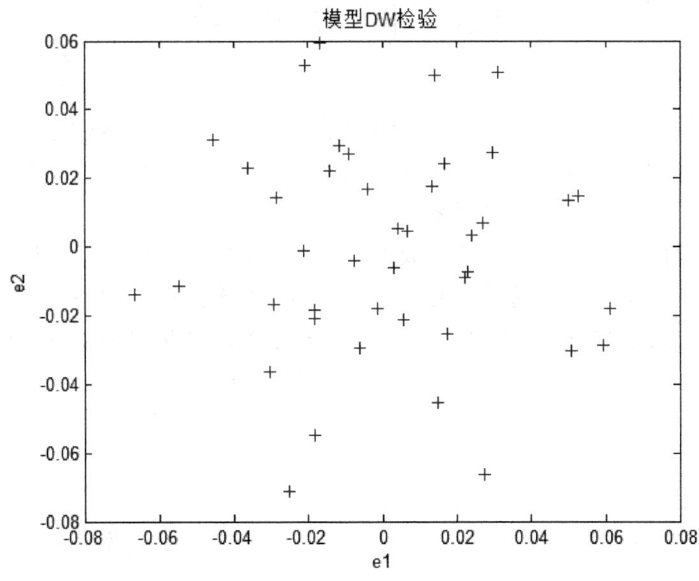

图 11-5　*et*～*et*-1 误差散点图

在图 11-5 中，误差散点图分布于第一、二、三和四象限，随机误差 ε_t 不存在自相关性，其拟合图和留数图具体如图 11-6 所示。

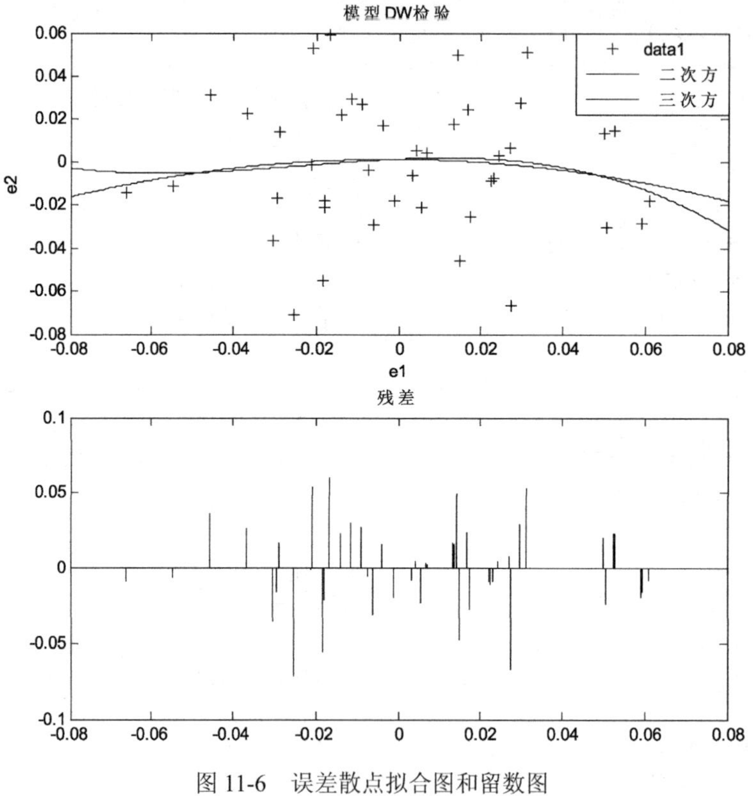

图 11-6　误差散点拟合图和留数图

11.6　本章小结

矿井通风系统是矿井生产系统的重要组成部分。随着科学技术的进步和先进设备的利用，矿井的生产能力越来越大，开采深度和强度不断加大，开采的地质条件也更加复杂，矿井通风对矿井的生产与安全起着越来越大的影响。

本章通过研究国内外广大学者学术成果、综合现场实际和研究煤矿矿井通风量最优化设计等内容，系统分析了影响通风量的各个因素和应用多元回归模型进行通风量最优化计算，得到最优化通风量对应下的状态，并通过误差分析和 DW 检验验证了模型的可行性及适应性。

第 12 章　基于非线性多混合拟合模型的植被过滤带计算

不同植被配置下的植被过滤带净化效果排序为：草地过滤带→灌草植被过滤带→灌草植被过滤带（灌木较多）→空白带，其中草本群落发达的草地过滤带具有最好的净化效果，混合过滤带中的沙棘会影响草本群落的发育，但能改善土壤渗透性。本章以植被过滤带净化效果为分析背景，借助于 MATLAB 分析软件，进行数据的分析和非线性模型的快速求解，给科研人员一定的参考和借鉴作用。

学习目标：

（1）学习和分析具体的实际工程问题，较好地提取有用数据；

（2）学习和掌握 MATLAB 程序解决问题，并结合图形，阐述问题实质；

（3）学习和掌握 MATLAB 非线性多混合拟合模型的求解；

（4）学习和掌握 MATLAB 数据关联度分析。

12.1　植被试验场概况

本节以植被过滤带水质情况为背景进行案例分析。

试验场试验用水为近邻水电站的尾水，试验用水水质检测结果如表 12-1 所示。

表 12-1　水质检测结果

采样时间	水质项目（单位：mg/L）									
	SS	TN	DN	PN	氨氮	硝氮	TP	DP	PP	正磷
2010 年 9 月	34	3.1	1.59	1.51	0.34	0.34	0.045	0.021	0.024	0.01
2010 年 10 月	10	1.73	0.60	1.13	0.374	0.307	0.03	0.025	0.005	0.004

从表 12-1 的各项检测指标结果可知，试验引用水中总氮和总磷含量较高，9 月水质属于劣 V 类水质，10 月的水质相对较好，属于 V 类水质。试验用土取自试验周边的表土，并通过 5.0mm 筛网除去大颗粒、一些杂草和草根等，经风干，土质为沙壤土，有机质含量在 16.14g/kg 左右，速效磷含量在 10.85g/kg 左右，土壤颗粒粒径大于 0.5mm 的仅占 4.55%，土壤颗粒粒径小于 0.5mm 的占 95.45%。

本试验采用的过滤带植被有草本植被和灌木，是当地自然萌生的野生植物。本实验主要采用西北地区的中国沙棘，和其他灌木一样，中国沙棘具有很多优良的特性，具体的特性如下。

（1）具有发达的旁生枝；（2）沙棘有发达的根系；（3）沙棘的根部有根瘤，可以固定空气中的氮；（4）沙棘喜光、耐旱又耐涝、耐寒，生命力很强，有极强的生态适应能力，能忍受零下 50℃的严寒和 60℃的地面高温，也能忍耐季节性积水，也可以生长在年降雨量仅为 200mm 的干旱地区；（5）沙棘对土壤要求也不严，能较好地生长在含盐量为 1.1%的盐碱化土壤和 pH 为 9.5 的碱性土壤；（6）沙棘生长迅速，根蘖力强。（7）沙棘是作为水土保持、防止荒漠化的优良植被。

考虑到有如此多的优良特点，沙棘已在我国西北地区得到广泛地种植。

12.2 试验方法

12.2.1 试验参数

经查找国内外相关研究得到，植被过滤带中水流要求为漫流而避免有集中水流，其中单宽流量一般为 0.0004～0.004 m^3/（s •m），故 3 m 宽的植被过滤带的流量范围为 0.0012～0.012 m^3/s。

入流水质参数的确定：参考了某省非点源污染监测资料，泥沙的浓度在 50～5000mg/L 左右，总氮浓度控制在 1～20mg/L 左右，总磷浓度控制在 0.02～4mg/L 左右。

12.2.2 土样的分析方法

土样的分析指标有：土壤初始含水量，土壤饱和含水量，饱和导水率及土壤的容重和颗粒级配等。

采用烘干法测定土壤初始含水量，具体实验方法如下：

（1）把铝盒洗净烘干，放干燥器中冷却至室温，然后迅速用电子天平称重为 W_1。

（2）对新鲜湿土样和铝盒称重（做 3 个重复，减小误差）为 W_2。

（3）将新鲜湿土样和铝盒放入烘箱内烤干，并迅速对烘干土与铝盒称重得 W_3。

则土壤自然含水量 $W\%$的计算公式如式（12.1）所示。

$$W\% = \frac{W_2 - W_3}{W_3 - W_1} \times 100 \tag{12.1}$$

饱和含水量是测定土壤孔隙完全充满水时的土壤含水量，用侵水饱和法来测定。用容重环刀采取原状土样，把装有未遭破坏土样的环刀称重后，将其有底孔一端朝下，放在盛水的大烧杯中，使杯内水面与环刀上缘保持一致，切勿使水面淹没环刀，以免影响空气自土壤孔隙排出，使水不能充满孔隙。经过一定时间后（砂土 4~8 小时，粘土 8~12 小时）迅速取出，用盒盖着称重。然后再放入杯中，继续使水充满孔隙，直至前后两次重量无明显差异为止。最后全部取出环刀内的土样，混合后再取部分土样，用称重烘干法测其含水量，用式（12.1）计算得土壤的饱和含水量。

土壤质量含水量换算成土壤体积含水量的公式如式（12.2）所示。

$$\theta_v = \theta_m * \frac{D}{\rho_w} \tag{12.2}$$

式（12.2）中，θ_v 为体积含水量（%）；θ_m 为质量含水量（%）；D 为土壤容重（g/cm^3）；

ρ_w 为水的密度（为 $1g/cm^3$）。

饱和导水率的测量采用常水头渗透试验装置，在整个试验过程中，常水头式渗透试验水头应保持为常数。

根据达西定律：

$$V = K\frac{h}{L}At$$

则有，

$$K = \frac{VL}{hAt} \tag{12.3}$$

式（12.3）中：V 为 t 时间内流经土样的水量（cm^3）；t 为时间（s）；A 为土样的截面积（cm^2）；L 为土样的长度（cm）；h 为常水头渗透仪上下水头差（cm）；K 为常数（cm/s）。

同样用环刀法采取原状土样用以测定土壤容重。土壤容重计算如式（12.4）所示。

$$D = \frac{d-b}{V} \tag{12.4}$$

式（12.4）中：D 为烘干土容重（g/cm^3）；V 为环刀筒容积（cm^3）；d 为烘干土和铝盒重（g）；b 为铝盒重（g）。

12.2.3　水样的分析方法

水样的分析指标有：固体悬浮物（SS）、总磷（TP）、溶解态磷素（DP）、颗粒态磷素（PP）、总氮（TN）、溶解态氮素（DN）、颗粒态氮素（PN）及水样中泥沙的颗粒级配。水样的分析方法如表 12-2 所示。

表 12-2　水样的分析方法

检测指标	分析方法	附注
TN	碱性过硫酸钾氧化-紫外分光光度法	国标法
DN	碱性过硫酸钾氧化-紫外分光光度法	国标法
PN	TN-DN	国标法
TP	过硫酸钾氧化-钼锑抗比色法	国标法
DP	过硫酸钾氧化-钼锑抗比色法	国标法
PP	TP-DP	国标法
SS	重量法	国标法
粒径分布	马尔文激光粒度分析仪	

注：（1）DN 和 DP 的分析方法：用 0.45μm 微孔滤膜过滤水样后，其滤液测定与混合液中 TN 和 TP 同法；（2）PP 和 PN 含量为 TP 和 TN 与 DP 和 DN 含量之差。

12.3　植被过滤带净化效果评价方法

植被过滤带不仅能削减非点源污染物的质量浓度，也能降低污染物的入河负荷量。为定量分析过滤带对地表径流中非点源污染物质的净化效果，评价指标设为水量削减率、污染物负荷削减率和污染物质量浓度削减率。计算公式如式（12.5）～式（12.7）所示。

$$R_{\mathrm{W}}=\frac{V_{进}-V_{出}}{V_{进}}\times 100\% \tag{12.5}$$

$$R_{C}=\frac{C_{进}-C_{出}}{C_{进}}\times 100\% \tag{12.6}$$

$$R_{L}=\frac{C_{进}V_{进}-C_{出}V_{出}}{C_{进}V_{进}}\times 100\% \tag{12.7}$$

式（12.5）~式（12.7）中，R_W为水量削减率（%），R_L为非点源污染物的负荷削减率（%），R_C是非点源污染物的质量浓度削减率（%），$C_{出}$是出流非点源污染物质量浓度（$\mathrm{mg{\cdot}L^{-1}}$），$C_{进}$是入流非点源污染物质量浓度（$\mathrm{mg{\cdot}L^{-1}}$），$V_{出}$为出流水量（$\mathrm{m^3}$），$V_{进}$为入流水量（$\mathrm{m^3}$）。

12.4　植被过滤带净化效果影响因素分析

12.4.1　植被条件对植被过滤带净化效果的影响

构建植被过滤带的要素包括植物的选择、植被的配置、过滤带形状和大小等，植被过滤带的过滤效应会随其构建要素的变化而显著变化。不同类型植被的植被过滤带主要有林木过滤带、灌木过滤带、草地过滤带和由两种及两种以上植被构成的混合过滤带（也就是复合过滤带），而草地过滤带又包括不同草本过滤带。

该试验场草本植物以拦截污染物为主，本小节主要分析不同草本过滤带对地表径流中 SS 的净化效果，试验结果如图 12-1 所示。

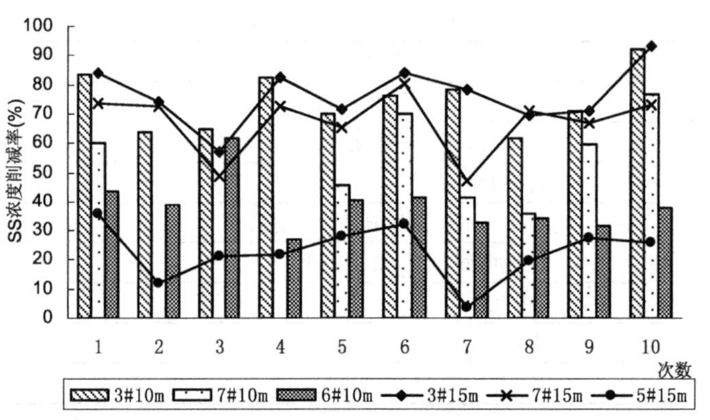

图 12-1　不同草本植被过滤带对 SS 的浓度削减率图

由图 12-1 可知：不同的草本植被条件下，植被过滤带对 SS 的净化效果存在着差异。总的来看，3#植被过滤带的净化效果最好，这是因为野生自然草本的植被密度大于紫苜蓿和白三叶草的植株密度，而且本试验配水使用的是农用化肥，更利于野生植被的生长，因此会产生这种试验结果；15m 带宽时，3#野生草本植被带和 7#白三叶草植被带的净化效果较接近，而 10m 带宽时，3#野生草本植被带比 7#白三叶草植被带的净化效果要大得多，因草本植株密度较小的过滤带需要较长的带宽来拦截污染物；白三叶草植被带的净化效果比 6#紫苜蓿植被带净化效果要好，白三叶草更适合作为植被过滤带的草本植被；对比 5#空白带可知，植被过滤带对地表径流中悬浮固体有显著的净化效果。

12.4.2　入流水文条件对植被过滤带净化效果的影响

入流水文条件是直接影响植被过滤带对非点源污染物净化效果的重要因素。本小节主要研究对流量和流态等入流水文条件进行分析。

植被过滤带通常设计为拦截净化其坡面以上区域的非点源污染物，因此入流流量是影响植被过滤带净化效果的重要因素。入流流量的大小将影响植被过滤带内径流流速的大小，进而影响到水流的挟沙能力，而水流的挟沙能力将直接影响过滤带内的泥沙运动过程。另一方面，随着流速的增大，地表径流会对植被过滤带产生强烈的冲刷，当超过植被的拦阻能力后，植被过滤带就会对地表径流输出污染物质。

在实验中，对 6 条过滤带进行流量与 SS 浓度削减率试验，具体如图 12-2 所示。

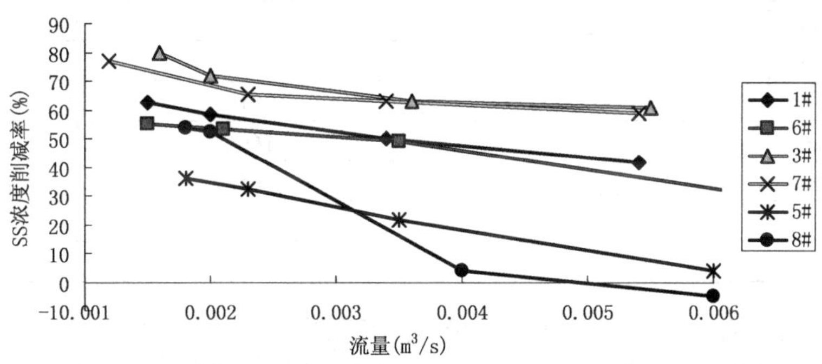

图 12-2　流量与 SS 浓度削减率关系曲线图

由图 12-2 可知：随着流量的增大，SS 的浓度削减率变差。在最小流量下，植被过滤带 10m 处（1#和 6#）的净化削减率为 62.5%和 54.94%，15m 处（3#和 7#）净化削减率为 79.96%和 76.83%；而在最大流量下的净化削减率分别为 41.5%、31.66%和 60.93%、58.76%，相差为 18.07%～23.28%。而 5#空白带和 8#自然坡度植被过滤带浓度削减率更是相差 32.16%和 58.56%，后者更是在大流量下对地表径流产生输出。

由图 12-2 流量和 SS 浓度削减率关系曲线可知：3#和 7#植被过滤带净化效果最好，1#和 6#过滤带稍微次之，5#和 8#过滤带最差；3#和 7#的曲线斜率与 1#和 6#曲线斜率相近，说明 3#和 7#植被过滤带后 5m 的净化效果降低；在大流量情况下，6#过滤带比 1#过滤带的曲线斜率大，6#过滤带草本植被较差，因此流量变化对草本不发达的植被过滤带净化效果的影响较大；在 5#空白带和 8#过滤带的关系曲线斜率较大，即流量对其影响较为明显，其中 8#过滤带的曲线斜率最大，表明大流量下坡度变成敏感因素。

12.4.3　带宽对植被过滤带净化效果的影响

植被过滤带具有四维结构特征，在横向上，如何确定合适的宽度，使过滤效果好并占地最少，是设计和经营植被过滤带时必须首先考虑的问题。因此，有必要分析植被过滤带沿带宽的净化特征。

根据实验数据，带宽对悬浮固体（SS）净化效果的影响，结果如表 12-3 所示。

表 12-3　植被过滤带在不同宽带条件下对悬浮固体的净化效果

过滤带	带宽	入流 SS 浓度（mg/ L）	出流 SS 浓度（mg/ L）	浓度削减率（%）
5#	3m	3260	4058	–24.478
	6m		2890	11.350
	10m		3174	2.638
	15m		2110	35.276
1#	3m	3748	1894	49.466
	6m		1282	65.795
	10m		1170	68.783
2#	3m	2944	2244	23.777
	6m		1502	48.981
	10m		1026	65.149
3#	3m	3374	1860	44.873
	6m		1792	46.888
	10m		1208	64.197
	15m		1010	70.066
4#	3m	2466	1666	32.441
	6m		1658	32.766
	10m		1214	50.771
	15m		1080	56.204

由表 12-3 可以看出，植被过滤带对 SS 有一定的削减作用，而且随着宽度的增加，削减率不断增加。空白带由于地面的凹凸不平，对 SS 同样有拦截作用，削减率低且无规律。而 1#~4#沿程则对 SS 削减率不断增大，这是因为入流流速较大，较多的固体颗粒物被携带进入植被过滤带，再由植被的拦截使径流流速迅速减小，从而径流携沙能力急剧下降，径流中的大颗粒污染物在过滤带上坡段大量沉积下来，仅细小的颗粒污染物能继续前移，因此过滤带主要在前段削减悬浮固体质量浓度，在 10m 左右尤为明显，各过滤带 SS 削减率基本能达到 50%以上。超过 10m 后增加带宽 SS 浓度削减率没有太大提升。在一定范围内 SS 削减率会随着宽度的增加而增加，且呈现一定的线性关系，2#和 3#过滤带沿程的数据表现尤为明显。

12.4.4　坡度对植被过滤带净化效果的影响

坡度也是直接影响植被过滤带对非点源污染物净化效果的重要因素。在重力的作用下，随着坡度的增加，地表径流的流速较快，大大地降低了植被的拦阻效应，降低了植被过滤带对非点源污染物的净化效果，如图 12-3 所示，尤其是在大流量入流时，净化效应降低更加明显。

由图 12-3 流量与 SS 削减率关系曲线图可知，8#关系曲线的斜率越来越大，表明随着流量的增加，坡度变成敏感因素，对植被过滤带净化效果影响越来越大。在小流量入流时，由于土壤的入渗作用，地表径流量少，并不能产生惯性效应，所以在大坡度时，对植被过滤带的净化效果影响也不明显。随着入流流量的增大，惯性效应的作用也越来越明显，植被过滤带净化效果也越来越差，浓度削减率变负值，因为地表径流会对过滤带有冲刷作用，使植被过滤带内污染物质输出到地表径流中。

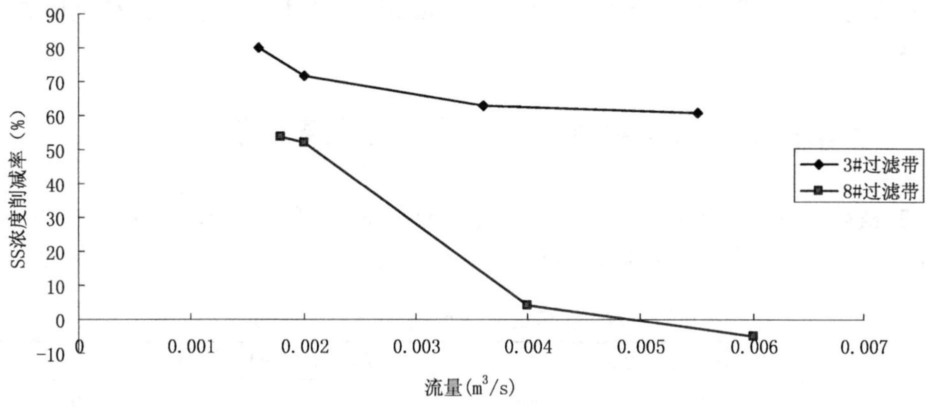

图 12-3　不同坡度的植被过滤带净化效果比较

12.4.5　入流污染物浓度对植被过滤带净化效果的影响

污染物浓度是直接影响植被过滤带净化效果的重要因素。在一定范围内，污染物的浓度越高，植被过滤带的净化效果越好；但随着入流污染物浓度的变大，出流污染物浓度也相应地变大。具体试验成果如表 12-4 所示。

表 12-4　不同浓度条件下SS削减率

类别	植被过滤带	入流浓度(mg/ L)	出流浓度(mg/ L)	削减率(%)
高浓度	1#	3748	1370	63.45
	6#	-	-	-
	3#	3374	1130	66.51
	7#	-	-	-
	5#	3260	2110	35.28
	8#	-	-	-
中浓度	1#	2372	1080	54.47
	6#	2340	1043	55.43
	3#	2344	880	62.46
	7#	2436	880	63.88
	5#	2400	1880	21.67
	8#	2388	2132	10.72
低浓度	1#	392	200	48.98
	6#	484	216	55.37
	3#	408	160	60.78
	7#	612	232	62.09
	5#	432	358	17.13
	8#	660	598	9.39

注：本试验入流流量为 0.004m^3/s，其中高浓度试验是在 2010 年进行的，当时还没有修建 6#~8#植被过滤带。

由表 12-4 中试验结果可知：高浓度时，植被过滤带对悬浮固体的浓度削减率都达到了 60%以上；中浓度时，10m 植被过滤带浓度削减率为 54%，15m 植被过滤带浓度削减率为 62%；低浓度时的浓度削减率分别为 49%和 61%；5#空白带和 8#自然坡度植被过滤带的试验结果类似。

12.4.6　土壤初始含水量对植被过滤带净化效果的影响

在 3#植被过滤带进行了干（体积含水量 θ_v 为 20.6%）和湿（体积含水量 θ_v 为 41.8%）土壤情况下的两次试验，此两次放水试验的其他条件基本相似。试验结果如表 12-5 所示。

表 12-5　3#植被过滤带在不同土壤初始含水量时的净化效果

试验序号	带宽(m)	*θv*（%）	*Rw*（%）	污染物的净化效果（%）						
				SS	TN	PN	DN	TP	PP	DP
20080901	10	20.6	81.466	93.25	53.03	88.41	–4.95	84.84	88.47	–2.33
20080902	10	41.8	76.316	94.10	56.82	89.79	–2.265	85.46	89.17	–18.92
20080901	15	20.6	96.278	93.31	53.61	88.47	–3.53	84.93	88.47	0.00
20080902	15	41.8	93.158	94.16	56.57	89.82	–3.02	85.65	89.26	–16.22

由表 12-5 可以看出，θ_v=20.6%时植被过滤带水量削减率较大，即植被过滤带在土壤较干燥时能够截留更多的地表径流；在植被过滤带土壤较干燥时其对 SS、TN、PN、DN、TP 和 PP 的浓度削减率比 41.8%土壤含水量时略低。主要是在较干燥时土壤颗粒之间粘结力变小，具有较低的抗冲能力，此外两次试验是连续放水，在第 20080901 次放水前 3#植被过滤带中的地表浮尘和枯枝落叶较多，表层土壤内也存在较多的营养物，松散的表层土壤和枯枝落叶被径流冲刷，将造成了地表径流中的非点源污染物浓度增大。

由以上分析可知，土壤初始含水量对植被过滤带拦截非点源污染物效果的影响表现在两方面：一方面，较干燥的土壤能增加地表径流的渗透量，这将减少非点源污染物的入河负荷量；另一方面，土壤较干燥时其颗粒之间粘结力变小，具有较低的抗冲刷能力，径流容易将植被过滤带中的枯落物和一部分表层土冲刷起来，从而加大径流中非点源污染物的浓度。

12.5　植被过滤带净化效果关联度计算

由以上分析可知，植被过滤带净化效果与植被条件、入流水文条件、带宽因素、坡度因素、入流污染物浓度和土壤初始含水量情况等相关，本章选取植被条件、流量因素、土壤初始含水量、SS 入流浓度和带宽因素等 5 个因素进行相关性分析，计算植被条件、流量因素、土壤初始含水量、SS 入流浓度和带宽因素等 5 个因素分别于植被过滤带净化效果的关联度。

编写 MATLAB 关联度计算程序如下：

```
clc,clear,close all                    % 清屏、清工作区、关闭窗口
warning off                            % 消除警告
```

```
feature jit off                                    % 加速代码执行
X0 = xlsread('数据','1#','B3:B30');                % EXCEL 数据
X1 = xlsread('数据','1#','E3:E30');                % EXCEL 数据
X2 = xlsread('数据','1#','G3:G30');                % EXCEL 数据
X3 = xlsread('数据','1#','I3:I30');                % EXCEL 数据
X4 = xlsread('数据','1#','K3:K30');                % EXCEL 数据
X5 = xlsread('数据','1#','M3:M30');                % EXCEL 数据
y = [X0,X1,X2,X3,X4,X5]';
y = mapminmax(y);                                  % 归一化
y1=mean(y');                                       % 均值
y1=y1';                                            % 转置 ---  一列显示
for i=1:size(y,1)
   for j=1:size(y,2)
      y2(i,j)=y(i,j)/y1(i);                        %  初值像矩阵
   end
end
for i=2:size(y,1)
   for j=1:size(y,2)
      y3(i-1,j)=abs(y2(i,j)-y2((i-1) ,j));            % 差序列
   end
end
a=1;b=0;
for i=1:size(y,1)-1
   for j=1:size(y,2)
      if (y3(i,j)<=a)
         a=y3(i,j);                                   % min min 差序列
      elseif (y3(i,j)>=b)
         b=y3(i,j);                                   % max max 差序列
      end
   end
end
for i=1:size(y,1)-1
   for j=1:size(y,2)
      y4(i,j)=(a+0.5*b)/(y3(i,j)+0.5*b);              % 关联系数
   end
end
y5=sum(y4')/(size(y,2)-1)                             % 关联度
```

运行程序输出结果如下：

```
y5 =
   0.9375    0.9515    0.8855    0.5943    0.5963
```

依次运行数据表，整理结果如表 12-6 所示。

表 12-6　植被过滤带净化效果与其影响因素的关联度

植被过滤带	植被条件	流量因素	土壤初始含水量	SS 入流浓度	带宽因素
1#	0.7667	0.73227	0.7501	0.6976	0.7168
2#	0.8543	0.7710	0.7846	0.8554	0.7829
3#	0.5850	0.6506	0.8221	0.7688	0.6708
4#	0.8428	0.8283	0.8283	0.7821	0.5881
6#	0.6875	0.7285	0.6915	0.6346	0.6800
7#	0.7378	0.7238	0.8175	0.8135	0.7646
8#	0.6641	0.6780	0.8124	0.6978	0.6449
3#和 8#	0.5830	0.6508	0.7675	0.6895	0.6312

根据表 12-6 所示，绘制相应的关联度曲线，编程如下：

```
clc,clear,close all                          % 清屏、清工作区、关闭窗口
warning off                                  % 消除警告
feature jit off                              % 加速代码执行
load('data.mat')
figure('color',[1,1,1])
plot(data(1,:),'ro-','linewidth',2)     % 画图
hold on
plot(data(2,:),'bp-','linewidth',2)     % 画图
plot(data(3,:),'cs-','linewidth',2)     % 画图
plot(data(4,:),'kh-','linewidth',2)     % 画图
plot(data(5,:),'m.-','linewidth',2,'MarkerSize',18)    % 画图
plot(data(6,:),'y>-','linewidth',2)     % 画图
plot(data(7,:),'g*-','linewidth',2)     % 画图
plot(data(8,:),'b<-','linewidth',2)     % 画图
grid on
title('关联度分析')
legend('1#','2#','3#','4#','6#','7#','8#','3#和 8#')
```

运行程序输出图形如图 12-4 所示。

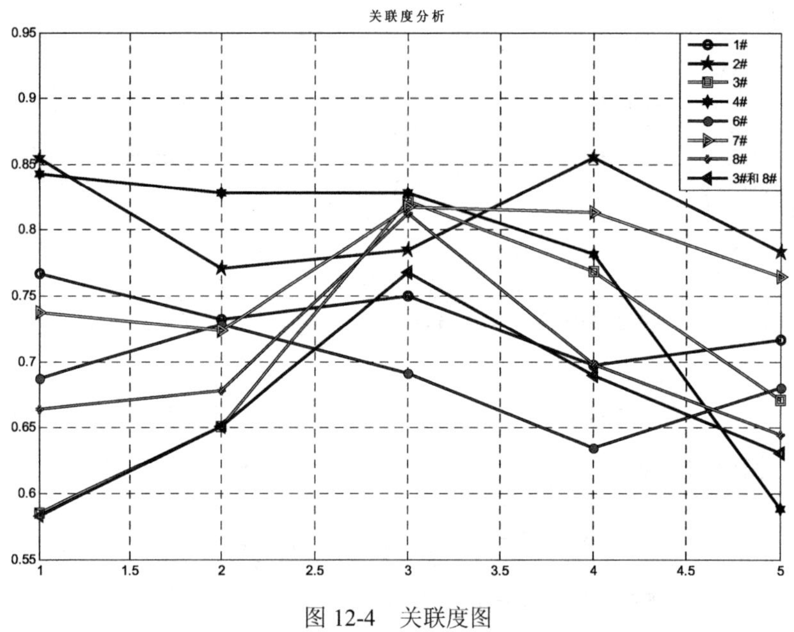

图 12-4　关联度图

对于 1#植被过滤带，各影响因子关联度排序，植被条件→土壤初始含水量→流量因素→带宽因素→SS 入流浓度，1#过滤带在 2～6m 段处种植有 5 排沙棘，其余为自然生长的草本植物，植被条件对植被过滤带关联度最大，表示植被条件对地表径流中悬浮固体（SS）的削减效果都较好，良好的植被条件能够很好实现悬浮固体（SS）的拦截，土壤初始含水量影响其次，对于 SS 浓度削减能够起到较好的作用，因此对于 1#植被过滤带，各影响因子关联度计算较合理。

对于 2#植被过滤带，2#过滤带在 2～9m 段处种植有 8 排沙棘，其余为自然生长的草本植物，SS 入流浓度和植被条件影响较大，而相应的流量因素影响则较小，则主要根据

2#过滤带土壤情况相关，考虑到 2#过滤带有 8 排沙棘，阻滞土壤流量，对流量因子影响较大。

对于 3#和 8#而言，是自然草本过滤带，植被条件影响较小，土壤初始含水量则较大，主要是根据地表植物工况相关。3#和 8#有部分沙棘死去，土壤含水量大，则相应的悬浮固体（SS）浓度较大，随该区域过滤带土壤含水量较大，流入该区域的悬浮固体（SS）则较大，流量因素和带宽因素则关联度较小。

对于 4#过滤带而言，4#过滤带为全段面均种植有沙棘的灌草混合过滤带，尺寸为 2.5×15m，植被条件→土壤初始含水量=流量因素→SS 入流浓度→带宽因素，考虑到灌草地带蓄水功能较强，灌草植被过滤带净化能力较强，特别是改善土壤的渗透性，灌草混合过滤带中悬浮固体（SS）浓度主要和植被条件、含水量和流量相关，带宽因素因子较小，因此符合实际工况。

对于 6#过滤带，流量因素→土壤初始含水量→植被条件→带宽因素→SS 入流浓度，关联度基本持平，主要受该区域土壤地面坡度影响及土壤净化效果，加之 6#过滤带草本植被较差，因此流量变化对草本不发达的植被过滤带净化效果的影响较大。

对于 7#过滤带，土壤初始含水量→SS 入流浓度→带宽因素→植被条件→流量因素，由于 7#过滤带和 3#过滤带相当，由该过滤带地表植物工况和净化效果等相关，因此呈现土壤初始含水量和 SS 入流浓度对过滤带中悬浮固体（SS）浓度贡献最大。

12.6　基于非线性多混合拟合模型的浓度削减率计算

SS 的浓度削减率即植被过滤带净化效果，与植被因子、入流流量、土壤初始含水量因素、SS 入流浓度、带宽因素和坡度因素存在非线性关系，其经验模型应为：

$$P = a_1V + a_2Q^b + a_3\theta + a_4C + a_5\ln W_B + a_6S + a_7 \quad (12.8)$$

其中，P：SS 的浓度削减率%；V：植被因子 C；Q：入流流量 Q；θ：土壤初始含水量因素；C：SS 入流浓度；W_B：带宽因素 m；S：坡度因素%。

具体的过滤带数据如表 12-7 所示。

表 12-7　1#过滤带数据采样表

SS 的浓度削减率%	植被因子 C	入流流量 Q	土壤初始含水量因素	SS 入流浓度	带宽因素 m	坡度因素%
93.084	0.006	0.0023	42	1735	10	0.0200
92.593	0.006	0.0023	43	2700	10	0.0200
–22.2222	0.015	0.0075	20.6	89	10	0.0200
0	0.015	0.0071	41	230	10	0.0200
78.74	0.06	0.0045	41	4010	10	0.0200
76.63	0.06	0.0028	42.29	2662	10	0.0200
49.47	0.06	0.0039	24.67	3748	3	0.0200
65.8	0.06	0.0039	24.67	3748	6	0.0200
68.78	0.06	0.0039	24.67	3748	10	0.0200
55.34	0.06	0.0074	24.67	3748	10	0.0200

续表

SS 的浓度削减率%	植被因子 C	入流流量 Q	土壤初始含水量因素	SS 入流浓度	带宽因素 m	坡度因素%
62.49	0.06	0.0035	24.67	3748	10	0.0200
66.65	0.06	0.0025	24.67	3748	10	0.0200
72.47	0.06	0.0019	24.67	3748	10	0.0200
18.36735	0.09	0.001478	43	784	3	0.0200
41.32653	0.09	0.001478	43	784	6	0.0200
57.39796	0.09	0.001478	43	784	10	0.0200
47.34774	0.06	0.005426	21	2023	10	0.0200
32.37952	0.06	0.003313	22.55	664	10	0.0200
51.5444	0.06	0.003218	28.7	2072	10	0.0200
42.93629	0.06	0.002059	22.55	1444	3	0.0200
65.92798	0.06	0.002059	22.55	1444	6	0.0200
68.42105	0.06	0.002059	22.55	1444	10	0.0200
22.23256	0.06	0.0023	22.55	2150	3	0.0200
35.53488	0.06	0.0023	22.55	2150	6	0.0200
49.11628	0.06	0.0023	22.55	2150	10	0.0200
45.95	0.06	0.004	22.55	2472	10	0.0200
41.83	0.07	0.0040	22.55	1004	10	0.0200
52.99	0.07	0.0020	22.55	536	10	0.0200

由 MATALB 软件求解各过滤带非线性回归方程，程序如下：

```
% 非线性拟合
clc,clear,close all                                  % 清屏、清工作区、关闭窗口
warning off                                          % 消除警告
feature jit off                                      % 加速代码执行
format long
% global X0 X1 X2 X3 X4 X5 X6
X0 = xlsread('数据','1#','B3:B30');                  % EXCEL 数据
X1 = xlsread('数据','1#','E3:E30');                  % EXCEL 数据
X2 = xlsread('数据','1#','G3:G30');                  % EXCEL 数据
X3 = xlsread('数据','1#','I3:I30');                  % EXCEL 数据
X4 = xlsread('数据','1#','K3:K30');                  % EXCEL 数据
X5 = xlsread('数据','1#','M3:M30');                  % EXCEL 数据
X6 = xlsread('数据','1#','O3:O30');                  % EXCEL 数据
% initial value
a1 = 1;                                              % 植被因子 C 系数
a2 = 1;                                              % 入流流量 Q 系数
b = 1;                                               % 入流流量 Q 指数
a3 = 1;                                              % 土壤初始含水量因素 系数
a4 = 1;                                              % SS 入流浓度 系数
a5 = 1;                                              % 带宽因素 m  系数
a6 = 1;                                              % 坡度因素%  系数
a7 = 1;                                              % 常数项      系数
xs = [a1;a2;b;a3;a4;a5;a6;a7];                       % 初始值
xdata = [X1,X2,X3,X4,X5,X6];
[x,resnorm] = lsqcurvefit(@myfun1,xs,xdata,X0)
```

```
% 计算后的系数
a1 = x(1);                      % 植被因子 C 系数
a2 = x(2);                      % 入流流量 Q 系数
b = x(3);                       % 入流流量 Q 指数
a3 = x(4);                      % 土壤初始含水量因素 系数
a4 = x(5);                      % SS 入流浓度 系数
a5 = x(6);                      % 带宽因素 m  系数
a6 = x(7);                      % 坡度因素%   系数
a7 = x(8);                      % 常数项      系数
for i = 1:length(X0)
    X0_fit(i) = a1*X1(i)+a2*(X2(i))^(b)+a3*X3(i)+a4*X4(i)+a5*log(X5(i))+
    a6*X6(i)+a7;
    err(i) = X0_fit(i)-X0(i);          % 拟合误差
end
figure('color',[1,1,1])
subplot(121),plot(X0_fit,'r','linewidth',2);hold on
plot(X0,'b','linewidth',2);hold off;axis tight
legend('拟合值','实际值');title('SS 的浓度削减率%')
subplot(122),plot(err,'g','linewidth',2);hold off;
axis tight;legend('误差');title('SS 的浓度削减率% -- 误差')
```

其中，待寻优参数的函数程序如下：

```
function f = myfun1(xs,xdata)
% global X0 X1 X2 X3 X4 X5 X6
a1 = xs(1);                 % 植被因子 C 系数
a2 = xs(2);                 % 入流流量 Q 系数
b = xs(3);                  % 入流流量 Q 指数
a3 = xs(4);                 % 土壤初始含水量因素 系数
a4 = xs(5);                 % SS 入流浓度 系数
a5 = xs(6);                 % 带宽因素 m  系数
a6 = xs(7);                 % 坡度因素%   系数
a7 = xs(8);                 % 常数项      系数
X1 = xdata(:,1);  X2 = xdata(:,2);  X3 = xdata(:,3);
X4 = xdata(:,4);  X5 = xdata(:,5);  X6 = xdata(:,6);
f = a1*X1+a2*(X2).^(b)+a3*X3+a4*X4+a5*log(X5)+a6*X6+a7;
```

输出结果如下：

```
x =
   1.0e+02 *
   1.007165434022676
  -0.040456241588939
   0.185977104531790
   0.008560952618974
   0.000124899448938
   0.154749375981494
   0.101746255701932
  -0.378264567655201
resnorm =
     8.715616935003856e+03
```

由 MATALB 软件求解各过滤带非线性回归方程列表如表 12-8 所示。

表 12-8　非线性拟合回归方程

植被过滤带	非线性拟合回归方程
1#	$P_1 = 100.71V - 4.05Q^{18.6} + 0.85\theta + 0.01C + 15.47\ln W_B + 10.17S - 37.83$
2#	$P_2 = 421.37V - 6.85Q^{7.24} + 3.96\theta + 0.004C + 26.42\ln W_B - 172.31S - 172.31$
3#	$P_3 = -516.8V - 491.03Q^{0.24} + 0.49\theta + 0.0087C + 23.97\ln W_B + 109.64S + 196.39$
4#	$P_4 = -19.85V - 678.49Q^{802.43} - 21.81\theta + 1.12C + 1296.1\ln W_B - 28.72S - 21.01$
6#	$P_6 = -946.58V - 64.12Q^{7.54} + 1.21\theta - 0.01C + 6.49\ln W_B + 62.83S + 62.831$
7#	$P_7 = -314.7V - 2.71Q^{56.37} + 1.28\theta - 0.04C + 26.49\ln W_B - 28.695S - 28.696$
8#	$P_8 = 456.75V - 140.42Q^{0.23} - 1.38\theta - 0.04C + 18.07\ln W_B + 62.942S + 162.14$
3#和 8#	$P_{38} = 276.66V - 144.26Q^{0.22} - 131\theta + 0.007C + 22.15\ln W_B - 341.87S + 71.36$

植被因子 V 对于 2#、8#及 3#和 8#中影响因子量较大，植被因子量和 SS 的浓度削减率呈正相关，相应的植被因子在 3#、4#、6#和 7#中呈负相关，表明植被因子越大，相应的浓度削减率可能越小，入流流量 Q 在不同过滤带中均呈现负相关，且以指数趋势存在。

具体在 4#过滤带中，入流流量 Q 权重因子值较大，对过滤带中浓度削减率起到主要作用；入流流量 Q 在 1#、2#和 6#中影响相当；土壤初始含水量因素 θ 在 1#、2#、3#、6#和 7#中，表现为正相关，主要和土壤净化能力及渗透性相关，相应的 4#、8#、3#和 8#中，地表坡度影响和土壤含水量越大，相应的 SS 的浓度削减率则越小；带宽因素 W_B 以 $\ln W_B$ 形式存在，对 SS 的浓度削减率影响为正相关，其中 4#过滤带为全段面均种植有沙棘的灌草混合过滤带，相比其他过滤带，带宽因素影响较大；坡度因素 S 中，3#和 8#中坡度因子为 8%，相比其他过滤带而言，坡度因素 S 影响较大，对于 3#和 8#而言，坡度因素 S 越大，相应的对 SS 的浓度削减率越小，对于单独的 3#和 8#过滤带而言，3#和 8#是自然草本过滤带，植被条件影响较小，坡度因素 S 越大，相应的对 SS 的浓度削减率越大，具体的各非线性拟合回归方程和误差图如图 12-5～图 12-12 所示。

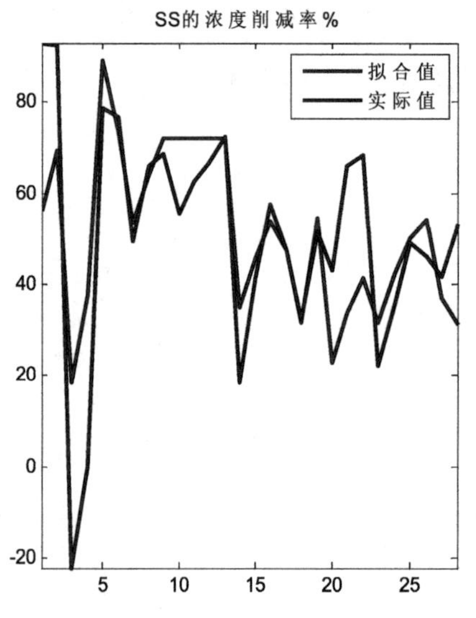

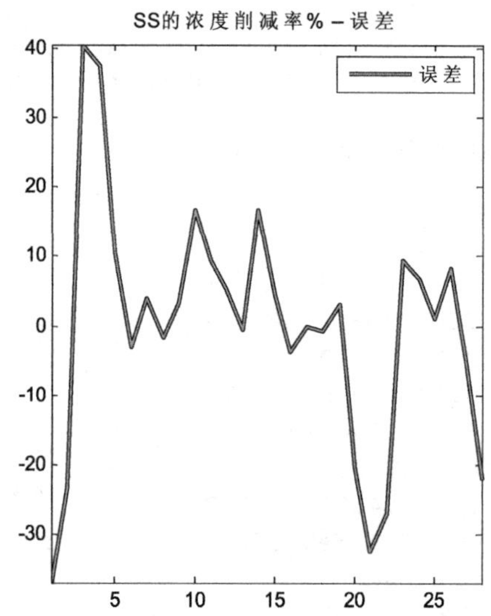

图 12-5　1#非线性拟合

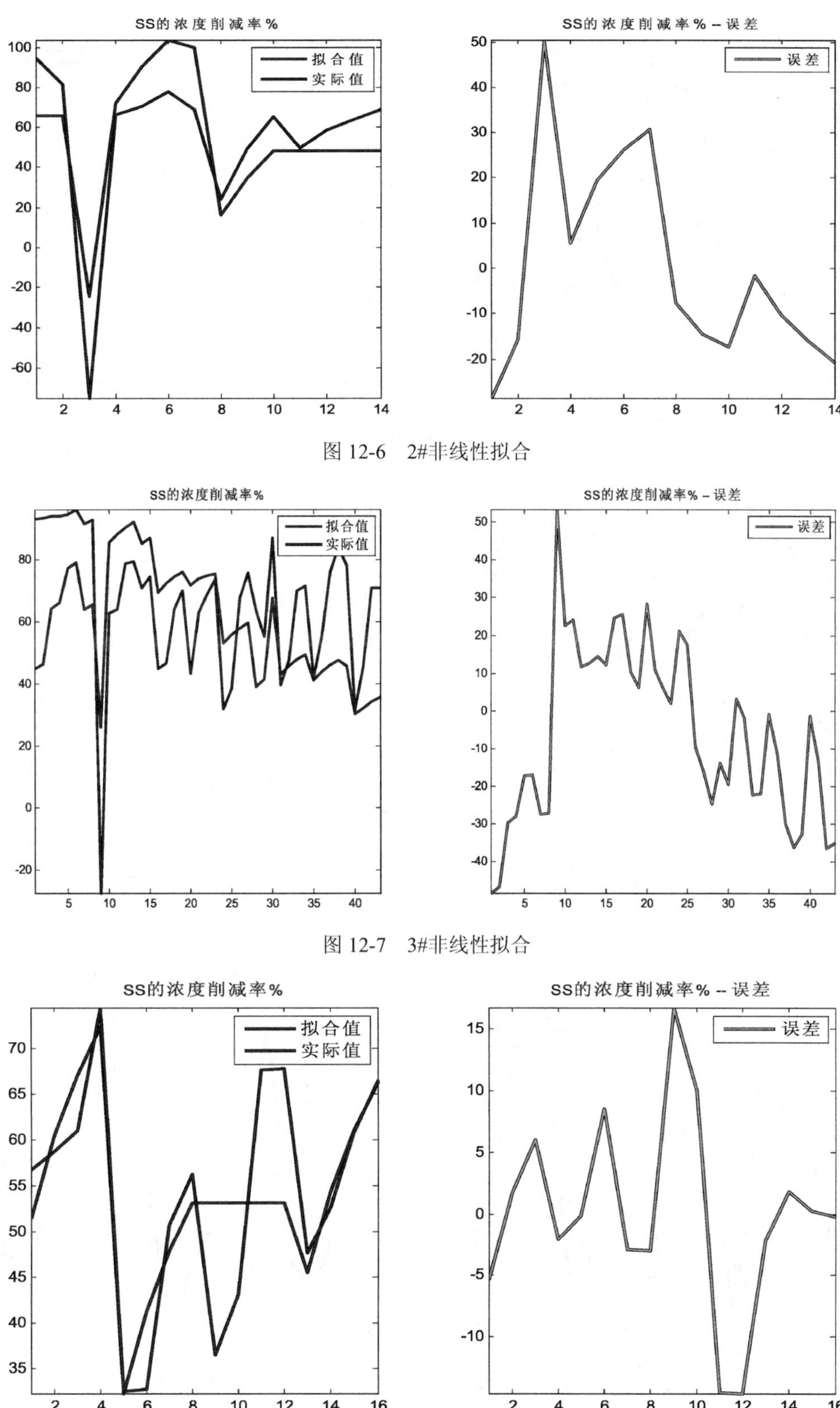

图 12-6　2#非线性拟合

图 12-7　3#非线性拟合

图 12-8　4#非线性拟合

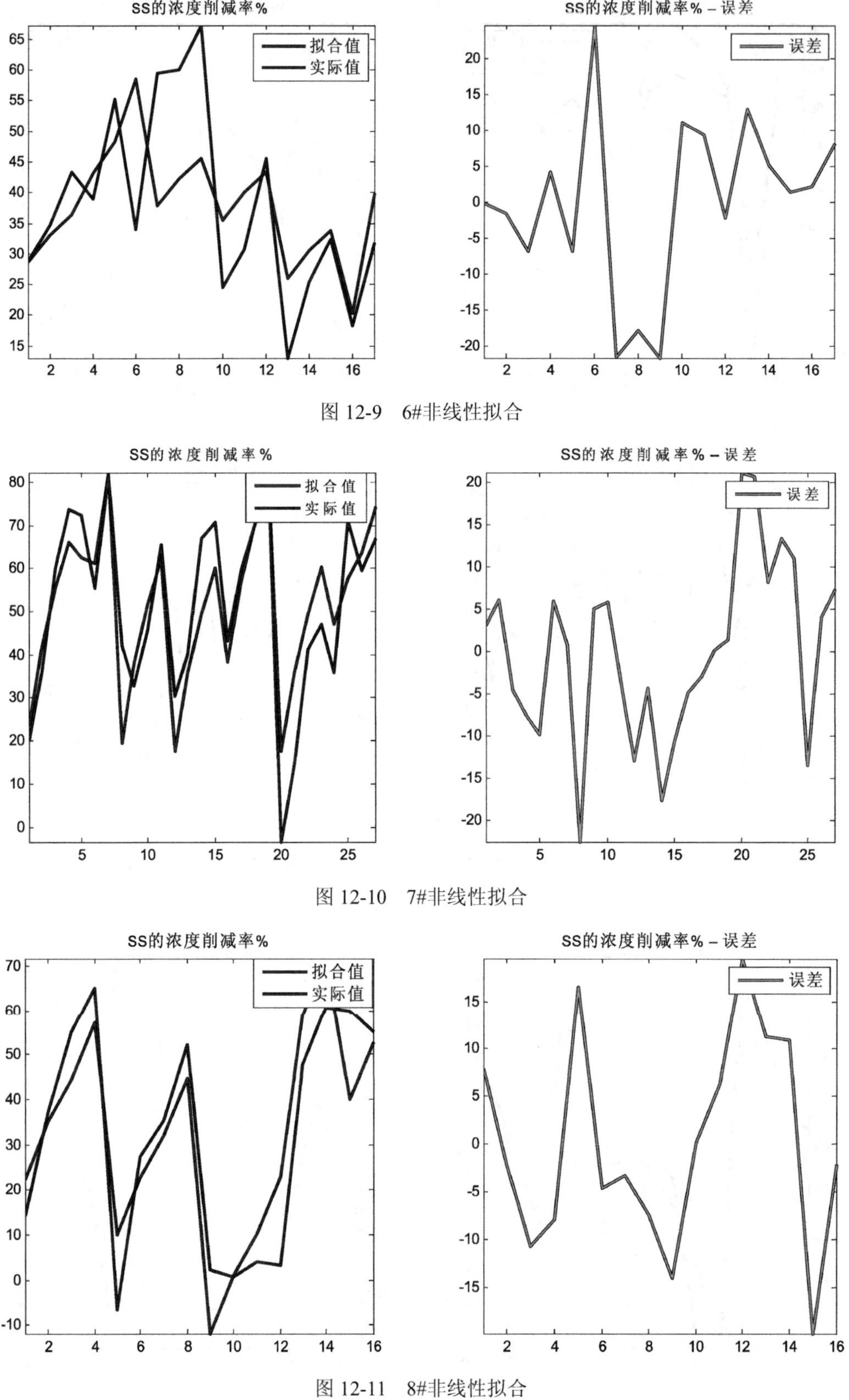

图 12-9　6#非线性拟合

图 12-10　7#非线性拟合

图 12-11　8#非线性拟合

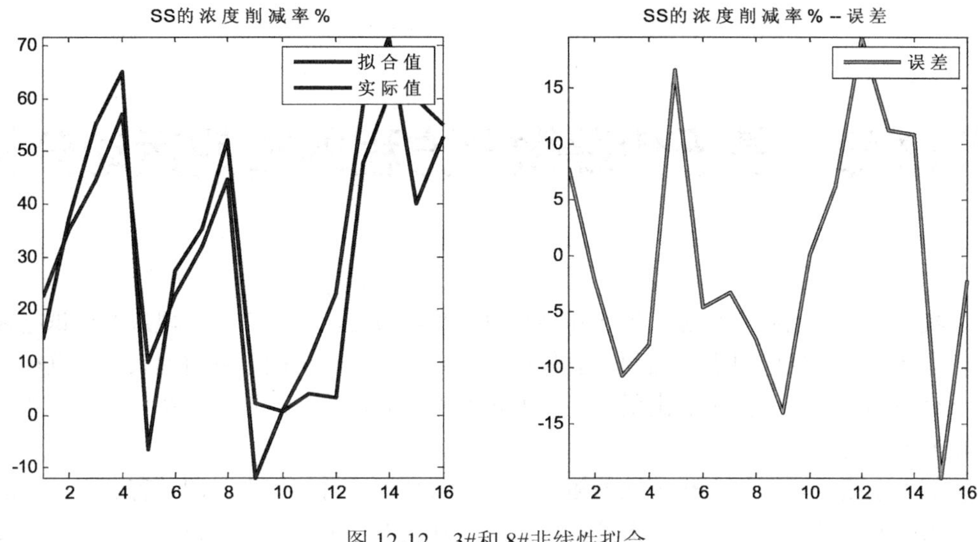

图 12-12　3#和 8#非线性拟合

如图 12-5～图 12-12 所示，各过滤带回归方程拟合较好，误差较小，因此采用该回归方程具有很大的参考价值。

12.7　本章小结

本章主要对影响植被过滤带对地表径流中非点源污染物净化效果的因素进行分析，分别对植被物种配置、植被生长状况、植被过滤带的坡度与带宽等种植参数、入流水文条件及污染物特性等耦合因素等对植被过滤带净化效果的影响因素作具体试验探索。本章分析了植被过滤带净化效果与植被条件、入流水文条件、带宽因素、坡度因素、入流污染物浓度、土壤初始含水量情况等因素的关联度计算与 MATLAB 的实现，以及 SS 的浓度削减率即植被过滤带净化效果，与植被因子、入流流量、土壤初始含水量因素、SS 入流浓度、带宽因素、坡度因素的非线性经验模型与 MATLAB 的实现。

第 13 章　基于伊藤微分方程的布朗运动分析

随机过程的理论研究起源于生产和科研中的实际需要，随着人们对现象的认识越来越深入，它已被广泛地应用于自然和社会科学的许多领域中，也越来越引起人们的重视。大量的含有不确定性实际问题的出现，促使了随机积分的构建与发展，并在此基础上建立了随机微分方程的相关理论和方法。

布朗运动指的是一种无相关性的随机行走，满足统计自相似性，即具有随机分形的特征，但其时间函数（运动轨迹）却是自仿射的。具有以下主要特性：粒子的运动由平移及其转移所构成，显得非常没规则而且其轨迹几乎是处处没有切线；粒子之移动显然互不相关，甚至于当粒子互相接近至比其直径小的距离时也是如此；粒子越小或液体粘性越低或温度越高时，粒子的运动越活泼；粒子的成分及密度对其运动没有影响；粒子的运动永不停止。

本章主要内容是借助于 MATLAB 分析布朗运动的模拟、几何布朗运动的模拟及伊藤微分方程的布朗运动模拟等。

学习目标：

（1）学习和掌握利用 MATLAB 分析布朗运动的模拟；

（2）学习和掌握利用 MATLAB 分析几何布朗运动的模拟；

（3）学习和掌握利用 MATLAB 分析伊藤微分方程的布朗运动模拟等。

13.1　随机微分方程数学模型

13.1.1　布朗运动概述

1827 年，英国物理学家 Brown 在显微镜下观察液体中的花粉微粒，发现它们在极端不规则的运动，在这个时期，有很多学者都发现了很多类似的现象，如空气中雾霾的扩散及花粉在水中的扩散等。直到 19 世纪末，人们才弄明白其大致机理是，由于烟尘和花粉等微粒，受到大量气体分子或液体分子的作用，从而做无规则碰撞而形成的，而这个碰撞是无规律的，因此我们看到的扩散现象也是无规律的。

20 世纪初，Einstein 做了量化的讨论，建立了物理模型。在这个物理模型之后，又经过 Ornstein、Uhlenbeck、Langevin 及 Brown 等人对模型的完善，从而建立了用随机过程的语言描述这类现象的严格数学模型。

到 20 世纪中叶，Brown 运动的数学理论已经十分成熟，而且具有极为广泛的应用，例如金融分析、PH 值测定和温度变化等。Brown 运动和 Poisson 过程并列成为随机过程的两大支柱。作为一种新型的随机过程，Brown 运动的性质最为特殊，作用也更为广泛。

13.1.2　布朗运动的数学模型

Einstein 将 Brown 发现的现象描述为一个随机运动的粒子在时间区间[0，t]上的随机位移，因此，它是一组依赖与时间参数 t 的三维随机向量 $\{B_s : 0 \leqslant s \leqslant t\}$，即它是一个三维的随机过程。如果我们将粒子的出发位置取为坐标原点，那么 $B_0 = 0$。

Einstein 从物理学的角度假定了这种粒子的运动具有以下性质：

（1）粒子在空间位移的 3 个一维分量是相互独立的，且它是独立增量过程，即在任意互不相交的区间 $(s_1,t_1],(s_2,t_2],\ldots,(s_n,t_n]$ 上，其差 $B_{t_1}-B_{s_1},B_{t_2}-B_{s_2},\ldots,B_{t_n}-B_{s_n}$ 都是相互独立的。

（2）运动的统计规律对空间是对称的，因而有 $EB_t = 0$。

（3）在时间区间上的差 $B_{t+s}-B_s$ 的分布，与时间区间的起点 s 无关，并且其方差为：

$$\sigma(t) = E(B_{i+h}-B_h)^2 \tag{13.1}$$

式（13.1）中，$\sigma(t)$ 是 t 的连续函数，B_t 的分布密度求解如下。

① 由独立增量性质得：

$$\begin{aligned}\sigma(t+s) &= E(B_{t+s}-B_0)^2 = E(B_{t+s}-B_t+B_t-B_0)^2 \\ &= E(B_{t+s}-B_t)^2 + E(B_t-B_0)^2 = \sigma(s)+\sigma(t)\end{aligned}$$

由于 $\sigma(t)$ 关于 t 连续，由微积分 $\sigma(t)$ 可知：

$$\sigma(t) = Dt \tag{13.2}$$

式（13.2）中，D 是一个常数，是单位时间内粒子平方位移的均值，称之为扩散常数。

② 由分子运动学，Einstein 得到了：

$$D = RT/Nf \tag{13.3}$$

式（13.3）中，R 是由分子的特性所决定的一个普适常数，T 是绝对温度，N 是 Avogadro 常数，f 是摩擦系数。不妨设 D=1，对任意划分 $0=t_0<t_1<\ldots<t_{n-1}<t_n=t$，$B_t$ 可以表示为 n 个独立的随机变量之和：

$$B_t = (B_{t_n}-B_{t_{n-1}}) + (B_{t_{n-1}}-B_{t_{n-2}}) + \cdots + (B_{t_1}-B_{t_0}) \tag{13.4}$$

③ B_t 具有正态密度 $N(0,t)$，也就是说，其分布密度满足：

$$p(t,x) = \mathrm{e}^{-x^2/2t}\Big/\sqrt{2\pi\, t} \tag{13.5}$$

因此满足以下 3 个条件的一个随机过程$\{B_t, t \geqslant 0\}$称为布朗运动。

（1）$B_0 = 0, \{B_t, t \geqslant 0\}$ 是独立增量的过程，即对任意互不相交的区间 $(s_1,t_1],(s_2,t_2],\ldots,(s_n,t_n]$ 上，相应的增量 $B_{t_1}-B_{s_1},B_{t_2}-B_{s_2},\ldots,B_{t_n}-B_{s_n}$ 都相互独立。

（2）对于任意 $s \geqslant 0, t > 0$，增量 $B_{s+t}-B_s \sim N(0,Dt)$。

（3）对每一个固定的基本事件 ω，$B_t(\omega)$ 是 t 的连续函数。

特别地，当 D=1 时，我们叫做标准 Brown 运动，简称为 Brown 运动。

13.2　布朗运动的随机微分方程

布朗运动微分方程如下：

$$dX_t = \mu dt + \sigma dW_t \tag{13.6}$$

在给定初值 X_{t0} 的条件下，可以求出方程的解为：

$$X_t = X_{t0} + \mu(t - t_0) + \sigma(W_t - W_{t0}) \tag{13.7}$$

几何布朗运动：

$$dX_t = \mu X_t dt + \sigma X_t dW_t \tag{13.8}$$

在给定初值 X_{t0} 的条件下，可以求出方程的解为：

$$X_t = X_{t0} \exp\left[(\mu - \sigma^2/2)(t - t_0) + \sigma(W_t - W_{t0})\right] \tag{13.9}$$

Vasicek 过程：

$$dW_t = (\theta_1 - \theta_2 X_t)dt + \theta_3 dW_t \tag{13.10}$$

当 $\theta_2 > 0$ 时，该过程有均值反转的性质，因此该过程也可以写成：

$$dW_t = \theta(\mu - X_t)dt + \sigma dW_t \tag{13.11}$$

Cox-lngersoll-Ross 过程：

$$dW_t = (\theta_1 - \theta_2 X_t)dt + \theta_3 \sqrt{X_t} dW_t \tag{13.12}$$

当 $2\theta_1 > \theta_3^2$ 时，该过程严格取正值，因此方程也可以写成：

$$dW_t = \theta(\beta - X_t)dt + \sigma\sqrt{X_t} dW_t \tag{13.13}$$

13.2.1　随机微分方程

粒子运动随机位置方程如下：

$$X_t = X_0 + \int_0^t \mu(s, X_s)ds + \int_0^t \sigma(s, X_s)dW_s \tag{13.14}$$

一般情况下，写成微分形式：

$$dX_t = \mu(t, X_t)dt + \sigma(t, X_t)dW_t \tag{13.15}$$

简写为：

$$dX_t = \mu(X_t)dt + \sigma(X_t)dW_t \tag{13.16}$$

其中，$\mu(X_t)$ 被称作漂移项，$\sigma(X_t)$ 被称作扩散项。

13.2.2　随机微分方程系数

考虑下列随机微分方程：

$$\begin{cases} \dot{X}(t) = f[x(t), t] + \tilde{\sigma} HB(t) \\ X(0) = X_0 \end{cases} \tag{13.17}$$

等价于式（13.18）：

$$\begin{cases} dX(t) = f[X(t), t]dt + \tilde{\sigma} H dW(t) \\ X(0) = X_0 \end{cases} \tag{13.18}$$

该随机微分方程组的解可写为：

$$X(t) = X_0 + \int_0^t f[X(s), s]ds + \int_0^t \tilde{\sigma} H dW(s) \tag{13.19}$$

对一个数学模型而言，在实际工程中，广大科研人员较多地对它的数值解感兴趣。

13.3　伊藤微分方程及伊藤微分法则

13.3.1　伊藤微分方程

伊藤微分方程是一类在控制论、滤波和通讯理论中有着重要作用的随机微分方程，它的表述如下：

$$X(t)=f\left(X(t),t\right)+G\left(X(t),t\right)W(t)\text{，}\ \left\{t\in\left[t_0,T\right],X\left(t_0\right)=X_0\right\} \tag{13.20}$$

其中，$W(t)$ 是 m 维矢量随机过程，其分量是高斯白噪声过程，$G\left(X(t),t\right)$ 是 nxm 矩阵函数，X_o 与 $W(t)$ 独立。$f\left(X(t),t\right)$ 和 $G\left(X(t),t\right)$ 均为 $\left[t_o,T\right]$ 上布朗可测函数。若 $f\left(X(t),t\right)$ 为关于 X 的非线性函数，则称其非线性伊藤随机微分方程。

13.3.2　伊藤积分

假设 { $X(t),0\leqslant t\leqslant T$ } 是关于布朗运动生成的事件流适应的随机过程，满足 $\int_0^T E(X(s)^2)\mathrm{d}s<+\infty$。则 X 的 ltô 积分定义为：

$$l_t(X)=\int_0^t X_S\mathrm{d}W_S=\lim_{\Pi_n\to 0}\sum_{i=0}^{n-1}X(t_i)(W(t_{i+1})-W(t_i)) \tag{13.21}$$

例如：

$$\int_{t_0}^t \mathrm{d}W(s)=\lim_{n\to\infty}\sum_{i=0}^{n-1}(W(t_{i+1})-W(t_i))=W(t)-W(t_0)$$

13.3.3　伊藤过程

随机过程{ $X(t),0\leqslant t\leqslant T$ }可以写成如下形式：

$$X_t=X_0+\int_0^t g(s)\mathrm{d}s+\int_0^t h(s)\mathrm{d}W_S \tag{13.22}$$

其中 $g(t,\omega)$ 和 $h(t,\omega)$ 是两个适应过程，且满足：

$$P\{\int_0^T\left|g(t,\omega)\right|\mathrm{d}t<\infty\}=1$$

$$P\{\int_0^T h(t,\omega)^2\mathrm{d}t<\infty\}=1$$

则{ $X(t),0\leqslant t\leqslant T$ }被称为 ltô 过程。

（1） ltô 引理：

假设 $X(t)$ 满足（随机微分方程）SDE：

$$\mathrm{d}X_t=\mu(t,X_t)\mathrm{d}t+\sigma(t,X_t)\mathrm{d}W_t \tag{13.23}$$

$f\left(X\right)$ 是 X 的函数，则：

$$\mathrm{d}f\left(X\right)=f_X\left(X\right)\mathrm{d}X+\frac{1}{2}f_{XX}\left(\mathrm{d}X\right)^2 \tag{13.24}$$

$(\mathrm{d}X)^2$ 展开时，有下面的法则：

×	dt	dW
dt	0	0
dW	0	dt

（2）Itô 引理的应用：

假设 $X(t)$ 满足（随机微分方程）SDE：

$$\mathrm{d}X_t = \mu X_t \mathrm{d}t + \sigma X_t \mathrm{d}W_t \tag{13.25}$$

设 $Y(t)=\log X(t)$，则 $\dfrac{\partial Y}{\partial X}=\dfrac{1}{X},\dfrac{\partial^2 Y}{\partial X^2}=-\dfrac{1}{X^2}$，由Itô引理得到：

$$\begin{aligned}\mathrm{d}Y &= \frac{\partial Y}{\partial X}\mathrm{d}X+\frac{1}{2}\frac{\partial^2 Y}{\partial X^2}(\mathrm{d}X_t)^2\\ &=\frac{1}{X}(\mu X\mathrm{d}t+\sigma X\mathrm{d}W)+\frac{1}{2}\left(-\frac{1}{X^2}\right)\sigma^2X^2\mathrm{d}t\\ &=\mu\mathrm{d}t+\sigma\mathrm{d}W-\frac{1}{2}\sigma^2\mathrm{d}t\\ &=\left(\mu-\frac{1}{2}\sigma^2\right)\mathrm{d}t+\sigma\mathrm{d}W\end{aligned}$$

则 $Y(t)$ 是布朗运动，有：

$$Y(t)=Y(t_0)+\left(\mu-\frac{1}{2}\sigma^2\right)(t-t_0)+\sigma\big(W(t)-W(t_0)\big) \tag{13.26}$$

$$X(t)=\exp\big(Y(t)\big)=X(t_0)\exp\left[\left(\mu-\frac{1}{2}\sigma^2\right)(t-t_0)+\sigma\big(W(t)-W(t_0)\big)\right] \tag{13.27}$$

13.3.4　伊藤随机微分方程的解析解

（1）全局 Lipschitz 条件。对于所有的 $x,y\in R$ 和 $t\in[0,T]$，存在常数 $K<+\infty$ 使得：

$$|\mu(t,x)-\mu(t,y)|+|\sigma(t,x)-\sigma(t,y)|<K|x-y| \tag{13.28}$$

（2）线性增长条件。对于所有的 $x\in R$ 和 $t\in[0,T]$，存在常数 $C<+\infty$ 使得：

$$|\mu(t,x)|+|\sigma(t,x)|<C(1+|x|) \tag{13.29}$$

则 SDE 存在唯一的和连续的强解使得：

$$E\{\int_0^T|X_t|^2\,\mathrm{d}t\}<\infty \tag{13.30}$$

13.3.5　伊藤随机微分方程的数值解

并不是所有的 SDE 都能解出显式解，更多的 SDE 只能通过迭代式求出数值解。求 SDE 数值解也就是模拟出解的路径。

Euler 格式：

$$Y_{i+1}=Y_i+\mu\left(t_i,Y_i\right)\left(t_{i+1}-t_i\right)+\sigma\left(t_i,Y_i\right)\left(W_{i+1}-W_i\right) \tag{13.31}$$

Milstein 格式：

$$\begin{aligned}Y_{i+1}&=Y_i+\mu\left(t_i,Y_i\right)\left(t_{i+1}-t_i\right)+\sigma\left(t_i,Y_i\right)\left(W_{i+1}-W_i\right)\\&=\frac{1}{2}\sigma\left(t_i,Y_i\right)\sigma_x\left(t_i,Y_i\right)\left\{\left(W_{i+1}-W_i\right)^2-\left(t_{i+1}-t_i\right)\right\}\end{aligned} \tag{13.32}$$

其中，

$$W_{i+1}-W_i=\sqrt{t_{i+1}-t_i}Z_{i+1},\qquad i=0,1\cdots,n-1$$

而 $Z_1,\cdots,Z_n$ 是互相独立的标准正态随机变量。

13.4　数值布朗运动模拟与 MATLAB 实现

13.4.1　布朗运动的模拟

设定 $W_0=0$，对 $j=1,2,\cdots,N$，做以下几步：

- ❑ $t_j=t_{j-1}+\Delta t$；
- ❑ 产生 $Z_j\sim N(0,1)$；
- ❑ $\Delta W_j=Z_j\sqrt{\Delta t}$；
- ❑ $W_j=W_{j-1}+\Delta W_j$。

编写 MATLAB 程序如下：

```
% 布朗运动模拟
clc,clear,close all                          % 清屏、清工作区、关闭窗口
warning off                                  % 消除警告
feature jit off                              % 加速代码执行
t0 = 0;                    % start time
tf = 5;                    % end time
h = 0.1;                   % 采样步长
t=t0: h: tf;               % 定义时间区间为[t0, tf]，采样步长为 h
n=length(t);               % 求向量 t 的长度
x=randn(1, n);             % 产生 1 行，n 列 N(0, 1)随机距阵
w=zeros(1, n);             % 转移量
for k=1: n-1
    w(1, k+1)=w(1, k)+x(1, k)*sqrt(h);          %定义 Brown 运动转移方程
end
plot(t, w);                                     %绘制二维 Brown 运动图
title('二维 Brown 运动');
```

运行程序输出图形如图 13-1 所示。

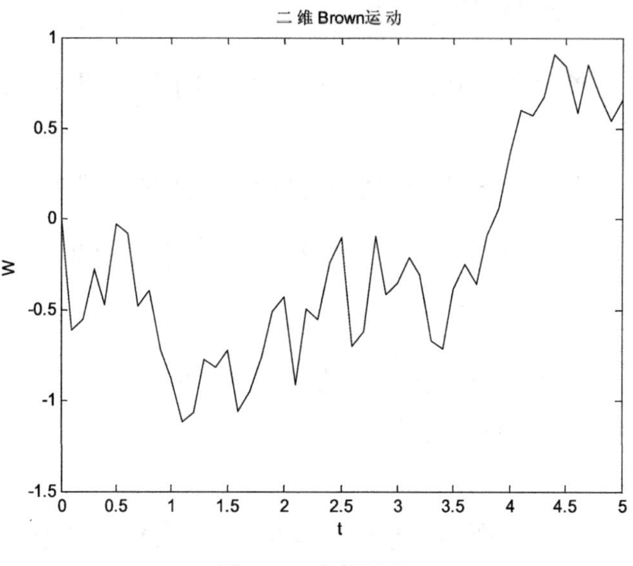

图 13-1　布朗运动

13.4.2　几何布朗运动的模拟

设定初始值为 X_0，对 $j=1,2,\cdots,N$，做以下几步：

- $t_j = t_{j-1} + \Delta t$；
- 产生 $Z_j \sim N(0,1)$；
- $\Delta W_j = Z_j\sqrt{\Delta t}$；
- $X_j = X_{j=1}\exp((\mu-\sigma^2/2)\Delta t + \Delta W_j)$。

编写 MATLAB 程序如下：

```
% 几何布朗运动的模拟
clc,clear,close all                    % 清屏、清工作区、关闭窗口
warning off                            % 消除警告
feature jit off                        % 加速代码执行
n=50;                         % 求向量 t 的长度
t = (0: 1: n)'/n;
h = 1;                        % 采样步长
r = 3;                        % μ
alpha = 0.8;                  % σ
W = [0; cumsum(randn(n, 1))]/sqrt(n);
y = (r - (alpha^2)/2)*t + alpha*W*sqrt(h);
X = exp(y);                   % 定义 Brown 运动转移方程
plot(t, X);                   %绘制二维几何 Brown 运动图
title('二维几何 Brown 运动');
xlabel('t')
ylabel('S')
```

运行程序输出图形如图 13-2 所示。

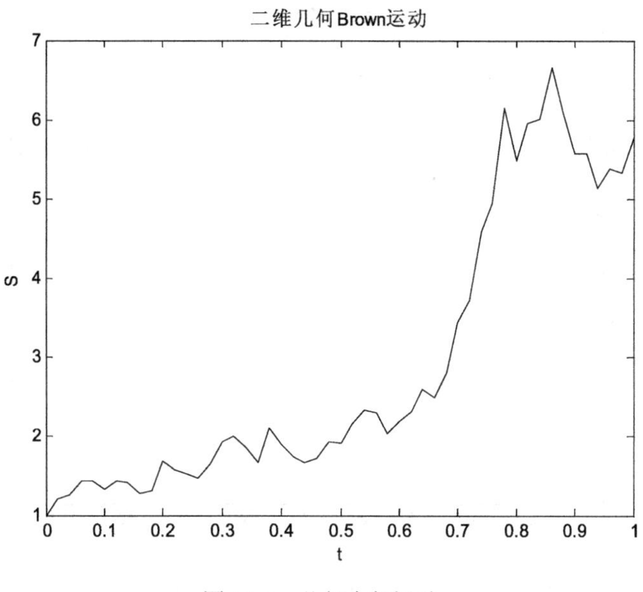

图 13-2　几何布朗运动

13.4.3　伊藤微分方程的布朗运动模拟

伊藤微分方程的表述如下：

$$X(t)=f\left(X(t),t\right)+G\left(X(t),t\right)W(t)\text{，}\quad \left\{t\in\left[t_0,T\right],X\left(t_0\right)=X_0\right\}$$

其中$W(t)$是 m 维矢量随机过程，其分量是高斯白噪声过程；$f\left(X(t),t\right)$被称作漂移项，$G\left(X(t),t\right)$被称作扩散项，$f\left(X(t),t\right)$和$G\left(X(t),t\right)$均为$\left[t_o,T\right]$上布朗可测函数，若$f\left(X(t),t\right)$为关于 X 的非线性函数，则称其非线性伊藤随机微分方程。

编写 MATLAB 程序如下：

```
% 伊藤微分方程的布朗运动的模拟
clc,clear,close all              % 清屏、清工作区、关闭窗口
warning off                      % 消除警告
feature jit off                  % 加速代码执行
n=50;                            % 求向量 t 的长度
t = (0: 1: n)'/n;
h = 1;                           % 采样步长
X = 50;
X = X(ones(n, 1));               % 定义初始化 Brown 运动
F = @(t, X) 0.1 * X;             % 漂移项 drift functions
G = @(t, X) 0.3 * X;             % 扩散项 diffusion functions
obj = sde(F,  G)                 % dX = F(t, X)dt + G(t, X)dW
[S, T] = obj.simulate(n,  'DeltaTime',  h);
plot(T,  S, 'r-'),
xlabel('时刻点')
ylabel('S')
title('伊藤方程下的 Brown 的运动仿真');
```

运行程序输出图形如图 13-3 所示。

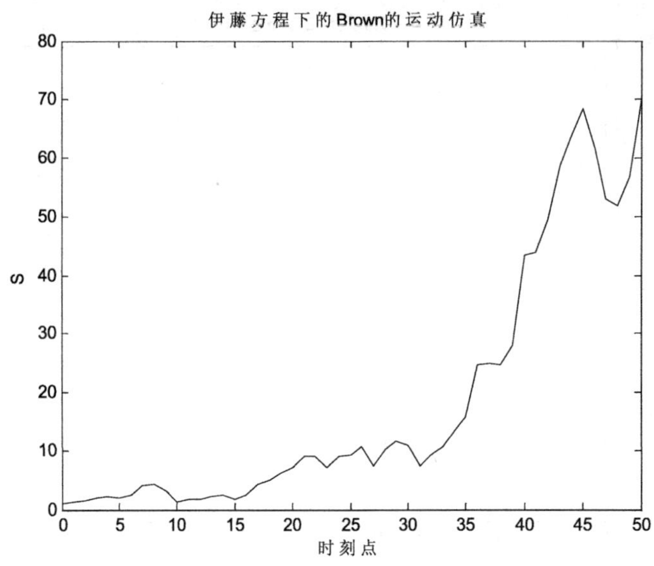

图 13-3　伊藤微分方程的布朗运动

随机现象的数学定义是：在个别试验中其结果呈现出不确定性；在大量重复试验中其结果又具有统计规律性的现象。由图 13-1~图 13-3 可知，布朗运动是一种随机运动，每一次运行结果都不一样，表现很好的随机特性，一般较多的应用在股票等行业，将布朗运动与股票价格行为联系在一起，是一项具有重要意义的金融创新，在现代金融数学中占有重要地位。迄今，普遍的观点仍认为，股票市场是随机波动的，随机波动是股票市场最根本的特性，是股票市场的常态。

13.5　本 章 小 结

在模拟、分析、预测物理和自然现象的性质时，越来越强调要使用概率方法。这是因为很多这类问题的表述中存在着复杂性、不确定性和未知因素，概率理论已被越来越多地用来研究科学和工程中的种种课题。许多物理上重要的问题是用确定性微分方程描述的，牛顿第二定律的数学描述就是一个典型的例子。当考虑到各种随机效应时，包含随机元素的微分方程，即随机微分方程就起着重要的作用，它能解释或者分析确定性微分方程无法解决的问题。

本章针对物理学中存在随机性的特征，提取其中的数学本质，利用数学方法和策略，建立相应的随机微分方程，分析其中数学特征和数学机理，推导相关的公式和性质，通过分析来更好地理解物理学中的随机性问题。

第 14 章　基于 Q 学习的无线体域网路由方法

在无线体域网网络中，体域网节点在电源能量、计算能力和通信能力等方面具有局限性，节点间如何相互协作并发挥其整体综合作用，是设计无线体域网网络自组织的重点和难点。同时，针对无线体域网能量有限的特点，如何延长网络生存期也是设计无线体域网的一个重点。强化学习是一种无监督的机器学习技术，能够利用不确定的环境奖赏发现最优的行为序列，实现动态环境下的在线学习，因此强化学习被公认为是构成智能 Agent 的理想技术之一。

本章以强化学习中普遍采用的 Q 学习算法为基础，研究了多 Agent 智能决策下的无线体域网增强算法的实现方法。

学习目标：

（1）学习和掌握利用 MATLAB 建立虚拟无线体域网模型；

（2）学习和掌握利用 MATLAB 编程实现 DSR 路由下的增强学习算法；

（3）学习和掌握利用 MATLAB 分析无线体域网参数影响等。

14.1　无线体域网研究背景

近年来，各种便携式无线设备层出不穷，人们更多地把目光转向个体网络，例如个域网、家域网、车域网及人体域网等，尤其是便携式的无线设备，更加受人青睐。便携式设备主要是方便人们出行，其适应性和泛化性逐渐引起广大科研爱好者的兴趣。本章主要研究无线体域网，无线体域网俗称 WBAN（Wireless Body Area Network），广泛应用到我们生活的各个角落，例如医疗、娱乐、军事和航空等领域。

无线体域网 WBAN 应用很广泛，尤其是在医疗监测上应用较多，例如给病人安装无线体域网 WBAN，哪怕病人不在医生的肉眼观察范围内，也能够通过远程 WBAN 网络对病人的各项身体指标进行分析，从而给病人及医生带来很大的便利性，因此无线体域网 WBAN 能够给人们提供最基本的健康监测，特别是对于运动场上的运动员体能监测。

如图 14-1 所示为无线体域网 WBAN 的典型应用场景。

如图 14-1 所示，无线体域网 WBAN 在日常生活中，扮演着不可或缺的作用，人们较多地依赖于无线体域网 WBAN，其能够为驾驶员提供路况信息，人们还能通过它看电影、听音乐、发邮件及上网看新闻等等。也许我们较为常见的无线便携式设备，要数记者采访的录音设备了，这个设备能够将记者的讲话通过无线体域网 WBAN 传输到我们的视频流中，供我们看到视频也能听到声音。无线体域网 WBAN 也能为我们提供定位和导航等功能。

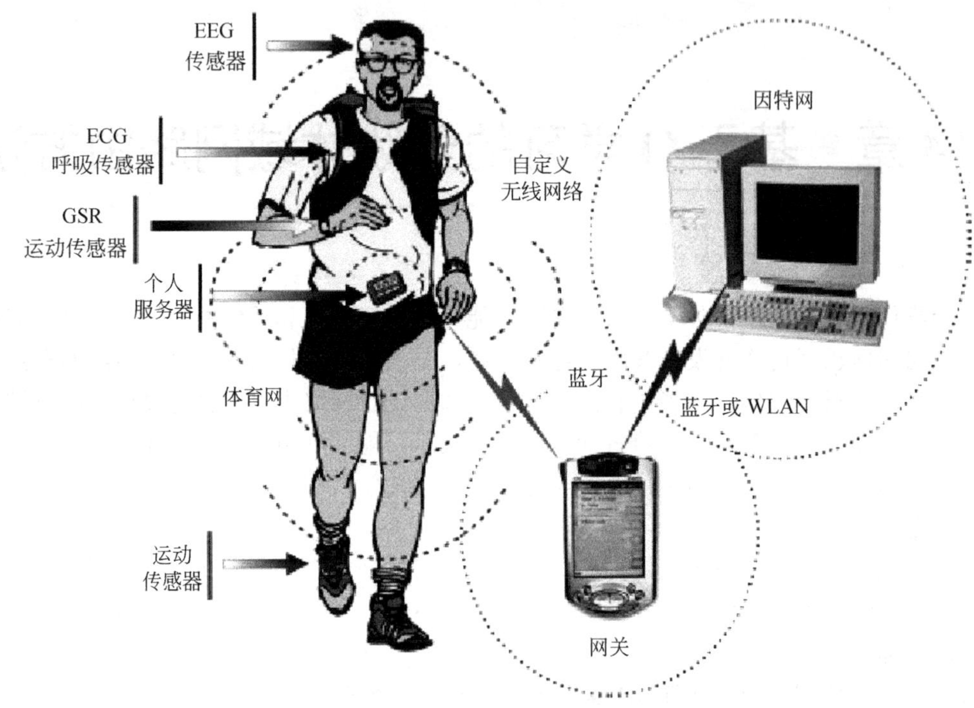

图 14-1　无线体域网 WBAN 的应用工况

目前无线体域网 WBAN 如果要支持视频数据的传输，还面临很多技术难题。例如，如何降低误码率及如何降低传输视频数据的功耗等。无线体域网 WBAN 综合了 WPAN（PC、手机及媒体播放器等个人通信设备组成小型的网络）、WSN、无线短距离通信和传感器技术等各项技术。我们一般认为，无线体域网 WBAN 是 WPAN 的一种延伸。无线体域网 WBAN 和其他短距离无线通信技术相比，在相同的功率下，无线体域网 WBAN 数据传输速率更高，误码率较低；或者在相同的数据传输速率下，WBAN 需要的功率更低。

由于无线体域网 WBAN 中节点能量极为受限，如何高效利用网络中节点能量，保证其网络连通性，提高无线体域网 WBAN 的生存周期，最大程度地降低能量消耗，是广大科研人员正面临的一个瓶颈。

14.2　无线体域网性能分析

无线体域网 WBAN 根据通信距离的不同，可分为无线广域网（WWAN）、无线局域网（WLAN）和无线个人区域网（WPAN）三类，它们有机结合，构成了完整的互连网络体系。

具体无线体域网 WBAN 有什么性能及特征呢？

（1）无线体域网 WBAN 的通信距离更短，通常来说为 0~2m。因此无线体域网 WBAN 具有传输距离非常短的物理层特征。

（2）无线体域网 WBAN 属于一种自组织网络，网络中的节点通信时不需要专门的中心节点进行转发，节点之间可以直接通信，网络中的节点也可以随时增加和减少。

无线体域网 WBAN 中的无线设备是应用于人体周围的，而人体并不是一个纯粹的绝缘体或时刻静止的物体，因此，这使得无线体域网比其他的无线传感器网络更加的复杂。

14.2.1　无线体域网系统结构

无线体域网网络系统组成如图 14-2 所示。

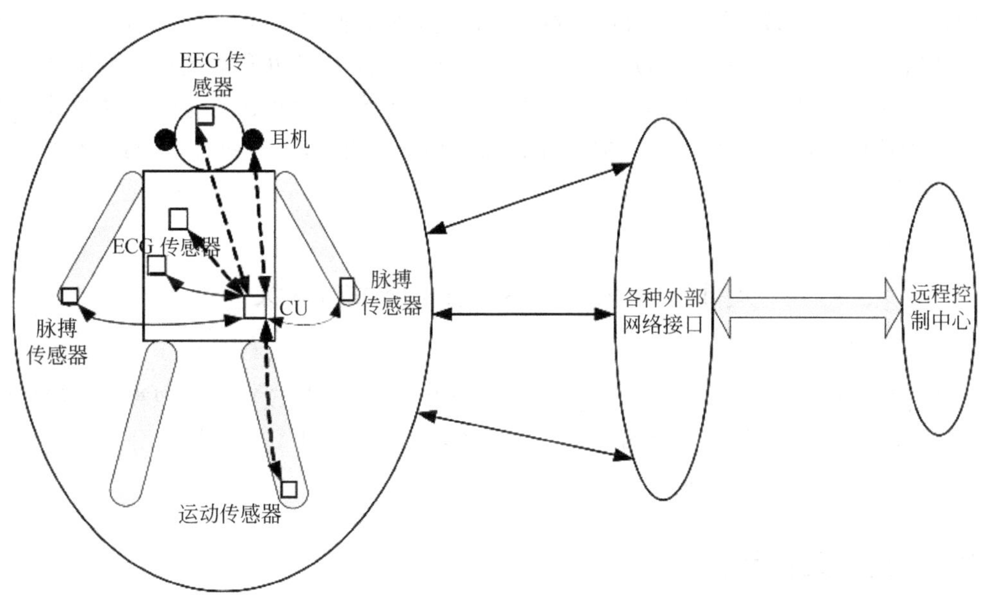

图 14-2　无线体域网网络系统组成图

无线体域网 WBAN 中的传感器节点全部分布在人体各部分上，进而监测人体各项身体指标，主要包括 EEC 传感器、耳机、脉搏传感器、运动传感器及 ECG 传感器等，人体各项传感器通过远程控制中心对人体各项指标进行检测，并将采集到的信息通过各种外部网络接口传输到远程控制中心，供相关人员分析和管理数据。

无线体域网 WBAN 能够和外部各种网络中心相连接，这些网络连接包括一般的家庭网络、有线或者无线接入网络、移动通信网络等网络，无线体域网 WBAN 中可以由手机作为控制端，让病人自身都可以随时随地地监测自身健康状态，并及时反馈信息给医生，当然手机得需要支持 GSM/ CDMA/ WLAN/ WiMAX 蓝牙等，现今的各种安卓智能机都能够胜任这个任务。无线体域网 WBAN 能够方便地接入手机，也能方便地接入车载网络和移动网络等。

14.2.2　无线体域网的主要特点

无线体域网 WBAN 中，主要是通过人体来传递电信号，即把人体当做为一个可变电阻网络，电信号因人而异，因为不同的人，人体内部组织结构有差异，且不同的人生活的环境也不一样，然而这个差异在网络发达的今天已经可以忽略，即认为人体的差异和外界环境的微小变化，对于无线体域网 WBAN 的影响是可忽略的，因此无线体域网 WBAN 广泛应用到各行各业中。广大学者通过研究无线体域网 WBAN 在人体头—脚、脚—手臂和手臂—手臂等不同传输信道下的接收功率，得到了无线体域网 WBAN 在人体网络的接收功率的概率密度函数，具体如下：

$$f\left(x\right)=\frac{1}{\sqrt{2\pi}\ \sigma}\mathrm{e}^{-\frac{(x-u)^2}{2\sigma^2}}$$

无线体域网 WBAN 在人体网络的接收功率的概率密度函数为一个正态分布，对于 u 和 σ 值的计算，我们可以根据事先取点测量，然后采用最大似然估计，可以得到人体头—脚、脚—手臂和手臂—手臂等三种信道分别处于静止和运动状态下 u 和 σ 的值。u 和 σ 是信号传输距离的函数，我们可以采用数学方法将 u 和 σ 值近似成距离 d 的有限阶幂级数形式。如在头—脚的建模计算过程中，选取并计算头—脚中间的某几个特殊位置的 u 和 σ 值，然后通过这些点来确定幂级数的系数。

14.3　无线体域网路由协议

无线体域网 WBAN 广泛应用，无线体域网 WBAN 路由协议更不容忽视。无线体域网路由协议区别于无线自组织移动网络和无线传感器网络，由于其适应性及分布式网络，研究其路由协议配置显得尤为必要。

14.3.1　无线路由协议

要对无线体域网 WBAN 的路由协议进行分析，首先要对现有的无限传感器路由协议进行分析研究。

无线体域网 WBAN 是一种自组织的网络，现有的无线传感器路由协议，从网络拓扑结构来看，可分为平面路由协议和层次路由协议等路由协议。

在平面路由协议中，节点间地位平等，通过局部操作和反馈信息来生成路由。层次式路由则是将网络节点分簇，若干个相邻节点构成一个簇，由簇头节点进行数据融合后再转发给 sink 节点，从而减少了数据通信量。

14.3.2　高效节能路由协议

无线体域网 WBAN 路由性能研究早已成为广大学者研究的热点，那么其高效节能路由协议也是无线体域网 WBAN 设计的必要选择。传统的 Ad Hoc 网络路由协议一般以跳数和时延等参数作为衡量路径长度的指标，因此通过这些路由协议选择的路径，一般情况下能提供一定的 QoS 保证，但是它消耗了过多的节点能量，并且大大减少了节点和网络的运行时间，使得网络寿命大大降低。

目前应用到无线体域网 WBAN 的路由协议为能量感知路由协议，能量感知路由协议从数据传输中的能量消耗出发，主要分析网络的最优能量耗散路径及网络的生存周期等问题。能量感知路由协议根据网络中节点的可用能量，通过最优的网络路径，进行路由算法设计，达到网络的最小能量耗散，确保网络的最大生存周期，从而使得无线体域网 WBAN 路由性能研究更加清晰明了，目前提出的能量感知路由协议主要分为以下几类。

1．单个数据分组所需最小能量路由

这个方法比较简单，也就是一般的图论思想，简单的研究网络特性，直接研究源节点到目标节点的最短路径作为能量耗散最优路径。这种方法事先将网络简单化，通过计算网络的全局信息，从而得到网络的能量耗散信息，这种路由忽略了网络中各节点的负载情况，容易造成网络中各节点的分配任务不均衡，从而导致网络中某些节点过负荷使用，这些过负荷的节点将会过早的坏掉，结束其生命周期，从而造成其他节点的不均衡使用，从而使得整个网络的使用寿命降低。

2．最小总发射功率

接收端接收到的信号功率大于接收阈值，同时接收信号的信噪比大于信噪比阈值，我们就可以认为接收端成功地接收到了此信号。但是如果接收到的信号功率远大于接收阈值，这就是一种能量浪费。因此我们需要通过功率调整，使得各个节点的发射功率根据与邻居节点之间的距离而定，选择在接收成功时最小发射功率总和最小的路径，这样实际消耗的能量就最小。这种能量耗散最小算法可以使用 Dijkstra 的最短路径算法来实现。然而这种算法依赖于节点间的直视距离，在无线体域网 WBAN 中，数据传输所需的最小发射功率还会依赖于频率和节点位置等信道的其他特征。

3．最大总可用电池容量

使网络的生存期最长是网络设计中很重要的指标，所以通过计算各个节点中电池的剩余能量，尽量使用剩余能量总和最大的路径，可以避免剩余能量总和较小的路径被使用，以保持网络的能量尽可能地平均分布。但这种策略需要与跳数最短的概念相结合，避免总可用电池容量最大，但传输跳数却变多的情况。同时路径中可能存在剩余能量很少的节点，选择这种路径可能导致某些节点能量过早耗尽。

4．最小电池消耗路由选择

和“最大总可用电池容量”方法类似，考虑电池的剩余能量，但是并不是直接研究各路径上的可用电池容量之和，而是考虑路径上各个电池的剩余能量，也就是节点传输信息时所受到的“阻力”。阻力或路径代价可以看作是电池容量的倒数，也可以看成其他的函数，但这个“阻力”随电池的消耗而增大，所以原则上就是选出路径代价之和最小的路径。取倒数会使得能量低的电池的代价很高，所以自动避开了节点能量快要耗尽的路由。如果所有的节点具有的能量很类似，就会选择最短的路径，但是由于使用了求和的方式，只考虑了总的电池耗费，剩余能量少的节点仍然有可能被选中。

5．最小—最大电池消耗路由

和“最小电池消耗路由选择”类似，都需要保护好低电池能量的节点，然而最小电池消耗路由选择中剩余能量低的节点，在程序计算中，仍然有可能被选中。而最小—最大电池消耗路由的计算方法是简单地使用一条路径上所有节点的电池剩余能量的倒数中最大的

一个，作为这条路径的代价，然后选择代价最小的路径。这样通过使最大值最小，来选择最优路径。这种最小—最大电池消耗路由方法实际上是在所有的路径中避免采用剩余能量最小的节点，但是实际中并不能保证选中的路径消耗的能量最少。因此，实际中，最小—最大电池消耗路由是在浪费整个网络的能量。

14.3.3　DSR 路由协议

DSR（Dynamic Source Routing）路由协议是一种采用反应式路由思想的路由协议。DSR 为每个节点维护一个路由缓存，存储它所知道的源路由，并在得到新路由时更新缓存路由。

对于 DSR 路由选择时，源节点的路由表会包含从源节点到目的节点的完整路由信息。当源节点需要发送数据给目的节点时，它首先查看源路由缓存，如果源路由缓存中具有有效路由，则采用此路由发送数据，否则就发起一个路由发现过程。路由发现时，源节点广播路由请求分组（RREQ），每个收到 RREQ 的节点都将根据 RREQ 中的目的地址进行判断。

若本节点是目的地址，或者本节点的源路由缓存中包含到达目的地址的路由表，则向源节点发送路由应答分组 RREP；否则就将自己的地址加入 RREQ 序列中，继续广播 RREQ 分组。为了消除中间节点重复广播有相同 ID 的 RREQ 分组，对于每个接收到的 RREQ 分组，中间节点都会检索这个 RREQ 分组的 ID 信息，如果分组中已经有了本节点的地址或者接收到的分组 ID 是本节点已经广播过的 ID，则这个 RREQ 分组就会被丢弃。路由应答 RREP 中包含了从源节点到目的节点的所有路由信息。任何一个转发或者是接收到 RREQ 或 RREP 分组的节点会参照 RREQ 或 RREP 分组中的路由信息来更新自己的路由表。

14.4　基于 Q 学习的无线体域网路由方法

14.4.1　Agent 增强学习算法

增强学习是关于智能体（Agent）通过外部环境的一个简单标量信号（或者称为增强信号，Reinforcement Signal）来不断演进，同时分析其动作后果的一系列问题集合。它有着学习主动性和自适应能力等特点，在智能系统中应用广泛。

Agent 的基本属性有以下几点。

（1）自治性（Autonomy）：Agent 可以在没有人或者其他 Agent 直接干预的情况下运作，而且对自己的行为和内部状态有某种控制能力；

（2）社会能力（Social Ability）：Agent 和其他 Agent 通过某种 Agent 通信语言进行交互；

（3）反应能力（Reactivity）：Agent 观察其环境，并在一定时间内作出反应，以改变环境；

（4）预动能力（Pre-Activeness）：Agent 不仅能够简单地对环境作出反应，而且能够通过接受某些启示信息，体现出面向目标的行为。

标准的 Agent 强化学习框架结构如图 14-3 所示。Agent 由三个模块组成：输入模块 I、

强化模块 R 和策略模块 P。输入模块 I 把环境状态映射成 Agent 的感知 i，强化模块 R 根据环境状态的迁移赋给 Agent 奖赏值 r；策略模块 P 更新 Agent 的内部世界模型，同时使 Agent 根据某种策略选择一个动作作用于环境。

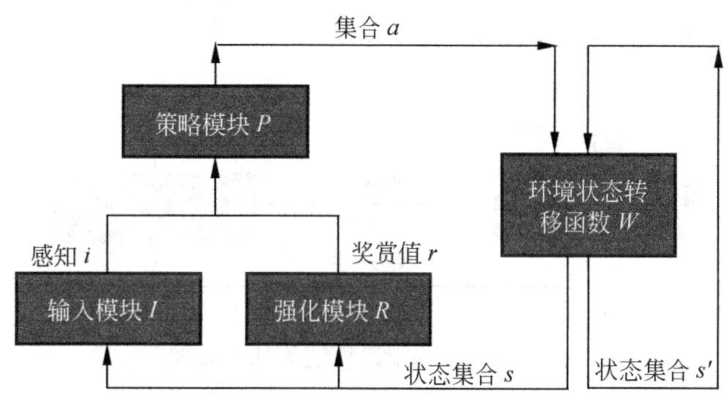

图 14-3　强化学习基本框架

定义 S 为环境所有可能状态的集合，X 为 Agent 所有感知的集合，A 为 Agent 所有行为的集合。因此 Agent 可以用三元组描述，即 $<I,R,P>$，其中：

$I:S \to X$

$R:S \to \Re$（$\Re$ 为实数空间）

$X \times R \to A$

同时定义 W 是环境状态转移函数，即：

$W:S \times A \to S$

强化学习目的是构造一个控制策略，使得 Agent 行为性能达到最大。

Agent 学习模型如图 14-4 所示。

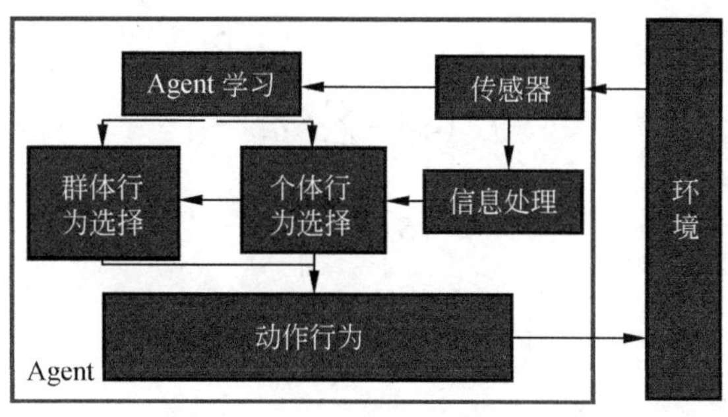

图 14-4　Agent 学习模型

Agent 从复杂的环境中感知信息，对信息进行处理。Agent 通过学习改进自身的性能并选择行为，从而产生群体行为的选择，个体行为选择和群体行为选择使得 Agent 做出决策选择某一动作，进而影响环境。

14.4.2　增强学习算法的基本原理

增强学习是指从动物学习、随机逼近和优化控制等理论发展而来，是一种无导师在线学习技术，从环境状态到动作映射学习，使得 Agent 根据最大奖励值采取最优的策略。其基本原理如图 14-5 所示，Agent 都有明确的目标，感知环境中的状态信息，搜索策略（哪种策略可以产生最有效的学习）选择最优的动作，从而引起状态的改变并得到一个延迟回报值，更新评估函数，完成一次学习过程后，进入下一轮新的学习训练，重复循环迭代，直到满足整个学习的条件，终止学习。

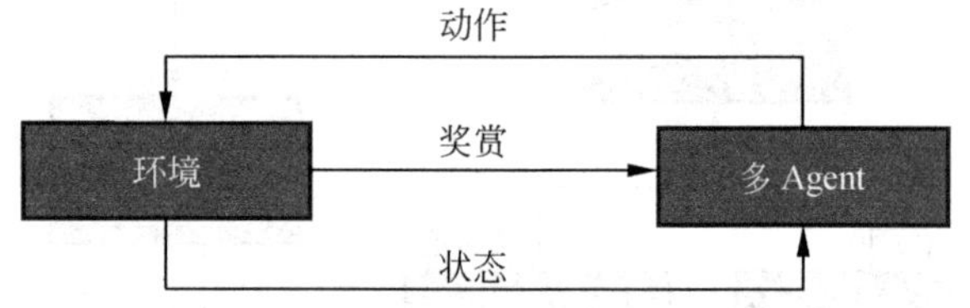

图 14-5　增强学习算法的基本原理

在形式上，该模型是一个四元组 $<S,A,r,T>$：

S 是 Agent 的有限状态集，$S_i \in S$；A 是 Agent 可用的动作集，$a_i \in A$；r 是回报函数，$S \times A \to r$；T 是状态转移函数，即 Agent 在当前状态和下一状态的概率分布映射函数为 $(S,\mathrm{A}) \times S' \to [0,1]$。

图 14-5 描述了 Agent 是如何感知环境状态的。增强学习的目标是学习一个最优策略 π，Agent 在状态 S 下执行动作 A，即 $\pi(s)=a$，能获得最大的回报值。Agent 从状态 S_t 开始执行动作 a_t，直到最终目标采取的策略 π，这一个过程中所有累积的回报值为：

$$R^{\pi}(S_t) = r_t + \gamma r_{t+1} + \gamma^2 r_{t+2} + \cdots = r_t + \gamma R^{\pi}(S_{t+1}) = \sum_{i=0}^{\infty} \gamma^i r_{t+i} \tag{14.1}$$

式中，r_t 是指 Agent 从状态 S_t 转到状态 S_{t+1} 时的回报值，γ 是折扣因子（$\gamma \in [0,1]$），反映了延时奖赏的相对比例。累积的回报值的期望，即状态值函数 $V^{\pi}(S_t)$，它有三种函数形式：

$$V^{\pi}(S_t) = \sum_{i=0}^{\infty} \gamma^i r_{t+i} \tag{14.2}$$

$$V^{\pi}(S_t) = \sum_{i=0}^{h} r_i \tag{14.3}$$

$$V^{\pi}(S_t) = \lim_{h \to \infty} \left(\frac{1}{h} \sum_{0}^{h} r_t \right) \tag{14.4}$$

公式（14.2）是无限折扣式，表示增强学习算法考虑未来∞步的累积回报值；（14.3）式是有限扣式，表示增强学习算法考虑未来 h 步的累积回报值；式（14.4）是平均回报式，表示增强学习算法考虑长期的平均回报值。

增强学习的目标是为了采取最优策略，获得最大的回报期望。

若采取策略 π，在状态 S 的值为：

$$\begin{aligned} V^{\pi}(s) &= E_{\pi}\{R_t | S_t = s\} = E_{\pi}\{r_{t+1} + \gamma r_{t+2} + \gamma^2 r_{t+3} + \cdots | S_t = s\} \\ &= E_{\pi}\{r_{t+1} + \gamma V^{\pi}(S_{t+1}) | S_t = S\} \\ &= \sum_a \pi(s,a) \sum_{s'} T_{ss'}^a \left[R_{ss'}^a + \gamma V^{\pi}(s') \right] \end{aligned} \tag{14.5}$$

公式（14.5）反映了系统若遵守策略 π，所能获得的期望的所有累积的折扣回报值。

定义一个动作值函数 $Q(s,a)$，表示在状态 s 执行动作 a 后获得的立即回报值与之后采用策略 π 所获得的折扣回报值之和的期望。

$$\begin{aligned}Q^{\pi}(s,a) &= E_{\pi}\left\{R_t \middle| S_t = s, a_t = a\right\} \\ &= E_{\pi}\left\{\sum_{k=0}^{\infty}\gamma^k r_{t+k+1} \middle| S_t = s, a_t = a\right\}\end{aligned} \tag{14.6}$$

$Q(s,a)$ 的值是对回报值的预测估计，倘若在状态 s 的回报值比其他状态的回报值低，并不表示 $Q(s,a)$ 的值就低，因为在状态 s 以后采用最优策略 π^* 所获得的折扣回报值高，仍然可以得到更高的 $Q(s,a)$ 值，因此，Agent 选择动作是从长远的角度出发，而不是根据立即回报值来决定动作的。

系统中若有最优策略 π^*，总存在一个策略优于其他策略，即为采取最优策略是累积的回报值最大，可表示为 $R^*(s) \geqslant R^{\pi^i}(s), \pi^i \in \pi$，由式（14.5）和式（14.6）可得：

$$V^{\pi^*}(s) = \max\sum_{s'} T_{ss'}^a\left[R_{ss'}^a + \gamma V^{\pi^*}(s')\right] \tag{14.7}$$

$$Q^*(s,a) = \max Q^{\pi}(s,a) = \sum_{s'} T_{ss'}^a\left[R_{ss'}^a + \gamma \max Q^*(s',a')\right] \tag{14.8}$$

根据式（14.7），式（14.8）是 Bellman 最优方程，并不由一个具体的最优策略决定，即可确定最优策略：

$$\pi^* = \arg_{\pi}\max V^n(s) = \arg\max\left(r(s,a) + \gamma\sum_{s'} T_{ss'}^a V^{\pi^*}(s')\right) \tag{14.9}$$

$$\pi^* = \arg_{\pi}\max Q^*(s,a) \tag{14.10}$$

14.4.3　Q-learning 增强学习算法

目前，对增强学习算法研究较多，比较成熟的算法很多，这里介绍几种算法，如：马尔可夫决策过程（MDP，Markov Decision Process）、动态规划算法（DP，Dynamic Programming）、蒙特卡罗算法（MC，Monte Carlo）、Q 学习算法（Q-learning）和瞬时差分算法（TD，Temporal Differences）。

在上述的几种经典的增强学习算法中，本小节选用 Q-learning 学习算法和 TD 算法用于无线传感器网络的自组织中。

Q 学习算法最初是从 TD(0)算法中改进而来，也是只考虑一步状态（也称为一步 Q 学习算法）。

马尔可夫决策（MDP）本质是当前状态 S 转到下一状态 S' 的状态转移概率 $T(s,s')$ 和回报值 R 只取决于当前的状态 S 和动作，与过去的状态和动作无关。DP 是基于模型和 MDP 的技术，DP 是利用值函数来寻找好的策略，适用于大规模问题的求解。若已知回报函数和状态转移函数，那么可以适用策略迭代法求解，如式（14.11）和式（14.12）所示。

$$\pi_k(s) = \arg\max\sum_{s'} T_{ss'}^a\left[R_{ss'}^a + \gamma V^{\pi_{k-1}}(s')\right] \tag{14.11}$$

$$V^{\pi_k}(s)=\sum_a \pi_{k-1}(s,a)\sum_{s'}T_{ss'}^a\left[R_{ss'}^a+\gamma V^{\pi_{k-1}}(s')\right] \tag{14.12}$$

DP 要求预先知道确切的环境模型信息，在无线传感器网络中，这些信息都是未知的，这时 DP 方法就不适用了。

MC 是基于平均化取样回报值的无模型学习方法。平均化是指在学习过程中，状态 S 出现的次数可能不止一次，每次访问 S 到终止状态所获得的回报值平均后赋予 S 的值函数。MC 只需要经验知识的信息，如状态、动作和回报值，对马尔可夫性的要求不是很高，利用式（14.13）进行值函数估计。

$$V(S_t)\leftarrow V(S_t)+\alpha\left[R_t-V(S_t)\right] \tag{14.13}$$

MC 在求解问题时将问题分解成几段，采用逼近的方法。R_t 表示从始发状态 s，采用某种策略 π 所累积的第 n 次回报值，在每次学习中，保持 π 不变，重复使用式（14.13）更新逼近。

TD 是一种增量式在线预测的算法，是 MC 和 DP 的融合，即对于一个还没有完全了解的环境，Agent 可以通过学习原始经验学起，在更新状态值函数时，根据过去的知识经验来预测更新，一步 TD 算法 TD(0)是 TD 算法中最简单的算法，其迭代公式为：

$$V(S_t)\leftarrow V(S_t)+\alpha\left[r_{t+1}+\gamma V(S_{t+1})-V(S_t)\right] \tag{14.14}$$

Q-learning 是由 Watkins 于 1989 年提出的一种无模型及增量式 DP 的增强学习算法，实质上 Q 学习的一般问题是基于马尔可夫过程，是 MDP 的另一种变化形式，也被称为离策略 TD 学习（off-policy TD）。Q-learning 的思想是 Agent 通过对状态-动作对的评价来评估学习的值函数 $Q(s,a)$ 学习，从而找到最优行动策略。该算法简单、收敛度快和易于使用，近年来成为研究的热点，被誉为增强学习算法发展中的一个重要里程碑。

定义 Q 值：

$$Q^n(s,a)=E\left[r\middle|(s,a)\right]+\gamma\sum_{s'}T_a^{ss'}\max Q^n(s',a') \tag{14.15}$$

将 TD 的方法用于 Q 值的评估，可得：

$$Q_{t+1}(s_t,a)=(1-\alpha)Q_t(s_t,a)+\alpha\left[r_t+\gamma\max Q_t(s_{t+1},a')\right] \tag{14.16}$$

$\alpha\in[0,1]$，反映了学习的效率。Q 学习中首先初始化 Q 值表，目标是 $r_t+\gamma\max Q_t(s_{t+1},a')$，Agent 能在状态 S_t 以概率 T 选择当前 Q 值最高的动作，得到经验知识 $<S,A,r,T>$，保证了 Q 学习的收敛性。根据式（14.15）更新 Q 值，当 Agent 到达目标状态，第一次迭代学习的过程结束，Agent 又开始新的循环，直到整个学习过程结束，即可得到最优的 Q 值。

14.4.4　基于 Q 学习的无线体域网路由策略

为了构建自适应无线体域网，本小节考虑使用 Q 学习算法来实现能量感知路由协议，从而实现无线体域网的自组织，即综合考虑路径上 Agent 的通信能量消耗及剩余能量的情况，选择较优的 Agent 传递信息，保证数据传输效率的前提下，均衡消耗网络的整个能量，延长网络生命周期。本小节无线体域网路由选择采用 DSR 路由协议。

DSR 路由协议采用反应式路由思想的路由协议。它为每个节点维护一个路由缓存，存储它所知道的源路由，并在得到新路由时更新缓存路由。源节点的路由表会包含从源节点到目的节点的完整路由信息。当源节点需要发送数据给目的节点时，它首先查看源路由缓存，如果源路由缓存中具有有效路由，则采用此路由发送数据，否则就发起一个路由发现过程。

DSR 采用错误分组和确认分组进行路由维护。源节点进行数据发送时，需要对已建立的路由进行维护。当节点在数据链路层遇到传输错误时，此节点就向源节点回传一个路由错误分组 REER，这个错误分组包含链路失败的两个端点地址。收到路由错误分组的节点，都从路由缓存中删除包含此链路的路由，以使链路失败的路由影响降到最低。

在无线体域网中，DSR 中简单地只选择最短路径。由于业务的区分和节点所处位置的不同，节点的剩余能量也不尽相同。能量多的节点可以承受更多的数据转发，使得能量少的节点得到保护，以免使一些节点过早因能量耗尽而死亡。因此，DSR 在做判决时考虑节点的剩余能量。

DSR 路由协议在做路由选择时，只考虑最小跳数，并且所有的节点都处于稳定的环境之中，不考虑信道的时变和衰落以及信道切换带来的影响。在无线体域网络中，由于节点网络固定，节点的初始能量值根据节点之间的距离信息来衡量的，根据信息传输过程中，能量的损耗来评价 Sink 节点和目标节点之间的关系，考虑节点剩余能量耗损问题，选择 Q-learning 学习算法得到的 Q 值表实时更新相应的 D_{ij} 矩阵。其中 D_{ij} 表示 Sink 节点 i 到目标节点 j 所有经过的最小距离，由于考虑距离是能量耗损的函数 $E_i = f\left(r_i\right)$，因此距离的优化即是选择最小路径代价的函数。

由此选用剩余能量最多的路径，其中可能会出现节点能量耗尽的情况，主要依赖于 Q-learning 增强算算法通过 Agent 感知外界环境得到的 Q 值表的信息，如图 14-6 所示。

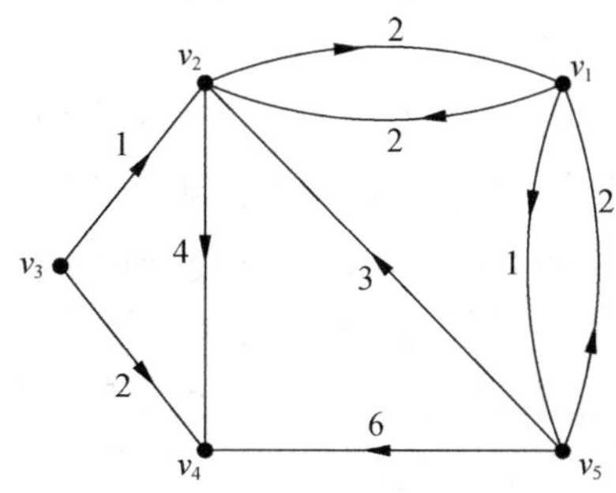

图 14-6　路由选择示意图

Sink 节点 v_1 向目标节点 v_4 发送信号，信号可能经过的路径有 $v_1 \to v_2 \to v_4$，$v_1 \to v_5 \to v_2 \to v_4$ 或者 $v_1 \to v_5 \to v_4$，相应的路径权重为 w_{ij}。

对于权重 w_{ij} 的定义，权重越小的路径往往意味着该路径上信道质量比较好，路径上的节点有更多的剩余能量，每一跳消耗的能量比较低，而路径中将要退出网络的节点越多。所以选择权重最小的一条或较小的几条路径，网络传输一比特信息所消耗的能量被有效地降低，网络生存期被延长，网络中的资源被充分利用。

则由图 14-6 所示的路由模型，分析如下。

当 $v_1 \to v_2 \to v_4$ 时，v_2 的剩余能量为 $E(v_2)_{12}$，v_4 的剩余能量为 $E(v_4)_{24}$，相应的剩余能量可用如下表达式衡量：

$$E_s = \left[E(v_2)_{12} w_{12} + E(v_4)_{24} w_{24}\right] \propto \left[w_{12} f(r_{12}) + w_{24} f(r_{24})\right]$$

当 $v_1 \to v_5 \to v_3 \to v_4$ 时，v_5 的剩余能量为 $E(v_5)_{15}$，v_3 的剩余能量为 $E(v_3)_{53}$，v_4 的剩余能量为 $E(v_4)_{34}$，相应的剩余能量可用如下表达式衡量：

$$E_s = \left[E(v_5)_{15} w_{15} + E(v_3)_{53} w_{53} + E(v_4)_{34} w_{34}\right] \propto \left[w_{15} f(r_{15}) + w_{53} f(r_{53}) + w_{34} f(r_{34})\right]$$

当 $v_1 \to v_5 \to v_4$ 时，v_5 的剩余能量为 $E(v_5)_{15}$，v_4 的剩余能量为 $E(v_4)_{54}$，相应的剩余能量可用如下表达式衡量：

$$E_s = \left[E(v_5)_{15} w_{15} + E(v_4)_{54} w_{54}\right] \propto \left[w_{15} f(r_{15}) + w_{54} f(r_{54})\right]$$

考虑到无线体域网络的确定性，即网络的分布结构一定，则相应的 w_{ij} 一定，因此，对于剩余能量的计算转换为距离最小的路径选择。考虑到路径中可能出现的最小剩余能量问题，采用 Q-learning 算法计算 Q 值表，更新相应网络的节点之间的距离计算。在确定的网络下计算相应的最佳路径并完成相应的传输任务。

DSR 路由协议只考虑最简单的路径选择，对于无线体域网而言，网络的节点和链接关系一定，利用 Dijkstra 算法进行起始节点到目标节点的所有路径的选择，通过路径的判断得到一条最优路径，从而进行信息的传送，这样既减小了网络时延，而且使得系统报文更加的准确。通过选择的路径计算下一跳接受的能量损耗从而计算整条路径下的能量损耗，由此综合上述算法描述如下。

（1）初始化网络参数，包括网络节点数、节点通信连接回路、Sink 节点选择及目标节点选定，计算相应的节点距离矩阵。

（2）进行相应的学习率 α 设定，定义路由节点之间距离评价矩阵作为输入初始化 Q 值表，采用 Sink 节点向目标节点广播信息，网络节点矩阵通过距离进行约束，当节点之间的状态为 $-\text{Inf}$，则表示节点之间 no door，由此进行 Q-learning 增强计算。

（3）由构建的 WBAN 网络，进行 Q-learning 增强计算，更新相应的 Q 值表，用此更新后的 Q 值表进行路由节点距离矩阵的更新，同时也避免了节点剩余能量导致节点死亡的影响，并和 Sink 节点构成通信平台。

（4）对更新后的节点评价路由矩阵表进行最佳路由设定，由剩余能量的计算转换为距离最小的路径选择，因此采用 Dijkstra 算法易得最佳路径。

（5）由路径条件选择计算相应的最小能耗路径，若不是则舍弃，若是则选择该条路径；若 Sink 节点到目标节点只有一条路径，则直接得到最佳路径。

具体的流程框图如图 14-7 所示。

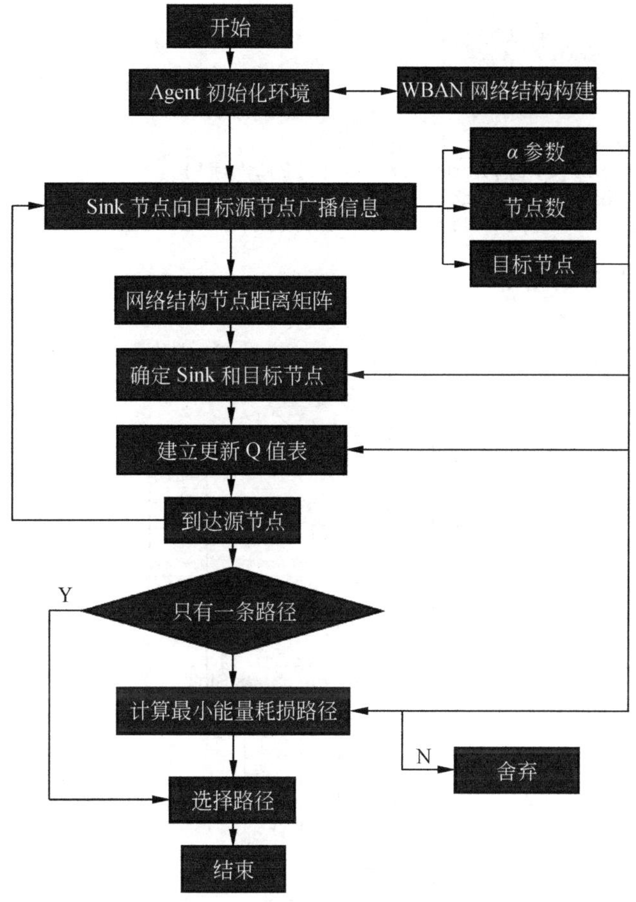

图 14-7　DSR_WBAN 处理流程图

14.4.5　WBAN 路由分析与 MATLAB 实现

采用 DSR 路由协议，对 WBAN 网络进行 Q_learning 增强学习算法进行仿真，构建相应的节点图，进行节点标号，方便对节点进行定量标记分析，MATLAB 程序如下：

```
figure('Color',[1 1 1]);
% 画圆
t=0:0.01:2*pi;
x=circle_r*cos(t);
y=circle_r*sin(t);
plot(x,y,'k')
hold on
% 画躯体
rectangle('Position', [-30 -85 60 70])
% 画左臂
rectangle('Position', [-45 -65 15 50])
% 画右臂
rectangle('Position', [30 -65 15 50])
% 画左腿
rectangle('Position', [-20 -135 15 50])
```

```
% 画右腿
rectangle('Position', [5 -135 15 50])
axis equal;axis off;
hold on
%画出节点
load('node_xy_int.mat')  % xy 坐标
plot(node_xy_int(:,1),node_xy_int(:,2),'sr')
plot(node_xy_int(14,1),node_xy_int(14,2),'r.','markersize',20)
text(node_xy_int(14,1)+4,node_xy_int(14,2)+1,'Sink','Color',[0 0 1])
```

运行程序输出图形如图 14-8 所示。

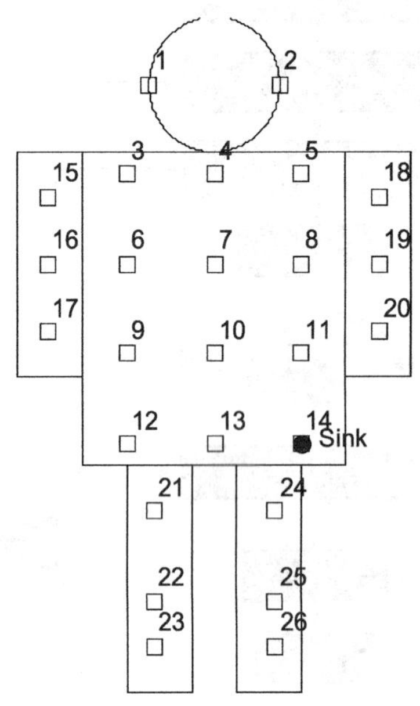

图 14-8　人体节点模型拓扑图

在图 14-8 中，WBAN 网络主要包括头部传感器、身体传感器、左右手臂传感器及左右双腿传感器。考虑到 WBAN 网络中各节点与节点之间通信，以及节点与源节点（Sink）之间通信，构建相应的 WBAN 网络，程序如下：

```
clc,clear,close all                        % 清屏、清工作区、关闭窗口
warning off                                % 消除警告
feature jit off                            % 加速代码执行
% 人身体表面近似一个矩形区域
% Nx 被设置成 200cm，表示矩形长度
% Ny 被设置成 120cm，表示矩形高度
% deltax 横向两节点间隔.
% deltay 高度方向两节点间隔.
Nx=200;                 % Nx 被设置成 200cm，表示矩形长度
Ny=120;                 % Ny 被设置成 120cm，表示矩形高度
deltax=8;               % 网格密度
deltay=10;              % 网格密度
circle_r = 15;          % 圆度半径
%% drawn 200 x 120 的矩形区域 (human torso).
person;
%画出链接关系图
```

```
load('conx.mat')            % 邻接矩阵
nconx = size(conx);
for i=1: nconx(1,1)
    for j=1:nconx(1,2)
        if conx(i,j)==1
            xconx=[ node_xy_int(i,1), node_xy_int(j,1)];
            yconx=[ node_xy_int(i,2), node_xy_int(j,2)];
            plot(xconx,yconx,'b--','linewidth',2);
%               pause(1)
        end
    end
end
```

运行程序输出图形如图 14-9 所示。

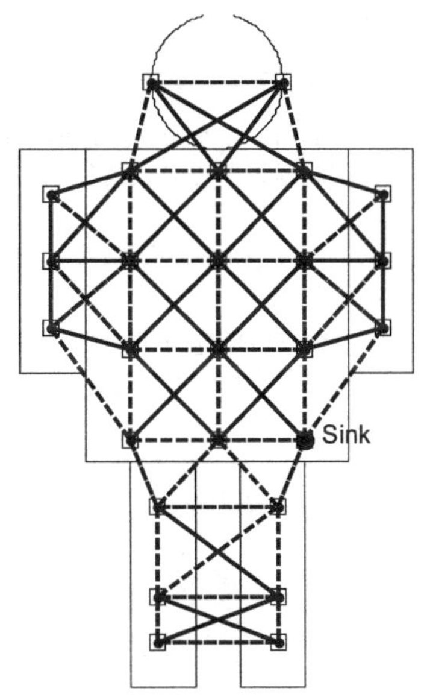

图 14-9　WBAN 网络

在图 14-9 中，相应的节点通过路由链接表示节点之间可以直接通信，反之，没有相连的节点之间是没法进行通信的。图中有一个源节点 Sink 节点，其他的节点为信息反馈节点，相应的 Sink 节点处能量比较大。

采用基于 prim 的最小生成树模型，MATLAB 程序如下：

```
%% MST model
T=prim(Dz);                 % 返回最小树模型
nT=size(T);
person;
hold on
for i=1:nT(1,2)
    xT=[node_xy_int(T(1,i),1), node_xy_int(T(2,i),1)];
    yT=[node_xy_int(T(1,i),2), node_xy_int(T(2,i),2)];
    plot(xT,yT,'r-','linewidth',2);
end
```

其中，prim 的最小生成树模型程序如下：

```
function T=prim(D)
% D 为矩阵
```

```
% T 返回的连接树
n=size(D,1);                    % n 个节点
T=[];
l=0;                            % l 记录 T 的列数
q(1)=-1;
for i=2:n
   p(i)=1;
   q(i)=D(i,1);                 % 第一个节点到其他节点距离
end
k=1;
while 1
   if k>=n                      % 循环大于节点 n 个数，跳出循环，输出连接节点
      % disp(T);
      break;
   else
      min=inf;
      for i=2:n
          if q(i)>0&q(i)<min
              min=q(i);  % 找到与第一个节点相连的所有节点，其中距离最近的节点的距离
              h=i;       % 记录最近节点对应的节点序号
          end
      end
   end
   l=l+1;
   T(1,l)=h;                    % 记录最近的那个节点
   T(2,l)=p(h);                 % 当前起始节点
   q(h)=-1;
   for j=2:n
      if D(h,j)<q(j)
          q(j)=D(h,j);
          p(j)=h;
      end
   end
   k=k+1;
end
```

运行程序输出图形如图 14-10 所示。

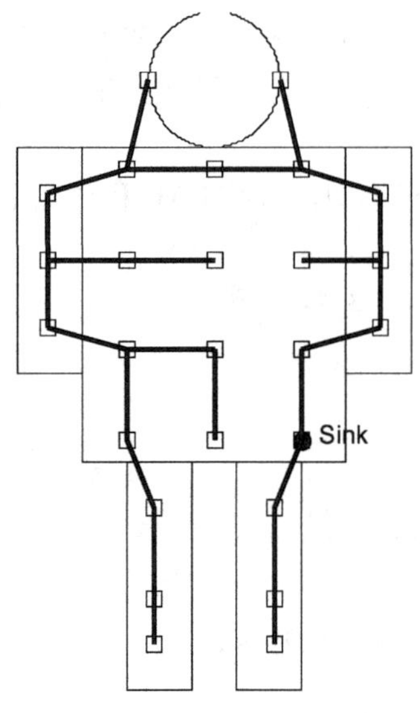

图 14-10　基于 prim 的最小树模型

基于 Dijkstra 的最小能量树的 LET 自组织方法对该 Sink 节点到其他目标节点的路由进行求解，MATLAB 程序如下：

```
%% 最短路模型
person;         % 画人体模型
hold on
for i=1:size(node_xy_int,1)
    text(node_xy_int(i,1)+1,node_xy_int(i,2)+5,num2str(i),'Color',[001])
end
Dz = dijz(node_xy_int,conx);                          % 返回距离矩阵
[r_path, r_cost] = dijkstra(18, 14, Dz);              % 最短路
nr =length(r_path);
for i=1:(nr-1)
    xr=[node_xy_int(r_path(1,i),1), node_xy_int(r_path(1,i+1),1)];
    yr=[node_xy_int(r_path(1,i),2), node_xy_int(r_path(1,i+1),2)];
    plot(xr,yr,'r-','linewidth',2);
end
```

其中 Dijkstra 的最小能量树函数如下：

```
function [r_path, r_cost] = dijkstra(pathS, pathE, transmat)
% The Implemented Dijkstra's algorithm
%  pathS: 所求最短路径的起点
%  pathE :所求最短路径的终点
%  transmat: 图的转移矩阵或者邻接矩阵，应为方阵
if ( size(transmat,1) ~= size(transmat,2) )
  error( 'detect_cycles:Dijkstra_SC', ...
        'transmat has different width and heights' );
end

% 初始化:
% noOfNode-图中的顶点数
% parent(i)-节点 i 的父节点
% distance(i)-从起点 pathS 的最短路径的长度
% queue-图的广度遍历
noOfNode = size(transmat, 1);

for i = 1:noOfNode
  parent(i) = 0;
  distance(i) = Inf;
end
queue = [];

% Start from pathS
%
for i=1:noOfNode
  if transmat(pathS, i)~=Inf
    distance(i) = transmat(pathS, i);
    parent(i)   = pathS;
    queue       = [queue i];
  end
end

% 对图进行广度遍历
while length(queue) ~= 0
  hopS  = queue(1);
  queue = queue(2:end);
```

```
  for hopE = 1:noOfNode
    if distance(hopE) > distance(hopS) + transmat(hopS,hopE)
      distance(hopE) = distance(hopS) + transmat(hopS,hopE);
      parent(hopE)   = hopS;
      queue          = [queue hopE];
    end
  end

end

% 回溯进行最短路径的查找
r_path = [pathE];
i = parent(pathE);

while i~=pathS && i~=0
  r_path = [i r_path];
  i      = parent(i);
end

if i==pathS
  r_path = [i r_path];
else
  r_path = []
end

% 返回最短路径的权和
r_cost = distance(pathE);
```

运行程序输出图形如图 14-11 所示。

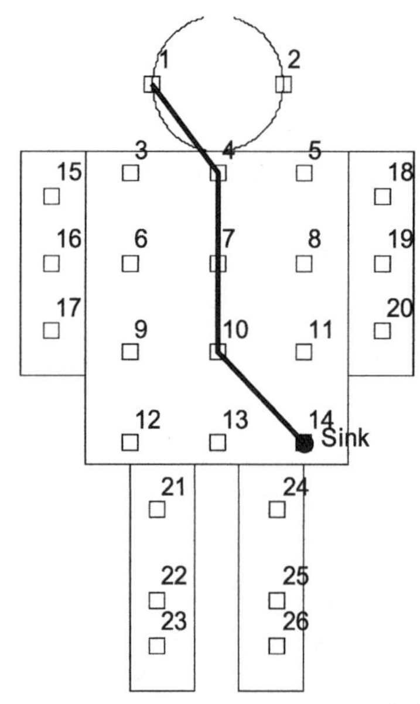

图 14-11　基于 Dijkstra 的最小能量树

在基于 Q 学习的无线体域网网络中，有两个参数 g（时延）和 γ（增强因子值）仍然未知，需要系统预设。为了减少算法的计算复杂性，减少时延，令 g=0。同时，令 γ 等于不同值，如 γ 值分别设为 $\gamma=0.8$、$\gamma=0.5$ 和 $\gamma=0.3$ 来验证这两个参数对 WBAN 网络的生存时间、节点的路径选择是否有影响，仿真模型如图 14-12 所示。

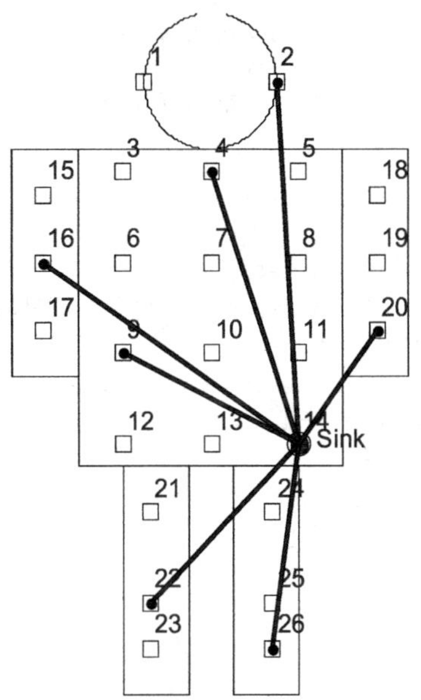

图 14-12　源节点与目标节点通信

对于图 14-12 中的 sink 节点到节点 2、4、9、16、20 和 22 进行网络仿真，编写 MATLAB 程序如下。

人体模型仿真参数设置，程序如下：

```
clc,clear,close all                     % 清屏、清工作区、关闭窗口
warning off                             % 消除警告
feature jit off                         % 加速代码执行
% 人身体表面近似一个矩形区域
% Nx 被设置成 200cm，表示矩形长度.
% Ny 被设置成 120cm，表示矩形高度.
% deltax 横向两节点间隔.
% deltay 高度方向两节点间隔.
Nx=200;                      % Nx 被设置成 200cm，表示矩形长度
Ny=120;                      % Ny 被设置成 120cm，表示矩形高度
deltax=8;                    % deltax 横向两节点间隔
deltay=10;                   % deltay 高度方向两节点间隔
circle_r = 15;               % 覆盖面通信半径
gamma = 0.8;                 % Q 学习参数
Sink = 14;
person;                      % 人体 model
hold on
for i=1:size(node_xy_int,1)
    text(node_xy_int(i,1)+1,node_xy_int(i,2)+5,num2str(i),'Color',[0 0 1])
                                                                    % 标记
end
load('node_xy_int.mat')               % xy 坐标
load('conx.mat')                      % 邻接矩阵
R = dijf(node_xy_int,conx);           % 返回距离矩阵
```

WBAN 网络变量初始化操作，程序如下：

```
% 初始化变量
numnodes2=[];                    % 节点数量
Ptrans2=[];                      % 需要传输的能量
Sensitivity2=[];                 % 目标节点接受一个信号所需最小能量mj
connexion2=[];                   % 通信链接百分比
P0=50.5;
d0=10;
n=7.4;
numnodes = 26;                   % 节点数量
Ptrans = 100;                    % 需要传输的能量
Sensitivity = 40;                % 目标节点接受一个信号所需最小能量mj
% 初始化变量，避免变量维数冲突
source=[node_xy_int(14,1),node_xy_int(14,2)];       % Sink节点
sourcetot=[];      sourcetot1=[];
dest=[];          dest1=[];
destot=[];         destot1=[];
Plosstot=[];       Plosstot1=[];
distance=[];       distance1q = [];
Q_learning = [] ;  Q_learning1 = [];
rr =[];            rr1 =[];
                diffxtot1=[];   diffytot1=[];  difftot1=[];
R2=rand(numnodes);               % 0~1之间的numnodes x numnodes的矩阵，初始化
gamma_init = [0.8,0.5,0.2];
numdest_init = [2,4,16,9,22,26,20];
```

节点循环计算，程序如下：

```
for kgam = 1:3
   gamma = gamma_init(1,kgam);
   numd=1;
for numnodes=8:12/6:20

      R2=rand(numnodes);   % 0~1之间的numnodes x numnodes的矩阵，初始化
      source;              % 起始节点
      numdest = numdest_init(1,numd);       % 目标节点标号
      dest = node_xy_int( numdest,:);       % 终始节点

      %Q_learning
      [Q_path,dmin,Q_learn] = Rf_Q_learning(Sink,numdest,R,gamma);
                                  % 返回当前节点dijkstra的节点路径
      r = 0;
      nQ_path = length(Q_path);
      for i=1:(nQ_path-1)
         r= r+ R( Q_path(1,i), Q_path(1,i+1)); % 起始节点到目标节点最小距离
      end
      rr =[rr,r];
      Q_learning = [Q_learning, Q_learn ] ;
      Ploss = (P0 + 10*n*log10(r/d0))/4-gamma-gamma*R2(1);
                 % Pathloss 的计算公式 : Ploss = P0 + 10*n*log10(r/d0).
      Plosstot = [Plosstot,Ploss];                      % 路由损耗
      distance = [distance,r];                          % 距离
      sourcetot = [sourcetot; source];                  % 起始节点
      destot = [destot; dest];                          % 相对应的终始节点
      numd = numd + 1;

      diff=dest-source;     % 终始节点与起始节点的横纵坐标差
      diffx=diff(1);        % 获取横坐标差
```

```
        % 由于人体被表征为一个矩体，则节点在前后矩形面绕线式分布
        % the lateral surface of the cylinder are the same: Nx=0.
        if abs(diffx) <= Nx/2
           diffx=diff(1);
        elseif ((abs(diffx)) > Nx/2) && (diffx < 0)
           diffx = Nx - abs(diff(1));
        elseif ((abs(diffx)) > Nx/2) && (diffx >= 0)
           diffx = abs(diff(1)) - Nx;
        end
        % obtain the different necessary values.
        diffy = diff(2);                          % 起始节点和终始节点的纵坐标差
        r1 = sqrt(diffx^2 + diffy^2);             % 起始节点和终始节点的距离
        direction = (atan2(diffy,diffx))*180/pi;% 起始节点和终始节点连线的角度
        Ploss1 = (P0 + 10*n*log10(r1/d0))/4;
                      % Pathloss 的计算公式 : Ploss = P0 + 10*n*log10(r/d0).
        Plosstot1 = [Plosstot1 Ploss1];           % 路由损耗
        distance1q = [distance1q r1];             % 距离
        sourcetot1 = [sourcetot1; source];        % 起始节点
        destot1 = [destot1; dest];                % 相对应的终始节点
        diffxtot1 = [diffxtot1 diffx];
        diffytot1 = [diffytot1 diffy];

end
```

能量计算，程序如下：

```
Pini = ones(size(Plosstot)).*Ptrans;     % 起始节点传输能量
Po = Pini - Plosstot ;                   % 终始节点接受能量
Po11 = Pini - Plosstot1;                 % 终始节点接受能量
% 考虑拓扑连接关系 topology's connection degree.
connect=[];     connection=[];
desconnect=[];  desconnection=[];
for i=1:length(Po)
   if Po(i)< Sensitivity             % 到达终始节点的能量小于最小能量值，不连通
      desconnect=1;
      desconnection=[desconnection desconnect];
   else                              % 到达终始节点的能量大最小能量值，则连通
       connect=1;
       connection=[connection;connect];
   end
end

% 连通的比例， x%，百分数
connexion  =  ((length(connection))/(length(connection)+length(desconnec
tion)))*100;
connexion2 = [connexion2;connexion];         % 连通性比例数组

end
```

运行完程序，进行图形绘制，程序如下：

```
figure,
% 节点距离和路由损耗能量图
[distance1,Plosstot1] = sort_mat(distance(1,1:7),Plosstot(1,1:7));
                                                                % ascend
[distance2,Plosstot2] = sort_mat(distance(1,8:14),Plosstot(1,8:14));
                                                                % ascend
[distance3,Plosstot3] = sort_mat(distance(1,15:21),Plosstot(1,15:21));
```

```
                                                                          % ascend
plot(distance1,Plosstot1,'>r--','linewidth',2);grid on;
hold on
plot(distance2,Plosstot2,'>g--','linewidth',2);grid on;
plot(distance3,Plosstot3,'>b--','linewidth',2);grid on;
xlabel('起始节点到终始节点距离'),ylabel('路由能量损耗'),title('节点距离和路由损
耗能量图');
% axis tight
legend('\gamma = 0.8','\gamma = 0.5','\gamma = 0.2')

figure,
plot(8:2:20,Po(1,1:7),'>r--','linewidth',2);grid on;
hold on
plot(8:2:20,Po(1,8:14),'>g--','linewidth',2);grid on;
plot(8:2:20,Po(1,15:21),'>b--','linewidth',2);grid on;
xlabel('节点数'),ylabel('终始节点接受能量'),
% axis tight
legend('\gamma = 0.8','\gamma = 0.5','\gamma = 0.2')

figure,
% 接收能量值
[distance4,Po1] = sort_mat(distance(1,1:7),Po(1,1:7));      % 距离 ascend
[distance5,Po2] = sort_mat(distance(1,8:14),Po(1,8:14));    % 距离 ascend
[distance6,Po3] = sort_mat(distance(1,15:21),Po(1,15:21));% 距离 ascend
plot(distance4,Po1,'>r--','linewidth',2);grid on;
hold on
plot(distance5,Po2,'>g--','linewidth',2);grid on;
plot(distance6,Po3,'>b--','linewidth',2);grid on;
xlabel('Sink 到目标节点的距离'),ylabel('终始节点接受能量'),
% axis tight
legend('\gamma = 0.8','\gamma = 0.5','\gamma = 0.2')

% 生存周期
figure,
Po6 = (max(Po3 - Sensitivity - Ptrans)- (Po3 - Sensitivity - Ptrans-1))*2;
Po5 = (max(Po2 - Sensitivity - Ptrans)- (Po2 - Sensitivity - Ptrans-1))*2;
Po4 = (max(Po1 - Sensitivity - Ptrans)- (Po1 - Sensitivity - Ptrans-2))*2;
plot(8:2:20,[min(Po6),Po4(1,2:7)],'>r--','linewidth',2);grid on;
hold on
plot(8:2:20,Po5,'>g--','linewidth',2);grid on;
plot(8:2:20,Po6,'>b--','linewidth',2);grid on;
xlabel('节点数'),ylabel('网络生存周期'),
% axis tight
legend('\gamma = 0.8','\gamma = 0.5','\gamma = 0.2')

figure,
xx = 8:2:20;
yy = sort(distance4,'descend');
zz = Po4;
xx1 = 8:0.5:20;
yy1 = 30:(60-30)/(size(xx1,2)-1):60;
[XX,YY]=meshgrid(xx1,yy1);
ZZ = griddata(xx,yy,zz,XX,YY,'v4');
surf(XX,YY,ZZ)
xlabel('节点数')
ylabel('Sink 路径')
zlabel('网络生存周期')

%% no Q
```

```
[distance11,Po111] = sort_mat(distance1q(1,1:7),Po11(1,1:7));% 距离 ascend
[distance22,Po222] = sort_mat(distance1q(1,8:14),Po11(1,8:14));% 距离 ascend
[distance33,Po333] = sort_mat(distance1q(1,15:21),Po11(1,15:21));% 距离 ascend
Po44 = (max(Po111 - Sensitivity - Ptrans) - (Po111 - Sensitivity - Ptrans-1))*2;
Po55 = (max(Po222 - Sensitivity - Ptrans) - (Po222 - Sensitivity - Ptrans-1))*2;
Po66 = (max(Po333 - Sensitivity - Ptrans) - (Po333 - Sensitivity - Ptrans-1))*2;
figure,
plot(8:2:20,[min(Po6),Po4(1,2:7)],'>r-','linewidth',2);grid on;
hold on
plot(8:2:20,Po5,'>g-','linewidth',2);grid on;
plot(8:2:20,Po6,'>b-','linewidth',2);grid on;
plot(8:2:20,Po44,'*r--','linewidth',2);grid on;
hold on
plot(8:2:20,Po55,'*g--','linewidth',2);grid on;
plot(8:2:20,Po66,'*b--','linewidth',2);grid on;
xlabel('节点数'),ylabel('网络生存周期'),
% axis tight
legend('\gamma = 0.8','\gamma = 0.5','\gamma = 0.2')
title('Q 学习和无 Q 学习')
% end
```

得到 Sink 节点到目标节点最短路能量树模型仿真结果图，如图 14-13 和图 14-14 所示。

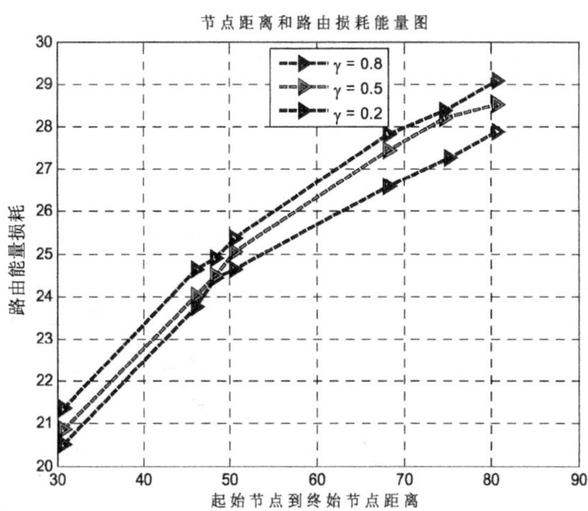

图 14-13　Sink 节点到其他节点通信路由能量耗散

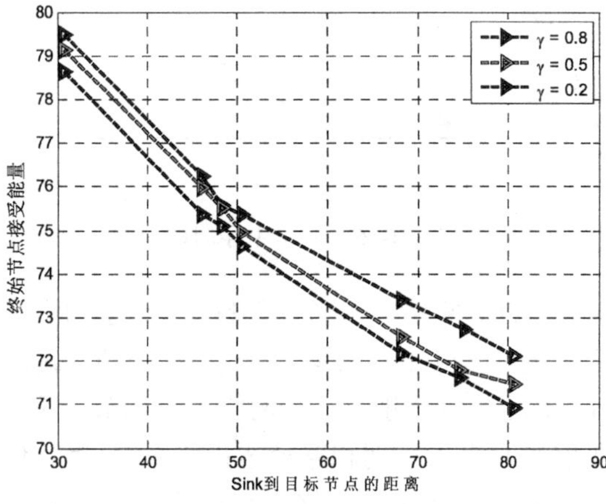

图 14-14　目标节点接收信号能量值

分别选取不同的节点数进行无线体域网仿真，节点个数影响 Sink 节点到目标节点的通信的路由，仿真得到相应的节点能量图，如图 14-15 所示。

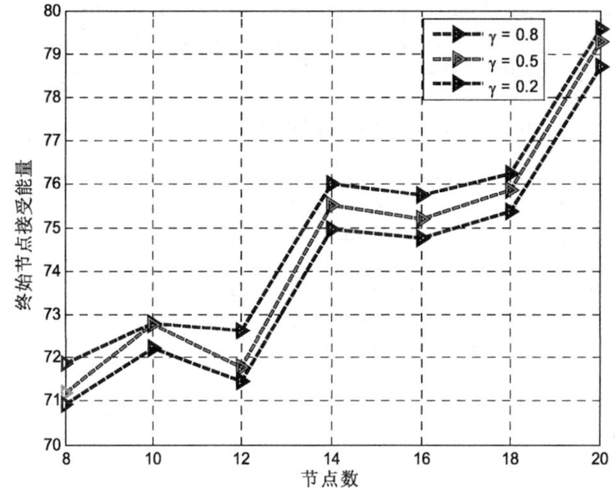

图 14-15　节点数影响下的能量接收图

随着节点数的增大，网络生存周期越来越大，所消耗的路由能量逐渐减小，可以解释为随着节点数的增多，源节点 Sink 向目标节点发射信号时，选择路由的机会增多，通过 Prim 和 Dijkstra 能量树模型所得到的最后路由，计算终始节点接收的能量逐渐增大。仿真得到网络生存周期图，具体如图 14-16 所示。

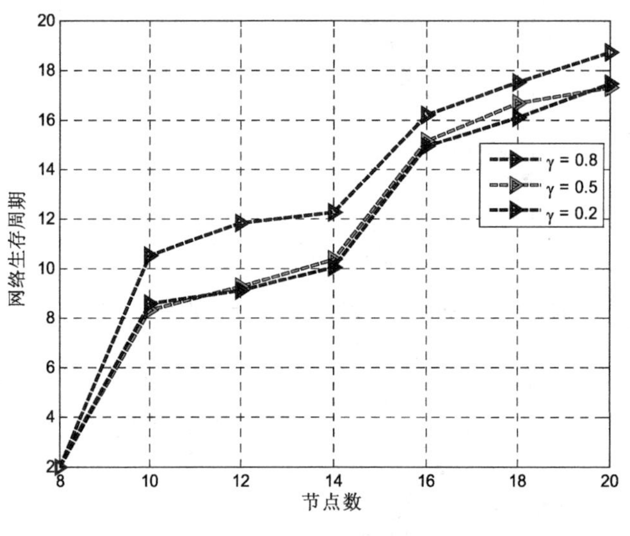

图 14-16　网络生存周期

网络生存周期图，对于 WBAN 网络，当节点数在 18 附近时，网络生存周期随着 γ 的增大，网络生存周期也会增大。值得注意的是，无论 γ 取何值，最优路径是不变的。随着 γ 值的增大，所求路径的 Q 值的差值就越大。当网络中目标节点采集数据后需要向 Sink 节点发送数据，γ 的不同取值对网络生存期和路径选择的影响可忽略不计。如图 14-17 所示，为无线体域网中节点数、通信路径距离和网络生存周期的三维曲面图。

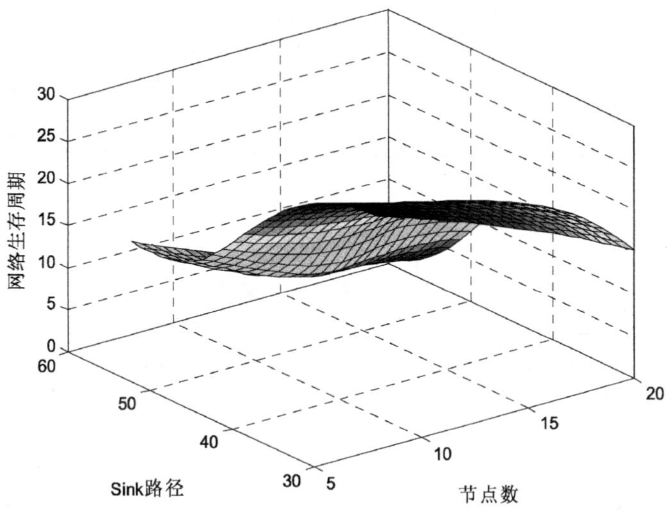

图 14-17　节点数和路径距离下的网络生存周期

仿真在不同 γ 值影响下的 Q 值，程序如下：

```
function yx2
% alpha 对 Q 对的影响
clc,clear,close all                          % 清屏、清工作区、关闭窗口
warning off                                  % 消除警告
feature jit off                              % 加速代码执行
% 人身体表面近似一个矩形区域
% Nx 被设置成 200cm，表示矩形长度.
% Ny 被设置成 120cm，表示矩形高度.
% deltax 横向两节点间隔.
% deltay 高度方向两节点间隔.
Nx=200;                      % Nx 被设置成 200cm，表示矩形长度.
Ny=120;                      % Ny 被设置成 120cm，表示矩形高度.
deltax=8;                    % deltax 横向两节点间隔.
deltay=10;                   % deltay 高度方向两节点间隔.
circle_r = 15;
gamma = 0.8;                 % Q 学习参数
Sink = 14;
person;  % 人体 model
hold on
for i=1:size(node_xy_int,1)
    text(node_xy_int(i,1)+1,node_xy_int(i,2)+5,num2str(i),'Color',[0 0 1])%标记
end
load('node_xy_int.mat')               % xy 坐标
load('conx.mat')                      % 邻接矩阵
R = dijf(node_xy_int,conx);           % 返回距离矩阵
%% WBAN
% 初始化变量
numnodes2=[];                         % 节点数量
Ptrans2=[];                           % 需要传输的能量
Sensitivity2=[];                      % 目标节点接受一个信号所需最小能量 mj
connexion2=[];                        % 通信链接百分比
P0=50.5;
d0=10;
n=7.4;
```

```
numnodes = 26;                  % 节点数量
Ptrans = 100;                   % 需要传输的能量
Sensitivity = 40;               % 目标节点接受一个信号所需最小能量 mj
% 初始化变量，避免变量维数冲突
source=[node_xy_int(14,1),node_xy_int(14,2)]; % Sink 节点
sourcetot=[];      sourcetot1=[];
dest=[];           dest1=[];
destot=[];         destot1=[];
Plosstot=[];       Plosstot1=[];
distance=[];       distance1q = [];
Q_learning = [] ;  Q_learning1 = [];
rr =[];            rr1 =[];
                  diffxtot1=[];  diffytot1=[];  difftot1=[];
R2=rand(numnodes);  % 0-1之间的 numnodes x numnodes 的矩阵，初始化
gamma_init = [1.0,0.8,0.5,0.3,0.2,0];
numdest_init = [2,4,16,9,22,26,20];

for kgam = 1:6
   gamma = gamma_init(1,kgam);
   numd=1;
for numnodes=8:12/6:20
      R2=rand(numnodes);  % 0-1之间的 numnodes x numnodes 的矩阵，初始化
      source;       % 起始节点
      numdest = numdest_init(1,numd);            % 目标节点标号
      dest = node_xy_int( numdest,:);            % 终始节点
      % Q_learning
      [Q_path,dmin,Q_learn] = Rf_Q_learning(Sink,numdest,R,gamma);
                                          % 返回当前节点 dijkstra 的节点路径
      r = 0;
      nQ_path = length(Q_path);
      for i=1:(nQ_path-1)
         r= r+ R( Q_path(1,i), Q_path(1,i+1)); % 起始节点到目标节点最小距离
      end
      Ploss =( P0 + 10*n*log10(r/d0))/4-gamma-gamma*R2(1);
                  % Pathloss 的计算公式 : Ploss = P0 + 10*n*log10(r/d0).
      Plosstot = [Plosstot,Ploss];        % 路由损耗
      distance = [distance,r];            % 距离
      sourcetot = [sourcetot; source];    % 起始节点
      destot = [destot; dest];            % 相对应的终始节点
      numd = numd + 1;
end
Q_learning = [Q_learning, Q_learn ] ;
Pini = ones(size(Plosstot)).*Ptrans;      % 起始节点传输能量
Po = Pini - Plosstot;                     % 终始节点接受能量
% 考虑拓扑连接关系 topology's connection degree.
connect=[];      connection=[];
desconnect=[];  desconnection=[];
for i=1:length(Po)
   if Po(i)< Sensitivity             % 到达终始节点的能量小于最小能量值，不连通
     desconnect=1;
     desconnection=[desconnection desconnect];
   else                              % 到达终始节点的能量大于最小能量值，则连通
      connect=1;
      connection=[connection;connect];
   end
end
% 连通的比例， x%，百分数
```

```
connexion = ((length(connection))/(length(connection)+length(desconnection)))*100;
connexion2 = [connexion2;connexion];          % 连通性比例数组
end
figure,
% 接收能量值
[distance1,Po1] = sort_mat(distance(1,1:7),Po(1,1:7)); % ascend
[distance2,Po2] = sort_mat(distance(1,8:14),Po(1,8:14)); % ascend
[distance3,Po3] = sort_mat(distance(1,15:21),Po(1,15:21)); % ascend
[distance4,Po4] = sort_mat(distance(1,22:28),Po(1,22:28)); % ascend
[distance5,Po5] = sort_mat(distance(1,29:35),Po(1,29:35)); % ascend
[distance6,Po6] = sort_mat(distance(1,36:42),Po(1,36:42)); % ascend
hold on
plot(distance1,Po1,'>r--','linewidth',2);grid on;
plot(distance2,Po2,'>g--','linewidth',2);grid on;
plot(distance3,Po3,'>b--','linewidth',2);grid on;
plot(distance4,Po4,'sk--','linewidth',2);grid on;
plot(distance5,Po5,'sc--','linewidth',2);grid on;
plot(distance6,Po6,'*b--','linewidth',2);grid on;
xlabel('Sink 到目标节点的距离'),ylabel('终始节点接受能量'),
axis tight
legend('\gamma = 1.0','\gamma = 0.8','\gamma = 0.5','\gamma = 0.3','\gamma
= 0.2','\gamma = 0.0')
% Q 值
% figure,
Q1 = Q_learning(1,1);Q2 = Q_learning(1,2);Q3 = Q_learning(1,3);
Q4 = Q_learning(1,4);Q5 = Q_learning(1,5);Q6 = Q_learning(1,6);
Q = [Q6,Q5,Q4,Q3,Q2,Q1]*sqrt(3)+(1-sqrt(3))*Q1;
createfigure(gamma_init,Q(1,:))
% hold on
% plot(gamma_init,Q(1,:),'>r--','linewidth',2);grid on;
xlabel('\alpha 值'),ylabel('Q 值'),
axis tight
end
```

运行程序输出图形如图 14-18 和图 14-19 所示。

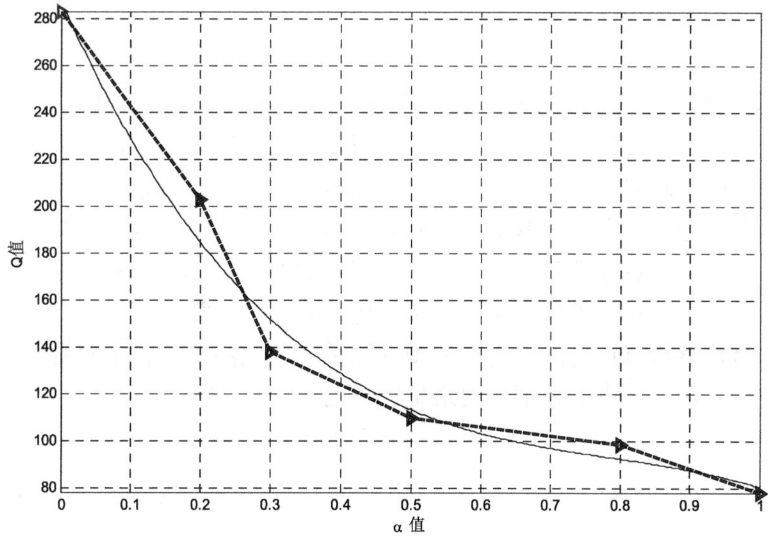

图 14-18　γ 的不同取值对 Q 值的影响

由图 14-18 反映了 Q 值的大小随着 γ 值的增大而变小。当 γ 值越小或偏向 0 时，影响

Q 值最主要的因素是源节点的第一跳选择，当 γ 值越大或偏向 1 时，影响 Q 值最主要的因素是某节点的未来几跳的回报值。

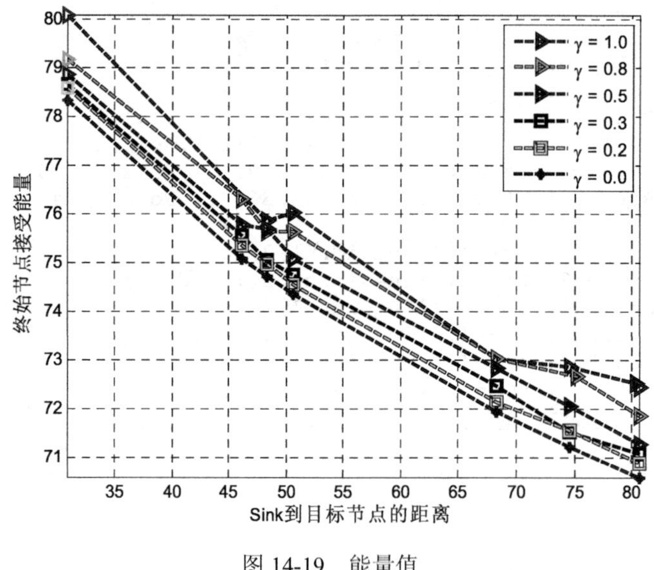

图 14-19　能量值

基于 Q 学习算法的自组织方法——QLSOP，利用多 Agent 的思想，将 Q 算法用于无线体域网网络的自组织，并给出了仿真验证。该方法综合考虑了距离、跳数、通讯能耗和剩余能耗的因素，并能利用历史的 Q 值来调整路由策略，找到一条最优路径，能有效地进行数据传输的同时，找出传感器节点的能量消耗和剩余能量之间的平衡点，防止网络中出现关键节点过早失效的情况，从而尽可能地延长网络生存时间。

14.5 本 章 小 结

WBAN 成为自组织技术和对网络生存时间的优化技术最为关注的焦点。自组织网络实现的关键技术之一是如何实现通信工作的自组织，目前自组织技术是无线体域网网络研究与实现的瓶颈，成为研究的重点。本章着重研究增强学习算法，分析了无线体域网网络自组织的特点及需求分析。根据 WBAN 的特点，提出了基于 Q 学习算法的自组织方法——QLSOP，该方法综合考虑了距离、跳数、通讯能耗和剩余能耗的因素，并能利用历史的 Q 值来调整路由策略，找到一条最优路径，通过仿真看出，此算法能保证有效地进行数据传输的同时，平衡传感器节点的能量消耗和剩余能量之间的冲突，防止网络中出现关键节点过早失效的情况，从而尽可能地延长网络生存时间。

第 15 章 基于遗传算法的公交排班系统分析

智能公交系统是智能交通系统（ITS）研究的一个主要方向，其对公交车辆具有定位跟踪、辅助导航、调度指挥、动态发布信息及为出行者查询最佳路径等功能。它的建立将最大程度地提高车和路资源的利用率，提高公交服务质量，从而创造巨大的社会经济效益，因此智能公交系统技术的研究具有深远的意义。

学习目标：

（1）学习和掌握遗传算法 MATLAB 的实现；

（2）学习和掌握遗传算法求解公交排班问题；

（3）学习和掌握遗传算法求解带约束的函数寻优问题等。

15.1 公交排班系统背景分析

城市交通问题日益突出，主要原因是城市车辆的日益增多，使得原始缓和的交通现状变得更加拥挤，因此，解决好城市交通问题对于发展城市经济及方便人们出行具有重要的战略意义。近年来，城市人口的暴涨，以及经济的上涨，城市的公交系统也在不断地改进，如何实时地调配公交车辆，减轻城市交通压力，一直以来是广大学者研究的热点及难点。

由于城市交通设施建设滞后于交通需求的增长速度，使城市交通状况日趋恶化，在主要交通道口和某些流量集中的道路上，不同程度地出现交通阻塞现象，城市交通问题已成为制约城市发展的一个瓶颈。

城市交通系统是由城市道路网、运载工具和管理系统组成的开放的复杂系统。解决城市交通的方法有很多，例如现在的限号举措就是其中一个比较好的方法，通过限号操作，步行坐公交车的人数增多，如何解决公交运行排班问题，显得尤为必要。合理地解决公交排班系统问题，是一个复杂的问题，需要考虑人、车辆和道路等复杂因素，因此需要运用高科技技术方法才能较好地解决城市道路交通问题，现今，智能交通系统（ITS）便成为解决这个问题的重要途径之一。

运营车辆智能排班问题是公交车辆智能调度需要解决的典型问题之一。在智能交通系统（ITS）的背景下，公交车发车时刻表的制定是城市公交调度的核心内容，是公交调度日常指挥车辆正常运行的重要依据，也是公交调度人员和司乘人员进行工作的基本依据。合理的公交发车时刻表可以帮助公交企业提高车辆利用效率、降低运营成本和减少乘客的等车时间以提高服务质量等。

本章结合现状，根据遗传算法特点，在确保公交公司的效益和社会效益都能得到最大限度满足的条件下，对公交智能排班问题进行了分析研究及遗传算法优化实现。

15.2　公交线路模型仿真

公交线路模型涉及到 2 个主要模型，包括车辆的行驶模型和乘客的上下车模型。

15.2.1　车辆行驶模型

保持车速在恒定的条件下行驶，则每辆车行驶路程为：

$$l = vt$$

其中，l 为行驶路程，v 为行驶速度，t 为在线路上的时间。

假设模型中第四辆车位置为零点，H 为相邻两车间距，则车辆总数为 m 时，第 n 辆车的位移是：

$$S_n = v \bullet t_n + (m-n) \bullet H$$

15.2.2　乘客上下车模型

假设乘客到达率一定，每位乘客上车时间一定，一辆车在一站的停靠时间为：

$$T = t' \bullet a$$

其中，a 为到达站点时刻的乘客数量，t' 为每一位乘客上车的耗费时间。

到达站点时刻乘客的数量：

$$a = a' \bullet t_w$$

其中，a' 为单位时间内聚集的乘客数量，t_w 为该站点等待一辆公交车辆的时间。结合以上两式：

$$\text{等待时间} = T = a' \bullet t_w \bullet t'$$

车从初始位置到达第一个站，完成将所有乘客运载上车时所需要耗费的总时间为：

$$T_0 = t + T$$

这辆车在经过了 n' 个公交站时所耗费的总的时间为：

$$T_w = n' \times (t + T) = n' \times t + n' \times a' \times t_w \times t'$$

在第 n 和第 n-1 辆车相遇的情形下，它们的位移是相等的。

即

$$l_n = l_{n-1}$$

$$l_n = v \bullet t_n + (m-n)H = v \times t_{n-1} + (m-n+1)H$$

$$v \times t_n = v \times t_{n-1} + H$$

则可得到：

$$\Delta t = \frac{H}{v}$$

由此可以推广到，第 n 部车和第 b 部车，能够相遇的表达式为：

$$\Delta t_{n-b} = (n-b)\frac{H}{v}$$

根据 T_w 可得：

$$\Delta t'_{n-b} = a' \times t' \times \left(t_{wn} - t_{wb}\right)$$

又 $\Delta t'_{n-b} = \Delta t_{n-b}$，则：

$$\left(n-b\right)\frac{H}{v} = a' \times t' \times \left(t_{wn} - t_{wb}\right)$$

由此设计基于 MATLAB 的公交线路模型仿真程序如下：

```
%% 清空环境变量
clc,clear,close all                  % 清屏、清工作区、关闭窗口
warning off                          % 消除警告
feature jit off                      % 加速代码执行
%参数声明区
L=4000;                              % L 为公交线路的总长
b=2;                                 % 车站标号中间变量初值
N=10;                                % N 个车站
Q=4;                                 % 公交线路运行次数
q=0;                                 % q 为车辆运行次数控制量
flagn=0;                             % flag 为程序运行控制变量
w=10;                                % w 为车速
dt=2   ;                             % dett 为时间步长
dett1=3 ;                            % dett1 为每人上车所用时间
dett2=10 ;                           % dett2 为等车人数增长率（每多少时间增加一个等车人）
M=floor(Q*4000/dt/w)+1;              % 总的运行步长数
detbus=w*dt;                         % 单位时间 dett 内车所行驶的路程
stopgap=4000/N;                      % 相邻车站之间的间距（均分）
t=stopgap:stopgap:4000;              % 各站点距离始发站（1 站）的距离
e=detbus/2;                          % e 为车到站上允许的车与车站距离的容差值
n=zeros(N,2);                        % n 为各站初始等车人数,到站状态

xx=linspace(0,4000,N+1);             % 公交站点的横坐标
yy=0:1000:4000;                      % 公交线路的横坐标
wt=0.01;                             % pause 的等待时间
detbusij=zeros(3,M);                 % 各时刻相邻车辆间的距离
time=stopgap/detbus;                 % 相邻车站间车辆运行时间
c=floor(M/time)+1;                   % 设定各车经过的车站数
busn=zeros(4,c);                     % 设定各车经过各站时上车人数
flag=zeros(4,1);                     % 车辆通过 1 站标志
m=0;                                 % m 为循环次数
%%
%车辆位置初始化，车辆位置可调
bus(1,1)=0;                          % 1 车初始的行程
bus(2,1)=500;                        % 2 车初始的行程
bus(3,1)=1000;                       % 3 车初始的行程
bus(4,1)=1500;                       % 4 车初始的行程

for j=1:4
    bus(j,2)=0;                      % 各车到站标志
    bus(j,3)=floor(bus(j,1)/(4000/N))+1;    % 初始各车所在/刚过车站的编号
    bus(j,4)=bus(j,1);               % 初始各车距离车 1 位置的距离
    bus(j,5)=0;                      % 初始各车等车时间
```

```
    bus(j,6)=0;                  % 初始各车上车人数
    num(j,1)=1;                  % 设置各车经过的车站数
end
%%循环仿真运行
for  k=1:M                                % M 为总的时间步数
     n(:,1)=n(:,1)+1.0*dt/dett2;          % 按正常规律各站点按时间比例增加等待人数
    for j=1:4
        a=bus(j,3);                       % 将各车的所在路段编号付给 a
        if a>N                            % 该判断语句保证路段编号不超过最大路段编号
                a=a-N;
        end
        % 该判断语句判读各车的到站状态
        if  bus(j,2)==0                           %各车为到站状态
            bus(j,1)=bus(j,1)+detbus ;    % k 时刻各车所在位置
            bus(j,4)=bus(j,4)+detbus ;    % k 时刻各车距离 0 位置的总的距离
             if bus(1,4)>=4000*Q
                    flagn=1;
             end
            if bus(j,1)>4000              % 该判断语句保证各车位置始终在正常线路上
                bus(j,1)=bus(j,1)-4000;
                if bus(j,1)<e
                       flag(j,1)=1;
                else
                       bus(j,3)=1;        % 该语句保证路段编号不超过最大路段编号
                end
            end
            if flag(j,1)==1
                    h=0;
            else
                    h=t(a);
            end
            m=h-bus(j,1);                 % 判断各车距下一站的距离
            if abs(m)<=e                  % e 为车到站上允许的车与车站距离的容差值
                  bus(j,2)=1;             % 确定到站后，更改各车到站标志
            end
        else                              % 各车到站状态
            b=a+1;
            if  b>N                       % 该判断语句保证车站编号不超过最大车站编号
                b=b-N;
            end
            if n(b,1)>1.0*dt/dett1
                  bus(j,6)=bus(j,6)+1.0*dt/dett1;      % 各车上车人数
            elseif  n(b,1)>0
                  bus(j,6)=bus(j,6)+n(b,1);            % 各车上车人数
            else
                  bus(j,6)=bus(j,6)+0;                 % 各车上车人数
            end
           n(b,1)=n(b,1)-1.0*dt/dett1;    % 车到站后，按正常规律各站点按时间比例减
                                          少上车人数
            if  n(b,1)<=0
                n(b,1)=0;
                num(j,1)=num(j,1)+1;             % 增加经过车站数量
```

```
            d=num(j,1);
            busn(j,d)=bus(j,6)  ;            % 刚经过的车站上车人数
            bus(j,6)=0;                      % 将车辆上车人数清零
            n(b,2)=1;             % 更改各站上车/等车状态更改各车到站标志
            if flag(j,1)==1
                      bus(j,3)=1;            % 变更各车所在/刚过路段的编号
                      flag(j,1)=0;           % 变更过 1 站标志
            else
                      bus(j,3)=a+1;     % 变更各车所在/刚过路段的编号
            end
         end
         if n(b,2)==1                        % 该判断语句判断是否更改各车到站标志
             n(b,2)=0;                       % 更改各站上车/等车状态更改各车到站标志
             bus(j,2)=0;                     % 更改各车到站标志
         end
     end
   end
   plot(xx(1:end-1),ones(1,N)*L,'.','Markersize',6);  %画公交站点和公交线路
   hold on;
   plot(yy,ones(1,length(yy))*L,'-');             %画 bus 路线
   plot(bus(1,1),L,'sk','MarkerFaceColor','r','Markersize',15);
                                                  %画 bus1 路线
   plot(bus(2,1),L,'sk','MarkerFaceColor','g','Markersize',15);
                                                  %画 bus2 路线
   plot(bus(3,1),L,'sk','MarkerFaceColor','c','Markersize',15);
                                                  %画 bus3 路线
   plot(bus(4,1),L,'sk','MarkerFaceColor','y','Markersize',15);
                                                  %画 bus4 路线
   axis equal
   for j=1:N;                                     % 循环语句显示各站等车人数
      r=L;
      r=r-n(j,1);                                 % 以线长表示等车人数多少
      GRAP=plot([xx(j),xx(j)],[L,r],'-','LineWidth', 6);%绘图

   end
   pause(wt);                                     % 控制仿真效果
   hold off;
   m=k;
   detbusij(1,k)=bus(2,4)-bus(1,4);
   detbusij(2,k)=bus(3,4)-bus(2,4);
   detbusij(3,k)=bus(4,4)-bus(3,4);
   detbusij;
   if flagn==1
      break;
   end
end
Max=max(num);
busnum=busn(:,1:Max) ;                % busnum 为各车经过各站的上车人数
detbusijnum=detbusij*L ;              % detbusijnum 为相邻车间的车间距
busnum'                               % 输出各车经过各站的上车人数
detbusijnum'                          % 输出相邻车间的车间距
```

运行程序得到如图 15-1～图 15-3 所示的图形。

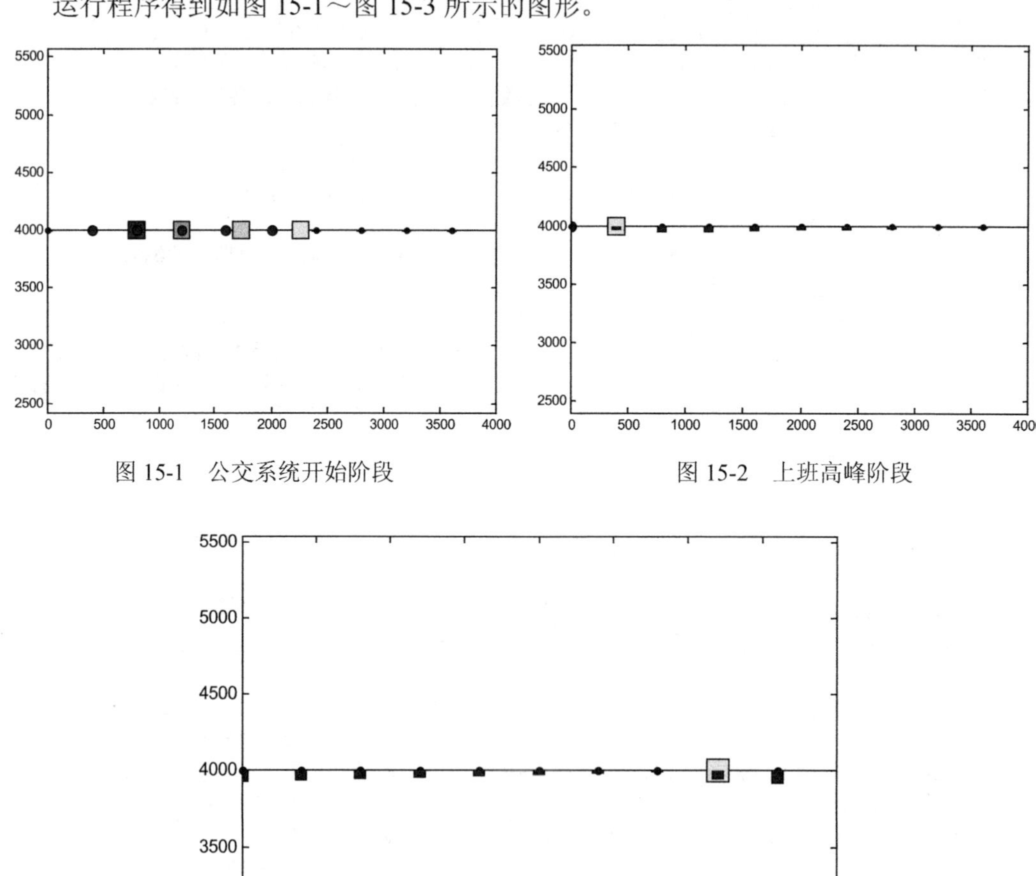

图 15-1　公交系统开始阶段

图 15-2　上班高峰阶段

图 15-3　乘客等候人员增加

如图 15-1～图 15-3 所示的公交线路模型仿真，很好地再现了公交线路上人员数量的变化，能够为公交排班系统提供很好的参考依据。

15.3　遗传算法的发展与现状

遗传算法简称 GA 算法，其具体算法的根源如下。

1962 年，美国 Michigan 大学的 J.H.Holland 教授在研究适应系统时，意识到生物的遗传等自然进化现象，经过仔细研究发现，生物表现的这种遗传进化现象同人工智能的自适应系统有相似关系，由此提出：在研究系统本身同外部环境的相互作用与协调等人工自适应系统时，能够借鉴生物的遗传机制，以群体的方式进行自适应搜索，并引入进化算法的想法。此后 J.H.Holand 教授指导多个学生完成了多篇博士论文。1967 年，他的学生

J.D.Bagley 在博士论文中首次提出“遗传算法”一词，到 20 世纪 70 年代初，J.H.Holland 提出了“模式定理（Schema Theorem）”，从而奠定了遗传算法研究的理论基础。

1975 年，遗传算法 GA 经过多人的研究发展，已经基本成型。同年，J.D.Holland 教授出版了他的著名专著《自然系统和人工系统的适应性》，该书比较系统而全面地介绍了遗传算法 GA 的思想。J.D.Holland 教授发表了这么一套模拟生物自适应的理论后，这时遗传算法 GA 才得到了正式的认同。同年，De Jong 完成了博士论文 *An Analysis of the Behavior of a class of Genetic Adaptive system*，对遗传算法 GA 研究发展也具有一定的指导意义和促进作用。

De Jong 深入领会了遗传算法 GA 的实质，并把 J.H.Holland 的模式理论与计算实验结合起来，该博士论文结合遗传算法 GA 进行了大量的模拟计算实验（主要是数值优化实验验证），从而进一步完善和优化了遗传算法选择、交叉和变异操作，进而给出了明确的结论；在这个基础上进一步发展与深入研究，由此建立了著名的 De Jong 五函数测试模型，定义了生物智能算法性能评价标准，并以函数优化为例，详细地分析了遗传算法 GA 性能及理论机理，他的工作成为后继者的范例，并为遗传算法以后的广泛应用奠定了坚定的基础。

Bethekc 的博士论文提出了用 wash 函数来研究遗传算法 GA 的方法；Albert 大学的 A.Brindie 在博士论文中对选择策略进行了研究。这一时期的研究成果主要回答了 GA 到底有何意义，有何价值，由于他们的研究工作，很多人的注意力逐渐转向遗传算法 GA。

20 世纪 80 年代中期以来是遗传算法 GA 的蓬勃发展时期。各种复杂系统的自适应控制以及复杂的优化问题中都应用到了遗传算法。广大学者对遗传算法的应用有了广泛的兴趣，遗传算法的理论研究更为深入，研究成果更为丰富。

1985 年在美国卡耐基•梅隆大学召开了第一届关于遗传算法及其应用的国际会议 ICGA（International Conference Genetic Algorithms），并且成立了国际遗传算法学会。1989 年，美国亚拉巴马大学的 D.E.Golaberg 出版了 *Genetic Algorithms in search optimization and Machine Learning*，系统地对遗传算法研究的主要成果进行了总结，对遗传算法 GA 及其应用作了全面而系统的论述，奠定了现代遗传算法的科学基础。

1991 年，L.D.Davis 编辑出版了 *Handbook of Genetic Algorithms*，该书全面论述了遗传算法 GA 的原理与应用，用一些实例说明了遗传算法在工程技术领域和科学计算方面等中的应用，对遗传算法 GA 的应用普及起到了重要作用。

1992 年，J.R.Koza 在计算机程序的优化设计及自动生成中，将遗传算法 GA 成功地应用其中，提出了遗传算法 GA 编程的概念，从而快速地应用到人工智能、符号处理和机器学习等领域。

经过 20 多年的研究发展，遗传算法 GA 不论是在应用研究上，算法设计上，还是在基础理论上，均取得了较好的发展，而且在信息科学和应用科学等诸多学科领域也成为了热点研究。

15.4　遗传算法的基本思想

遗传算法 GA 是一种生物智能优化算法，其实质上是一种暴力搜索寻优技术。它是从某一随机产生的可能解中，随机地选取一定数量的种群，按照一定的操作规则——借助于自然遗传学的选择、交叉和变异等，逐渐迭代产生出越来越好的近似解。在每一次迭代中，根据个体的适应度的大小，按照优胜劣汰和适者生存的原理，引导搜索过程向最优解逼近，最终产生出代表新的解集的群体，可以作为问题的近似最优解或满意解。

15.5　遗传算法的特点

遗传算法 GA 的主要本质特征在于群体搜索策略和简单的进化算子。由于其泛华能力、鲁棒性、信息处理的并行性和简单易操作等特点，使得遗传算法 GA 不同于以往任何一种寻优方法（主要是传统的优化算法，现今的粒子群算法、蚁群算法等和 GA 算法是一类生物智能算法），遗传算法 GA 是一种仿生优化算法，有着其他算法无以比拟的优越性。与其他一些传统的优化算法相比，它采用了许多现代智能的算法设计思想，主要表现在以下几个方面：

（1）遗传算法 GA 搜索过程不直接作用在变量上，而是使用参数编码。此编码操作，主要是在每一个变量的可能域内随机地取值，使得遗传算法可直接对寻优对象进行编码操作，遗传算法通用性强、适应面广，操作简单、算法结构清晰。

（2）遗传算法 GA 只利用目标函数值的信息作为搜索信息。而一般传统的优化方法则不同，需要确定多种信息，需要借助目标函数的梯度和其他一些辅助信息才能确定搜索方向。

（3）遗传算法 GA 是在种群中进行大规模进化寻优，而不是在一个单点上进行寻优，具有良好的全局搜索能力，降低了陷入局部最优解的可能性，搜索速度快。

（4）遗传算法 GA 中的选择、交叉和变异算子等都是随机操作，而不是某个确定的规则。遗传算法 GA 采用概率的变迁规则来引导搜索方向，让搜索过程朝着搜索空间的更优解的区域移动。它看起来是一种暴力搜索方法，实则是它具有明确的搜索方向——即按照误差梯度下降的方向进化。

（5）遗传算法 GA 具有显著的计算并行性，能够处理群体规模为高次方的信息量。

（6）遗传算法 GA 具有很强的通用性。适合于大规模并行计算，也能够与其他方法（PSO、SOA、SA 和 ACO 等）相结合，解决较复杂的优化问题。

（7）遗传算法 GA 具有很强的鲁棒性。对于同一问题用遗传算法多次求解，即使存在一定的干扰，得到的结果都是相似的。

上述这些特点使得遗传算法的使用更简单，从而在许多领域都有着广泛的应用。

15.6　遗传算法的应用步骤

遗传算法 GA 是基于进化和遗传理论而提出来的全局寻优方法。

简单遗传算法解决问题的基本步骤如下。

（1）初始化：随机生成 N 个个体作为初始群体 $P(0)$，该种群就是目标函数可行解的一个集合。设置进化代数计数器归零，设置最大进化代数为 iter_max。

（2）个体评价：将初始种群代入目标函数中，根据适应度函数计算当前群体中各个种群的适应度。

（3）终止条件判断：给出终止条件，判断算法是否满足终止条件，若满足则转到（8）。

（4）选择运算：对初始群体执行选择操作，优良的个体被大量复制，劣质的个体复制的少甚至被淘汰。

（5）交叉运算：以交叉概率来进行交叉运算。

（6）变异运算：以变异概率来进行交叉运算。

（7）群体 $P(t)$经过选择运算、交叉运算和变异运算之后，得到由 N 个新个体构成的下一代群体 $P(t+1)$，则转（2），否则转（4）。

（8）不断地进化，最终会得到目标函数中适应度最高的个体，将其作为问题的最优解或满意解并输出，终止计算。

15.7　公交排班问题模型设计

15.7.1　模型假设

为使模型具有普通性和适用性，在这里我们做了如下假设：

（1）各公交车为同一车辆类型；

（2）公交车按调度时间表准时进站和出站，车速恒定，保持匀速行驶，途中没有堵车和意外事故等；

（3）各时段以内乘客到站服从均匀分布；

（4）以分钟作为最小的时间单位；

（5）实行统一票价。

15.7.2　定义变量

对于文中使用的各个变量进行如下的定义：

t 为一个变量，$t=L/V$；

V 为旅行速度，$V=20$；

P 表示统一票价（元/人），$P=1$；

C 表示车辆运营的单位损耗成本（元/车.公里），$C=3.5$；

L 表示调研线路总的长度（公里），$L=26.5$；

m 表示总的发车次数（车次），$m=500$；

n 表示整个线路的站台数（个），$n=24$；

f 为乘务员人数，$f=2$；

p 为乘务员工资，$p=20$；

time 表示连续时间（min），1×500 数组，$0\leqslant \text{time}_i\leqslant960$，$\text{time}_i$ 按照 0～960 排列，为未知量。

15.7.3 建立目标函数

1．约束条件

（1）对平均满载率进行约束：

$$\frac{\sum_{i=1}^{m}\sum_{j=1}^{n} r_j tP}{m \times Q} > \theta$$

其中，i 表示第 i 次车，$i = 1,2,\cdots,m$，m=500；j 表示第 j 个车站，$j = 1,2,\cdots,n$，n=24；
Q 车容量表示满载时车辆的容量（人/车），Q=100；
θ 表示各车的平均期望满载率，$0 \leqslant \theta \leqslant 1$，取 $\theta = 0.8$。
r_j 表示在调度周期内第 j 站停留时间，r_j 数据表如表 15-1 所示。

表 15-1　r_j 数据表

时间段	6 点-0-60	7 点-60-120	8 点-120-180	9 点-180-240
r_j	1638	3276	3276	2457
时间段	10 点-240-300	11 点-300-360	12 点-360-420	13 点-420-480
r_j	1638	819	819	819
时间段	14 点-480-540	15 点-540-600	16 点-600-660	17 点-660-720
r_j	1638	1638	2457	3276
时间段	18 点-720-780	19 点-780-840	20 点-840-900	21 点-900-960
r_j	3276	2457	1638	819

（2）对相邻两车最大与最小发车间隔的约束：

$$T_{\min} < \text{time}_i - \text{time}_{i-1} < T_{\max}，\quad i = 1\cdots m$$

其中，$T_{\max}$ 表示相邻车辆间发车间隔的最大值（min），$T_{\max} = 10$；
$T_{\min}$ 表示相邻车辆间发车间隔的最小值（min），$T_{\min} = 1$。

（3）对任意相邻两车之间的发车时间间隔之差进行约束，确保发车时间的连续性，如下：

$$\left|\left(\text{time}_{i+1} - \text{time}_i\right) - \left(\text{time}_i - \text{time}_{i-1}\right)\right| < \varepsilon，\quad i = 1\cdots m$$

其中，ε 表示相邻车辆发车间隔之差的限制值，$\varepsilon = 4$。

2．计算公交公司的运营收益

公交公司的运营收益为整个收入减去整个运营成本。而运营成本分为固定成本（站场建设费等）和可变成本。由于我们发车次数的多少对固定成本没有多大影响，故不予考虑。可变成本包括司乘人员工资、车辆耗油、车辆折旧费及其他各项费用，公交发车车次对这些费用有直接的影响。

整个收入 R 为：

$$R = \sum_{t=t_{i-1}}^{t}\sum_{i=1}^{m}\sum_{j=1}^{n} r_j tP$$

运营成本为 $\left(C \times L \times m + t \times f \times p\right)$。

公交公司的运营收益 R' 为：

$$R' = \sum_{t=t_{i-1}}^{t} \sum_{i=1}^{m} \sum_{j=1}^{n} r_j tP - \left(C \times L \times m + t \times f \times p\right)$$

15.7.4　算法结构

整个遗传算法的基本流程图，如图 15-4 所示。

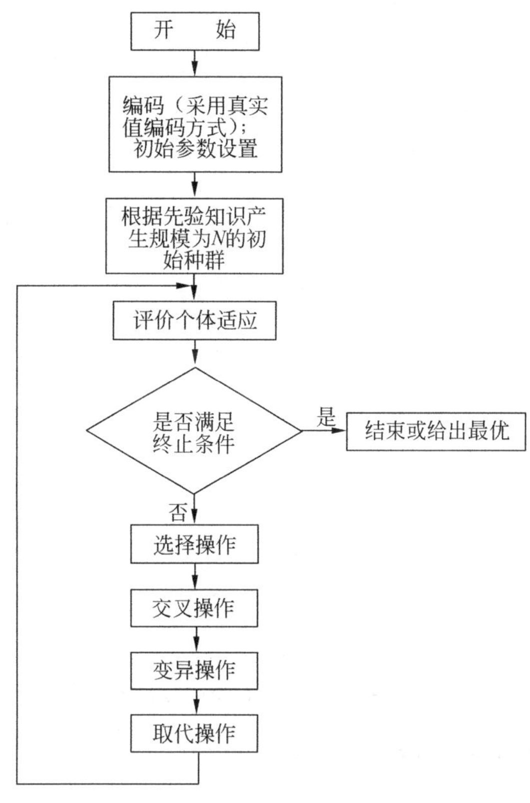

图 15-4　遗传算法的基本流程

遗传算子包括选择算子、交叉算子和变异算子，用它们依次作用于群体从而产生新一代群体。

1. 选择算子

从当前种群中选择适应度高和淘汰适应度低的个体的操作过程叫选择。

选择算子相当于轮赌算法，具体什么含义呢？就好比于甲手上有 10 个棒棒糖，乙和甲打赌，赌法是“抛硬币”，如果硬币朝上，甲给乙一个糖，总共抛 10 次，则乙手上或多或少总有几个糖。

选择操作的主要作用是避免有效基因的损失，其目的是以更大的概率使得优化的个体（或解）生存下来，从而提高计算效益和全局收敛性。选择操作是遗传算法中极其重要的一个环节，它是建立在群体中个体的适应度评估基础上进行的。选择操作的实现方式有很多，在遗传算法中一般采取概率选择，概率选择是根据个体的适应度函数的值来进行的，适应度高的个体被选中的概率也大。

MATLAB 程序如下：

```
function ret=select(individuals,sizepop)
% 该函数用于进行选择操作
% individuals input    种群信息
% sizepop     input    种群规模
% ret         output   选择后的新种群

%求适应度值倒数
fitness1=1./individuals.fitness; %individuals.fitness 为个体适应度值

%个体选择概率
sumfitness=sum(fitness1);
sumf=fitness1./sumfitness;

%采用轮盘赌法选择新个体
index=[];
for i=1:sizepop   %sizepop 为种群数
    pick=rand;
    while pick==0
        pick=rand;
    end
    for i=1:sizepop
        pick=pick-sumf(i);
        if pick<0
            index=[index i];
            break;
        end
    end
end

%新种群
individuals.chrom=individuals.chrom(index,:);
                                         %individuals.chrom 为种群中个体
individuals.fitness=individuals.fitness(index);
ret=individuals;
```

2. 交叉算子

遗传算法中的交叉操作的作用是组合出新的个体，方法是将相互配对的染色体按某种方式相互交换其部分基因。遗传算法区别于其他进化算法的重要特征是交叉运算，它在遗传算法中起着关键作用。

交叉操作根据交叉算子将种群中的两个个体以一定的概率随机地在某些基因位进行基因交换，从而产生新的个体。其目的是获得下一代的优良个体，提高遗传算法的搜索能力。

交叉操作的含义又是什么呢？打个比方，甲手上有 7、8、9 这三个数字，且按照顺序排列是 7、8、9，乙手上也有三个数字 4、5、6，且按照顺序排列是 4、5、6，指定一个规则“假如抛一个骰子，如果得到数字 1，则甲手上的 7 和乙手上的 4 交换，此时甲的数字为 4、8、9，乙的数字为 7、5、6；如果抛的为数字 2，则甲手上的 8 和乙手上的 5 交换，此时甲的数字为 7、5、9，乙的数字为 4、8、6；如果抛的为数字 3，则甲手上的 9 和乙手上的 6 交换，此时甲的数字为 7、8、6，乙的数字为 4、5、9；如果骰子的值为 4、5、6 时，则不进行交叉互换操作”，如此操作是不是感觉交叉操作很简单、可理解。

MATLAB 程序如下：

```
function ret=Cross(pcross,lenchrom,chrom,sizepop)
%本函数完成交叉操作
% pcorss                input  : 交叉概率
% lenchrom              input  : 染色体的长度
% chrom     input  : 染色体群
% sizepop               input  : 种群规模
% ret                   output : 交叉后的染色体
 for i=1:sizepop  %每一轮 for 循环中，可能会进行一次交叉操作，染色体是随机选择的，交叉位置也是随机选择的，%但该轮 for 循环中是否进行交叉操作则由交叉概率决定（continue 控制）
    % 随机选择两个染色体进行交叉
    pick=rand(1,2);
    while prod(pick)==0
       pick=rand(1,2);
    end
    index=ceil(pick.*sizepop);
    % 交叉概率决定是否进行交叉
    pick=rand;
    while pick==0
       pick=rand;
    end
    if pick>pcross
       continue;
    end
    flag=0;
    while flag==0
       % 随机选择交叉位
       pick=rand;
       while pick==0
          pick=rand;
       end
       pos=ceil(pick.*sum(lenchrom)); %随机选择进行交叉的位置，即选择第几个变量进行交叉，注意：两个染色体交叉的位置相同
       pick=rand; %交叉开始
       v1=chrom(index(1),pos);
       v2=chrom(index(2),pos);
       chrom(index(1),pos)=pick*v2+(1-pick)*v1;
       chrom(index(2),pos)=pick*v1+(1-pick)*v2; %交叉结束

       flag1=test(chrom(index(1),:));  %检验染色体 1 的可行性
       flag2=test(chrom(index(2),:));  %检验染色体 2 的可行性

       if  flag1*flag2==0
          flag=0;
       else
          flag=1;
       end   %如果两个染色体不是都可行，则重新交叉
    end
 end
ret=chrom;
```

3. 变异算子

变异运算是染色体上某等位基因发生的突变现象，是产生新个体的另一种方法。变异是指染色体编码串以一定概率选择基因在染色体的位置，通过改变基因值来形成新的个体的操作，它改变了染色体的结构和物理性状。变异的主要目的是维持群体的多样性，防止出现未成熟收敛现象，此外还能使遗传算法具有局部的随机搜索能力。

MATLAB 程序如下：

```
function ret=Mutation(pmutation,lenchrom,chrom,sizepop,num,maxgen)
% 本函数完成变异操作
% pcorss                input  : 变异概率
% lenchrom              input  : 染色体长度
% chrom     input  : 染色体群
% sizepop               input  : 种群规模
% opts                  input  : 变异方法的选择
% pop                   input  : 当前种群的进化代数和最大的进化代数信息
% bound                 input  : 每个个体的上届和下届
% maxgen                input  : 最大迭代次数
% num                   input  : 当前迭代次数
% ret                   output : 变异后的染色体

for i=1:sizepop   %每一轮 for 循环中，可能会进行一次变异操作，染色体是随机选择的，变异位置也是随机选择的
    %但该轮 for 循环中是否进行变异操作则由变异概率决定（continue 控制）
    % 随机选择一个染色体进行变异
    pick=rand;
    while pick==0
        pick=rand;
    end
    index=ceil(pick*sizepop);
    % 变异概率决定该轮循环是否进行变异
    pick=rand;
    if pick>pmutation
        continue;
    end
    flag=0;
    while flag==0
        % 变异位置
        pick=rand;
        while pick==0
            pick=rand;
        end
        pos=ceil(pick*sum(lenchrom));  %随机选择了染色体变异的位置，即选择了第pos 个变量进行变异

        pick=rand; %变异开始
        fg=(rand*(1-num/maxgen))^2;
        if pick>0.5
            chrom(i,pos)=chrom(i,pos)-(chrom(i,pos))*fg/length(lenchrom);
        end  %变异结束
       flag=test(chrom(i,:));     %检验染色体的可行性
  %  flag =1;
    end
end
```

```
ret=chrom;
```

4．检测染色体编码值是否在寻优取值区间

MATLAB 程序如下：

```
function flag=test(code)
% code        output: 染色体的编码值
global Tmin Tmax delta
x=code; %先解码
flag=1;
for i=3:length(x)
    if x(i)-x(i-1)>Tmin&&x(i)-x(i-1)<Tmax && abs(x(i)-x(i-1)-(x(i-1)-x
(i-2)))<delta
        ;
    else
        flag=0;
    end
end
```

5．模型适应度函数

满足约束条件的 MATLAB 适应度函数设计如下：

```
% 产生t(i)序列
function t = pop_meet_conditions(maxt)
global Tmin Tmax delta m tt PP Q cita
% 输入变量说明:
% Tmin = 1;            % 表示相邻车辆间发车间隔的最小值(min)
% Tmax = 10;           % 表示相邻车辆间发车间隔的最大值(min)
% delta = 4;           % 表示相邻车辆发车间隔之差的限制值
% m = 500;             % 表示总的发车次数(车次)
% maxt = 960;          % t(i)的最大值

% 输出变量说明:
% t为满足条件的个体

a = randi(10);  % t(1)第一个值的取值范围设定为1~10之间随机取值
t(1) = a;       % 赋值

flag = 1;       % 标志变量
% Loop
while flag==1

    for i=2:m
        flag = 1;       % 标志变量
        while flag == 1
            % Tmin< t(i)-t(i-1) < Tmax
            a1 = randi(9);
            if a1>Tmin+2 && i==2
                t(i)=t(i-1)+a1; % Tmin < t(i)-t(i-1) < Tmax
                flag = 0;   % i 时间点计算完毕
            elseif a1>Tmin+2 && i>2  % |t(i+1)-2*t(i)+t(i-1)|<delta
                t(i)=t(i-1)+a1; % Tmin < t(i)-t(i-1) < Tmax
                if abs( (t(i)-t(i-1)) -(t(i-1)-t(i-2)) )<delta
                    flag = 0;  % i 时间点计算完毕
                end
            end
```

```
        end
    end

    t = t*maxt/max(t);  % tt 为满足条件的个体

    % 平均满载率进行约束
 for i=1:length(t)
    if t(i)<60
        r(i) = 1638;
    elseif t(i)>=60&&t(i)<180
        r(i) = 3276;
    elseif t(i)>=180&&t(i)<240
        r(i) = 2457;
    elseif t(i)>=240&&t(i)<300
        r(i) = 1638;
    elseif t(i)>=300&&t(i)<480
        r(i) = 819;
    elseif t(i)>=480&&t(i)<600
        r(i) = 1638;
    elseif t(i)>=600&&t(i)<660
        r(i) = 2457;
    elseif t(i)>=660&&t(i)<780
        r(i) = 3276;
    elseif t(i)>=780&&t(i)<840
        r(i) = 2457;
    elseif t(i)>=840&&t(i)<900
        r(i) = 1638;
    elseif t(i)>=900
        r(i) = 819;
    end
 end

 % 约束条件
if sum(r*tt*PP)/m/Q > cita   % 平均满载率进行约束
    flag = 0;
end

end
```

6. 遗传算法主函数设计

设计好选择、交叉和变异算子及适应度函数后，即进行遗传算法的主程序设计，具体的 MATLAB 程序如下：

```
%% GA
%% 清空环境变量
clc,clear,close all
warning off
global PP C L m f p Tmin Tmax delta tt Q cita

%% 遗传算法参数初始化
maxgen = 20;                        % 进化代数，即迭代次数
sizepop = 30;                       % 种群规模
pcross = 0.8;                       % 交叉概率选择，0 和 1 之间
pmutation = 0.2;                     % 变异概率选择，0 和 1 之间
%染色体设置
lenchrom=ones(1,500);
```

```
% 模型参数设置
Tmin = 1;                          % 表示相邻车辆间发车间隔的最小值(min)
Tmax = 10;                         % 表示相邻车辆间发车间隔的最大值(min)
delta = 4;                         % 表示相邻车辆发车间隔之差的限制值
m = 500;                           % 表示总的发车次数(车次)
maxt = 960;                        % t(i)的最大值
PP = 1;                            % 表示统一票价(元/人)
C = 3.5;                           % 表示车辆运营的单位损耗成本(元/车.公里)
L = 26.5;                          % 表示调研线路总的长度(公里)
m = 500;                           % 表示总的发车次数(车次)
f = 2;                             % 表示乘务员人数
p = 10;                            % 表示乘务员工资
V = 20;                            % 运行速度
tt = L/V;
Q = 100;                                % 表示车容量表示满载时车辆的容量(人/车)
cita = 0.8;                             % 表示各车的平均期望满载率

%------------------------种群初始化------------------------------------
individuals=struct('fitness',zeros(1,sizepop), 'chrom',[]);  % 将种群信息定义为一个结构体
bestfitness = [];                         % 每一代种群的最佳适应度
bestchrom = [];                           % 适应度最好的染色体

%% 初始化种群
for i=1:sizepop
    % 随机产生一个种群
    individuals.chrom(i,:) = pop_meet_conditions(maxt); % 编码结果为一个实数向量)
    x=individuals.chrom(i,:);
    % 计算适应度
    individuals.fitness(i)=fun(x);    % 染色体的适应度
end

figure('color',[1,1,1]),
plot(1:length(x),x,'b--','linewidth',2);
title(['初始个体值  ' '终止代数=' num2str(maxgen)]);
xlabel('进化代数');  ylabel('初始个体值');
legend('初始个体值');

%% 找最好的染色体
[bestfitness bestindex] = max(individuals.fitness);
bestchrom = individuals.chrom(bestindex,:);     % 最好的染色体
% 记录每一代进化中最好的适应度
trace = [bestfitness];

%% 迭代求解最佳初始阀值和权值
% 进化开始
for i=1:maxgen
    disp(['迭代次数:  ',num2str(i),'    最大迭代次数:      ',num2str(maxgen)])
    % 选择
    individuals=Select(individuals,sizepop);
    % 交叉
    individuals.chrom=Cross(pcross,lenchrom,individuals.chrom,sizepop);
    % 变异
```

```
individuals.chrom=Mutation(pmutation,lenchrom,individuals.chrom,sizepop
,i,maxgen);

    % 计算适应度
    for j=1:sizepop
        x=individuals.chrom(j,:);                    % 解码
        [individuals.fitness(j)]=fun(x);             % 染色体的适应度
    end

    % 找到最小和最大适应度的染色体及它们在种群中的位置
    [newbestfitness,newbestindex]=max(individuals.fitness);
    [worestfitness,worestindex]=min(individuals.fitness);
    % 代替上一次进化中最好的染色体
    if bestfitness<newbestfitness
        bestfitness=newbestfitness;
        bestchrom=individuals.chrom(newbestindex,:);
    end
    individuals.chrom(worestindex,:)=bestchrom;
    individuals.fitness(worestindex)=bestfitness;
    trace=[trace;bestfitness];          %记录每一代进化中最好的适应度和平均适应度

end
%% 输出结果
x = bestchrom;                          % 最佳个体值，tt 的 500 个值，1x500
%% 遗传算法结果分析
figure('color',[1,1,1]),
plot(1:length(x),x,'b--','linewidth',2);
title(['最优个体值  ' '终止代数＝' num2str(maxgen)]);
xlabel('进化代数');   ylabel('最优个体值');
legend('最优个体值');

figure('color',[1,1,1]),
plot(1:length(trace),trace,'b.--','linewidth',2,'Markersize',20);
title(['适应度曲线  ' '终止代数＝' num2str(maxgen)]);
xlabel('进化代数');   ylabel('适应度');
legend('最佳适应度');

% 统计发车频率
sj = 30; % 30 表示半个小时，30 分钟
tablef = zeros(1,maxt/sj);
for i=1:maxt/sj
    for j=1:length(x)
        if x(j)<=sj*i&&x(j)>sj*(i-1)
            tablef(i) = tablef(i) + 1;
        end
    end
end
figure('color',[1,1,1]),
plot(1:length(tablef),tablef,'b.--','linewidth',2,'Markersize',20);
xlabel('时间');   ylabel('发车频率');
X1 = 1:length(tablef); Y1 = tablef;
createfigure(X1, Y1);    % 平滑曲线拟合
axis([0,35,0,35])
```

运行程序输出图形如下：

```
迭代次数：  1      最大迭代次数：      20
迭代次数：  2      最大迭代次数：      20
```

```
迭代次数：   3     最大迭代次数：      20
迭代次数：   4     最大迭代次数：      20
……
迭代次数：   18     最大迭代次数：      20
迭代次数：   19     最大迭代次数：      20
迭代次数：   20     最大迭代次数：      20
```

输出图形如图 15-5～图 15-8 所示。

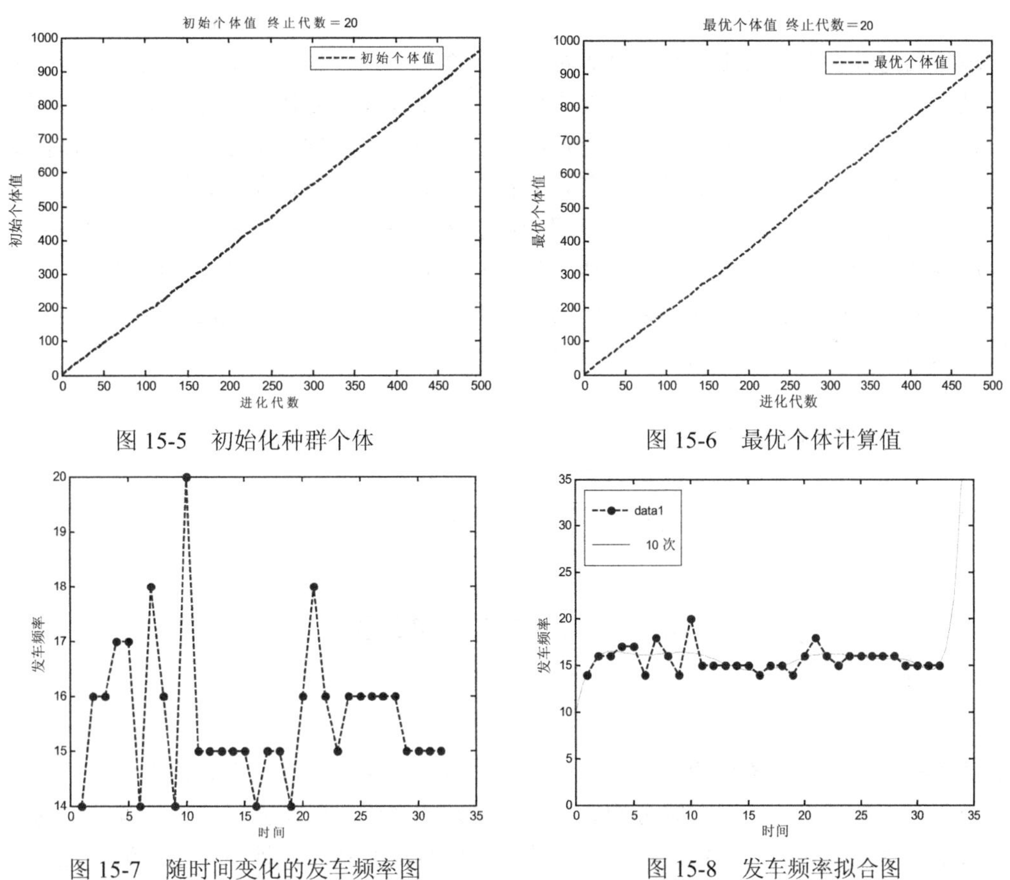

图 15-5　初始化种群个体

图 15-6　最优个体计算值

图 15-7　随时间变化的发车频率图

图 15-8　发车频率拟合图

如图 15-7 所示，每一个阶段的发车频率，前面 0～10 时刻，应该是密集发车，即早上上班高峰期，到 19～28 时刻，应该加大一点发车密度，其他时刻则是平稳适度数量的发车即可，比较满足实际情况。（注：0～35 时刻不是 0 点钟到 35 点钟，而是一天分成了 36 个时刻点。）

15.8　本 章 小 结

本章根据公交车辆排班和遗传算法的特点，兼顾到乘客和公共交通公司的利益，建立了一种基于改进的遗传算法的公交智能排班问题模型，以求解行车时刻表。该模型以乘客等车时间成本最小和公共交通公司的收益最大为目标，考虑了将发车间隔和两个相邻的发车间隔之差进行限制，对乘客的满载率等进行约束，利用综合改进的遗传算法进行求解，并进行了仿真实验，求得整个调度时期内的不均匀发车时刻表。

第 16 章　人脸检测识别与 MATLAB 实现

现代信息社会对于身份鉴别的准确性、安全性与实用性提出了更高的要求，传统的身份识别方法已经不能满足这种要求，而人体丰富的生理和行为特征为此提供了一个可靠的解决方案，因而引起了国际学术界和企业界的广泛关注。生物识别是一种根据人体自身的生理特征（如指纹、脸像和虹膜等）和行为特征（如笔迹、声音和步态等）来识别身份的技术。近年来，随着模式识别、图像处理和信息传感等技术的不断发展，生物识别显示出更为广阔的应用前景。众所周知，其他的生物测定方法如指纹、声音和虹膜等，由于要求被测定者的主动配合参与，才能达到识别的目的，而人脸识别却不受这种限制，因此人脸识别正成为当前人们关注和投入较大研究力量的重点。

学习目标：

（1）学习和掌握 MATLAB 人脸检测算法；

（2）学习和掌握利用 MATLAB 编程实现人脸图像分割；

（3）学习和掌握不同颜色空间下的人脸图像分割等。

16.1　人脸检测的意义

随着科技的发展，传统的身份鉴定方法，如身份证和信用卡，开始让人们感到不便。其携带不便，易丢失，甚至有时可能会忘记了必须的密码，以及密码被识破等等，这些问题给人带来困扰和麻烦。人们需要一种新的可靠的身份鉴别，一种不可能遗失而且具有其特性的身份证明。这就是人脸、指纹、虹膜和声音等等的生物特征。由于人脸特征是一种更直接及更方便的识别方式，近年来以人脸为特征的识别技术迅速地发展起来。

目前，越来越多的学者研究人脸识别这一课题，人脸检测技术受到了学术界和工业界越来越多的关注。人脸识别是一种特定内容的模式识别问题。从广义上来说，人脸识别有两个主要的过程：人脸检测和人脸分类。

人脸检测主要研究的是：在一幅图像上，检测出有无人脸存在。如果存在人脸，则判断出人脸的位置和大小。简单地说，就是对一幅图像进行检测，并将其划分为存在人脸的区域和不存在人脸的区域。人脸分类是在人脸检测的基础上进一步分析获得的人脸区域，对其进行识别分类。因此，人脸分类主要研究的是：对获得的人脸区域进行比较判别，区分它们脸型、表情、性别、种族和身份等等。

因此，在整个人脸自动识别系统中，人脸检测是第一步，也是极其重要的一步。人脸检测技术有着十分重要的作用，为后续步骤——人脸分类，提供识别人脸的具体详细的有用信息。人脸自动识别系统不仅能够作为人们身份鉴证，而且它能运用在许多不同的地方，如用于视频电话、监视与监控等场合的人脸实时检测跟踪。

16.2　人脸检测常用的几个彩色空间

根据计算机色彩理论，对一种颜色而言，在计算机中有不同的表达方式，这样就形成了各种不同的色彩空间，当然各种色彩空间只不过是颜色在计算机内不同的表达形式而已，每一种色彩空间也都有其各自的产生背景和应用领域。

彩色图像处理中有许多彩色空间坐标系，最常见的是 RGB 空间。其余的还有 HSV 空间、YCrCb 空间、YIQ 空间和 YUV 空间等，这些都可以从 RGB 空间转换而来。在大多数情况下，图像信息是以 RGB 的颜色体系保存，然而在人脸肤色分析中，由于 RGB 颜色的 R、G 和 B 三个颜色分量都包含亮度信息，存在极强的相关性，一般不适合肤色处理。所以一般情况下在进行肤色区域检测之前，要将 RGB 颜色体系转换到其他颜色体系中，而不直接利用 RGB 彩色空间。

16.2.1　RGB 彩色空间

RGB 彩色空间是一个立方体状彩色空间，如图 16-1 所示。

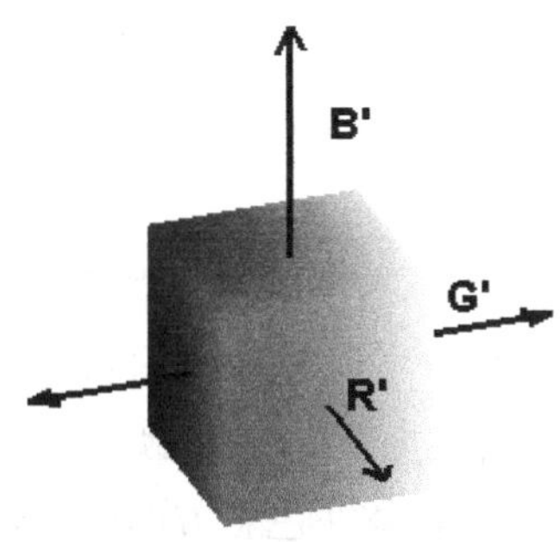

图 16-1　RGB 颜色空间

由于彩色图像是多光谱图像的一种特殊情况，对应于人类视觉的三基色即红、绿和蓝三个波段，是对人眼的光谱量化性质的近似，因此利用 R、G 和 B 三基色这三个分量来表征颜色是很自然的一种格式，而且多数的图像采集设备都是以 CCD 技术为核心，直接感知色彩的 R、G 和 B 三个分量，这也使得三基色模型成为图像成像、显示和打印等设备的基础，具有十分重要的作用。RGB 颜色模型主要应用于 CRT 监视器和图形刷新设备中。尽管该彩色空间是最普遍的，但是由于 R、G 和 B 三色之间存在强烈的相关性，因此在大多数的肤色分割中一般没有直接利用该彩色空间，而是利用其变换后的彩色空间进行分割。

16.2.2　标准化 RGB 彩色空间

由于 RGB 颜色空间中的向量（r、g 和 b）表示了一种颜色，故相同方向及不同模的向量具有相同的色度，所不同的只是亮度。颜色（r、g 和 b）的色度坐标定义为各个分量增

$R+G+B$ 中所占的比例，即

$$\begin{cases} r=\dfrac{R}{R+G+B} \\ g=\dfrac{G}{R+G+B} \\ b=\dfrac{B}{R+G+B} \end{cases} \tag{16.1}$$

有 $r+g+b=1$，而 RGB 对可见颜色子空间与截面 $r+g+b=1$ 产生的交区域在坐标平面 rg 上的投影产生了色度图。

16.2.3 HSV 彩色空间

HSV 彩色空间是一个柱状彩色空间，如图 16-2 所示。

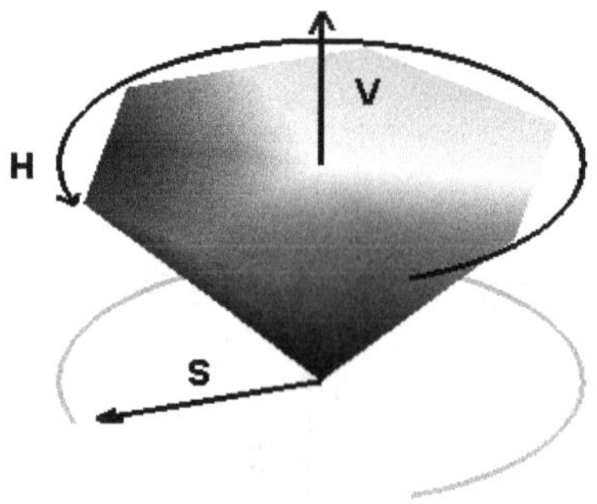

图 16-2　HSV 颜色空间

HSV 彩色空间反映了人类观察色彩的方式，同时也有利于图像处理。在对色彩信息的利用中，这种格式的优点在于，它将亮度（V）与反映色彩本质特性的两个参数：色度（H）和饱和度（S）一一分开。当提取某类物体在色彩方面的特性时，经常需要了解其在某一色彩空间的聚类特性，而这一聚类特性往往体现在色彩的本质上，而又经常受到光照明暗等条件的干扰影响。光照明暗给物体颜色带来的直接影响就是亮度分量（V），所以若能将亮度分量从色彩中提取出去，而只用反映色彩本质特性的色度及饱和度来进行聚类分析，会获得比较好的效果。这也正是 HSV 模型在彩色图像处理和计算机视觉的研究中经常被使用的原因。

该彩色空间可以通过 RGB 变换而得到，其变换公式如下：

$$C=\max\left(R',G',B'\right)-\min\left(R',G',B'\right)$$

$$\begin{cases} r'=\dfrac{V-R'}{V-\min\left(R',G',B'\right)} \\ g'=\dfrac{V-G'}{V-\min\left(R',G',B'\right)} \\ b'=\dfrac{V-B'}{V-\min\left(R',G',B'\right)} \end{cases} \tag{16.2}$$

$$H = 60\times\begin{cases}5+b', R=\max\left(R,G,B\right) \& G=\min\left(R,G,B\right)\\1-g', R=\max\left(R,G,B\right) \& G\neq\min\left(R,G,B\right)\\1+r', G=\max\left(R,G,B\right) \& B=\min\left(R,G,B\right)\\3-b', \mathrm{G}=\max\left(R,G,B\right) \& B\neq\min\left(R,G,B\right)\\3+g', B=\max\left(R,G,B\right) \& R=\min\left(R,G,B\right)\\5-r', \text{others}\end{cases} \quad (16.3)$$

$$S = C/V \quad (16.4)$$

$$V = \max\left(R',G',B'\right) \quad (16.5)$$

编写 RGB 到 HSV 颜色空间的 MATLAB 代码如下：

```
clc,clear,close all                    % 清屏、清工作区、关闭窗口
warning off                            % 消除警告
feature jit off                        % 加速代码执行
im=imread('1.jpg');                    % 读图
im_gray=rgb2gray(im);                  % 转为灰度图像
R=im(:, :, 1);G=im(:, :, 2);B=im(:, :, 3);
hsv_im=rgb2hsv(R, G, B);               % RGB 到 HSV
subplot(121), subimage(im)             % 显示图像
axis off
title('RGB')
subplot(122), subimage(hsv_im)
axis off
title('HSV')
```

RGB 到 HSV 颜色空间转化代码如下：

```
function [h, s, v] = rgb2hsv(r, g, b)
%RGB2HSV Convert red-green-blue colors to hue-saturation-value.
% 色度(H)和饱和度(S)、亮度(V)
switch nargin
  case 1,                                % 输入一个量，即一副 RGB 图像
     validateattributes(r, {'uint8', 'uint16', 'double', 'single'},
{'real'}, mfilename, 'RGB', 1);

     if isa(r, 'uint8'),                 % 图像数据类型 uint8
        r = double(r) / 255;
     elseif isa(r, 'uint16')             % 是否为 uint16
        r = double(r) / 65535;
     end
  case 3,                                % 输入为 RGB 三通道数据
     validateattributes(r, {'uint8', 'uint16', 'double', 'single'},
{'real'}, mfilename, 'R', 1);
     validateattributes(g, {'uint8', 'uint16', 'double', 'single'},
{'real'}, mfilename, 'G', 2);
     validateattributes(b, {'uint8', 'uint16', 'double', 'single'},
{'real'}, mfilename, 'B', 3);

     if isa(r, 'uint8'),
        r = double(r) / 255;
     elseif isa(r, 'uint16')
        r = double(r) / 65535;
```

```
    end

    if isa(g, 'uint8'),
       g = double(g) / 255;
    elseif isa(g, 'uint16')
       g = double(g) / 65535;
    end

    if isa(b, 'uint8'),
       b = double(b) / 255;
    elseif isa(b, 'uint16')
       b = double(b) / 65535;
    end

  otherwise,
      error(message('输入变量错误'));
end

threeD = (ndims(r)==3);                    % 判断 r 是否是三通道的数据

if threeD, %如果是的，分成 RGB 三通道数据
  g = r(:, :, 2); b = r(:, :, 3); r = r(:, :, 1);
  siz = size(r);
  r = r(:); g = g(:); b = b(:);            % 化成一列
elseif nargin==1,
  g = r(:, 2); b = r(:, 3); r = r(:, 1);
  siz = size(r);
else
  if ~isequal(size(r), size(g), size(b)),
    error(message('RGB 三通道数据维数不相同'));
  end
  siz = size(r);
  r = r(:); g = g(:); b = b(:);
end
% 色度(H)和饱和度(S)、亮度(V)
v = max(max(r, g), b);                     % 最大值
h = zeros(size(v), 'like', r);             % 色度
s = (v - min(min(r, g), b));               % 饱和度
% 公式
z = ~s;
s(~s) = 1;
k = find(r == v);                          % r 通道
h(k) = (g(k) - b(k))./s(k);
k = find(g == v);                          % g 通道
h(k) = 2 + (b(k) - r(k))./s(k);
k = find(b == v);                          % b 通道
h(k) = 4 + (r(k) - g(k))./s(k);
h = h/6;
k = find(h < 0);
h(k) = h(k) + 1;
h(z) = 0;

tmp = s./v;
tmp(z) = 0;
k = find(v);
s(k) = tmp(k);
s(~v) = 0;
```

```
if nargout<=1,                  % 输出小于等于 1 个变量
  if (threeD || nargin==3),
    h = reshape(h, siz);        % 变为二维矩阵
    s = reshape(s, siz);
    v = reshape(v, siz);
    h=cat(3, h, s, v);
  else
    h=[h s v];
  end
else
  h = reshape(h, siz);
  s = reshape(s, siz);
  v = reshape(v, siz);
end
```

运行程序输出图形如图 16-3 所示。

图 16-3　RGB 到 HSV 图像

16.2.4　YCrCb 彩色空间

YCrCb 彩色模型是一种彩色传输模型，主要用于彩色电视信号传输标准方面，被广泛地应用在电视的色彩显示等领域中。这是由于 YCrCb 彩色空间模型具有如下的优点：

（1）YCrCb 色彩格式具有与人类视觉感知过程相类似的构成原理。

（2）YCrCb 色彩格式被广泛地应用在电视显示等领域中，也是许多视频压缩编码，如 MPEG 和 JPEG 等标准中普遍采用的颜色表示格式。

（3）YCrCb 色彩格式具有与 HSV 等其他一些色彩格式相类似的将色彩中的亮度分量分离出来的优点。

（4）相比 HSV 等其他一些色彩格式，YCrCb 色彩格式的计算过程和空间坐标表示形式比较简单。

（5）实验结果表明在 YCrCb 色彩空间中的肤色聚类特性比较好。

它与 RGB 彩色空间之间的具体转换关系如下：

$$\begin{bmatrix} Y \\ C_b \\ C_r \end{bmatrix} = \frac{1}{256}\begin{bmatrix} 65.481 & 128.553 & 24.966 \\ -37.797 & -74.203 & 112 \\ 112 & -93.786 & -18.214 \end{bmatrix}\begin{bmatrix} R \\ G \\ B \end{bmatrix} + \begin{bmatrix} 16 \\ 128 \\ 128 \end{bmatrix} \tag{16.6}$$

编写 RGB 到 YCrCb 颜色空间的转化程序，MATLAB 代码如下：

```
clc,clear,close all                           % 清屏、清工作区、关闭窗口
warning off                                   % 消除警告
feature jit off                               % 加速代码执行
im=imread('1.jpg');                           % 读图
im_gray=rgb2gray(im);                         % 转为灰度图像
R=im(:, :, 1);G=im(:, :, 2);B=im(:, :, 3);
ycrcb_im =  rgb2ycrcb(R, G, B);
subplot(121), subimage(im)                    % 显示图像
axis off
title('RGB')
subplot(122), subimage(ycrcb_im)
axis off
title('HSV')
```

RGB 到 YCrCb 颜色空间函数程序如下：

```
function ycrcb_im =  rgb2ycrcb(r, g, b)
% RGB 颜色空间向 YCrCb 彩色空间转化
switch nargin
  case 1,                   % 输入一个量，即一副 RGB 图像
     validateattributes(r,  {'uint8',  'uint16',  'double',  'single'},
{'real'},  mfilename,  'RGB',  1);

     if isa(r,  'uint8'),            % 图像数据类型 uint8
        r = double(r) / 255;
     elseif isa(r,  'uint16')     % 是否为 uint16
        r = double(r) / 65535;
     end
  case 3,                   % 输入为 RGB 三通道数据
     validateattributes(r,  {'uint8',  'uint16',  'double',  'single'},
{'real'},  mfilename,  'R',  1);
     validateattributes(g,  {'uint8',  'uint16',  'double',  'single'},
{'real'},  mfilename,  'G',  2);
     validateattributes(b,  {'uint8',  'uint16',  'double',  'single'},
{'real'},  mfilename,  'B',  3);

     if isa(r,  'uint8'),
        r = double(r) / 255;
     elseif isa(r,  'uint16')
        r = double(r) / 65535;
     end

     if isa(g,  'uint8'),
        g = double(g) / 255;
     elseif isa(g,  'uint16')
        g = double(g) / 65535;
     end

     if isa(b,  'uint8'),
        b = double(b) / 255;
     elseif isa(b,  'uint16')
        b = double(b) / 65535;
     end
```

```
  otherwise,
      error(message('输入变量错误'));
end

threeD = (ndims(r)==3);                % 判断 r 是否是三通道的数据

if threeD,                          %如果是的，分成 R、G 和 B 三通道数据
  g = r(:, :, 2); b = r(:, :, 3); r = r(:, :, 1);
elseif nargin==1,
  g = r(:, 2); b = r(:, 3); r = r(:, 1);
else
  if ~isequal(size(r), size(g), size(b)),
    error(message('RGB 三通道数据维数不相同'));
  end
end

y1 = 65.481*r + 128.553*g + 24.966*b + 16;
y = y1 /256;
cr1 = -37.797*r - 74.203*g + 112*b + 128;
cr = cr1/256;
cb1 = 112*r - 93.786*g -18.214*b +128;
cb = cb1/256;
ycrcb_im = cat(3, (y), (cr), (cb));
```

运行程序输出图形如图 16-4 所示。

图 16-4　RGB 到 YCrCb 颜色空间转化

16.3　静态肤色模型

所谓肤色模型，也和其他的数学建模一样，即用一种代数的（解析的）或查找表等形式来表达哪些像素的色彩属于肤色，或者表征出来某一像素的色彩与肤色的相似程度。这种模型主要通过色彩格式的变换，使得肤色在某一色彩或变形的色彩空间中呈良好的聚类特性，然后将这一聚类在色彩空间中的分布区域用一种简便的代数解析式加以表达。为了把人脸区域从非人脸区域分割出来，需要使用适合不同肤色和不同光照条件的可靠的肤色模型。

目前常用的静态肤色建模的基本方法有三种：肤色范围、高斯密度函数估计和直方图统计，三者分别对应阈值化、参数化和非参数化方法。

16.3.1　RGB 颜色空间分割

对于 RGB 图像，一般首先分解其为 *R* 分量、*G* 分量和 *B* 分量，进行观察该彩色图像的特征，通过判别 RGB 颜色通道各通道灰度值的大小，进而实现人脸图像的分割，具体的程序如下：

```
clc,clear,close all                         % 清屏、清工作区、关闭窗口
warning off                                 % 消除警告
feature jit off                             % 加速代码执行
rgb=imread('xbb2.jpg');
% imshow(rgb);
r = rgb(:, :, 1);
g = rgb(:, :, 2);
b = rgb(:, :, 3);
[m,n]=size(r);
for i=1:m
    for j=1:n
      if
(r(i,j)>=200&&r(i,j)<=255)&&(g(i,j)>120&&g(i,j)<=255)&&(b(i,j)>=100&&b(
i,j)<=220)%改皮肤色
            r(i,j)=150;g(i,j)=250;b(i,j)=250;
      end
      if
(r(i,j)>220&&r(i,j)<=255)&&(g(i,j)>220&&g(i,j)<=255)&&(b(i,j)>215&&b(i,
j)<255)%改白色
            r(i,j)=255;g(i,j)=0;b(i,j)=255;
      end
      if (r(i,j)>40&&r(i,j)<=200)&&(g(i,j)>30&&g(i,j)<=205)&&(b(i,j)>0&&b
(i,j)<180)%改黑色
            r(i,j)=120;g(i,j)=155;b(i,j)=255;
      end
    end
end
color11=cat(3,r,g,b);
subplot(121),imshow(rgb);title('原始图像')
subplot(122),imshow(color11);title('分割后图像')
```

运行程序输出图形如图 16-5 所示。

原始图像

分割后图像

图 16-5　修改 RGB 通道灰度值实现图形分割

16.3.2　HSV 颜色空间分割

对于 HSV 彩色模型来说，它能将亮度信息和色度信息从输入图像中分离出来，并且能够独立表示。*H* 分量代表图像的纯色彩信息，即其表示的是图像的颜色信息；*S* 分量代表图像的饱和度信息，即其表示的是图像的颜色深浅；*V* 分量代表图像的亮度信息，即其表示的是图像的颜色亮度。由此可见，*H* 分量只表示目标的彩色信息，相对 RGB 颜色模型来说，受光照变化的影响缓慢。选择 *H* 分量作为人脸皮肤颜色分割的参数，可以降低光照影响的作用。

基于 HSV 颜色空间模型的人脸肤色分割如下：

```
clc,clear,close all                    % 清屏、清工作区、关闭窗口
warning off                            % 消除警告
feature jit off                        % 加速代码执行，提高运行时间

Ima=imread('1.jpg');                   %% 读入图像
RIma=Ima(:,:,1);GIma=Ima(:,:,2);BIma=Ima(:,:,3);
HSVIma = rgb2hsv(Ima);                 %% 转换图像格式
H = HSVIma(:,:,1);                     %% 提取色相图像
V = HSVIma(:,:,3);                     %% 提取明亮度图像
%%
figure('color',[1,1,1])
subplot(2,2,1),imshow(Ima);title('输入的检测皮肤的图像');
subplot(2,2,2),imshow(H);title('色度 H 分量')
subplot(2,2,3),imshow(V);title('亮度 V 分量')
H1 = im2bw(H,0.16);                    % 二值化
H1 = ~H1;                              % 取反操作
H1 = bwareaopen(H1,100);               % 剔除小块
subplot(2,2,4),imshow(H1);title('人肤色分割')
```

运行程序输出图形如图 16-6 所示。

输入的检测皮肤的图象

色度H分量

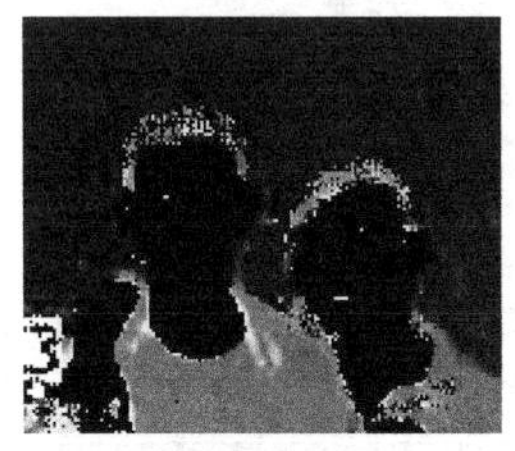

亮度V分量

人肤色分割

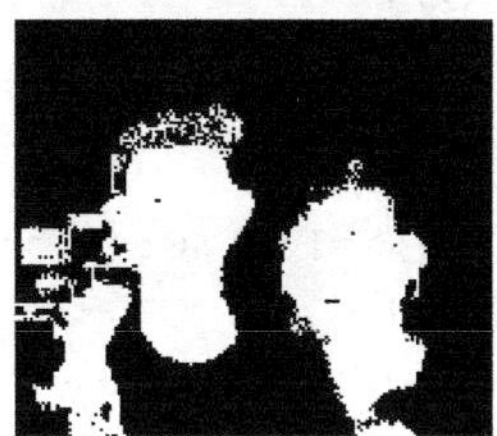

图 16-6　HSV 颜色空间肤色分割

由得到的二值化图像转化为对应的 RGB 图像，程序如下：

```
R = immultiply(RIma,H1);          % 交运算
G = immultiply(GIma,H1);          % 交运算
B = immultiply(BIma,H1);          % 交运算
im = cat(3,R,G,B);                % 合成 3-D 数组
figure('color',[1,1,1])
subplot(1,2,1),imshow(Ima);title('输入的检测皮肤的图像');
subplot(1,2,2),imshow(im);title('输出的检测皮肤的图像');
```

运行程序输出结果如图 16-7 所示。

图 16-7　肤色分割效果图

16.3.3　YCbCr 颜色空间分割

经过人们大量的实验之后，在 YCbCr 颜色空间属于肤色的范围是：Cr∈(105，127)，Cb∈(137，162)，通过判断像素点的 Cr 和 Cb 值是否在上述范围之内，来判断该像素点是否是肤色。

编写肤色检测模型程序如下：

```
clc,clear,close all                              % 清屏、清工作区、关闭窗口
warning off                                      % 消除警告
feature jit off                                  % 加速代码执行
im=imread('1.jpg');                              % 读图
im_gray=rgb2gray(im);                            % 转为灰度图像
R=im(:,:,1);G=im(:,:,2);B=im(:,:,3);
ycrcb_im =  rgb2ycrcb(R,G,B);
ycrcb_im = im2uint8(ycrcb_im);
Cr = ycrcb_im(:,:,2);
Cb = ycrcb_im(:,:,3);
bw = zeros(size(R,1),size(R,2));                      % 初始化矩阵
for i =1:size(R,1)
    for j=1:size(R,2)
        if Cr(i,j)>=105&&Cr(i,j)<=118  && Cb(i,j)>=105&&Cb(i,j)<=162
            bw(i,j)=1;
        else
            bw(i,j)=0;
        end
```

```
    end
end
subplot(121),subimage(im)                    % 显示图像
axis off
title('RGB')
subplot(122),subimage(bw)
axis off
title('BW')
```

运行程序输出图形如图 16-8 所示。

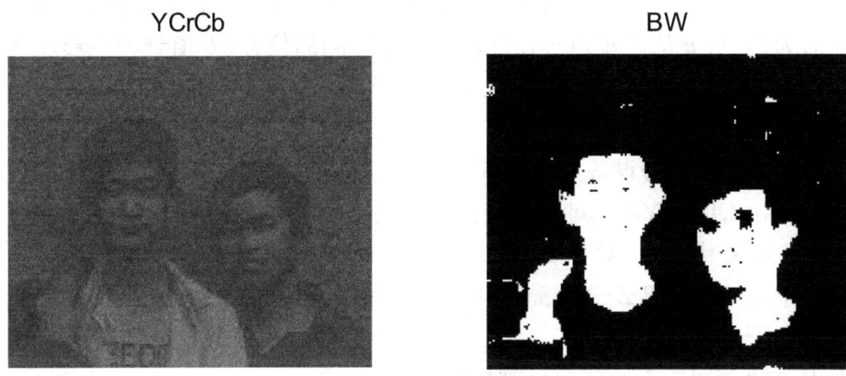

图 16-8　YCrCb 颜色空间下的肤色检测

将二值化图形映射到 RGB 颜色空间，编写程序如下：

```
% 合成 RGB 颜色空间
r = im(:, :, 1);                            % R 通道
g = im(:, :, 2);                            % G 通道
b = im(:, :, 3);                            % B 通道
bw = im2bw(bw);
r1=immultiply(r,bw);                  % 交运算
g1=immultiply(g,bw);                  % 交运算
b1=immultiply(b,bw);                  % 交运算
pic=cat(3,r1,g1,b1);                  % 合成 3-D
figure,
subplot(121),subimage(im)             % 显示图像
axis off
subplot(122),subimage(pic)
```

运行程序输出图形如图 16-9 所示。

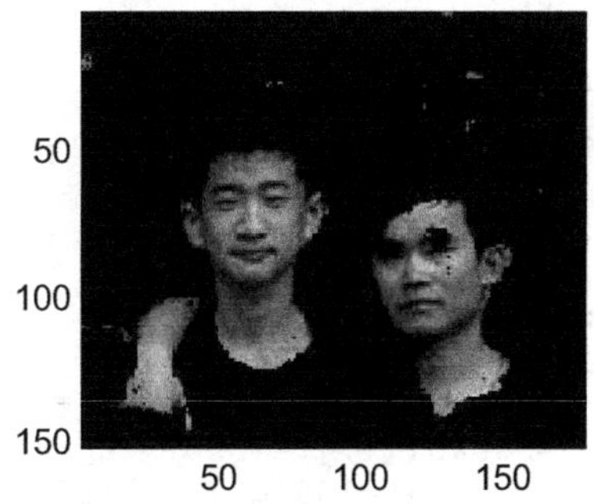

图 16-9　肤色分割

16.4 基于 Lab 颜色空间的人脸分割

常用的色彩空间有 RGB 色彩空间、HSV（或类似的 HIS 和 HSL）色彩空间及 Lab 色彩空间等。

Lab 色彩空间被设计用来接近人类视觉，它致力于感知均匀性。

在 Lab 空间中，L 表示亮度，a 和 b 表示颜色对立的维度。*L* 值为 0 时色彩为黑色，*L* 值接近 100 时为白色；*a* 值表示色彩在红色和绿色之间的位置；*b* 值表示色彩在蓝色和黄色之间的位置。在 CIELAB 模型中，*a* 值大于 0 时表示红色，*a* 值小于 0 时表示绿色，*b* 值大于 0 时表示黄色。

Lab 颜色空间是一种与设备无关的颜色系统，是基于 1931 年 CIE 颁布的色彩度量国际标准创建的，是由 CIE XYZ 通过数学转换得到的均匀色度空间。CIE XYZ 空间采用了理想的原色 X、Y 和 Z 代替 R、G 和 B，而理想原色的选择是基于 RGB 颜色空间采用数学方法建立的，其中，X、Y 和 Z 分别描述红原色、绿原色和蓝原色。这三个分量是虚拟的假色彩，并非真色彩。

基于 Lab 颜色空间的人脸肤色分割程序如下：

```
clc,clear,close all                         % 清屏、清工作区、关闭窗口
warning off                                 % 消除警告
feature jit off                             % 加速代码执行,提高运行时间
rgb=imread('xbb.jpg');                      % 加载图像
% imshow(rgb);
r = rgb(:, :, 1);                           % R 通道
g = rgb(:, :, 2);                           % G 通道
b = rgb(:, :, 3);                           % B 通道
[m,n]=size(r);
cform = makecform('srgb2lab');              % color transformation structure
J = applycform(rgb,cform);                  % color space transformation
M=graythresh(J(:,:,3));                     % 阈值
BW2=im2bw(J(:,:,3),M);                      % 二值化
BW2= bwareaopen(BW2, 300);                  % 剔除小块
% imshow(BW2)
cc=bwconncomp(BW2);                         % 连通性检查
s  = regionprops(BW2, {'centroid','area'});     %标记块重心
[~, id] = max([s.Area]);                    % 找出最大块的标号
BW2(labelmatrix(cc)~=id)=0;                 % 非最大块置为背景
r1=immultiply(r,~BW2);                      % 交运算
g1=immultiply(g,~BW2);                      % 交运算
b1=immultiply(b,~BW2);                      % 交运算
xbb=cat(3,r1,g1,b1);                        % 合成 3-D
figure;imshow(xbb);                         % 显示
%%
for i=1:m
    for j=1:n
      if (r1(i,j)>=145&&r1(i,j)<=255)&&(g1(i,j)>=50&&g1(i,j)<=255)&&
(b1(i,j)>=20&&b1(i,j)<=220)%改皮肤色
            r1(i,j)=150;g1(i,j)=250;b1(i,j)=250;
      end
```

```
    if (r1(i,j)>=240&&r1(i,j)<=255)&&(g1(i,j)>=240&&g1(i,j)<=255)&&(b1
(i,j)>=220&&b1(i,j)<=255)%改背景白色
        r1(i,j)=255;g1(i,j)=0;b1(i,j)=255;
    end
    if (r1(i,j)>=0&&r1(i,j)<=2)&&(g1(i,j)>=0&&g1(i,j)<=2)&&(b1(i,j)>=
0&&b1(i,j)<=2)      %改背景黑色
        r1(i,j)=200;g1(i,j)=255;b1(i,j)=0;
    end
    if (r1(i,j)>=0&&r1(i,j)<=170)&&(g1(i,j)>=0&&g1(i,j)<=172)&&(b1
(i,j)>=0&&b1(i,j)<=180)%改头发黑色
        r1(i,j)=120;g1(i,j)=155;b1(i,j)=255;
    end
   end
end
color11=cat(3,r1,g1,b1);
subplot(121),imshow(rgb);title('原始图像')
subplot(122),imshow(color11);title('分割后图像')
```

运行程序输出图形如图 16-10 所示。

原始图像

分割后图像

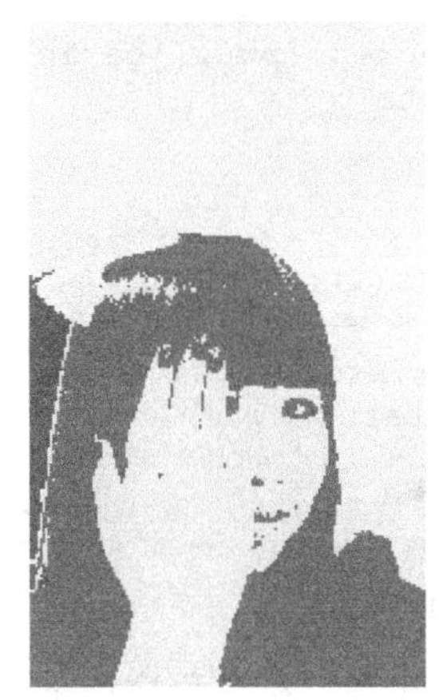

图 16-10　基于 Lab 的图像分割

16.5　运动人图像检测与 MATLAB 实现

运动人图像检测，以第一张背景图像为基准，采用背景差分的方式进行电脑摄像头中运动物体的检测，该方法简单实用，并且易于上手。基于背景差分的运动人脸检测 MATLAB 仿真实现，具体程序如下：

```
clc,clear,close all                 % 清屏、清工作区、关闭窗口
warning off                         % 消除警告
feature jit off                     % 加速代码执行
imaqmem(7e08);                      % 申请内存空间
waitopen;
feature jit off                                    % 加速代码执行，提高运行时间
vid = videoinput('winvideo',1,'YUY2_320x240'); % 摄像头参数
% Set the properties of the video object
```

```
set(vid, 'FramesPerTrigger', Inf);                % 帧触发器设置
set(vid, 'ReturnedColorspace', 'rgb') % RGB 颜色空间
vid.FrameGrabInterval = 5;                        % 帧数间隔
% 启动摄像头设备
start(vid)
```

启动摄像头后，进入系统循环，进行一定时间的运动人图像检测，具体的 MATLAB 代码如下：

```
% 采集 100 帧后，接触循环
while(vid.FramesAcquired<=100)

data = getsnapshot(vid);  % 拍摄图像
diff_im = imsubtract(data(:,:,1), rgb2gray(data));% 做差
diff_im = medfilt2(diff_im, [3 3]);                   % 中值滤波
diff_im = imadjust(diff_im);                      % 图像增强——灰度级直接变换
level = graythresh(diff_im);                      % 求全局阈值
bw = im2bw(diff_im,level);                        % 二值化处理
BW5 = imfill(bw,'holes');                         % 填充空洞
bw6 = bwlabel(BW5, 8);                            % 标记二值化图
stats = regionprops(bw6,['basic']);               % 连通域处理 basic mohem nist
[N,M]=size(stats);
if (bw==0)                                        % 如果和背景相当，无移动目标
    break;
else
    tmp = stats(1);
for i = 2 : N
   if stats(i).Area > tmp.Area                    % 面积比较
      tmp = stats(i);
   end
end
bb = tmp.BoundingBox;                             % 画识别物体方框
bc = tmp.Centroid;                                % 物体中心
```

运行显示检测的运动目标，程序如下：

```
imshow(data)   % 画图
hold on
rectangle('Position',bb,'EdgeColor','r','LineWidth',2)
hold off
end
end
```

关闭摄像头，释放系统缓存数据，程序如下：

```
stop(vid);          % 停止
flushdata(vid);     % 清楚缓存数据
% 清楚所有的变量
clear all
```

运行等待条框程序如下：

```
function waitopen
h1=waitbar(0.1,'Please wait, check hardware......');
pause(0.5)
h1=waitbar(0.8,h1,'Please wait, initialize the window');
pause(0.5)
h1=waitbar(1.0,h1,'Please wait, initialize the window');
```

```
close(h1);
```

运行程序输出图形如图 16-11~图 16-14 所示。

图 16-11　检测 1

图 16-12　检测 2

图 16-13　检测 3

图 16-14　检测 4

16.6　本 章 小 结

本章对人脸图像进行分割，涉及 RGB 颜色空间、HSV 颜色空间、YCrCb 颜色空间和 Lab 颜色空间，在不同颜色空间下，对人脸图像进行定位分割，均达到较好的效果。针对运动人图像检测与 MATLAB 实现，主要考虑到笔记本电脑摄像头拍摄的场景大多数为人图像，而人在画面上是不断变化的，因此本章结合第 2 章相关知识，采用一定的背景差分法较好地实现了人脸图像的分割。本章对图像处理与识别领域的科研爱好者有一定的借鉴价值。

第 2 篇　MATLAB 高级算法应用设计

第 17 章　基于改进的多算子融合的图像识别系统设计

图像处理的目的是改善图像的质量，它以人为对象，以改善人的视觉效果为目的。图像处理中，输入的是质量低的图像，输出的是改善质量后的图像，常用的图像处理方法有图像增强、复原、编码和压缩等图像处理技术在许多应用领域受到广泛重视并取得了重大的开拓性成就。随着图像处理技术和人工智能的迅速发展，数字图像处理将向更深层次发展。

本章着重介绍的是基于 Roberts 算子、Prewitt 算子、Sobel 算子和 Laplacian 算子等微分算法，并选择不同的模版进行图像边缘分割，分析比较不同模版下边缘分割效果的异同，最终提出一种多算子融合的边缘检测算法，该算法应用于足迹特征对比系统设计，性能较好，该算法具有一定的泛化能力和鲁棒性。

学习目标：

（1）学习和掌握 MATLAB 图像分割算法；

（2）学习和掌握图像边缘分割算子原理与 MATLAB 实现；

（3）学习和掌握多算子融合下的图像分割技术等。

17.1　图像处理研究内容

数字图像处理就是利用计算机系统对数字图像进行各种特定的处理。通常情况下，对图像进行处理主要有以下三个目的：

一是提高图像的可观性，以获得所期望的结果。例如，对图像进行灰度变换、几何变换和滤波等从而改善图像的质量以达到所需的和清晰的效果；

二是对图像数据进行编码和压缩，以便于解决数据量与存储和传输的矛盾；

三是特征提取，以便于计算机进行图像分析。比如常用作模式识别的预处理，这就涉及到特征参数的提取问题。

不管图像处理是何种目的，都需要计算机系统对图像数据进行输入、分析加工和输出，因此数字图像处理研究的内容主要有以下几个方面。

（1）图像数字化：图像数字化是将一幅图像从其原来的形式转换为数字形式的处理过程。转换是不失真的，即原始图像未被破坏掉。数字化过程包括扫描、采样和量化三个步骤。所谓扫描是按照一定的先后顺序对一幅图像进行遍历的过程；采样是将在空间上连续分布的图像转换成离散的图像点；量化是将采样得到的灰度值转换为离散的整数值。经过这三个步骤，可以得到一幅数字图像。

（2）图像增强：图像增强用以改善供人观看的图像的主观质量。当无法知道图像质量下降的原因时，可以采用图像增强技术来改善图像的质量。由于图像增强技术是用于改善图像视感质量而不是针对某种退化所采取的一种方法，所以很难预测哪一种特定技术才是最好的，只能通过实验和分析误差来选择一种合适的方法。况且接受者是人，处理结果质量的好坏就受到观看者的心理、情绪和爱好等主观因素的影响，所以效果的评价只是相对的。直方图修正和边缘增强等是其常用手段。总的来说，图像增强以清晰为目标。

（3）图像复原：与图像增强相似，图像复原的目的也是改善图像的质量。图像复原可以看作是图像退化的逆过程，是将图像退化的过程加以估计，建立退化的数学模型后，补偿退化过程造成的失真，以便获得未经干扰退化的原始图像或原始图像的最优估值，从而改善图像质量。

（4）图像分割：把图像分成区域的过程就是图像分割。图像中通常包含多个对象，例如，一幅航空照片，可以分割为居民区、工业区、草原和湖泊等区域。好的图像分割应具备以下三个特征，一是分割出来的各区域对某种特质而言具有相似性，区域内部是连通的且没有过多小孔；二是相邻区域对分割所依据的性质有明显的差异；三是区域边界是明确的。但是到目前为止，对图像分割的好坏进行评价还没有统一的准则，因此，图像分割是图像分析和计算机视觉中的经典难题。

（5）图像分析：图像分析主要是对图像中感兴趣的目标进行检测和测量，以获得它们的客观信息，从而建立对图像的描述。图像分析分 3 步进行，即分割、描述和分类。人类视觉系统的优越性，使得人类可以方便的从一幅图像中找出感兴趣的物体或区域，而对于计算机而言，要做到这一点却需要给它以客观测度，使之按照颜色和灰度等把一些物体或区域加以分离，这叫分割。再用适当的数学语言来表示已分离区域或物体的机构与统计性质，或表示区域间的关系，得出一种简练的表达方式，这称为描述。图像经分割和描述之后就较容易对之做进一步的分类与识别处理。如果说图像处理是一个从图像到图像的过程，则图像分析就是一个从图像到数据的过程。这里的数据可以是目标特征的测量结果，或是基于测量的符号表示，它们描述了目标的特点和性质。

（6）图像重建：图像重建的目的是根据二维平面图像数据构造出三维物体的图像。它与图像增强不同，图像增强的输入是图像，输出也是图像，而图像重建输入的是某种数据，输出是图像。医学上广为采用的计算机层析扫描术（CT）就是一例。它是利用超声波、X 射线和核磁共振等手段取得物体的许多幅来自不同角度的反应物体内部的投影图，然后再通过计算获得物体内部的图像。实际上就是将多幅断层二维平面数据重建成可描述人体组织器官的三维结构的图像。三维重建技术目前已成为虚拟现实技术及科学可视化技术的重要基础。

（7）图像变换：图像变换是指通过一种数学映射的方法，将空域中的图像信息转换到频域或时频域等空间上进行分析的数学手段。最常采用的变换有傅里叶变换、离散余弦变换和小波变换等。

（8）图像压缩编码：数字图像的特点之一是数据量庞大。尽管现在有大容量的存储器，但仍不能满足对图像数据（尤其是动态图像和高分辨率图像）处理的需要。此外，由于图像需要在不同设备之间进行传输，而图像的传输也需要占用通信资源，因此为了节省存储空间，合理地利用通信资源，需要研究图像压缩技术。如果数据不压缩，则需要在存储和传输中占很大的容量和带宽，因而增加了成本。另外，利用人类的视觉特性，可对图像的视觉冗余进行压缩，由此来达到减小描述图像的数据量的目的。图像编码主要是采用不同的表达方法以减少表示图像所需的数据量，从本质上来说，图像编码与压缩就是对要处理的图像源数据按一定的规则进行变换和组合，从而达到以尽可能少的代码来表示尽可能多的数据信息。压缩通过编码来实现，或者说编码带来压缩的效果，所以一般把此项处理称为压缩编码。

17.2　图像处理的特点

1．信息量大

由于数字图像在计算机中采用二维矩阵表示和存储，所以其信息量很大。比如对一幅由 512×512 个像素组成的电视图像，其灰度级用 8 比特的二进制数来表示，其信息量为：

$$512 \times 512 \times 8 = 256\text{KB}$$

对于这样大信息量的图像，虽然我们可以获取较多的信息，但是如果要对此图像进行处理，必须要使用具有相当大内存和存储器的计算机。

2．数字图像占用的频带较宽

数字图像信息占用的频带要比语音信息大几个数量级。如语音带宽约为 4KHz，而电视图像的带宽却为 5.6MHz 左右。所以在成像、传输、存储、处理和显示等各个环节的实现上，技术难度较大，成本亦高，这就对频带压缩技术提出了更高的要求。

3．数字图像像素

数字图像像素间相关性大，数字图像中各个像素的灰度并不是独立的，其间的相关性很大。就电视画面而言，同一帧各相邻像素间的相关系数可达 0.9 以上，而相邻两帧之间的相关性比帧内相关性一般还要大些，因此图像信息具有很大的可压缩性。如果在图像通信领域中，能够充分利用数字图像的这一特性，将大大提高图像处理和传输的效率。

4．再现性好、适用面宽

由于数字图像在计算机中采用二维矩阵表示和存储，这样计算机容易处理。因此，在传送和复制图像时，只在计算机内部进行处理，这样数据就不会丢失或遭破坏，保持了完好的再现性。这一点在模拟图像处理中，几乎是很难实现的。另外，对于数字图像处理来说，图像可以来自多种信息源，它们可以是可见光图像，也可以是不可见的多光普图像；可以是电子显微镜图像，也可以是遥感图像甚至天文望远镜图像。只要对这些来自不同信息源的图像数字化后，都可以采用计算机来处理。

5．图像信息的视觉效果

图像信息的视觉效果主观性大、识别困难，经过处理后的图像一般是给人观察和评价的，因此受到人的主观因素影响较大，比如说兴趣、视觉和情绪等。通常情况下，图像的识别比较困难。如果要求取图像上某一区域的面积，利用计算机可以很方便的达到目的，并且精确度很高；但是要计算机识别某一区域是什么东西，则十分困难。

6．图像处理技术综合性强

数字图像处理涉及的技术领域相当广泛，如计算机技术、电子技术和通信技术等。当然，数学和物理学等领域更是数字图像处理的基础。并且数字图像处理还涉及到硬件、软件、接口和网络等多项技术。

总而言之，数字图像处理技术的发展涉及到越来越多的基础理论知识，它是一项涉及多学科的综合性技术。

17.3　图像数字化

由傅里叶理论可知，图像是一种二维的连续函数，然而在计算机上对图像进行 RGB 处理的时候，首先必须对其在空间和亮度上进行 RGB 化，这就是图像的采样和量化的过程。空间坐标(x,y)的 RGB 化称为图像采样，而幅值 RGB 化称为灰度级量化。

MATLAB 对于曲面的绘制，提供了较多的函数，如 image 和 surf 等，其主要根据三轴坐标进行曲面的绘制。针对 RGB 图像本身而言，图像的像素，就是 *xy* 轴坐标值，其灰度值可以作为相应的 *z* 坐标值，即本身 RGB 图像就是一个三维的数字图像，采用 MATLAB 自带的 surf()函数，即可实现 RGB 图像的三维图像显示效果，编程如下：

```
%% 图像数字化
clc,clear,close all                    % 清屏、清工作区、关闭窗口
warning off                            % 消除警告
feature jit off                        % 加速代码执行
[filename ,pathname]=...
   uigetfile({'*.bmp';'*.jpg';},'选择图片');              %选择图片路径
str = [pathname filename];                                %合成路径+文件名
ps = imread(str);                                         %读图
subplot(211),imshow(ps)
background=imopen(ps,strel('disk',4));
background=rgb2gray(background);
% imshow(background);
subplot(212),surf(double(background(1:4:end,1:4:end))),zlim([0 256]);
set(gca,'Ydir','reverse');
```

运行程序具体如图 17-1 所示。

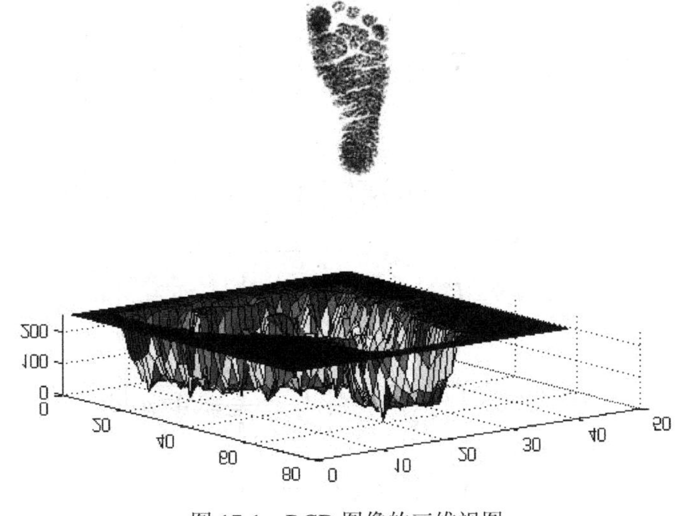

图 17-1　RGB 图像的三维视图

17.4　Gabor 滤波

Gabor 滤波方法的主要思想是：不同纹理一般具有不同的中心频率及带宽，根据这些频率和带宽可以设计一组 Gabor 滤波器对纹理图像进行滤波，每个 Gabor 滤波器只允许与其频率相对应的纹理顺利通过，而使其他纹理的能量受到抑制，从各滤波器的输出结果中分析和提取纹理特征，用于之后的分类或分割任务。Gabor 滤波器提取纹理特征主要包括两个过程：

- 设计滤波器（如函数、数目、方向和间隔）；
- 从滤波器的输出结果中提取有效纹理特征集。

Gabor 滤波器是带通滤波器，它的单位冲激响应函数（Gabor 函数）是高斯函数与复指函数的乘积。它是达到时频测不准关系下界的函数，具有最好地兼顾信号在时频域的分辨能力。

Gabor 采用高斯（Gauss）函数作窗，从而保证窗口 Fourier 变换在时域和频域内均有局部化功能，因此，Gabor 变换具有以下特点。

1．频域局部化特性

令窗口函数为 $g_a(t)$，则 $g_a(t)=\frac{1}{2\sqrt{\pi a}}\mathrm{e}^{-\frac{t^2}{4a}}$，式中 a 决定了窗口的宽度，$g_a(t)$ 的 Fourier 变换用 $G_a(w)$ 表示，则有：

$$
\begin{aligned}
G_a(w)&=\int_{-\infty}^{\infty} g_a(t)\mathrm{e}^{-jwt}\mathrm{d}t=\int_{-\infty}^{\infty}\frac{1}{2\sqrt{\pi a}}\mathrm{e}^{-\frac{t^2}{4a}}\mathrm{e}^{-jwt}\mathrm{d}t\\
&=\frac{1}{2\sqrt{\pi a}}\int_{-\infty}^{\infty}\mathrm{e}^{-\left(\frac{t^2}{4a}+jwt\right)}\mathrm{d}t=\mathrm{e}^{-aw^2}
\end{aligned}
\tag{17.1}
$$

Gabor 变换：

$$
\begin{aligned}
\int_{-\infty}^{\infty} G_f(w,\tau)\mathrm{d}\tau&=\int_{-\infty}^{\infty}\int_{-\infty}^{\infty} f(t)g_a(t-\tau)\mathrm{e}^{-jwt}\mathrm{d}t\mathrm{d}\tau\\
&=\int_{-\infty}^{\infty} f(t)\mathrm{e}^{-jwt}\int_{-\infty}^{\infty} g_a(t-\tau)\mathrm{e}^{-jwt}\mathrm{d}\tau\mathrm{d}t\\
&=\int_{-\infty}^{\infty} f(t)\mathrm{e}^{-jwt}\left(\int_{-\infty}^{\infty}\frac{1}{2\sqrt{\pi a}}\mathrm{e}^{-\frac{(t-\tau)^2}{4a}}\mathrm{d}\tau\right)\mathrm{d}t\\
&=\int_{-\infty}^{\infty} f(t)\mathrm{e}^{-jwt}\left(\int_{-\infty}^{\infty}\frac{1}{2\sqrt{\pi a}}\mathrm{e}^{-\frac{(t-\tau)^2}{4a}}\mathrm{d}\tau\right)\mathrm{d}t\\
&=\int_{-\infty}^{\infty} f(t)\mathrm{e}^{-jwt}\left(\int_{-\infty}^{\infty}\frac{1}{2\sqrt{\pi a}}\mathrm{e}^{-\frac{u^2}{4a}}\mathrm{d}u\right)\mathrm{d}t\\
&=\int_{-\infty}^{\infty} f(t)\mathrm{e}^{-jwt}\left(\int_{-\infty}^{\infty}\frac{1}{2\sqrt{\pi a}}\sqrt{4\pi a}\right)\mathrm{d}t\\
&=\int_{-\infty}^{\infty} f(t)\mathrm{e}^{-jwt}\mathrm{d}t=F(w)
\end{aligned}
\tag{17.2}
$$

从式（17.2）中可以看出，信号 $f(t)$ 的 Gabor 变换，就是按窗口的宽度分解 $f(t)$ 的频谱 $F(w)$，提取它的局部信息。由此可见，Gabor 变换具有频域局部化特性。

2．Gabor变换的时域局部化特性

若设 $h \in L^2$，则 Gabor 变换有如下的再生公式：

$$f(t)=\frac{1}{2\pi<h,g>}\iint G_f(\tau,w)h(\tau,w)\mathrm{d}w\mathrm{d}\tau \tag{17.3}$$

式（17.3）表明，信号 $f(t)$ 可以按时域局部在频域上进行分解，这里 g 和 h 称为分析 Gabor 函数，而 $g(\tau,w)$ 和 $h(\tau,w)$ 称为 Gabor 函数，有 Paserval 恒等式：

$$2\pi<h,g>=<H,G> \tag{17.4}$$

其中 G 和 H 是 g 和 h 的 Fourier 变换。实际中常取 h=g，所以：

$$<h,g>=\|g\|^2 \tag{17.5}$$

那么，式（17.3）就变为：

$$f(t)=\frac{1}{\|g\|^2}\iint G_f(\tau,w)g(\tau,w)\mathrm{d}w\mathrm{d}\tau \tag{17.6}$$

由上式可知，Gabor 变换具有时域局部化特性，当 τ 变化时，$g(\tau,w)$ 在时域上移动，起一个时域窗口的作用。

采用 Gabor 滤波器对足迹图像进行分析，编写 MATLAB 程序如下：

```
clc,clear,close all                         % 清屏、清工作区、关闭窗口
warning off                                 % 消除警告
feature jit off                             % 加速代码执行
[filename ,pathname]=...
   uigetfile({'*.bmp';'*.jpg';},'选择图片');          %选择图片路径
str = [pathname filename];                           %合成路径+文件名
I = imread(str);%读图
obj=I;
r=obj(:,:,1);g=obj(:,:,2);b=obj(:,:,3);
% 转化为灰度图像
if size(I,3)==1
   im = I;
else
   im = rgb2gray(I);
end
[G,gabout] = gaborfilter(im,0.5,0.5,1,1);
figure,
subplot(121),imshow(g);title('灰度图像');
subplot(122),imshow(gabout,[]);title('Gagor 滤波图像')
```

Gabor 滤波器函数如下：

```
function [G,gabout] = gaborfilter(I,Sx,Sy,f,theta);

if isa(I,'double')~=1
   I = double(I);
end

for x = -fix(Sx):fix(Sx)
   for y = -fix(Sy):fix(Sy)
```

```
      xPrime = x * cos(theta) + y * sin(theta);
      yPrime = y * cos(theta) - x * sin(theta);
      G(fix(Sx)+x+1,fix(Sy)+y+1) = exp(-.5*((xPrime/Sx)^2+(yPrime/Sy)
^2))*cos(2*pi*f*xPrime);
   end
end

Imgabout = conv2(I,double(imag(G)),'same');
Regabout = conv2(I,double(real(G)),'same');

gabout = sqrt(Imgabout.*Imgabout + Regabout.*Regabout);
```

运行程序输出图像如图 17-2 所示。

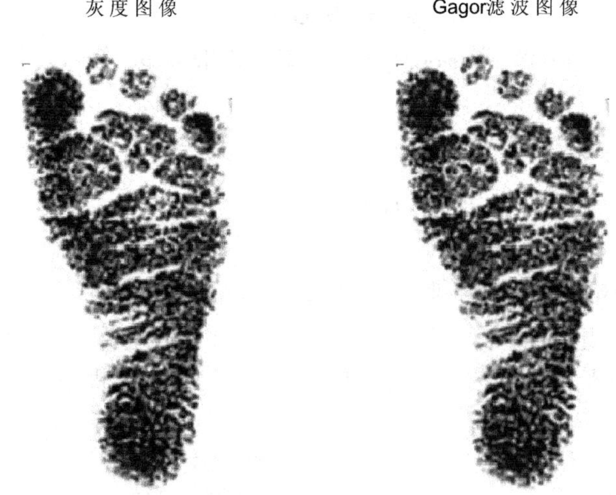

图 17- 2　Gabor 滤波

17.5　直方图增强

在曝光不足或过度的情况下，我们常常得到的图像灰度值集中在一个小区间内，直方图均衡是以累积分布函数变换法为基础的直方图修正法。通过直方图均衡，可以产生一幅灰度级分布具有均匀概率密度的图像，即改变了图像的灰度值，提高了图像的对比度。在 RGB 图像的预处理中采用直方图均衡，可以部分地减小不同 RGB 图像的亮度差别，同时，可以使灰度值充分地占据灰度值范围，提高图像的对比度，因此在对 RGB 图像的处理中是很有用的。

设原始图像的概率密度函数的定义为：$p\left(x\right)=\frac{1}{A}H\left(x\right)$，其中$H\left(x\right)$为直方图，$A$ 为图像的面积。

设转换前的图像概率密度函数为 $p_r\left(r\right)$，转换后图像的概率密度函数为 $p_s\left(s\right)$，转换函数为$s=f\left(r\right)$，由概率论知识可以得到：$p_s\left(s\right)=p_r\left(r\right)\times\frac{d_r}{d_s}$，其中 r 和 s 分别表示图像转换前后的灰度。

如果使转换后图像的概率密度函数为 1，则有 $p_r(r)=\frac{d_r}{d_s}$，等式两边对 r 积分，即 $s=f(r)=\int_0^r p_r(u)\mathrm{d}u=\frac{1}{A}\int_0^R H(u)\mathrm{d}u$，该转换公式被称为图像的累积分布函数，如果没有归一化，只要乘以灰度最大值即可，灰度均衡的转换公式变为：

$$I_b=f(I_a)=\frac{I_{\max}}{A}\int H(u)\mathrm{d}u \tag{17.7}$$

其中 I_a 和 I_b 分别为图像转换前后的灰度。

图像处理直方图增强处理的 MATLAB 程序如下：

```
clc,clear,close all                          % 清屏、清工作区、关闭窗口
warning off                                  % 消除警告
feature jit off                              % 加速代码执行
[filename ,pathname]=...
   uigetfile({'*.bmp';'*.jpg';},'选择图片');          %选择图片路径
str = [pathname filename];                           %合成路径+文件名
I = imread(str);%读图
i=1;
I2=imadjust(I,[60/255,180/255],[0,1]);               %图像增强--灰度级直接变换
figure(1),
subplot(121),imshow(I)
subplot(122),imhist(I(:,:,i))
figure(2),
subplot(121),imshow(I2)
subplot(122),imhist(I2(:,:,i))
```

图像处理直方图增强结果如图 17-3 和图 17-4 所示。

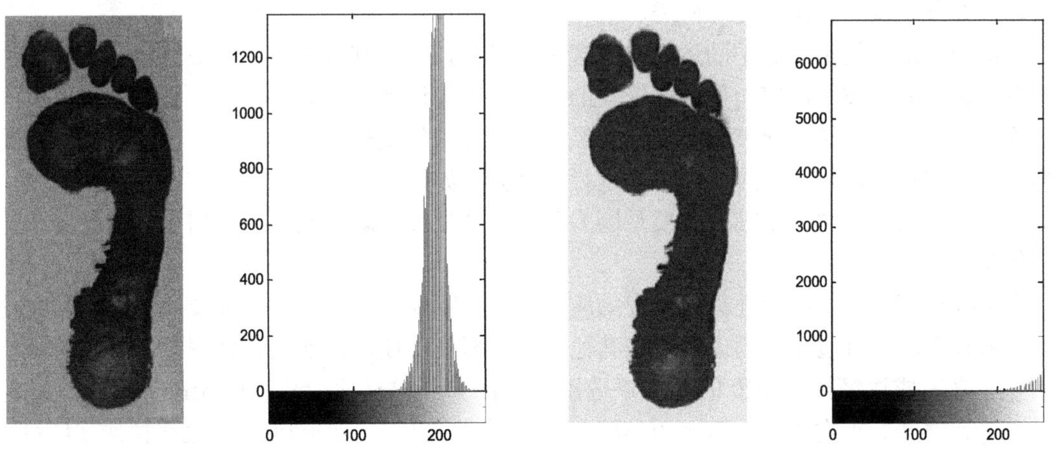

图 17-3　原始图像的直方图　　　　图 17-4　直方图均衡化

17.6　图像边缘概述

图像的边缘是图像中灰度不连续或急剧变化的所有像素的集合，集中了图像的大部分信息，是数字图像最基本的特征之一，常见的灰度边缘可分为阶跃型、房顶型和凸缘型，

如图 17-5 所示。

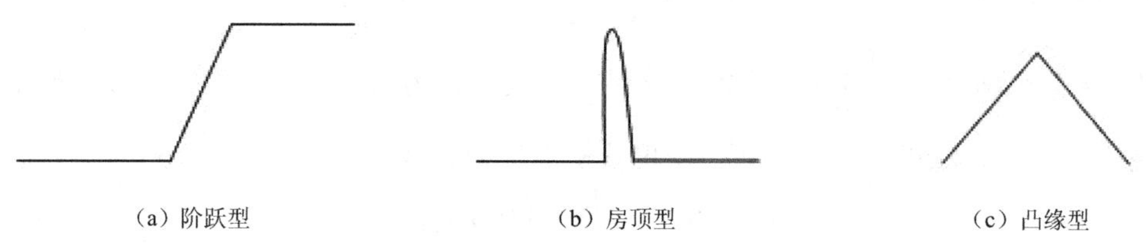

图 17-5　三种不同类型的边缘灰度变化

这些变化对应图像中的不同形态，阶跃型边缘处于图像中两个具有不同灰度值的相邻区域之间，房顶型处于细条状的灰度突变区域，而凸缘型处于变化较为缓慢的区域。

边缘检测是后续的图像分割、特征提取和识别等图像分析领域关键性的一步，有着举足轻重的作用，在工程应用中有着十分重要的地位。数字图像边缘检测主要有以下四个步骤：滤波、增强、检测和定位。图像边缘检测法通过计算图像各个像素点的一阶或二阶微分来确定边缘，图像一阶微分的峰值点或二阶微分的过零点对应图像的边缘像素点，因此，求导算子思路是研究的重点。较常见的检测算子有：Sobel、Prewitt、Canny、Roberts 和 Kirseh 等算子。

17.7　图像边缘分割模块

图像边缘分割就是补偿图像的轮廓，增强图像的边缘及灰度跳变的部分，使图片编的清晰，亦分空域法和频域处理两类。

图像平滑往往是图像中的边界和轮廓编的模糊，为了减少这类不利效果，这就需要利用图像边缘分割技术，使图像的边缘变的清晰。图像边缘分割处理的目的是为了使图像的边缘、轮廓线及图像的细节变的清晰，经过平滑的图像变得模糊的根本原因是因为图像受到了平均或积分运算，因此可以对其进行逆运算（如微分运算）就可以使图像变的清晰。从频率域来考虑，图像模糊的实质是因为其高频分量被衰减，因此可以用高通滤波器来使图像变的清晰。

边缘检测在数字图像处理技术中的应用很广，主要在提取图像特征及模式识别方面使用最为频繁，同时边缘检测也是一些其他图像处理技术使用之前的预处理，主要是使用检测算子来完成边缘检测功能的。本章选用的检测算子包括罗伯特（Roberts）算子、坎尼（Canny）算子、方向算子、Prewitt 算子、索贝尔（Sobel）算子和高斯-拉普拉斯（LoG）算子，这六个算子都是最常用的。

17.7.1　Sobel 算子

Sobel 算子是把图像中每个像素的上下左右四领域的灰度值加权差，在边缘处达到极值从而检测边缘。其定义为：

$$S_x=\left[f(x+1,y-1)+2f(x+1,y)+f(x+1,y+1)\right]-\left[f(x-1,y-1)+2f(x-1,y)+f(x-1,y+1)\right]$$

$$S_y=\left[f\left(x-1,y+1\right)+2f\left(x,y+1\right)+f\left(x+1,y+1\right)\right]-\left[f\left(x-1,y-1\right)+2f\left(x,y-1\right)+f\left(x+1,y-1\right)\right]$$

图像中每个像素点都与图所示的两个核做卷积，一个核对垂直边缘影响最大，而另一个核对水平边缘影响最大，两个卷积的最大值作为这个像素点的输出值。Sobel 算子卷积模板为：

$$\begin{bmatrix}-1 & -2 & -1\\ 0 & 0 & 0\\ 1 & 2 & 1\end{bmatrix}、\begin{bmatrix}-1 & 0 & 1\\ -2 & 0 & 2\\ -1 & 0 & 1\end{bmatrix} \tag{17.8}$$

Sobel 算法不但产生较好的检测效果，而且对噪声具有平滑抑制作用，但是得到的边缘较粗，且可能出现伪边缘。使用 MATLAB 进行 Sobel 算子的可视化边缘检测，程序如下：

```
clc,clear,close all                    % 清屏、清工作区、关闭窗口
warning off                            % 消除警告
feature jit off                        % 加速代码执行
[filename ,pathname]=...
   uigetfile({'*.bmp';'*.jpg';},'选择图片'); %选择图片路径
str = [pathname filename];%合成路径+文件名
im = imread(str);                      %  读图
% i= rgb2gray(im);
   hsi=rgb2hsi(im);
   H = hsi(:, :, 1);
   S = hsi(:, :, 2);
   I = hsi(:, :, 3);
   i= I;
i = medfilt2(i,[5,5]);                          % 中值滤波
subplot(1,2,1);
imshow(im);title('原图像');            % 显示原图像
% m=fspecial('sobel');                 % 应用 sobel 算子图像边缘检测
% j=filter2(m,i);                      % sobel 算子滤波锐化
j = edge(i,'sobel');
subplot(1,2,2);imshow(j);
title('sobel 算子图像边缘检测');       % 显示 sobel 算子图像边缘检测
```

其显示结果如图 17-6 所示。

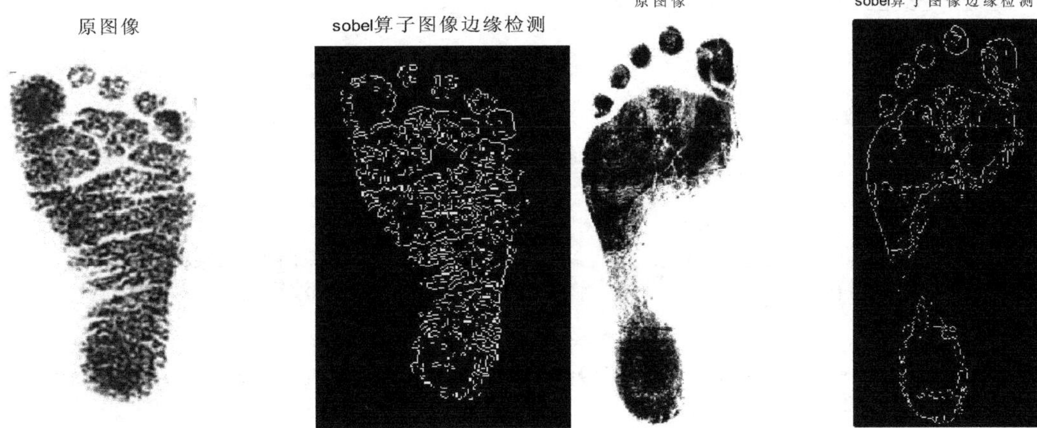

图 17-6　Sobel 算子图像边缘分割

采用 Sobel 对脚印图像的边缘检测可知，采用 Sobel 算子对图像进行边缘检测，纹理

检测效果一般，边缘检测断断续续，不具后续处理。Sobel 算子是一阶离散性差分算子，用来运算图像亮度函数的梯度之近似值。Sobel 算子并没有将图像的主体与背景严格地区分开来，即 Sobel 算子没有基于图像灰度进行处理，由于 Sobel 算子没有严格地模拟人的视觉生理特征，所以提取的图像轮廓有时并不能令人满意。

17.7.2　Prewitt 算子

Prewitt 算子是一种一阶微分算子的边缘检测，利用像素点上下和左右邻点的灰度差，在边缘处达到极值检测边缘，去掉部分伪边缘，对噪声具有平滑作用。

Prewitt 算子将边缘检测算子模板的大小从 2×2 扩大到 3×3，进行差分算子的计算，将方向差分运算与局部平均相结合，从而在检测图像边缘的同时减小噪声的影响。其表达式如下：

$$f_x(x,y)=\left[f(x-1,y+1)+f(x,y+1)+f(x+1,y+1)\right]-\left[f(x-1,y-1)-f(x,y-1)-f(x+1,y-1)\right]$$

$$f_y(x,y)=\left[f(x+1,y-1)+f(x+1,y)+f(x+1,y+1)\right]-\left[f(x-1,y-1)-f(x-1,y)-f(x-1,y+1)\right]$$

Prewitt 算子卷积模板为：$G(i,j)=|P_x|+|P_y|$。式中：

$$P_x=\begin{bmatrix}-1 & 0 & 1\\ -1 & 0 & 1\\ -1 & 0 & 1\end{bmatrix},\quad P_y=\begin{bmatrix}1 & 1 & 1\\ 0 & 0 & 0\\ -1 & -1 & -1\end{bmatrix} \tag{17.9}$$

P_x 是水平模板，P_y 是垂直模板。对图像中每个像素点都用这两个模板进行卷积，取最大值作为输出，最终产生边缘图像。程序如下：

```
clc,clear,close all                    % 清屏、清工作区、关闭窗口
warning off                            % 消除警告
feature jit off                        % 加速代码执行
[filename ,pathname]=...
    uigetfile({'*.bmp';'*.jpg';},'选择图片'); % 选择图片路径
str = [pathname filename];             % 合成路径+文件名
im = imread(str);                      % 读图
% i= rgb2gray(im);
    hsi=rgb2hsi(im);
    H = hsi(:, :, 1);
    S = hsi(:, :, 2);
    I = hsi(:, :, 3);
    i= I;
i = medfilt2(i,[5,5]);                 % 中值滤波
subplot(1,2,1);
imshow(im);title('原图像');             % 显示原图像
% m=fspecial('prewitt');               % 应用 prewitt 算子图像边缘检测
% j=filter2(m,i);                      % prewitt 算子滤波锐化
j = edge(i,'prewitt');
subplot(1,2,2);
imshow(j); title('prewitt 算子图像边缘检测'); % 显示 prewitt 算子图像边缘检测
```

其显示结果如图 17-7 所示。

采用 Prewitt 算子对脚印图像的边缘检测可知，Prewitt 算子检测效果和 Sobel 算子相当，Prewitt 算子认为凡灰度新值大于或等于阈值的像素点都是边缘点。这种判定是欠合理的，

会造成边缘点的误判，因为许多噪声点的灰度值也很大，而且对于幅值较小的边缘点，其边缘反而丢失了。

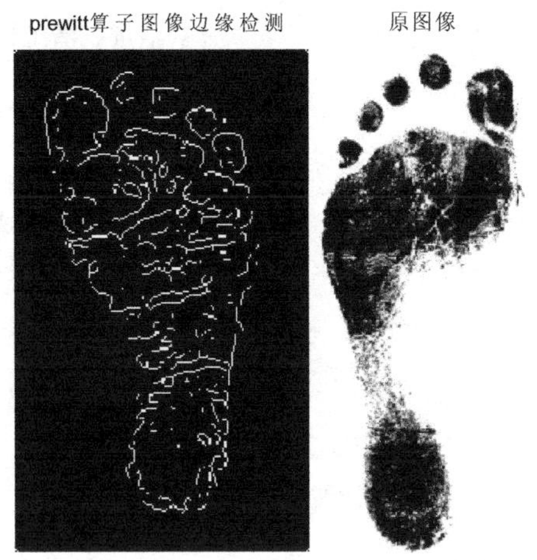

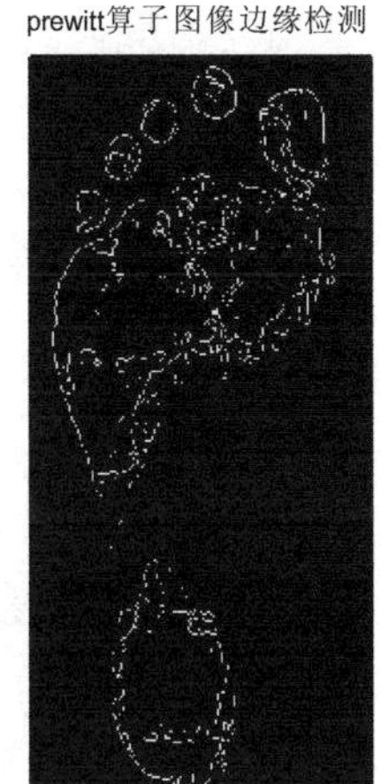

图 17-7　Prewitt 算子图像边缘分割

17.7.3　Canny 算子

Canny 边缘检测算法是高斯函数的一阶导数，是对信噪比与定位精度之乘积的最优化逼近算子。Canny 算法首先用二维高斯函数的一阶导数，对图像进行平滑，设二维高斯函数为：

$$G(x,y)=\frac{1}{2\pi\sigma}\left[-\frac{x^2+y^2}{2\sigma}\right] \tag{17.10}$$

其梯度矢量为：

$$\nabla G=\begin{bmatrix}\dfrac{\partial G}{\partial x}\\ \dfrac{\partial G}{\partial y}\end{bmatrix}$$

其中，σ 为高斯滤波器参数，它控制着平滑程度。对于 σ 小的滤波器，虽然定位精度高，但信噪比低；σ 大的情况则相反，因此要根据需要适当的选取高斯滤波器参数 σ。

传统的 Canny 算法采用 2×2 邻域一阶偏导的有限差分来计算平滑后的数据阵列 $I(x,y)$ 的梯度幅值和梯度方向。其中，x 和 y 方向偏导数的两个阵列 $P_x(i,j)$ 和 $P_y(i,j)$ 分别为：

$$P_x(i,j)=\big(I(i,j+1)-I(i,j)+I(i+1,j+1)-I(i+1,j)\big)/2 \tag{17.11}$$

$$P_y(i,j)=\big(I(i,j)-I(i+1,j)+I(i,j+1)-I(i+1,j+1)\big)/2 \tag{17.12}$$

像素的梯度幅值和梯度方向用直角坐标到极坐标的坐标转化公式来计算，用二阶范数来计算梯度幅值为：

$$M(i,j)=\sqrt{P_x(i,j)^2+P_y(i,j)^2} \tag{17.13}$$

梯度方向为，

$$\theta[i,j] = \arctan\left(P_y(i,j)/P_{xj}(i,j)\right) \tag{17.14}$$

使用 MATLAB 进行 Canny 算子的可视化边缘检测，程序如下：

```
clc,clear,close all                              % 清屏、清工作区、关闭窗口
warning off                                      % 消除警告
feature jit off                                  % 加速代码执行
[filename ,pathname]=...
   uigetfile({'*.bmp';'*.jpg';},'选择图片');      %选择图片路径
str = [pathname filename];                       %合成路径+文件名
im = imread(str);                                % 读图
% i= rgb2gray(im);
   hsi=rgb2hsi(im);
   H = hsi(:, :, 1);
   S = hsi(:, :, 2);
   I = hsi(:, :, 3);
   i= I;
i = medfilt2(i,[5,5]);  % 中值滤波
subplot(1,2,1);
imshow(im);title('原图像');                       % 显示原图像
j = edge(i,'canny') ;                            % 应用 canny 算子图像边缘检测
subplot(1,2,2);
imshow(j); title('canny 算子图像边缘检测');        % 显示 canny 算子图像边缘检测
```

其显示结果如图 17-8 所示。

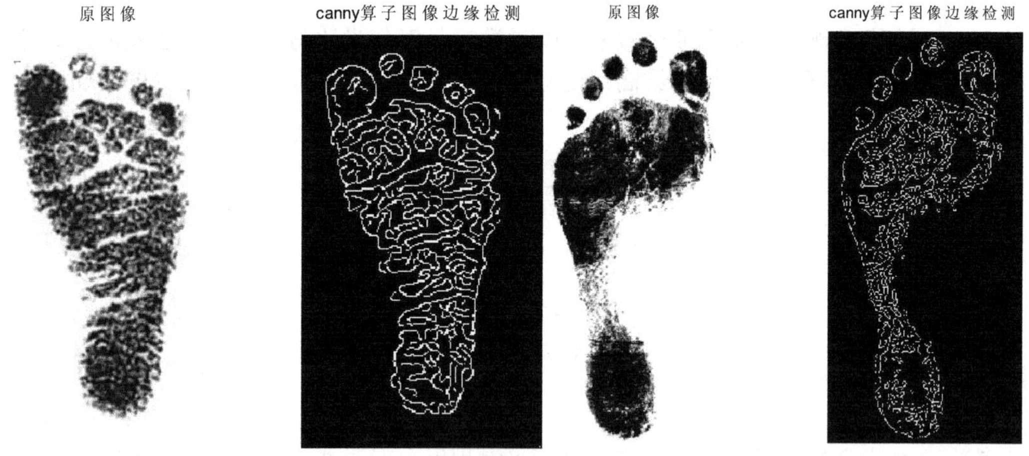

图 17-8　Canny 算子图像边缘分割

采用 Canny 算子对脚印图像的边缘检测可知，Canny 算子较之于 Prewitt 算子和 Sobel 算子检测效果要好，采用 Canny 算子对图像纹理检测较细致。Canny 算子使用了变分法，采用二维高斯函数对图像进行平滑处理，弱化了噪音的影响，然而 Canny 算子对图像边缘检测，边缘检测过于细化，同样不利于图像纹理特征的提取。

17.7.4　Roberts 算子

图像处理中最常用的微分是利用图像沿某个方向上的灰度变化率，即原图像函数的梯度。

Roberts 算子梯度定义如下：

$$\nabla_x f(x) = f(x,y) - f(x+1,y) \tag{17.15}$$

（1）梯度模的表达式如下：

$$|\nabla f| = |\nabla_x f| + |\nabla_y f| \tag{17.16}$$

（2）Roberts 算法又称交叉微分算法，其计算公式如下：

$$g(i,j) = \left| f(i+1,j+1) - f(i,j) + \left| f(i+1,j) - f(i,j+1) \right| \right| \tag{17.17}$$

（3）其特点就是算法简单。

使用 MATLAB 进行 Roberts 算子的可视化边缘检测，程序如下：

```
clc,clear,close all                              % 清屏、清工作区、关闭窗口
warning off                                      % 消除警告
feature jit off                                  % 加速代码执行
[filename ,pathname]=...
   uigetfile({'*.bmp';'*.jpg';},'选择图片');      % 选择图片路径
str = [pathname filename];%合成路径+文件名
im = imread(str);                                   % 读图
% i= rgb2gray(im);
   hsi=rgb2hsi(im);
   H = hsi(:, :, 1);
   S = hsi(:, :, 2);
   I = hsi(:, :, 3);
   i= I;
i = medfilt2(i,[5,5]);                           % 中值滤波
subplot(1,2,1);
imshow(im);title('原图像');                       % 显示原图像
j = edge(i,'Roberts') ;                          % 应用 Roberts 算子图像边缘检测
subplot(1,2,2);
imshow(j); title('Roberts 算子图像边缘检测'); % 显示 Roberts 算子图像边缘检测
```

其显示结果如图 17-9 所示。

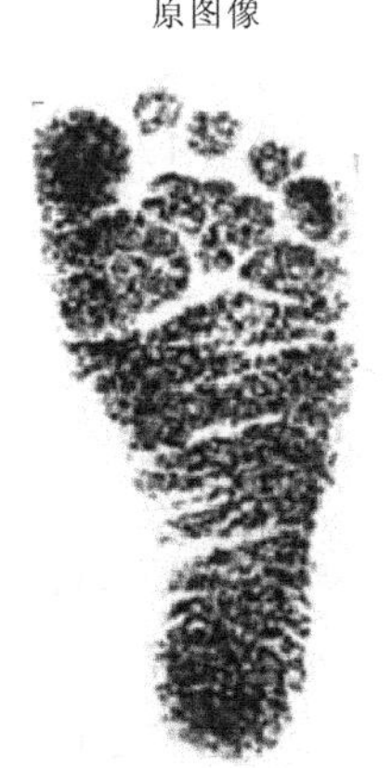

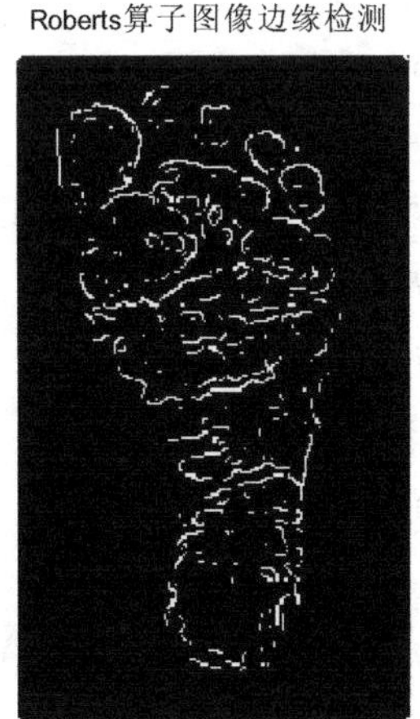

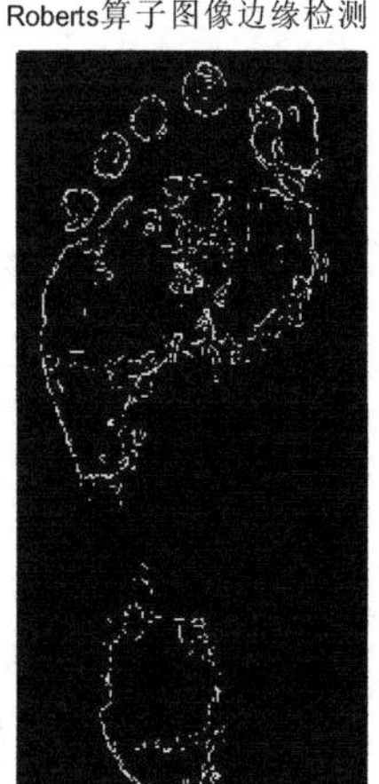

图 17-9　Roberts 算子图像边缘分割

采用 Roberts 算子对脚印图像的边缘检测可知，Roberts 算子较之于 Prewitt 算子和 Sobel 算子检测效果相当，Roberts 算子能够较好的去除伪边缘，定位较准，垂直方向边缘的性能好于斜线方向，然而 Roberts 算子对噪声敏感，无法抑制噪声的影响。Roberts 算子是一种

最简单的算子，是一种利用局部差分算子寻找边缘的算子，采用对角线方向相邻两像素之差近似梯度幅值检测边缘。

17.7.5　Laplacian 算子

Laplacian 算子是最简单的各向同性微分算子，具有旋转不变性，比较适用于改善因为光线的漫反射造成的图像模板。其原理是，在摄像记录图像的过程中，光点将光漫反射到其周围区域，这个过程满足扩散方程：

$$\frac{\partial f}{\partial t}=k\nabla^2 f \tag{17.18}$$

经过推导，可以发现当图像的模糊是由光的漫反射造成时，不模糊图像等于模糊图像减去它的拉普拉斯变换的常数倍。另外，人们还发现，即使模糊不是由于光的漫反射造成的，对图像进行拉普拉斯变换也可以使图像更清晰。

拉普拉斯边缘分割的一维处理表达式是：

$$g(x)=f(x)-\frac{\mathrm{d}^2 f(x)}{\mathrm{d}x^2} \tag{17.19}$$

在二维情况下，拉普拉斯算子使走向不同的轮廓能够在垂直的方向上具有类似于一维那样的边缘分割效应，其表达式为：

$$\nabla^2 f=\frac{\partial^2 f}{\partial x^2}+\frac{\partial^2 f}{\partial y^2} \tag{17.20}$$

对于离散函数 $f(i,j)$，拉氏算子定义为：

$$\nabla^2 f(i,j)=\nabla_x{}^2 f(i,j)+\nabla_y{}^2 f(i,j) \tag{17.21}$$

其中：

$$\begin{aligned}
&\nabla_x{}^2 f(i,j)\\
&=\nabla_x[\nabla_x f(i,j)]\\
&=\nabla_x[f(i+1,j)-f(i-1,j)]\\
&=\nabla_x f(i+1,j)-\nabla_x f(i,j)\\
&=f(i+1,j)-f(i,j)-f(i,j)+f(i-1,j)\\
&=f(i+1,j)+f(i-1,j)-2f(i,j)\\
&\nabla_y f(i,j)=f(i,j)-f(i,j-1)
\end{aligned} \tag{17.22}$$

类似的有：

$$\nabla_y{}^2 f(i,j)=f(i,j+1)+f(i,j-1)-2f(i,j) \tag{17.23}$$

所以有：

$$\nabla^2 f(i,j)=f(i+1,j)+f(i-1,j)+f(i,j+1)+f(i,j-1)-4f(i,j) \tag{17.24}$$

式（17.24）可用如下模版来实现：

$$\begin{pmatrix} 0 & 1 & 0\\ 1 & -4 & 1\\ 0 & 1 & 0 \end{pmatrix} \tag{17.25}$$

它给出了 90°同性的结果，这里再使用不同的系数将对角线方向加入到离散拉普拉斯算子定义中，可以定义另外几种拉氏算子：

$$\begin{pmatrix} 1 & 0 & 1 \\ 0 & -4 & 0 \\ 1 & 0 & 1 \end{pmatrix}、\begin{pmatrix} 1 & 1 & 1 \\ 1 & -8 & 1 \\ 1 & 1 & 1 \end{pmatrix} \tag{17.26}$$

由于拉普拉斯是一种微分算子，它的应用强调图像中灰度的突变即降低灰度缓慢变化的区域，这将产生一幅把图像中的浅灰色边线和突变点叠加到暗背景中的图像。将原始图像和拉普拉斯图像叠加在一起的方法可以保护拉普拉斯边缘分割处理的效果，同时又能复原背景信息，因此，记住拉普拉斯定义是很重要的。如果所使用的定义具有负的中心系数，那么就必须将原始图像减去经拉普拉斯变换后的图像，从而得到边缘分割的结果，反之，如果拉普拉斯定义的中心系数为正，则原始图像要加上经拉普拉斯变换后的图像。故使用拉普拉斯算子对图像增强的基本方法可以表示为下式：

$$G(i,j)=\begin{cases} f(i,j)+\nabla^2 f(i,j), & \text{M>0} \\ f(i,j)-\nabla^2 f(i,j), & \text{M<0} \end{cases}$$

其中 M 为拉普拉斯模板中心系数，$G(i,j)$ 也可以用算子矩阵来表示，例如对于模版 1，最终得到的增强图像相当于原图像直接与算子 $\begin{pmatrix} 0 & -1 & 0 \\ -1 & 5 & -1 \\ 0 & -1 & 0 \end{pmatrix}$ 相卷积的结果。此算子矩阵也叫边缘分割掩膜。

使用 MATLAB 进行 Laplacian 算子的可视化边缘检测，程序如下：

```
clc,clear,close all                              % 清屏、清工作区、关闭窗口
warning off                                      % 消除警告
feature jit off                                  % 加速代码执行
[filename ,pathname]=...
   uigetfile({'*.bmp';'*.jpg';},'选择图片');        % 选择图片路径
str = [pathname filename];                          % 合成路径+文件名
i = imread(str);                                    % 读图
% i= rgb2gray(im);
   hsi=rgb2hsi(i);
   H = hsi(:, :, 1);
   S = hsi(:, :, 2);
   I = hsi(:, :, 3);
   im= I;
im = medfilt2(im,[5,5]);                     % 中值滤波
subplot(1,2,1);
imshow(i);title('原图像');                     % 显示原图像
m=fspecial('laplacian');                     % 应用 laplacian 算子图像边缘检测
j=filter2(m,im);                             % laplacian 算子滤波锐化
subplot(1,2,2);
imshow(j,[]);title(' laplacian 算子图像边缘检测');
                                             % 显示 laplacian 算子图像边缘检测
```

RGB 到 HIS 颜色空间转化函数程序如下：

```
function hsi=rgb2hsi(rgb)
```

```
rgb=im2double(rgb);
r = rgb(:, :, 1);
g = rgb(:, :, 2);
b = rgb(:, :, 3);
num=0.5*((r-g)+(r-b));
den=sqrt((r-g).*(r-g))+(r-b).*(g-b);
theta=acos(num./(den+eps));

H=theta;
H(b>g)=2*pi-H(b>g);
H=H/(2*pi);

num=min(min(r,g),b);
den=r+g+b;
den(den==0)=eps;
S=1-3.*num./den;
H(S==0)=0;

I=(r+g+b)/3;

hsi=cat(3,H,S,I);
```

其显示结果如图 17-10 所示。

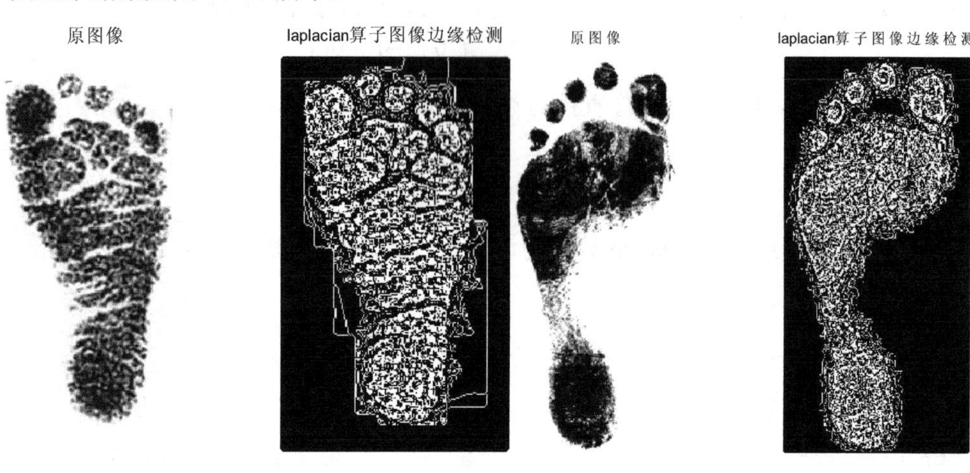

图 17-10　Laplacian 算子图像边缘分割

采用 Laplacian 算子对脚印图像的边缘检测可知，Laplacian 算子对噪声比较敏感，对于图像纹理特征提取较容易出现伪边缘。

17.7.6　kirsch 方向算子

Roberts 算子、Prewitt 算子和 Sobel 算子都只包含两个方向的模板，每种模板只对相应的方向敏感，对该方向上的变化有明显的输出，而对其他方向的变化响应不大。为了检测各个方向的边缘，需要有各个方向的微分模板。8 个方向的 kirsch 模板较为常用，这 8 个方向依次成 45° 夹角，其 3×3 的模板为：

$$\begin{bmatrix}-5 & 3 & 3\\-5 & 0 & 3\\-5 & 3 & 3\end{bmatrix}、\begin{bmatrix}3 & 3 & 3\\-5 & 0 & 3\\-5 & -5 & 3\end{bmatrix}、\begin{bmatrix}3 & 3 & 3\\3 & 0 & 3\\-5 & -5 & -5\end{bmatrix}、\begin{bmatrix}3 & 3 & 3\\3 & 0 & -5\\3 & -5 & -5\end{bmatrix}$$

$$\begin{bmatrix}3 & 3 & -5\\ 3 & 0 & -5\\ 3 & -5 & -5\end{bmatrix}、\begin{bmatrix}3 & -5 & -5\\ 3 & 0 & -5\\ 3 & 3 & 3\end{bmatrix}、\begin{bmatrix}-5 & -5 & -5\\ 3 & 0 & 3\\ 3 & 3 & 3\end{bmatrix}、\begin{bmatrix}-5 & -5 & 3\\ -5 & 0 & 3\\ 3 & 3 & 3\end{bmatrix}$$

用卷积函数 conv2 处理的 MATLAB 程序代码如下：

```
%% kirsch 模板  方向算子
clc,clear,close all                          % 清屏、清工作区、关闭窗口
warning off                                  % 消除警告
feature jit off                              % 加速代码执行
[filename ,pathname]=...
   uigetfile({'*.bmp';'*.jpg';},'选择图片');      % 选择图片路径
str = [pathname filename];                       % 合成路径+文件名
im = imread(str);                                % 读图
% i= rgb2gray(im);
   hsi=rgb2hsi(im);
   H = hsi(:, :, 1);
   S = hsi(:, :, 2);
   I = hsi(:, :, 3);
   a= I;
a = medfilt2(a,[5,5]);                           % 中值滤波
b=[-5 3 3;-5 0 3;-5 3 3]/1512;
c=[3 3 3;-5 0 3;-5 -5 3]/1512;
d=[3 3 3;3 0 3;-5 -5 -5]/1512;
e=[3 3 3;3 0 -5; 3 -5 -5]/1512;
f=[3 3 -5;3 0 -5;3 3 -5]/1512;
g=[3 -5 -5;3 0 -5;3 3 3]/1512;
h=[-5 -5 -5;3 0 3;3 3 3]/1512;
i=[-5 -5 3;-5 0 3;3 3 3]/1512;
b=conv2(a,b,'same');b=abs(b);
c=conv2(a,c,'same');c=abs(c);
d=conv2(a,d,'same');d=abs(d);
e=conv2(a,e,'same');e=abs(e);
f=conv2(a,f,'same');f=abs(f);
g=conv2(a,g,'same');g=abs(g);
h=conv2(a,h,'same');h=abs(h);
i=conv2(a,i,'same');i=abs(i);
p=max(b,c);
p=max(d,p);
p=max(e,p);
p=max(f,p);
p=max(g,p);
p=max(h,p);
p=max(i,p);
figure,
subplot(2,4,1),imshow(b,[]),
subplot(2,4,2),imshow(c,[]),
subplot(2,4,3),imshow(d,[]),
subplot(2,4,4),imshow(e,[]),
subplot(2,4,5),imshow(f,[]),
subplot(2,4,6),imshow(g,[]),
subplot(2,4,7),imshow(h,[]),
subplot(2,4,8),imshow(i,[])
figure,
subplot(121),imshow(im,[]);title('原始图像')
subplot(122),imshow(p,[]);title('kirsch 模板')
```

运行程序输出图像如图 17-11 和图 17-12 所示。

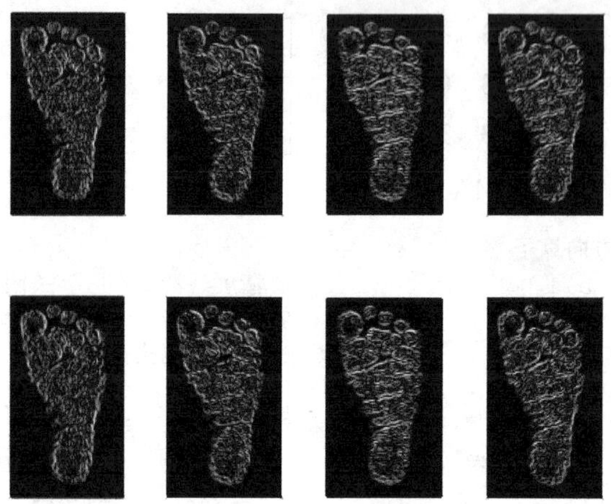

图 17-11　各个方向算子图像边缘分割

融合 8 个方向边缘得如图 17-12 所示。

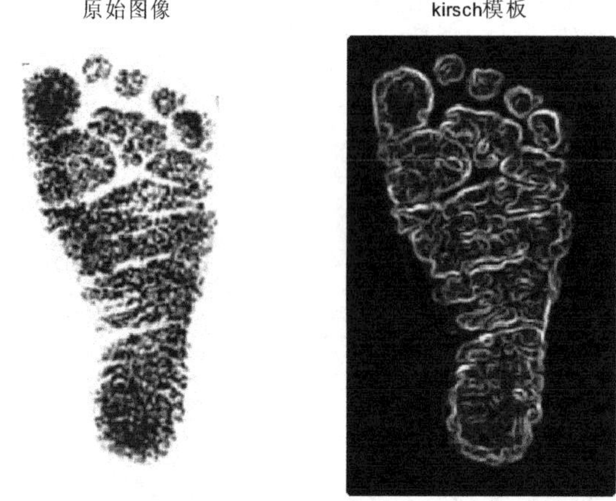

图 17-12　多方向算子图像边缘分割

同样对其余图像进行多方向融合处理，如图 17-13 所示。

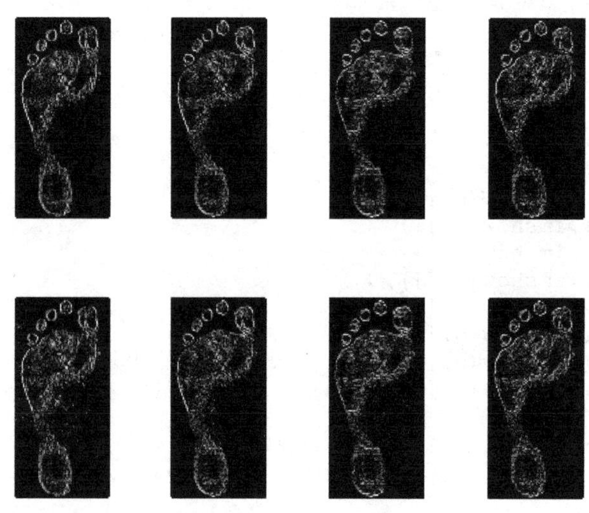

图 17-13　各个方向算子图像边缘分割

融合 8 个方向边缘得如图 17-14 所示。

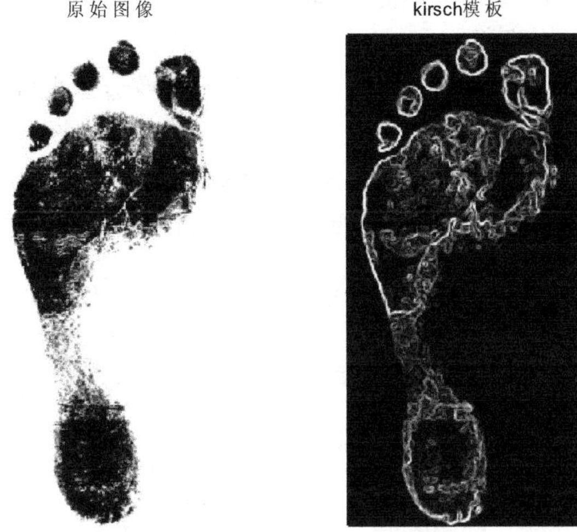

图 17-14　多方向算子图像边缘分割

如图 17-12 和图 17-14 所示，采用 kirsch 方向算子对不同脚印图像的边缘检测可知，kirsch 方向算子融合后的图像边缘分割能够较好的去除噪音的影响，而且相对于 Sobel 算子、Prewitt 算子、Canny 算子、Roberts 算子和 Lapacian 算子而言，图像分割较好，没有伪边缘出现，对噪声不敏感，因此采用 kirsch 方向算子融合后的图像边缘检测细节比较多，图像边缘提取较好。

17.7.7　多算子融合

综合上述分析，对以上算子进行总结如下。

（1）Sobel 算子对于图像边缘检测：Sobel 算子对噪声具有平滑抑制作用，但是得到的边缘较粗，且可能出现伪边缘。Sobel 算子没有严格地模拟人的视觉生理特征，所以提取的图像轮廓有时并不能令人满意。

（2）Prewitt 算子对于图像边缘检测：Prewitt 算子是一种一阶微分算子的边缘检测，利用像素点上下和左右邻点的灰度差，在边缘处达到极值检测边缘，去掉部分伪边缘，对噪声具有平滑作用，然而 Prewitt 算子图像边缘检测的判定是欠合理的，会造成边缘点的误判。

（3）Canny 算子对于图像边缘检测：Canny 边缘检测算法是高斯函数的一阶导数，Canny 边缘检测弱化了噪音的影响，然而 Canny 算子对图像边缘检测，边缘检测过于细化，同样不利于图像纹理特征的提取。

（4）Roberts 算子能够较好的去除伪边缘，定位较准，垂直方向边缘的性能好于斜线方向，然而 Roberts 算子对噪声较敏感，无法抑制噪声的影响，提取图像边缘较粗。

（5）Laplacian 算子是最简单的各向同性微分算子，具有旋转不变性，比较适用于改善因为光线的漫反射造成的图像模板，又 Laplacian 算子对噪声比较敏感，对于图像纹理特征提取较容易出现伪边缘，图像产生较细的边缘，且对图像细节检测有较强的影响。

（6）kirsch 方向算子融合后的图像边缘分割能够较好的去除噪音的影响，而且相对于

Sobel 算子、Prewitt 算子、Canny 算子、Roberts 算子和 Lapacian 算子而言，图像分割较好，没有伪边缘出现，对噪声不敏感，然而 kirsch 方向算子根据图像灰度梯度进行处理，丢失了局部的边缘特征，造成特征丢失。

综合上述六种算子，本章提出一种多算子融合的图像边缘提取方法，该方法克服了噪声的影响，严格按照灰度梯度来，模拟人的视觉生理特征，对图像进行边缘提取，该多算子结合 Sobel 算子、Prewitt 算子、Canny 算子、Roberts 算子和 kirsch 方向算子的优点，各算子之间相互取并集最终得到相应的图像边缘。采用多算子融合的图像边缘检测，程序如下：

```
% 图像边缘纹理处理
% 提取每幅图像研究位置的坐标，保持在 eyelocs
clc,clear,close all                          % 清屏、清工作区、关闭窗口
warning off                            % 消除警告
feature jit off                          % 加速代码执行
geshi = { '*.bmp','Bitmap image (*.bmp)';...
        '*.jpg','JPEG image (*.jpg)';...
      '*.*','All Files (*.*)'};
[FileName FilePath] = uigetfile(geshi,'导入外部数据',...
'*.bmp','MultiSelect','on');% 选中所有的图片
% 如果选择了图片文件，生成图片文件的完整路径，否则退出程序，不再运行后面命令
if ~isequal([FileName,FilePath],[0,0]);
   FileFullName = strcat(FilePath,FileName);
else
   return;
end
n = length(FileFullName);                    % 选择的图片文件个数
for i = 1 : n
   irow=[];icol=[];img=[];
   % 依次读取每一张图片
   im = imread(FileFullName{i});     % 读取图像
   if size(im,3)==1
      a=im;
   else
      hsi=rgb2hsi(im);
      H = hsi(:, :, 1);
      S = hsi(:, :, 2);
      I = hsi(:, :, 3);
      a= I;
  %    a= rgb2gray(im);
   end
   a = medfilt2(a,[5,5]);                   % 中值滤波
   b = edge(a,'sobel');                     %% sobel 算子
   c = edge(a,'prewitt');                   %% prewitt 算子
   d = edge(a,'canny') ;                    %% canny 算子
   e = edge(a,'Roberts') ;                  %% Roberts 算子
   f = kirsch_algorithm(a);                 %% kirsch 方向算子
   p=max(b,c);
   p=min(d,p);
   p=max(e,p);
   p=max(f,p);
   imwrite(p,strcat('.\bw_pic\',num2str(i),'.bmp'),'bmp');
end
```

运行程序输出图像如图 17-15 和图 17-16 所示。

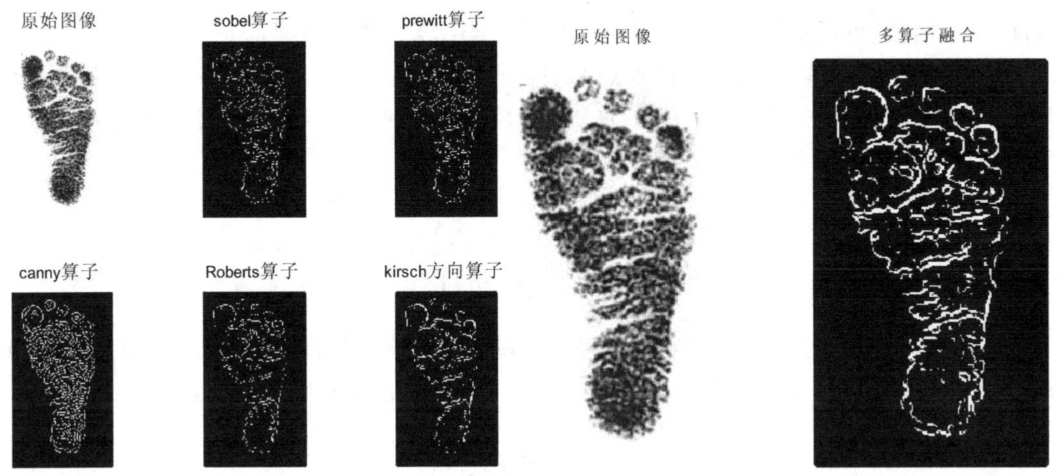

（a）各个算子图像边缘检测　　（b）多算子图像边缘检测

图 17-15　多算子图像边缘检测对比图

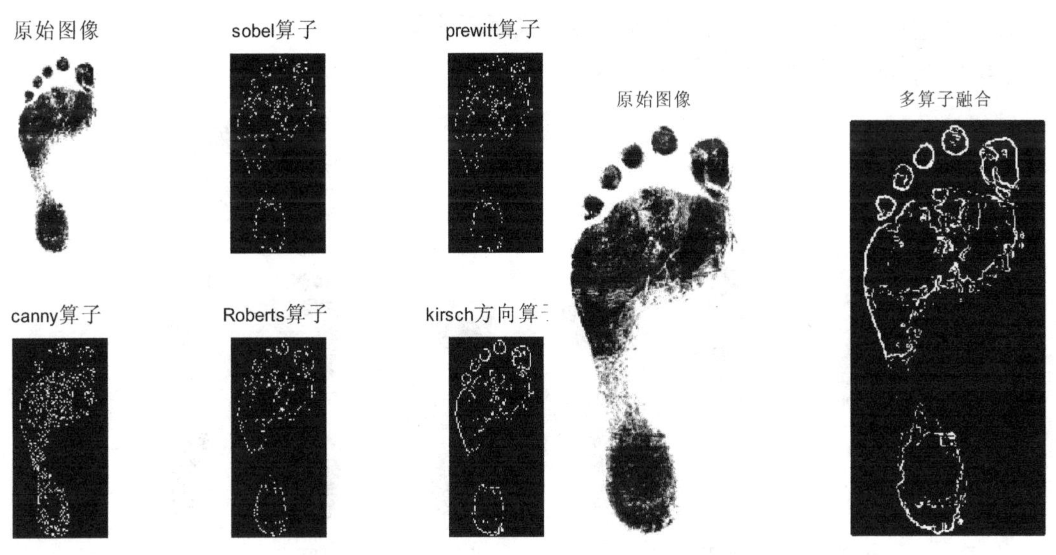

（a）各个算子图像边缘检测　　（b）多算子图像边缘检测

图 17-16　多算子图像边缘检测对比图

对比图 17-15 和图 17-16 可知，多算子融合方法较 Sobel 算子、Prewitt 算子、Canny 算子、Roberts 算子、Laplacian 算子和 kirsch 方向算子具有更好的图像边缘分割效果，分割较细致，整体图像边缘分割较清晰，能够较好的反应图像纹理。因此多算子融合方法能够对图像进行较好的定位分割，且分割精度高，由于多算子融合方法融合 Sobel 算子、Prewitt 算子、Canny 算子、Roberts 算子和 kirsch 方向算子的优点，抗噪音能力较强，适应性更加广。

17.8　足迹图像识别系统

图像匹配即是使用待测试的样本与标准样本库图像进行对比，采用改进的边缘特征提取算法提取了样本库图像的纹理特征后，采用基于最小距离法将待判别样本图像特征与模板库中图像特征进行相似度查验，即得出匹配分类结果。距离分类法是一种最简单且直观的分类方法，它直接以各类训练样本点的集合所构成的区域表示各决策区，并以点距离作为样本相似性度量的主要依据，即认为空间中两点距离越近，表示两样本越相近。本设计中主要使用欧氏距离法对待检索图像进行图像匹配。

欧氏距离也称为 L_2 范式，它被广泛用于向量间的距离度量，其定义如下：

$$d=\left(\sum_{i=0}^{k}\left(x_i\text{-}r_i\right)\right)^{\frac{1}{2}} \tag{17.27}$$

其中，x_i 和 r_i 分别表示待检索图像特征向量 X 和检索图像样本库模板特征向量 R 的第 i 个元素，k 表示特征向量的维数。则相应的点和类之间的最小欧氏距离定义为：

$$d=\min\left(\left(\sum_{i=0}^{k}\left(x_i\text{-}r_i^c\right)\right)^{\frac{1}{2}}\right) \tag{17.28}$$

其中 r_i^c 表示参考类的第 c 个参考特征向量的第 i 个元素，min() 表示待检索样本库特征向量和参考类 c 个检索样本模板特征向量欧式距离的最小值。

建立相应的样本库如图 17-17 所示。

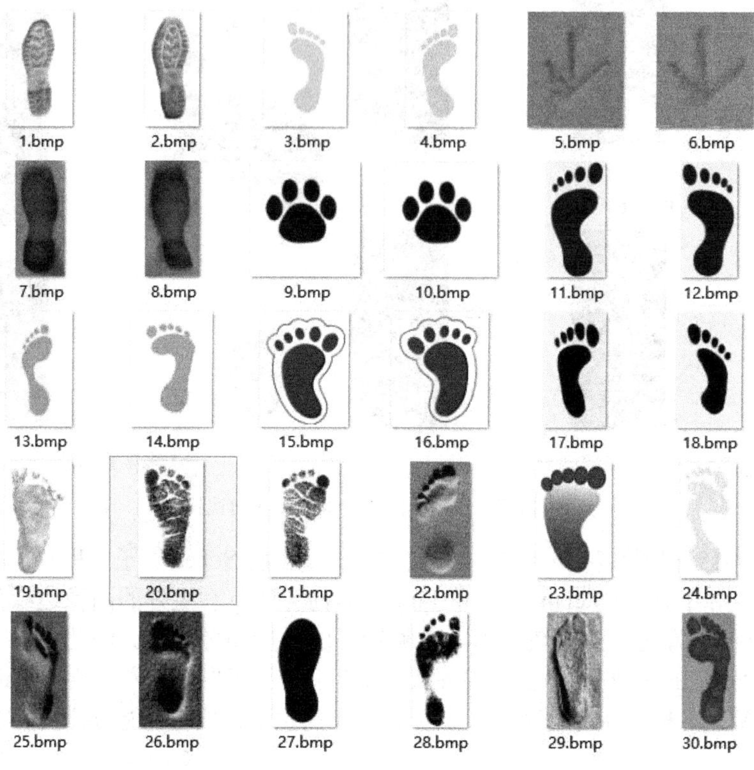

图 17-17　样本库

其中图像 5.bmp、6.bmp、9.bmp 和 10.bmp 为非人足迹图像，主要考虑到识别的多样性问题，检测该图像为非人足迹图像，主要根据图像的轮廓的周长来进行判断，从而不进行分析，因为足迹图像类似于指纹图像，主要考虑到图像的轮廓提取，而忽略图像的颜色特征。

整个样本库中，有不同颜色背景和不同行为特征的足迹图像，图像的质量本身不太好，会导致图像的纹理特征提取较困难，通过改进的边缘提取算法，对样本库图像进行纹理提取，如图 17-18 所示。

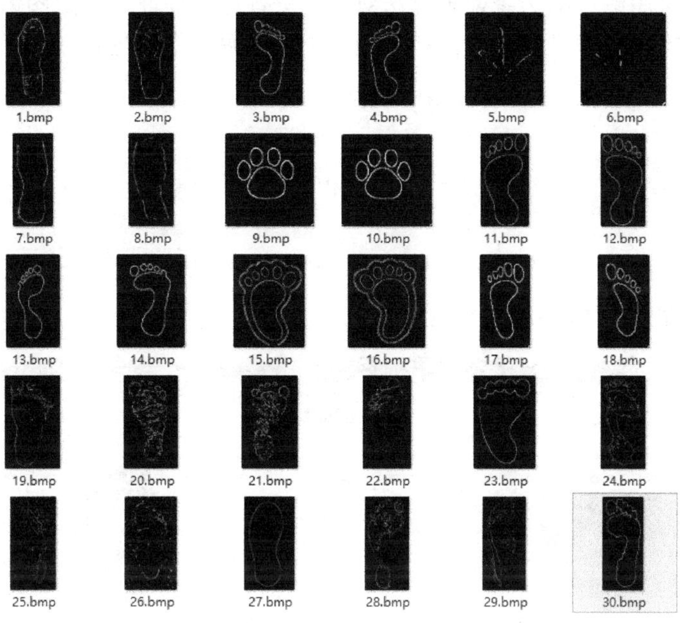

图 17-18　图像边缘特征

针对该系统而言，本章采用待检测的图像，采用相同的算法提取图像的边缘纹理，然后和标准样本库中的图像进行匹配，找到距离最相似的图像做出输出图像。

考虑到图像尺寸和脚足迹图像的居中特性，即匹配的基准要相同，对分割的二值化图像进行取外轮廓处理，使得系统中样本图像只留下足迹图像，并将所有的图像尺寸调整到相同大小。本章选取[250×120]，具体如图 17-19 所示。

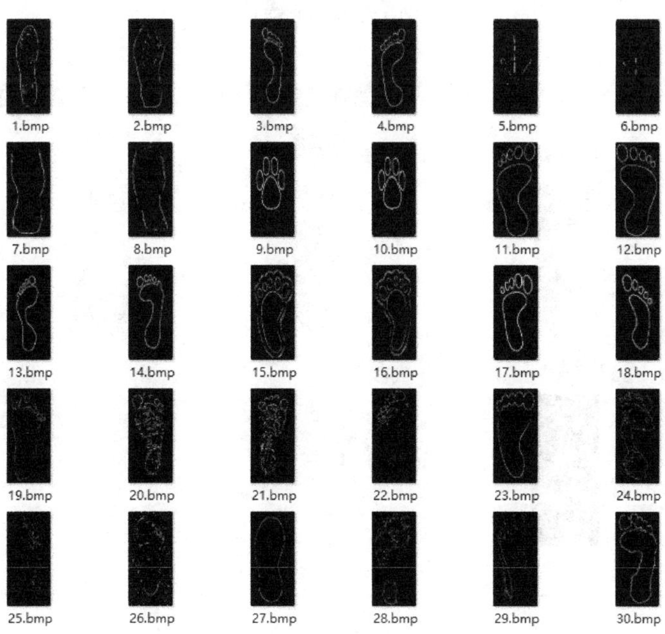

图 17-19　归一化后的二值化边缘图像

根据上述步骤建立足迹特征对比系统，设计相应的 GUI，如图 17-20 所示。系统包括读入图像、边缘检测、匹配图像和退出系统等四部分组成。其中读入图像为读入待检测图像，边缘检测是采用改进的边缘检测算法对图像进行边缘提取，匹配图像是用待检测的图像去和所有的样本库图像进行匹配，找出最近邻的四幅图像并进行显示，程序如下：

```
% 按照欧式距离取最小的原则得出匹配的图像
Euc_dist = [];
for i = 1 : n
    temp = ( norm( obj - database{i} ) )^2;
    Euc_dist = [Euc_dist temp];
end
[Euc_dist_value , Recognized_index] = sort(Euc_dist);
```

具体的操作图如图 17-20~图 17-22 所示。

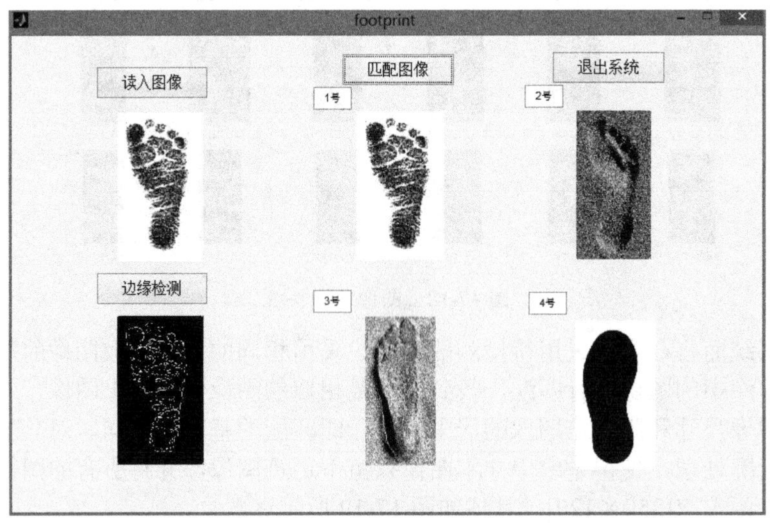

图 17-20　匹配 1

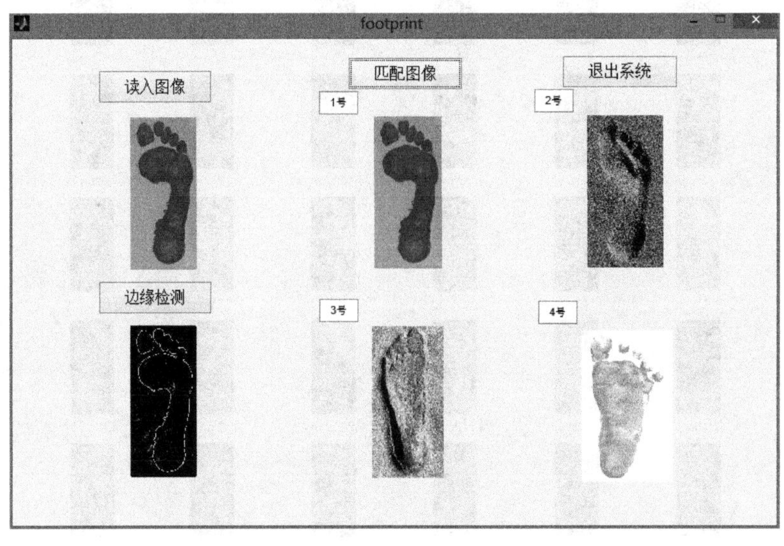

图 17-21　匹配 2

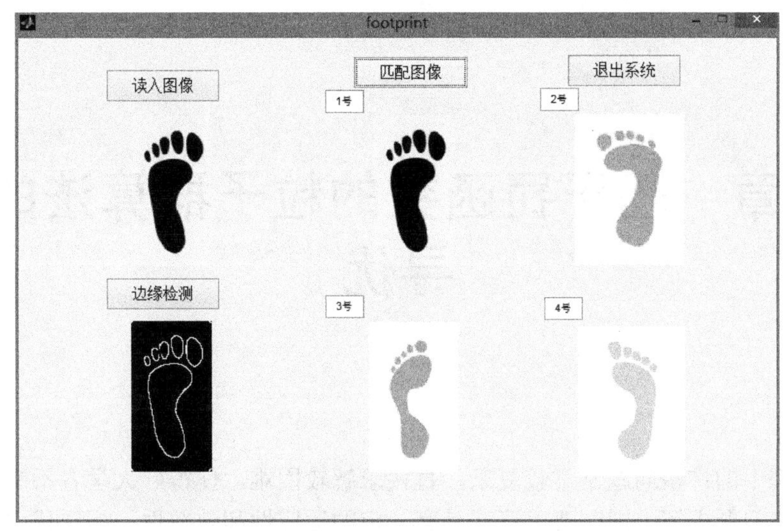

图 17-22　匹配 3

由图 17-20~图 17-22 所示的结果图可知，采用该算法进行边缘提取，然后进行最小欧式距离和进行图像匹配，效果较明显，匹配的效果可接受。

17.9　本 章 小 结

由于图像平滑往往使图像中的边界和轮廓变的模糊，为了减少这类不利效果的影响，利用图像边缘分割技术，使图像的边缘变的清晰。本章介绍了 Sobel 算子、Prewitt 算子、Canny 算子、Roberts 算子、Laplacian 算子和 kirsch 方向算子等非线性边缘分割方法。图像边缘分割技术是补偿和增加图像的高频成分，使图像中的地物边界、区域边缘、线条、纹理特征和精细结构特征等更加清晰和鲜明。本章对比经典的图像边缘检测的算子，提出多算子融合方法，该方法具有较好的图像分割精度，抗噪声影响小等特点，并将其应用于足迹图像特征对比系统设计中，效果较好。

第 18 章　基于罚函数的粒子群算法的函数寻优

数学物理中的许多问题常常较复杂，直接求解较困难，使得广大学者不断地寻求智能算法进行广义问题求解，同时要求算法具有一定的适应性和敛散性。近现代引出了一系列的智能算法，如人群搜索算法、遗传算法、粒子群算法（PSO）和蚁群算法等等，针对不同问题，人们常常根据算法适应性和知识库进行算法选择。PSO 算法具有群体智能、内在并行性、迭代格式简单和可快速收敛到最优解所在区域等优点，已经广泛应用于函数优化、神经网络训练和模糊控制系统等领域。本章主要基于汽车传动参数优化设计，进行罚函数的粒子群算法程序设计，求解结果收敛性较快且不易陷入局部最优。

学习目标：

（1）熟练掌握利用 MATLAB 程序解决复杂工程问题；

（2）熟练运用罚函数的粒子群算法（PSO）求解非线性模型等。

18.1　粒子群算法概述

自 20 世纪 50 年代中期创立了仿生学，许多学者开始从生物中挖掘新的算法来用于复杂的优化问题。一些学者通过研究生物进化的机理，分别提出了适合于现实世界复杂优化问题的模拟进化算法（Simulated evolutionary algorithms），例如 SA、SOA、ACO、PSO 和 GA 等。

例如，美国 Michigan 大学的 J.H.Holland 教授等创立的遗传算法 GA，Rechenberg 等创立的进化策略及 Fogel 等创立的进化规划。遗传算法 GA、进化策略和进化规划有一定的相似性，它们均来自于达尔文的进化论，其中遗传算法 GA 的研究最为深入，理论最为成熟，并且应用面也最广。

粒子群算法（PSO）也是一个多学科交叉的领域，同样吸引着众多的学者运用不同的技术手段对之进行改进研究，具体包括数学、计算机科学、生物及物理等许多学科的科研人员，并且粒子群优化算法 PSO 在工业、交通、化工、能源、农业、国防、工程和通信等许多领域有着广阔的应用前景。因此，对粒子群优化算法进行研究具有很重要的意义。

现实中很多实际的工程问题进行数学建模后，大都可将其抽象为一个数值函数优化问题。由于问题种类的差异性，影响因素的复杂性，所要优化的函数会显示出不同的数学特征，如有些函数是离散的，而有些函数是连续的；有些函数是凸函数，有些函数则不是；

有些函数是单峰值的，有些函数是多峰值的；在很多数工况下，我们要研究的问题往往更加复杂，它们常常是离散的、非线性混合的、带约束的及高纬度等特征的问题。尽管粒子群优化算法 PSO 是数值优化的一种强有力的工具，但它也不是万能的，当目标函数规模大且较复杂时，算法极容易于陷入局部最优，且后期收敛速度慢，求解精度不高，这些问题都有待进一步的解决。

18.2　粒子群算法模型

具体的粒子群算法及改进算法介绍详见《MATLAB 优化算法案例分析与应用》。我们知道，影响粒子群算法性能的参数主要有：粒子群的规模、惯性权重ω、还有学习因子c_1、c_2和最大限制速度$V_{\max}$，因此基于参数的改变问题也是提高寻找最优解精度和效率的有效途径之一。在这些可调参数中，惯性权重ω是最重要的参数，较大的ω有利于提高算法的全局搜索能力，而较小的ω会增强粒子群算法的局部搜索能力。因此在权重改进的 PSO 算法中，通常采用ω随进化代数的增加而线性递减的方式，它可以有效地解决 PSO 算法容易早熟和算法后期容易在全局最优解附近产生振荡的现象。

通过对学习因子c_1和c_2研究可以发现，在粒子群寻优的初始阶段，粒子具有较大的自我学习能力和较小的社会学习能力，因此需要加强全局搜索能力；在算法优化后期，粒子则具有较大的社会学习能力和较小的自我学习能力，此时应该加强收敛效果。由于学习因子c_1和c_2协同惯性权重ω控制着算法朝最优解方向的进化，为提高 PSO 算法的性能，常对粒子群算法进行改进策略，即 C-PSO 算法，其参数改进如下。

$$\begin{cases} c_1 = R_1 - R_2 \times t / T_{\max} \\ fi1 = \text{rand} \times c_1 \\ c_2 = R_3 + R_4 \times t / T_{\max} \\ fi2 = \text{rand} \times c_2 \\ \omega = \omega_{\max} - (\omega_{\max} - \omega_{\min}) \times t / T_{\max} \\ v_{ij}(t+1) = \omega v_{ij}(t) + fi1 \times (p_{ij} - x_{ij}(t)) + fi2 \times (p_{g,j} - x_{ij}(t)) \\ x_{ij}(t+1) = x_{ij}(t) + v_{ij}(t+1) \\ j = 1,2,3,\cdots,d \end{cases} \tag{18.1}$$

式（18.1）中，R_1、R_2、R_3和R_4为初始设定的定值；$\omega_{\max}$和$\omega_{\min}$为权重的最大和最小值；t 和$T_{\max}$分别为当前进化代数和最大进化代数。通过设定初始常数R_1、R_2、R_3、R_4来实现对c_1和c_2的调节，C-PSO 算法特点是在优化的早期鼓励粒子在整个搜索空间移动，而在优化的后期，提高趋于最优解的收敛率。

式（18.1）也是对粒子群算法中参量的总结与改进。

18.3　罚 函 数 法

罚函数的构造思想是将约束优化问题变为无约束问题来求解。约束函数的某种组合组成的一个“惩罚”项，加在原来的目标函数上来迫使迭代点逼近可行域，罚函数法擅长处理带有约束条件的优化问题。

在一个优化问题<A，f>中，A为满足约束条件的可行解集，$f:A\to R^n$为目标函数，则目标函数最小值$\min f(x)$的求解如下所示：

$$\min f(x),x\in A \tag{18.2}$$

$$A=\{x\mid x\in R^n,g_i(x)\geqslant 0,i=1,2,3,\cdots,m\}$$

在式（18.2）中，$g_i(x)\geqslant 0$为约束条件。由于不等式约束$g_i(x)\geqslant 0$，等价于等式约束$\min(0,g_i(x))=0$。因此可将不等式约束问题可转化为如下的等式约束问题：

$$\min f(x),x\in R^n \tag{18.3}$$

$$s.t.\quad \min(0,g_i(x))=0,i=1,2,3,\cdots,m$$

如果令$p(x)=\sum_{i=1}^{m}\left[\min(0,g_i(x))\right]^2$，则可将对原问题的求解转化为如下式所示的求解无约束函数的无约束极小值问题：

$$F(x,M)=f(x)+Mp(x)=f(x)+M\sum_{i=1}^{m}\left[\min(0,g_i(x))\right]^2 \tag{18.4}$$

在式（18.4）中，$F(x,M)$为罚函数；M为罚因子，是一个正常数；$Mp(x)$为罚项。我们希望，当M充分大时，$F(x,M)$的最优解能逼近约束问题的最优解。因此，函数$F(x,M)$对可行点不实行惩罚，而对非可行点应给予很大的惩罚，从而将求解约束极值的问题转化为求解无约束极值问题。

18.4　汽车动力传动参数优化设计

18.4.1　汽车动力性评价

汽车的动力性是指汽车在良好路面上直线行驶时由汽车受到的纵向外力决定的及所能达到的平均行驶速度。汽车的动力性主要可由以下三方面的指标来评定。

（1）最高车速：最高车速是指在水平良好的路面（混凝土或沥青）上汽车能达到的最高行驶速度。它仅仅反映汽车本身具有的极限能力，并不反映汽车实际行驶中的平均车速。

（2）加速能力：汽车的加速能力通过加速时间表示，它对平均行驶车速有着很大影响，特别是轿车，对加速时间更为重视。当今汽车界通常用原地起步加速时间与超车加速时间来表明汽车的加速能力。原地起步加速时间是指汽车由第 I 挡或第 II 挡起步，并以最大的加速强度（包括选择适当的换挡时机）逐步换至最高挡后达到某一预定的距离或车速所需要的时间。超车加速时间是指用最高挡或次高挡内某一较低车速全力加速至某一高速所需要的时间。

（3）爬坡能力：汽车的爬坡能力是指汽车满载时，用变速器最低挡在良好路面上能爬上的最大道路爬坡度。

18.4.2　汽车燃油经济性评价

汽车的燃油经济性是指在保证汽车动力性能的前提下，以尽量少的燃油消耗量行驶的能力。汽车的燃油经济性主要评价指标有以下两方面：

（1）等速行驶百公里燃油消耗量：它指汽车在一定载荷（我国标准规定轿车为半载，货车为满载）下，以最高挡在良好水平路面上等速行驶 100km 的燃油消耗量。

（2）多工况循环行驶百公里燃油消耗量：由于等速行驶工况并不能全面反映汽车的实际运行情况。汽车在行驶时，除了用不同的速度作等速行驶外，还会在不同情况下出现加速、减速和怠速停车等工况，特别是在市区行驶时，上述行驶工况会出现得更加频繁。

因此各国都制定了一些符合国情的循环行驶工况试验标准来模拟实际汽车运行状况，并以百公里燃油消耗量来评价相应行驶工况的燃油经济性。

18.4.3　汽车动力性与燃油经济性的综合评价

由内燃机理论和汽车理论可知，现有的汽车动力性和燃油经济性指标是相互矛盾的。因为动力性好，特别是汽车加速度和爬坡性能好，一般要求汽车稳定行驶的后备功率大；但是对于燃油经济性来说，后备功率增大，必然降低发动机的负荷率，从而使燃油经济性变差。从汽车使用要求来看，既不可脱离汽车燃油经济性来孤立地追求动力性，也不能脱离动力性来孤立地追求燃油经济性，最佳地设计方案是在汽车的动力性与燃料经济性之间取得最佳折中。

目前，在进行动力传动系统优化匹配时，一般应用多工况燃油经济性或汽车原地起步连续换档加速时间与多工况燃油经济性的加权平均值作为综合评价指标，而这些指标实际上是汽车基本性能指标，并不能定量反映汽车动力传动系统的匹配完善程度，也不能提示动力传动系统改善的潜力和途径。汽车动力性与燃料经济性的综合评价指标，应该能定量反映汽车动力传动系统匹配的程度，能够反映出发动机动力性与燃油经济性的发挥程度，能够提示汽车实际行驶工况所对应的发动机工况与其理想工况的差异，能够提示动力传动系统改善的潜力和可能的途径。汽车动力性燃油经济性的综合评价体系和指标如下。

（1）动力性能发挥程度的评价指标——驱动功率损失率；在行驶挡位一定的情况下，驱动功率损失率表示实际汽车动力传动系统特性与理想的动力传动系统特性的差距，反映了汽车动力性的大小与汽车动力性能发挥程度。其值越小，发动机与传动系统在动力性能方面匹配得越好。

（2）经济性能发挥程度的评价指标——有效效率利用率；有效效率利用率为发动机常用工况平均有效效率与经济区有效效率的比值。有效效率利用率能够反映出发动机经济性能发挥程度，其值越大，发动机与传动系统在经济性能方面匹配得越好。

（3）汽车动力传动系统匹配的综合指标——汽车能量利用率；汽车能量利用率是指燃料的化学能转化为汽车有用功的效率。它统一了两个相互制约的概念：燃油经济性和生产率。这个指标把发动机和底盘的固有特性与汽车实际行驶条件相接合，既反映汽车具有的能力，又反映了汽车的实际使用效果，因此用它作为汽车动力传动系统合理匹配综合评价指标，既反映汽车动力传动系统与使用工况的匹配程度，又能提示动力传动系统改善的潜力和途径。

18.4.4　目标函数与约束条件分析

优化模型的设计变量选为：

$$X=\begin{bmatrix}X_1 & X_2 & X_3 & X_4 & X_5 & X_0\end{bmatrix}^T=\begin{bmatrix}i_{g1} & i_{g2} & i_{g3} & i_{g4} & i_{g5} & i_0\end{bmatrix}^T \tag{18.5}$$

式中：i_{gj}——变速器第 j 挡的传动比 $(j=1,2,\cdots,5)$；

$ig_1\in[1,5],ig_2\in[1,4],ig_3\in[0.5,3],ig_4\in[0.5,2],ig_5\in[0.3,1]$；

$i_0\in[2,6]$——主减速器传动比。

1．目标函数

目标函数为：

$$F(X)=\lambda_1 f_1(x)+\lambda_2 f_2(x) \tag{18.6}$$

式中：λ_1——动力性发挥程度加权因子；

λ_2——经济性加权因子；

$f_1(x)$——动力性分目标函数；

$f_2(x)$——经济性分目标函数。

选择 $0<\lambda_1<\lambda_2<1$，取加权因子 $\lambda_1=0.2$， $\lambda_2=0.8$。

（1） $f_1(x)$——动力性分目标函数：

$$T=f_1(x)=\int_0^u \mathrm{dt}=\int_0^u \frac{\delta\cdot m}{(F_t-F_f-F_w)}\mathrm{d}u \tag{18.7}$$

$\delta=1.06+0.04i_g^2$， F_t、F_f和F_w 分别为汽车的驱动力、滚动阻力和空气阻力。

其中选取某汽车的参数如表 18-1 所示。

表 18-1　某汽车的参数

整备质量（kg）	1092
最大马力（Ps）	86
最高车速（km/h）	174

汽车的驱动力：

$$F_t=M_e i_g i_0 \eta_T / r \tag{18.8}$$

其中， $ig\in[ig_1,ig_2,ig_3,ig_4,ig_5]$——变速器最低挡传动比； M_e 发动机转矩（N.m）， $M_e=9549\dfrac{P_e}{n_e}$；假定最大车速 $u_{a\max}=50$； $i_0=i_{g0}$——主减速器传动比； η_T=0.9——传动系统的传动效率；r=0.3 车轮半径（m）。

汽车的滚动阻力：

$$F_f=Gf\cos\alpha \tag{18.9}$$

其中，G——汽车重力(G=mg)（N）； $f=0.015$——汽车的滚动阻力系数； $\alpha=25^o$——道路坡度角（ο）。

汽车的空气阻力：

$$F_w = C_D A u_a^2 / 21.15 \tag{18.10}$$

其中，C_D=0.32——空气阻力系数；A=1.5——迎风面积，即汽车行驶方向的投影面积（m^2）；$u_a \in [10,20,30,40,50]$——汽车行驶车速（km/h）。

可计算出汽车由原地起步并连续换挡（包括选择合适的换挡时机）加速至$u_{a\max}$所用时间T=$f_1(x)$。

（2）$f_2(x)$——经济性分目标函数

在速度u_a下行驶某段距离ΔS的耗油量为：

$$\Delta Q = \frac{K \cdot P_e \cdot g_e(n_e, P_e)}{102 u_a \rho} \Delta S \tag{18.11}$$

式中：$\rho = 7.0$——燃油重度（N/L）；K——加权系数，等速时取 1，加速时取 1.05（考虑连续加速）；$u_a \in [10,20,30,40,50]$——汽车行驶车速（km/h）。

发动机功率$(P_e)$$(\mathrm{kW})$：

$$Pe = \frac{1}{\eta_t}\left(\frac{Gfu_a}{3600} + \frac{C_D A u_a^3}{76140} + \frac{\delta m u_a}{3600} \cdot \frac{\mathrm{d}u}{\mathrm{d}t}\right) \tag{18.12}$$

其中，$n_e = \dfrac{u_a \cdot i_0 \cdot i_{gj}}{0.377r}$ $(\mathrm{r/min})$；发动机的燃油消耗率$(\mathrm{g/kW \cdot h})$：$g_e(n_e, P_e)$，如图 18-1 所示。

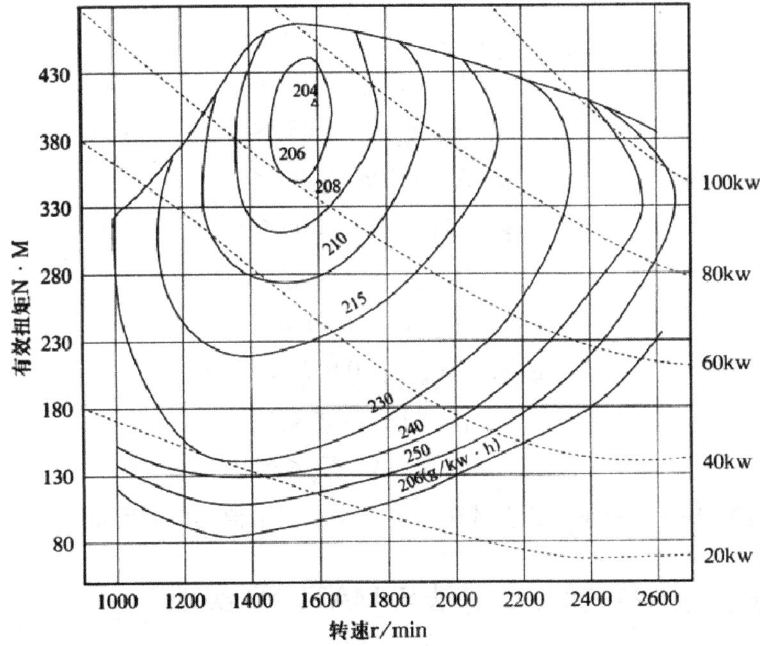

图 18-1　发动机的燃油消耗率变化图

选取 $g_e(n_e, P_e) = 205$ $(\mathrm{g/kW \cdot h})$。

2. 约束条件

具体的约束条件如下：

$$g_1(X)=u_{al}-u_{a\max}\leqslant 0 \tag{18.13}$$

其中，$u_{al}\in[0,50]$——汽车行驶车速（km/h）。

$$g_2(X)=i_l-i_{\max}\leqslant 0 \tag{18.14}$$

其中，i_l——汽车最大爬坡度要求的下限值。

$$g_3(X)=D_l-D_{l\max}\leqslant 0 \tag{18.15}$$

其中，D_l——汽车最大动力因数要求的下限值。

$$g_4(X)=D_{nl}-D_{n\max}\leqslant 0 \tag{18.16}$$

其中，D_{nl}——汽车最高挡的最大动力因数要求的下限值。

$$g_5(X)=\frac{T_{tq\max}i_{g1}i_{g0}\eta_T}{r}-F_{Z\varphi}\varphi\leqslant 0 \tag{18.17}$$

其中，$T_{tq\max}=132$——发动机的最大转矩（N•m）；$F_{Z\varphi}=\dfrac{G}{4}$——驱动轮上的法向反作用力（N）；$\varphi=0.7$——地面附着系数。

$$g_6(X)=0.85q-i_{g1}/i_{g2}\leqslant 0 \tag{18.18}$$

其中，公比 $q=\sqrt[5-1]{i_{g1}/i_{g5}}$。

还有其他约束条件，具体如下：

$$g_7(X)=i_{g1}/i_{g2}-1.20q\leqslant 0$$
$$g_8(X)=0.80q-i_{g2}/i_{g3}\leqslant 0$$
$$g_9(X)=i_{g2}/i_{g3}-1.10q\leqslant 0$$
$$g_{10}(X)=0.75q-i_{g3}/i_{g4}\leqslant 0$$
$$g_{11}(X)=i_{g3}/i_{g4}-1.05q\leqslant 0$$
$$g_{12}(X)=0.70q-i_{g4}/i_{g5}\leqslant 0$$
$$g_{13}(X)=i_{g4}/i_{g5}-1.0q\leqslant 0$$
$$g_{14}(X)=i_{g2}/i_{g3}-0.95i_{g1}/i_{g2}\leqslant 0$$
$$g_{15}(X)=i_{g3}/i_{g4}-0.95i_{g2}/i_{g3}\leqslant 0$$
$$g_{16}(X)=i_{g4}/i_{g5}-0.95i_{g3}/i_{g4}\leqslant 0$$
$$g_{17}(X)=X_l-X\leqslant 0$$
$$g_{18}(X)=X-X_h\leqslant 0$$

其中，X_h 和 X_l——变速器和主减速器传动比上下限值构成的向量。

18.4.5　基于罚函数的 PSO 算法与 MATLAB 实现

根据汽车动力传动参数模型，初始化模型参数，具体如下：

```
% 参数设置
global lamda1 lamda2 m ua_max eta_T r G f alpha Cd A rou K Ttq_max Fz fai
ge_ne_pe du
lamda1 = 0.2;                % 动力性发挥程度加权因子
lamda2 = 0.8;                % 经济性加权因子
m = 1092;                    % 整车质量（kg）
```

```
ua_max = 50;          % 最大车速(km/h)
eta_T = 0.9;              % 传动系的传动效率
r = 0.3;                  % 车轮半径(m)
g = 9.8;                  % 重力加速度 (g*m/s^2)
G = m*g;                  % 汽车重力 G=mg, (N)
f = 0.015;                % 汽车的滚动阻力系数
alpha = 25*pi/180;        % 道路坡度角-->弧度
Cd = 0.32;                % 空气阻力系数
A = 1.5;                  % 迎风面积，即汽车行驶方向的投影面积(m^2)
rou = 7.0;                % 燃油重度，N/L
K = 1.05;                 % 考虑连续加速,加权系数
Ttq_max = 132;            % 发动机的最大转矩(N.m)
Fz = G/4;                 % 驱动轮上的法向反作用力(N)
fai = 0.7;                % 地面附着系数
ge_ne_pe = 205;           % 发动机的燃油消耗率 (g/kW.h)
du = 0.1;                 % 步长
```

设置变量的取值范围，具体如下：

```
% 变量
Lb=[ 1   1   0.5  0.5  0.3  2];        %下边界
Ub=[5.0 4.0  3.0  2.0  1.0  6];        %上边界
```

设定粒子群算法的粒子数、迭代数和罚函数因子如下：

```
% 默认参数
para=[25 150 0.95];                                 %[粒子数，迭代次数，gama 参数]
```

根据目标函数写 MATLAB 程序，在本程序中，用户直接根据自己的模型修改目标函数即可。

```
%% 目标函数
function fy=cost(x)
% ig1 = x(1);   %变速器第 1 挡的传动比
% ig2 = x(2);   %变速器第 2 挡的传动比
% ig3 = x(3);   %变速器第 3 挡的传动比
% ig4 = x(4);   %变速器第 4 挡的传动比
% ig5 = x(5);   %变速器第 5 挡的传动比
% ig0 = x(6);   %主减速器传动比
global lamda1 lamda2 m ua_max eta_T r G f alpha Cd A rou K Ttq_max Fz fai
ge_ne_pe du

% 发动机功率(Pe)
T = 0;              % 时间
Q = 0;              % 耗油量
for ua = 0.1:0.1:ua_max

    if ua<=10
       delta = 1.06+0.04*x(1).^2;          % 汽车旋转质量换算系数
       ne = ua*x(6)*x(1)/0.377/r;              % 转速 (r/min)
       Pe = ( G*f*ua/3600 + Cd*A*ua.^3/76140 + delta*m*ua*du/3600)/eta_T;
       Me = 9549*Pe./ne;                   % 发动机转矩(N.m)
       Ft = Me*x(1)*x(6)*eta_T/r;          % 汽车的驱动力
   elseif ua>10 && ua<=20
       delta = 1.06+0.04*x(2).^2;          % 汽车旋转质量换算系数
```

```
        ne = ua*x(6)*x(2)/0.377/r;          % 转速 (r/min)
        Pe = ( G*f*ua/3600 + Cd*A*ua.^3/76140 + delta*m*ua*du/3600)/eta_T;
        Me = 9549*Pe./ne;                   % 发动机转矩(N.m)
        Ft = Me*x(2)*x(6)*eta_T/r;          % 汽车的驱动力
    elseif ua>20 && ua<=30
        delta = 1.06+0.04*x(3).^2;          % 汽车旋转质量换算系数
        ne = ua*x(6)*x(3)/0.377/r;          % 转速 (r/min)
        Pe = ( G*f*ua/3600 + Cd*A*ua.^3/76140 + delta*m*ua*du/3600)/eta_T;
        Me = 9549*Pe./ne;                   % 发动机转矩(N.m)
        Ft = Me*x(3)*x(6)*eta_T/r;          % 汽车的驱动力
    elseif ua>30 && ua<=40
        delta = 1.06+0.04*x(4).^2;          % 汽车旋转质量换算系数
        ne = ua*x(6)*x(4)/0.377/r;          % 转速 (r/min)
        Pe = ( G*f*ua/3600 + Cd*A*ua.^3/76140 + delta*m*ua*du/3600)/eta_T;
        Me = 9549*Pe./ne;                   % 发动机转矩(N.m)
        Ft = Me*x(4)*x(6)*eta_T/r;          % 汽车的驱动力
    elseif ua>40 && ua<=ua_max
        delta = 1.06+0.04*x(4).^2;                % 汽车旋转质量换算系数
        ne = ua*x(6)*x(5)/0.377/r;                % 转速 (r/min)
        Pe = ( G*f*ua/3600 + Cd*A*ua.^3/76140 + delta*m*ua*du/3600)/eta_T;
        Me = 9549*Pe./ne;                         % 发动机转矩(N.m)
        Ft = Me*x(5)*x(6)*eta_T/r;                % 汽车的驱动力
    end
    Ff = G*f*cos(alpha);                          % 汽车的滚动阻力
    Fw = Cd*A*ua.^2/21.15;                        % 汽车的空气阻力
    % f1(x)动力性分目标函数
    T = T + delta*m*du/(Ft-Ff-Fw);                % 从 0 到最大速度 ua_max 所用时间
    % f2(x)经济性分目标函数
    delta_S = (ua + ua + du)/2;                   % 单位距离
    Q = Q + K*Pe*ge_ne_pe*delta_S./102./ua./rou;          % 耗油量

end
fy = lamda1*T + lamda2*Q;
```

根据目标函数约束条件，写相关 MATLAB 程序如下：

```
% 非线性约束
function [g,geq]=constraint(x)
global lamda1 lamda2 m ua_max eta_T r G f alpha Cd A rou K Ttq_max Fz fai
ge_ne_pe du
% 不等式限制条件
q = (x(1)./x(5)).^(1/4);
g(1)= Ttq_max*x(1)*x(6)*eta_T/r - Fz*fai;
g(2)= 0.85*q-x(1)./x(2);
g(3)= x(1)./x(2)-1.15*q;
g(4)= 0.80*q-x(2)./x(3);
g(5)= x(2)./x(3)-1.1*q;
g(6)= 0.75*q-x(3)./x(4);
g(7)= x(3)./x(4)-1.05*q;
g(8)= 0.7*q-x(4)./x(5);
g(9)= x(4)./x(5)-1.0*q;
g(10)= x(2)./x(3)-0.95*x(1)./x(2);
g(11)= x(3)./x(4)-0.95*x(2)./x(3);
g(12)= x(4)./x(5)-0.95*x(3)./x(4);
g(13)= x(2)-x(1);
```

```
g(14)= x(3)-x(2);
g(15)= x(4)-x(3);
g(16)= x(5)-x(4);
g(17)= x(1)-x(6);
% 如果没有等式约束，则置 geq=[];
geq=[];
```

接下来进行罚函数的 PSO 算法编程，具体如下：

```
%% APSO Solver
function [gbest,fbest]=pso_mincon(fhandle,fnonlin,Lb,Ub,para)
if nargin<=4,
   para=[20 150 0.95];
end
n=para(1);                    % 粒子种群大小
time=para(2);                 % 时间步长，迭代次数
gamma=para(3);                % gama 参数
scale=abs(Ub-Lb);             % 取值区间
% 验证约束条件是否合乎条件
if abs(length(Lb)-length(Ub))>0,
   disp('Constraints must have equal size');
   return
end

alpha=0.2;                    % alpha=[0,1]粒子随机衰减因子
beta=0.5;                     % 收敛速度(0->1)=(slow->fast);

% 初始化粒子群
best=init_pso(n,Lb,Ub);

fbest=1.0e+100;
% 迭代开始
for t=1:time,

%寻找全局最优个体
  for i=1:n,
    fval=Fun(fhandle,fnonlin,best(i,:));
    % 更新最优个体
    if fval<=fbest,
        gbest=best(i,:);
        fbest=fval;
    end
  end

% 随机性衰减因子
 alpha=newPara(alpha,gamma);

% 更新粒子位置
  best=pso_move(best,gbest,alpha,beta,Lb,Ub);

% 结果显示
     str=strcat('Best estimates: gbest=',num2str(gbest));
     str=strcat(str,'  iteration='); str=strcat(str,num2str(t));
     disp(str);

    fitness1(t)=fbest;
    plot(fitness1,'r','Linewidth',2)
    grid on
    hold on
```

```
    title('适应度')
end
```

初始化粒子个体程序如下：

```
% 初始化粒子函数
function [guess]=init_pso(n,Lb,Ub)
ndim=length(Lb);
for i=1:n,
    guess(i,1:ndim)=Lb+rand(1,ndim).*(Ub-Lb);
end
```

更新粒子程序如下：

```
%更新所有的粒子 toward (xo,yo)
function ns=pso_move(best,gbest,alpha,beta,Lb,Ub)
% 增加粒子在上下边界区间内的随机性
n=size(best,1); ndim=size(best,2);
scale=(Ub-Lb);
for i=1:n,
    ns(i,:)=best(i,:)+beta*(gbest-best(i,:))+alpha.*randn(1,ndim).*scale;
end
ns=findrange(ns,Lb,Ub);
```

其他调用函数如下：

```
% 边界函数
function ns=findrange(ns,Lb,Ub)
n=length(ns);
for i=1:n,
  % 下边界约束
  ns_tmp=ns(i,:);
  I=ns_tmp<Lb;
  ns_tmp(I)=Lb(I);

  % 上边界约束
  J=ns_tmp>Ub;
  ns_tmp(J)=Ub(J);

  %更新粒子
  ns(i,:)=ns_tmp;
end

% 随机性衰减因子
function alpha=newPara(alpha,gamma);
alpha=alpha*gamma;

% 带约束的 d 维目标函数的求解
function z=Fun(fhandle,fnonlin,u)
% 目标
z=fhandle(u);

z=z+getconstraints(fnonlin,u);            % 非线性约束

function Z=getconstraints(fnonlin,u)
% 罚常数 >> 1
PEN=10^15;
lam=PEN; lameq=PEN;

Z=0;
```

```
% 非线性约束
[g,geq]=fnonlin(u);

%通过不等式约束建立罚函数
for k=1:length(g),
   Z=Z+lam*g(k)^2*getH(g(k));
end
% 等式条件约束
for k=1:length(geq),
  Z=Z+lameq*geq(k)^2*geteqH(geq(k));
end

% Test if inequalities
function H=getH(g)
if g<=0,
   H=0;
else
   H=1;
end

% Test if equalities hold
function H=geteqH(g)
if g==0,
   H=0;
else
   H=1;
end
```

写基于罚函数的粒子群算法 PSO 后，进行模型的最优化求解，具体调用如下：

```
% Fa-PSO 优化求解函数
clc,clear,close all                    % 清屏、清工作区、关闭窗口
warning off                            % 消除警告
feature jit off                        % 加速代码执行
[gbest,fmin]=pso_mincon(@cost,@constraint,Lb,Ub,para);

% 输出结果
Bestsolution=gbest % 全局最优个体
fmin
```

运行程序输出结果如下：

```
Best estimates: gbest=1.474      1.143      0.96452      0.91585      0.91572
2.1024  iteration=148
Best estimates: gbest=1.4743    1.1425     0.96453      0.91567      0.91562
2.1026  iteration=149
Best estimates: gbest=1.4738    1.1423     0.96419      0.91582      0.91567
2.1021  iteration=150

Bestsolution =
   1.4738    1.1423    0.9642    0.9158    0.9157    2.1021

fmin =
  377.5190
```

则优化模型的设计变量 $X=\begin{bmatrix}X_1 & X_2 & X_3 & X_4 & X_5 & X_0\end{bmatrix}^T=\begin{bmatrix}i_{g1} & i_{g2} & i_{g3} & i_{g4} & i_{g5} & i_0\end{bmatrix}^T$

即得到。得到的粒子群适应度变化曲线图如图 18-2 所示。

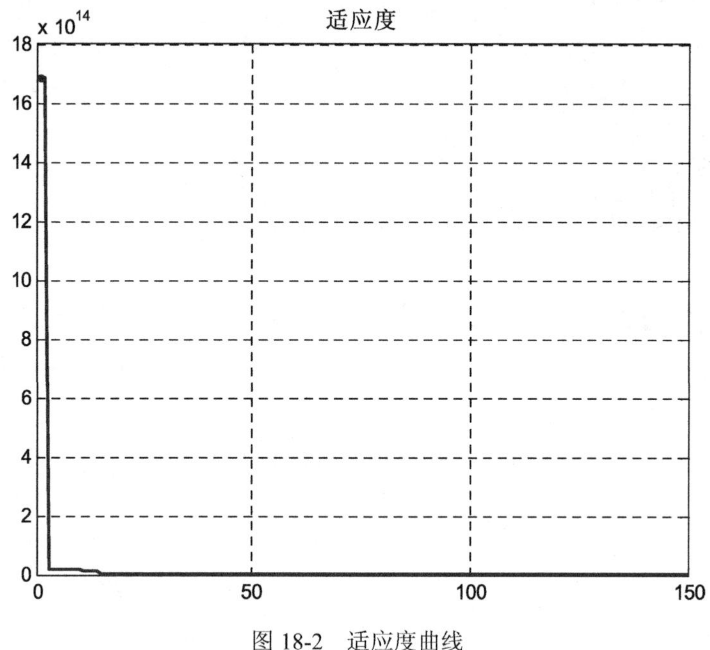

图 18-2　适应度曲线

模型求解为全局最优，并且收敛性很快，因此基于罚函数的粒子群算法用于带约束的目标优化分析中，具有较好的适应性、鲁棒性和泛华能力。

18.5　本 章 小 结

本优化过程的目标函数和约束条件较为复杂，不适合求导或者是采用传统的求导求解等方法。惩罚函数法是先构造一个新的函数，即罚函数，使有约束的问题转化为一系列无约束的问题，再使它们逐渐逼近最优解。采用 MATLAB 程序实现求解，求解结果收敛性较快并且模型不易于陷入局部最优，该算法在工程上有着重要的用途。

第 19 章　车载自组织网络中路边性能及防碰撞算法研究

随着智能交通系统的发展，车载自组织网络（VANET）已经成为该领域的热门网络通信技术。车载网络是一种透过随意网络提供车辆之间的通讯，即由无线通信与数据传递技术，串联交通工具及路边交通设施，所形成的特殊的专用网络，属于高度客制化的行动式随意网络。主要功能在于让所有的用路人可以实时取得传递与交通相关的信息，以便提高行车效率，增进用路安全与舒适性。

在车载网络中，尤其是在城市环境下，车辆高速移动导致网络拓扑结构频繁变化，车辆密度分布不均，导致稀疏连通和局部最优情况频繁出现，所以必须专门为车载自组网设计具备鲁棒性、可靠性和实时性的路由协议。本章针对现有城市环境下存在的车辆碰撞问题，利用车辆的地理位置和电子导航地图提供的道路车流信息进行路由决策，根据设定的城市交通网络模拟图，随机的分布车辆节点，通过十字交叉路口的防碰撞研究及路边节点之间的相对位置预警仿真，得到不同仿真下的城市交通信息网络结果图，对于该区域交通通信设计及路况信息改善有一定的指导意义。

学习目标：

（1）熟练掌握车载自组织网络原理及分析方法等；

（2）熟练运用 MATLAB 分析车载组织网络路边性能；

（3）熟练掌握 MATLAB 模拟城市交通网络等。

19.1　车载自组织网络概述

随着社会经济的发展，机动化水平逐渐提高，汽车在人民生活中起到越来越重要的作用。道路交通安全形势日趋严峻，交通事故频繁，城市道路拥堵。智能交通系统（Intelligence Transportation System，ITS）是作为上述问题的解决方案之一，越来越受到人们的关注。通过智能化平台，用户可享受到增值服务应用需求，例如远程办公、车载娱乐和实时导航。智能交通系统通过改进交通网络管理者和驾乘人员的决策，改善整个运输系统的运行。目前的智能交通系统主要研究包括避免碰撞与紧急事件信息发布、为出行者提供全面的服务、提升道路管理的水平和通过车路协调改善道路安全等。

车载自组织网络（Vehicular Ad Hoc network，VANET）是移动 Ad hoc 网络（MANET）一个重要的研究分支，已成为无线网络和智能交通等领域的新热点。车载自组织网络是通过车与路边节点（Roadside-to-Vehicle Communications，简称 RVC）、车与车（Inter-Vehicle

Communications ，简称 IVC）以及混合通信（Hybrid Vehicular Communication Systems，简称 HVC）来构成统一的无线通信网络，分别如图 19-1～图 19-3 所示。

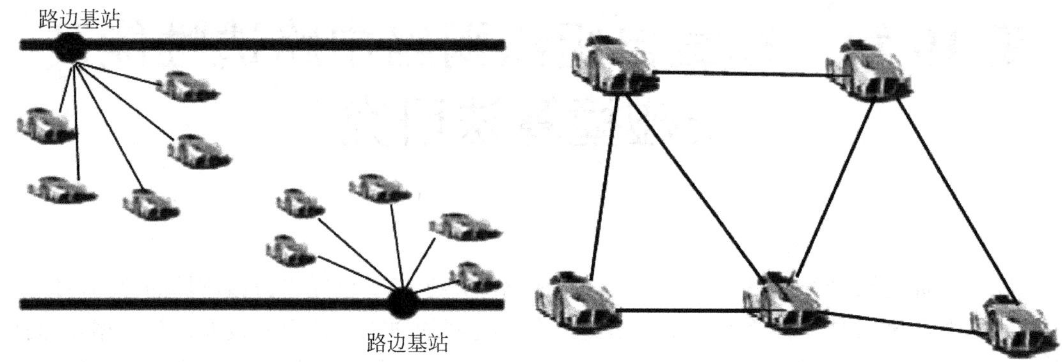

图 19-1　车路通信　　　　图 19-2　车间通信

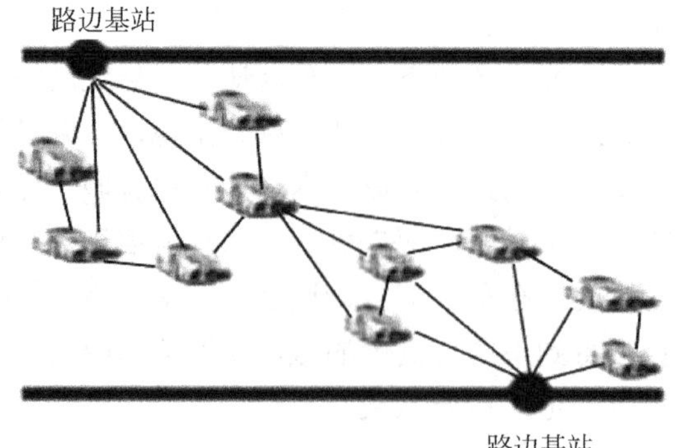

图 19-3　混合通信

VANET 主要特点：车辆的高速移动性导致网络拓扑变化快，路径寿命短，这就需要有效的路由算法支持。VANET 的网络管理涉及面较广，需要相应的机制来解决节点定位和地址自动配置等问题。VANET 可以在基础设施并不完善的情况下，通过车辆间的自组织通信，使驾驶者能够获得超视距范围内其他车辆的行驶信息和实时路况信息，从而帮助车辆及时调整行驶路线，实现动态路径选择，提高行驶效率。也可以通过车辆与路边节点的信息交互，将收集到的信息汇总至交通控制中心进行分析和处理，并将结果反馈给驾驶人员。除此之外，VANET 还在行驶安全预警、分布式信息发布和互联网接入服务方面有广泛应用。

19.2　车载自组织网络特征

车载自组网是一种特殊的无线 Ad hoc 网络，它是在车辆环境中实现动态转发数据的节点网络。车辆自组织网络在现实世界中的模型示意图如图 19-4 所示。

VANET 可说是 MANET 的一种延伸应用，基本的架构是相同的，具有无基础设施、多点式跳越连接和动态拓扑的特性。但两者之间仍有许多不同之处，表 19-1 列出了 VANET

与 MANET 的特性之比较。

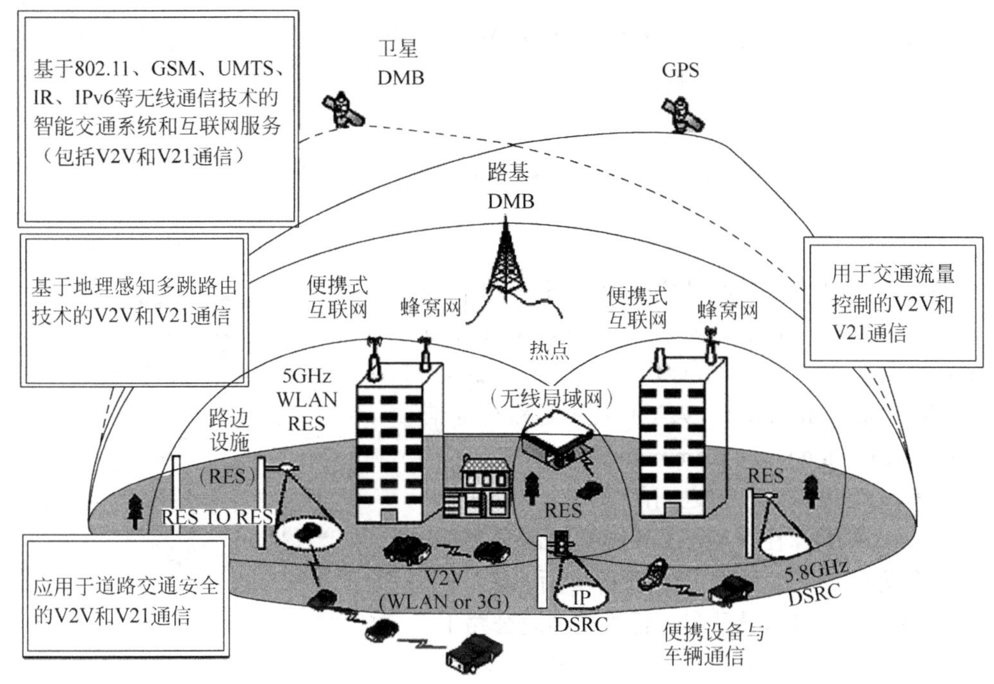

图 19-4　VANET 结构图

表 19-1　VANET与MANET的特性对比

特征对比	VANET	MANET
节点	车辆	行动设备
移动速度	快（车辆移动速度）	慢（人移动速度）
拓扑变化性	高	低
路由方向	道路路径	随机形状
资源限制	低	高
覆盖范围	大	小
连线维持	困难	容易

由表 19-1 可知，VANET 具有以下一些特征：

（1）VANET 网络中，车辆节点移动性较快，道路拓扑变化快，路径寿命短。

（2）VANET 的网络管理涉及面较广，但是车路以及车与车之间相互配置等连线维持较困难。

（3）VANET 网络中节点分布随机性较强，导致节点没有十分均匀的分布。

（4）VANET 网络链路状况不稳定，对障碍物的阻碍很敏感。

（5）VANET 网络通过车辆间的自组织通信，使驾驶者能够获得超视距范围内其他车辆的行驶信息和实时路况信息，从而帮助车辆及时调整行驶路线，实现动态路径选择，提高行驶效率。

（6）VANET 网络可以通过车辆与路边节点的信息交互，将收集到的信息汇总至交通控制中心进行分析和处理，并将结果反馈给驾驶人员。

（7）VANET 网络在行驶安全预警。VANET 可以在前方有塞车或是撞车情形时实时的对驾驶提出警告，当前方的车子减速时，也可以提醒后方的车辆放慢速度避免碰撞的发生。

目前 VANET 大多应用在 IEEE 802.11b（Wi-Fi）上，但也逐渐在朝着 IEEE 802.11p 或 IEEE 802.16 （WiMax）方面推展。

19.3　VANET 网路架构

车载自组网是构成智能交通系统 ITS 不可或缺的一部分，它帮助 ITS 实现车间通信（Inter Vehicular Communication，IVC），也被称作车车通信（Vehicle to Vehicle Communication，V2V）及车与路边通信（Vehicle to Roadside Unite Communication，V2R），也被称作车与路边基础设置之间的通信（Vehicle to Infrastructure，V2I）。在 VANET 网路架构的分类里，主要可以分为以下三大种类，如图 19-5 所示。

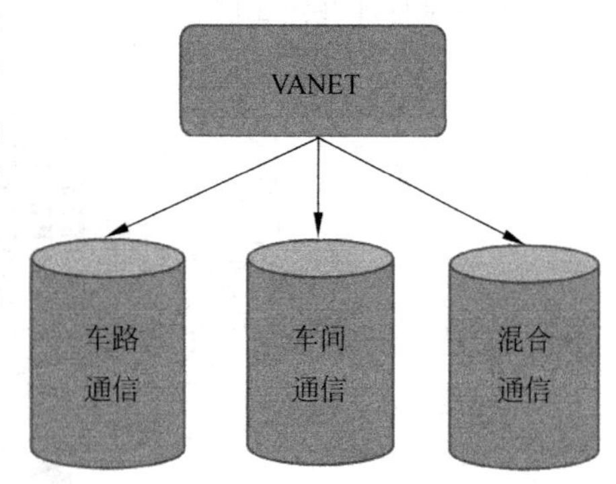

图 19-5　车载网络通信

本节的主要应用场景是车辆行进在高速公路上，这种场景中的车辆自组网系统结构图如图19-6 所示。

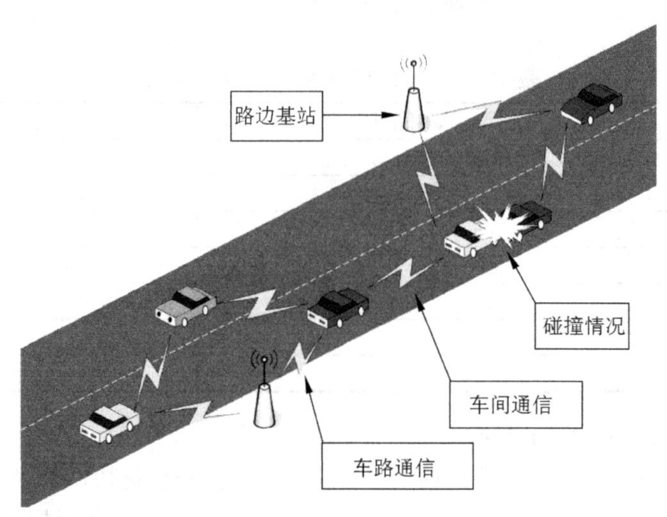

图 19-6　VANET 网路架构

从图 19-6 中可知，系统主要包含两类设备：车载单元（On-Board Unit，OBU）和路边节点单元（Roadside Unit，RSU），同时，系统还包含多种通信，根据直接通信双方的不同类别，可归为下列四种情况：

（1）车辆间通信，临近车辆利用车载单元组成 Ad Hoc 网络，以广播形式收发周期安全消息和紧急事件消息。

（2）路边节点单元与车辆通信，路边节点单元以此收集过往车辆信息及发送相关信息。

（3）路边节点单元利用高速公路的有线基础设施与交通管理部门通信。

（4）车辆数据源及乘员电子设备与车载单元通信，车辆数据源可通过数据接口（如车辆自身 CAN 或 ODB 接口）向车载单元提供车辆运行数据，同时，乘员电子设备可无线连接到车载单元，进一步获取车辆或外部信息。

19.3.1　车路通信（RVC）

所有车辆都会透过路旁的 AP（Access Point）或是基站来与服务器沟通，可取得所需的信息。车路通信网络架构图如图 19-7 所示。

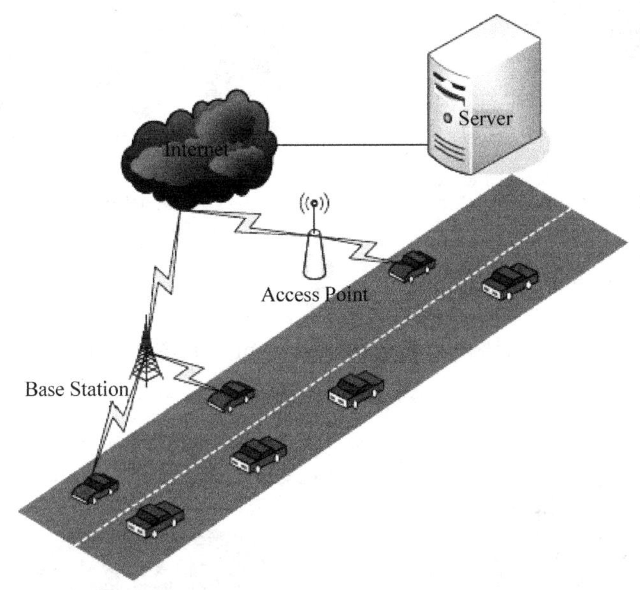

图 19-7　车路通信

在此架构下主要研究的内容如下。

（1）移动接入点管理

由于在 VANET 的环境中每个节点（node）具有高移动性的特质，所以时常会离开目前使用中接入点（AP）的服务范围而进入另一接入点的服务范围，这就是所谓的换手（handover）问题。目标为如何维持原本的信息传输而不造成封包遗失，让使用者觉得联机是一直存在的，不需要有重新联机的动作。

（2）选择互联网网关

一台车时常会在不止一个接入点（AP）的服务范围内，这类的问题主要是如何选择一台 AP 以达到最高传输效益。考虑的因素包括路径上可使用之带宽大小或是需要经过的 hop 数目等等。

19.3.2　车间通信（IVC）

在此架构下车辆可以透过其他车辆主动要求所需的信息，或是当前方有紧急事件发生时，车辆彼此间也可以迅速交换信息。由于此方式并无路旁的 AP 或是基地台可供使用，故当车辆间距离太远，超出彼此能够通讯的范围时将会发生断线的情况。车间通信网络架构图如图 19-8 所示。

车间通信路由主要分为单播路由（Unicast Routing）、分簇路由（Cluster-Based Routing）、组播路由（Geocast Routing）和广播路由（Broadcast Routing）四类，其构成图如图 19-9 所示。

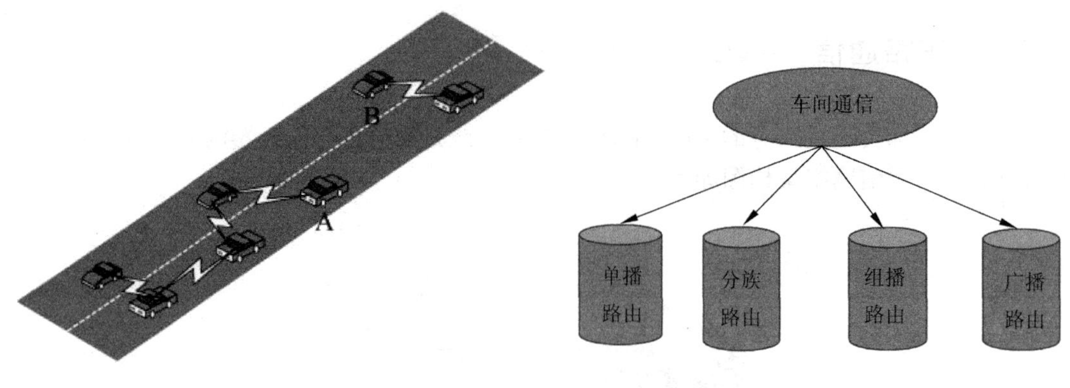

图 19-8　车间通信　　　　图 19-9　车对车路由协议

1. 单播路由（Unicast Routing）

近年来提出的车对车路由协议（Routing Protocol）如图 19-10 所示。

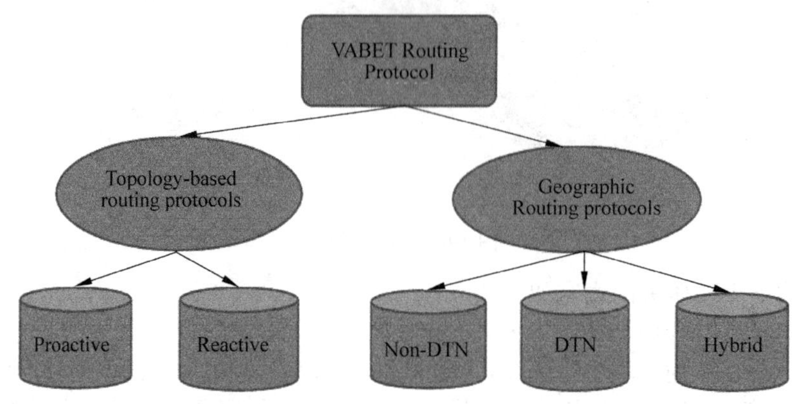

图 19-10　单播路由协议

其中，Topology-based routing protocols：使用目前网络中所有联机的信息找出一条最佳路径来决定怎么传封包，又可分为两大类：

- Proactive：每台车都会维护并且储存一个 table，记录与其他车辆间的联机状况。所以每隔一段时间每台车都要广播自己 table 的信息给其他车辆，彼此交换信息然后各自更新自己的 table。
- Reactive：只有在需要的时候才开启和某台车之间的联机，并且只维护正在使用中的联机。

Geographic routing：每台车拥有的信息只有目前附近车辆的状况信息。主要根据下面两个条件来决定封包怎么传送。

封包的目的地位置，这个位置会储存在每个封包的 header 中，而且在这边会假设传送端知道接收端的位置在哪里（如 GPS 取得）。

根据目前 one-hop neighbors 的位置，one-hop neighbors 就是那些可以直接重送到的车辆，也就是在一台车的传送范围内的车辆都是 one-hop neighbors。

Geographic routing 又可分为以下三类：

（1）None-DTN（Non-Delay tolerant network）：此类 protocol 不考虑联机有可能会断断续续的状况，故主要用于车辆密度较高的 VANET 环境中。主要的观念是（贪婪转发）Greedy forwarding，但 Greedy forwarding 会造成 local maximum。所以这一类的 routing protocol 就是用各种方式来应付这种到达 local maximum 的状况。常见的方法有 GPSR、CAR、A-STAR 和 STBR 等。

Greedy forwarding：一个中间节点转发数据包，直接由最接近目的地的地理位置的节点发送，具体如图 19-11 所示。

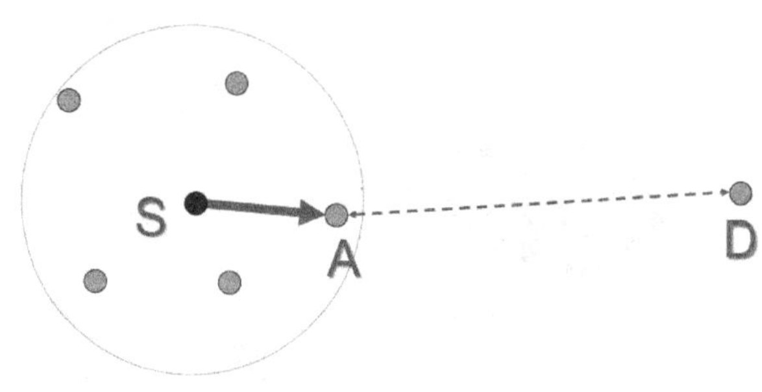

图 19-11 贪婪转发

（2）DTN（Delay Tolerant Network）：相反地，由于车辆通常有很高的移动性，所以 DTN 是考虑联机时常会中断的环境。当传送端准备要送出封包时若附近没有其他车辆或是联机相当不稳定，就会先把封包存着，直到移动到附近有别的车辆再传送出去（Carry-And-Forward）。常见的方法有 VADD 和 GeOpps 等。

（3）Hybrid：综合 None-DTN 和 DTN 两种模式，有 None-DTN 的 greedy mode 和 DTN 的 Carry-And-Forward。一般情况下，主要会使用 None-DTN 模式，但会根据下面几种网络联机情况由 None-DTN 模式切换到 DTN 模式：

① 目前封包已经经过了多少 hop；

② 附近车辆的传送质量；

③ 附近车辆相对于目的地的位置等。

2. 分簇路由（Cluster-Based Routing）

每一个群组有一个群组的群首，它可以用来控制内部的网络运行；群体内的各节点可直接联系；每个群体通信通过群组的标头。

3. 组播路由（Geocast Routing）

组播路由采用基于地理信息的路由，节点满足地理信息标准。

4. 广播路由（Broadcast Routing）

Broadcast 是 VANET 常用的一种路由，像共享交通信息、天气和紧急讯息。

一种简单的广播服务是 Flooding，每个节点重新广播收到的讯息。Flooding 可以保证每个节点都收到讯息。Flooding 在节点是数量少的时侯效能很好，当每个节点收到讯息并且要广播消息时，会造成封包的碰撞，会消耗大的带宽。

19.3.3　混合通信（HVC）

综合上述的车间通信 IVC 和车路通信 RVC，如果车辆不在路旁 AP 或基地台的服务范围内，可以先用 IVC 透过一台或多台其他车辆连接到服务器（Server），如同把其他车辆当做路由（Router）。如此不但可以扩大路边 AP 的服务范围，甚至可以减少这些设施的数量。混合通信网络架构图如图 19-12 所示。

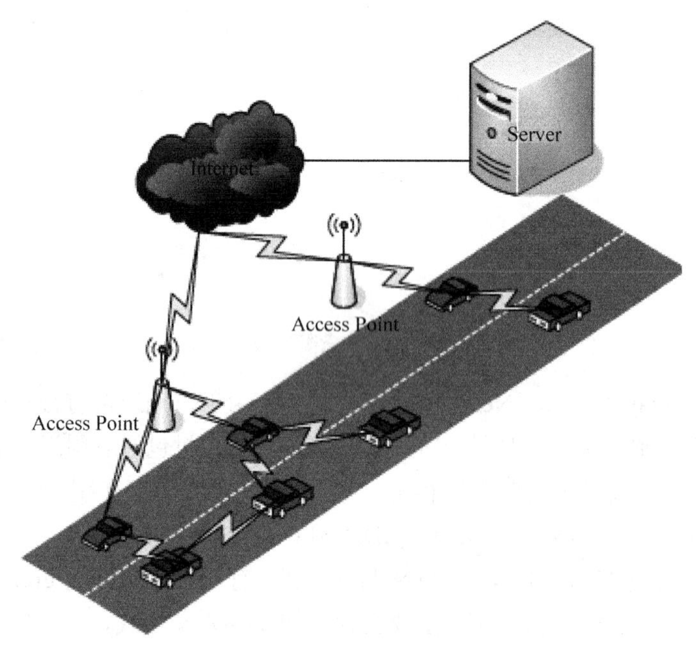

图 19-12　混合通信

19.4　车辆自组织网络的管理问题

车辆自组织网络是 Ad hoc 网络在车辆方面的延伸，也依旧继承了 Ad hoc 网络的管理问题，由于网络拓扑在不断的动态变化，所以网络管理也就必须是动态配置的。由于移动节点的自身限制问题，在车辆自组织网络管理中也要将协议所带来的负荷也考虑在内才可以。

车辆自组织网络管理问题主要包括如下。

（1）确定网络的拓扑结构是车辆自组织网络管理中的一个关键点。在有线网络中，网络中节点是固定的，所以拓扑结构基本不变化，这样就容易确定网络的拓扑结构。而车辆自组织网络中，由于车辆不断移动，就会随时有节点加入或退出网络，导致拓扑结构随时发生变化，所以要想确定车辆自组织网络的拓扑结构就比较困难，在节点收集网络节点的连接信息时，就同样会加大网络的负荷。

（2）由于道路上车辆数量不断增加，而且几乎每辆汽车都装载了导航系统，即车载路由，所以在网络中信息的发送和接收需求不断增大，就会出现信息堵塞的情况，为了保证信息的及时更新，这就要求我们对于这方面的研究必须加大力度。

（3）信号的衰退是移动无线网络常见的问题。为了确定节点是信号衰退还是退出网络，就必须询问网络的物理层，这样新的矛盾又会出现。

（4）随着移动无线网络的发展和普及，人们在出行的路途中为了满足娱乐休闲及办公的需要，会随时加入到互联网中，这就使得信息保密的要求越来越高，为了防止侵入、破坏或窃取信息的情况发生，这就要求我们在车载自组织网络中加入结合认证和加密的过程。

可见车载自组织网络的管理与传统有线网络相比有很大的不同，需要解决的网络管理问题包括网络拓扑结构的确定、较少网络信息的拥堵、网络连接节点信息的收集和信息的保密等。

19.5　车载自组织网络的连通性

车载自组织网络属于无线网络的一部分，是现在无线网络研究中的热点问题。车载自组织网络主要考虑无线网络的连通性。

19.5.1　无线网络连通性

无线网络连通性是指网络中节点之间无线链路和路径的存在状况，主要研究不同网络部署情况下无线网络的连通程度，以及网络的连通程度在网络寿命周期内的变化情况等。

无线网络可以抽象为一个有向图模型 G（V，E），如图 19-13 所示。

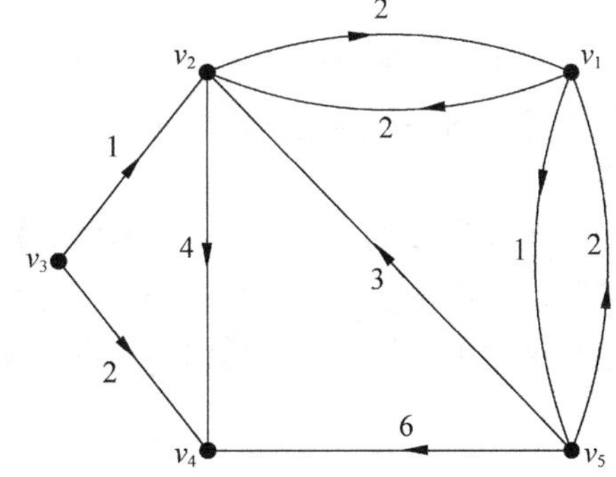

图 19-13　有向图模型

其中 V 为图中顶点的集合，每个顶点与无线网络中的节点一一对应；E 是图中边的集合，每条边与无线网络中的链路一一对应。基于图论理论、概率理论和渗流理论，根据无线网络的连通程度和连通性可以分为以下三类。

1. 全连通

若图 G（V，E）中任意两个顶点之间至少存在一条路，则该图对应的无线网络为全连通网络。若图 G（V，E）中任意两个顶点之间至少存在 k 条不相交的路，即 k 条路中任意两条路中除了起点和终点外不存在公共顶点，则称该图对应的无线网络为 k-连通网络。

对于随机部署的大规模无线网络而言，任意一个节点位于其他所有节点的通信范围之外的概率总大于 0，绝对的全连通网络往往难以保证，因此研究人员引入了近似连通和部分连通的概念，用以评价无线网络的连通状况。

2．近似连通

当无线网络规模趋于无穷大时，若无线网络对应的图 G（V，E）中任意两个顶点之间至少存在一条路的概率为 1，则称该无线网络为近似连通网络。相应的，当无线网络规模趋于无穷大时，若对应的图 G（V，E）中任意两个顶点之间至少存在 k 条不相交的路的概率为 1，则称该无线网络为近似 k-连通网络。

3．部分连通

若无线网络规模趋于无穷大时，对应的图 G(V,E)中存在且仅存一个大连通分支 $C_{\max}$，$C_{\max}$ 中包含有无穷多个顶点，则称该无线网络处于部分连通状态。

19.5.2 车载自组织网络连通性

为了模拟车辆之间的无线通信，假设每辆车都装有一个发射距离为 r 的广播连接模式。定义如果两辆车之间的欧氏距离小于等于 r，就能直接通信（或者说连接上了）。在一维自组织网络中，当一个节点与前方车辆没连上，我们就说它没与前面的网络相连。（如图 19-14 所示中的节点 2）。其中“前方车辆”指的是所考虑车辆节点右边的节点（假设交通流是从左到右的）。

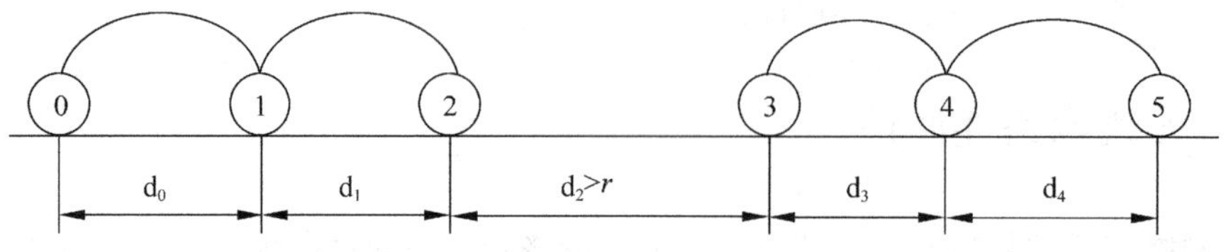

图 19-14 一维网络中的不连通情况

对于一维网络的连通性，定义为：当且仅当网络中不存在没能与前方节点接连的任何节点时，网络称为连通的。也就是说，如果两个相邻节点之间的距离大于 r，网络就是不连通的。

在长为 L 的路段上，设 $N(x_a,x_b)=N(x_a)-N(x_b)$（其中 $x_b>x_a$）为区域 (x_a,x_b) 的车辆数量。通常情况下，车辆分布于路段上的实际数量是 Poisson 分布。这样，便能得到特定数量的车辆处于一段道路区域的概率：

$$P(N(x)=n)=\frac{E[N(x)]^n}{n!}\mathrm{e}^{-E[N(x)]} \tag{19.1}$$

其中，

$$E[N(x)]=\int_0^x k(x)\mathrm{d}x \tag{19.2}$$

式（19.2）中 $k(x)$ 表示路段 x 处的车辆密度。对任意两辆以间隔时间为 I 经过道路的车辆，在时刻 t，第 I 辆车与第 i+1 辆车的物理间距为：

$$\mathrm{d}_{I_i}(t)=\int_{t-I_i}^{t} u(s)\mathrm{d}s \tag{19.3}$$

这里，I_i 是指第 I 辆车与第 i+1 辆车的到达时距，$u(s)$ 为车辆的平均速度。

现在，要找到道路的关键到达时距 T_c，这样，如果 $I_i \leqslant T_c$，第 i 辆车与第 i+1 辆车在整个行程中都会保持连接。如果 $I_i > T_c$，两辆车在该道路段上的最大间距就会大于 r：

$$\max_{t\in\Omega}\left\{\mathrm{d}_{T_c}(t)\right\}=\max_{t\in\Omega}\left\{\int_{t-T_c}^{t}u(s)\mathrm{d}s\right\}=r \tag{19.4}$$

这里，Ω 是第 I 辆车与第 i+1 辆车同存于道路段上的时间点的集合。对于参数为 α 的 Poisson 到达过程，$P(I_i \leqslant T_c)=1-\mathrm{e}^{-\alpha T_c}$，定义为 p_c。

因此，整条道路网络连通的概率（考虑道路上车辆数量非零，也就是 $N(L)>0$）为：

$$P(\text{netcon})=\frac{1}{1-P(N(L)=0)}\sum_{j=0}^{\infty}p_c{}^{j-1}P(N(L)=j) \tag{19.5}$$

将式（19.1）代入式（19.5）中得：

$$\begin{aligned}P(\text{netcon})&=\frac{\sum_{j=1}^{\infty}\frac{\left(p_c\cdot E(N(L))\right)^j}{j!}\cdot\mathrm{e}^{-E[N(L)]}}{p_c\left(1-\mathrm{e}^{-E[N(L)]}\right)}\\&=\frac{\mathrm{e}^{p_c\cdot E(N[L])}\cdot\mathrm{e}^{-E[N[L]]}}{p_c\left(1-\mathrm{e}^{-E[N[L]]}\right)}=\frac{\left(\mathrm{e}^{p_c\cdot E[N[L]]}-1\right)}{p_c\left(\mathrm{e}^{E[N[L]]}-1\right)}\end{aligned}$$

即整理得到：

$$P(\text{netcon})=\frac{\left(\mathrm{e}^{p_c\cdot E[N[L]]}-1\right)}{p_c\left(\mathrm{e}^{E[N[L]]}-1\right)} \tag{19.6}$$

将 p_c 的表达式，即 $p_c=P(I_i \leqslant T_c)=1-\mathrm{e}^{-\alpha T_c}$ 代入上式得全网连通率：

$$\begin{cases}P(\text{netcon})=\dfrac{\left(\mathrm{e}^{p_c\cdot E[N[L]]}-1\right)}{p_c\left(\mathrm{e}^{E[N[L]]}-1\right)}\\p_c=1-\mathrm{e}^{-\alpha t}\end{cases} \tag{19.7}$$

由式（19.7）可知，单条道路的网络连通率是由 p_c 和 $E[N(x)]$ 决定的。

根据 p_c 的公式可知，p_c 是由到达率 α 和关键到达时距 T_c 决定的，考虑在均匀路段上，T_c 近似为发射距离 r。同时，道路上的车辆数量的期望 $E[N(x)]$ 也和 α 相关。

19.6　车载网络路边性能分析

根据应用范围和模型特性可分为以下四种，随机模型、流动模型、交通模型和基于轨迹模型。

19.6.1　随机模型

随机模型（Random Models）的参数是车辆速度和目的的，但它们都是随机生成的。最经典的是随机路点移动模型 RWM（Random Waypoint Model）。许多移动自组网相关研究文献中都使用 RWM，它能模拟自组网中节点随机移动的特性，随机选择一个点，接着匀速朝该点运动，直到达到该点，再随机停止一段时间，然后重复这个过程。

19.6.2　流动模型

流动模型（Flow Models）将车辆的移动作为一个实体，与一个概率密度函数相关。车辆的运动与周围环境有一点关系，该模型可以用来评估交通安全相关的应用。流动模型又可分为微观模型、宏观流动模型和细观流模型。

在微观模型中，车辆之间的加速减速都作为移动模型的参数。其经典模型有车跟随模型 CFM（Car Follow Model）、智能驾驶模型 IDM（Intelligent Driver Model）、克劳斯模型、维德曼模型和元胞自动机模型。

宏观流动模型考虑了车辆密度、车辆速度和车辆流动性，代表性模型是 Lighthill Whitham Richard Model（LWRM）。

细观流模型由概率密度函数表示，考虑了速度分布、车辆到达时间和时间间隔，代表性模型是 Gas Kinetic Traffic Flow Model。

19.6.3　交通模型

交通模型（Traffic Models）采用更加真实的车辆运动轨迹，路径不再随机选取，而是有目的性的运动。此模型中，车辆和周围环境有了较密切的联系，交通模型分为以代理为中心和以车流为中心的交通模型。

以代理为中心的交通模型给每个车都创建至少一条路径，当出现交通事故或交通堵塞的时候，立刻计算到目的节点的最优路径，然后车辆沿着该路径继续向前运动。代表模型是 MATSim。

以车流为中心的交通模型建立多个路段，车辆在每个路段上的运动属性是一致的，这种方法减小了计算复杂度。代表模型是 Aimsun 和 CORSIM。

19.6.4　基于轨迹模型

基于轨迹模型（Trace-based Models）不需要复杂的数学理论和各种假设，而是直接从车辆的运动轨迹特征来建立模型，是车辆真实的运动轨迹。The University of Delaware mobility model（UDel Model）和 Multi-agent Microscopic Traffic Model（MMTS）都是采用的这种策略。这种模型需要记录大量的车辆运动轨迹，虽然能获得最真实的运动模型，但是人力和物力消耗都比较大，不过未来车辆运动模型一定会朝着该方向发展。

19.7　Kruskal 算法

树的定义：如果图 G 是一个无圈的无向连通图，则称图 G 为树，记作 T。树中的边称为树枝。

树的性质：

（1）在图中任意两点之间必有一条而且只有一条通路。

（2）在图中划去一条边，则图不连通。

（3）在图中不相邻的两个顶点之间加一条边，可得一个且仅得一个圈。

（4）图中边数有 $n_e = p-1$ （p 为顶点数）。

生成树：如果图 T 是 G 的一个生成子图，而且 T 又是一棵树，则称图 T 为一棵生成树。

定理：图 G 有生成树的充分必要条件为图是连通图。

最小生成树：设 $\mathrm{T}=(\mathrm{V},\mathrm{E}_1)$ 是赋权图 G（V，E）的一棵生成树，称 T 中全部边上的权数之和为生成树的权，记为 $w(T)$，即 $w(T)=\sum_{e\in E_1} w(e)$。

如果生成树 T^* 的权 $w(\mathrm{T}^*)$ 是 G 的所有生成树的权中最小者，则称 T^* 是 G 的最小生成树，简称为最小树，即 $w(\mathrm{T}^*)=\sum_{T}\min\{w(\mathrm{T})\}$，式中取遍 G 的所有生成树 T。

Kruskal 算法具体求解流程如下。

（1）选择边 e_1，使得 $w(e_1)$ 尽可能小。

（2）若已选定边 $e_1,e_2,\cdots,e_i$，则从 $\mathrm{E}\setminus\{e_1,e_2,\cdots,e_i\}$ 中选取 e_{i+1}，使得：

- ❑ $\mathrm{G}[\{e_1,e_2,\cdots,e_{i+1}\}]$ 为无圈图；
- ❑ $w(e_{i+1})$ 是满足无圈图的尽可能小的权值。

（3）当第（2）步不能继续执行时，则停止。

定理：由 Kruskal 算法构作的任何生成树 $\mathrm{T}^*=\mathrm{G}[\{e_1,e_2,\cdots,e_{\nu-1}\}]$ 都是最小树。

19.8　Dijkstra 算法

首先假设无线网络图的表述为：G=（V,E,W），其中顶点集 $\mathrm{V}=\{v_1,v_2,\cdots,v_p\}$，即顶点的个数 $|\mathrm{V}|=p$。w_{ij} 表示边 (v_i,v_j) 的权，且需要满足非负条件 $w_{ij}\geqslant 0$。如果 $(v_i,v_j)\notin E$，则令 $w_{ij}=\infty$。最短路问题即为求 G 中 v_1 到其他各顶点的最短路径。用 $d(v_j)$ 表示从 v_1 到 v_j 的只允许经过已选出顶点的最短路径的权值。相应的算法步骤如下。

（1）初始化，令 $d(v_1)=0$，$d(v_j)=w_{1j}\ (j=2,3,\cdots,n)$，$S=\{v_1\}$，$R=V\setminus S=\{v_2,v_3,\cdots,v_p\}$。

（2）在 R 中寻找一个顶点 v_k，使得：

$$d(v_k)=\min_{v_j\in R}\{d(v_j)\}$$

置 $S=S\cup\{v_k\}$，$R=V\setminus S$。若 $R=\varnothing$，则算法终止，否则转（3）。

（3）修正 $d(v_j)$，对 R 中每个 v_j，令：$d(v_j)=\min\{d(v_j),d(v_k)+w_{kj}\}$ 转（2）。

这个算法经过 $|V|-1$ 次循环之后，所有顶点都被选出，$d(v_j)\ (j=1,2,\cdots,p)$ 的终值就给出了从顶点 v_1 到其余各顶点 $v_j\ (j=2,3,\cdots,p)$ 的最短路径的长度，反向追踪即可以得到最短路径。

19.9　车 路 通 信

所有车辆都会透过路旁的 AP（Access Point）或是基站来与服务器沟通，可取得所需的信息。常常在一个接入点上，覆盖多个车辆节点，接入点 AP 通过其他辅助车辆节点传送信息或者直接向车辆传送信息，例如如图 19-15 所示是一个车载自组织网络。

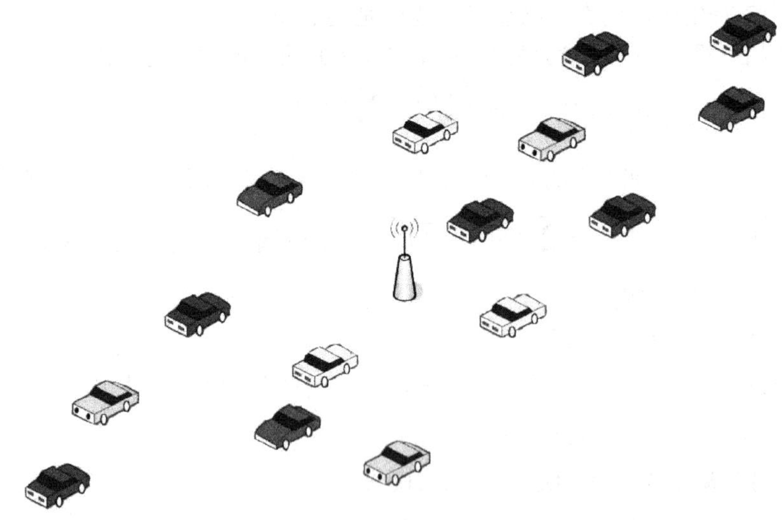

图 19-15　车载自组织网络

对于车载自组织网络而言，系统主要包含两类设备：车载单元（On-Board Unit，OBU）和路边节点单元（Roadside Unit，RSU），需要考虑可接入节点覆盖和车与车之间的通信，具体构建的无线网络，程序如下：

```
clc,clear,close all                        % 清屏、清工作区、关闭窗口
warning off                                % 消除警告
feature jit off                            % 加速代码执行
im = imread('y4.jpg');
figure(1),
imshow(im)
hold on
load('node_AP.mat')                        % 节点坐标
load('adj_node.mat')                       % 邻接矩阵
plot(node_AP(:,1),node_AP(:,2),'sr')
nconx = size(adj_node);
for i=1: nconx(1,1)
    for j=1:nconx(1,2)
        if adj_node(i,j)==1
            xconx=[ node_AP(i,1), node_AP(j,1)];
            yconx=[ node_AP(i,2), node_AP(j,2)];
            plot(xconx,yconx,'b-','linewidth',2);
            % pause(1)
        end
    end
end
```

运行程序输出图形如图 19-16 所示。

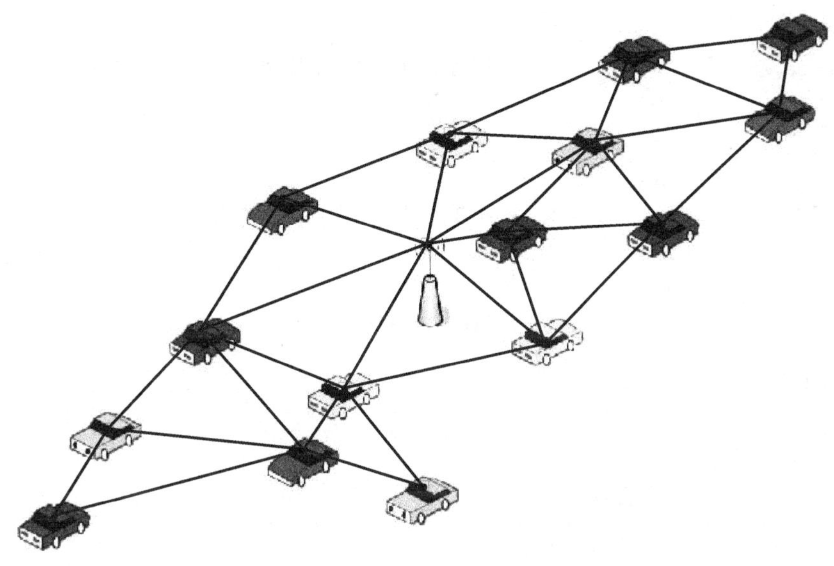

图 19-16　车载自组织通信

对于如图 19-16 所示的车载自组织网络，网络中每个个体均相互之间进行信息的交互，对于车路信息交互，路边节点在一定的覆盖范围内对车辆进行通信，通过服务器进行实时通信；车与车之间的通信则通过车载网络进行实时通信，对于如图 19-16 所示的车载网络，车流量相对较小，车载网络进行通信能够实现较高的实时性。例如，最左端小车要链接 SERVER，则可选择附近的车辆，通过车辆作为载体，然后传输到 AP 端，进行通信。则小车链接 AP 满足最小树模型，即通过 AP 端，连接其他的所有在网络中的节点。其中最小树求解的即为无线网络抽象的一个有向图模型 G（V，E），如图 19-17 所示。

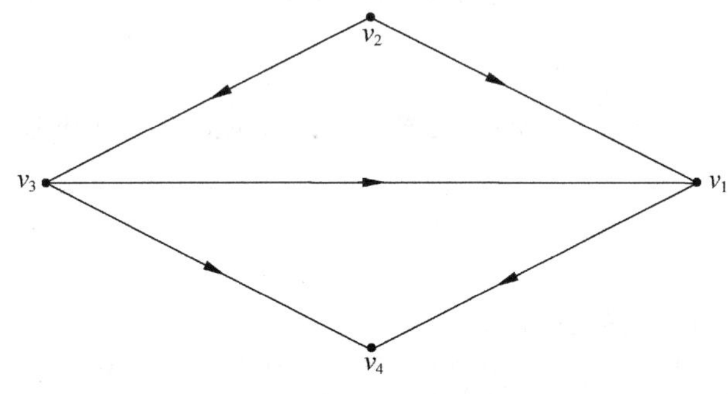

图 19-17　有向图模型

针对图 19-16 所示的车载自组织网络，进行最小树算法进行网络分析，首先计算两两相连接车辆之间的距离，然后采用 Kruskal 算法求解，Kruskal 算法代码如下：

```
n=length(adj_node);
x1(n,n)=0;
for i=1:n
    for j=i:(n-1)

x1(i,j+1)=sqrt((node_AP(j+1,1)-node_AP(i,1)).^2+(node_AP(j+1,2)-node_AP
```

```
(i,2)).^2);
    end
end
x2=x1';
x3=x2+x1;                          % 所有的道路之间的距离
x4 = x3.* adj_node;                % 判断节点是否相连接
for i=1:n
    for j=1:n
        if x4(i,j)==0
            x4(i,j)=inf;           % 不相连接的节点距离无穷大
        end
    end
end
T=prim(x4)                         % 返回最小树模型
nT=size(T);
figure(2),
imshow(im)
hold on
for i=1:nT(1,2)
    xT=[node_AP(T(1,i),1), node_AP(T(2,i),1)];
    yT=[node_AP(T(1,i),2), node_AP(T(2,i),2)];
    plot(xT,yT,'r-','linewidth',2);
end
```

最小树函数程序如下：

```
function T=prim(D)
% D 为矩阵
% T 返回的连接树
n=size(D,1);                % n 个节点
T=[];
l=0;                        % l 记录 T 的列数
q(1)=-1;
for i=2:n
    p(i)=1;
    q(i)=D(i,1);            % 第一个节点到其他节点距离
end
k=1;
while 1
    if k>=n                 % 循环大于节点 n 个数，跳出循环，输出连接节点
        disp(T);
        break;
    else
        min=inf;
        for i=2:n
            if q(i)>0&q(i)<min
                min=q(i);  % 找到与第一个节点相连的所有节点，其中距离最近的节点的距离
                h=i;        % 记录最近节点 对应的节点序号
            end
        end
    end
    l=l+1;
    T(1,l)=h;               % 记录最近的那个节点
    T(2,l)=p(h);            % 当前起始节点
    q(h)=-1;
    for j=2:n
        if D(h,j)<q(j)
            q(j)=D(h,j);
            p(j)=h;
```

```
        end
    end
    k=k+1;
end
```

执行相应的程序，得到相应的结果如图 19-18 所示。

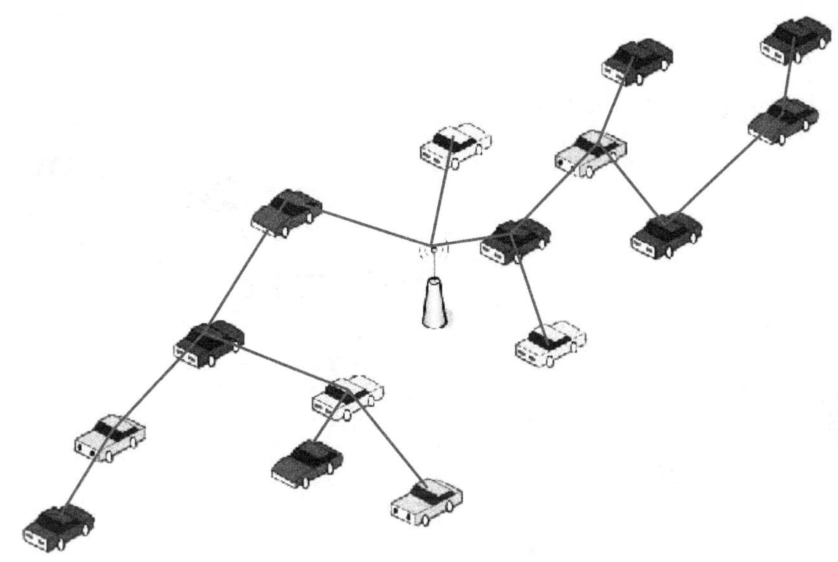

图 19-18　车路通信最小树模型

由图 19-18 可知，车辆和路边基站之间的通信，在路边基站能够覆盖范围内，当基站向该区域车辆进行信号传送时，按照如图 19-18 所示中的最小树模型进行行走，然而有时在路边基站也采用最短路径法进行传送。如图 19-19 所示，为以无线网络图。

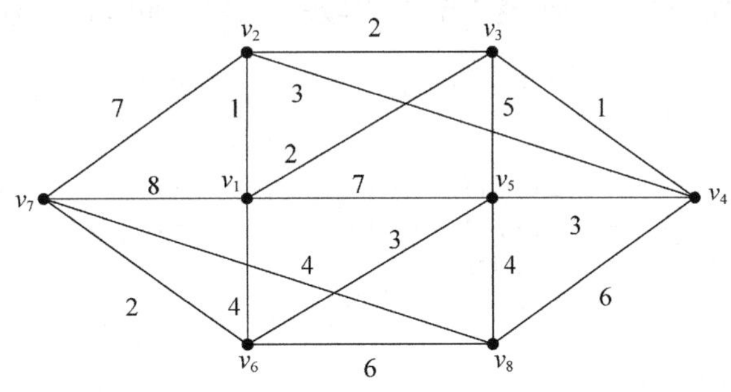

图 19-19　无线网络图

例如，求解 v_1 到各顶点的最短距离，等效为路边基站到某个指定的车辆节点的距离最短，因此对图 19-19 进行标号，程序如下：

```
figure(3)
imshow(im);
hold on
for i=1:n
    text(node_AP(i,1)+35,node_AP(i,2)+20,num2str(i),'Color',[1 0 0])
end
for i=1: nconx(1,1)
```

```
    for j=1:nconx(1,2)
        if adj_node(i,j)==1
            xconx=[ node_AP(i,1), node_AP(j,1)];
            yconx=[ node_AP(i,2), node_AP(j,2)];
            plot(xconx,yconx,'b-','linewidth',2);
            % pause(1)
        end
    end
end
```

运行程序输出图形如图 19-20 所示。

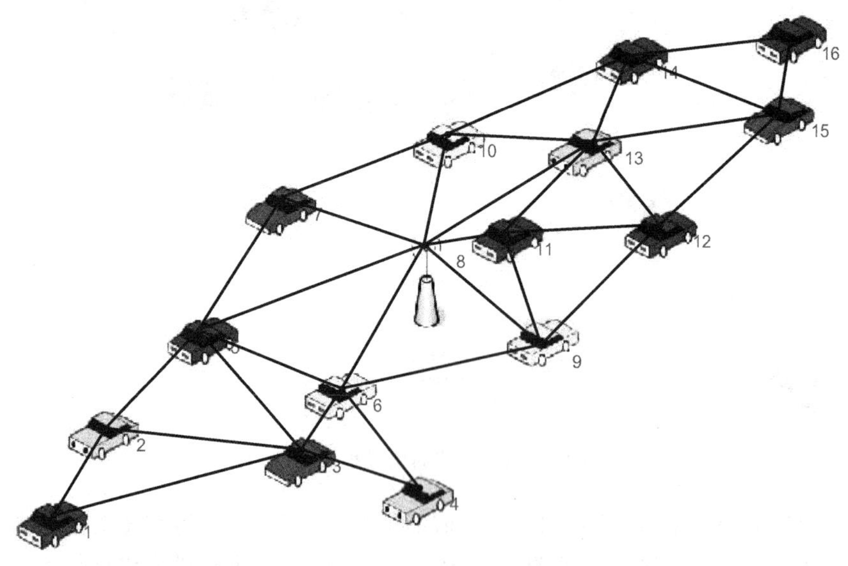

图 19-20　标号图

例如，求解 8 号路边基站到车辆 1 节点的最短路径，Dijkstra 算法程序寻优代码如下：

```
[r_path, r_cost] = dijkstra(2, 15, x4)   % 最短路
nr =length(r_path);
for i=1:(nr-1)
   xr=[node_AP(r_path(1,i),1), node_AP(r_path(1,i+1),1)];
   yr=[node_AP(r_path(1,i),2), node_AP(r_path(1,i+1),2)];
   plot(xr,yr,'r-','linewidth',2);
end
```

Dijkstra 算法程序如下：

```
function [r_path, r_cost] = dijkstra(pathS, pathE, transmat)
% The Dijkstra's algorithm, Implemented by Yi Wang, 2005
%  pathS: 所求最短路径的起点
%  pathE: 所求最短路径的终点
%  transmat: 图的转移矩阵或者邻接矩阵，应为方阵
if ( size(transmat,1) ~= size(transmat,2) )
  error( 'detect_cycles:Dijkstra_SC', ...
        'transmat has different width and heights' );
end

% 初始化：
```

```
%  noOfNode-图中的顶点数
%  parent(i)-节点 i 的父节点
%  distance(i)-从起点 pathS 的最短路径的长度
%  queue-图的广度遍历
noOfNode = size(transmat, 1);

for i = 1:noOfNode
 parent(i) = 0;
 distance(i) = Inf;
end
queue = [];

% Start from pathS
%
for i=1:noOfNode
  if transmat(pathS, i)~=Inf
    distance(i) = transmat(pathS, i);
    parent(i)   = pathS;
    queue       = [queue i];
  end
end

% 对图进行广度遍历
while length(queue) ~= 0
 hopS  = queue(1);
 queue = queue(2:end);

 for hopE = 1:noOfNode
   if distance(hopE) > distance(hopS) + transmat(hopS,hopE)
     distance(hopE) = distance(hopS) + transmat(hopS,hopE);
     parent(hopE)   = hopS;
     queue          = [queue hopE];
   end
 end

end

% 回溯进行最短路径的查找
r_path = [pathE];
i = parent(pathE);

while i~=pathS && i~=0
 r_path = [i r_path];
 i      = parent(i);
end

if i==pathS
 r_path = [i r_path];
else
 r_path = []
end

% 返回最短路径的权和
r_cost = distance(pathE);
```

执行程序输出图形如图 19-21 所示。

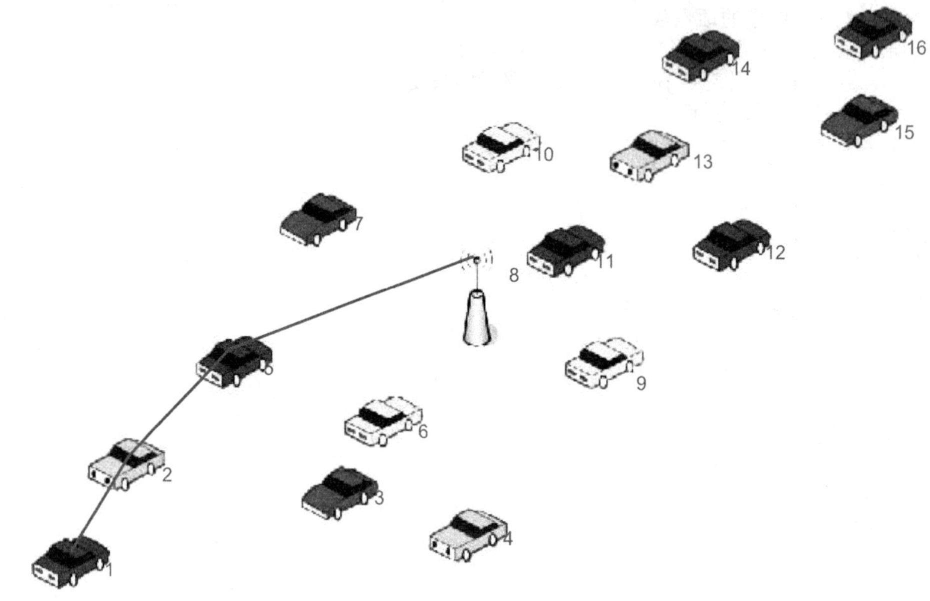

图 19-21　节点 1 到节点 8 最短路径

同理可得到如图 19-22 和图 19-23 所示的节点最短路通信图。

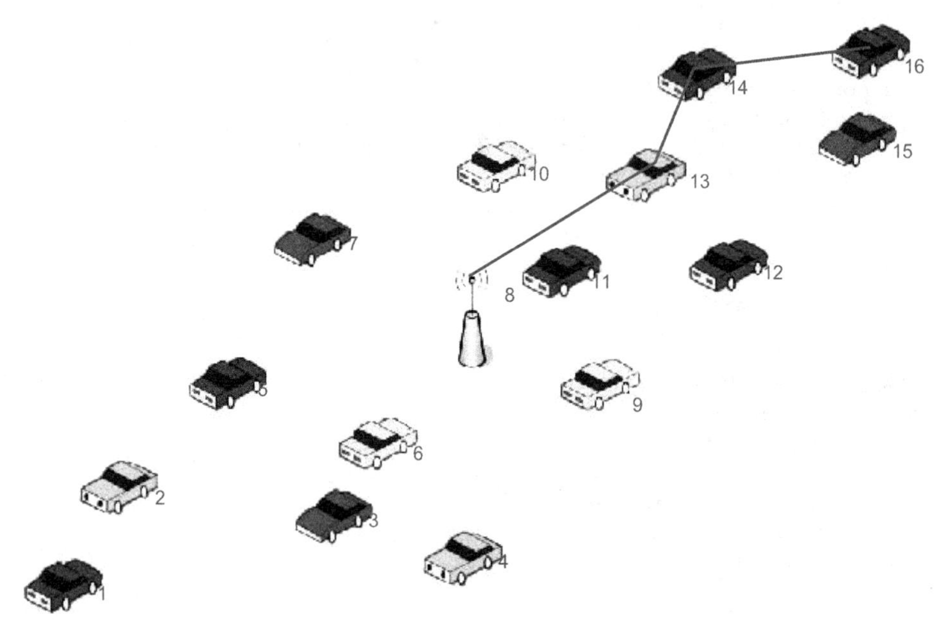

图 19-22　节点 8 到节点 16 通信

从图 19-21～图 19-23 可知，节点通信在最优路径下进行信息传输，车辆节点可以接受在一定范围内的信号，然而当车流量较大时，VANET 网络中，车辆节点移动性较快、道路拓扑变化快、车路以及车与车之间相互配置等连线维持较困难；VANET 网络中节点分布随机性较强，导致节点没有十分均匀的分布。因此，研究车载网络节点通信容量及性能优化是亟待解决的问题。

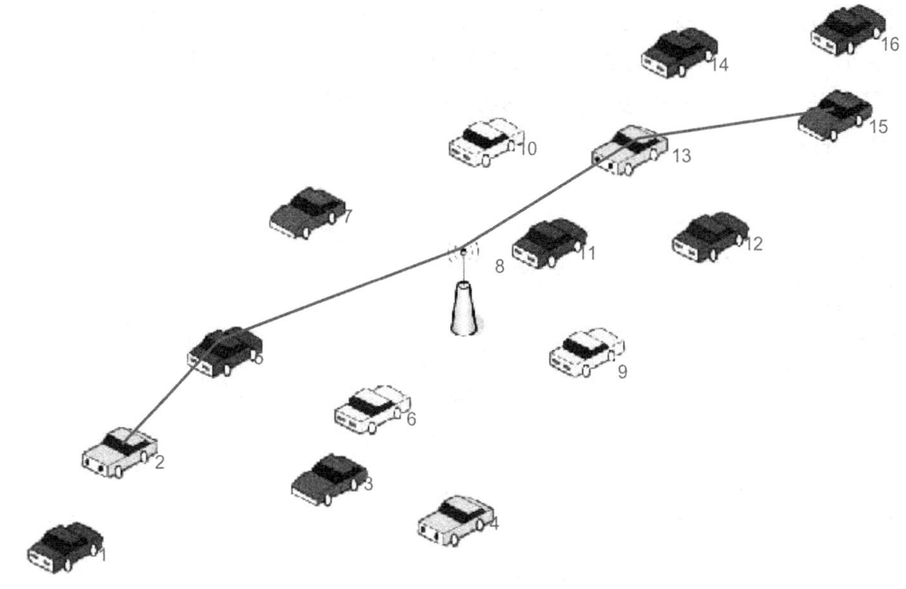

图 19-23　节点 2 到节点 15 通信

19.10　车 间 通 信

车间通信即是交通网络中，车辆与车辆之间的通信，每个车辆自带一个信号接收和发送器，车辆之间信息平台的建立是高度变化的，车辆之间信息的交互也是庞大的。如图 19-24 所示为一个车间网络模型。

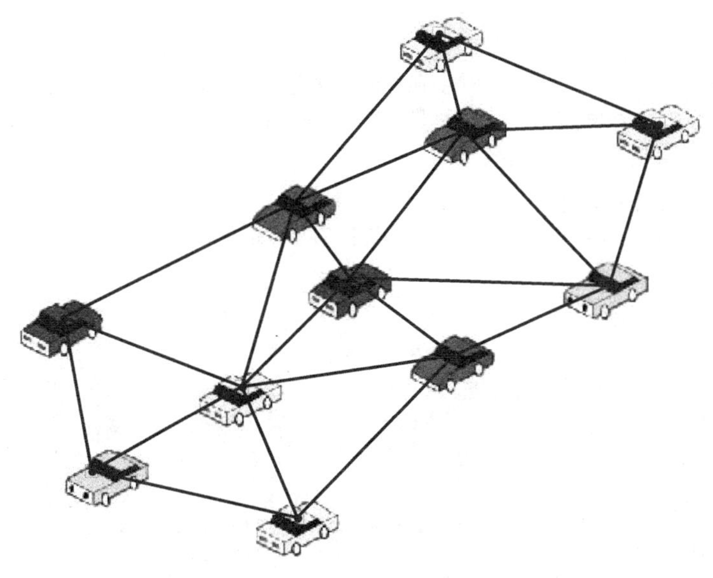

图 19-24　车间网络

该网络模型中有 11 辆车节点，节点和节点之间此时的通信连接网络如图 19-24 所示，车辆通过车辆节点作为载波，进行信息的交互，对于整个网络而言，有一个主网络是连接其中所有的车辆节点的，这个网络具有最小树特点，即满足任何一个节点应该可以到达其他节点位置，采用 Kruskal 算法对如图 19-24 所示的网络模型进行分析，得到该网络下节点的通信树，程序如下：

```
clc,clear,close all
warning off
im = imread('y3.jpg');
figure(1),
imshow(im)
hold on
load('node_car_2.mat')          % 节点坐标
load('adj_node_2.mat')          % 邻接矩阵
plot(node_car_2(:,1),node_car_2(:,2),'sr')
nconx = size(adj_node_2);
for i=1: nconx(1,1)
    for j=1:nconx(1,2)
        if adj_node_2(i,j)==1
            xconx=[ node_car_2(i,1), node_car_2(j,1)];
            yconx=[ node_car_2(i,2), node_car_2(j,2)];
            plot(xconx,yconx,'b-','linewidth',2);
            % pause(1)
        end
    end
end
n=length(adj_node_2);
x1(n,n)=0;
for i=1:n
    for j=i:(n-1)

x1(i,j+1)=sqrt((node_car_2(j+1,1)-node_car_2(i,1)).^2+(node_car_2(j+1,2
)-node_car_2(i,2)).^2);
    end
end
x2=x1';
x3=x2+x1;                       % 所有的道路之间的距离
x4 = x3.* adj_node_2;           % 判断节点是否相连接
for i=1:n
    for j=1:n
        if x4(i,j)==0
            x4(i,j)=inf;        % 不相连接的节点距离无穷大
        end
    end
end
T=prim(x4)                      % 返回最小树模型
nT=size(T);
figure(2),
imshow(im)
hold on
for i=1:nT(1,2)
    xT=[node_car_2(T(1,i),1), node_car_2(T(2,i),1)];
    yT=[node_car_2(T(1,i),2), node_car_2(T(2,i),2)];
    plot(xT,yT,'r-','linewidth',2);
end
```

运行程序输出图形如图 19-25 所示。

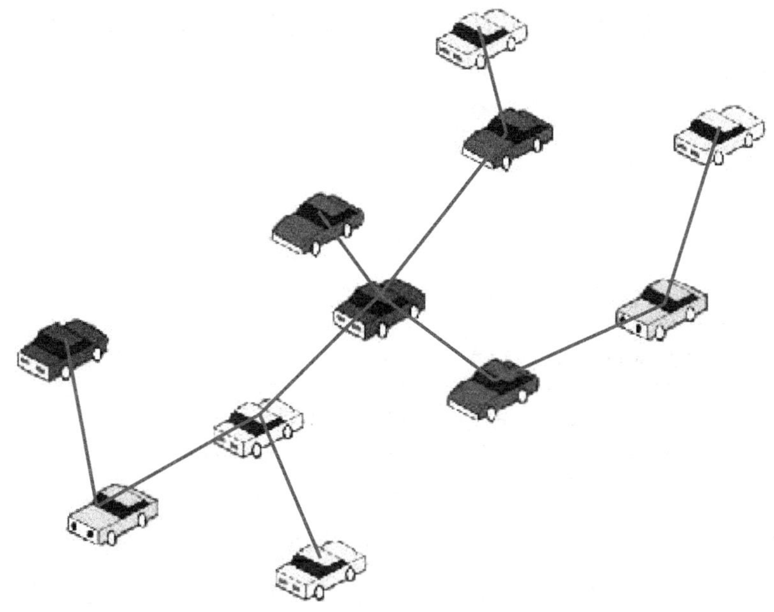

图 19-25　车间最小树模型

在图 19-25 中，车辆节点信息由实际地图车辆节点所在位置精度，反映到 xy 平面，即为图像中车辆此刻的位置。图 19-25 中 11 辆车全部通过一条网络进行连接，连接的车辆之间可以按照最小树模型进行信息的交互，也可以通过 Dijkstra 算法进行最短路计算，每辆车之间信息连接假设满足如图 19-24 所示的网络模型，对该模型进行节点编号，如图 19-26 所示。

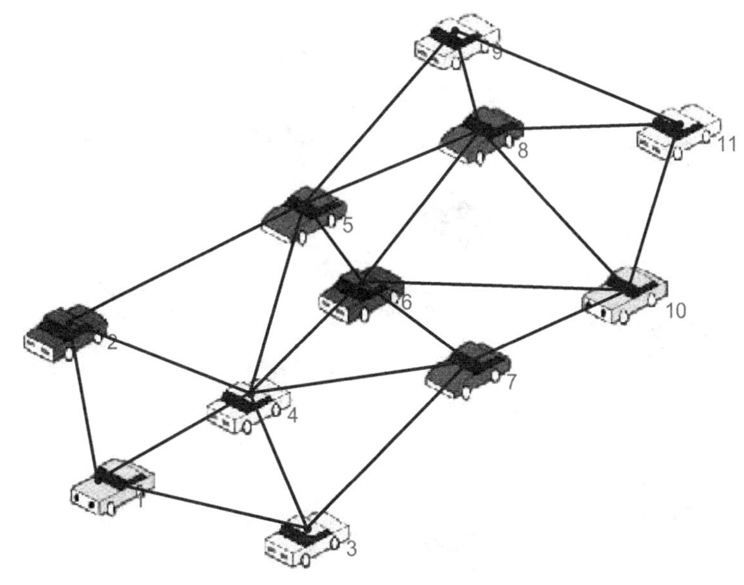

图 19-26　车间模型标号

如图 19-26 所示的车辆节点模型，在最短路中，车辆作为中间节点，不相连接的车辆的距离为∞，也可等效为车辆之间的信息中断，只有通过其他车辆节点进行信息的中转。

采用 Dijkstra 算法对如图 19-26 所示的模型进行车辆之间最小路探测，程序如下：

```
%% 最短路问题
figure(3)
imshow(im);
hold on
for i=1:n
    text(node_car_2(i,1)+35,node_car_2(i,2)+20,num2str(i),'Color',[1 0 0])
end
% for i=1: nconx(1,1)
%     for j=1:nconx(1,2)
%         if adj_node_2(i,j)==1
%             xconx=[ node_car_2(i,1), node_car_2(j,1)];
%             yconx=[ node_car_2(i,2), node_car_2(j,2)];
%             plot(xconx,yconx,'b-','linewidth',2);
%             % pause(1)
%         end
%     end
% end
[r_path, r_cost] = dijkstra(9, 10, x4)   % 最短路
nr =length(r_path);
for i=1:(nr-1)
    xr=[node_car_2(r_path(1,i),1), node_car_2(r_path(1,i+1),1)];
    yr=[node_car_2(r_path(1,i),2), node_car_2(r_path(1,i+1),2)];
    plot(xr,yr,'r-','linewidth',2);
end
```

运行程序输出图形如图 19-27～图 19-29 所示。图 19-27～图 19-29 分别为不同车辆节点之间的最短路径。

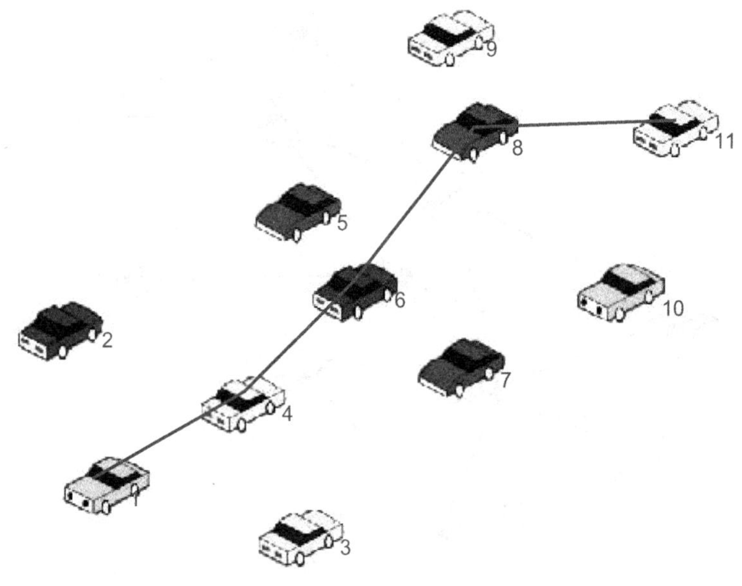

图 19-27　节点 1 到节点 11 最短路传播路径

由图 19-27～图 19-29 可知，采用 Dijkstra 算法实现高速公路上相连距离内车辆之间的通信的最短路径，车辆由此可以通过向每辆车发送 hello，以最短路径的形式，从而减

少丢包率。因此，实际工况中车间通信及车路通信采用最短路径进行传播是较好的通信方式。

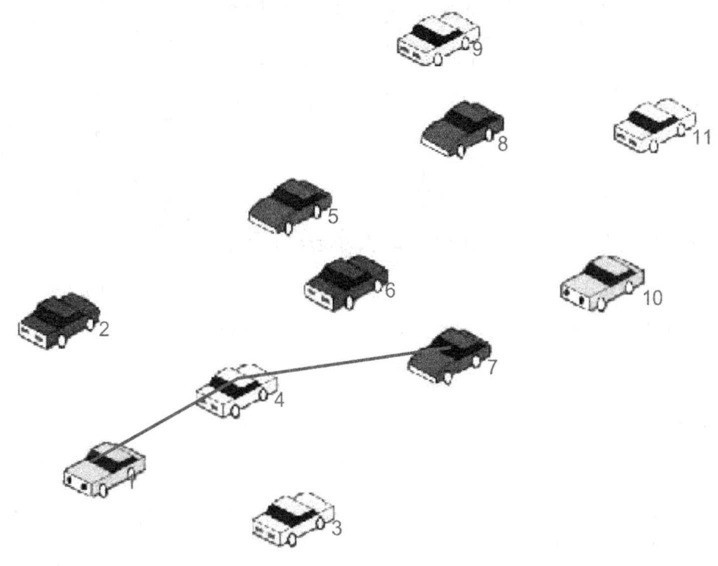

图 19-28　节点 1 到节点 7 最短路传播路径

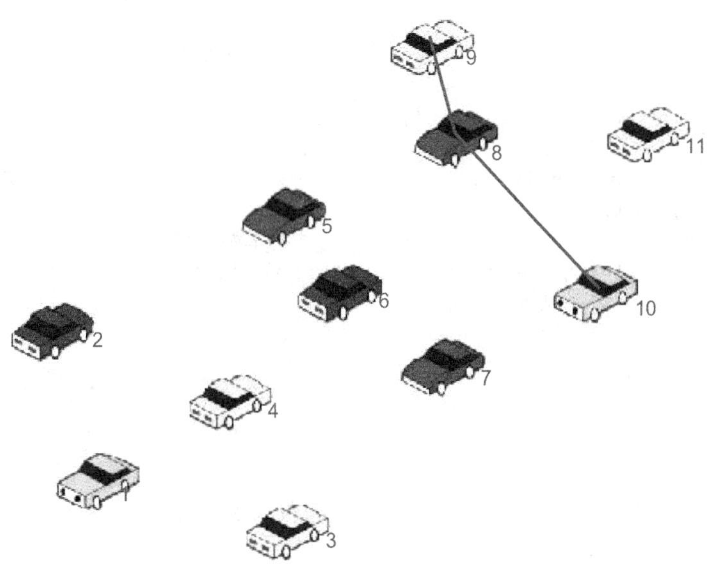

图 19-29　节点 9 到节点 10 最短路传播路径

19.11　单路边性能分析

当车辆行驶在路边时，路边基站向车辆发出信号进行信息的交互，具体如图 19-30 所示的车路单边通信。

车辆在行驶过程中，路边基站是静止不动的，基站向自己辐射范围内的车辆实时通信，当车辆超出基站覆盖范围，车辆可由下一基站进行数据的交互，或者通过车与车之间、车与基站之间进行通信。设路边基站 AP 的坐标为 (x_0, y_0)，车辆所处节点位置为 (x_i, y_i)，则应该满足车与基站的最大辐射范围，如下式：

$$\|A-B\|=\|(x_i-x_0, y_i-y_0)\| \leqslant d$$

其中，车与基站之间距离为 2 范数，d 表示基站与车辆之间通信最小路径长度，取 d=30。

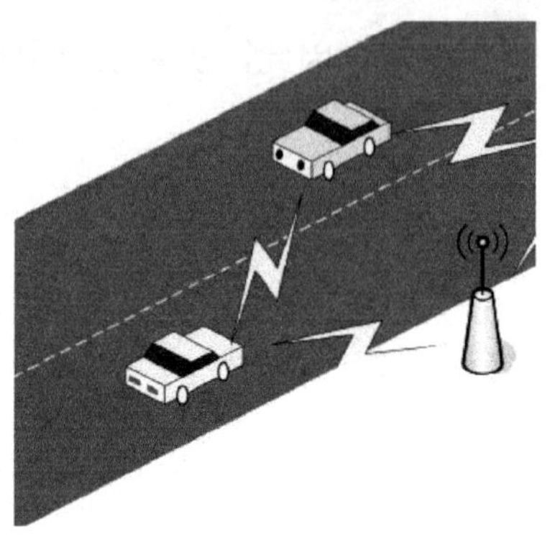

图 19-30　车路单边通信

同样的对于行驶的车辆进行仿真研究，编写 MATLAB 程序如下：

```
% 单路边性能分析
clc,clear,close all                              % 清屏、清工作区、关闭窗口
warning off                                      % 消除警告
feature jit off                                  % 加速代码执行
figure('color',[1 1 1])
axis([0 100 0 100]);
hold on
nodes = 5;                                       % 5 个节点
PauseTime = 0.05;
[x,y] = ginput(nodes);                           % 高速路段数
plot(x,y,'ks-','LineWidth',8,...
             'MarkerEdgeColor','b',...
             'MarkerFaceColor','b',...
             'MarkerSize',4)
text(x(1)+3,y(1),'car')
[p,q] = ginput(1);                               % 基站
plot(p(1),q(1),'>r','markersize',8,'LineWidth',8)
text(p(1)+4,q(1),'基站 AP')

xp = x(1);
yp = y(1);
m = 0;
kk =1;
dd=[];
for loop = 1                                     % 执行圈数
   for i = 2:nodes
      xc = x(i);    yc = y(i);
      xp = x(i-1);  yp = y(i-1);
      m = floor(sqrt((xp-xc)*(xp-xc)+(yp-yc)*(yp-yc)))
                                                 % 每个路段进行等分分析
      a1 = linspace(xp,xc,m);
      b1 = linspace(yp,yc,m);
      for j = 2:m
         h1 = plot(a1(j),b1(j),'*r'); % 车辆当前位置
         pt1 = [a1(j);b1(j)];                    % 车辆当前位置坐标
         pt2 = [p(1);q(1)];                      % 基站坐标
         d = norm(pt1-pt2)                       % 基站与车辆之间的 2 范数
```

```
        dd = [dd,d];
        if(d <= 30 )
           h2 = plot([a1(j) p(1)],[b1(j) q(1)],'r','linewidth',2);
           pause(PauseTime);
           set(h2,'Visible','on');
           continue;
        end
        pause(PauseTime);
        set(h1,'Visible','off');
        kk=kk+1;
     end
   end
end
```

运行程序输出图形如图 19-31 所示。

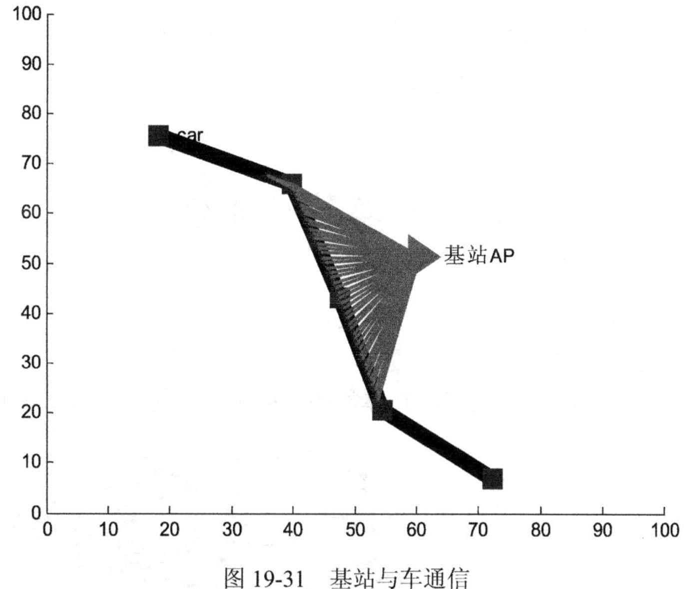

图 19-31　基站与车通信

绘制车与基站的距离图，程序如下：

```
figure('color',[1 1 1])
hold on
nd = size(dd);
t = 0:1/(nd(1,2)-1):1;
for i=1:nd(1,2)
   if dd(i)<=30
      plot(t(i),dd(i),'r*-','markersize',2,'linewidth',6)
   else
      plot(t(i),dd(i),'b*-','markersize',2,'linewidth',6)
   end
end
```

运行程序输出图形如图 19-32 所示。

由图 19-32 可知，在基站可视化距离范围内，车辆逐渐地逼近基站，两者之间距离逐渐减小，后两者之间距离增大，车逐渐脱离该基站运行。

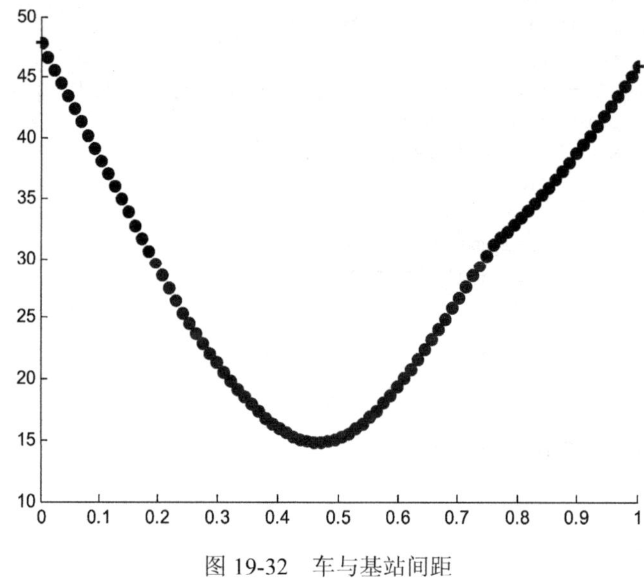

图 19-32　车与基站间距

19.12　双路边性能分析

当车辆行驶在路边时，路边基站向车辆发出信号进行信息的交互，当车辆行驶在一个基站覆盖区域范围内，基站与车辆进行通信，当车辆超过该基站进入下一个基站所属的范围，即由下一个基站与车辆进行通信，具体如图 19-33 所示的车路双边通信。

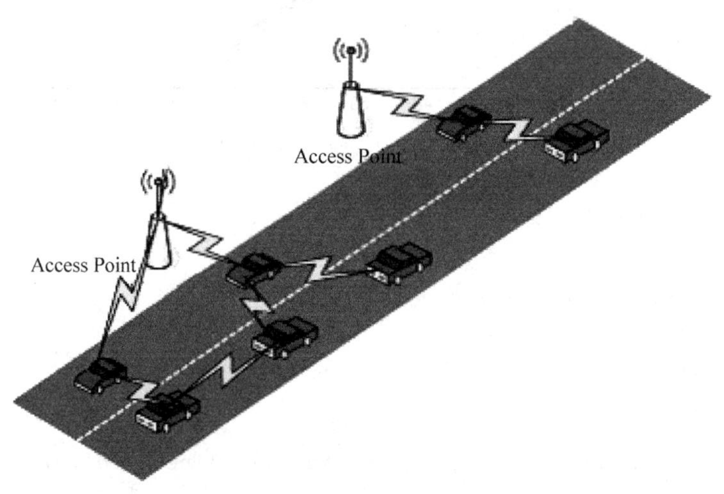

图 19-33　双路边特性

车辆在行驶的过程中，路边基站是静止不动的，基站向自己辐射范围内的车辆进行实时通信，当车辆超出基站覆盖范围，车辆可由下一基站进行数据的交互。设路边基站 1 的坐标为$\left(x_{01},y_{01}\right)$，路边基站 2 的坐标为$\left(x_{02},y_{02}\right)$，车辆所处节点位置为$\left(x_i,y_i\right)$，则应该满足车与基站的最大辐射范围，如下式。

$$\|A-B\| = d_1 = \|(x_i - x_{01}, y_i - y_{01})\| \leqslant d$$
$$\|A-C\| = d_2 = \|(x_i - x_{02}, y_i - y_{02})\| \leqslant d$$

其中，车与基站之间距离为 2 范数，d 表示基站与车辆之间通信最小路径长度，取 d=20。当 $d_1 \leqslant d$ 且 $d_1 \leqslant d_2$ 时，车辆与基站 1 通信；当 $d_2 \leqslant d \leqslant d_1$ 时，车辆与基站 2 通信。同样的对于行驶的车辆进行仿真研究，编写程序如下：

```
% 双路边性能分析
clc,clear,close all                % 清屏、清工作区、关闭窗口
warning off                        % 消除警告
feature jit off                    % 加速代码执行
figure('color',[1 1 1])
axis([0 100 0 100]);
hold on
nodes = 5;                         % 5 个节点
PauseTime = 0.05;
[x,y] = ginput(nodes);             % 高速路段数
plot(x,y,'ks-','LineWidth',8,...
               'MarkerEdgeColor','b',...
               'MarkerFaceColor','b',...
               'MarkerSize',4)
[p,q] = ginput(2);      % 基站 1 和 2
plot(p(1),q(1),'>r','markersize',8,'LineWidth',8)
text(p(1)+4,q(1),'基站 AP 1')
plot(p(2),q(2),'>r','markersize',8,'LineWidth',8)
text(p(2)+4,q(2),'基站 AP 2')

xp = x(1);
yp = y(1);
m = 0;
dd1 =[];dd2=[];
for loop = 1 % :20                 % 执行圈数
   for i = 2:nodes
      xc = x(i);
      yc = y(i);
      xp = x(i-1);
      yp = y(i-1);
      m = floor(sqrt((xp-xc)*(xp-xc)+(yp-yc)*(yp-yc)));
                                   % 每个路段进行等分分析
      a1 = linspace(xp,xc,m);
      b1 = linspace(yp,yc,m);
      for j = 2:m
         h1 = plot(a1(j),b1(j),'r','linewidth',2);
         pt  = [a1(j);b1(j)];
         pt1 = [p(1);q(1)];
         pt2 = [p(2);q(2)];
         d1 = norm(pt-pt1);
         d2 = norm(pt-pt2);
            dd1=[dd1,d1];
            dd2=[dd2,d2];
         if(d1<=20 && d1<d2)
            h2 = plot([a1(j) p(1)],[b1(j) q(1)],'r','linewidth',2);
            pause(PauseTime);
            set(h2,'Visible','on');
            continue
         elseif(d2<=20)
            h3 = plot([a1(j) p(2)],[b1(j) q(2)],'r','linewidth',2);
```

```
                pause(PauseTime);
                set(h3,'Visible','on');
                continue;
            end

            pause(PauseTime);
            set(h1,'Visible','off');
        end
    end
end
```

运行程序输出图形如图 19-34 所示。

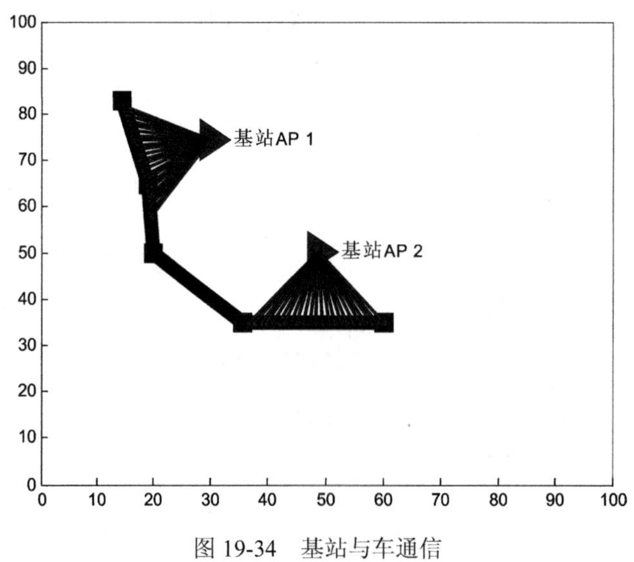

图 19-34　基站与车通信

绘制车与基站的距离图，编程如下：

```
figure('color',[1 1 1])
hold on
nd = size(dd1);
for i=1:nd(1,2)
    if(dd1(1,i)<dd2(1,i))
        dd(1,i)=dd1(1,i);
    else
        dd(1,i)=dd2(1,i);
    end
end
t = 0:1/(nd(1,2)-1):1;
for i=1:nd(1,2)
    if dd(i)<=20
        plot(t(i),dd(i),'r*-','markersize',2,'linewidth',6)
    else
        plot(t(i),dd(i),'b*-','markersize',2,'linewidth',6)
    end
end
```

运行程序输出图形如图 19-35 所示。

由图 19-35 可知，在基站可视化距离范围内，车辆逐渐地逼近基站，两者之间距离逐渐减小，后两者之间距离增大，车逐渐脱离该基站运行；当车辆继续运行至另一基站所属范围内，开始通信，如图 19-35 中波谷部分。

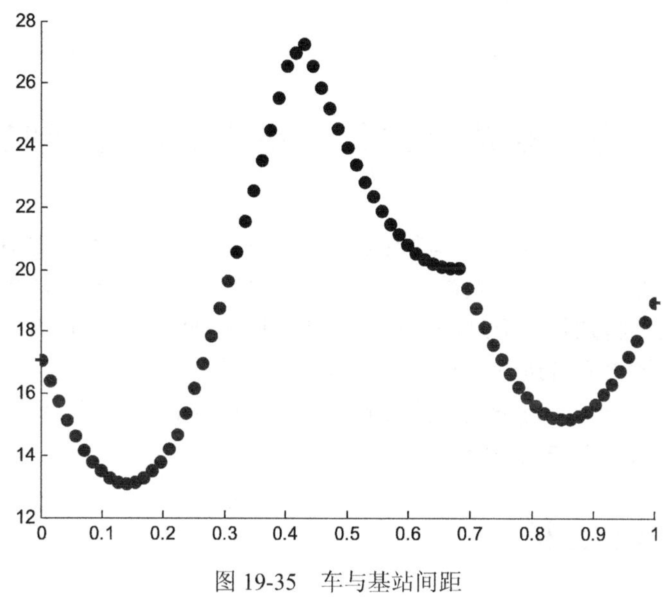

图 19-35　车与基站间距

综上所述，车载自组织网络是通过车与路边节点、车与车以及混合通信来构成统一的无线通信网络。车载自组织网络中每个个体均相互之间进行信息的交互。对于车路信息交互，路边节点在一定的覆盖范围内对车辆进行通信，通过服务器进行实时通信；车与车之间通信则通过车载网络进行实时通信。对于车载网络中车辆要链接 SERVER，则可选择附近的车辆，通过周边车辆作为载体，然后传输到 AP 端，进行通信。则小车链接 AP 满足最小树模型，即通过 AP 端，连接其他的所有在网络中的节点，其中任何一个节点应该可以到达其他节点位置，且满足该链接关系下的所有路径之和最小。

车载自组网除了可以单独组网实现局部的通信外，还可以通过路灯和加油站等作为接入点的网关（gateway），连接到其他的固定或移动通信网络上，提供更为丰富的娱乐和车内办公等服务。由图 19-31 和图 19-34 可知，车辆在路边基站和车辆之间，通过信息交互，确定道路信息，当车辆超过当前路边基站的信号覆盖范围，将进入下一基站覆盖范围或者通过车辆作为载体进行信息的传递，并链接其他通信网络中。VANET 中车辆的运动模式受道路情况、周围环境和交通规则限制，这使得车辆的运动情况具有较好的规律性和可预测性。

通过对车载自组织网路中车辆路边性能进行分析可知，车载自组网在交通运输中出现，将会扩展司机的视野与车载部件的功能，从而提高道路交通的安全与高效。

典型的应用包括：行驶安全预警，利用车辆间相互交换状态信息，通过车载自组网提前通告给司机，建议司机根据情况作出及时、适当的驾驶行为，这便有效地提升了司机的注意力，提高驾驶的安全性；协助驾驶，帮助驾驶员快速和安全的通过“盲区”，车辆从车载自组网中获取实时交通信息，提高路况信息的实时性。例如，综合出与自身相关的车流量状况，更新电子地图以便更高效地决定路径规划；基于通信的纵向车辆控制，通过车载自组网，车辆能根据尾随车辆和更多前边视线范围外的车辆相互协同行驶，这样能够自动形成一个更为和谐的车辆行驶队列，避免更多的交通事故。

在某些地区或重要位置分布着一定数量功能丰富的路边基础设施，可以作为网络接入点对 VANET 中的车辆提供服务。一般而言，基础设施数量与覆盖区域随着网络建设的发展而逐步增加。

19.13　车载自组织网络中防碰撞研究

据美同高速公路管理局统计，车辆换道行驶占高速公路行驶里程的 70%。尽管换道在驾驶环境中普遍存在，但是研究人员对其投入的研究精力很少。现有的关于换道的研究主要集中于驾驶决策，特别是换道过程中车间距和换道时刻的决策。还有一些研究人员对换道持续过程和换道预警系统进行了相应的分析。

由于换道与超车自身的复杂性，涉及到车辆纵向和横向的控制，所以换道辅助系统在国内并没有进行深入和系统的研究。

19.13.1　换道模型分析

基于假设期望加速度和平均制动感应/反应时间，与引导车的最小安全距离的理论估计值由式（19.8）给出：

$$L_1=v_n(t)\tau_n+\frac{v_n(t+\tau_n)^2}{2|b_n|}-\frac{v_m(t+\tau_n)^2}{2|b_m|} \tag{19.8}$$

式中，L_1 为换道时与引导车的安全距离；m 为目的车道引导车的下标；$v_n(t+\tau_n)$ 为换道车辆 n 的速度；$v_m(t+\tau_m)$ 为目的车道引导车 m 的速度；b_n 为换道车辆 n 的减速度；b_m 为引导车 m 的减速度；t 为换道车辆儿的反应时间；τ_n 为引导车 m 的反应时间。

与上述类似，跟随车安全理论距离由式（19.9）计算：

$$L_2=v_{m+1}(t)\tau_{m+1}+\frac{v_{m+1}(t+\tau_{m+1})^2}{2|b_{m+1}|}-\frac{v_n(t+\tau_{m+1})^2}{2|b_n|} \tag{19.9}$$

式中，L_2 为换道时与跟随车的安全距离；m+1 为目的车道跟随车下标；$V_n(t+\tau_n)$ 为换道车辆 n 的速度；$v_{m+1}(t+\tau_{m+1})$ 为目的车道跟随车 m+1 的速度；b_n 为换道车辆 n 的减速度；b_{m+1} 为跟随车 m+1 的减速度；τ_n 为换道车辆 n 的反应时间；τ_{m+1} 为跟随车 m+1 的反应时间。

FHWA 研究表明，换道时与引导车和跟随车间保持的距离被高估，在紧急条件下通过引入不同参数可以解决这个问题。首先，较高的加速度绝对值能够减少与引导车和跟随车的可接受安全距离，这对于冒险型驾驶员尤为适用，因为他们的耐力是有限的，并且倾向于接受更短的间距。

19.13.2　十字路口分析

如图 19-36 所示的十字路口。

车辆匀速运动，车辆节点 1 从(x_{11},y_{11})匀速运动到点(x_{12},y_{12})，车辆节点 2 从(x_{21},y_{21})匀速运动到点(x_{22},y_{22})。假设图中十字路口交叉线长度分别为 L_1 和 L_2，L_1 和 L_2 分别被分成 n 等分，即满足：

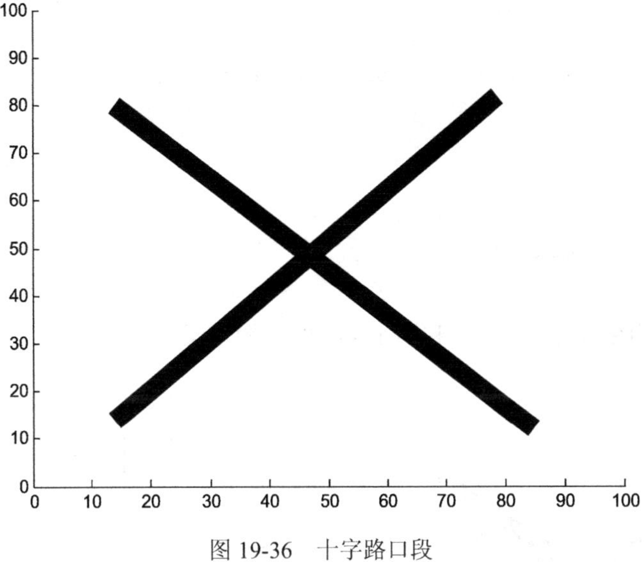

图 19-36　十字路口段

$$\begin{cases} L_1 = \sum_{i=1}^{n} L_{1i} \\ L_2 = \sum_{i=1}^{n} L_{2i} \end{cases}$$

则相应的速度分别为 $\frac{L_{1i}}{\Delta t}$ 和 $\frac{L_{2i}}{\Delta t}$，两车辆节点之间的距离为：

$$S_i = \sqrt{(x_{1i} - x_{2i})^2 + (y_{1i} - y_{2i})^2}$$

由此编程如下：

```
clc,clear,close all                          % 清屏、清工作区、关闭窗口
warning off                                  % 消除警告
feature jit off                              % 加速代码执行
axis([0 100 0 100]);
[x,y] = ginput(2);
line(x,y,'color','k','linewidth',10);
hold on

[p,q] = ginput(2);
line(p,q,'color','k','linewidth',10);
n = 20;  % 一条道路
a1 = linspace(x(1),x(2),n);
b1 = linspace(y(1),y(2),n);
% 另一条道路
a2 = linspace(p(1),p(2),n);
b2 = linspace(q(1),q(2),n);
for i = 1:n
    t1x = (rem(i,n)+1);
    t1y = (rem(i,n)+1);
    t2x = (rem(i,n)+1);
    t2y = (rem(i,n)+1);
    t(i)=i;
    S(i)= sqrt((a1(t1x)-a2(t2x))^2+ (b1(t1y)-b2(t2y))^2);
```

```
h1 = plot(a1(t1x),b1(t1y),'*r')
h2 = plot(a2(t2x),b2(t2y),'*g')
h3 = plot([a1(t1x) a2(t2x)],[b1(t1y) b2(t2y)])
pause(0.2);

end
figure,
plot(t,S,'rs-','linewidth',1)
xlabel('t');ylabel('S')
grid on
```

由此仿真得到图形如图 19-37 和图 19-38 所示的结果。

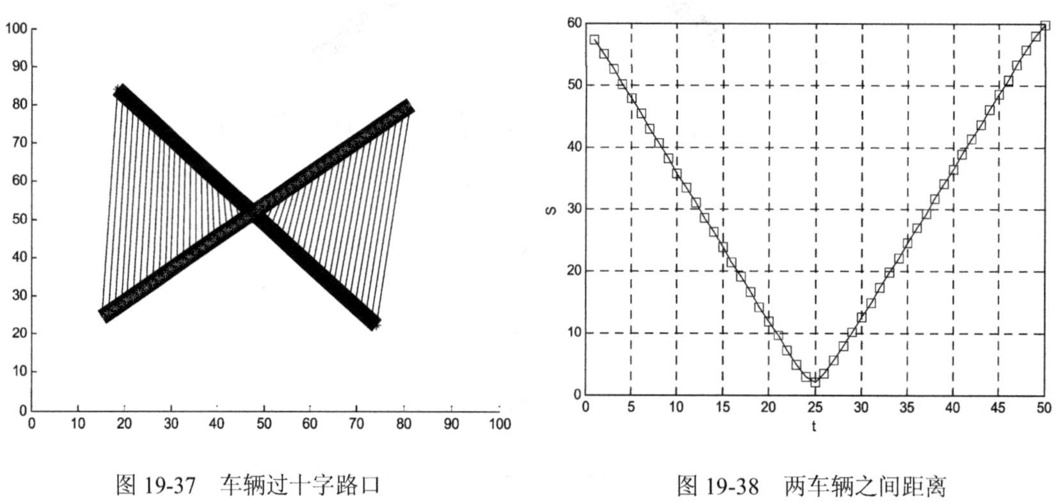

图 19-37　车辆过十字路口　　　　图 19-38　两车辆之间距离

由图 19-37 和图 19-38 可知，红色车辆首先到达十字路口，绿色车辆晚到达，这种情况下，车辆无需减速，车辆均速通过。增大两车辆的速度，两车继续通过十字路口，两车距离图如图 19-39 和图 19-40 所示。

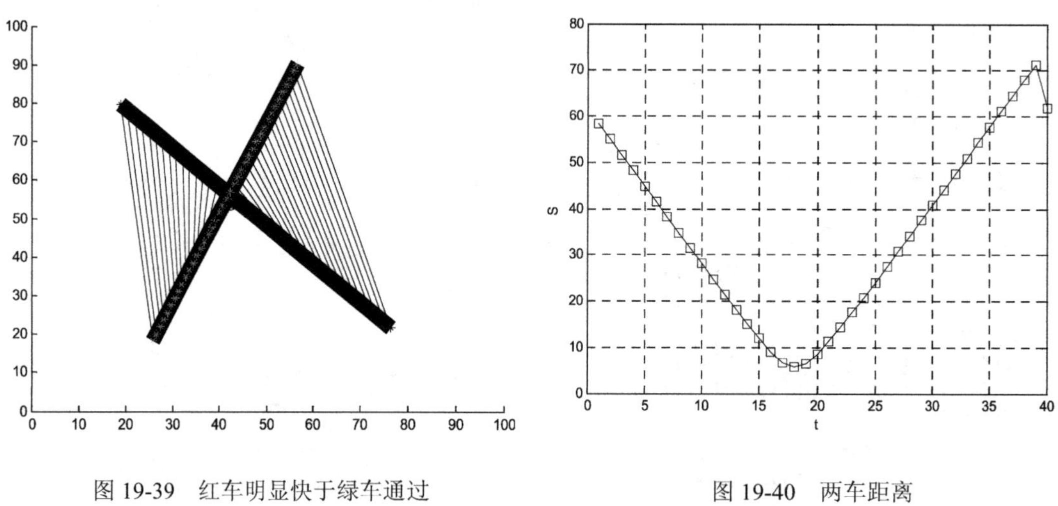

图 19-39　红车明显快于绿车通过　　　　图 19-40　两车距离

继续增大车辆的速度，如图 19-41 所示，车辆通过十字路口在没有外界干扰的情况下，将出现撞车现象，其两车距离如图 19-42 所示。

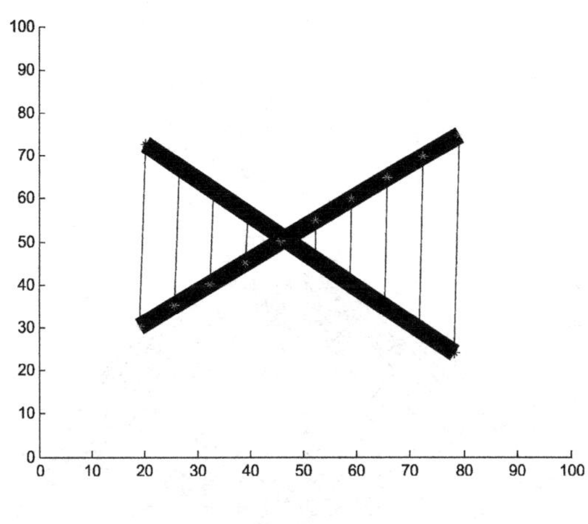

图 19-41　两车撞车事故

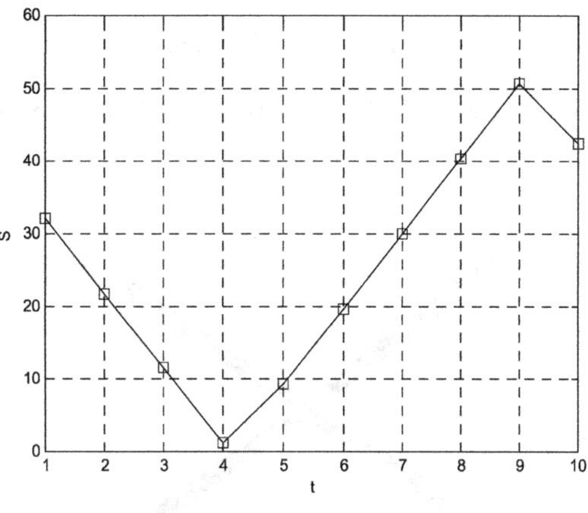

图 19-42　两车距离图

当两车以不同的速度通过十字路口时，记录相应的最小距离值，绘制出两车为 *xy* 平面，最小距离为竖坐标 *z* 的三维曲面图，程序如下：

```
clc,clear,close all                  % 清屏、清工作区、关闭窗口
warning off                          % 消除警告
feature jit off                      % 加速代码执行
axis([0 100 0 100]);
[x,y] = ginput(2);
line(x,y,'color','k','linewidth',10);
hold on

[p,q] = ginput(2);
line(p,q,'color','k','linewidth',10);
nv=1;
for k=5:5:60
    n = k;  % 段数
    a1 = linspace(x(1),x(2),n);
    b1 = linspace(y(1),y(2),n);
    a2 = linspace(p(1),p(2),n);
    b2 = linspace(q(1),q(2),n);
    for i = 1:n
        t1x = (rem(i,n)+1);
        t1y = (rem(i,n)+1);
        t2x = (rem(i,n)+1);
        t2y = (rem(i,n)+1);
        t(i)=i;
        S(i)= sqrt((a1(t1x)-a2(t2x))^2+ (b1(t1y)-b2(t2y))^2);
    end
    Smin(nv) = min(S);
    VH(nv) = sqrt((x(2)-x(1))^2+(y(2)-y(1))^2)/n;
    VG(nv) = sqrt((p(2)-p(1))^2+(q(2)-q(1))^2)/n;
    nv=nv+1;
end
VH1 = 1 : 20;
VG1 = 1 : 20;
[VH2,VG2] = meshgrid(VH1,VG1);
Smin1 = griddata(VH,VG,Smin,VH2,VG2,'v4');
figure,
surf(VH2,VG2,Smin1)
xlabel('红色速度 V')
```

```
ylabel('绿车速度 V')
zlabel('两车过十字路口最小距离')
```

运行程序输出图形如图 19-43 和图 19-44 所示。

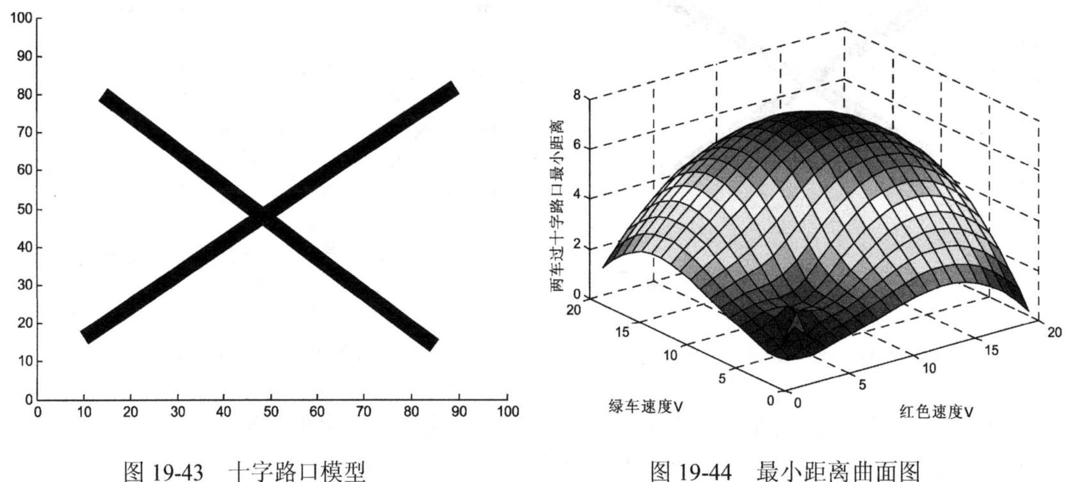

图 19-43　十字路口模型　　　　图 19-44　最小距离曲面图

由图 19-44 可知，车辆的速度在中间速度档位较安全通过，较快和较慢均会导致两车不可避免的相距很近。较快导致刮伤等事故，较慢的速度主要由实际驾驶员模型进行确定，人为干预因素影响较大。

19.13.3　高速车辆防碰撞动态仿真

通过 MATLAB 仿真，得到任意行驶公路上，车辆节点高速运行，不可避免地出现道路形式各异，曲折程度不一的路径，如图 19-45 所示。

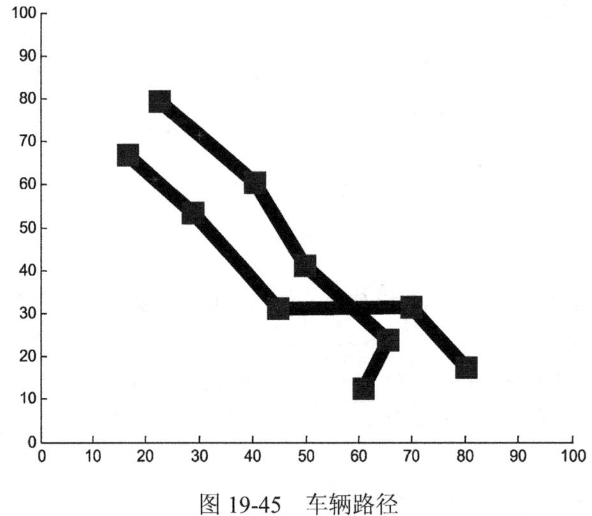

图 19-45　车辆路径

在图 19-45 中，车辆在高速运行的同时，应该实时检测周围车辆的运动距离，在复杂的线路上，根据安全距离，进行速度约束，假设在理想情况下，当对方车辆与自己车辆节点距离小于安全距离，自己车辆停止不动，一旦对方车辆超过自己车辆的安全距离，自己车辆即可开始启动，即满足：

$$\mathrm{MSS}=\sqrt{\left(x_{1i}-x_{2i}\right)^2+\left(y_{1i}-y_{2i}\right)^2}$$

$$\text{if}\quad \mathrm{MSS}\leqslant S_{\text{safe}}\text{，}\quad x_{1(i+1)}=x_{1i}\text{，}\quad y_{1(i+1)}=y_{1i}$$

相应的车速为：

$$v_i=L_i/\left[L_i\right]$$

由车速表达式可知，车速在每一段上运行时按照一定的匀速速度进行运行的。

设仿真图中，安全距离为 5 个单位，程序如下：

```
clc,clear,close all                          % 清屏、清工作区、关闭窗口
warning off                                  % 消除警告
feature jit off                              % 加速代码执行
axis([0 100 0 100]);
hold on
nodes = 5;          % 节点个数
PauseTime = 0.1;   % pause 时间
[x,y] = ginput(nodes);
plot(x,y,'-ks','LineWidth',8,...
               'MarkerEdgeColor','b',...
               'MarkerFaceColor','b',...
               'MarkerSize',8)
[p,q] = ginput(nodes);
plot(p,q,'-ks','LineWidth',8,...
               'MarkerEdgeColor','b',...
               'MarkerFaceColor','b',...
               'MarkerSize',8)
Sa = 5; % 最小安全距离
% 初始化
xp = x(1);
yp = y(1);
pp = p(1);
qp = q(1);
m = 0;
n = 0;
k =1 ;
for i = 2:nodes
    xc = x(i);       yc = y(i);
    xp = x(i-1);     yp = y(i-1);
    pc = p(i);       qc = q(i);
    pp = p(i-1);     qp = q(i-1);

    m = floor(sqrt((xp-xc)*(xp-xc)+(yp-yc)*(yp-yc)));
    n = floor(sqrt((pp-pc)*(pp-pc)+(qp-qc)*(pp-qc)));
    a1 = linspace(xp,xc,m);
    b1 = linspace(yp,yc,m);
    aa1 = a1;
    bb1 = b1;
    na = length(a1);
    a2 = linspace(pp,pc,m);
    b2 = linspace(qp,qc,m);
    v1(i) = sqrt((xp-xc)*(xp-xc)+(yp-yc)*(yp-yc)) /m;   % 红车 1 速度
    v2(i) = sqrt((pp-pc)*(pp-pc)+(qp-qc)*(qp-qc)) /m;   % 蓝车 2 速度
    for j = 2:m
        S(k) = sqrt( (a1(j)-a2(j))^2 + (b1(j)-b2(j))^2 );
        if S(k)<Sa
            S(k) = sqrt( (a1(j-1)-a2(j))^2 + (b1(j-1)-b2(j))^2 );
```

```
%          a1(j)=a1(j-1);
%          b1(j)=b1(j-1);
%          a1(j+1)=a1(j);
%          b1(j+1)=b1(j);
           aa1(j) = a1(j-1);
           aa1(j+1) = a1(j-1);
           aa1 = [aa1(1,1:j+1),a1(1,j:na)];
           bb1(j) = b1(j-1);
           bb1(j+1) = b1(j-1);
           bb1 = [bb1(1,1:j+1),b1(1,j:na)];

           h1 = plot(a1(j-1),b1(j-1),'*r','MarkerSize',4);
           h2 = plot(a2(j),b2(j),'*g','MarkerSize',4);
           h3 = plot([a1(j-1) a2(j)],[b1(j-1) b2(j)]);
        else
           h1 = plot(a1(j),b1(j),'*r','MarkerSize',4);
           h2 = plot(a2(j),b2(j),'*g','MarkerSize',4);
           h3 = plot([a1(j) a2(j)],[b1(j) b2(j)]);
        end
        a1 = aa1;
        b1 = bb1;
        pause(PauseTime);
        set(h1,'Visible','off');
        set(h2,'Visible','off');
        k=k+1;
    end

end
figure,
plot(S,'r','linewidth',3)
grid on
xlabel('t')
ylabel('S运行距离')
figure,
plot(v1,'sr--','linewidth',3)
hold on
plot(v2,'>g--','linewidth',3)
grid on
xlabel('t')
ylabel('V速度')
legend('红色 1 速度','蓝车 2 速度')
```

仿真结果如图 19-46～图 19-48 所示。

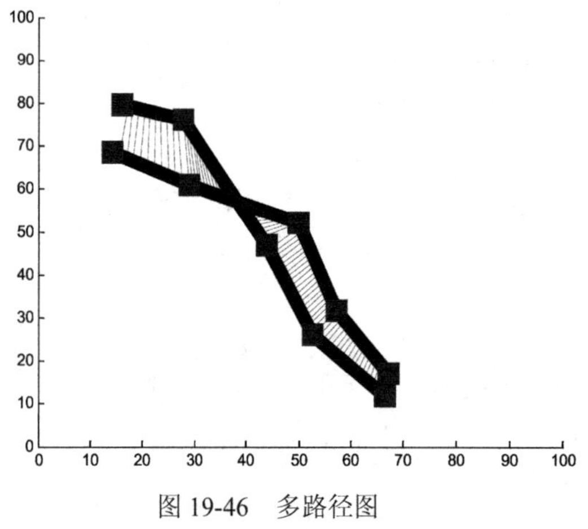

图 19-46　多路径图

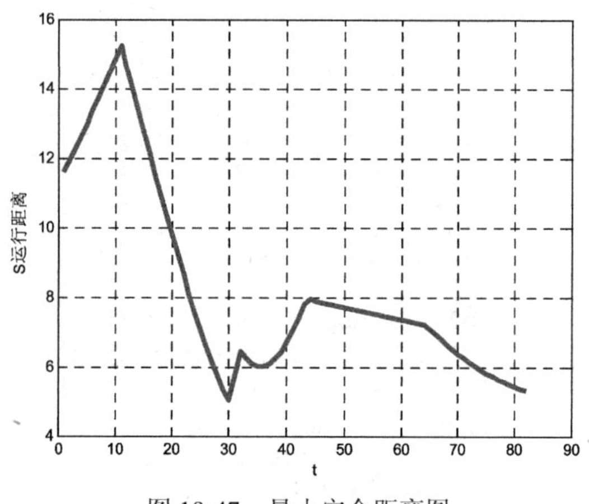

图 19-47　最小安全距离图

从图 19-47 中可知，两车距离始终大于 5，因此车辆之间的间距大于安全距离，车辆可高速通行。

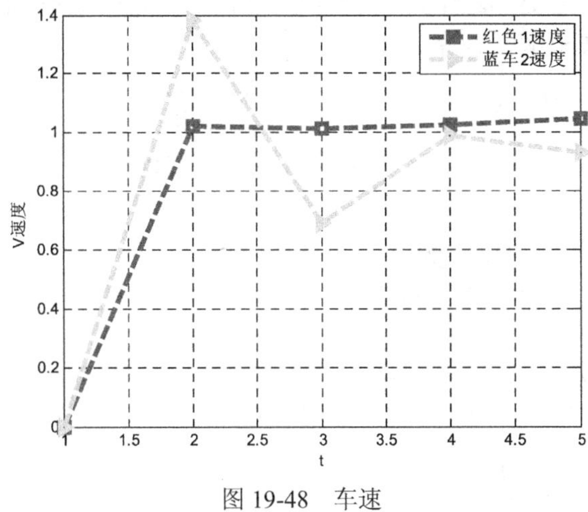

图 19-48　车速

重新选定路径，当车辆距离小于安全距离，其中一辆车节点停滞，其他节点继续运行，车辆路径如图 19-49～图 19-51 所示。

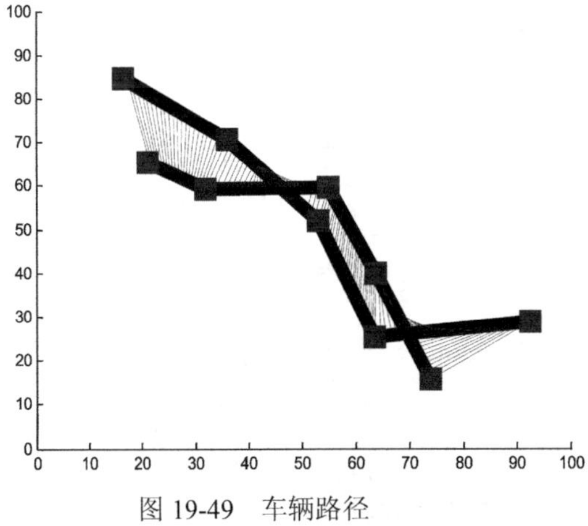

图 19-49　车辆路径

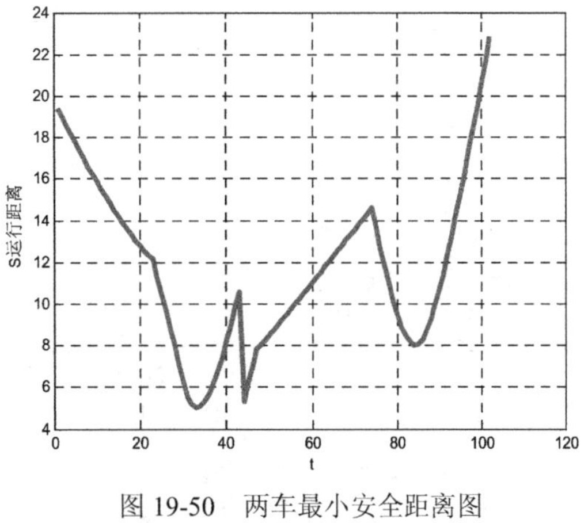

图 19-50　两车最小安全距离图

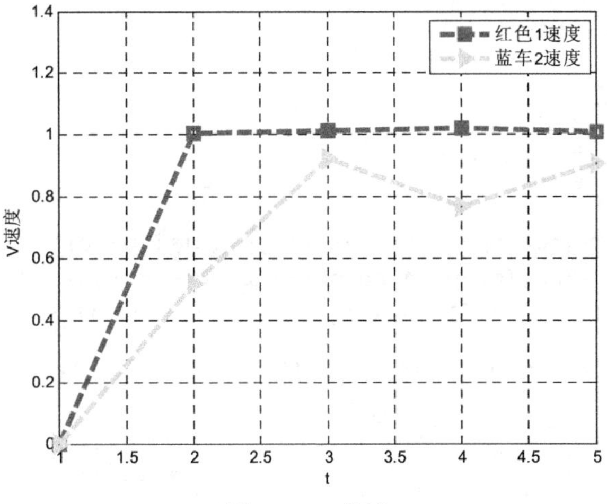

图 19-51　车速

由图 19-49 可知，当两辆车之间距离小于 5 时，其中一车选择避让，则两车距离相应的拉大。从图 19-49 中的 30 秒和 45 秒左右时刻，红色车辆停止，从而保证车辆不相碰撞。

在固定路径下，如图 19-52 所示，设车辆速度在 0~2 之间取值，满足安全距离行车下，两车辆节点之间的距离求解，程序如下：

```
clc,clear,close all                          % 清屏、清工作区、关闭窗口
warning off                                  % 消除警告
feature jit off                              % 加速代码执行
axis([0 100 0 100]);
hold on
nodes = 5;          % 节点个数
PauseTime = 0.1;   % pause 时间
[x,y] = ginput(nodes);
plot(x,y,'-ks','LineWidth',8,...
              'MarkerEdgeColor','b',...
              'MarkerFaceColor','b',...
              'MarkerSize',8)
[p,q] = ginput(nodes);
plot(p,q,'-ks','LineWidth',8,...
              'MarkerEdgeColor','b',...
              'MarkerFaceColor','b',...
              'MarkerSize',8)
Sa = 5; % 最小安全距离
% 初始化
xp = x(1);
yp = y(1);
pp = p(1);
qp = q(1);
m = 0;
n = 0;
k =1 ;
for i = 2:nodes
   xc = x(i);      yc = y(i);
   xp = x(i-1);    yp = y(i-1);
   pc = p(i);     qc = q(i);
   pp = p(i-1);    qp = q(i-1);

   m = floor(sqrt((xp-xc)*(xp-xc)+(yp-yc)*(yp-yc)))
   n = floor(sqrt((pp-pc)*(pp-pc)+(qp-qc)*(pp-qc)))
   a1 = linspace(xp,xc,m);
   b1 = linspace(yp,yc,m);
   aa1 = a1;
   bb1 = b1;
   na = length(a1);
   a2 = linspace(pp,pc,m);
   b2 = linspace(qp,qc,m);
   for j = 2:m
      v1(k) = sqrt((xp-xc)*(xp-xc)+(yp-yc)*(yp-yc)) /m;   % 红车 1 速度
      v2(k) = sqrt((pp-pc)*(pp-pc)+(qp-qc)*(qp-qc)) /m;   % 蓝车 2 速度
      S(k) = sqrt( (a1(j)-a2(j))^2 + (b1(j)-b2(j))^2 );
      if S(k)<Sa
         S(k) = sqrt( (a1(j-1)-a2(j))^2 + (b1(j-1)-b2(j))^2 );

         aa1(j) = a1(j-1);
         aa1(j+1) = a1(j-1);
         aa1 = [aa1(1,1:j+1),a1(1,j:na)];
         bb1(j) = b1(j-1);
```

```
            bb1(j+1) = b1(j-1);
            bb1 = [bb1(1,1:j+1),b1(1,j:na)];
            v1(k) = 0;  % 红车 1 速度
        end
        k=k+1;
        a1 = aa1;
        b1 = bb1;
    end

end
figure,
plot(S,'r','linewidth',3)
grid on
xlabel('t')
ylabel('S 运行距离')

figure,
VH1 = 0:0.1:2;
VG1 = 0:0.1:2;
[VH2,VG2] = meshgrid(VH1,VG1);
Smin1 = griddata(v1,v2,S,VH2,VG2,'v4');
surf(VH2,VG2,Smin1)
xlabel('红色速度 V')
ylabel('绿车速度 V')
zlabel('两车高速运行安全距离')
```

运行程序输出图形如图 19-52 和图 19-53 所示。

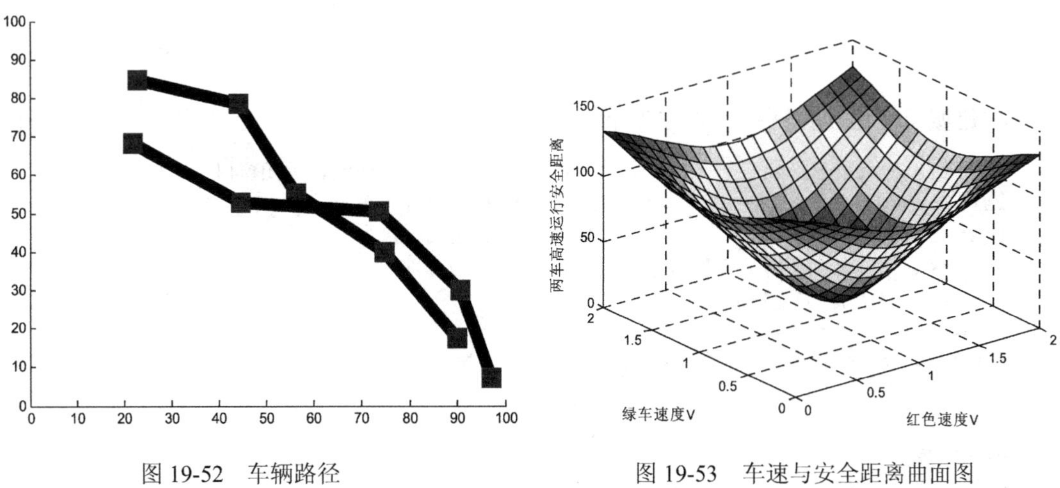

图 19-52　车辆路径　　　　图 19-53　车速与安全距离曲面图

在图 19-52 中，两条高速路径，路段距离的不同，导致车速相差不大的情况下，距离差距比较大。在图 19-53 中，两车速度极小和极大的情况下，车辆间距是非常大的，当车速在 1 附近时，车辆间距是最小的，驾驶员可以根据定位两车不同时刻的位置，以及预测下一时刻小车的位置，进行车辆的控制。

19.13.4　城市车载网络防碰撞仿真

城市车载网络是一个较复杂的网络，车辆节点个数较多，且交通网络复杂度较高，考虑基于地理信息的交通网络，在每个路段都随机的添加道路的繁华程度，也就是某个路段上单位面积上的车辆个数。每辆车的驾驶员在上车后都在车载终端上设置自己意图前往的目的地，一般私家车都是有很强的目的性，不会盲目地在城市中绕圈。在城市道路环境下车辆移动受到交通灯限制，速度不会太快，但是固定的道路和高大的建筑物会限制车辆通信的路径，数据的传递只能沿着道路上的车辆直线传输，只有十字路口上的车辆才能选择方向。具体的如图 19-54 所示。

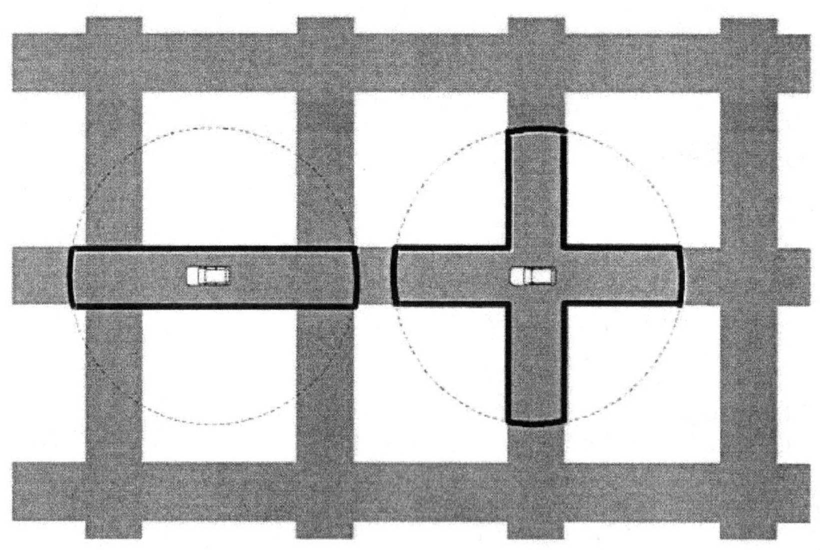

图 19-54　受限的有限通信

构建城市交通模拟网络，程序如下：

```
clc,clear,close all                    % 清屏、清工作区、关闭窗口
warning off                            % 消除警告
feature jit off                        % 加速代码执行
figure('color',[1,1,1])                % 白色背景
axis([0 101 0 101]);
hold on;
NumOfNodes = 400;  % 节点数
Range = 2;
breadth = 0;
display_node_numbers = 1;
num_len =[];
%创建城市交通网络
for length=0:100
   for breadth=0:100
      city(length+1,breadth+1)=breadth;
   end
end
city(:,[1,11,21,31,41,51,61,71,81,91,101])=[];
city([1,11,21,31,41,51,61,71,81,91,101],:)=[];
plot(city',city,'.g','markersize',6)
axis off
```

运行程序输出图形如图 19-55 所示。

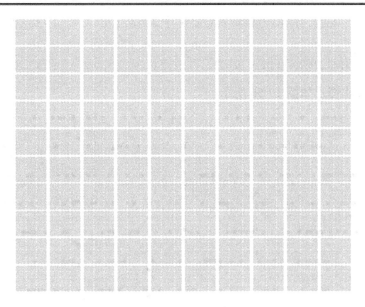

图 19-55　城市交通网络

假设任意一个车辆节点在车载网络中坐标为$\left(x_i, y_i\right)$，其中应满足在道路上行驶，位置如下：

$$\text{rem}\left(x_i,10\right)=0 \text{ 或 } \text{rem}\left(y_i,10\right)=0$$

其中 rem( )表示求余运算。

每一次迭代过程，水平方向的车辆在水平方向上运动，每次平移一步，竖直方向上车辆竖直运动，每次也是平移一步，相应的更新坐标为：

$$\begin{cases} x_{ix}{}' = x_i + \text{iter} \times \left[2\left(\text{rem}\left(\text{node\_index},2\right)\right)-1\right] \\ y_{ix}{}' = y_i \end{cases}$$

式中 iter 为迭代运行步数，$\text{rem}\left(\text{node_index},2\right)$表示分别对整个车辆节点进行求余运算，由于车辆节点的维数为node_index，保证在每一次 iter 中，车辆相对于前一个$\left(x_i, y_i\right)$移动一步，因此$\Sigma\left[2\left(\text{rem}\left(\text{node_index},2\right)\right)-1\right]$=1 。

同理对于竖直方向的车辆节点的运动情况，则满足：

$$\begin{cases} x_{iy}{}' = x_i \\ y_{iy}{}' = y_i + \text{iter} \times \left[2\left(\text{rem}\left(\text{node\_index},2\right)\right)-1\right] \end{cases}$$

针对设定道路模型，建立相应的车辆节点，具体的程序实现如下：

```
%% 产生节点（车载网络中的车辆）
Node = zeros(NumOfNodes,5); % 1:X, 2:Y, 3:更新后的 X, 4:更新后的 Y, 5:车辆运
动方向
%获取随机节点——在相应的公路上产生节点
for node_index = 1:NumOfNodes                                % NumOfModes = 400
    TempX = randint(1,1,[0,100]);
    if (rem(TempX,10)==0)
        Node(node_index,1) = TempX;                         % X 坐标
        Node(node_index,2) = randint(1,1,[0,100]);          % Y 坐标
    else
        Node(node_index,2) = 10*(randint(1,1,[0,10]));      % Y 坐标
```

```
        Node(node_index,1) = randint(1,1,[0,100]);        % X坐标
    end
end
plot(Node(:,1),Node(:,2),'.k')
```

运行程序输出图形如图 19-56 所示。

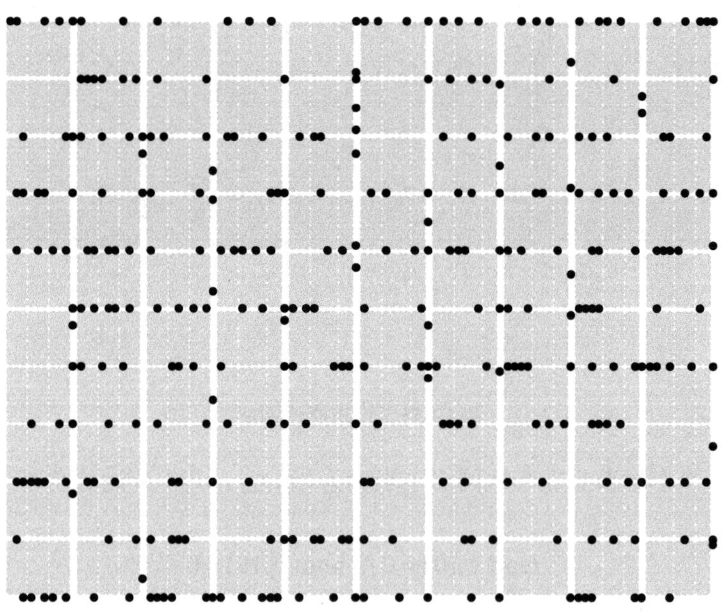

图 19-56　车载网络及车载节点

对于车载网络中车辆节点的运动，在道路中会出现节点相撞的场景，为了模拟相撞的情况，仿真设定在十字路口进行防碰撞研究，因为在初始情况下，各个节点的间距一旦生成，随着迭代步骤的实现，节点之间的相对位置保持不变，为了模拟相应的十字路口碰撞情况，满足：

$$\begin{cases} \text{rem}\left(x_{ix}',10\right) \leqslant \gamma \\ \text{rem}\left(x_{iy}',10\right) \leqslant \gamma \end{cases}$$

简单的模拟十字路口的情况，可设定 γ=1。

对于相互靠近的节点而言，应该检测车辆节点之间横纵位置距离关系，达到提前预警的作用，既满足：

$$\begin{cases} \left|x_{ix}' - x_{jx}'\right| \leqslant \lambda \\ \left|y_{iy}' - y_{jy}'\right| \leqslant \lambda \end{cases}$$

一般情况下，$\lambda > \gamma$，对于一定距离内的节点进行预警作用，对于防碰撞本身而言，具有一定的提示作用，在实际运行中是必不可少的，本仿真中，设定 λ=2，每相连两个节点之间的间距为 1，综合上述分析，仿真如下：

```
%% 车辆防碰撞仿真
h2 = ones(NumOfNodes,1);    % 初始化 1   NumOfModes = 400
h3 = ones(NumOfNodes,1);    % 初始化 1   NumOfModes = 400
for n = 0:100    % 步数
```

```
    n       % iter
    for node_index = 1:NumOfNodes    % NumOfModes = 400
        if(rem(Node(node_index,1),10)~=0)     % x 方向车辆节点沿 x 轴运动，y 不变
            % 画图句柄，如果关图形显示窗口，则相应的程序中断
            h2(node_index) = plot(Node(node_index,1)+n*(2*(rem(node_index,2))
            -1), Node(node_index,2),'.k');
            % 更新 x 坐标，Node = zeros(NumOfNodes,5); % 1:X, 2:Y, 3:更新后的
              X, 4:更新后的 Y, 5:车辆运动方向
            Node(node_index,3) = Node(node_index,1)+n*(2*(rem(node_index,2))
            -1);
            % Y 不变
            Node(node_index,4) = Node(node_index,2);
            % 粒子运动的方向
            Node(node_index,5) = rem(node_index,2)+2;
        else    % y 方向车辆节点沿 y 轴运动，x 不变
            % 画图句柄，如果关图形显示窗口，则相应的程序中断
            h2(node_index) = plot(Node(node_index,1),Node(node_index,2)+n*
            (2*(rem(node_index,2))-1),'.k');
            % x 不变
            Node(node_index,3) = Node(node_index,1);
            % 更新 y 坐标，Node = zeros(NumOfNodes,5); % 1:X, 2:Y, 3:更新后的
             X, 4:更新后的 Y, 5:车辆运动方向
            Node(node_index,4) = Node(node_index,2)+n*(2*(rem(node_index,2))
             -1);
            % 粒子运动的方向
            Node(node_index,5) = rem(node_index,2);
        end
    end
    for p = 1:NumOfNodes          % 400
        for q = 1:NumOfNodes    % 400
            if(p~=q)
                % 判断不同的粒子之间的距离
                % Range = 2; 小于 2 警示作用
                if((abs(Node(q,3)-Node(p,3))<=Range) && (abs(Node(q,4)-Node
                (p,4))<=Range))
                    if(Node(q,5) ~= Node(p,5)) % 方向不同，碰撞
                        plot(Node(p,3),Node(p,4),'xb');
                        % 距离小于等于 1，下一时刻碰撞，一步一格
                        if(((rem(Node(p,3),10))<=Range-1) && ((rem(Node(p,4),
                         10))<=Range-1))
                            plot(Node(q,3),Node(q,4),'or')
                        end
                    end
                end
            end
        end
    end
    pause(0.1);
    set(h2(),'Visible','off');
end
```

仿真 10 步，输出图形如图 19-57 所示。

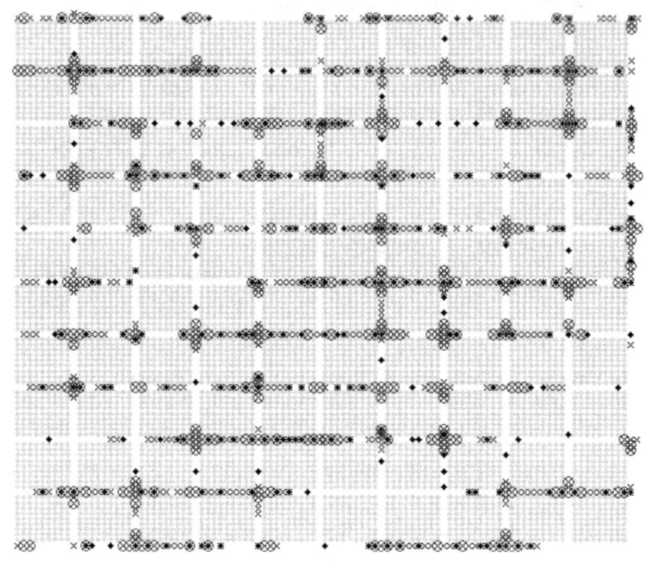

图 19-57　仿真模拟图

仿真 50 步，输出图形如图 19-58 所示。

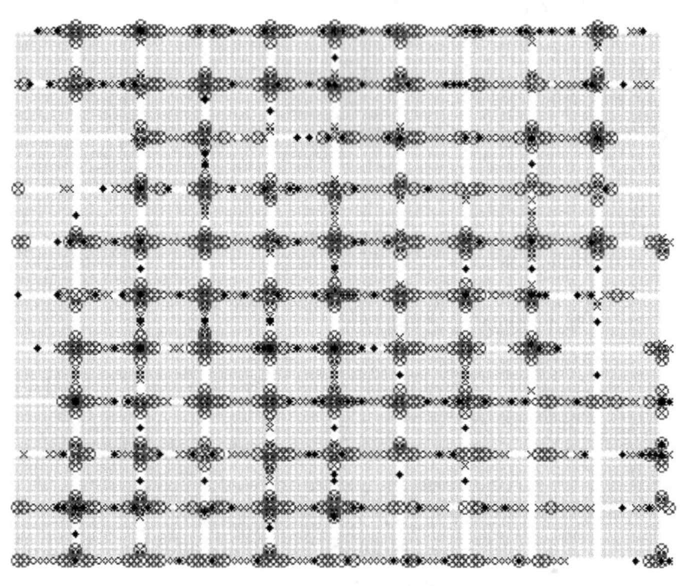

图 19-58　仿真模拟图

仿真 100 步，输出图形如图 19-59 所示。

从图 19-57～图 19-59 仿真结果图中可知，车辆在运行过程中，节点之间通过相互的通信，对靠近自己的车辆节点进行预测，并给出提示信息，如图 19-57~图 19-59 中的“*x*”，而对于即将相撞的车辆节点而言，仿真结果图中红色的“o”。在城市交通网络中，考虑车辆节点在十字路口的防碰撞研究，车辆只有在十字交叉路口才选择方向，从图中可知，大密度的随机车辆节点运行过程中，主要在十字路口表现的防碰撞信息非常明显，有些路段则车辆较少，防碰撞次数较小，但在拐角处，相应的也给出了警示信息。因此通过城市车载自组织网络防碰撞研究，可以更加直观的对该网络进行优化，建立更加适合该地域的车载网络平台。

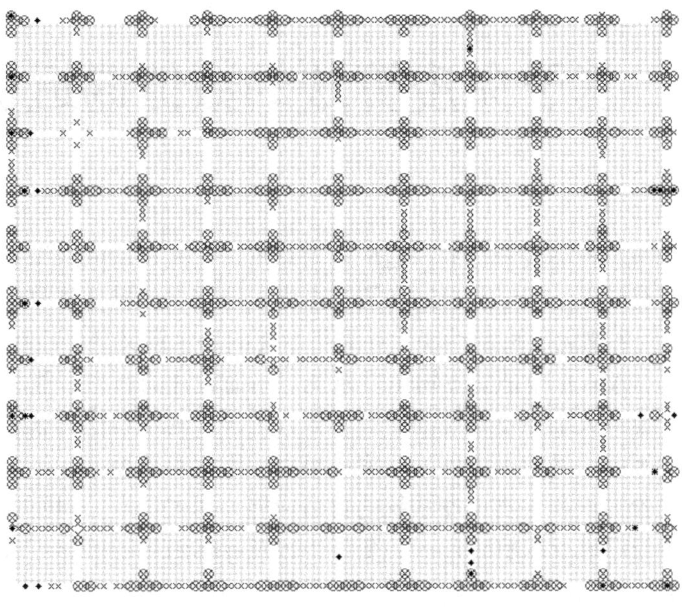

图 19-59　仿真模拟图

19.14　本 章 小 结

车辆自组织网络作为一门新兴的研究课题，正越来越受到人们的关注。本章首先介绍了 VANET 概念和特点，接下来，通过 MST、Dijkstra 算法、路况信息选择方法和动态路径选择方法，研究了车载自组织网络路边性能和防碰撞研究。首先对同一路段的不同行驶方向赋予不同的权值，之后根据交通流相关理论，使权值的计算综合考量了距离、通行时间和车速等多方面因素，并以通行时间作为路径选择的最主要依据，从而使权值对路网的刻画更加合理可靠；其次利用广播方式传递路况信息，根据设定的实时路况信息，调用 Kruskal 和 Dijkstra 算法计算最短路径，实现车辆的动态路径选择。最后利用交通流模拟器和网络模拟器双向耦合，随机在公路上产生车辆节点，进行防碰撞模拟仿真。将实际的道路抽象为网络模型图，以 400 辆车辆作为实验对象，模拟了车辆在路网上通行的全过程。

第 20 章　基于免疫算法的数值逼近优化分析

生物免疫系统是一种高度并行的自适应学习系统，它能自适应地识别和排除机体的抗原性异物，并且具有学习、记忆和自适应调节能力，能够保护机体体内环境的稳定。近年来，人们逐渐意识到生物免疫机制对现代计算机智能的启示意义，人工免疫算法（Artificial Immune Algorithm，AIA）即是受生物免疫系统启示而设计的新型智能算法。由于生物免疫系统的复杂性，使得人工免疫系统的研究不像人工神经网络和遗传算法等其他智能方法那样足够的成熟。因此，目前国内外的研究成果和应用相对较少。

但它结合了先验知识和生物免疫系统的自适应能力两大特点，因而具有较强的信息处理能力，并且在对问题进行求解时，对于变量维数及目标函数的可导可微等无限制，在迭代寻优过程中，能够得到一个精确解或者是满意解。因此，生物免疫算法被认为是一种高智能和高潜力的全局寻优算法，现已经用于机器学习、异常和故障诊断、机器人行为仿真、机器人控制、网络入侵检测和函数优化等领域，表现出较卓越的性能和效率。

本章利用人工免疫算法求解数值问题，证明能够很好地解决函数优化的问题。

学习目标：

（1）熟练掌握人工免疫算法原理及分析方法等；

（2）熟练掌握人工免疫算法用 MATLAB 程序实现；

（3）熟练掌握人工免疫算法求解函数优化问题等。

20.1　免疫算法应用分析

任何一个优化问题都可以转化为一个函数问题，因此生物智能算法广泛应用，同样生物免疫算法（AIA）也是一种模拟达尔文生物进化的一个新型智能算法。生物免疫算法（AIA）根据生物系统抗体处理抗原机制，抗体进化及最终消灭抗原，这一过程为生物免疫算法（AIA）全局寻优解的过程。

考虑到函数优化问题的普遍性，近些年来，很多学者应用新型算法对不同函数进行测试，例如算法的稳定性、泛华能力、有效性及全局、局部寻优能力等，因此最优化函数问题（单目标和多目标函数优化问题）一直成为广大科研人员的研究热点。根据测试函数得到的可能解，智能算法得到不断的改进，理论基础逐渐深入，使得算法本身更加稳健，能够快速为工程所用。

人工免疫系统正引起人们的极大重视，基于免疫系统原理开发了各类算法，遗传算法 GA、差分进化算法 DE、蜂群算法 ABC 和鱼群算法 FSA 等，在工程实际问题中，应用越来越广泛，也取得了越来越多的成果。

生物种群的多样性是影响生物进化的重要因素之一，遗传算法 GA 作为进化计算的代表，通过染色体基因的选择、交叉和变异等，获得较强的全局优化功能。但是遗传算法具有模式收敛性质，特别是涉及到 0-1 变量时，遗传算法 GA 难以寻优到最优结果，且极容易陷入死循环，即使初始化不陷入死循环，也极容易出现“早熟”现象——局部最优，这也是一般生物智能算法的共同弊端，因而影响到遗传算法的全局寻化结果。

值得注意的是：当未知数的维数过高时，遗传算法求解带来的误差很大，只有不断地增大其迭代次数，一般是 1e+5 次迭代，方能求得全局最优解。

生物免疫系统在遇到未知抗原入侵时，能够迅速搜索到与之匹配的抗体，消除抗原，保持机体健康，这也意味着生物免疫系统具备强大的优化处理机制。

值得注意的是，免疫系统在实现快速优化的同时，主要是通过浓度控制等措施，从而有效地保持多种抗体长时期并存。因此，将免疫算法 AIA 应用到函数优化领域，能够很好的体现算法优势，解决其他算法不能解决的问题。

随着广大学者的不断深入研究，对于人工免疫系统的研究，尤其是免疫算法（AIA）地研究，已逐渐成为人工智能研究领域的一个重要研究方向。人工智能领域的发展，是多学科和多层面知识的结晶，不同的生物机制，得到不同的智能算法，从而得到不同的算法性能，然而计算机技术的普及，计算科学的改进与提高，使得人们不会苦恼于庞大的工程问题计算。因此人们可以合理地选取算法性能指标：有些算法耗时长，然而可以得到全局最优解，有些算法耗时短，然而得到的只是局部最优解等。因此，本章将人工免疫系统的原理应用在优化领域有重要的实际应用价值中。

20.2　人工免疫算法的基本原理

20 世纪 90 年代后期，人们开始关注于人工免疫算法（AIA），到目前为止，该算法还处于发展的阶段，因此留待很多学者改进的空间。人工免疫算法（AIA）主要模拟生物系统内部抗体处理抗原等机制，通过模拟这样的一种机制，达到问题的最优解求解，同样人工免疫算法（AIA）也可以应用到 TSP 问题、模式分类和数字识别等计算中。人工免疫算法（AIA）中的抗原相当于其他算法中的目标函数值，抗体就是初始化的种群个体，抗体和抗原之间的亲和力就是问题的接受解。人工免疫算法（AIA）中，抗体之间的亲和力保证可行解的多样性，通过计算抗体期望生存率来促进较优抗体的遗传和变异等，用记忆细胞单元保存择优后的可行解来抑制相似可行解的继续产生并加速搜索到全局最优解。人工免疫算法（AIA）采用这样一个机制，实现所有函数优化问题求解。以下将对人工免疫算法（AIA）中的几个重要概念做简要介绍。

在标准人工免疫算法中，抗体的多样性是采用信息熵来描述的，故又称为基于信息熵的人工免疫算法。抗体基因的信息熵如图 20-1 所示。

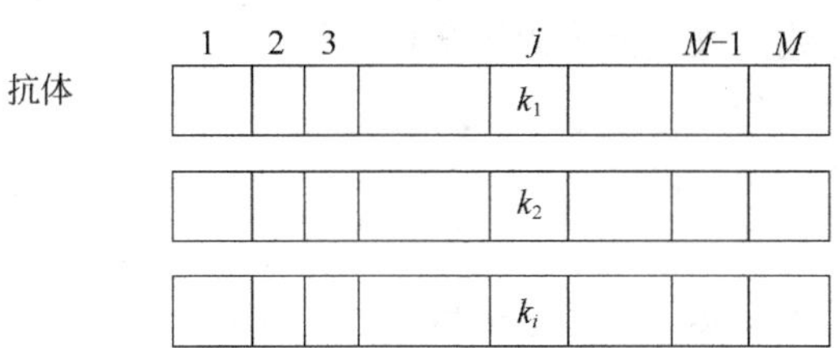

图 20-1　抗体基因的信息熵

假设免疫系统由基因长度为 M 的 N 个抗体构成，符号集大小为 S（对二进制编码，$S=2$）。

20.2.1　多样度

多样度：为有效维持和扩大免疫系统淋巴细胞种群进化个体的多样性，就需要制定一个有效度量标准来度量和评价个体之间的差异。差异度量标准的有效性和精细程度影响免疫粒子群算法中个体多样性的水平。在此用平均信息熵 $H(N)$ 定义个体之间的差异性，即：

$$H(N)=\frac{1}{M}\sum_{j=1}^{M}H_j(N) \tag{20.1}$$

式（20.1）中，$H_j(N)$ 为第 j 个基因的信息熵，将其定义为：

$$H_j(N)=-\sum_{i=1}^{N}p_{ij}\log_2 p_{ij} \tag{20.2}$$

式（20.2）中，p_{ij} 表示第 i（$i=1,2,3,\cdots,S$）个符号出现在基因座 j 上的概率，即：

$$p_{ij}=\frac{\text{在基因座}j\text{上出现第}i\text{个符号的总个数}}{N}$$

20.2.2　相似度

相似度：相似度 A_{ij} 表示两抗体（i 与 j）间的相似程度，也称亲和力。

$$A_{ij}=\frac{1}{1+H(2)} \tag{20.3}$$

式（20.3）中，$H(2)$表示抗体 i 和 j 的平均信息熵，可通过式（20.1）令 $N=2$ 计算得到。将两个抗体之间相似度的概念扩展至整个群体，即可得到群体总相似度 $A(N)$，具体如下：

$$A(N)=\frac{1}{1+H(N)} \tag{20.4}$$

式（20.4）中，$A(N)$越大，群体多样性越低，$A(N)$越小，群体多样性越高。由于不论群体规模 N 为多少，$A(N)$ 均落在 0 与 1 之间，故采用 $A(N)$表示群体相似度。

20.2.3　抗体浓度

抗体浓度：指相似抗体占总群体的比重，即：

$$C_i=\frac{\text{与抗体}i\text{相似度大于}\lambda\text{的抗体数和}}{N}$$

其中，λ 指相似度常数，取值范围为 $[0.9,1]$。

20.2.4　聚合适应度

聚合适应度：聚合适应度实际是对适应度进行修正：

$$\text{fitness}'=\text{fitness}\cdot\exp(k\cdot C_i)$$

对于最大优化问题，一般 k 取负数。当进行选择操作时，抗体被选中的概率正比于聚合适应度。也就是说，当浓度一定时，适应度越大，被选择的概率越大；而当适应度一定时，抗体浓度越高，被选择的概率越小。

20.3　人工免疫算法的基本步骤

标准人工免疫算法在算法设计中，由于采用了信息熵来描述抗体的多样性，故标准人工免疫算法也称作基于信息熵的人工免疫算法。AIA 算法在算法设计中，仍然使用交叉和变异操作来对抗体解进行进化操作，并且采用信息熵的形式来保证抗体的多样性。

AIA 算法基本步骤如下：

（1）对实际问题进行目标函数构造，作为抗原，并找出所有的约束条件等信息。

（2）产生抗体群。在未知数可行域内随机产生抗体，抗体群采用二进制编码来表示，然而在实际应用中，我们常常直接采用十进制进行抗体计算更新。

（3）计算抗体适应值，即计算抗原和抗体的亲和度。

（4）生成免疫记忆细胞。将适应值较大的抗体作为记忆细胞加以保留。

（5）抗体的选择（促进和抑制）。计算当前抗体群中适应值相近的抗体浓度，浓度高的则减小该个体的选择概率——抑制；反之，则增加该个体的选择概率——促进，以此保持群体中个体的多样性。

（6）抗体的演变。进行交叉和变异等操作，产生新抗体群。

（7）抗体群更新。用记忆细胞中适应值高的个体代替抗体群中适应值低的个体，形成下一代抗体群。

（8）终止。一旦算法满足终止条件则结束算法。否则转到（3）重复执行。

人工免疫算法基本流程图如图 20-2 所示。

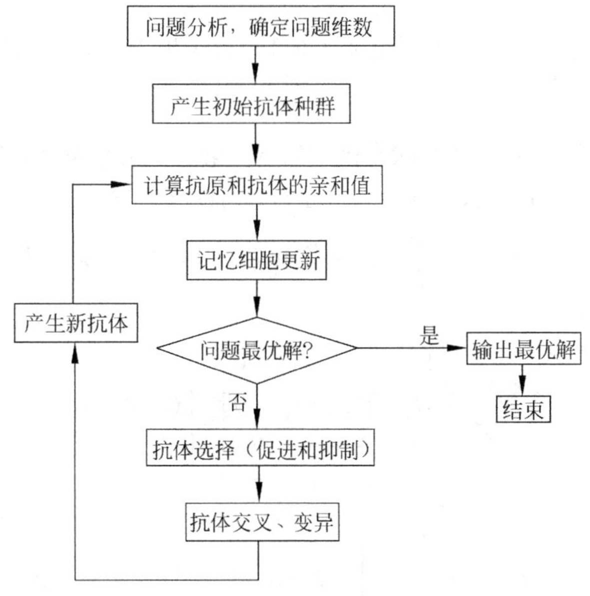

图 20-2　人工免疫算法基本流程

20.4 人工免疫算法的收敛性分析

定义 20.1：设 F_k 是 k 时抗体群中的最优抗体，F^* 是待求问题抗原，当且仅当 $\lim\limits_{x\to\infty}\left(F_k=F^*\right)=1$ 成立，称人工免疫算法是以概率 1 全局收敛的。

定义 20.2：A 是一个 nxn 的方阵，$A=a_{ij}$。

（1）若对所有的 i，j，$a_{ij}\geqslant 0$，记为 $A\geqslant 0$，称矩阵 A 为非负的；

（2）若矩阵 A 是非负的，且对所有的 i 有 $\sum\limits_{j=1}^{n}a_{ij}=1$，则称矩阵 A 是随机的；

（3）若矩阵 A 是非负的，且对 A 中的行和列经过置换能得到 $\begin{bmatrix}C & 0\\ R & T\end{bmatrix}$ 形式（C，T 是方阵），则称矩阵 A 是可约的。

定理 20.1：设 P 是一个可约随机矩阵，$P=\begin{bmatrix}C & 0\\ R & T\end{bmatrix}$，其中 C 是正的 m 阶随机矩阵，$R,T\neq 0$，则

$$P^{\infty}=\lim_{x\to\infty}P^k=\lim\begin{bmatrix}C^k & 0\\ \sum\limits_{i=0}^{k-1}T^iRC^{k-i} & T^k\end{bmatrix}=\begin{bmatrix}C^{\infty} & 0\\ R^{\infty} & 0\end{bmatrix}$$

定理 20.2：人工免疫算法是以概率 1 全局收敛的。

证明：在人工免疫算法的设计中，算法中的交叉操作是以概率 p_c 对选择的两个抗体上的两个基因位进行交叉的。变异操作是对抗体的每个基因以概率 p_m 相互独立的进行变异。则算法步骤（1~6）（见“AIA 算法基本步骤”）的 n 步状态转移可用转移矩阵 $P=\left(P_{ij}\right)$ 来表示，且 $P_{ij}\in[0,1]$，$\sum\limits_{j=1}^{n}P_{ij}=1$，根据定义（20.1）和（20.2）可知，状态转移矩阵 P 是随机的。

通过置换将转移矩阵 P 的各个状态排列如下：第一个状态为全局最优解；第二个状态为全局次优解；……，第 n 个状态为全局最差解。则算法步骤（7）对记忆细胞的更新操作，可视为：对任意状态 i，依照 $P_{it}+\sum\limits_{j=i+1}^{n}P_{ij}\to P_{it}$ 和 $P_{ij}=0$，$\forall j>i$ 对转移矩阵更新，生产新的转移矩阵 P：

$$P=\begin{bmatrix}1 & 0 & \cdots & 0\\ P_{21} & P_{22} & \cdots & 0\\ \cdots & \cdots & \cdots & \cdots\\ P_{n1} & P_{n2} & \cdots & P_{nn}\end{bmatrix}=\begin{bmatrix}C & 0\\ P & T\end{bmatrix}$$

其中，$P=\begin{bmatrix}P_{21}\\ \cdots\\ P_{n1}\end{bmatrix}$，$T=\begin{bmatrix}P_{22} & \cdots & 0\\ \cdots & \cdots & \cdots\\ P_{n2} & \cdots & P_{nn}\end{bmatrix}$，$T\neq 0$，$C=[1]$ 是一阶正的随机矩阵，根据定义，

状态转移矩阵 P 是可约的。

根据定理 20.1，$P^{\infty}=\lim\limits_{x\to\infty}P^k=\lim\begin{bmatrix}C^k & 0\\ \sum\limits_{i=0}^{k-1}T^iRC^{k-i} & T^k\end{bmatrix}=\begin{bmatrix}C^{\infty} & 0\\ R^{\infty} & 0\end{bmatrix}$，$P^{\infty}$ 的第一状态的极限概率为 1，即 $P_1=\lim\limits_{x\to\infty}P\left(F_k=F^*\right)=1$。

由此可知，人工免疫算法是以概率为 1 全局收敛的。

20.5　人工免疫算法和遗传算法比较

遗传算法 GA 和人工免疫算法 AIA 均属于生物进化算法，均采用了达尔文生物进化论的思想，均源于生物系统的启示而构造出来的一种随机启发式搜索算法，遗传算法 GA 和人工免疫算法 AIA 在实现形式上有着相似之处，如都有交叉和变异等操作，初始解均是在解空间随机搜索产生的。

但遗传算法 GA 和人工免疫算法 AIA 也有不同之处，具体表现如下。

（1）搜索目的：遗传算法是以搜索问题的全局最优解为目标；而人工免疫算法不仅仅以搜索问题的全局最优解为目标，还搜索多峰值函数的多个极值。

（2）评价标准：由于搜索目的的不同，遗传算法是以解（染色体）对函数的适应值作为唯一的评价标准；而 AIA 算法综合解（抗体）对函数的适应度值（抗原）以及解（抗体）本身的浓度（为保持抗体群的多样性，只有那些适应值高且浓度较低的个体才是最优的）作为寻优评价标准。

（3）交叉与变异的作用：在遗传算法 GA 中交叉操作一方面保留好的“基因”，另一方面给染色体群体带来变化的操作，是遗传算法中的主要操作；而变异操作由于其变化剧烈，只是作为算法中的辅助操作，保证算法平稳地朝着全局最优收敛；在人工免疫算法 AIA 算法中，为维持群体的多样性从而实现多峰值收敛，操作以变异为主，交叉为辅。

（4）记忆细胞：在遗传算法 GA 中没有记忆库这一概念。记忆库是受免疫系统具有免疫记忆的特性设计的，在人工免疫算法 AIA 循环结束时，将问题最后的解及问题的特征参数存储到记忆单元中，以便在下次遇到同类问题时可以借用记忆问题的结论，从而加快问题解决的速度，提高问题解决的效率。

20.6　人工免疫算法 MATLAB 实现

基于人工免疫算法，考虑一个数值毕业问题，具体的数值如表 20-1 所示。

表 20-1　电容故障数据表

−0.818	−1.6201	−14.859	−17.9706	−24.0737	−33.4498	−43.3949	−53.3849	−63.3451	−73.0295	−79.6806	−74.323
−0.7791	−1.2697	−14.8682	−26.2274	−30.2779	−39.4852	−49.4172	−59.4058	−69.3676	−79.0657	−85.8789	−81.0905
−0.8571	−1.9871	−13.4385	−13.8463	−20.4918	−29.923	−39.8724	−49.8629	−59.8215	−69.4926	−75.9868	−70.6706

如表 20-1 所示的数据表，绘制相应的图形如图 20-3 所示。

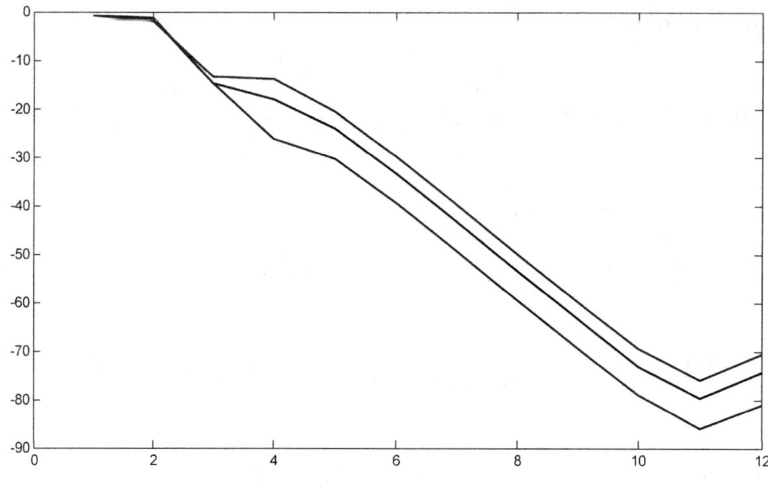

图 20-3　数据分布图

三组数据变化情况相当，接下来采用人工免疫算法实现数值逼近。仿真程序则需要分别对三组数据进行优化逼近处理，得到三组相应的图形。逼近的目标为数值的误差平方和，保证逼的误差平方和最小，则逼近的效果最好，考虑到人工免疫算法中个体的随机性，因此逼近的效果每次都有所差异，但是每一次逼近的结果都是一组可行解。

初始化免疫个体，每个个体在[–100,0]中取值，程序如下：

```
clc,clear,close all                              % 清屏、清工作区、关闭窗口
warning off                                      % 消除警告
feature jit off                                  % 加速代码执行
global popsize length min max N code;
N=12;                                            % 每个染色体段数（十进制编码位数）
M=100;                                           % 进化代数
popsize=30;                                      % 设置初始参数，群体大小
length=10;                                       % length 为每段基因的二进制编码位数
chromlength=N*length;    % 字符串长度（个体长度），染色体的二进制编码长度
pc=0.7;                  % 设置交叉概率，本例中交叉概率是定值，若想设置变化的交叉概
率可用表达式表示，或从写一个交叉概率函数，例如用神经网络训练得到的值作为交叉概率
pm=0.3;                  % 设置变异概率，同理也可设置为变化的
bound={-100*ones(popsize,1),zeros(popsize,1)};
min=bound{1};max=bound{2};
pop=initpop(popsize,chromlength);                %运行初始化函数，随机产生初始群体
ymax=500;                                        % 适应度值初始化
```

相应的逼近数据录入和逼近结果初始化操作如下：

```
ysw_x = zeros(3,12);
%电容 C2:故障类型编码，每一行为一种！code(1,:)，正常；code(2,:)，50%；code(3,:)，
150%
code =[-0.8180   -1.6201  -14.8590  -17.9706  -24.0737  -33.4498  -43.3949
-53.3849  -63.3451  -73.0295  -79.6806  -74.3230
    -0.7791   -1.2697  -14.8682  -26.2274  -30.2779  -39.4852  -49.4172
-59.4058  -69.3676  -79.0657  -85.8789  -81.0905
    -0.8571   -1.9871  -13.4385  -13.8463  -20.4918  -29.9230  -39.8724
-49.8629  -59.8215  -69.4926  -75.9868  -70.6706];
```

随机初始化个体值，程序如下：

```
% 初始化(编码)
% initpop.m 函数的功能是实现群体的初始化，popsize 表示群体的大小，chromlength 表示染色体的长度(二值数的长度)
% 长度大小取决于变量的二进制编码的长度(在本例中取 10 位)
%初始化
function pop=initpop(popsize,chromlength)
pop=round(rand(popsize,chromlength)); % rand 随机产生每个单元为 {0,1} 行数为 popsize，列数为 chromlength 的矩阵
                                         %roud 对矩阵的每个单元进行圆整。这样产生随机的初始种群
```

计算个体对应的目标函数值，也就是适应度值，更直观的是误差平方和值，程序如下：

```
%实现目标函数的计算
function [objvalue]=calobjvalue(pop,i)
global length N min max code;  % 默认染色体的二进制长度 length=10
distance=0;
for j=1:N
    temp(:,j)=decodechrom(pop,1+(j-1)*length,length);  % 将 pop 每行(个体)每列（每段基因）转化成十进制数
    x(:,j)=temp(:,j)/(2^length-1)*(max(j)-min(j))+min(j);   % popsize×N 将二值域中的数转化为变量域的数
    distance=distance+(x(:,j)-code(i,j)).^2;  % 将得 popsize 个不同的距离
end
objvalue=sqrt(distance);                                % 计算目标函数值：欧氏距离
```

将目标函数值赋值给适应度值，并求其平均适应度值，程序如下：

```
%计算个体的适应值，目标：产生可比较的非负数值
function fitvalue=calfitvalue(objvalue)
fitvalue=objvalue;
```

进行免疫个体的选择操作，类似于遗传算法的选择算子，程序如下：

```
function [newpop]=selection(pop,fitvalue)
global popsize;
fitvalue=hjjsort(fitvalue);
totalfit=sum(fitvalue);                  %求适应值之和
fitvalue=fitvalue/totalfit;              %单个个体被选择的概率
fitvalue=cumsum(fitvalue); %如 fitvalue=[4 2 5 1]，则 cumsum(fitvalue)=[4 6 11 12]
ms=sort(rand(popsize,1));                %从小到大排列，将"rand(px,1)"产生的一列随机数变成轮盘赌形式的表示方法，由小到大排列
fitin=1;                                 %fivalue 是一向量，fitin 代表向量中元素位，即 fitvalue(fitin)代表第 fitin 个个体的单个个体被选择的概率
newin=1;                                 %同理
while newin<=popsize % && fitin<=popsize
    if (ms(newin))<fitvalue(fitin)    %ms(newin) 表示的是 ms 列向量中第"newin"位数值，同理 fitvalue(fitin)
        newpop(newin,:)=pop(fitin,:); %赋值 ,即将旧种群中的第 fitin 个个体保留到下一代(newpop)
        newin=newin+1;
    else
        fitin=fitin+1;
    end
end
```

免疫算法的选择算子和遗传算法的选择算子相当，算子根据轮赌法的思想进行个体的更新。简单的理解就是：我手中的新的游戏机币和你手中的游戏机币都可以启动游戏，然而我手中的新游戏机币肯定反应较快，即游戏启动响应快，这也是选择算子的最根本思想。

免疫算子的交叉算子和遗传算法的交叉算子是一样的，对于层次不齐的两两个体，进行群体之间的个体交换，使得某一个群体更加具有适应能力，即抗体能力更加强。然而算子模仿交叉操作的实质如何操作呢？首先随机产生一个旗标值，该旗标值对应的群体的相应位置的个体进行交叉操作，从而达到个体的更新。

具体的交叉算子的程序如下：

```
function newpop=crossover(pop,pc,k)
global N length M;
pc=pc-(M-k)/M*1/20;
A=1:N*length;
% A=randcross(A,N,length);              % 将数组 A 的次序随机打乱(可实现两两随机配对)
for i=1:length
    n1=A(i);n2=i+10;                     %随机选中的要进行交叉操作的两个染色体
    for j=1:N                            % N 点（段）交叉
        cpoint=length-round(length*pc);    %这两个染色体中随机选择的交叉的位置

temp1=pop(n1,(j-1)*length+cpoint+1:j*length);temp2=pop(n2,(j-1)*length+c
point+1:j*length);

pop(n1,(j-1)*length+cpoint+1:j*length)=temp2;pop(n2,(j-1)*length+cpoint+
1:j*length)=temp1;
    end
    newpop=pop;
end
```

选择和交叉完成，接下来就是最后的变异算子这一步了。变异就显得很简单了，也可以采用打赌的方法，将某个个体或者整个染色体变异为另一组可行解，相当于初始化操作，重新生成一组个体赋值给当前的这个染色体，具体的 MATLAB 程序如下：

```
function [newpop]=mutation(pop,pm)
global popsize N length;
for i=1:popsize
   if(rand<pm) %产生一随机数与变异概率比较
     mpoint=round(rand*N*length);  % 个体变异位置
    if mpoint<=0
       mpoint=1;
    end
    newpop(i,:)=pop(i,:);
    if newpop(i,mpoint)==0
       newpop(i,mpoint)=1;
    else
       newpop(i,mpoint)=0;
    end
   else
    newpop(i,:)=pop(i,:);
   end
end
```

得到一系列的个体值及相应的适应度值，则应该找出其中最好的个体，并且保留该个体，不断的迭代寻优，直到循环迭代次数终止为止。最好的染色体选择如下：

```
function [bestindividual,bestfit]=best(pop,fitvalue)
```

```
global popsize N length;
bestindividual=pop(1,:);
bestfit=fitvalue(1);
for i=2:popsize
    if fitvalue(i)<bestfit      % 判断是否为最优个体，误差值越小，逼近效果越好，则适应度值越小
        bestindividual=pop(i,:);
        bestfit=fitvalue(i);
    end
end
```

接下来就是对最优个体进行解码操作，具体如下：

```
        if bestfit<ymax
           ymax=bestfit;
            for j=1:N  %译码!
               temp(:,j)=decodechrom(bestindividual,1+(j-1)*length,length);
%将 newpop 每行(个体)每列（每段基因）转化成十进制数
               x(:,j)=temp(:,j)/(2^length-1)*(max(j)-min(j))+min(j);
% popsize×N 将二值域中的数转化为变量域的数
            end
           ysw_x(i,:) = x;  %译码!
        end
```

可以设定提前终止迭代判断条件，例如以误差最小值（适应度值最小）为判断条件，具体的程序如下：

```
        if ymax<10       % 如果最大值小于设定阀值，停止进化
            break
        end
```

由此整个免疫算法下的数值逼近过程分析完成，具体的主函数程序如下：

```
clc,clear,close all                  % 清屏、清工作区、关闭窗口
warning off                          % 消除警告
feature jit off                      % 加速代码执行
global popsize length min max N code;
N=12;                                % 每个染色体段数（十进制编码位数）
M=100;                               % 进化代数
popsize=30;                          % 设置初始参数，群体大小
length=10;                           % length 为每段基因的二进制编码位数
chromlength=N*length;                % 字符串长度（个体长度），染色体的二进制编码长度
pc=0.7;                  % 设置交叉概率，本例中交叉概率是定值，若想设置变化的交叉概率可用表达式表示，或重写一个交叉概率函数，例如用神经网络训练得到的值作为交叉概率
pm=0.3;                              % 设置变异概率，同理也可设置为变化的
bound={-100*ones(popsize,1),zeros(popsize,1)};
min=bound{1};max=bound{2};
pop=initpop(popsize,chromlength); %运行初始化函数，随机产生初始群体
ymax=500;                            % 适应度值初始化

ysw_x = zeros(3,12);
%电容 C2:故障类型编码，每一行为一种! code(1,:)，正常; code(2,:)，50%; code(3,:)，150%
code =[-0.8180   -1.6201  -14.8590  -17.9706  -24.0737  -33.4498  -43.3949
-53.3849  -63.3451  -73.0295  -79.6806  -74.3230
      -0.7791   -1.2697  -14.8682  -26.2274  -30.2779  -39.4852  -49.4172
-59.4058  -69.3676  -79.0657  -85.8789  -81.0905
```

```
   -0.8571   -1.9871  -13.4385  -13.8463  -20.4918  -29.9230  -39.8724
-49.8629  -59.8215  -69.4926  -75.9868  -70.6706];

for i=1:3   % 3 种故障模式，每种模式应该产生 popsize 种监测器（抗体），每种监测器的
长度和故障编码的长度相同
   pop=initpop(popsize,chromlength);          %运行初始化函数，随机产生初始群体
   for k=1:M
      [objvalue]=calobjvalue(pop,i);          %计算目标函数
      fitvalue=calfitvalue(objvalue); favg(k)=sum(fitvalue)/popsize;
    %计算群体中每个个体的适应度
      newpop=selection(pop,fitvalue); objvalue=calobjvalue(newpop,i);
    %选择
      newpop=crossover(newpop,pc,k);  objvalue=calobjvalue(newpop,i);
%交叉
      newpop=mutation(newpop,pm);     objvalue=calobjvalue(newpop,i);
%变异
      [bestindividual,bestfit]=best(newpop,fitvalue); %求出群体中适应值最小
的个体及其适应值
      if bestfit<ymax
         ymax=bestfit;
          for j=1:N  %译码!
              temp(:,j)=decodechrom(bestindividual,1+(j-1)*length,length);
%将 newpop 每行(个体)每列(每段基因)转化成十进制数
              x(:,j)=temp(:,j)/(2^length-1)*(max(j)-min(j))+min(j);
% popsize×N 将二值域中的数转化为变量域的数
          end
         ysw_x(i,:) = x;     %译码!
      end
      y(i,k)=ymax;
      if ymax<10                 % 如果最大值小于设定阀值，停止进化
          break
      end
      pop=newpop;
   end
end

ysw_x                            % 结果为(i*popsie)个监测器（抗体）
plot(1:M,favg)
save ysw_x.mat ysw_x
```

运行程序输出结果如下：

```
ysw_x =

  Columns 1 through 6

  -29.3255  -25.9042  -39.5894  -36.6569   -2.5415  -20.8211
  -31.6716   -0.9775  -16.6178  -24.0469  -21.2121  -25.8065
   -0.4888   -4.8876   -8.5044  -27.8592  -25.6109  -24.6334

  Columns 7 through 12

  -67.0577  -45.0635  -58.3578  -68.4262  -87.3900  -75.9531
  -32.8446  -41.2512  -77.1261  -56.5982  -86.1193  -67.8397
  -34.1153  -45.7478  -49.0714  -75.2688  -73.8025  -70.7722
```

输出适应度曲线，也就是误差平方和最小值曲线如图 20-4 和图 20-5 所示。

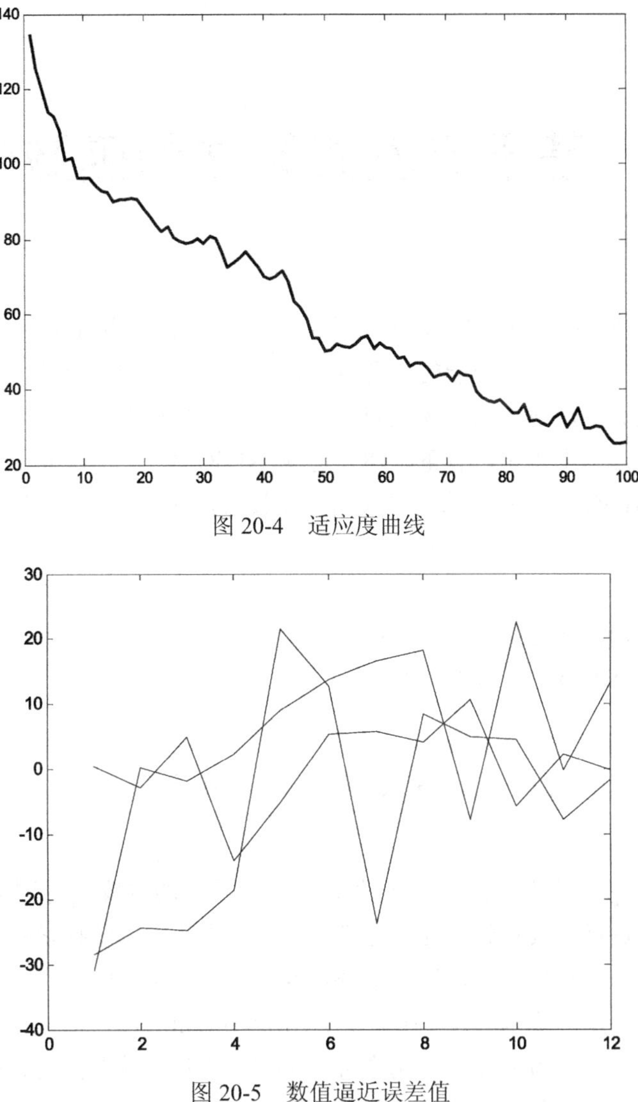

图 20-4　适应度曲线

图 20-5　数值逼近误差值

如图 20-4 和图 20-5 所示的图形，采用免疫算法能够实现数值逼近，并且逼近误差较小，然而免疫算法易于陷入局部最优。在实际应用过程中，多和其他生物智能算法混合使用，各取所长，提高算法的鲁棒性和全局搜索能力。

20.7　本 章 小 结

常用的人工免疫算法在算法设计方面还存在一定的不足，影响了算法的全局搜索能力和收敛速度。本章在已有人工免疫算法的基础上，通过函数优化研究，给出已有人工免疫算法 MATLAB 程序。希望广大读者根据自己的认识及团队的知识分享，更进一步地对人工免疫算法进行探讨，以弥补原有人工免疫算法在收敛速度和全局搜索能力上的不足。

第 21 章　基于启发式算法的函数优化分析

我们学习了那么多群智能算法，然而我们很多读者朋友却难以把握什么是启发式算法。启发式算法均来源于生物智能粒子群算法、遗传算法、蚁群算法、蜂群算法等等算法均属于生物启发式算法，现代数学物理问题均可以略种各群的生物启发式算法进行算法，本章讲述启发式算法基本思想，着重阐述自适应 APSO 算法的 Schaffer()函数优化分析与 MATLAB 实现。APSO 算法具有迭代格式简单和收敛快速等优点，已经广泛应用于函数优化和模糊控制系统等领域。

学习目标：

（1）熟练掌握启发式搜索算法原理；

（2）熟练运用 APSO 优化求解函数方程等。

21.1　启发式搜索算法概述

启发式搜索就是在状态空间中的搜索对每一个搜索的位置进行评估，得到最好的位置，再从这个位置进行搜索直到目标。这样可以省略大量无谓的搜索路径，提高了效率。

在启发式搜索中，对位置的估价是十分重要的，采用不同的估价可以有不同的效果。

启发中的估价是用估价函数表示的，如：$f(n)=g(n)+h(n)$。

最佳优先搜索的最广为人知的形式称为 A*搜索。它把到达节点的耗散 $g(n)$和从该节点到目标节点的消耗 $h(n)$结合起来对节点进行评价：$f(n)=g(n)+h(n)$。

因为以 $g(n)$给出了从起始节点到节点 n 的路径耗散，而 $h(n)$是从节点 n 到目标节点的最低耗散路径的估计耗散值，因此 $f(n)$为经过节点 n 的最低耗散解的估计耗散。这样，如果我们想要找到最低耗散解，首先尝试找到 $g(n)+h(n)$值最小的节点是合理的。可以发现这个策略不只是合理的：倘若启发函数 $h(n)$满足一定的条件，A*搜索既是完备的也是最优的。

如果把 A*搜索用于 Tree-Search，它的最优性是能够直接分析的。在这种情况下，如果 $h(n)$是一个可采纳启发式，也就是说，如果 $h(n)$从来不会过高的估计到达目标的耗散，则 A*算法是最优的。可采纳启发式天生是最优的，因为他们认为求解问题的耗散是低于实际耗散的。因为 $g(n)$是到达节点 n 的确切耗散，我们得到一个结论：$f(n)$永远不会高估经过节点 n 的解的实际耗散。

启发算法有：蚁群算法 ACO、遗传算法 GA 和模拟退火算法 SA 等。

蚁群算法 ACO 是一种来自大自然的随机搜索寻优方法，是生物界的群体启发式行为，现已陆续应用到组合优化、人工智能和通讯等多个领域。

21.2　群智能优化算法

启发式搜索算法来源于生物智能，对于生物信息的利用是启发式算法的核心。具体的启发式算法包括很多种，如粒子群算法（PSO）、遗传算法（GA）、人群搜索算法（SOA）、模拟退火算法（SA）、蚁群算法（ACO）和鱼群算法（FSA）等，以下将一一进行算法剖析。

21.2.1　粒子群算法 PSO

粒子群算法（PSO）是一种基于群体的随机优化技术。粒子群算法（PS0）首先初始化一组随机值作为粒子群，粒子以一定的速度更新当前最优粒子和最优种群（Shi 和 Eberhart，1999）。每次迭代，更新“个体最优”值 p_i、“种群最优”值 p_g 和粒子速度值 V_i，最终得到一组较为合理的结果。粒子群算法简单易实现，然而易出现早熟等现象，以致不能全局寻优。因此其改进算法层出不穷。

21.2.2　遗传算法 GA

遗传算法（GA）是模仿自然界生物进化理论发展而来的一个高度并行和自适应检测算法。遗传算法通过仿真生物个体，区别个体基因变化信息来保留高适应环境的基因特征，消除低适应环境的基因特征，以实现优化目的。遗传算法能够在数据空间进行全局寻优，而且高度的收敛。缺点就是不能有效的使用局部信息，因此需要花很长时间收敛到一个最优点。

21.2.3　人群搜索算法 SOA

人群搜索算法（SOA）是对人的随机搜索行为进行分析，借助脑科学、认知科学、心理学、人工智能、多 Agents 系统和群体智能等的研究成果，分析研究人作为高级 Agent 的利己行为、利他行为、自组织聚集行为、预动行为和不确定性推理行为，并对其建模用于计算搜索方向和步长。由于 SOA 直接模拟人的智能搜索行为，立足传统的直接搜索算法，概念明确、清晰及易于理解，是进化算法研究领域的一种新型群体智能算法。

在优化计算中，人的随机搜索行为可理解为：在连续空间的搜索过程中，较优解的周围可能存在更优的解，最优解可能存在于较优解的邻域内。因此，当搜寻者所处位置较优时，应该在较小邻域内搜索；当搜寻者所处位置较差时，应该在较大邻域内搜索。为此，SOA 利用能有效描述自然语言和不确定性推理的模糊逻辑来对上述搜索规则进行建模，并确定搜索步长。

21.2.4　模拟退火算法 SA

模拟退火算法（SA）的依据是固体物质退火过程和组合优化问题之间的相似性。物质在加热的时候，粒子间的布朗运动增强，到达一定强度后，固体物质转化为液态，这个时候再进行退火，粒子热运动减弱，并逐渐趋于有序，最后达到稳定。

21.2.5　蚁群算法 ACO

蚁群算法（ACO）是由意大利学者 M. Dorigo 等人于 20 世纪 90 年代初期通过观察自然界中蚂蚁的觅食行为而提出的一种群体智能优化算法。蚂蚁在运动的路线上能留下信息素，在信息素浓度高的地方蚂蚁会更多，相等时间内较短路径里信息素浓度较高，因此选择较短路径的蚂蚁也随之增加，如果某条路径上走过的蚂蚁越多，后面的蚂蚁选择这条路径的概率就更大，从而导致选择短路径的蚂蚁越来越多而选择其他路径（较长路径）的蚂蚁则慢慢消失。蚁群中个体之间就是通过这种信息素的交流并最终选择最优路径来搜索食物的，这就是蚁群算法的生物学背景和基本原理。

蚁群算法目前已成功应用到了许多优化问题上，如二次分配、大规模集成电路设计、网络 QoS 路由及车辆调度问题等。但蚁群算法也同样存在一些缺陷，比如由于蚁群算法中个体运动随机，面对复杂优化问题时需要很长的搜索时间，同时还容易陷入局部最优中，这些问题还有待进一步深入研究并得到相应改进以使得该算法更加完美。

21.2.6　鱼群算法 FSA

在一片水域中，鱼往往能自行或尾随其他鱼找到营养物质多的地方，因而鱼生存数目最多的地方一般就是本水域中营养物质最多的地方，人工鱼群算法就是根据这一特点，通过构造人工鱼来模仿鱼群的觅食。聚群及追尾行为，从而实现寻优，以下是鱼的几种典型行为。

（1）觅食行为：一般情况下鱼在水中随机地自由游动，当发现食物时，则会向食物逐渐增多的方向快速游去。

（2）聚群行为：鱼在游动过程中为了保证自身的生存和躲避危害会自然地聚集成群，鱼聚群时所遵守的规则有以下三条。

- 分隔规则：尽量避免与临近伙伴过于拥挤；
- 对准规则：尽量与临近伙伴的平均方向一致；
- 内聚规则：尽量朝临近伙伴的中心移动。

（3）追尾行为：当鱼群中的一条或几条鱼发现食物时，其临近的伙伴会尾随其快速到达食物点。

（4）随机行为：单独的鱼在水中通常都是随机游动的，这是为了更大范围地寻找食物点或身边的伙伴。

21.3　APSO 算法原理分析

自适应权值粒子群算法（APSO）为粒子群算法的改进算法，也是启发式搜索算法的一种，自适应权值粒子群算法（APSO）能够自适应的更新权值，并且能够保证粒子具有很好的全局搜索能力和较快的收敛速度。

自适应权值粒子群算法（APSO）：设在一个 S 维的目标搜索空间中，有 m 个粒子组成一个群体，其中第 i 个粒子表示为一个 S 维的向量 $\vec{x}_i=(x_{i1},x_{i2},\cdots,x_{iS})$，$i=1,2,\cdots,m$，每个粒子的位置就是一个潜在的解。将 $\vec{x}_i$ 代入一个目标函数就可以算出其适应值，根据适应值的大小衡量解的优劣。第 i 个粒子飞翔的速度是 S 维向量，记为 $\vec{V}=(V_{i1},V_{i1},\cdots V_{iS})$。记第 i 个粒子迄今为止搜索到的最优位置为 $\vec{P}_{iS}=(P_{iS},P_{iS},\cdots,P_{iS})$，整个粒子群迄今为止搜索到的最优位置为 $\vec{P}_{gS}=(P_{gS},P_{gS},\cdots,P_{gS})$。

不妨设 $f(x)$ 为最小化的目标函数，则微粒 i 的当前最好位置由下式确定：

$$p_i(t+1)=\begin{cases}p_i(t)\to f(x_i(t+1))\geqslant f(p_i(t))\\X_i(t+1)\to f(x_i(t+1))<f(p_i(t))\end{cases}$$

Kennedy 和 Eberhart 用下列公式对粒子操作：

$$v_{is}(t+1)=v_{is}(t)+c_1r_{1s}(t)(p_{is}(t)-x_{is}(t))+c_2r_{2s}(t)(p_{gs}(t)-x_{is}(t)) \tag{21.1}$$

$$x_{is}(t+1)=x_{is}(t)+v_{is}(t+1) \tag{21.2}$$

其中，$i=[1,m]$，$s=[1,S]$；学习因子 c_1 和 c_2 是非负常数；r_1 和 r_2 为相互独立的伪随机数，服从 $[0,1]$ 上的均匀分布。$v_{is}\in[-v_{\max},v_{\max}]$，$v_{\max}$ 为常数，由用户设定。

从式（21.1）和式（21.2）可见，c_1 调节粒子飞向自身最好位置方向的步长，c_2 调节粒子飞向全局最好位置方向的步长。为了减少进化过程中粒子离开搜索空间的可能，v_{is} 通常限定在一个范围之中，即 $v_{is}\in[-v_{\max},v_{\max}]$，$v_{\max}$ 为最大速度，如果搜索空间在 $[-x_{\max},x_{\max}]$ 中，则可以设定 $v_{\max}=kx_{\max}$，$0.1\leqslant k\leqslant 1.0$。

Y.Shi 和 Eerhart 在对式（21.1）作了改进：

$$v_{is}(t+1)=\omega\bullet v_{is}(t)+c_1r_{1s}(p_{is}(t)-x_{is}(t))+c_2r_{2s}(t)(p_{gs}(t)-x_{gs}(t)) \tag{21.3}$$

在式（21.3）中，ω 为非负数，称为动力常量，控制前一速度对当前速度的影响，ω 较大时，前一速度影响较大，全局搜索能力较强；ω 较小时，前一速度影响较小，局部搜索能力较强。通过调整 ω 大小来跳出局部极小值。

为了平衡粒子群算法（PSO）的全局搜索能力和局部改良能力，采用非线性的动态惯性权重系数公式，其表达式为：

$$\omega=\begin{cases}\omega_{\min}-\dfrac{(\omega_{\max}-\omega_{\min})*(f-f_{\min})}{f_{avg}-f_{\min}},f\leqslant f_{avg}\\ \omega_{\max},f>f_{avg}\end{cases} \tag{21.4}$$

式（21.4）中，$\omega_{\max}$ 和 $\omega_{\min}$ 分别表示 ω 的最大值和最小值，f 表示微粒当前的目标函数值，f_{avg} 和 $f_{\min}$ 分别表示当前所有微粒的平均目标值和最小目标值。该算法中 ω 因惯性权重随微粒的目标函数值而自动改变，故称自适应权重。

当各微粒的目标值趋于一致或趋于局部最优时，将使惯性权重增大，而各微粒的目标值比较分散时，使惯性权重减小，同时对于目标函数值优于平均目标值的微粒，其对应的惯性权重因子较小，从而保留了该微粒。反之对于目标函数值差于平均目标值的微粒，其对应的惯性权重因子较大，使得该微粒向较好的搜索区域靠拢。

自适应粒子群算法的终止条件根据具体问题取最大迭代次数或粒子群搜索到的最优

位置满足的预定最小适应阈值。

自适应粒子群算法（APSO）步骤如图 21-1 所示。

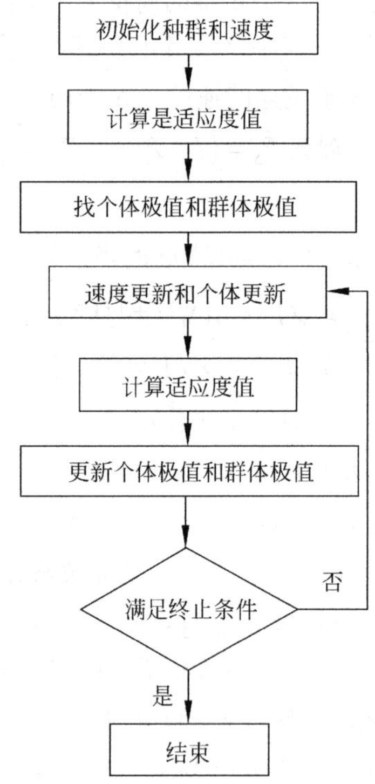

图 21-1　自适应粒子群算法流程图

21.4　APSO 函数优化分析与 MATLAB 实现

例如考虑下列对象。

Schaffer()函数：

$$\min f(x_1,x_2)=0.5+\frac{(\sin\sqrt{x_1^2+x_2^2})^2-0.5}{(1+0.001(x_1^2+x_2^2))^2}$$

其中，$-10.0\leqslant x_1,x_2\leqslant 10.0$。

该函数是二维的复杂函数，具有无数个极小值点，在（0，0）处取得最小值 0，由于该函数具有强烈震荡的性态，所以很难找到全局最优值。

对于 Schaffer()函数图形，MATLAB 程序如下：

```
function DrawSchaffer()
   x=[-5:0.05:5];
   y=x;
   [X,Y]=meshgrid(x,y);
   [row,col]=size(X);
   for l=1:col
   for h=1:row
   z(h,l)=Schaffer([X(h,l),Y(h,l)]);
```

```
    end
    end
    mesh(X,Y,z);
    shading interp
end

function result=Schaffer(x1)
    %Schaffer 函数
    %输入 x,给出相应的 y 值,在 x=(0,0,…,0) 处有全局极大点 1
    [row,col]=size(x1);
    if row>1
        error('输入的参数错误');
    end
    x=x1(1,1);
    y=x1(1,2);
    temp=x^2+y^2;
    result=0.5-(sin(sqrt(temp))^2-0.5)/(1+0.001*temp)^2;
end
```

程序运行结果如图 21-2 所示。

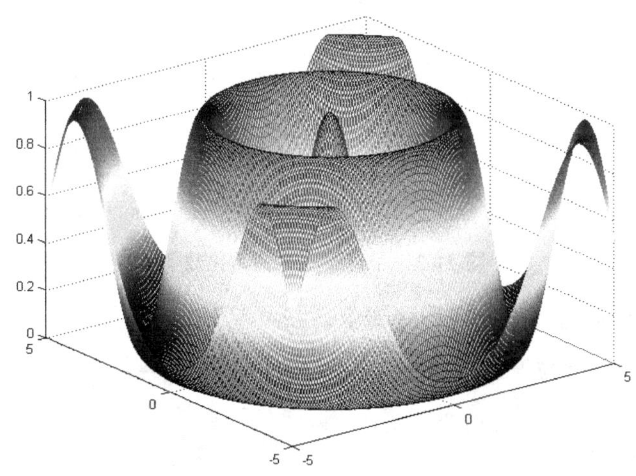

图 21-2　Schaffer()函数

由此建立相应的适应度函数如下：

```
% 适应度函数
function F=fitness(x)
F = 0.5 + (sin(sqrt(x(1)^2)+x(2)^2)-0.5)./((1+0.001*(x(1)^2+x(2)^2))^2);
```

考虑粒子群的范围[-1,1]，初始化种群个体，程序如下：

```
clc,clear,close all                    % 清屏、清工作区、关闭窗口
warning off                            % 消除警告
feature jit off                        % 加速代码执行
N = 40;                                % 种群个数
c1 = 2;                                % 粒子群参数
c2 = 2;                                % 粒子群参数
wmax = 0.9;                            % 最大权重
wmin = 0.6;                            % 最小权重
M = 100;                               % 循环迭代步数
D = 2;                                 % 种群中个体个数,2 个未知数
```

```
format long;
%------初始化种群的个体------------
for i=1:N
    for j=1:D
        x(i,j)=rands(1);            %随机初始化位置
        v(i,j)=rands(1);            %随机初始化速度
    end
end
>> plot(x,'DisplayName','x')
>> axis([0,40,-5,5])
```

运行程序绘制相应的 x 和 y 个体如图 21-3 所示。

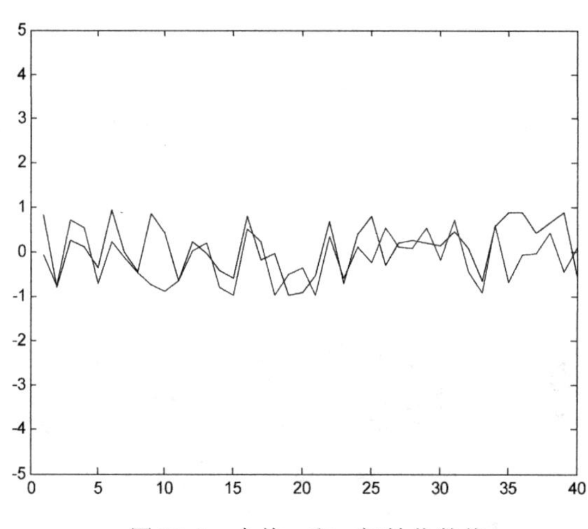

图 21-3　个体 x 和 y 初始化数值

计算每个粒子群的适应度值，程序如下：

```
%% ------先计算各个粒子的适应度----------------------
for i=1:N
    p(i)=fitness(x(i,:));
    y(i,:)=x(i,:);
end
```

计算初始化的种群个体中的全局最优种群，程序如下：

```
pg=x(N,:);                  % Pg 为全局最优
for i=1:(N-1)
    if fitness(x(i,:))<fitness(pg)
        pg=x(i,:);
    end
end
```

循环迭代计算，相应的主函数如下：

```
clc,clear,close all                         % 清屏、清工作区、关闭窗口
warning off                                 % 消除警告
feature jit off                             % 加速代码执行
N = 40;                                     % 种群个数
c1 = 2;                                     % 粒子群参数
c2 = 2;                                     % 粒子群参数
wmax = 0.9;                                 % 最大权重
wmin = 0.6;                                 % 最小权重
```

```
M = 100;                          % 循环迭代步数
D = 2;                            % 种群中个体个数,2 个未知数
format long;
%------初始化种群的个体------------
for i=1:N
   for j=1:D
      x(i,j)=rands(1);            %随机初始化位置
      v(i,j)=rands(1);            %随机初始化速度
   end
end

%% ------先计算各个粒子的适应度----------------------
for i=1:N
   p(i)=fitness(x(i,:));
   y(i,:)=x(i,:);
end

pg=x(N,:);                        % Pg 为全局最优
for i=1:(N-1)
   if fitness(x(i,:))<fitness(pg)
      pg=x(i,:);
   end
end

%% ------进入主要循环------------
for t=1:M

   for j=1:N
      fv(j) = fitness(x(j,:)); % 适应度值
   end
   fvag = sum(fv)/N;              % 平均适应度值
   fmin = min(fv);                % 最小适应度值
   for i=1:N
      if fv(i) <= fvag
         w = wmin + (fv(i)-fmin)*(wmax-wmin)/(fvag-fmin);% 自适应权值
      else
         w = wmax;                % 权值
      end
      v(i,:)=w*v(i,:)+c1*rand*(y(i,:)-x(i,:))+c2*rand*(pg-x(i,:));
   % 速度更新
      x(i,:)=x(i,:)+v(i,:);       % 个体更新
      if x(i,1)>1||x(i,1)<-1
         x(i,1)=rands(1);
      end
      if x(i,2)>1||x(i,2)<-1
         x(i,2)=rands(1);
      end

      if fitness(x(i,:))<p(i)  % 适应度值更新
         p(i)=fitness(x(i,:));
         y(i,:)=x(i,:);
      end

      if p(i)<fitness(pg)
         pg=y(i,:);
      end
   end
   Pbest(t)=fitness(pg);
end
```

```
r=[1:1:100];
plot(r,Pbest,'r--','linewidth',2);
xlabel('迭代次数'),ylabel('适应度值')
title('自适应权重 PSO 算法')
hold on
xm = pg'
fv = fitness(pg)
```

运行程序得到相应的结果如下：

```
xm =
   1.0e-04 *
  -0.000104292259421
  -0.731373840803537

fv =
    1.578365194099263e-08
```

输出自适应度值曲线图如图 21-4 所示。

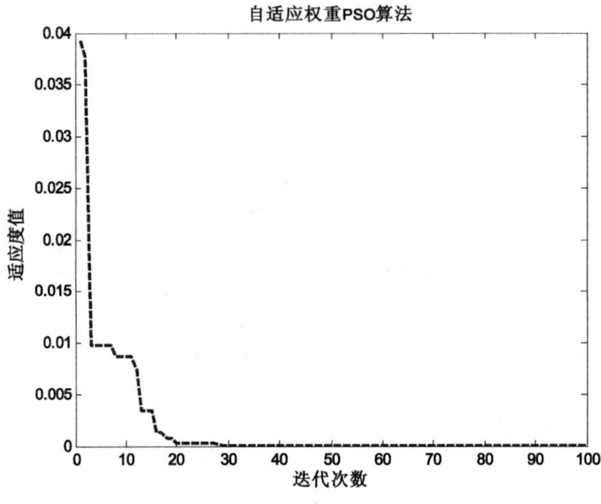

图 21-4　自适应度曲线

绘制每一次迭代求解出的最优解值曲线如图 21-5 所示。

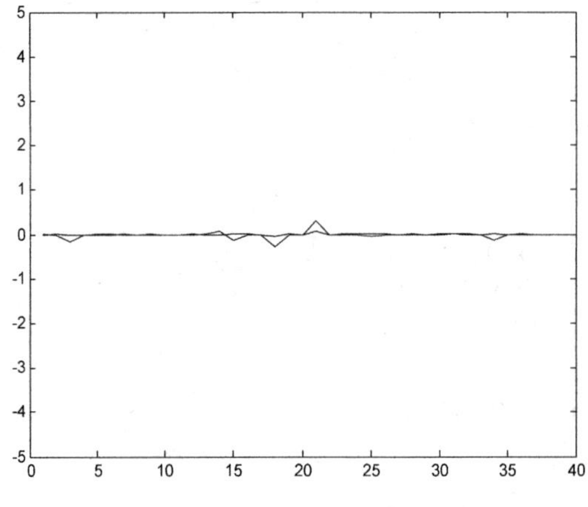

图 21-5　最优解曲线

如图 21-5 所示，采用自适应粒子群算法求解 Schaffer 函数具有快速收敛性，不易陷入局部最优等缺陷，因此采用启发式搜索算法能够较好的实现非线性和多维度复杂的工况优化分析。

21.5 本章小结

启发式搜索算法是一个算法集，旗下有很多不同的生物智能算法，针对每一种生物智能算法都有其优缺点，都可以应用到不同的领域中，从而得到不同的结果。本章采用自适应权值的粒子群算法对于解决极值最优解，具有重要的应用价值。

第 22 章　一级倒立摆变结构控制系统的设计与仿真研究

倒立摆系统属于多变量、快速、非线性和绝对不稳定系统。早在上世纪 60 年代人们就开始了对倒置系统的研究，1966 年 Schaefer 和 Cannon 应用 Bang-Bang 控制理论，将一个曲轴稳定于倒置位置。在 19 世纪 60 年代后期，作为一个典型的不稳定和严重非线性例证提出了倒立摆的概念，并用其检验控制方法对不稳定、非线性和快速性系统的处理能力，受到世界各国许多科学家的重视，从而用不同的控制方法控制不同类型的倒立摆，成为具有挑战性的课题之一。

本章利用现代控制理论，对一级倒立摆进行控制，建立在状态空间法基础上，利用状态反馈来进行反馈控制。状态反馈是体现现代控制理论特色的一种控制方式。本章利用 MATLAB 软件强大的数值计算能力和数据可视化能力，对倒立摆系统进行滑模变结构控制仿真，系统仿真结果表明，采用滑模变结构控制倒立摆系统，系统稳定性较好，鲁棒性较好，由此证明了滑模变结构控制器的有效性。

学习目标：

（1）熟练掌握滑模变结构控制原理及设计；

（2）熟练掌握对倒立摆数学模型进行了构建；

（3）熟练掌握基于趋近率的滑模控制器仿真；

（4）熟练掌握对倒立摆系统进行滑模变结构控制仿真。

22.1　倒立摆控制概述

倒立摆系统作为一个实验装置，具有形象、直观、结构简单、构件组成参数和形状易于改变以及成本低廉等特点。作为一个被控对象，它又相当复杂，就其本身而言，是一个高阶、不稳定、多变量、非线性和强耦合系统，因此只有采取行之有效的控制方法才能使之稳定。倒立摆系统的控制效果非常明显，可以通过摆动角度、位移和稳定时间直接度量，控制好坏一目了然。

对倒立摆系统进行控制的方法有很多，常见的有以下几种：

（1）PID 控制通过对倒立摆物理模型的分析，建立倒立摆的动力学模型，然后使用状态空间理论推导出非线性模型，在平衡点处进行线性化得到倒立摆系统的状态方程和输出方程，就可以设计出 PID 控制器来实现其控制。

（2）状态反馈控制，其主要是通过极点配置将系统的极点分布到 S 左半平面而使系统达到稳定，其中也可以使用状态观测器，或状态反馈 Kalman 滤波相结合的方法，实现对倒立摆的控制。

（3）自适应控制，采用设计出自适应控制器的方法对倒立摆进行控制。

特别对于目前运用比较新颖的控制方法为采用滑模变结构控制的一级倒立摆，采用滑模变结构控制方法，对系统的干扰和参数摄动具有完全自适应性。变结构作为一种控制系统的综合方法，适用线性定常系统和线性非定常系统，也适用非线性系统。

本章将研究采用滑模变结构的一级倒立摆控制。

22.2　滑模变结构控制理论概述

近些年来，不确定系统逐渐增多，人们更多地去寻求如何有效的控制不确定系统，并试图提升不确定系统的鲁棒性和稳定性，有很多学者也提出了不少的改进方法，已经可以基本实现在某些特定条件下的控制系统的鲁棒性控制。

然而，纵使人们在不断的改进不确定系统的控制性能，也只是单方面的促进不确定系统的控制性能，即要么提高了系统的稳定性，而降低了系统的性能鲁棒性，或者单方面地提升了系统的鲁棒性而降低了系统的稳定性。因此如何得到一个系统，能够平衡系统鲁棒性和稳定性的矛盾，显得尤为关键。

对于线性系统的鲁棒性控制，已经取得很多成就，然而实际工程问题的复杂化和非线性度的增大，导致控制系统并不是那么简单可控，因此广大学者试图寻找另一种非线性系统鲁邦控制方法，由此诞生了变结构控制理论——滑动模在规范空间中对系统参数变化具有不变性等特点，它的出现，引起世界各个学者的纷纷研究与促进。

事实上，滑动模态不仅仅存在于某个具有不连续控制输入的控制系统中，而且在某些具有不连续运动方程的动态系统中。如在简单的质量块—弹簧系统中，考虑系统的哥氏摩擦力，则系统的状态方程为：

$$m\ddot{x}+kx=-u_f\left(\dot{x}\right)$$

其中，$x(t)$ 是质量块的位移，k 为弹簧的弹性系数，系统的摩擦力为速度的一个不连续函数，$u_f=u_0\operatorname{sgn}\left(\dot{x}\right)$，$u_0$ 为常数。

当 $u_0>k\left|x\left(t_0\right)\right|$ 且 $\dot{x}\left(t_0\right)=0$ 时，质量块将保持不动。这个运动就是一个简单的滑动模态运动。

目前，基于滑动模态的变结构控制是非线性控制系统中较普遍和较系统的一种综合方法。变结构控制的核心是滑动模态及趋近模态的设计，对于线性系统这些设计方法已经有了较完善的结果，而对于非线性系统也已经提出了一些设计方法。然而滑模变结构控制实现起来比较简单，对外不干扰及参数不确定性时，具有较强的鲁棒性。

22.3　变结构控制理论的发展及现状

以滑动模态为基础的变结构控制系统理论经历了三个发展阶段，主要介绍如下。

第一个阶段：这个阶段主要研究线性控制系统，且以控制系统误差及误差导数作为控制系统输入变量。我们知道系统误差和误差的导数构成的相平面坐标，可实现对任意阶系统的控制研究。到了 20 世纪下半叶，即 1957 年至 1962 年间，广大学者大量的集中研究二阶线性系统的控制输入输出，并在一阶线性系统的基础上引入了误差反馈项，并大大地提高了系统性能。从 1962 年起，广大学者们开始研究任意阶的线性定常系统和线性时变系统，在此基础上，开始提出状态空间，采用矩阵的形式解决控制系统问题。

对于任意阶的线性定常系统和线性时变系统，控制量 u 是各个相坐标的线性组合，各控制量系数按照一定的切换逻辑进行切换，且切换流形均为状态空间中的超平面。这个时候出现了滑动模控制，滑模控制在状态空间中，具有参数不变形等特点，因此吸引着广大科研人员的兴趣，广大学者们开始相信滑模控制能够解决我们平时遇到的系统鲁棒性问题，也就是能够大大的提高系统性能，提高其稳定性、鲁棒性及有效性。

在实际应用中，广大学者发现，采用微分器获取误差的各阶导数信号这一做法是不合理的。因为可实现的微分器的传递函数总是有极点的，导致滑动模偏离理想状态，甚至使系统性能变坏到不可接受的程度。因此，这一阶段建立起来的变结构控制系统理论还不成熟，在实际中，应用较少。

第二个阶段：广大学者不再局限于状态空间中研究问题，并将研究的目标转到多输入、多输出系统和非线性系统中，切换流形也不只限于超平面。特别是《滑动模及其在变结构系统理论中的应用》一书出版以后，西方学者对滑模变结构控制系统理论产生了极大的兴趣，并在期间，出现较多的文献成果，如关于滑动模的唯一性、稳定性及切换面方程式的设计等。这一阶段也局限于变结构理论的研究，对于算法的移植性还没被考虑。

第三个阶段：随着计算机的大型化及高速处理信息的能力，使得变结构控制理论和应用研究开始进入了一个新阶段。这一阶段，微分几何应用到非线性控制系统中，从而极大地推动了变结构控制系统的设计，如基于精确输入状态和输入/输出线性化及高阶滑动模的变结构控制等。变结构系统控制目前仍处于研究阶段，本章将主要分析和研究基于变结构控制的一级倒立摆控制。

22.4　滑模变结构控制定义

滑模变结构控制系统（Variable-Structure Control System with sliding Mode，简称 VSS）是一类特殊非线性系统，其非线性表现为控制的不连续性。这些系统与其他的控制系统的主要区别在于他们的“结构”并非固定，而是在控制过程中不断的改变。

滑模变结构控制的定义如下：

$$\dot{x}=f\left(x,u,t\right),\quad x\in R^{n},\quad u\in R^{m},\quad t\in R \tag{22.1}$$

接下来，我们需要确定切换向量 $s\left(x\right)$，$s\in R^{m}$。

$s\left(x\right)$ 的维数一般情况下等于控制的维数，并且寻求滑模变结构控制：

$$u_i\left(x\right)=\begin{cases}u_i^{+}\left(x\right),s_i\left(x\right)>0\\u_i^{-}\left(x\right),s_i\left(x\right)<0\end{cases} \tag{22.2}$$

式（22.2）中，变结构体现在 $u_i^+(x) \neq u_i^-(x)$，使得：

（1）满足到达条件 $(s(x)\dot{s}(x) < 0)$，切换面 s 以外的相轨线将于有限时间内到达切换面。

（2）切换面是滑动模态区，且滑动运动渐进稳定，动态品质良好。

显然这样设计出来的变结构控制使得闭环系统全局渐进稳定。

22.5　滑模控制的基本原理与性质

22.5.1　滑动模态的存在条件

Utkin 首先提出了滑动模态存在的充分条件：

$$\lim_{s \to 0^+} \dot{s} < 0 \text{ 及 } \lim_{s \to 0^-} \dot{s} > 0 \tag{22.3}$$

或者：

$$\lim_{s \to 0^+} \dot{s} < 0 < \lim_{s \to 0^-} \dot{s} \tag{22.4}$$

也可以合并写为：

$$\lim_{s \to 0} s(x)\dot{s}(x) < 0 \tag{22.5}$$

22.5.2　滑动模态的到达条件

滑模变结构控制系统的到达条件比较简单，最初前苏联学者 Emelyanov 的到达条件：

$$\begin{cases} \dot{s} < 0, s(x) > 0 \\ \dot{s} > 0, s(x) < 0 \end{cases} \tag{22.6}$$

或者合并写成：

$$s(x)\dot{s}(x) < 0 \tag{22.7}$$

式（22.7）也称之为广义滑模条件。显然，满足滑模存在性及可达条件。为了缩短到达时间，后来有学者提出如下到达条件：

$$s(x)\dot{s}(x) < -\eta \text{，} \eta > 0 \tag{22.8}$$

式（22.8）中，η 可以取任意最小值。

1977 年，Utkin 提出来李雅普诺夫型到达条件：

$$V(x) = \frac{1}{2}s^2 \text{，} \dot{V}(x) < 0 \tag{22.9}$$

式（22.9）中，$V(x)$ 为定义的李雅普诺夫函数。

1984 年，前苏联学者 Slotine J.E 又提出形式如下式的到达条件：

$$s(x)\dot{s}(x) < -\eta_s |s| \text{，} \eta > 0 \tag{22.10}$$

式（22.10）中，$\eta_s = \begin{cases} \eta, s \neq 0 \\ 0, s = 0 \end{cases}$，$\eta > 0$，旨在缩短到达滑动平面的时间。

而后我国学者高为炳等最先提出用趋近律来保证到达的条件，这样还能保证趋近模态的动态品质。目前已有的几种趋近律如下所示。

（1）等速趋近律

$$\dot{s}=-\varepsilon\operatorname{sgn}(s),\quad \varepsilon>0 \tag{22.11}$$

式（22.11）中，常数ε表示系统的运动点趋近切换平面的$s=0$的速率。ε小，趋近速度慢；ε大，则运动点到达切换面时将具有较大的速度，引起的抖振也较大。

（2）指数趋近律

$$\dot{s}=-ks-\varepsilon\operatorname{sgn}(s),\quad \varepsilon>0,\quad k>0 \tag{22.12}$$

（3）幂次趋近律

$$\dot{s}=-k|s|^{a}\operatorname{sgn}(s),\quad k>0,\quad 0<a<1 \tag{22.13}$$

（4）一般趋近律

$$\dot{s}=-\varepsilon\operatorname{sgn}(s)-f(s),\quad \varepsilon>0 \tag{22.14}$$

其中，$f(0)=0$，当$s\neq 0$时，$sf(s)>0$。

显然，以上四种趋近律都满足滑模到达条件$s(x)\dot{s}(x)<0$。

22.5.3　滑模控制系统的匹配条件及不变性

滑模控制的突出优点是可以实现滑动模态与系统的外干扰和参数变化完全无关，这种性质成为滑动模态的不变性，这也是滑模控制受到重视的主要原因。但是对于一般线性系统，不变性的成立是有条件的，需要满足滑动模态的匹配条件。分以下三种情况进行讨论。

（1）系统受外干扰时

$$\dot{x}=Ax+Bu+Df \tag{22.15}$$

式（22.15）中，Df表示系统所受的外干扰。

滑动模态不受干扰f影响的充分必要条件为：

$$\operatorname{rank}[B,D]=\operatorname{rank}(B) \tag{22.16}$$

如果上式满足，则系统可化为：

$$\dot{x}=Ax+B\left(u+\tilde{D}f\right) \tag{22.17}$$

式（22.17）中，$\tilde{D}=B^{-1}D$，则通过设计控制律u可实现对干扰的完全补偿。$\operatorname{rank}[B,D]=\operatorname{rank}(B)$称为干扰和系统的完全匹配条件。

（2）系统存在不确定性时

$$\dot{x}=Ax+Bu+\Delta Ax \tag{22.18}$$

滑动模态与ΔA不确定无关的充分必要条件为：

$$\operatorname{rank}[B,\Delta \mathrm{A}]=\operatorname{rank}(B) \tag{22.19}$$

如果式（22.19）成立，则系统可化为：

$$\dot{x}=Ax+B\left(u+\Delta\tilde{A}f\right) \tag{22.20}$$

式（22.20）中，$\Delta A = B\Delta\tilde{A}$，则通过设计控制律 u 可实现对干扰的完全补偿。$\operatorname{rank}[B,\Delta A] = \operatorname{rank}(B)$ 称为干扰和系统的完全匹配条件。

（3）对于同时存在外干扰和参数摄动的系统

$$\dot{x} = Ax + \Delta Ax + Bu + Df \tag{22.21}$$

如果满足匹配条件式 $\operatorname{rank}[B,D] = \operatorname{rank}(B)$ 和式 $\operatorname{rank}[B,\Delta A] = \operatorname{rank}(B)$，则系统可化为：

$$\dot{x} = Ax + B\left(u + \Delta\tilde{A}x + \tilde{D}f\right) \tag{22.22}$$

22.5.4　滑模控制器设计的基本方法

设计滑模控制器的基本步骤包括两个相对独立的部分：

（1）设计切换函数 $s(x)$，使它所确定的滑动模态渐进稳定且具有良好的动态品质。

（2）设计滑动模态控制律 $u^{\pm}(x)$，使到达条件得到满足，从而在切换面上形成滑动模态区。

设计的目标有 3 个，即滑模控制的三要素：

- 所有相轨迹于有限时间内到达切换面；
- 切换面存在滑动模态区；
- 滑模运动渐进稳定并具有良好的动态品质。

按时间顺序是先有 a，再有 b，后有 c，但 c 目标与切换函数的确定紧密相关，一旦确定了切换函数，也就决定了滑模运动的稳定性与动态品质。而 a 和 b 目标是在切换函数确定之后，由滑模控制律 $u^{\pm}(x)$ 来保证的。因此，确定切换函数问题是首先要解决的问题。

在单输入（标量）的情况下，切换函数：

$$s(x) = C^T x = \left[C_1, C_2, \cdots, C_n\right]\begin{bmatrix} x_1 \\ x_2 \\ \vdots \\ x_n \end{bmatrix} \tag{22.23}$$

22.6　基于趋近率的滑模控制器仿真

考虑如下被控对象：

$$\ddot{\theta}(t) = -f(\theta,t) + bu(t)$$

其中，$f(\theta,t) = 25\dot{\theta}$，$b$=133。

取指令信号为 $\theta_d(t) = \sin(t)$，被控对象初始状态为 $[-0.15，-0.15]$，采用控制器 $u(t) = \frac{1}{b}\left(\varepsilon \operatorname{sgn} s + ks + c\left(\dot{\theta}_d - \dot{\theta}\right) + \ddot{\theta}_d + f(\theta,t)\right)$，取 c=15，ε=5，k=10，仿真框图如图 22-1 所示。

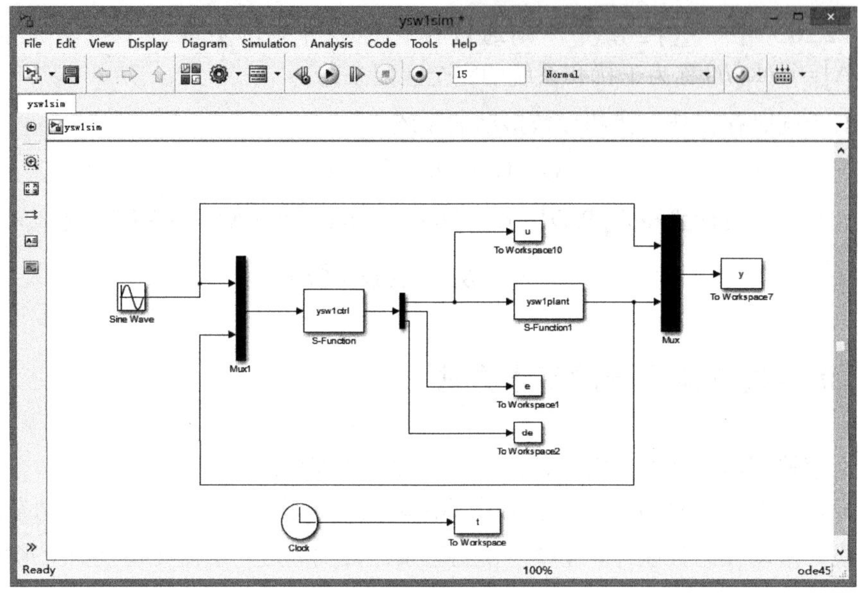

图 22-1　仿真图

控制器程序如下：

```
function [sys,x0,str,ts] = spacemodel(t,x,u,flag)
switch flag,
case 0,
   [sys,x0,str,ts]=mdlInitializeSizes;
case 3,
   sys=mdlOutputs(t,x,u);
case {2,4,9}
   sys=[];
otherwise
   error(['Unhandled flag = ',num2str(flag)]);
end
function [sys,x0,str,ts]=mdlInitializeSizes
sizes = simsizes;
sizes.NumContStates  = 0;         % 连续
sizes.NumDiscStates  = 0;         % 离散
sizes.NumOutputs     = 3;         % 输出
sizes.NumInputs      = 3;         % 输入
sizes.DirFeedthrough = 1;         % 反馈
sizes.NumSampleTimes = 0;         % 采样时间
sys = simsizes(sizes);
x0  = [];
str = [];
ts  = [];
function sys=mdlOutputs(t,x,u)
thd=u(1);
dthd=cos(t);
ddthd=-sin(t);

th=u(2);
```

```
dth=u(3);

c=15;
e=thd-th;
de=dthd-dth;
s=c*e+de;

fx=25*dth;
b=133;

epc=5;k=10;
ut=1/b*(epc*sign(s)+k*s+c*de+ddthd+fx);

sys(1)=ut;
sys(2)=e;
sys(3)=de;
```

相应的控制对象如下：

```
function [sys,x0,str,ts]=s_function(t,x,u,flag)
switch flag,
case 0,
   [sys,x0,str,ts]=mdlInitializeSizes;
case 1,
   sys=mdlDerivatives(t,x,u);
case 3,
   sys=mdlOutputs(t,x,u);
case {2, 4, 9 }
   sys = [];
otherwise
   error(['Unhandled flag = ',num2str(flag)]);
end
function [sys,x0,str,ts]=mdlInitializeSizes
sizes = simsizes;
sizes.NumContStates  = 2;
sizes.NumDiscStates  = 0;
sizes.NumOutputs     = 2;
sizes.NumInputs      = 1;
sizes.DirFeedthrough = 0;
sizes.NumSampleTimes = 0;
sys=simsizes(sizes);
x0=[-0.15 -0.15];
str=[];
ts=[];
function sys=mdlDerivatives(t,x,u)
sys(1)=x(2);
sys(2)=-25*x(2)+133*u;
function sys=mdlOutputs(t,x,u)
sys(1)=x(1);
sys(2)=x(2);
```

仿真结果图如图 22-2~图 22-4 所示。

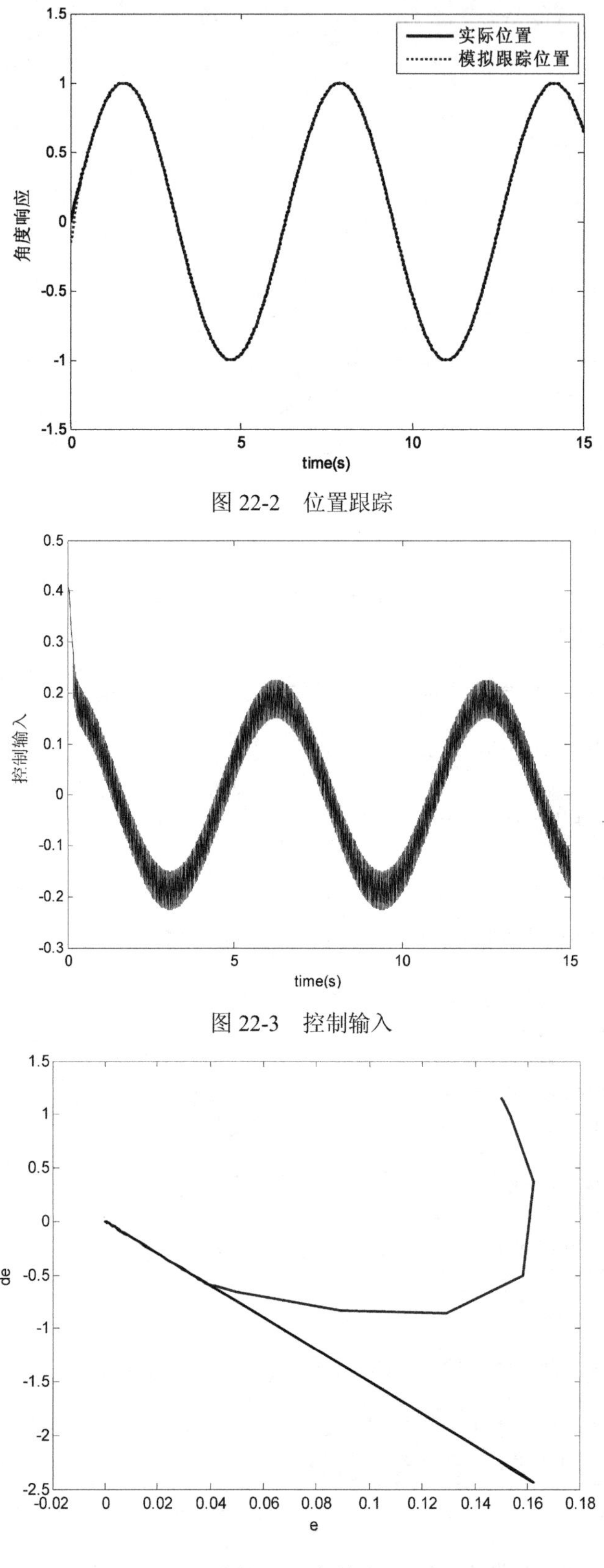

图 22-2　位置跟踪

图 22-3　控制输入

图 22-4　相轨迹

22.7　倒立摆模型分析

直线一级倒立摆系统抽象成小车和匀质杆组成的系统，如图 22-5 所示。

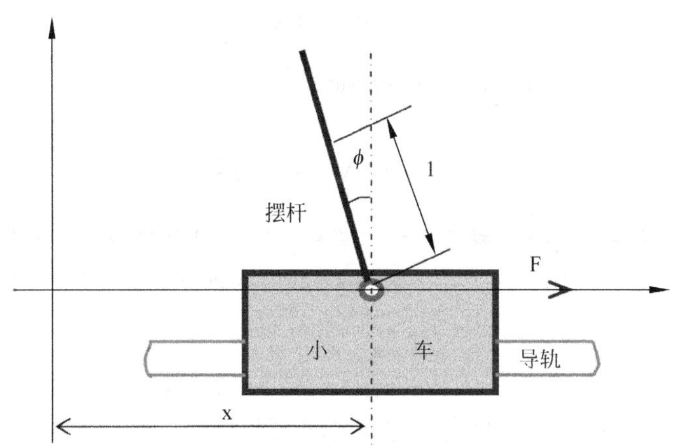

图 22-5　直线一级倒立摆模型

其中 M 为小车质量；m 为摆杆质量；b 为小车摩擦系数；l 为摆杆转动轴心到杆质心的长度；I 为摆杆惯量；F 为加在小车上的力；x 为小车位置；Φ 为摆杆与垂直向上方向的夹角；θ 摆杆与垂直向下方向的夹角（考虑到摆杆初始位置为竖直向下）。

图 22-5 是系统中小车和摆杆的受力分析图。其中，N 和 P 为小车与摆杆相互作用力的水平和垂直方向的分量。注意：在实际倒立摆系统中检测和执行装置的正负方向已经完全确定，因而矢量方向的定义如图 22-6 所示，图示方向为矢量正方向。

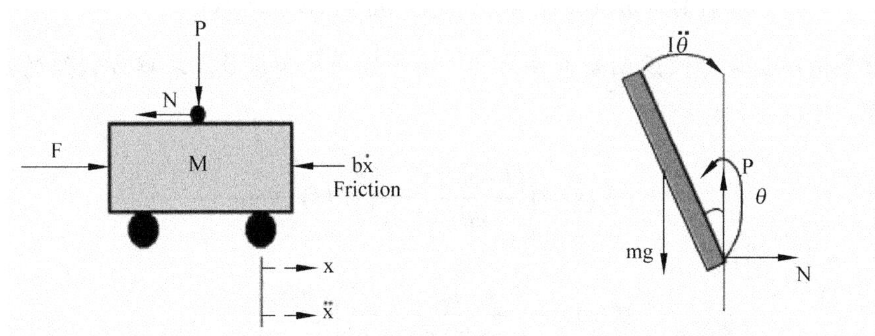

图 22-6　小车及摆杆受力分析图

分析小车水平方向所受的合力，可以得到以下方程：

$$M\ddot{x} = F - b\dot{x} - N \tag{22.24}$$

由摆杆水平方向的受力进行分析可以得到下面等式：

$$N = m\frac{d}{\mathrm{d}t^2}(x + l\sin\theta) \tag{22.25}$$

即：

$$N = m\ddot{x} + ml\ddot{\theta}\cos\theta - ml\dot{\theta}^2\sin\theta \tag{22.26}$$

把等式（22.26）代入（22.24）式中，就得到系统的第一个运动方程：

$$(M+m)\ddot{x} + b\dot{x} + ml\ddot{\theta}\cos\theta - ml\dot{\theta}^2\sin\theta = F \tag{22.27}$$

为了推出系统的第二个运动方程，我们对摆杆垂直方向上的合力进行分析，可以得到下面方程：

$$P - mg = m\frac{\mathrm{d}}{\mathrm{d}t^2}(l\cos\theta) \tag{22.28}$$

$$P - mg = -ml\ddot{\theta}\sin\theta - ml\dot{\theta}^2\cos\theta \tag{22.29}$$

力矩平衡方程如下：

$$-Pl\sin\theta - Nl\cos\theta = I\ddot{\theta} \tag{22.30}$$

注意：此方程中力矩的方向，由于 $\theta = \pi + \varphi, \cos\varphi = -\cos\theta, \sin\varphi = -\sin\theta$，故等式前面有负号。合并方程（22.26）、方程（22.29）和方程（22.30），约去 P 和 N，得到第二个运动方程：

$$(I + ml^2)\ddot{\theta} + mgl\sin\theta = -ml\ddot{x}\cos\theta \tag{22.31}$$

设 $\theta = \pi + \varphi$,（Φ是摆杆与垂直向上方向之间的夹角），假设Φ与 1（单位是弧度）相比很小，即 ϕ<<1，则可以进行近似处理：

$$\cos\theta = -1, \sin\theta = -\varphi, (\frac{\mathrm{d}\theta}{\mathrm{d}t})^2 = 0$$

用 u 来代表被控对象的输入力 F，线性化后两个运动方程如下：

$$\begin{cases}(I + ml^2)\ddot{\varphi} - mgl\varphi = ml\ddot{x} \\ (M+m)\ddot{x} + b\dot{x} - ml\ddot{\varphi} = u\end{cases} \tag{22.32}$$

对方程组（22.32）式进行拉普拉斯变换，得到方程组：

$$\begin{cases}(I + ml^2)\Phi(s)s^2 - mgl\Phi(s) = mlX(s)s \\ (M+m)X(s)s^2 + bX(s)s - ml\Phi(s)s^2 = U(s)\end{cases} \tag{22.33}$$

注意：推导传递函数时假设初始条件为 0。由于输出为角度 ϕ，求解方程组的第一个方程，可以得到：

$$X(s) = [\frac{(I + ml^2)}{ml} - \frac{g}{s^2}]\Phi(s) \tag{22.34}$$

如果令 $v = \ddot{x}$，则有：

$$\Phi(s) = \frac{ml}{(I + ml^2)s^2 - mgl}V(s) \tag{22.35}$$

把上式代入方程组的第二个方程，得到：

$$(M+m)[\frac{(I + ml^2)}{ml} - \frac{g}{s}]\Phi(s)s^2 + b[\frac{(I + ml^2)}{ml} + \frac{g}{s^2}]\Phi(s)s - ml\Phi(s)s^2 = U(s) \tag{22.36}$$

整理后得到传递函数：

$$\frac{\Phi(s)}{U(s)} = \frac{\frac{ml}{q}s^2}{s^4 + \frac{b(I + ml^2)}{q}s^3 - \frac{(M+m)mgl}{q}s^2 - \frac{bmgl}{q}s} \tag{22.37}$$

其中，$q=[(M+m)(I+ml^2)-(ml)^2]$。

设系统状态空间方程为：

$$\begin{cases}\dot{X}=AX+Bu\\ y=CX+Du\end{cases} \tag{22.38}$$

方程组对 $\ddot{x},\ddot{\phi}$ 解代数方程，得到解如下：

$$\begin{cases}\dot{x}=\dot{x}\\ \ddot{x}=\dfrac{-(I+ml^2)b\dot{x}}{I(M+m)+Mml^2}+\dfrac{m^2gl^2\varphi}{I(M+m)+Mml^2}+\dfrac{(I+ml^2)u}{I(M+m)+Mml^2}\\ \dot{\varphi}=\dot{\varphi}\\ \ddot{\varphi}=\dfrac{-mlb\dot{x}}{I(M+m)+Mml^2}+\dfrac{mgl(M+m)\varphi}{I(M+m)+Mml^2}+\dfrac{mlu}{I(M+m)+Mml^2}\end{cases} \tag{22.39}$$

22.8　倒立摆状态空间

整理后得到以外界作用力（u 来代表被控对象的输入力 F）作为输入的系统状态方程：

$$\begin{bmatrix}\dot{x}\\ \ddot{x}\\ \dot{\phi}\\ \ddot{\phi}\end{bmatrix}=\begin{bmatrix}0 & 1 & 0 & 0\\ 0 & \dfrac{-(I+ml^2)b}{I(M+m)+Mml^2} & \dfrac{m^2gl^2}{I(M+m)+Mml^2} & 0\\ 0 & 0 & 0 & 1\\ 0 & \dfrac{-mlb}{I(M+m)+Mml^2} & \dfrac{mgl(M+m)}{I(M+m)+Mml^2} & 0\end{bmatrix}\begin{bmatrix}x\\ \dot{x}\\ \phi\\ \dot{\phi}\end{bmatrix}+\begin{bmatrix}0\\ \dfrac{I+ml^2}{I(M+m)+Mml^2}\\ 0\\ \dfrac{ml}{I(M+m)+Mml^2}\end{bmatrix}u \tag{22.40}$$

$$y=\begin{bmatrix}x\\ \varphi\end{bmatrix}=\begin{bmatrix}1 & 0 & 0 & 0\\ 0 & 0 & 1 & 0\end{bmatrix}\begin{bmatrix}x\\ \dot{x}\\ \varphi\\ \dot{\varphi}\end{bmatrix}+\begin{bmatrix}0\\ 0\end{bmatrix}u \tag{22.41}$$

由方程组（22.32）得第一个方程为：

$$(I+ml^2)\ddot{\varphi}-mgl\varphi=ml\ddot{x} \tag{22.42}$$

对于质量均匀分布的摆杆有：

$$I=\frac{1}{3}ml^2 \tag{22.43}$$

于是可以得到：

$$(\frac{1}{3}ml^2+ml^2)\ddot{\varphi}-mgl\varphi=ml\ddot{x} \tag{22.44}$$

化简得到：

$$\ddot{\varphi}=\frac{3g}{4l}\varphi+\frac{3}{4l}\ddot{x} \tag{22.45}$$

设 $X=\{x,\dot{x},\varphi,\dot{\varphi}\},u^{'}=\ddot{x}$，则可以得到以小车加速度作为输入的系统状态方程：

$$\begin{bmatrix}\dot{x}\\ \ddot{x}\\ \dot{\varphi}\\ \ddot{\varphi}\end{bmatrix}=\begin{bmatrix}0&1&0&0\\0&0&0&0\\0&0&0&1\\0&0&\dfrac{3g}{4l}&0\end{bmatrix}\begin{bmatrix}x\\ \dot{x}\\ \varphi\\ \dot{\varphi}\end{bmatrix}+\begin{bmatrix}0\\1\\0\\ \dfrac{3}{4l}\end{bmatrix}u' \tag{22.46}$$

$$y=\begin{bmatrix}x\\ \varphi\end{bmatrix}=\begin{bmatrix}1&0&0&0\\0&0&1&0\end{bmatrix}\begin{bmatrix}x\\ \dot{x}\\ \varphi\\ \dot{\varphi}\end{bmatrix}+\begin{bmatrix}0\\0\end{bmatrix}u' \tag{22.47}$$

以小车加速度为控制量，摆杆角度为被控对象，此时系统的传递函数为：

$$G(s)=\frac{\dfrac{3}{4l}}{s^2-\dfrac{3g}{4l}} \tag{22.48}$$

设定直线一级倒立摆实际系统的物理参数如表 22-1 所示。

表 22-1　直线一级倒立摆实际系统的物理参数

摆杆质量 m	摆杆长度 L	摆杆转轴到质心长度 l	重力加速度 g
0.111kg	0.50m	0.25m	9.81m/s^2

将表 22-1 中的物理参数代入上面的系统状态方程和传递函数中得到系统精确模型。

系统状态空间方程：

$$\begin{bmatrix}\dot{x}\\ \ddot{x}\\ \dot{\varphi}\\ \ddot{\varphi}\end{bmatrix}=\begin{bmatrix}0&1&0&0\\0&0&0&0\\0&0&0&1\\0&0&29.4&0\end{bmatrix}\begin{bmatrix}x\\ \dot{x}\\ \varphi\\ \dot{\varphi}\end{bmatrix}+\begin{bmatrix}0\\1\\0\\3\end{bmatrix}u' \tag{22.49}$$

$$y=\begin{bmatrix}x\\ \varphi\end{bmatrix}=\begin{bmatrix}1&0&0&0\\0&0&1&0\end{bmatrix}\begin{bmatrix}x\\ \dot{x}\\ \varphi\\ \dot{\varphi}\end{bmatrix}+\begin{bmatrix}0\\0\end{bmatrix}u' \tag{22.50}$$

系统传递函数：

$$G(s)=\frac{3}{s^2-29.4} \tag{22.51}$$

令小车摩擦系数 $b=0$，式（22.40）变为式（22.52）：

$$\begin{cases}\ddot{x}=\dfrac{(M+m)mgl}{(M+m)I+Mml^2}\phi+\dfrac{I+ml^2}{(M+m)I+Mml^2}u\\[2ex]\ddot{\phi}=\dfrac{(M+m)mgl}{(M+m)I+Mml^2}\phi+\dfrac{I+ml^2}{(M+m)I+Mml^2}u\end{cases} \tag{22.52}$$

整理有：

$$\begin{bmatrix} \dot{x} \\ \ddot{x} \\ \dot{\phi} \\ \ddot{\phi} \end{bmatrix} = \begin{bmatrix} 0 & 1 & 0 & 0 \\ 0 & 0 & \dfrac{m^2 l^2 g}{(M+m)I + Mml^2} & 0 \\ 0 & 0 & 0 & 1 \\ 0 & 0 & \dfrac{(M+m)mgl}{(M+m)I + Mml^2} & 0 \end{bmatrix} \begin{bmatrix} x \\ \dot{x} \\ \phi \\ \dot{\phi} \end{bmatrix} + \begin{bmatrix} 0 \\ \dfrac{I + ml^2}{(M+m)I + Mml^2} \\ 0 \\ \dfrac{ml}{(M+m)I + Mml^2} \end{bmatrix} u \tag{22.53}$$

22.9　倒立摆变量空间的θ化

倒立摆的动力学方程为：

$$\begin{cases} F = (M+m)\ddot{x} + ml\ddot{\theta}\cos\theta - ml\dot{\theta}^2\sin\theta + b\dot{x} \\ mgl\sin\theta - \left(ml^2\ddot{\theta}\right) = ml\ddot{x}\cos\theta \end{cases} \tag{22.54}$$

令 $b=0$ 、 $F=u$ ，有：

$$\begin{cases} u + ml\dot{\theta}^2\sin\theta = (M+m)\ddot{x} + ml\ddot{\theta}\cos\theta \\ mgl\sin\theta = ml\ddot{x}\cos\theta + ml^2\ddot{\theta} \end{cases} \tag{22.55}$$

写为矩阵形式：

$$\begin{bmatrix} M+m & ml\cos\theta \\ ml\cos\theta & ml^2 \end{bmatrix} \begin{bmatrix} \ddot{x} \\ \ddot{\theta} \end{bmatrix} = \begin{bmatrix} ml\sin\theta \bullet \dot{\theta}^2 \\ mgl\sin\theta \end{bmatrix} + \begin{bmatrix} u \\ 0 \end{bmatrix} \tag{22.56}$$

倒立摆的控制目标为 $x \to 0$ 、 $\dot{x} \to 0$ 、 $\theta \to 0$ 和 $\dot{\theta} \to 0$ 。

令：

$$\begin{bmatrix} M_{aa} \\ M_{au} \\ M_{uu} \\ f_a \\ f_u \end{bmatrix} = \begin{bmatrix} M+m \\ ml\cos\theta \\ ml^2 \\ ml\sin\theta \bullet \dot{\theta}^2 \\ mgl\sin\theta \end{bmatrix} \tag{22.57}$$

则可整理为：

$$\begin{bmatrix} M_{aa} & M_{au} \\ M_{au} & M_{uu} \end{bmatrix} \begin{bmatrix} \ddot{x} \\ \ddot{\theta} \end{bmatrix} = \begin{bmatrix} f_a + u \\ f_u \end{bmatrix} \tag{22.58}$$

则：

$$\begin{bmatrix} \ddot{x} \\ \ddot{\theta} \end{bmatrix} = \frac{\begin{bmatrix} M_{au} f_a - M_{au} f_u \\ -M_{au} f_a + M_{aa} f_u \end{bmatrix}}{M_{aa} M_{uu} - M_{au} M_{au}} + \frac{\begin{bmatrix} M_{uu} u \\ -M_{au} u \end{bmatrix}}{M_{aa} M_{uu} - M_{au} M_{au}} \tag{22.59}$$

整理如下：

$$\ddot{x} = \frac{ml\sin\theta \bullet \dot{\theta}^2 - \cos\theta \bullet mg\sin\theta}{(M+m) - m(\cos\theta)^2} + \frac{u}{(M+m) - m(\cos\theta)^2} \tag{22.60}$$

由此可得：

$$\ddot{x}=\frac{M_{uu}f_a-M_{au}f_u}{M_{aa}M_{uu}-M_{au}M_{au}}+\frac{M_{uu}u}{M_{aa}M_{uu}-M_{au}M_{au}}=f_1+b_1u \tag{22.61}$$

$$\ddot{\theta}=\frac{-ml\cos\theta\bullet\sin\theta\bullet\dot{\theta}^2+(M+m)g\sin\theta}{\left[(M+m)-m(\cos\theta)^2\right]l}-\frac{\cos\theta\bullet u}{\left[(M+m)-m(\cos\theta)^2\right]l} \tag{22.62}$$

由此可得：

$$\ddot{\theta}=\frac{-M_{au}f_a+M_{aa}f_u}{M_{aa}M_{uu}-M_{au}M_{au}}-\frac{M_{au}u}{M_{aa}M_{uu}-M_{au}M_{au}}=f_2+b_2u \tag{22.63}$$

其中，$\frac{M_{uu}f_a-M_{au}f_u}{M_{aa}M_{uu}-M_{au}M_{au}}=f_1$、$\frac{M_{uu}}{M_{aa}M_{uu}-M_{au}M_{au}}=b_1$；$\frac{-M_{au}f_a+M_{aa}f_u}{M_{aa}M_{uu}-M_{au}M_{au}}=f_2$、$-\frac{M_{au}}{M_{aa}M_{uu}-M_{au}M_{au}}=b_2$。

由此定义滑模面为：

$$s=\alpha_a\dot{x}+\lambda_ax+l\alpha_u\dot{\theta}+l\lambda_u\theta \tag{22.64}$$

其中，α_a、λ_a、α_u 和 λ_u 为待定实数。

当倒立摆为单摆时，l 为正实数，否则 l 为对角阵。由此定义 $s_r=\lambda_ax+l\lambda_u\theta$，则：

$$\begin{cases}s=\alpha_a\dot{x}+l\alpha_u\dot{\theta}+s_r\\ \dot{s}_r=\lambda_a\dot{x}+l\lambda_u\dot{\theta}\end{cases} \tag{22.65}$$

则，

$$\dot{s}=\alpha_af_1+l\alpha_uf_2+(\alpha_ab_1+l\alpha_ub_2)u+\dot{s}_r \tag{22.66}$$

设计控制律为：

$$u=-\frac{1}{\alpha_ab_1+l\alpha_ub_2}\left(\alpha_af_1+l\alpha_uf_2+\dot{s}_r+\eta\,\mathrm{sgn}(s)\right) \tag{22.67}$$

式（22.67）中，$\eta>0$。

将 $u=-\frac{1}{\alpha_ab_1+l\alpha_ub_2}\left(\alpha_af_1+l\alpha_uf_2+\dot{s}_r+\eta\,\mathrm{sgn}(s)\right)$ 代入 $\dot{s}$，得 $\dot{s}=-\eta\,\mathrm{sgn}(s)$，从而 $s\dot{s}=-\eta s\cdot\mathrm{sgn}(s)=-\eta|s|\leqslant 0$。

在滑模面上有 $s=0$，将 u 代入 $\ddot{\theta}$，得：

$$\ddot{\theta}=\frac{\alpha_ag\sin\theta+\cos\theta\bullet\left(-\frac{l\lambda_a\lambda_u}{\alpha_a}\theta+\left(-\frac{l\alpha_u\lambda_a}{\alpha_a}\right)\dot{\theta}-\frac{\lambda_a\lambda_a}{\alpha_a}x\right)}{l(\alpha_a-\alpha_u\cos\theta)} \tag{22.68}$$

当 s=0 时，有：

$$s=\alpha_a\dot{x}+\lambda_ax+l\alpha_u\dot{\theta}+l\lambda_u\theta=0 \tag{22.69}$$

即：

$$\dot{x}=-\frac{\lambda_a}{\alpha_a}x-\frac{l\alpha_u}{\alpha_a}\dot{\theta}-\frac{l\lambda_u}{\alpha_a}\theta \tag{22.70}$$

设 $y_1=\theta$，$y_2=\dot{\theta}$，$y_3=x$，则得状态方程为：

$$\begin{cases}\dot{y}_1 = y_2 \\ \dot{y}_2 = \dfrac{\alpha_a g\sin(y_1)+\cos(y_1)\left[-\dfrac{l\lambda_a\lambda_u}{\alpha_a}y_1+\left(-\dfrac{l\alpha_u\lambda_a}{\alpha_a}+l\lambda_u\right)y_2-\dfrac{\lambda_a\lambda_a}{\alpha_a}y_3\right]}{l(\alpha_a-\alpha_u\cos\theta)} \\ \dot{y}_3 = -\dfrac{l\lambda_u}{\alpha_a}y_1-\dfrac{l\alpha_u}{\alpha_a}y_2-\dfrac{\lambda_a}{\alpha_a}y_3\end{cases} \tag{22.71}$$

平衡点为 $\theta=0$，$\dot{\theta}=0$，$x=0$，$\dot{x}=0$，即 $y_1=0$，$y_2=0$，$y_3=0$。在平衡点线性化，假设 θ 很小，可取 $\sin\theta\approx\theta$，$\cos\theta\approx1$，则：

$$\begin{cases}\dot{y}_1 = y_2 \\ \dot{y}_2 = \dfrac{\alpha_a g y_1+\left[-\dfrac{l\lambda_a\lambda_u}{\alpha_a}y_1+\left(-\dfrac{l\alpha_u\lambda_a}{\alpha_a}+l\lambda_u\right)y_2-\dfrac{\lambda_a\lambda_a}{\alpha_a}y_3\right]+\varepsilon_1y_1+\varepsilon_2y_2+\varepsilon_3y_3}{l(\alpha_a-\alpha_u\cos\theta)} \\ \dot{y}_3 = -\dfrac{l\lambda_u}{\alpha_a}y_1-\dfrac{l\alpha_u}{\alpha_a}y_2-\dfrac{\lambda_a}{\alpha_a}y_3\end{cases} \tag{22.72}$$

其中 ε_i 为线性化造成的偏差，$i=1,2,3$。

则：

$$\dot{y}=Ay+\begin{bmatrix}0 & 0 & 0\\ \varepsilon_1 & \varepsilon_2 & \varepsilon_3\\ 0 & 0 & 0\end{bmatrix}y，\quad A=\begin{bmatrix}0 & 1 & 0\\ A_{21} & A_{22} & A_{23}\\ a & b & c\end{bmatrix} \tag{22.73}$$

由于 ε_i 是很小的实数，当 A 的特征值在负平面远离原点的位置就可以满足系统 Hurwitz 渐进稳定，故只需要考虑 $\dot{y}=Ay$ 的稳定性即可。

假设 $\alpha_a\neq0$，$\alpha_a\neq\alpha_u$，$A_{21}=\dfrac{\alpha_a g-\dfrac{l\lambda_a\lambda_u}{\alpha_a}}{l(\alpha_a-\alpha_u)}$，$A_{22}=\dfrac{-\dfrac{l\lambda_a\alpha_u}{\alpha_a}+l\lambda_u}{l(\alpha_a-\alpha_u)}$，$A_{23}=\dfrac{-\dfrac{\lambda_a\lambda_a}{\alpha_a}}{l(\alpha_a-\alpha_u)}$，$a=-\dfrac{l\lambda_u}{\alpha_a}$，$b=-\dfrac{l\alpha_u}{\alpha_a}$，$c=-\dfrac{\lambda_a}{\alpha_a}$。

由 $|A-\lambda I|=0$ 得：

$$\begin{vmatrix}-\lambda & 1 & 0\\ A_{21} & A_{22}-\lambda & A_{23}\\ a & b & c-\lambda\end{vmatrix} \tag{22.74}$$

则：

$$-\lambda(\lambda-A_{22})(\lambda-c)+aA_{23}+b\lambda A_{23}-(c-\lambda)A_{21}=0 \tag{22.75}$$

从而得：

$$\lambda^3-(A_{22}+c)\lambda^2+(cA_{22}-A_{21}-bA_{23})\lambda+cA_{21}-aA_{23}=0 \tag{22.76}$$

取期望特征方程 $(\lambda+1)(\lambda+2)(\lambda+3)=1$，即 $\lambda^3+6\lambda^2+11\lambda+6=0$，对应的方程组为：

$$\begin{cases}-(A_{22}+c)=6\\ cA_{22}-A_{21}-bA_{23}=11\\ cA_{21}-aA_{23}=6\end{cases} \tag{22.77}$$

由于：

$$\begin{cases} -\left(A_{22}+c\right)=\dfrac{\lambda_a-\lambda_u}{\alpha_a-\alpha_u} \\ cA_{22}-A_{21}-bA_{23}=\dfrac{-\alpha_a g}{l\left(\alpha_a-\alpha_u\right)} \\ cA_{21}-aA_{23}=\dfrac{-\lambda_a g}{l\left(\alpha_a-\alpha_u\right)} \end{cases} \tag{22.78}$$

即：

$$\begin{cases} \dfrac{\lambda_a-\lambda_u}{\alpha_a-\alpha_u}=6 \\ -\dfrac{\alpha_a g}{l\left(\alpha_a-\alpha_u\right)}=11 \\ -\dfrac{\lambda_a g}{l\left(\alpha_a-\alpha_u\right)}=6 \end{cases} \tag{22.79}$$

不妨取 $\alpha_a=1$，解方程得：

$$\begin{cases} \lambda_u=\lambda_a+6\left(\alpha_u-1\right) \\ \alpha_u=1+\dfrac{g}{11l} \\ \lambda_a=\dfrac{6l}{g}\left(\alpha_u-1\right) \end{cases} \tag{22.80}$$

从而可求得 α_a、λ_a、α_u 和 λ_u。

22.10　倒立摆系统 PID 控制

PID 控制是工业过程控制中历史最悠久，生命力最强的控制方式。这主要是因为这种控制方式具有直观、实现简单和鲁棒性能好等一系列的优点。

位置式 PID 算式连续控制系统中的 PID 控制规律是：

$$x(t)=K_p[e(t)+\frac{1}{T_i}\int_0^t e\left(\tau\right)d\tau+T_d\frac{\mathrm{d}e(t)}{\mathrm{d}t}]+x_0 \tag{22.81}$$

其中 x_0 是偏差信号为零时的控制作用，是控制量的基准。

（1）基本偏差 $e(t)$

表示当前测量值与设定目标间的差，设定目标是被减数，结果可以是正或负，正数表示还没有达到，负数表示已经超过了设定值。这是面向比例项用的变动数据。

（2）累计偏差 ：$\sum e(t)=e(t)+e(t-1)+e(t-2)+...+e(1)$

表示每一次测量到的偏差值的总和，这是代数和，是面向积分项用的一个变动数据。

（3）基本偏差的相对偏差 $e(t)–e(t–1)$

表示用本次的基本偏差减去上一次的基本偏差，用于考察当前控制对象的趋势，作为快速反应的重要依据，这是面向微分项的一个变动数据。

增量式 PID 控制规律为：

$$u(t) = K_P[e(t) + \frac{1}{T_I}\int_0^t e(t)\mathrm{d}t + T_D\frac{\mathrm{d}e(t)}{\mathrm{d}t}] \tag{22.82}$$

式中，K_p：比例增益，K_p 的倒数称为比例带；T_I：积分时间常数；T_D：微分时间常数；$u(t)$：控制量；$e(t)$：偏差，等于给定量与反馈量的差。

22.10.1　PID 参数整定

在选择数字 PID 参数之前，首先应该确定控制器结构。对允许有静差（或稳态误差）的系统，可以适当选择 P 或 PD 控制器，使稳态误差在允许的范围内。对必须消除稳态误差的系统，应选择包含积分控制的 PI 或 PID 控制器。一般来说，PI、PID 和 P 控制器应用较多。对于有滞后的对象，往往都加入微分控制。

控制器结构确定后，即可开始选择参数。参数的选择，要根据受控对象的具体特性和对控制系统的性能要求进行。工程上，一般要求整个闭环系统是稳定的，对给定量的变化能迅速响应并平滑跟踪，超调量小；在不同干扰作用下，能保证被控量在给定值；当环境参数发生变化时，整个系统能保持稳定等等。

PID 控制器的参数整定，可以不依赖于受控对象的数学模型。工程上，PID 控制器的参数常常是通过实验来确定，通过试凑，或者通过实际经验公式来确定。

试凑法就是根据控制器各参数对系统性能的影响程度，边观察系统的运行，边修改参数，直到满意为止。

一般情况下，增大比例系数 KP 会加快系统的响应速度，有利于减少静差。但过大的比例系数会使系统有较大的超调，并产生振荡使稳定性变差。

减小积分系数 KI 将减少积分作用，有利于减少超调使系统稳定，但系统消除静差的速度慢。

增加微分系数 KD 有利于加快系统的响应，是超调减少，稳定性增加，但对干扰的抑制能力会减弱。

在试凑时，一般可根据以上参数对控制过程的影响趋势，对参数实行先比例、后积分和再微分的步骤进行整定。

PID 控制器针对状态方程 $\dot{x} = Ax + Bu$ 的全状态反馈控制系统闭环特征多项式为 $sI–(A–BK)$，基于其反馈矩阵，MATLAB 对于极点配置，有相应的函数，在本小节中，凭借试凑法 KP=5，KI=0.001，KD=1，主要是状态反馈矩阵的求解，MATLAB 自带函数如下：

```
K=place(A, B, p);
```

A 和 B 如 LQR 中的系统状态空间，p 为配置的极点，系统的稳定性水平，一般均位于极值轴的左侧，初步选取系统的极值为，p=[–10，–7，–1.901，–1.9]；求解得到相应的反馈矩阵，实现了系统的稳定控制，具体的程序如下：

```
clc,clear,close all
format long
M=0.5;    % 小车质量
m=0.5;    % 摆杆质量
```

```
b=0.1;          % 小车摩擦系数
I=0.006;        % 摆杆惯量
l=0.3;          % 摆杆转动轴心到杆质心的长度
g=9.8;          % 重力加速度
A=[  0 ,      1,              0                    0;
    0,       0,    m^2*l^2*g/((M+m)*I+M*m*l^2),     0;
    0,       0,              0,                    1;
    0,       0,    (M+m)*m*g*l/((M+m)*I+M*m*l^2),  0];
B=[0;   (I+m*l^2)/((M+m)*I+M*m*l^2);   0;   m*l/(((M+m)*I+M*m*l^2))];
C=[1 0 0 0;0 1 0 0;0 0 1 0;0 0 0 1];
D=[0;0;0;0];
p=[-10,-7,-1.901,-1.9];
K=place(A,B,p);
```

运行程序输出结果如下：

```
K =
  -4.901864285672418        -6.348952755069852         37.730124857070415
6.110833936720676
```

22.10.2　基于 PID 的一级倒立摆控制仿真

基于 $\begin{bmatrix}\dot{x}\\ \ddot{x}\\ \dot{\phi}\\ \ddot{\phi}\end{bmatrix}=\begin{bmatrix}0 & 1 & 0 & 0\\ 0 & 0 & \dfrac{m^2l^2g}{(M+m)I+Mml^2} & 0\\ 0 & 0 & 0 & 1\\ 0 & 0 & \dfrac{(M+m)mgl}{(M+m)I+Mml^2} & 0\end{bmatrix}\begin{bmatrix}x\\ \dot{x}\\ \phi\\ \dot{\phi}\end{bmatrix}+\begin{bmatrix}0\\ \dfrac{I+ml^2}{(M+m)I+Mml^2}\\ 0\\ \dfrac{ml}{(M+m)I+Mml^2}\end{bmatrix}u$ 的状态空间模型进行倒立摆 PID 控制器设计，如图 22-7 所示。

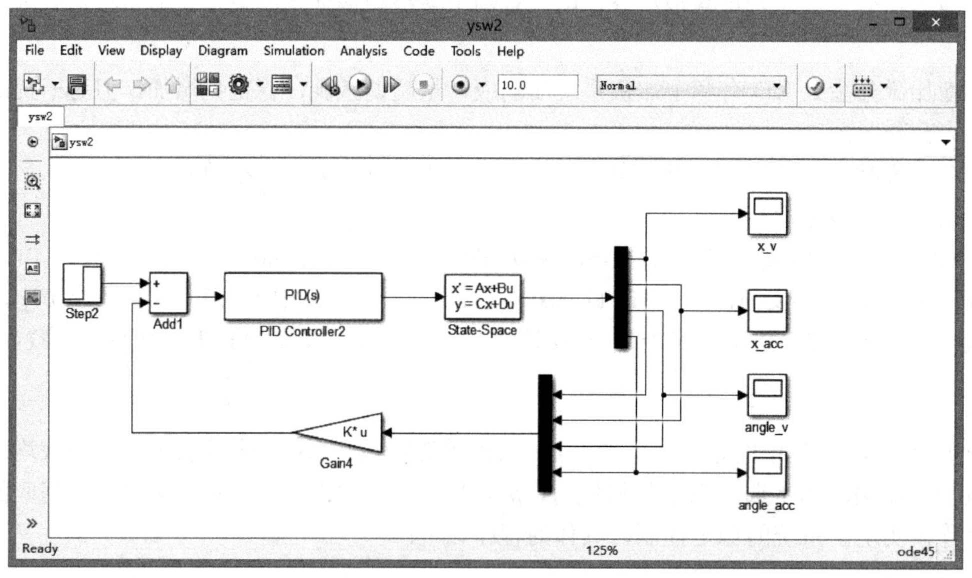

图 22-7　PID 倒立摆控制

运行仿真文件，得到倒立摆速度变化曲线图，如图 22-8 所示。

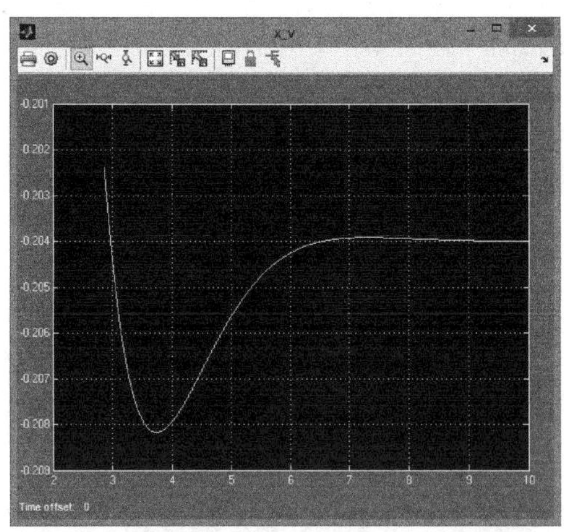

图 22-8　倒立摆小车位移变化曲线图

倒立摆加速度变化曲线图，如图 22-9 所示。

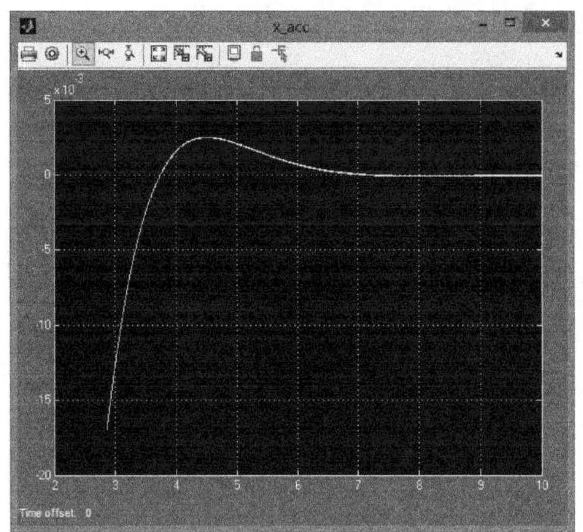

图 22-9　倒立摆小车速度变化曲线图

倒立摆倾角速度变化图，如图 22-10 所示。

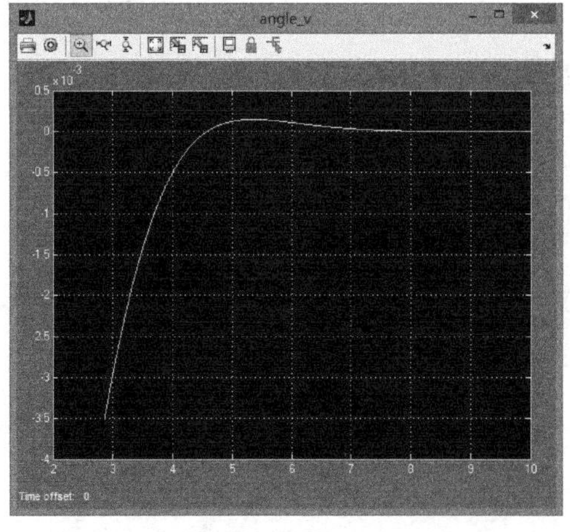

图 22-10　倒立摆倾角速度变化曲线图

倒立摆倾角加速度变化图，如图 22-11 所示。

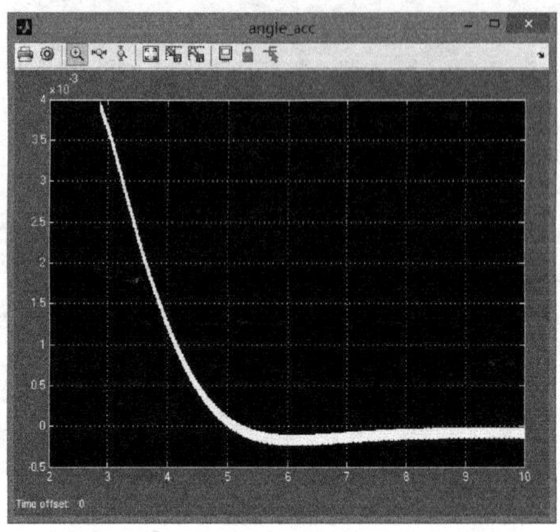

图 22-11　倒立摆倾角加速度变化曲线图

由图 22-8~图 22-11 所示的仿真结果图可知，系统可控，系统在 8s 左右就稳定了，此时倒立摆将保持直立状态，整体效果很好，系统较稳定。

22.11　倒立摆滑模控制

小车质量 M 为 0.5，摆杆质量 m 为 0.5，摆杆转动轴心到杆质心的长度为 0.3，重力加速度系数为 9.8。取被控对象的初始状态为 $\left[\frac{\pi}{3},0,0.5,0\right]$。

仿真中取参数 $\alpha_a=1$，然后通过 $\begin{cases}\lambda_u=\lambda_a+6(\alpha_u-1)\\ \alpha_u=1+\dfrac{g}{11l}\\ \lambda_a=\dfrac{6l}{g}(\alpha_u-1)\end{cases}$ 求出 α_a、λ_a、α_u 和 λ_u，控制率 $\eta=50$，采用饱和函数方法，取边界层厚度 $\Delta=0.1$，建立系统的滑膜控制仿真图如图 22-12 所示。

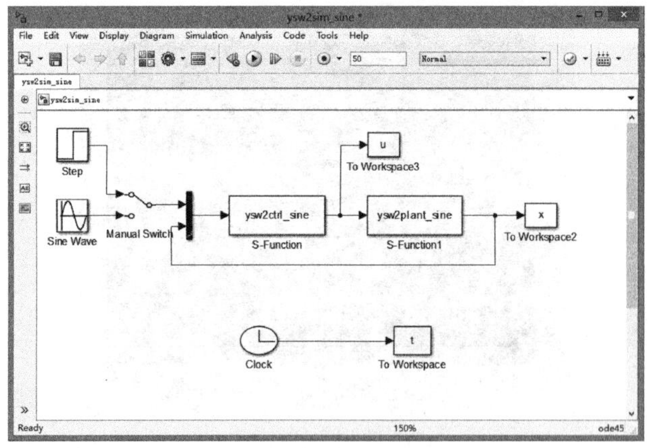

图 22-12　滑膜控制仿真图

其中控制输出 S-Function()函数如下：

```
function [sys,x0,str,ts] = spacemodel(t,x,u,flag)
switch flag,
case 0,
    [sys,x0,str,ts]=mdlInitializeSizes;
case 3,
    sys=mdlOutputs(t,x,u);
case {2,4,9}
    sys=[];
otherwise
    error(['Unhandled flag = ',num2str(flag)]);
end

function [sys,x0,str,ts]=mdlInitializeSizes
sizes = simsizes;
sizes.NumContStates  = 0;
sizes.NumDiscStates  = 0;
sizes.NumOutputs     = 1;
sizes.NumInputs      = 4;
sizes.DirFeedthrough = 1;
sizes.NumSampleTimes = 1;
sys = simsizes(sizes);
x0  = [];
str = [];
ts  = [0 0];

function sys=mdlOutputs(t,x,u)
x1=u(1);x2=u(2);   %Pendulum angle
x3=u(3);x4=u(4);   %Cart

g=9.8;mc=0.5;m=0.5;l=0.3;
alfaa=1;

%-1,-2,-3
alfau=1+g/(11*l);
nmna=6*l/g*(alfau-1);
nmnu=nmna+6*(alfau-1);

s=alfaa*x4+nmna*x3+l*alfau*x2+l*nmnu*x1;
sr=nmna*x3+l*nmnu*x1;
dsr=nmna*x4+l*nmnu*x2;

Maa=mc+m;
Mau=m*l*cos(x1);
Muu=m*l^2;
fa=m*l*sin(x1)*x2^2;
fu=m*g*l*sin(x1);

xite=3;
fai=0.10;
if abs(s)<=fai
```

```
   sat=s/fai;
else
   sat=sign(s);
end

b1=Muu/(Maa*Muu-Mau^2);
b2=-Mau/(Maa*Muu-Mau^2);

f1=(Muu*fa-Mau*fu)/(Maa*Muu-Mau^2);
f2=(-Mau*fa+Maa*fu)/(Maa*Muu-Mau^2);
ut=-1/(alfaa*b1+l*alfau*b2)*(alfaa*f1+l*alfau*f2+dsr+xite*sat);
sys(1)=ut;
```

控制对象模型如下：

```
function [sys,x0,str,ts] = spacemodel(t,x,u,flag)
switch flag,
case 0,
    [sys,x0,str,ts]=mdlInitializeSizes;
case 1,
    sys=mdlDerivatives(t,x,u);
case 3,
    sys=mdlOutputs(t,x,u);
case {2,4,9}
    sys=[];
otherwise
    error(['Unhandled flag = ',num2str(flag)]);
end

function [sys,x0,str,ts]=mdlInitializeSizes
sizes = simsizes;
sizes.NumContStates  = 4;
sizes.NumDiscStates  = 0;
sizes.NumOutputs     = 4;
sizes.NumInputs      = 1;
sizes.DirFeedthrough = 0;
sizes.NumSampleTimes = 0;
sys = simsizes(sizes);
x0 =[-pi/3,0,0.5,0];
str = [];
ts = [];

function sys=mdlDerivatives(t,x,u)
g=9.8;mc=0.5;m=0.5;l=0.3;
th=x(1);
dth=x(2);

M=[mc+m m*l*cos(th);
m*l*cos(th) m*l^2];
fa=m*l*sin(th)*dth^2;
fu=m*g*l*sin(th);
F=[fa;fu];

U=[u(1);0];

a=inv(M)*(F+U);
```

```
ddx=a(1);
ddth=a(2);

sys(1)=x(2);
sys(2)=ddth;     %Pendulum angle
sys(3)=x(4);
sys(4)=ddx;      %Cart

function sys=mdlOutputs(t,x,u)
sys(1)=x(1);
sys(2)=x(2);
sys(3)=x(3);
sys(4)=x(4);
```

摆杆角度仿真结果图如图 22-13 所示。

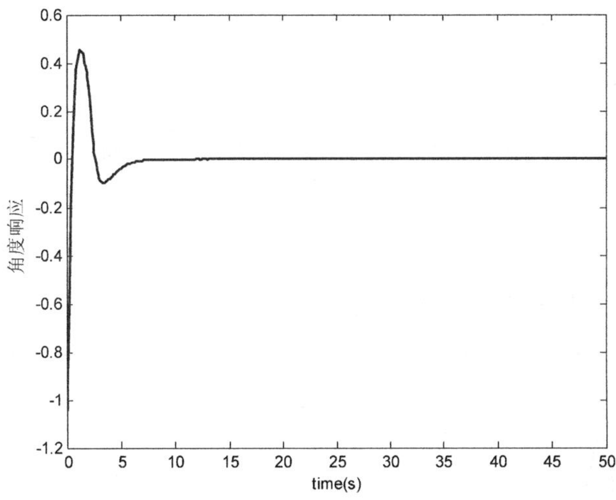

图 22-13　摆杆角度变化图

摆杆角加速度变化图如图 22-14 所示。

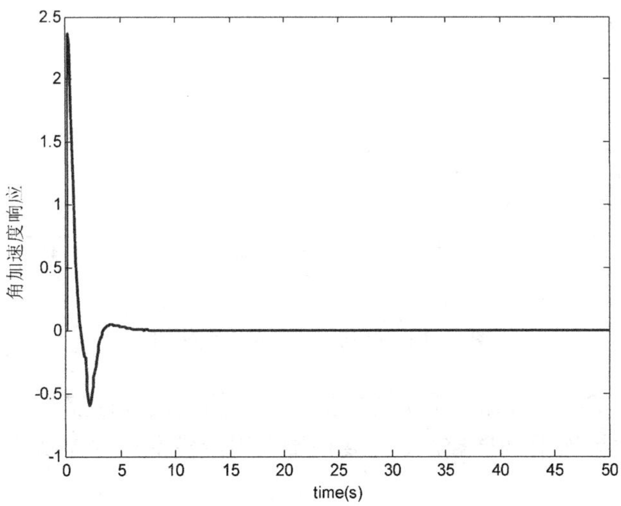

图 22-14　摆杆角加速度变化图

倒立摆小车位移变化图如图 22-15 所示。

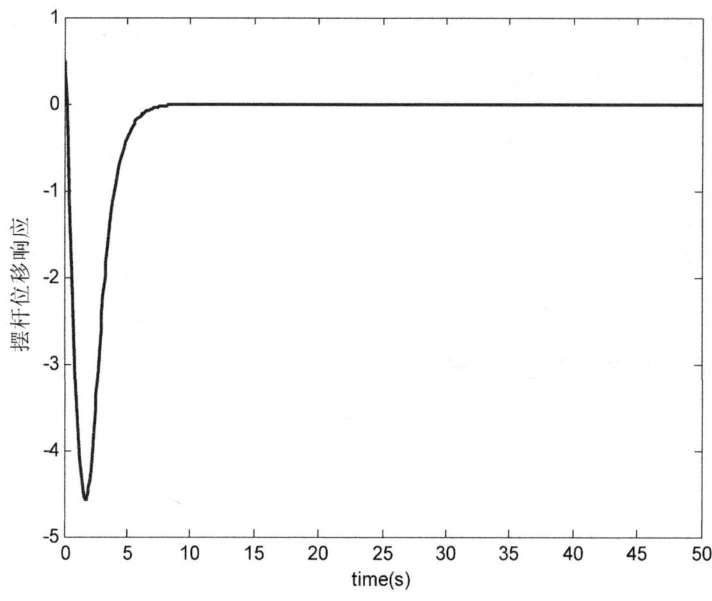

图 22-15　倒立摆小车位移变化图

倒立摆小车速度变化图如图 22-16 所示。

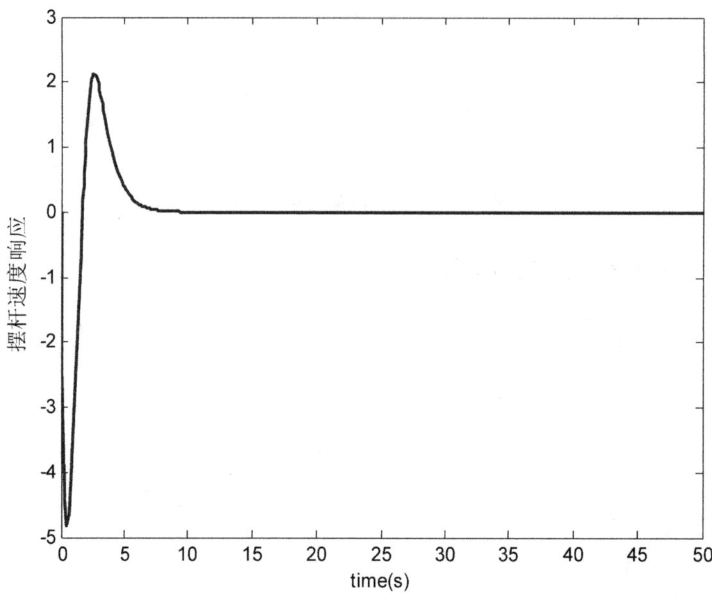

图 22-16　倒立摆小车速度变化图

从图 22-13~图 22-16 可知，采用滑模变结构对倒立摆进行控制，能够实现系统的可控，显然滑模控制效果次于 PID 控制，主要由于采用滑模变结构控制的倒立摆系统存在抖振现象。

当采用正弦 sin()函数作为系统激励，仿真图如图 22-17 所示。

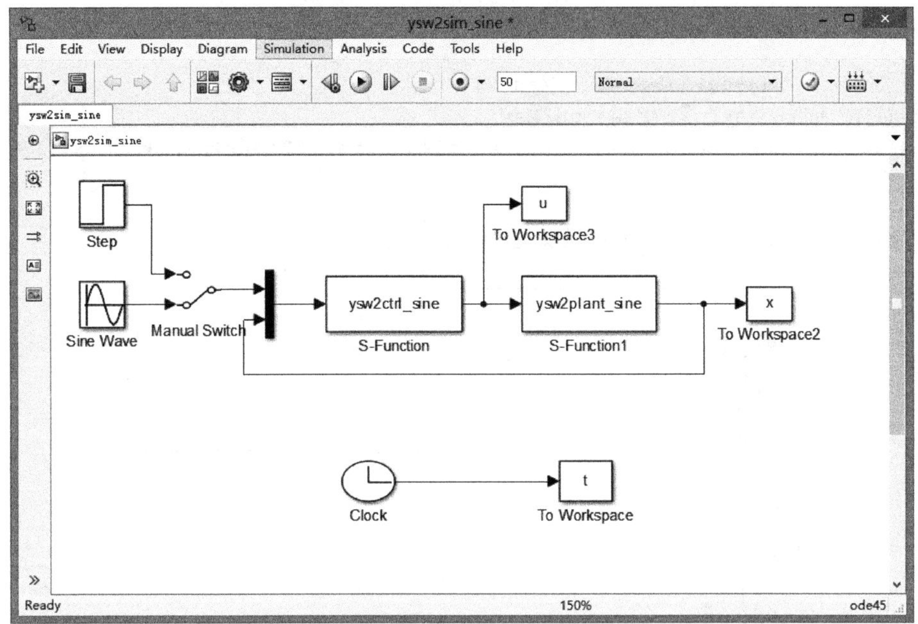

图 22-17　正弦函数响应

其中控制器初始化函数部分为：

```
function [sys,x0,str,ts]=mdlInitializeSizes
sizes = simsizes;
sizes.NumContStates  = 0;
sizes.NumDiscStates  = 0;
sizes.NumOutputs     = 1;
sizes.NumInputs      = 5;
sizes.DirFeedthrough = 1;
sizes.NumSampleTimes = 1;
sys = simsizes(sizes);
x0  = [];
str = [];
ts  = [0 0];
```

输出部分程序如下：

```
Maa=mc+m;
Mau=m*l*cos(x1);
Muu=m*l^2;
fa=m*l*sin(x1)*x2^2;
fu=m*g*l*sin(x1);

xite=3;
fai=0.10*u(1);
if abs(s)<=fai
   sat=s/fai;
else
   sat=sign(s);
end

b1=Muu/(Maa*Muu-Mau^2);
```

```
b2=-Mau/(Maa*Muu-Mau^2);

f1=(Muu*fa-Mau*fu)/(Maa*Muu-Mau^2);
f2=(-Mau*fa+Maa*fu)/(Maa*Muu-Mau^2);
ut=-1/(alfaa*b1+l*alfau*b2)*(alfaa*f1+l*alfau*f2+dsr+xite*sat);
sys(1)=ut;
```

运行仿真文件，摆杆角度仿真结果如图 22-18 所示。

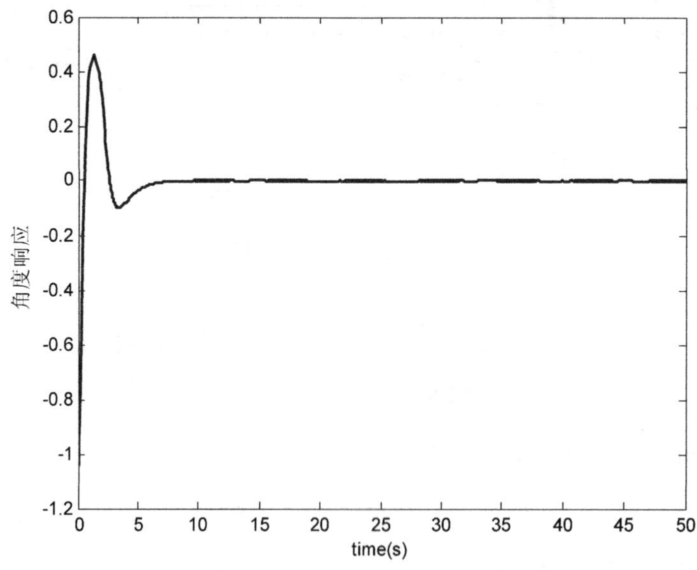

图 22-18　摆杆角度变化图

摆杆角加速度变化图如图 22-19 所示。

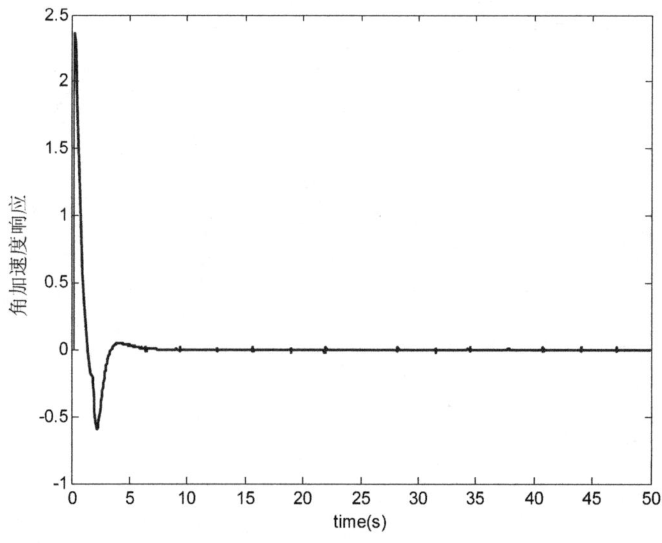

图 22-19　摆杆角加速度变化图

倒立摆小车位移变化图如图 22-20 所示。

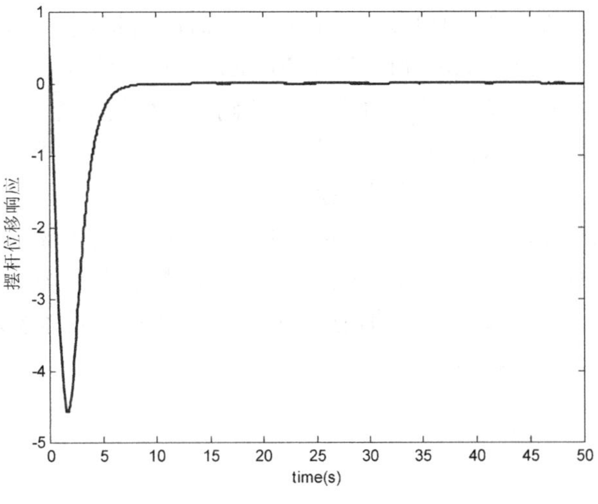

图 22-20　倒立摆小车位移变化图

倒立摆小车速度变化图如图 22-21 所示。

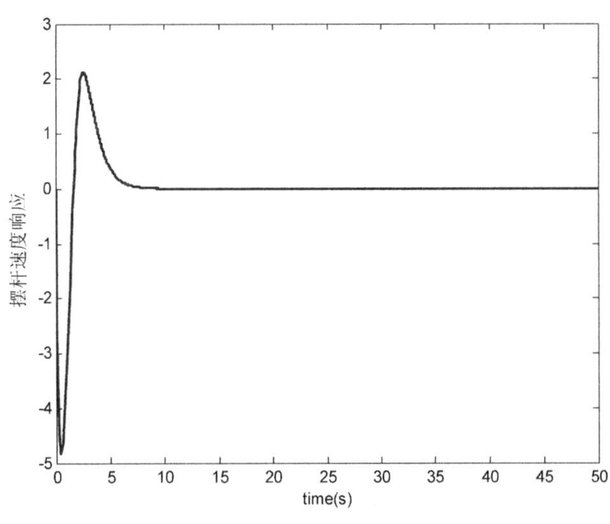

图 22-21　倒立摆小车速度变化图

从图 22-18~图 22-21 可知，采用滑模变结构对倒立摆进行控制，当采用正弦激励时，系统仍然能够很好地稳定，能够实现系统的可控，因此采用滑模控制的倒立摆系统控制，性能较好。

滑模变结构控制器可以使系统稳定在滑模面上运动，但由于控制器的输出抖振较大，同时被控制状态也会在滑模面上来回的抖动，不仅影响系统的控制精度及增加能量消耗减少机器的使用寿命，还有可能激发系统未建模部分的强迫振动，严重时会造成系统的不稳定。但是从整体控制效果分析，采用滑模变结构控制方法是可行的，系统可控。

22.12　本 章 小 结

倒立摆系统属于多变量、快速、非线性和绝对不稳定系统。倒立摆系统作为一个被控对象，其控制效果可以通过摆动角度、位移和稳定时间直接度量。滑模变结构控制系统（Variable-Structure Control System with sliding Mode，简称为 VSS）是一类特殊非线性系统，其非线性表现为控制的不连续性。本章研究了一级倒立摆变结构控制系统设计及仿真研究，分析了滑模变结构控制的现状，研究了滑模变结构的控制定义、基本原理及滑模变结构的基本控制方法，并在此基础上讨论了倒立摆的数学模型，为仿真分析提供理论基础。然而采用滑模变结构倒立摆控制也存在很多不足，滑模变结构控制实现起来比较简单，对外不干扰及参数不确定性时，具有较强的鲁棒性。但是滑膜控制存在抖振现象，不仅影响系统的控制精度及增加能量消耗减少机器的使用寿命，还有可能激发系统未建模部分的强迫振动，严重时会造成系统的不稳定。

第 23 章　基于蚁群算法的函数优化分析

近现代引出一系列的生物智能搜索算法，如遗传算法、粒子群算法（PSO）和蚁群算法等等，针对不同问题，人们常常根据算法适应性和知识库进行算法选择。蚁群算法是一种随机搜索算法，通过模拟自然界中蚂蚁的觅食行为，从而实现离散或者连续问题的求解，在函数优化分析及 TSP（旅行商）问题中广泛应用，也出现了较多的基于蚁群算法的混合算法，因此本章着重介绍蚁群算法的基本原理及 MATLAB 实现蚁群算法的编程，以供广大科研者借鉴。

学习目标：

（1）熟练运用蚁群算法优化求解函数方程；

（2）熟练掌握利用 MATLAB 实现蚁群算法源程序等。

23.1　蚁群算法概述

1992 年，意大利学者 Dorigo.M， Maniezzo V，Colorni A 首先提出蚁群算法，简称 ACO。

蚁群算法 ACO 是一种新型的模拟进化算法，该算法采用蚁群在搜索食物源的过程中所体现出来的寻有能力来解决一些离散系统优化中的困难问题。应经用该方法求解了旅行商问题（TSP 问题）、指派问题和调度问题等，取得了一系列较好的实验结果。

单只蚂蚁的行为极其简单，但由这样的单个简单个体所组成的蚁群群体却表现出极其复杂的行为，究其原因是因为蚂蚁个体之间通过一种称之为信息素（pheromone）的物质进行信息传递，蚂蚁在运动过程中，能够在它所经过的路径上留下该物质，并以此指导自己的运动方向。蚂蚁倾向于朝着该物质强度高的方向移动。若在蚁群的运动方向上遇到障碍物，开始由于蚂蚁是均匀分布的，因此不论路径的长短，蚂蚁总是按同等概率选择各种路径。蚂蚁在运动的路线上能留下信息素，在信息素浓度高的地方蚂蚁会更多，相等时间内较短路径里信息素浓度较高，因此选择较短路径的蚂蚁也随之增加。如果某条路径上走过的蚂蚁越多，后面的蚂蚁选择这条路径的概率就更大，从而导致选择短路径的蚂蚁越来越多而选择其他路径（较长路径）的蚂蚁则慢慢消失。蚁群中个体之间就是通过这种信息素的交流并最终选择最优路径来搜索食物的，这就是蚁群算法的生物学背景和基本原理。

蚁群算法是一种随机搜索算法，与其他模型进化算法一样，通过选解组成的群体的进化过程来寻求最优解。蚁群算法不需要任何先验知识，对解空间的“了解”机制主要包括 3 个方面：

（1）蚂蚁的记忆。一只蚂蚁搜索过的路径在下次搜索时就不会被选择，由此在蚁群算法中建立禁忌列表来进行模拟。

（2）蚂蚁利用信息素进行相互通信。

（3）蚂蚁的群集活动。通过一只蚂蚁的运动很难到达食物源，但整个蚁群进行搜索就完全不同。当某些路径上通过的蚂蚁越来越多时，在路径上留下的信息素数量也越来越多，导致信息素强度增大，蚂蚁选择该路径的概率随之增加，从而进一步增加该路径的信息素强度，而某些路径上通过的蚂蚁较少时，路径上的信息素就会随时间的推移而蒸发。

23.2　蚁群算法的性能分析

蚁群算法 ACO 是一种随机搜索算法。广大学者研究证明，蚁群算法具有很强的寻优能力，不仅利用正反馈原理，在一定程度上加快了寻优过程，而且是一种本质并行算法，不同个体之间进行信息交流和传递，从而相互协作，有利于发现更好解。它具有以下优点。

（1）较强的鲁棒性：对基本蚁群算法模型稍加修改，便可以应用于其他问题。

（2）分布式计算：蚁群算法是一种基于种群的进化算法，具有本质并行性，易于并行实现。

（3）易于与其他智能算法结合：蚁群算法很容易与多种启发式算法（粒子群算法和遗传算法等）结合，以改善算法的性能。

蚁群算法也有一些缺陷。

（1）搜索时间较长：由于蚁群中多个个体的运动是随机的，虽然通过信息的交流能够向着最优路径进化，但是当群体规模较大时，很难在短时间内从复杂无章的路径中找出一条较好的路径。

（2）容易出现停滞现象（Stagnation Behavior）：即在搜索进行到一定程度后，所有个体所发现的解完全一样，不能对解空间进一步进行搜索，不利于发现更好的解，以至于陷入局部最优。

（3）难以处理连续空间的优化问题：由于每个蚂蚁在每个阶段所作的选择总是有限的，它要求离散的解空间，因而它对组合优化等离散优化问题很适用，而对线性规划等连续空间优化问题的求解不能直接应用。

对于蚁群算法较长的搜索时间、容易陷入局部最优及难以处理连续空间的优化问题等缺陷，已经引起广大的学者的关注，并由此提出了一些改进措施：

（1）为了充分利用时间，强化最优信息的反馈，Dorigo 等人在基本的蚁群算法的基础上提出了称为 Ant-Q System 的更一般的蚁群算法，仅让每一次循环中最短的路径上的信息量更新。

（2）为了克服可能出现的停滞现象，Stuzzle 等人提出了 MAX-MIN Ant System，允许各个路径上的信息量在一个限定的范围内变化。吴庆洪等人在蚁群算法中引入变异机制，即可克服停滞现象，又可取得较快的收敛速度。Gambardella 等人提出了一种混合型蚁群算法 HAS，在每次循环中蚂蚁建立各自的解后，再以各自的解为起点，用某种局部搜索算法求局部最优解，以此作为相应蚂蚁的解，这样可以迅速提高解的质量。

（3）针对蚁群算法难以处理连续空间的优化问题，Bilchev 等人在使用遗传算法 GA 解决工程设计中连续空间的优化问题时，混合使用了蚁群算法，对遗传算法所得到的初步结果进行精确化，取得了较好的效果。

23.3　蚁群算法的工作原理

蚁群算法最初是模拟蚂蚁的觅食行为与 TSP 问题（旅行商问题）的相似性提出的，蚂蚁的行为与组合优化问题的对比，如表 23-1 所示。

表 23-1　蚂蚁觅食与组合优化问题的对比

组合优化问题	蚂蚁觅食
各个状态	要环游的各个城市
解	蚂蚁的环游
最优解	最短环游
各状态的吸引度	信息数的数量
状态更新	信息数更新
目标函数	路径长度

在蚂蚁找到食物时，它们总能找到一条从食物到巢穴之间的最优路径。这是因为蚂蚁在寻找路径时会在路径上释放出一种特殊的信息素（Pheromone）。当它们碰到一个还没有走过的路口时，就随机地挑选一条路径前行。与此同时释放出与路径长度有关的信息素，路径越长，释放的激素浓度越低。当后来的蚂蚁再次碰到这个路口的时候，选择激素浓度较高路径概率就会相对较大，这样形成了一个正反馈。最优路径上的激素浓度越来越大，而其他的路径上激素浓度却会随着时间的流逝而消减，最终整个蚁群会找出最优路径。不仅如此，蚂蚁还能够适应环境的变化，当蚁群运动路线上突然出现障碍物时，蚂蚁能够很快地重新找到最优路径，这个过程和前面所描述的方式是一致的。在整个寻径过程中，虽然单个蚂蚁的选择能力有限，但是通过激素的作用，整个蚁群之间交换着路径信息，最终找出最优路径。

M.Dorigo 对基本蚁群算法的论述如下：

如图 23-1（a）所示，设 A 是巢穴，E 是食物源，HC 为一障碍物。各点之间的距离，如图 23-1（a）中的 d 所示。

由于障碍物存在，蚂蚁要想由 A 到达 E，或者由 E 返回 A，只能由 H 或 C 绕过障碍物。

设每个时间单位有 30 只蚂蚁由 A 到达 B，有 30 只蚂蚁由 E 到达 D 点，蚂蚁过后留下的激素物质量（简称信息素）为 1。

为讨论方便，设信息素停留时间为 1。在初始时刻 T=0，由于路径 BH、BC、DH、DC 上均无信息素存在，位于 B 和 E 的蚂蚁可以随机选择路径。且它们以相同的概率选择 BH、BC、DH、DC，如图 23-1（b）所示，即每条路径上分布 15 只蚂蚁。

经过一个时间单位后，在路径 BCD 上的信息量是路径 BHD 上信息量的二倍，即 T=1 时刻，将有 20 只蚂蚁由 B 和 D 到达 C，有 10 只蚂蚁由 B 和 D 到达 H。

随着时间的推移，蚂蚁将会以越来越大的概率选择路径 BCD，最终完全选择路径 BCD，如图 23-1（c）所示。从而找到由蚁巢到食物源的最短路径。

由此可见，蚂蚁个体之间的信息交换是一个正反馈过程。

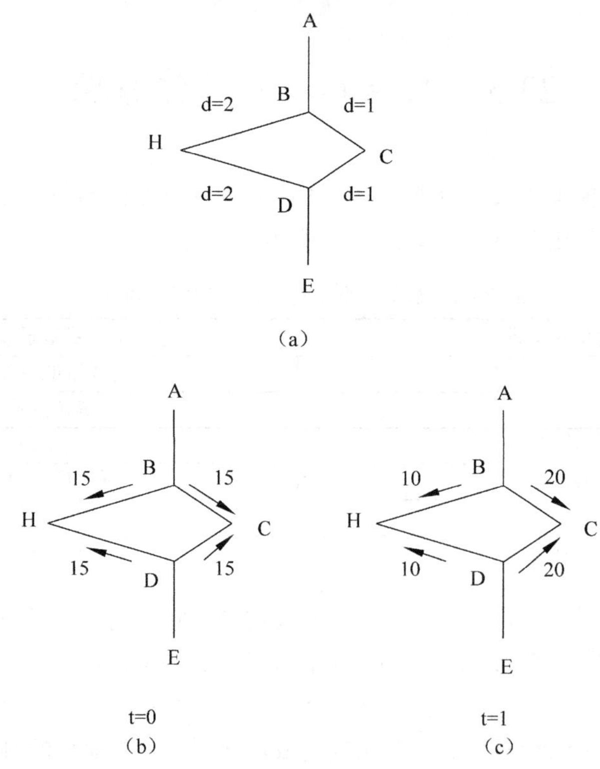

图 23-1　蚁群算法基本原理

23.4　基于蚁群算法的函数优化问题分析

23.4.1　函数优化问题

在优化过程中，主要是函数的极值寻优问题，因此研究蚁群算法在函数优化问题上很有实际的应用价值。在离散域组合优化问题中，蚁群算法（ACO）的信息量留存、增减和最优解的选取都是通过离散的点状分布求解方式来进行的；而在连续域优化问题的求解中，其解空间是一种区域性的表示方式，而不是以离散的点集来表示的。因此，连续域寻优蚁群算法与离散域（以 TSP 为例）寻优蚁群算法之间主要存在着以下不同之处。

（1）从优化目标来说，求解 TSP 的蚁群算法要求所搜索出的路径最短且封闭；而用于连续域寻优问题的蚁群算法则是要求所求问题的目标函数值达到最优，且目标函数中包含各蚂蚁所走过的所有节点的信息及系统当前的性能指标信息。

（2）从信息更新策略来说，求解 TSP 的蚁群算法是根据路径长度来修正信息量的，在求解过程中，信息素是遗留在两个城市之间的路径上，每一步求解过程中的蚁群信息素留存方式只是针对离散的点或点集分量；而用于连续域寻优问题的蚁群算法将根据目标函数值来修正信息量，在求解过程中，信息素物质则是遗留在蚂蚁所走过的每个节点上，每一步求解过程中的信息素留存方式在对当前蚁群所处点集产生影响的同时，对这些点的周围区域也产生相应的影响。

（3）从行进方式来说，蚁群在连续空间的行进方式不同于离散空间集之间跳变的行进方式，而应是一种微调式的行进方式。

23.4.2　蚁群算法基本思想

蚁群算法的优化过程主要包括选择、更新及协调三个过程。整个优化过程将分为粗搜索过程和精搜索过程，并且每一个过程设置不同类的蚂蚁。在粗搜索过程中，首先将待求问题的多约束函数通过最小二乘法及惩罚函数法转换为统一的目标函数，也可以在蚁群操作过程中通过特定的子程序判断候选解是否满足约束条件来处理，对标准的目标函数将待求问题的独立变量依据该变量的要求不同划分为不同的等份小单元，尤其对设计中需要最终变量的值是整数值的变量，对该类变量划分成等份整数单元，以便优化的结果直接可用而无须后续二次取整处理。这样处理极大地缩小了搜索空间，提高了搜索效率。整个粗搜索即是完成每只蚂蚁以走完所有的独立变量中的某一值而构成一个可行解，然后修改所有路径上的信息素。在精搜索过程中，将上述粗搜索得到的可行解进行单元细化，以可行解构成初始群体，依据某种概率进行交叉和变异操作，并采用另一类蚂蚁执行蚁群算法，最终找到多变量优化问题的全局最优解。

具体如下：首先将函数的解空间等分成 n 个小区间（称为区域），然后将 m 只蚂蚁随机放在这些区域上。蚂蚁将按如下规则进行最优解的搜索：在一次循环中，首先计算出每只蚂蚁向各区域的转移概率，如果符合相应的转移条件（即搜索到的新位置的目标函数值大于当前蚂蚁所在位置的目标函数值），则蚂蚁按一定规则进行转移。如果不符合，蚂蚁则在区域内进行遍历搜索。在新的循环开始前，更新各个区域的信息素。在此基础上再计算每只蚂蚁的转移概率，按类似转移规则进行新一轮的搜索。

主要步骤如下。

步骤 1：nc=0（nc 为迭代步数或搜索次数），τ_{ij} 和 $\Delta\tau_{ij}$ 的初始化，将 m 个蚂蚁置于 n 个顶点上；

步骤 2：将各蚂蚁的初始出发点置于当前解集，对每个蚂蚁 k（k=1，…，　m），按概率 p_{ij}^{k} 移至下一顶点 j，将顶点 j 置于当前解集；

步骤 3：计算各蚂蚁的目标函数值 Z_k（k=1，…，m），记录当前的最好解；

步骤 4：按更新方程修改轨迹强度；

步骤 5：对各边弧（i，j），置 $\Delta\tau_{ij}=0$，$nc=nc+1$；

步骤 6：若 nc<预定的迭代次数，则转步骤 2。

该算法全局上是在人先验知识和启发信息的引导下进行优化搜索的，在局部上采用的是遍历性搜索策略。

23.5　函数优化分析与 MATLAB 实现

考虑 Ackley()函数：

$$f(x) = -c_1 \exp\left(-0.2\sqrt{\frac{1}{n}\sum_{j=1}^{n} x_j^2}\right) - \exp\left(\frac{1}{n}\sum_{j=1}^{n}\cos\left(2\pi x_j\right)\right) + c_1 + e$$

其中，$-8 \leqslant x \leqslant 8$。

该函数是一个 n 维函数，具有较多的局部最小值，在（0，0）处取得最小值 0，该函数很难辨别搜索最优值方向，查找全局最优解较困难。

对于 Ackley()函数图形，MATLAB 程序如下：

```
function DrawAckley()
   %绘制 Ackley()函数图形
   x=[-8:0.1:8];
   y=x;
   [X,Y]=meshgrid(x,y);
   [row,col]=size(X);
   for l=1:col
      for h=1:row
         z(h,l)=Ackley([X(h,l),Y(h,l)]);
      end
   end
   mesh(X,Y,z);
   shading interp
end

function y=Ackley(x)
%Ackley()函数
%输入 x,给出相应的 y 值,在 x=(0,0,…,0)处有全局极小点 0,为得到最大值，返回值取相反数
[row,col]=size(x);
if row>1
   error('输入的参数错误');
end
y=-20*exp(-0.2*sqrt((1/col)*(sum(x.^2))))-exp((1/col)*sum(cos(2*pi.*x)))
+exp(1)+20;
end
```

程序运行结果如图 23-2 所示。

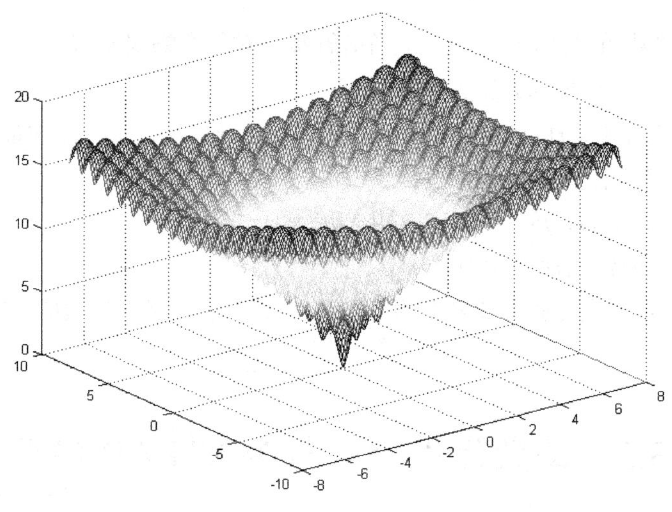

图 23-2　Ackley()函数图形

若 $n=2$，则全局最优为 $f\left(x^*\right)=f\left(0,0\right)=0$ 。该函数称为 Ackley()函数，有很多局部最优的值。

对于 Ackley()函数图形，选取其中一个凹峰进行分析，MATLAB 程序如下：

```
clc % 清屏
clear all;                     % 删除 workplace 变量
close all;                     % 关掉显示图形窗口
x1=-0.5:0.01:0.5;
x2=-0.5:0.01:0.5;
for i=1:101
    for j=1:101
        % object function

z(i,j)=-20*exp(-0.2*sqrt((x1(i)^2+x2(j)^2)/2))-exp((cos(2*pi*x1(i))+cos(
2*pi*x2(j)))/2)+20+2.71289;
    end
end
[x,y]=meshgrid(x1,x2);         %网格化
mesh(x,y,z) %画图
% surf(x,y,z)
```

运行程序如图 23-3 所示。

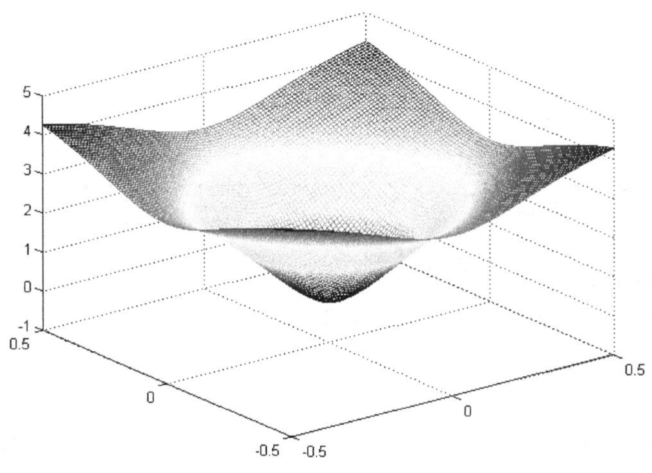

图 23-3　待求解极值函数图形

采用蚁群算法来求解该极小值问题，待寻优的目标函数如下：

```
function fitness = Fitness_ACO(x,method)
% 蚁群算法 ACO 的函数优化分析
% 输入：
% x - 个体
% method - aco 蚁群算法
% 输出：
% fitness - 返回适应度值

if (nargin<2)                             % 默认为 aco
    method='aco';
end
```

```
if strcmpi(method,'aco')                    % ACO 算法
    fitness = -20*exp(-0.2*sqrt((x(1)^2+x(2)^2)/2))-exp((cos(2*pi*
    x(1))+cos(2*pi*x(2)))/2)+20+2.71289;
end
```

基于蚁群算法的函数优化程序如下：

```
%% 基于蚁群算法 ACO 的函数优化分析
% Designed by Yu Shengwei, From SWJTU University, 2014 08 12
clc                                 % 清屏
clear all;                          % 删除 workplace 变量
close all;                          % 关掉显示图形窗口
warning off
tic;                                % 计时开始

%% 取值范围
popmax = 5;                         % 待寻优阈值最大取值初始化
popmin = -5;                        % 待寻优阈值最小取值初始化

%% 蚁群算法 ACO 参数初始化
Ant = 100;                          % 蚂蚁数量
Times = 100;                        % 蚂蚁移动次数
Rou = 0.8;                          % 信息素挥发系数
P0 = 0.2;                           % 转移概率常数

%% 产生初始粒子和速度
for i=1:Ant
    % 随机产生一个种群
    for j = 1: 2
        pop(i,j) = (rand(1,1) * ( popmax-popmin ) + popmin );
% 初始种群个体
    end
    % 计算适应度
    fitness(i) = Fitness_ACO( pop(i,:), 'aco');     % 染色体的适应度
end

% 找最好的染色体
[bestfitness bestindex]=min(fitness);                   % 最大适应度值
zbest = pop(bestindex,:);                               % 全局最佳
gbest = pop;                                            % 个体最佳
fitnessgbest = fitness;                                 % 个体最佳适应度值
fitnesszbest = bestfitness;                             % 全局最佳适应度值

%% 迭代寻优
for T = 1:Times
     disp(['迭代次数:  ',num2str(T)])                    % 迭代次数

    lamda = 1/T;         % 随着迭代次数进行，蚂蚁信息素挥发参数
    [bestfitness, bestindex]=min(fitness);              % 找最好的适应度值
    ysw(T) = bestfitness;                               % 存储最好的适应度值
    for i=1:Ant
        P(T,i)=(fitness(bestindex)-fitness(i))/fitness(bestindex);
% 计算状态转移概率
    end
```

```
    % 蚂蚁个体更新
    for i=1:Ant
        if P(T,i)<P0  % 局部搜索
            temp(i,:) = pop(i,:)+(2*rand-1)*lamda;
        else           % 全局搜索
            temp(i,:) = pop(i,:)+(popmax-popmin)*(rand-0.5);
        end
        % 越界处理
        temp(i,find(temp(i,:)>popmax))=popmax;
        temp(i,find(temp(i,:)<popmin))=popmin;
        % 判断蚂蚁是否移动
        if Fitness_ACO( temp(i,:), 'aco') < Fitness_ACO(pop(i,:), 'aco')
% 判断蚂蚁是否移动
            pop(i,:) = temp(i,:);
        end
    end
    % 更新信息量
    for i=1:Ant
        fitness(i) = (1-Rou)*fitness(i) + Fitness_ACO(pop(i,:), 'aco');
% 更新信息量
    end

    ysw(T) = min(fitness);                      % 存储最好的适应度值
end
[max_value,max_index] = min(fitness);           % 最大适应度值
zbest = pop(max_index,:);

%% 清除变量
clear Ant i T Rou p P0 lamda popmax popmin j N_PAR P V gbest max_index
clear  Lmax  level  fitnessgbest  fitnesszbest  bestfitness  bestindex
fitnessgbest
%% 结果输出
fitnessbest = max_value                         % 返回最优阈值
zbest                                           % 最佳个体值
time = toc                                      % 返回 CPU 计算时间
figure('color',[1,1,1])
plot(ysw(2:end),'r*-')
xlabel('迭代次数');ylabel('最优适应度值')
```

运行程序输出结果如下：

```
迭代次数:   1
迭代次数:   2
迭代次数:   3
迭代次数:   4
迭代次数:   5
……
迭代次数:   98
迭代次数:   99
迭代次数:   100

fitnessbest =
   0.050525307128912

zbest =
  -0.009981728324776   0.010211705964691
```

```
time =
   1.177489972188312
```

输出的适应度值变化曲线如图 23-4 所示。

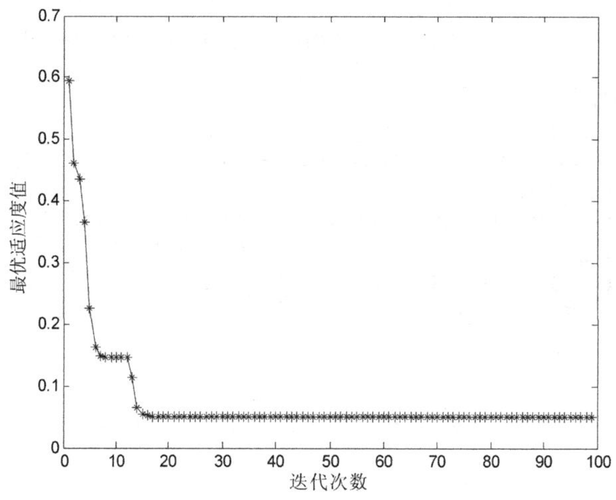

图 23-4　适应度曲线变化情况

由计算结果可知，CPU 耗时 1.17 秒，求解结果为 $x=[-0.00998172, 0.01021170]$，目标函数值 $f(x)=0.05052530$，求解结果接近于实际结果 $x=[0,0]$。蚁群算法整体上求解速度相当的快，然而求解结果不够稳定，受蚂蚁数量的限制，求解结果极易陷入局部最优。

23.6　本 章 小 结

蚁群算法是一种新型的模拟进化算法，用蚁群在搜索食物源的过程中所体现出来的寻有能力来解决一些离散系统优化中的困难问题，例如 TSP 问题。采用蚁群算法同样可以求解连续空间的函数优化问题，通过设定蚂蚁数量和迭代步数，达到问题的快速优化求解，然而蚁群算法易陷入局部最优，这也是该算法的最大的不足之处。

第 24 章　基于引力搜索算法的函数优化分析

万有引力搜索算法（Gravitational Search Algorithm，GSA）是由伊朗克曼大学的 Esmat Rashedi 等人于 2009 年所提出的一种新的启发式优化算法，其源于对物理学中的万有引力进行模拟产生的群体智能优化算法。万有引力搜索算法 GSA 的原理是通过将搜索粒子看作一组在空间运行的物体，物体间通过万有引力相互作用吸引，物体的运行遵循动力学的规律。适度值较大的粒子其惯性质量越大，因此万有引力会促使物体们朝着质量最大的物体移动，从而逐渐逼近求出优化问题的最优解。万有引力搜索算法 GSA 具有较强的全局搜索能力与收敛速度。

随着 GSA 理论研究的进展，其应用也越来越广泛，逐渐引起国内外学者的关注。但是万有引力搜索算法 GSA 与其他全局算法一样，存在易陷入局部解和解精度不高等问题，有很多待改进之处。本章将着重向广大编程爱好者介绍最基本的万有引力算法，各编程科研人员可以基于本章算法加以改进并应用到实际案例中。

学习目标：

（1）熟练运用万有引力搜索算法优化求解函数方程；

（2）熟练掌握利用 MATLAB 实现万有引力搜索算法源程序等。

24.1　万有引力搜索算法的介绍与分析

2009 年，E.Rashedi 等人首先提出一种基于万有引力搜索的元启发式优化算法。万有引力搜索算法 GSA 的本质是模拟自然界中最常见的万有引力现象，将万有引力现象演化成随机搜索最优解的过程。

万有引力搜索算法（GSA 算法）拥有很强的全局搜索能力，优于粒子群优化算法和遗传算法。本章将对万有引力搜索算法（GSA 算法）做详细的介绍，并对万有引力搜索算法（GSA 算法）中的参数进行分析研究。

24.1.1　万有引力定理

1687 年，牛顿发表万有引力定律（Law Of Universal Gravitation）一文，是解释物体之间的相互作用的引力定律。万有引力是自然界中所存在的基本作用力之一，其作用是用于增加粒子间相互靠近的趋势。牛顿万有引力定律表现为距离间的作用，这意味着万有引力存在于两个没有任何介质和延迟的物体之间。任意两个质点通过连心线方向上的力相互吸引，该引力的大小与它们的质量乘积成正比，与它们之间的距离成反比。

粒子间的引力作用表示为：

$$F = G\frac{M_1 M_2}{R^2} \tag{24.1}$$

式（24.1）中，F 是引力的大小，G 是引力常数，M_1 和 M_2 为相互作用的两个粒子的惯性质量，R 是两个粒子之间的欧氏距离。

根据万有引力定理，对于粒子在受力的情况下，其加速度定义如下：牛顿第二定律指出，当作用到一个粒子上的力为 F，那么这个粒子的加速度 a 依赖于作用力 F 和粒子的惯性质量 M，其计算公式为：

$$a = \frac{F}{M} \tag{24.2}$$

根据公式（24.1）和（24.2），宇宙之间的所有粒子都受到万有引力的作用，使得粒子沿着两个粒子中心连线的方向相互靠近运动，随着两个粒子的距离越近，万有引力的影响就越大。

抽象万有引力现象可得到如图 24-1 所示。

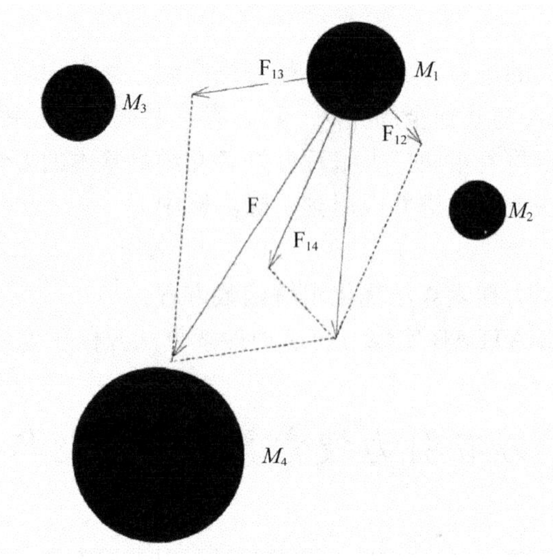

图 24-1　万有引力现象

粒子面积的大小表示其惯性质量的大小，即面积越大，质量越大；粒子 M_1 分别受到其他三个粒子的作用力，并产生一个 F 的合力与向该方向运动的加速度。

从图 24-1 中也可以看到，由于粒子 M_4 的质量最大，M_1 受到的合力方向与 M_1 与 M_4 的中心连线力 F_{14} 更接近。因此，万有引力搜索算法模拟粒子的引力作用，当群体间存在质量大的粒子，其他粒子都能向质量大的粒子运动，使算法收敛到最优解。还有一点是，引力的作用不需要任何传播介质，所有粒子无论距离远近都受到其他粒子的牵引，所以万有引力搜索算法具有很强的全局寻优能力。

考虑到随着时间的递推，万有引力将有逐渐减小的趋势。实际上“引力常数”G 是随着宇宙实际年龄的增加而变化的。

式（24.3）中给出了引力常数 G 随着时间的推移而减小的定义：

$$G(t) = G(t_0) \times \left(\frac{t_0}{t}\right)^{\beta},\quad \beta < 1 \tag{24.3}$$

式（24.3）中，$G(t)$是在 t 时刻的引力常数 G 的值。$G(t_0)$是在第一宇宙量子间隔时刻 t_0 的值。

24.1.2　GSA 算法描述

万有引力搜索算法 GSA 将所有粒子当作有质量的物体，在寻优过程中，所有粒子做无阻力运动。每个粒子都受到解空间中其他粒子万有引力的影响，并产生加速度向质量更大的粒子运动。由于粒子的质量与粒子的适度值相关，适度值大的粒子其质量也会更大，因此，质量小的粒子在朝质量大趋近的过程中逐渐逼近优化问题中的最优解。

万有引力搜索算法 GSA 与蚁群算法 ACO 等集群算法存在不同，主要在于万有引力搜索算法 GSA 中粒子不需要通过环境因素来感知环境中的情况，而是通过个体之间的万有引力的相互作用来实现优化信息的共享。因此，在没有环境因素的影响下，粒子也能感知全局的情况，从而对环境展开全局性的搜索，从而实现问题的全局寻优求解。

假设在一个 D 维搜索空间中包含 N 个物体，第 i 个物体的位置为：

$$X_i=\left(x_i^1,x_i^2,x_i^3,\cdots,x_i^k\cdots x_i^N\right),\quad i=1,2,\cdots,N \tag{24.4}$$

式（24.4）中 x_i^k 表示第 i 个物体在第 k 维上的位置。

24.1.3　惯性质量计算

在万有引力搜索算法 GSA 算法中，每个粒子的惯性质量直接和粒子所在位置所求得的适应度值有关，在时刻 t，粒子 X_i 的质量用 $M_i(t)$来表示。由于惯性质量 M 根据其相应的适应度值的大小来计算，因此，惯性质量 M 越大的粒子表明越接近于解空间中的最优解，对其他物体的吸引力相应就越大。

粒子质量 $M_i(t)$根据式（24.5）进行计算：

$$\begin{cases} m_i(t)=\dfrac{\text{fit}_i(t)-\text{worst}(t)}{\text{best}(t)-\text{worst}(t)} \\ M_i(t)=\dfrac{m_i(t)}{\sum\limits_{j=1}^{N}m_j(t)} \end{cases} \tag{24.5}$$

式（24.5）中 $\text{fit}_i(t)$表示粒子 X_i 的适应值。$\text{best}(t)$表示时刻 t 中的最佳解，$\text{worst}(t)$表示时刻 t 中的最差解，其计算方式由式（24.6）给出。

$$\begin{cases} \text{best}(t)=\max\limits_{i\in\{1,2,\cdots,N\}}\text{fit}(t) \\ \text{worst}(t)=\min\limits_{i\in\{1,2,\cdots,N\}}\text{fit}(t) \end{cases} \tag{24.6}$$

从式（24.6）中可知，$m_i(t)$将粒子的适应值规范化到[0，1]之间，然后把其占总质量中的比重当作粒子的质量 $M_i(t)$。

24.1.4　引力计算

在时刻 t，物体 j 在第 k 维上受到物体 i 的引力如式（24.7）所示。

$$F_{ij}^{k}(t)=G(t)\frac{M_{pt}(t)\times M_{aj}(t)}{R_{ij}(t)+\varepsilon}\left(x_{j}^{k}(t)-x_{i}^{k}(t)\right) \tag{24.7}$$

式（24.7）中：ε 表示一个非常小的常量；$M_{aj}(t)$ 表示作用物体 j 的惯性质量，其计算公式如式（24.5）所示。$G(t)$ 表示随时间变换的万有引力常数，它的值是由宇宙的真实年龄决所定的，随着宇宙年龄的增大，它的值反而会变小，具体如式（24.8）所示：

$$G(t)=G_{0}\times \mathrm{e}^{-at/T} \tag{24.8}$$

式（24.8）中，G_0 表示在 t_0 时刻 G 取值，G_0=100；a 等于 20，T 为最大迭代次数。

式（24.7）中，$R_{ij}(t)$ 表示物体 X_i 和物体 X_j 的欧氏距离，具体如式（24.9）所示：

$$R_{ij}(t)=\left\|X_{i}(t),X_{j}(t)\right\|_{2} \tag{24.9}$$

因此在 t 时刻，第 k 维上作用于 X_i 的作用力总和等于其他所有物体对其作用力之和，计算公式如（24.10）所示：

$$F_{i}^{k}(t)=\sum_{j=1,j\neq i}^{N}\mathrm{rand}_{j}F_{ij}^{k}(t) \tag{24.10}$$

24.1.5　位置更新

当粒子受到其他粒子的引力作用后就会产生加速度，因此，根据式（24.10）中所计算到的引力，则物体 i 在第 k 维上获得的加速度为其作用力与惯性质量的比值，具体如式（24.11）所示：

$$a_{i}^{k}(t)=\frac{F_{i}^{k}(t)}{M_{ii}(t)} \tag{24.11}$$

在每一次迭代过程中，物体根据计算得到的加速度来更新物体 i 的速度和位置，更新方式如式（24.12）所示：

$$\begin{cases} v_{i}^{k}(t+1)=\mathrm{rand}_{i}\times v_{i}^{k}(t)+a_{i}^{k}(t) \\ x_{i}^{k}(t+1)=x_{i}^{k}(t)+v_{i}^{k}(t+1) \end{cases} \tag{24.12}$$

24.1.6　参数分析

对于生物智能优化算法，参数的设置对算法本身极其重要。参数的设置对算法的性能和优化能力都有影响，通过分析参数的作用可以对算法做改进。

万有引力搜索算法（GSA 算法）主要有两个步骤组成，具体如下：

（1）计算其他粒子对自己的引力大小，并通过引力计算出相应的加速度；

（2）是根据计算得到的加速度更新粒子的位置。

下面将式（24.7）~（24.10）代入到式（24.12）中，得到式（24.13）：

$$X_{i}^{t+1}=X_{i}^{t}+\mathrm{rand}\times V_{i}^{t}+G_{0}\times \mathrm{e}^{-at/T}\times\sum_{j=1}^{N}\left(\frac{M_{j}^{t}}{R_{ij}}\left(\mathrm{rand}\times\left(X_{j}^{t}-X_{i}^{t}\right)\right)\right) \tag{24.13}$$

从式（24.13）中可知，万有引力算法实际上跟差分进化算法（DE）有些类似，公式

的后半部分是粒子 i 与其他粒子的差分向量与惯性质量，以及随机向量跟距离的乘积之和。由于粒子间的距离同样可由各向量之间的差分向量得到，因此，万有引力搜索算法（GSA 算法）中实际有作用的参数为常量 G_o，变化量 a 及惯性质量 M。

24.2　万有引力算法收敛性分析

考虑全局收敛性，内容如下。

假设 1：$f\left(D\left(z,\xi\right)\right)\leqslant f\left(Z\right)$，并且如果 $\xi\in S$，则：

$$f\left(D\left(z,\xi\right)\right)\leqslant f\left(\xi\right) \tag{24.14}$$

随机算法的全局收敛意味着序列 $\left\{f\left(z_k\right)\right\}_{k=1}^{\infty}$ 应收敛于 φ。

假设 2：对于 S 的任意 Borel 子集 A，若其测度 $\nu\left(A\right)>0$，则有：

$$\prod_{k=0}^{\infty}\left(1-\mu_k\left(A\right)\right)=0 \tag{24.15}$$

式（24.15）中，$\mu_k\left(A\right)$ 是由测度 μ_k 所得到的 A 的概率。

定理 1：引力优化算法满足假设 1。

证明：定义函数 $D()$ 为：

$$D\left(p_{g,k},x_{i,k}\right)=\begin{cases}p_{g,k}, f\left(g\left(x_{i,k}\right)\right)\geqslant f\left(p_{g,k}\right)\\ g\left(x_{i,k}\right),\text{others}\end{cases} \tag{24.16}$$

式（24.16）中，符号 $g\left(x_{i,k}\right)$ 表示引力优化的更新方程，具体如下：

$$x_{i,k+1}=g\left(x_{i,k}\right)=g_1\left(x_{i,k}\right)+g_2\left(x_{i,k}\right)+g_3\left(x_{i,k}\right) \tag{24.17}$$

式（24.17）中，

$$g_1\left(x_{i,k}\right)=x_{i,k}+\omega v_{i,k}$$

$$g_2\left(x_{i,k}\right)=C_1 UG\text{first}$$

$$g_3\left(x_{i,k}\right)=C_2 UG\text{second}$$

其中，C_1 和 C_2 表示学习因子，$x_{i,k}$ 表示第 k 代时的质点位置，按照这里定义的函数 $D()$，引力优化满足假设 1。

定理 2：任意取 $\varepsilon>0$，存在 $N\geqslant1$，使得对于任意的 $n\geqslant N$，如果选择 ω、ϕ_1 和 ϕ_2，使得 $\max\left(\|a\|,\|\beta\|\right)<1$，则有 $\left\|g^n\left(x_{i,k}\right)-g^{n+1}\left(x_{i,k}\right)\right\|<\varepsilon$。

证明：由于 $\lim\limits_{t\to\infty}\left(X\left(t\right)\right)=\lim\limits_{t\to\infty}\left(k_1+k_2a^t+k_3\beta^t\right)=\dfrac{\phi_1 p+\phi_2 p_g}{\phi_1+\phi_2}$，且 $X\left(t+1\right)-X\left(t\right)=V\left(t+1\right)$，因此，当 $\max\left(\|a\|,\|\beta\|\right)<1$ 时，式（24.18）成立。

$$\lim_{t\to\infty}\left(V\left(t+1\right)\right)=\lim_{t\to\infty}\left(X\left(t+1\right)-X\left(t\right)\right)=\lim_{t\to\infty}\left(k_2a^t\left(a-1\right)+k_3\beta^t\left(\beta-1\right)\right)=0 \tag{24.18}$$

这表明 $\lim\limits_{t\to\infty}X\left(t+1\right)=\lim\limits_{t\to\infty}X\left(t\right)$，同时：

$$X\left(t+1\right)=X9t+V\left(t+1\right)=X\left(t\right)+\omega V\left(t\right)-X\left(t\right)\left(\phi_1+\phi_2\right)+\phi_1 p+\phi_2 p_g \tag{24.19}$$

两边取极限，从而有：

$$\lim_{t\to\infty} X(t) = p = p_g \tag{24.20}$$

通过定理 2 可知，当所有质点最终收敛于 $\lim_{t\to\infty} X(t) = p = p_g$ 的位置时，算法将停止运行。因此，如果算法在收敛之前没有搜索到全局（或者局部）最优解，将导致过早收敛。从而表明万有引力搜索算法 GSA 不是全局（或者局部）收敛的算法。

24.3　万有引力算法实现流程

标准万有引力搜索算法 GSA 的具体流程如下：

（1）初始化算法中所有粒子的位置与加速度，并设置迭代次数与算法中的参数。

（2）对每个粒子计算该粒子的适应值，利用公式（24.8）更新重力常数。

（3）由计算得到的适应值利用公式（24.5）和式（24.6）计算每个粒子的质量，并利用公式（24.7）~（24.11）计算每个粒子的加速度。

（4）根据公式（24.12）计算每个粒子的速度，然后更新粒子的位置。

（5）如果未满足终止条件，返回步骤（2）；否则，输出此次算法的最优解。

其流程图如图 24-2 所示。

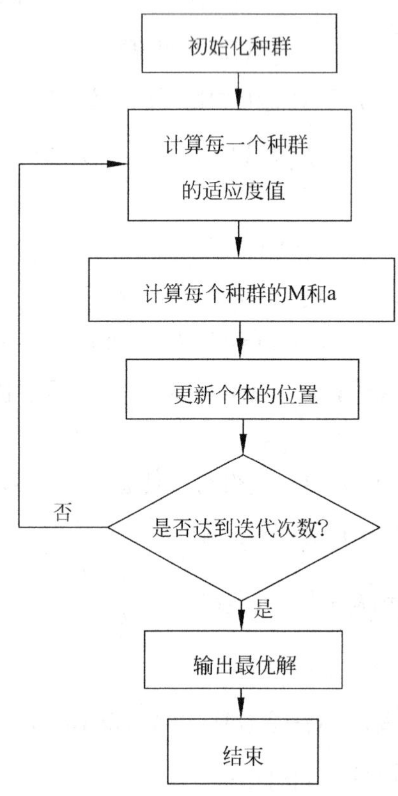

图 24-2　万有引力搜索算法流程图

24.4　万有引力算法函数优化分析与 MATLAB 实现

考虑下列函数：

$$y=\sum_{i=1}^{30}x_i^2\text{，}\quad -100\leqslant x_i\leqslant 100$$

求该函数最小值。

理论上，该函数在 $x_i=0$ 处，y 有最小值，y=0。

采用万有引力搜索算法进行该目标函数求解，程序如下。

万有引力参数初始化操作如下：

```
% 万有引力搜索算法
clc,clear,close all                          % 清屏、清工作区、关闭窗口
warning off                                  % 消除警告
feature jit off                              % 加速代码执行
 N=50;                                       % 粒子数量（智能个体）
 max_it=100;                                 % 最大迭代次数
 ElitistCheck=1;                             % ElitistCheck: 算法执行次数选择
 Rpower=1;                                   % Rpower: 'R'的次方
 min_flag=1;                                 % 1: 求函数最小值，0: 求函数最大值
% 第 1 个方程
 F_index=1;                                  % 带求解函数选择
[Fbest,Lbest,BestChart,MeanChart]=GSA(F_index,N,max_it,ElitistCheck,min
_flag,Rpower);
 %  输出：
% Fbest: 最优适应度值
% Lbest: 最优解向量
% BestChart: 适应度变化值
% MeanChart: 平均适应度变化值
 Fbest,                                      % 最优适应度值
 Lbest,                                      % 最优解
```

万有引力搜索算法 GSA 程序如下：

```
% 万有引力搜索算法
function
[Fbest,Lbest,BestChart,MeanChart]=GSA(F_index,N,max_it,ElitistCheck,min
_flag,Rpower)
%V:    速度
%a:    加速度
%M:    质量. Ma=Mp=Mi=M;
%dim: 待求解未知量维数
%N:    智能粒子个数
%X:    种群个体位置. dim-by-N matrix.
%R:    种群之间的距离
%[low-up]: 取值范围
%Rnorm:   范数
%Rpower: Power of R
Rnorm=2;                                % 2 阶范数，即欧氏距离
% 获取待求解目标方程的未知数个体及取值范围
```

```
[low,up,dim]=test_functions_range(F_index);
% 随机的初始化个体
X=initialization(dim,N,up,low);
% 适应度值数组初始化
BestChart=[];
MeanChart=[];
V=zeros(N,dim);                                    % 速度初始化
for iteration=1:max_it                             % 迭代开始
%     iteration

    % 检查 x 个体是否在取值范围内
    X=space_bound(X,up,low);
    % 计算适应度值
    fitness=evaluateF(X,F_index);

    if min_flag==1
        [best best_X]=min(fitness); %minimization.
    else
        [best best_X]=max(fitness); %maximization.
    end

    if iteration==1
      Fbest=best;Lbest=X(best_X,:);
    end
    if min_flag==1
     if best<Fbest                                 % 极小值求解
      Fbest=best;Lbest=X(best_X,:);
     end
    else
     if best>Fbest                                 % 极大值求解
      Fbest=best;Lbest=X(best_X,:);
     end
    end

BestChart=[BestChart Fbest];                       % 最优适应度值
MeanChart=[MeanChart mean(fitness)];               % 平均适应度值

% M 计算
[M]=massCalculation(fitness,min_flag);
%万有引力常数计算
G=Gconstant(iteration,max_it);
%加速度 a 计算
a=Gfield(M,X,G,Rnorm,Rpower,ElitistCheck,iteration,max_it);

% 个体更新
[X,V]=move(X,a,V);

end % 迭代终止
```

获取待求解目标方程的未知数个体及取值范围，程序如下：

```
function [down,up,dim]=test_functions_range(F_index)
% 设定待求解未知数个数及未知数的取值范围
%总共包含 23 个方程，针对不同的取值范围
dim=30;
if F_index==1          % 第 1 个方程
    down=-100;up=100;
end
```

```
if F_index==2        % 第 2 个方程
   down=-10;up=10;
end

if F_index==3        % 第 3 个方程
   down=-100;up=100;
end

if F_index==4        % 第 4 个方程
   down=-100;up=100;
end

if F_index==5        % 第 5 个方程
   down=-30;up=30;
end

if F_index==6        % 第 6 个方程
   down=-100;up=100;
end

if F_index==7        % 第 7 个方程
   down=-1.28;up=1.28;
end

if F_index==8        % 第 8 个方程
   down=-500;up=500;
end

if F_index==9        % 第 9 个方程
   down=-5.12;up=5.12;
end

if F_index==10       % 第 10 个方程
   down=-32;up=32;
end

if F_index==11       % 第 11 个方程
   down=-600;up=600;
end

if F_index==12       % 第 12 个方程
   down=-50;up=50;
end

if F_index==13       % 第 13 个方程
   down=-50;up=50;
end

if F_index==14       % 第 14 个方程
   down=-65.536;up=65.536;dim=2;
end

if F_index==15       % 第 15 个方程
   down=-5;up=5;dim=4;
end

if F_index==16       % 第 16 个方程
   down=-5;up=5;dim=2;
end
```

```
if F_index==17      % 第 17 个方程
   down=[-5 0];up=[10 15];dim=2;
end

if F_index==18      % 第 18 个方程
   down=-2;up=2;dim=2;
end

if F_index==19      % 第 19 个方程
   down=0;up=1;dim=3;
end

if F_index==20      % 第 20 个方程
   down=0;up=1;dim=6;
end

if F_index==21      % 第 21 个方程
   down=0;up=10;dim=4;
end

if F_index==22      % 第 22 个方程
   down=0;up=10;dim=4;
end

if F_index==23      % 第 23 个方程
   down=0;up=10;dim=4;
end
```

本程序给出了 23 组取值范围，主要针对 23 个不同的工况而设定的，当然用户针对自己的问题，只需要设定一个取值范围。

接下来在相应的取值范围内，随机的初始化个体值：

```
% 随机的初始化个体
function [X]=initialization(dim,N,up,down)
% dim:未知数个数，粒子个数
% N:种群数
% up：取值上限
% down：取值下限
% X：初始化的个体值
if size(up,2)==1
   X=rand(N,dim).*(up-down)+down;
end
if size(up,2)>1
   for i=1:dim
   high=up(i);low=down(i);
   X(:,i)=rand(N,1).*(high-low)+low;
   end
end
```

在迭代过程中存在个体的位置超出了变量的取值范围，因此有必要对变量进行范围限制，程序如下：

```
function  X=space_bound(X,up,low);
% 约定个体在相应的 up 和 down 取值范围内

[N,dim]=size(X);
```

```
for i=1:N
    Tp=X(i,:)>up;Tm=X(i,:)<low;
    X(i,:)=(X(i,:).*(~(Tp+Tm)))+((rand(1,dim).*(up-low)+low).*(Tp+Tm));

end
```

初始化个体后，接下来进行适应度值的计算，程序如下：

```
function   fitness=evaluateF(X,F_index);
% 计算适应度值
[N,dim]=size(X);
for i=1:N
    % L 第 'i' 个种群，包含一组未知量解的个体
    L=X(i,:);
    % 第 'i' 个种群的适应度计算
    fitness(i)=test_functions(L,F_index,dim);
end
```

相应的目标函数如下：

```
% 适应度函数
function fit=test_functions(L,F_index,dim)

% 不同的适应度函数
if F_index==1     % 第 1 个方程
fit=sum(L.^2);
end

if F_index==2     % 第 2 个方程
fit=sum(abs(L))+prod(abs(L));
end

if F_index==3      % 第 3 个方程
    fit=0;
    for i=1:dim
    fit=fit+sum(L(1:i))^2;
    end
end

if F_index==4     % 第 4 个方程
    fit=max(abs(L));
end

if F_index==5      % 第 5 个方程
    fit=sum(100*(L(2:dim)-(L(1:dim-1).^2)).^2+(L(1:dim-1)-1).^2);
end

if F_index==6      % 第 6 个方程
    fit=sum(floor((L+.5)).^2);
end

if F_index==7       % 第 7 个方程
    fit=sum([1:dim].*(L.^4))+rand;
end

if F_index==8      % 第 8 个方程
    fit=sum(-L.*sin(sqrt(abs(L))));
end
```

```
if F_index==9     % 第 9 个方程
   fit=sum(L.^2-10*cos(2*pi.*L))+10*dim;
end

if F_index==10    % 第 10 个方程

fit=-20*exp(-.2*sqrt(sum(L.^2)/dim))-exp(sum(cos(2*pi.*L))/dim)+20+exp(1
);
end

if F_index==11    % 第 11 个方程
   fit=sum(L.^2)/4000-prod(cos(L./sqrt([1:dim])))+1;
end

if F_index==12    % 第 12 个方程

fit=(pi/dim)*(10*((sin(pi*(1+(L(1)+1)/4)))^2)+sum((((L(1:dim-1)+1)./4).^
2).*...

(1+10.*((sin(pi.*(1+(L(2:dim)+1)./4)))).^2))+((L(dim)+1)/4)^2)+sum(Ufun(
L,10,100,4));
end
if F_index==13    % 第 13 个方程

fit=.1*((sin(3*pi*L(1)))^2+sum((L(1:dim-1)-1).^2.*(1+(sin(3.*pi.*L(2:dim
))).^2))+...
      ((L(dim)-1)^2)*(1+(sin(2*pi*L(dim)))^2))+sum(Ufun(L,5,100,4));
end

if F_index==14    % 第 14 个方程
aS=[-32 -16 0 16 32 -32 -16 0 16 32 -32 -16 0 16 32 -32 -16 0 16 32 -32 -16
0 16 32;,...
-32 -32 -32 -32 -32 -16 -16 -16 -16 -16 0 0 0 0 0 16 16 16 16 16 32 32 32
32 32];
   for j=1:25
      bS(j)=sum((L'-aS(:,j)).^6);
   end
   fit=(1/500+sum(1./([1:25]+bS))).^(-1);
end

if F_index==15  % 第 15 个方程
   aK=[.1957 .1947 .1735 .16 .0844 .0627 .0456 .0342 .0323 .0235 .0246];
   bK=[.25 .5 1 2 4 6 8 10 12 14 16];bK=1./bK;
   fit=sum((aK-((L(1).*(bK.^2+L(2).*bK))./(bK.^2+L(3).*bK+L(4)))).^2);
end

if F_index==16    % 第 16 个方程

fit=4*(L(1)^2)-2.1*(L(1)^4)+(L(1)^6)/3+L(1)*L(2)-4*(L(2)^2)+4*(L(2)^4);
end

if F_index==17    % 第 17 个方程

fit=(L(2)-(L(1)^2)*5.1/(4*(pi^2))+5/pi*L(1)-6)^2+10*(1-1/(8*pi))*cos(L(1
))+10;
end

if F_index==18     % 第 18 个方程
```

```
fit=(1+(L(1)+L(2)+1)^2*(19-14*L(1)+3*(L(1)^2)-14*L(2)+6*L(1)*L(2)+3*L(2)^
2))*...

(30+(2*L(1)-3*L(2))^2*(18-32*L(1)+12*(L(1)^2)+48*L(2)-36*L(1)*L(2)+27*(L(
2)^2)));
end

if F_index==19      % 第 19 个方程
   aH=[3 10 30;.1 10 35;3 10 30;.1 10 35];cH=[1 1.2 3 3.2];

pH=[.3689 .117 .2673;.4699 .4387 .747;.1091 .8732 .5547;.03815 .5743 .8828];
   fit=0;
   for i=1:4
   fit=fit-cH(i)*exp(-(sum(aH(i,:).*((L-pH(i,:)).^2))));
   end
end

if F_index==20      % 第 20 个方程
   aH=[10 3 17 3.5 1.7 8;.05 10 17 .1 8 14;3 3.5 1.7 10 17 8;17 8 .05 10 .1
14];
cH=[1 1.2 3 3.2];
pH=[.1312 .1696 .5569 .0124 .8283 .5886;.2329 .4135 .8307 .3736 .1004 .
9991;...
.2348 .1415 .3522 .2883 .3047 .6650;.4047 .8828 .8732 .5743 .1091 .0381];
   fit=0;
   for i=1:4
   fit=fit-cH(i)*exp(-(sum(aH(i,:).*((L-pH(i,:)).^2))));
   end
end

aSH=[4 4 4 4;1 1 1 1;8 8 8 8;6 6 6 6;3 7 3 7;2 9 2 9;5 5 3 3;8 1 8 1;6 2
6 2;7 3.6 7 3.6];
cSH=[.1 .2 .2 .4 .4 .6 .3 .7 .5 .5];

if F_index==21      % 第 21 个方程
   fit=0;
  for i=1:5
   fit=fit-((L-aSH(i,:))*(L-aSH(i,:))'+cSH(i))^(-1);
  end
end

if F_index==22      % 第 22 个方程
   fit=0;
  for i=1:7
   fit=fit-((L-aSH(i,:))*(L-aSH(i,:))'+cSH(i))^(-1);
  end
end

if F_index==23      % 第 23 个方程
   fit=0;
  for i=1:10
   fit=fit-((L-aSH(i,:))*(L-aSH(i,:))'+cSH(i))^(-1);
  end
end

function y=Ufun(x,a,k,m)
y=k.*((x-a).^m).*(x>a)+k.*((-x-a).^m).*(x<(-a));
return
```

万有引力中质量 M 的计算程序如下：

```
function [M]=massCalculation(fit,min_flag)
% 计算每个智能体的质量

Fmax=max(fit); Fmin=min(fit);         % 最大最小
Fmean=mean(fit);                      % 平均
[i N]=size(fit);

if Fmax==Fmin
  M=ones(N,1);
else

  if min_flag==1                      % 极小值求解
    best=Fmin;worst=Fmax;
  else                                % 极大值求解
    best=Fmax;worst=Fmin;
  end

  M=(fit-worst)./(best-worst);        % M 求解

end

M=M./sum(M);
```

万有引力常数的计算程序如下：

```
function G=Gconstant(iteration,max_it)
% 万有引力常数计算
% 初始化值可以自己制定
alfa=20;G0=100;
G=G0*exp(-alfa*iteration/max_it);
```

加速度 a 的计算程序如下：

```
function a=Gfield(M,X,G,Rnorm,Rpower,ElitistCheck,iteration,max_it);
% 万有引力加速度计算
[N,dim]=size(X);
final_per=2;                                 % 只有 2%的个体对其他个体有力的作用

 % 合力
 if ElitistCheck==1
    kbest=final_per+(1-iteration/max_it)*(100-final_per); %kbest
    kbest=round(N*kbest/100);
 else
    kbest=N;
 end
   [Ms ds]=sort(M,'descend');

 for i=1:N
    E(i,:)=zeros(1,dim);
    for ii=1:kbest
        j=ds(ii);
        if j~=i
           R=norm(X(i,:)-X(j,:),Rnorm);      %欧式距离
        for k=1:dim
            E(i,k)=E(i,k)+rand*(M(j))*((X(j,k)-X(i,k))/(R^Rpower+eps));
             %note that Mp(i)/Mi(i)=1
        end
        end
```

```
    end
 end

%%acceleration
a=E.*G; %note that Mp(i)/Mi(i)=1
```

计算完万有引力算法中各参数值后，接下来就是更新粒子的速度和位置，具体的程序如下：

```
function [X,V]=move(X,a,V)
% 粒子速度和位置更新
%movement.
[N,dim]=size(X);
V=rand(N,dim).*V+a;              % 速度更新
X=X+V;                           % 位置更新
```

运行程序输出适应度曲线如图 24-3 和图 24-4 所示。

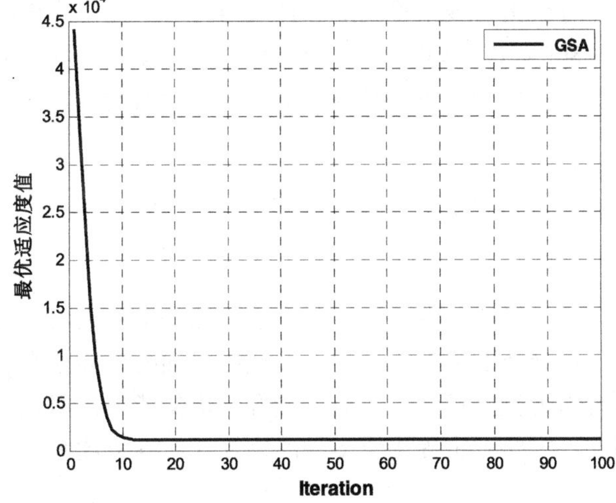

图 24-3　最优适应度值曲线

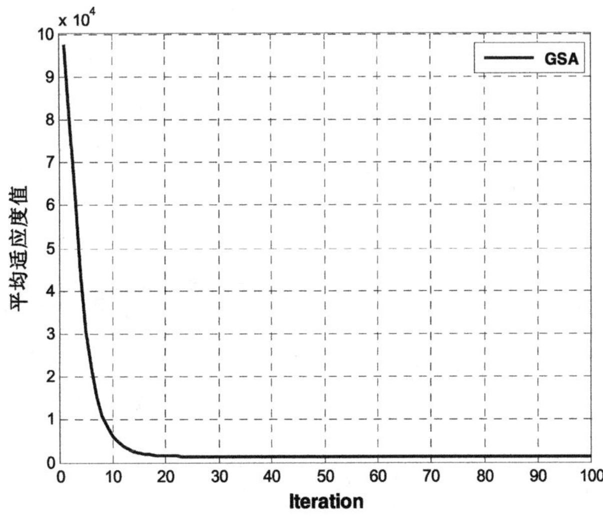

图 24-4　平均适应度值曲线

得到相应的最优适应度值和最优解向量如下：

```
Fbest =
   2.3806e-17

Lbest =
   1.0e-08 *
  Columns 1 through 6
   -0.0810   -0.0150    0.1210    0.0876   -0.0785   -0.0294
  Columns 7 through 12
    0.0923   -0.0287    0.0908   -0.1600   -0.0354   -0.0820
  Columns 13 through 18
   -0.0533    0.0712    0.0097    0.0078   -0.0691    0.0816
  Columns 19 through 24
   -0.0495   -0.0088   -0.0294   -0.0240   -0.0469   -0.1716
  Columns 25 through 30
   -0.1647   -0.0916   -0.0039    0.1350   -0.1784    0.1004
>>
```

从计算结果可知，万有引力搜索算法是一种优秀的智能优化算法，求解的结果 $x_i \approx 0$，相应的适应度值 $y = 2.3806 \times 10^{-17} \approx 0$，不过万有引力算法相比其他智能算法计算时间比较长，然而算法计算结果非常可观，因此该算法的应用越来越深受科研爱好者的喜爱。

24.5　本 章 小 结

万有引力搜索算法是一种优秀的智能优化算法，算法中的粒子能感受到其他粒子的引力作用，在无须其他任何介质的情况下，能够表现出很强的全局搜索能力，目前已应用于较多的领域。虽然万有引力搜索算法已经具备较好的优化能力，但是容易陷入局部解，且求解的精度不高，因此广大学者也提出了多种改进算法，各位读者朋友可以基于本章的内容进行算法的改进。

第 25 章　基于细菌觅食算法的函数优化分析

实际生活需求促进了最优化方法的发展。近半个多世纪以来，由于传统优化方法的不足，一些具有全局优化性能且通用性强的进化算法，因其高效的优化性能和无需问题精确描述信息等优点，受到各领域广泛的关注和应用。其中产生最早也最具代表性的进化算法是 20 世纪 70 年代源于达尔文自然选择学说和孟德尔遗传变异理论的遗传算法（Genetic Algorithm，GA）。

而近年来，人们模拟自然界生物群体行为产生出一系列群体智能优化算法，如 Dorigo 等通过模拟蚂蚁的寻径行为于 1991 年提出了蚁群优化算法（Ant Colony Optimization，ACO）；Eberhart 和 Kennedy 通过模拟鸟群捕食行为于 1995 年提出了粒子群优化算法（Particle Swarm Optimization，PSO），这些算法被广泛应用于工程领域并取得了显著的成果。随着群体智能优化算法的蓬勃发展，Passino 于 2002 年提出了模拟人类大肠杆菌觅食行为的细菌觅食优化算法（Bacteria Foraging Optimization Algorithm，BFOA），为仿生进化算法家族增添了新成员。本章将着重向广大编程爱好者介绍最基本的细菌觅食算法，各编程科研人员可以基于本章算法加以改进并应用到实际案例中。

学习目标：

（1）熟练运用细菌觅食优化算法优化求解函数方程；

（2）熟练掌握利用 MATLAB 实现细菌觅食优化算法源程序等。

25.1　细菌觅食算法概述

在实际生产运营中，函数优化求解比比皆是，特别是对于力学问题，方程表达式规模一般较大，且模型较复杂，利用传统的求解算法根本不能胜任，广大科研人员急切寻求一种新型的智能算法。近年来，出现了很多生物智能算法，例如人工蜂群算法 ABC、蝙蝠算法 BA、蚁群算法 ACO、遗传算法 GA、粒子群算法 PSO、鱼群算法 FSA 和模拟退火算法 SA 等等，这些算法也足以胜任规模庞大且复杂的数学难题，然而科研人员仍在不断的寻找更加智能的生物算法，利用生物的本能寻找最佳路径和最佳解等特征去驱动现实工程问题，细菌觅食算法就是近十几年来提出的一种新型智能算法。

2002 年，Passino 观察人类肠道中大肠杆菌在觅食过程中体现出来的智能行为，研究发现细菌的觅食行为具有四个典型行为，分别为趋向性行为、聚集性行为、复制行为和迁徙行为，并基于大量的实验验证，首次提出一种新型的智能随机搜索算法——细菌觅食算法，细菌觅食优化算法（BFO）是基于大肠杆菌觅食行为模型的一种生物集群算法。BFO 具有对初值和参数选择不敏感、鲁棒性强和简单易于实现，以及并行处理和全局搜索等优点。

由于细菌觅食优化算法（BFO）是近十几年才提出的，2007 年引入国内，国内关于细菌觅食优化算法的研究成果还很少，关于细菌觅食优化算法的研究主要集中在以下几个方面。

2007 年，梁艳春等人改进了趋向性操作并提出了分别基于个体信息和群体信息的两种搜索策略。在趋向操作过程中，固定的步长 C 不利于算法的收敛，游动步长 C 是直接影响算法性能的重要参数，因而如何对其进行改进，吸引着国内外广大科研人员的兴趣。

2005 年，Mishra 提出了模糊细菌觅食算法（Fuzzy Bacterial Foraging，FBF），用 Takagi-Sugeno 型模糊推理机制选取最优步长。但是，FBF 的性能完全依赖于隶属函数和模糊规则参数的选择，且这些参数的取值只能凭反复实验获得，因此该算法很难在实际应用中推广。然而在 2008 年，Datta 和 Mishra 等人提出对步长赋予一个增量自适应调节步长，实验表明该方法具有应用通用性。同年，Dasgupta 和 Biswas 等人提出了基于自适应步长机制的改进 BFO 算法，并理论分析了使用自适应机制的步长对算法收敛性和稳定性的影响。

陈瀚宁等人分析了步长对 BFO 局部搜索能力和全局搜索能力的影响。分析结果表明：若步长大，全局探索能力强；反之，局部搜索能力强。2008 年陈瀚宁等人提出自适应趋向性步长和协同细菌觅食算法通过对特定测试函数的寻优，并与标准 BFO、PSO 和 GA 算法进行比较，实验表明该方法效果很好，基本能很好的解决函数优化问题。

25.2　细菌觅食算法与其他生物智能算法的对比

遗传算法（GA）、粒子群优化算法（PSO）、蚁群优化算法（ACO）、人工鱼群优化算法（FSA）和细菌觅食优化算法（BFO）等都属于生物智能优化算法。它们都是通过模拟自然界生物群体行为从而寻求全局最优的仿生优化算法。

它们有如下相同点。

（1）它们都是一类基于生物群体的智能优化算法。

（2）直接在未知数可行域内随机的初始化个体值，并且通过适应度值（通常指的是模型最终收敛值）进行调控个体，不需要先验消息，因此在不同环境和条件下算法基本适用和有效。也就是说：用生物智能优化算法求解许多不同问题时，基本算法框架无需修改，只需要将适应度函数进行相应的设计修改即可。

（3）它们都是一类概率型全局搜索算法。因而这些算法的不确定性可以使得算法有更多的机会求得全局最优解，比较灵活。但是，从数学的角度而言，如何证明该类算法的正确性与可靠性比较困难。

（4）它们都具有本质并行性且并行处理效率很高，因而这些算法非常适合于大规模优化问题的并行计算，且能以较小的代价使得算法性能获得较大收益。

（5）它们都具有自组织学习性。即：在不确定的复杂环境中，这些算法中的个体都可以通过学习不断提高自身的适应性。

不同点及缺点。

（1）遗传算法（GA）：以决策变量的编码作为运算对象，简明直接；借鉴了生物学中的染色体概念，采纳了选择、交叉、变异和迁移等自然进化模型，算法具有较大的灵活性和可扩展性。

缺点：容易出现早熟现象，陷入局部最优解；后期进化慢，当求解到最优解附近范围时往往左右摆动，收敛较慢；算法的性能对参数的选择很敏感。

（2）粒子群算法（PSO）：是一种原理和机制简单、算法易实现且运行效率高的启发式算法，与其他智能优化算法相比，该算法可调参数较少，而且受所求问题维数的影响较小。

缺点：粒子群算法的局部搜索能力相对较差，搜索精度不高，搜索性能对参数的设置有依赖。

（3）蚁群算法（ACO）：采用了正反馈机制完成间接的信息传递，整个蚁群算法将在蚂蚁个体的共同协作下达到最终收敛于最优路径的目的。这是蚁群算法与其他智能优化算法相区别的最显著的差异。

缺点：蚁群算法（ACO）收敛速度慢，且容易出现停滞，易陷入局部最优解。此外，初始化参数的设置对该算法的收敛性能有较大影响。

（4）人工鱼群算法（FSA）：具有良好的取得全局极值的能力；算法对初值和参数的选择不敏感，鲁棒性强，简单及易于实现。

缺点：该算法（FSA）在优化初期收敛较快，后期收敛慢；搜索精度不高；由于该算法提出时间不长，其理论基础和工程应用还有待于进一步深入研究与推广。

（5）细菌觅食算法（BFO）：也是一种新型的基于群体的优化工具，具有良好的取得全局极值的能力。

缺点：该算法（BFO）的理论基础和工程应用也有待于进一步深入研究与推广。

25.3　标准细菌觅食优化算法

细菌觅食优化算法（Bacteria Foraging Optimization，BFO）是由 Passino 于 2002 年提出来的模拟人类肠道中大肠杆菌的觅食行为的一种仿生随机搜索算法。目前，BFO 算法已经被应用于函数优化分析、力学、图像处理和车间调度问题等方面。

本章将从描述大肠杆菌的觅食行为着手，对标准 BFO 算法的四大主要操作进行详细介绍，再给出该算法的具体流程，最后进行算法仿真分析。

25.3.1　大肠杆菌的觅食行为

大肠杆菌是现代医学上研究比较全面的一种微生物，大肠杆菌的表面遍布着纤毛和鞭毛。纤毛是一些用来传递细菌之间某种基因能运动的突起状细胞器，而鞭毛是一些用来帮助细胞移动的细长而弯曲的丝状物。大肠杆菌在觅食过程中，能够朝向食物源方向移动，并能避开有毒物质，大肠杆菌的这种行为受支配于自身控制系统，例如，当遇到酸性和碱性环境时，能够很好地避免，并能够始终趋向于中性环境觅食，并且在改变每一次状态之后及时对效果进行评价，为下一次状态的调整提供决策信息。

大肠杆菌的移动完全取决于其表面上所有鞭毛同方向上的转动。当所有鞭毛都沿逆时针方向转动时，大肠杆菌被推动向前快速游动；反之，当所有鞭毛都沿顺时针方向转动时，大肠杆菌被施加一个阻力而原地旋转不再向前游动，如图 25-1（a）所示，大肠杆菌的这种变换行为是周而复始的，具体运动过程如图 25-1（b）所示。

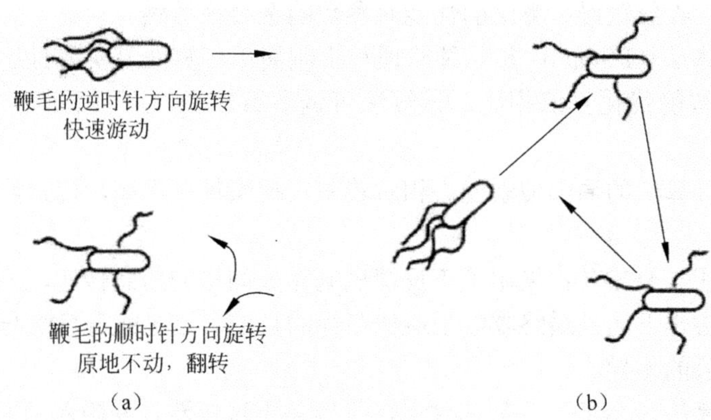

图 25-1　大肠杆菌的移动

生物学研究表明，大肠杆菌的觅食行为主要包括以下四个步骤：

（1）寻找可能存在食物源的区域；

（2）决定是否进入此区域，若进入，则进行下一步骤，若不进入，则返回上一步；

（3）在所选定的区域中寻找食物源；

（4）消耗掉一定量的食物后，决定是继续在此区域觅食还是迁移到一个更理想的区域。

通常大肠杆菌在觅食过程所遇到的觅食区域存在于下面两种工况，具体如下：

（1）觅食区域营养丰盛。当大肠杆菌在该区域停留了一段时间之后，区域内的食物已被消耗完，大肠杆菌不得不离开当前区域去寻找另一个可能有更丰富食物的区域。

（2）觅食区域营养缺乏。大肠杆菌根据自身以往的觅食经验，判断出在其他区域可能会有更为丰盛的食物，于是适当改变搜索方向，朝着其认为可能有丰富食物的方向前进。

总的来说，大肠杆菌所移动的每一步都是在其自身生理和周围环境的约束下，尽量使其在单位时间内所获得的能量达到最大。细菌觅食算法 BFO 正是利用大肠杆菌的这一觅食过程而提出的一种仿生随机搜索算法。

25.3.2　BFO 算法基本原理

假定要求 $J(\theta)$ 的最小值，其中 $\theta \in R^p$，且梯度 $\nabla J(\theta)$ 的无法定量也无法定性分析。为了求解无梯度函数优化问题，细菌觅食算法（BFO 算法）模拟了真实的细菌系统中的四个主要操作：趋向、聚集、复制和迁徙，将每个真实的细菌看成是优化问题的一个寻优解，即移动在函数曲面上的测试解，大肠杆菌的移动寻找食物源的过程就是寻找最优解的过程。

为了模拟实际细菌的行为，首先引入符号说明：

j 表示趋向性操作，k 表示复制操作，l 表示迁徙操作，p 为搜索空间的维数，S 为细菌种群大小，N_c 为细菌进行趋向性行为的次数，N_s 为趋向性操作中在一个方向上前进的最大步数，N_{re} 为细菌进行复制性行为的次数，N_{ed} 为细菌进行迁徙性行为的次数，P_{ed} 为迁徙概率，$C(i)$ 为向前游动的步长。

设 $P(i,k,l)=\left\{\theta^i(j,k,l) \mid i=1,2,\cdots,S\right\}$ 表示种群中个体在第 j 次趋向性操作、第 k 次复制

操作和第 l 次迁徙操作之后的位置，$J(i,j,k,l)$ 表示细菌 i 在第 j 次趋向性操作、第 k 次复制操作和第 l 次迁徙操作之后的适应值函数值。

25.3.3　趋向性操作（Chemotaxis）

大肠杆菌在整个觅食过程中有两个基本运动：旋转（Tumble）和游动（Swim）。旋转是为找一个新的方向而转动，而游动是指保持方向不变的向前运动。BFO 算法的趋向性操作就是对这两种基本动作的模拟。通常，细菌会在食物丰盛或环境的酸碱性适中的区域中较多地游动，而在食物缺乏或环境的酸碱性偏高的区域则会较多地旋转，即原地不动。

BFO 算法的趋向性操作方式如下：

先朝某随机方向游动一步；如果该方向上的适应值比上一步所处位置的适应值低，则进行旋转，朝另外一个随机方向游动；如果该方向上的适应值比上一步所处位置的适应值高，则沿着该随机方向向前移动；如果达到最大尝试次数，则停止该细菌的趋向性操作，跳转到下一个细菌执行趋向性操作。

细菌 i 的每一步趋向性操作表示，如式（25.1）所示。

$$\theta^i(j+1,k,l)=\theta^i(j,k,l)+C(i)\frac{\Delta(i)}{\sqrt{\Delta^T(i)\Delta(i)}} \tag{25.1}$$

式（25.1）中，Δ 表示随机方向上的一个单位向量。

25.3.4　聚集性操作（Swarming）

在菌群寻觅食物的过程中，细菌个体通过相互之间的作用来达到聚集行为。细胞与细胞之间既有引力又有斥力。引力使细菌聚集在一起，甚至出现“抱团”现象。斥力使每个细胞都有一定的位置，令其能在该位置上获取能量，来维持生存。在 BFO 算法中模拟这种行为称为聚集性操作。细菌间聚集行为的数学表达式为：

$$\begin{aligned}J_{cc}(\theta,P(j,k,l))&=\sum_{i=1}^{S}J_{cc}\left(\theta,\theta^i(j,k,l)\right)\\&=\sum_{i=1}^{S}\left[-d_{\text{attractant}}\exp\left(-w_{\text{attractant}}\sum_{m=1}^{p}\left(\theta_m-\theta_i^m\right)^2\right)\right]+\\&\quad\sum_{i=1}^{S}\left[h_{\text{repellant}}\exp\left(-w_{\text{repellant}}\sum_{m=1}^{p}\left(\theta_m-\theta_i^m\right)^2\right)\right]\end{aligned} \tag{25.2}$$

式（25.2）中，$d_{\text{attractant}}$ 为引力的深度，$w_{\text{attractant}}$ 为引力的宽度，$h_{\text{repellant}}$ 为斥力的高度，$w_{\text{repellant}}$ 为斥力的宽度，θ_i^m 为细菌 i 的第 m 个分量，θ_m 为整个菌群中其他细菌的第 m 个分量。

式（25.2）实质上描述了整体菌群在细菌 i 所处位置产生的作用力之和。

一般情况下，取 $d_{\text{attractant}}=h_{\text{repellant}}$。

由于 $J_{cc}(\theta,P(j,k,l))$ 表示种群细菌之间传递信号的影响值，所以在趋向性循环中引入聚集操作后，计算第 i 个细菌的适应度值为：

$$J(i,j+1,k,l)=J(i,j,k,l)+J_{cc}\left(\theta^{i}(j+1,k,l),P(j+1,k,l)\right) \tag{25.3}$$

如式（25.3）所示，聚集操作通过式（25.3）来修正适应度值，使得细菌达到聚集的目的。

25.3.5　复制性操作（Reproduction）

生物进化过程一直服从达尔文进化准则，即“适者生存、优胜劣汰”。BFO 算法执行一段时间的觅食过程后，部分寻找食物源能力弱（适应度值高，本小节主要以函数极小值作为描述对象）的细菌会被自然淘汰，而为了维持种群规模不变，剩余的寻找食物能力强（适应度值低）的细菌会进行繁殖。在 BFO 算法中模拟这种现象称为复制性操作。

对给定的 k，l 及每个 $i=1,2,\cdots,S$，定义如下：

$$J_{\text{health}}^{i}=\sum_{i=1}^{N_c+1}J(i,j,k,l) \tag{25.4}$$

式（25.4）为细菌 i 的健康度函数（或能量函数），被用来衡量细菌所获得的能量。J_{health}^{i} 越大，表示细菌 i 越健康，其觅食能力越强。将细菌能量 J_{health} 按从小到大的顺序排列，淘汰掉前 $S_r=\dfrac{S}{2}$ 个能量值较小的细菌，复制后 S_r 个能量值较大的细菌，使其又生成 S_r 个与原能量值较大的母代细菌完全相同的子代细菌，即生成的子代细菌与母代细菌具有相同的觅食能力，或者说子代细菌与母代细菌所处的位置菌相同。

25.3.6　迁徙性操作（Elimination and Dispersal）

实际环境中的细菌所生活的局部区域可能会发生逐渐变化（如食物消耗殆尽）或者发生突如其来的变化（如温度突然升高等）。这样可能会导致生活在这个局部区域的细菌种群被迁徙到新的区域中去或者集体被外力杀死。在 BFO 算法中模拟这种现象称为迁徙性操作。

迁徙操作虽然破坏了细菌的趋向性行为，但是细菌也可能会因此寻找到食物更加丰富的区域。所以从长远来看，这种迁徙操作是有利于菌群觅食的。为模拟这一过程，在算法中菌群经过若干代复制后，细菌以给定概率 P_{ed} 执行迁徙操作，被随机重新分配到寻优区间。即：若种群中的某个细菌个体满足迁徙发生的概率，则这个细菌个体灭亡，并随机的在解空间的任意位置生成一个新个体，新个体与原个体可能具有不同的位置，即不同的觅食能力。迁徙行为随机生成的这个新个体可能更靠近全局最优解，从而更有利于趋向性操作跳出局部最优解，进而寻找全局最优解。

25.4　BFO 算法流程

细菌觅食优化算法主要步骤如下。

步骤 1：初始化参数 p、S、N_c、N_s、N_{re}、N_{ed}、P_{ed}、$C(i)\ (i=1,2,\cdots,S)$ 和 θ^i。

步骤 2：迁徙操作循环 $l=l+1$。

步骤 3：复制操作循环 $k=k+1$。

步骤 4：趋向操作循环 $j=j+1$。

（1）令细菌 i 如下趋向一步，$i=1,2,\cdots,S$。

（2）计算适应值函数 $J(i,j,k,l)$。

令 $J(i,j,k,l)=J(i,j,k,l)+J_{\mathrm{cc}}\left(\theta^i(j,k,l),P(j,k,l)\right)$（即增加细胞间斥引力来模拟聚集行为，其中由式（25.2）定义）。

（3）令 $J_{\mathrm{last}}=J(i,j,k,l)$，存储为细菌 i 目前最好的适应值。

（4）旋转：生成一个随机向量 $\Delta(i)\in R^p$，其每一个元素 $\Delta_m(i)$，$(m=1,2,\cdots,p)$，都是分布在[−1，1]上的随机数。

（5）移动：令

$$\theta^i(j+1,k,l)=\theta^i(j,k,l)+C(i)\frac{\Delta(i)}{\sqrt{\Delta^T(i)\Delta(i)}}$$

其中，$C(i)$ 为细菌 i 沿旋转后随机产生的方向游动一步长大小。

（6）计算 $J(i,j+1,k,l)$，且令

$$J(i,j+1,k,l)=J(i,j,k,l)+J_{\mathrm{cc}}\left(\theta^i(j+1,k,l),P(j+1,k,l)\right)$$

（7）游动：

① $m=0$；

② $m<N_s$；

令 $m=m+l$，若 $J(i,j+1,k,l)<J_{\mathrm{last}}$，令 $J_{\mathrm{last}}=J(i,j+1,k,l)$ 且

$$\theta^i(j+1,k,l)=\theta^i(j,k,l)+C(i)\frac{\Delta(i)}{\sqrt{\Delta^T(i)\Delta(i)}}$$

返回第（6）步，用此 $\theta^i(j+1,k,l)$ 计算新的 $J(i,j+1,k,l)$；

否则，令 $m=N_s$。

（8）返回第（2）步，处理下一个细菌 $i+1$。

步骤 5：若 $j<N_c$，返回步骤 4 进行趋向性操作。

步骤 6（复制）：

对给定的 k，l 及每个 $i=1,2,\cdots,S$，将细菌能量值 J_{health} 按从小到大的顺序排列。淘汰掉前 $S_r=\dfrac{S}{2}$ 个能量值较小的细菌，选择后 S_r 个能量值较大的细菌进行复制，每个细菌分裂成两个完全相同的细菌。

步骤 7：若 $k<N_{\mathrm{re}}$，返回步骤 3。

步骤 8（迁徙）：菌群经过若干代复制操作后，每个细菌以概率 P_{ed} 被重新随机分布到寻优空间中。若 $l<N_{\mathrm{ed}}$，则返回步骤 2，否则结束寻优。

具体流程图如图 25-2 所示。

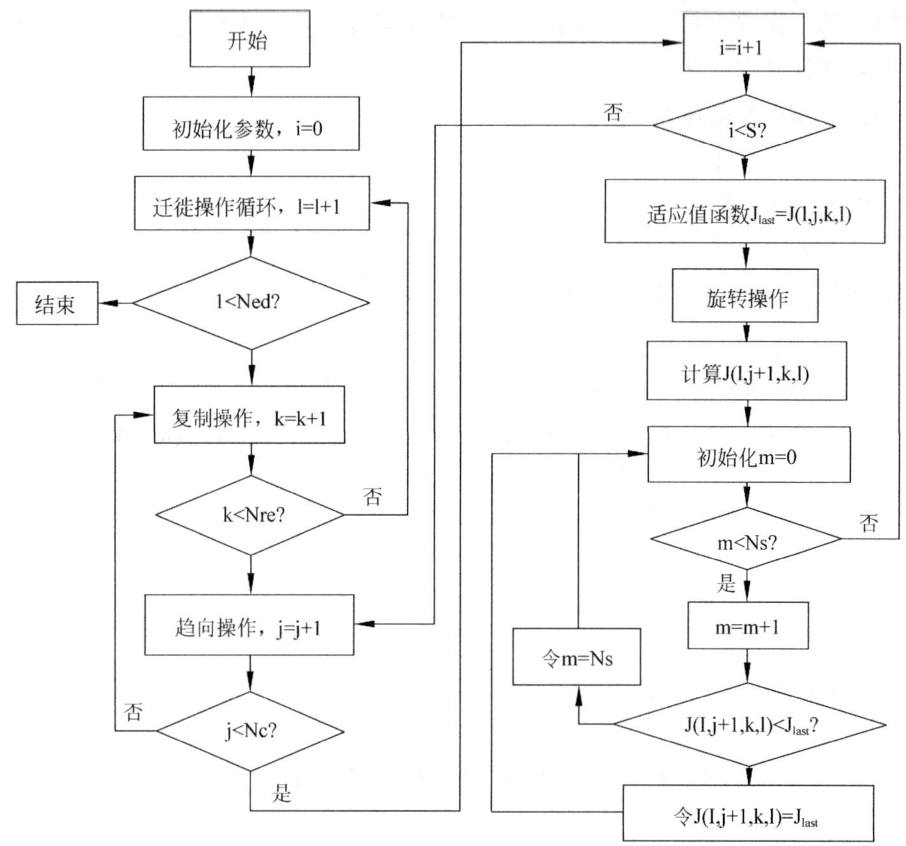

图 25-2　细菌觅食优化 BFO 算法流程图

25.5　BFO 算法参数选取

算法参数是影响算法性能和效率的关键，如何确定最佳参数使得算法性能达到最优本身就是一个极其复杂的优化问题。细菌觅食算法 BFO 的参数较多，包括：游动步长大小 C，种群大小 S，趋向、复制和迁徙操作的执行次数 N_c、N_{re} 和 N_{ed}，种群细菌之间传递信号的影响值 J_{cc}^{i} 中的 4 个参数（$d_{attractant}$、$w_{attractant}$、$h_{repellant}$、$w_{repellant}$），以及每次向前游动的最大步长数 N_s 和迁徙概率 P_{ed}。

BFO 算法的优化性能和收敛效率与这些参数值的选择密切相关。但由于参数空间的大小不同，目前在 BFO 算法的实际应用中，还没有确定最佳参数的通用方法，往往只能凭经验选取。

25.5.1　种群大小 *S*

BFO 算法中，种群大小 S 为进行搜索的细菌数目，其大小影响算法效能的发挥。如果种群规模小，虽然可以提高 BFO 算法的计算效率，但由于降低了种群的多样性，算法的优化性能受到削弱；如果种群规模大，虽然增加了靠近最优解的机会，也能避免算法陷入局部极小值，但种群规模大的同时，也使得算法的计算量增大。因而，如何选择适当的种群大小 S 是 BFO 算法参数设置的关键问题之一。

25.5.2　游动步长 C

游动步长 C 表示细菌觅食基本步骤的长度，它控制种群的收敛性和多样性。一般来说，C 不应小于某一特定值，这样能够有效地避免细菌仅在有限的区域寻优，导致不易找到最优解。然而，C 太大时虽使细菌迅速向目标区域移动，却也容易因步长太大而离开目标区域以至于陷入局部最优而找不到全局最优解。比如，当全局最优解位于一个狭长的波谷中，C 太大时算法可能会直接跳过这个波谷而到其他区域进行搜索，从而丧失全局寻优的机会。

25.5.3　引力深度 $d_{\text{attractant}}$、引力宽度 $w_{\text{attractant}}$、斥力高度 $h_{\text{repellant}}$ 和斥力宽度 $w_{\text{repellant}}$

引力深度 $d_{\text{attractant}}$、引力宽度 $w_{\text{attractant}}$、斥力高度 $h_{\text{repellant}}$ 和斥力宽度 $w_{\text{repellant}}$ 代表了细菌间的相互影响的程度。引力的两个参数 $d_{\text{attractant}}$ 和 $w_{\text{attractant}}$ 的大小决定了算法的群聚性。如果这两个值太大，则周围细菌对某细菌个体的影响过多，这样会导致该细菌个体向群体中心靠拢产生“抱团”现象，影响单个细菌的正常寻优。

在这种情况下，算法虽有能力达到新的搜索空间，但是碰到复杂问题时更容易陷入局部极小值。反之，如果这两个值太小，细菌个体将完全按照自己的信息去搜寻某区域，而不会借鉴群体智慧。细菌群体的社会性降低，个体间的交互太少，使得一个规模为 S 的群体近似等价于单个细菌的寻优，导致找到最优解的概率减小。斥力的两个参数 $h_{\text{repellant}}$ 和 $w_{\text{repellant}}$ 与引力的两个参数作用相反。

25.5.4　趋向性操作中的次数 N_c 和 N_s

若趋向性操作的执行次数 N_c 的值过大，尽管可以使算法的搜索更细致和寻优能力增强，但是算法的计算量和复杂度也会随之增加；反之，若 N_c 的值过小，则算法的寻优能力减弱，更容易早熟收敛并陷入局部最小值，而算法的性能好坏就会更多地依赖于运气和复制操作。另一个参数 N_s 是每次在任意搜索方向上前进的最大步长数（N_s=0 时不会有趋向性行为），N_s 取决于 N_c，取值时，$N_c>N_s$。

25.5.5　复制操作执行的次数 N_{re}

N_{re} 决定了算法能否避开食物缺乏或者有毒的区域而去食物丰富的区域搜索，这是因为只有在食物丰富的区域里的细菌才具有进行繁殖的能力。在 N_c 足够大时，N_{re} 越大算法越易收敛于全局最优值。但是太大，同样也会增加算法的计算量和复杂度；反之，如果 N_c 太小，算法容易早熟收敛。

25.5.6　迁徙操作中的两个参数 N_{ed} 和 P_{ed}

若迁徙操作执行的次数 N_{ed} 的值太小，则算法没有发挥迁徒操作的随机搜索作用，算法易陷入局部最优；反之，若 N_{ed} 的值越大，算法能搜索的区域越大，解的多样性增加，能避免算法陷入早熟，当然算法的计算量和复杂度也会随之增加。迁徙概率 P_{ed} 选取适当的值能帮助算法跳出局部最优而得到全局最优，但是 P_{ed} 的值不能太大，否则 BFO 算法会陷于随机“疲劳”搜索。

上述参数与问题的类型有着直接的关系，问题的目标函数越复杂，参数选择就越困难。通过大量的仿真试验，得到 BFO 算法参数的取值范围为：$N_s=3\sim8$，$P_{ed}=0.05\sim0.3$，$N_{ed}=\left(0.15\sim0.25\right)N_{re}$，$d_{attractant}=0.01\sim0.1$，$w_{attractant}=0.01\sim0.2$，$h_{repellant}=d_{attractant}$，$w_{repellant}=2\sim10$，当然这些参数也只是参考值，读者朋友还是根据自己的问题背景，进行参数设置。此外，趋向性操作的执行次数 N_c 及复制操作执行的次数 N_{re} 常作为算法的终止条件，需要根据具体问题并兼顾算法的优化质量和搜索效率等多方面的性能来确定。

25.6　细菌觅食优化算法函数优化分析与 MATLAB 实现

考虑下列函数对象，Schaffer()函数：

$$\min f(x_1,x_2)=0.5+\frac{(\sin\sqrt{x_1^2+x_2^2})^2-0.5}{(1+0.001(x_1^2+x_2^2))^2}$$

其中，$-10.0\leqslant x_1,x_2\leqslant10.0$。

该函数是二维的复杂函数，具有无数个极小值点，在（0，0）处取得最小值 0，由于该函数具有强烈震荡的性态，所以很难找到全局最优值。

对于 Schaffer()函数图形，MATLAB 程序如下：

```
function DrawSchaffer()
    x=[-5:0.05:5];
    y=x;
    [X,Y]=meshgrid(x,y);
    [row,col]=size(X);
    for l=1:col
    for h=1:row
    z(h,l)=Schaffer([X(h,l),Y(h,l)]);
    end
    end
    mesh(X,Y,z);
    shading interp
end

function result=Schaffer(x1)
    %Schaffer()函数
    %输入 x,给出相应的 y 值,在 x=(0,0,…,0) 处有全局极大点 1
    [row,col]=size(x1);
    if row>1
        error('输入的参数错误');
    end
    x=x1(1,1);
```

```
    y=x1(1,2);
    temp=x^2+y^2;
    result=0.5-(sin(sqrt(temp))^2-0.5)/(1+0.001*temp)^2;
end
```

程序运行结果如图 25-3 所示。

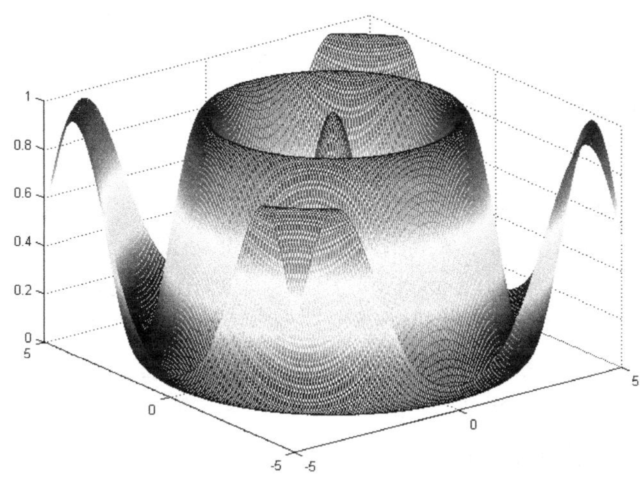

图 25-3　Schaffer()函数

编写相应的适应度函数即目标函数如下：

```
% Shaffer's 函数的最小值
% f(x)=0.5+(sin(sqrt(x1^2+x2^2))^2-0.5)/(1.0+0.001(x1^2+x2^2))^2
% 目标函数--适应度函数
function costy = fitness(x)
costy = 0.5 + (sin(sqrt(x(1)^2+x(2)^2))^2-0.5)/(1.0+0.001*(x(1)^2+x
(2)^2))^2;
```

初始化细菌种群，设置参数如下：

```
%*************细菌觅食优化算法***************
%%%%%%%%%%%%-----BFO 算法-----%%%%%%%%%%%%%%%
clc; clear;  close all
warning off
feature jit off                              % 加速代码执行
%-----初始化参数-----
bounds = [-5.12, 5.12;-5.12, 5.12];% 函数变量范围
p = 2;                                       % 搜索范围的维度
s = 26;                                      % 细菌的个数
Nc = 50;                                     % 趋化的次数
Ns = 4;                                      % 趋化操作中单向运动的最大步数
C(:,1) = 0.001*ones(s,1);                    % 翻转选定方向后，单个细菌前进的步长
Nre = 4;                                     % 复制操作步骤数
Ned = 2;                                     % 驱散（迁移）操作数
Sr = s/2;                                    % 每代复制（分裂）数
Ped = 0.25;                                  % 细菌驱散（迁移）概率
d_attract = 0.05;                            % 吸引剂的数量
ommiga_attract = 0.05;                       % 吸引剂的释放速度
h_repellant = 0.05;                          % 排斥剂的数量
```

```
ommiga_repellant = 0.05;                % 排斥剂的释放速度
```

初始化细菌个体的位置，程序如下：

```
for i = 1:s                             % 产生初始细菌个体的位置
    P(1,i,1,1,1) = -5.12 + rand*10.24;
    P(2,i,1,1,1) = -5.12 + rand*10.24;
end
```

计算相应的适应度值如下：

```
  %--------复制第 j 次趋化时的适应度值
  J(i,j,k,l) = fitness(P(:,i,j,k,l));
```

计算 $J(i,j+1,k,l)$，程序如下：

```
%-----修改函数，加上其他细菌对其的影响
Jcc = sum(-d_attract*exp(-ommiga_attract*((P(1,i,j,k,l)-...
P(1,1:26,j,k,l)).^2+(P(2,i,j,k,l)-P(2,1:26,j,k,l)).^2)))+...
sum(h_repellant*exp(-ommiga_repellant*((P(1,i,j,k,l)-...
  P(1,1:26,j,k,l)).^2+(P(2,i,j,k,l)-P(2,1:26,j,k,l)).^2)));
  J(i,j,k,l) = J(i,j,k,l) + Jcc;
```

细菌的翻转操作，程序如下：

```
%-----翻转，产生一个随机向量 C(i),代表翻转后细菌的方向
Delta(:,i) = (2*round(rand(p,1))-1).*rand(p,1);
```

细菌的移动操作，程序如下：

```
%-----移动，向着翻转后细菌的方向移动一个步长，并且改变细菌的位置
P(:,i,j+1,k,l) = P(:,i,j,k,l) + C(i,k)*PHI;
```

细菌的游动，判断 $J(i,j+1,k,l)$ 和 J_{last} 关系，程序如下：

```
%-----游动-----
m = 0;                                  % 给游动长度计数器赋初始值
while(m < Ns)                           % 未达到游动的最大长度，则循环
    m = m + 1;
    % 新位置的适应度值是否更好？如果更好，将新位置的适应度值
    % 存储为细菌 i 目前最好的适应度值
     if(J(i,j+1,k,l)<Jlast)
        Jlast = J(i,j+1,k,l);           % 保存更好的适应度值
        % 在该随机方向上继续游动步长单位,修改细菌位置
        P(:,i,j+1,k,l) = P(:,i,j+1,k,l) + C(i,k)*PHI;
        % 重新计算新位置上的适应度值
          J(i,j+1,k,l) = fitness(P(:,i,j+1,k,l));
           else
           % 否则，结束此次游动
                    m = Ns;
                end
            end
```

优良的个体将被保存，淘汰不合适的个体，进行细菌的复制操作，程序如下：

```
  %--------下面进行复制操作
        %-----复制-----
        %-----根据所给的 k 和 l 的值，将每个细菌的适应度值按升序排序
```

```
        Jhealth = sum(J(:,:,k,l),2);                    % 给每个细菌设置健康函数值
        [Jhealth,sortind] = sort(Jhealth);              % 按健康函数值升序排列函数
        P(:,:,1,k+1,l) = P(:,sortind,Nc+1,k,l);
        C(:,k+1) = C(sortind,k);
        %-----将代价小的一半细菌分裂成两个，代价大的一半细菌死亡
        for i = 1:Sr
            % 健康值较差的 Sr 个细菌死去，Sr 个细菌分裂成两个子细菌，保持个体总数的 s 一
致性
            P(:,i+Sr,1,k+1,l) = P(:,i,1,k+1,l);
            C(i+Sr,k+1) = C(i,k+1);
        end
        %-----如果 k<Nre，转到(3)，进行下一代细菌的趋化
```

产生新的细菌个体，程序如下：

```
    for m = 1:s
        % 产生随机数，如果既定概率大于该随机数，细菌 i 灭亡，随机产生新的细菌 i
        if(Ped > rand)
            P(1,m,1,1,1) = -5.12 + rand*10.24;
            P(2,m,1,1,1) = -5.12 + rand*10.24;
        else
            P(:,m,1,1,l+1) = P(:,m,1,Nre+1,l);                      % 未驱散的细菌
        end
    end
```

最后是结果的输出，得到最优适应度值和求解的个体最优值，程序如下：

```
%-输出最优结果值
reproduction = J(:,1:Nc,Nre,Ned);         % 每个细菌最小的适应度值
[Jlastreproduction,O] = min(reproduction,[],2);
[BestY,I] = min(Jlastreproduction)
Pbest = P(:,I,O(I,:),k,l)
```

通过以上分析后，则有细菌觅食算法的主函数程序如下：

```
%*************细菌觅食优化算法***************
%%%%%%%%%%%-----BFO 算法-----%%%%%%%%%%%%%%
clc; clear;  close all
warning off
feature jit off  % 加速代码执行
%-----初始化参数-----
bounds = [-5.12, 5.12;-5.12, 5.12];     % 函数变量范围
p = 2;                                 % 搜索范围的维度
s = 26;                                % 细菌的个数
Nc = 50;                               % 趋化的次数
Ns = 4;                                % 趋化操作中单向运动的最大步数
C(:,1) = 0.001*ones(s,1);              % 翻转选定方向后，单个细菌前进的步长
Nre = 4;                               % 复制操作步骤数
Ned = 2;                               % 驱散(迁移)操作数
Sr = s/2;                              % 每代复制（分裂）数
Ped = 0.25;                            % 细菌驱散（迁移）概率
d_attract = 0.05;                      % 吸引剂的数量
ommiga_attract = 0.05;                 % 吸引剂的释放速度
h_repellant = 0.05;                    % 排斥剂的数量
ommiga_repellant = 0.05;               % 排斥剂的释放速度
for i = 1:s                            % 产生初始细菌个体的位置
    P(1,i,1,1,1) = -5.12 + rand*10.24;
```

```
    P(2,i,1,1,1) = -5.12 + rand*10.24;
end
%----细菌趋化性算法循环开始
%---- 驱散（迁移）操作开始
for l = 1:Ned
    %-----复制操作开始
    for k = 1:Nre
        %-----趋化操作(翻转或游动)开始
        for j = 1:Nc
            %-----对每一个细菌分别进行以下操作
            for i = 1:s
                %-----计算函数 J(i,j,k,l)，表示第 i 个细菌在第 l 次驱散第 k 次
                %--------复制第 j 次趋化时的适应度值
                J(i,j,k,l) = fitness(P(:,i,j,k,l));
                %-----修改函数，加上其他细菌对其的影响
                Jcc = sum(-d_attract*exp(-ommiga_attract*((P(1,i,j,k,l)-...
                   P(1,1:26,j,k,l)).^2+(P(2,i,j,k,l)-P(2,1:26,j,k,l)).
                   ^2)))+...
                   sum(h_repellant*exp(-ommiga_repellant*((P(1,i,j,
                   k,l)-...
                   P(1,1:26,j,k,l)).^2+(P(2,i,j,k,l)-P(2,1:26,j,k,l)).
                   ^2)));
                J(i,j,k,l) = J(i,j,k,l) + Jcc;
                %----保存细菌目前的适应度值，直到找到更好的适应度值取代之
                Jlast = J(i,j,k,l);
                %-----翻转，产生一个随机向量 C(i),代表翻转后细菌的方向
                Delta(:,i) = (2*round(rand(p,1))-1).*rand(p,1);
                % PHI 表示翻转后选择的一个随机方向上前进
                PHI = Delta(:,i)/sqrt(Delta(:,i)'*Delta(:,i));
                %-----移动，向着翻转后细菌的方向移动一个步长，并且改变细菌的位置
                P(:,i,j+1,k,l) = P(:,i,j,k,l) + C(i,k)*PHI;
                %-----计算细菌当前位置的适应度值
                J(i,j+1,k,l) = fitness(P(:,i,j+1,k,l));
                %-----游动-----
                m = 0;          % 给游动长度计数器赋初始值
                while(m < Ns)  % 未达到游动的最大长度，则循环
                    m = m + 1;
                    % 新位置的适应度值是否更好？如果更好，将新位置的适应度值
                    % 存储为细菌 i 目前最好的适应度值
                    if(J(i,j+1,k,l)<Jlast)
                        Jlast = J(i,j+1,k,l);  % 保存更好的适应度值
                        % 在该随机方向上继续游动步长单位,修改细菌位置
                        P(:,i,j+1,k,l) = P(:,i,j+1,k,l) + C(i,k)*PHI;
                        % 重新计算新位置上的适应度值
                        J(i,j+1,k,l) = fitness(P(:,i,j+1,k,l));
                    else
                        % 否则，结束此次游动
                        m = Ns;
                    end
                end
                J(i,j,k,l) = Jlast;   % 更新趋化操作后的适应度值

            end                        % 如果 i<N，进入下一个细菌的趋化，i=i+1
            %-----如果 j<Nc，此时细菌还处于活跃状态，进行下一次趋化，j=j+1----->
Jlast
            x = P(1,:,j,k,l);
            y = P(2,:,j,k,l);
```

```
            clf
            plot(x,y,'h')                    % h 表示以六角星绘图
            set(gcf,'color',[1,1,1])
            axis([-5,5,-5,5]);               % 设置图的坐标图
            pause(.1)                        % 暂停 0.1 秒后继续
        end
        %--------下面进行复制操作
        %-----复制-----
        %-----根据所给的 k 和 l 的值，将每个细菌的适应度值按升序排序
        Jhealth = sum(J(:,:,k,l),2);                  % 给每个细菌设置健康函数值
        [Jhealth,sortind] = sort(Jhealth);            % 按健康函数值升序排列函数
        P(:,:,1,k+1,l) = P(:,sortind,Nc+1,k,l);
        C(:,k+1) = C(sortind,k);
        %-----将代价小的一半细菌分裂成两个，代价大的一半细菌死亡
        for i = 1:Sr
            % 健康值较差的 Sr 个细菌死去，Sr 个细菌分裂成两个子细菌，保持个体总数的 s 一
致性
            P(:,i+Sr,1,k+1,l) = P(:,i,1,k+1,l);
            C(i+Sr,k+1) = C(i,k+1);
        end
        %-----如果 k<Nre，转到(3)，进行下一代细菌的趋化
    end
     %-----趋散，对于每个细菌都以 Ped 的概率进行驱散，但是驱散的细菌群体的总数
     %--------保持不变，一个细菌被驱散后，将被随机重新放置到一个新的位置
    for m = 1:s
        % 产生随机数，如果既定概率大于该随机数，细菌 i 灭亡，随机产生新的细菌 i
        if(Ped > rand)
            P(1,m,1,1,1) = -5.12 + rand*10.24;
            P(2,m,1,1,1) = -5.12 + rand*10.24;
        else
            P(:,m,1,1,l+1) = P(:,m,1,Nre+1,l);              % 未驱散的细菌
        end
    end
end    % 如果 l<Ned，转到(2)，否则结束
%-输出最优结果值
reproduction = J(:,1:Nc,Nre,Ned);                            % 每个细菌最小的适应度值
[Jlastreproduction,O] = min(reproduction,[],2);
[BestY,I] = min(Jlastreproduction)
Pbest = P(:,I,O(I,:),k,l)
```

运行程序，可直观地看到细菌觅食的动态结果图，具体如图 25-4~图 25-7 所示。

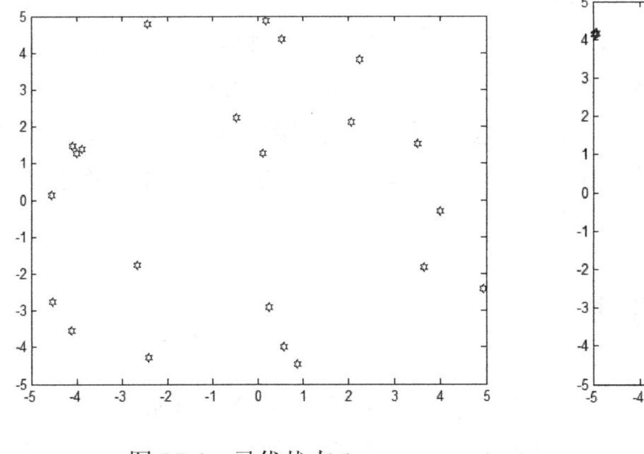

图 25-4　寻优状态 1

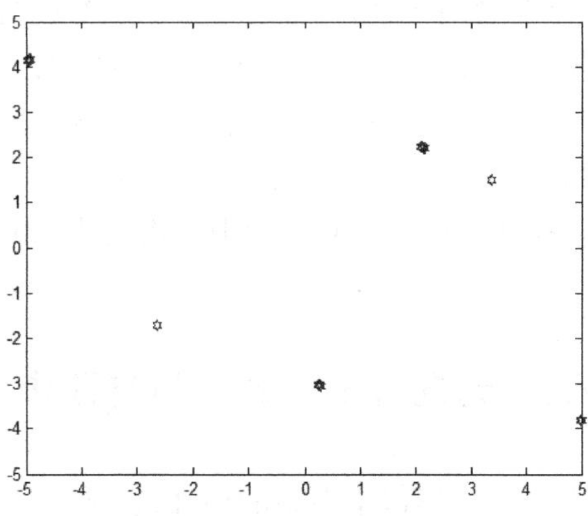

图 25-5　寻优状态 2

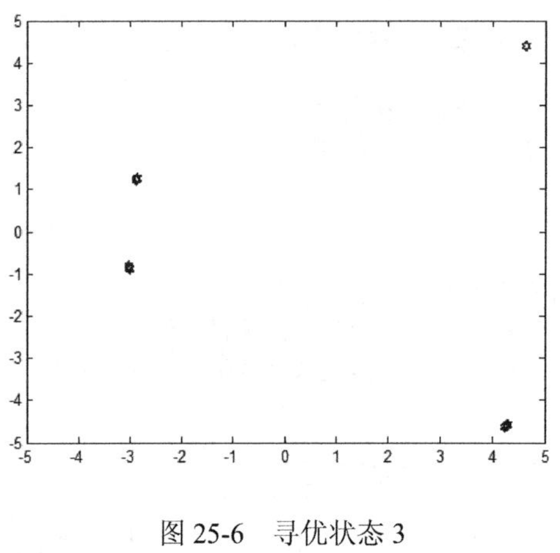

图 25-6　寻优状态 3

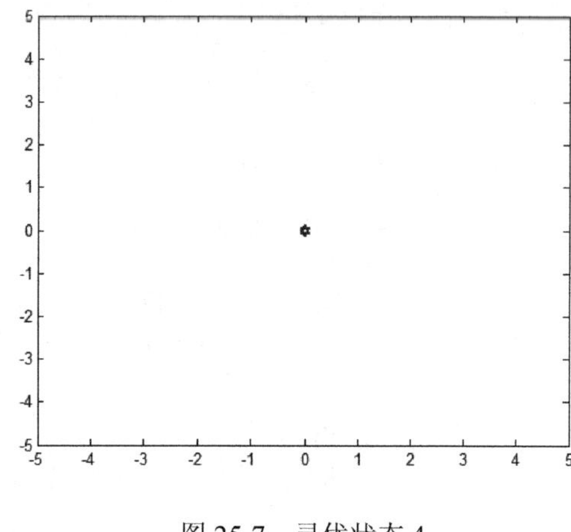

图 25-7　寻优状态 4

运行程序输出结果如下：

```
BestY =
   2.2986e-09

I =
     7

Pbest =
    0.0022
   -0.0020
```

由此可知，在[−5,5]内，Schaffer()函数：$\min f(x_1,x_2)=0.5+\dfrac{(\sin\sqrt{x_1^2+x_2^2})^2-0.5}{(1+0.001(x_1^2+x_2^2))^2}$ 有最小值，$x_1=0.0022\approx 0$，$x_2=-0.0020\approx 0$，$\min f\left(x_1,x_2\right)\approx 0$。

由此可知，采用细菌觅食算法，系统执行效率较快，且不易陷入局部最优。

25.7　细菌觅食优化算法深入探讨

通过以上对标准细菌觅食优化算法基本原理的分析，我们知道：在趋向操作中游动步长 C 是关键的参数之一，由于标准 BFO 算法中步长固定使得收敛速度慢，若能令其自适应调节大小将会提高计算精度和收敛速度。在复制操作中将细菌个体按照一次趋向性操作中细菌个体经过的所有位置的适应值的累积和排序，淘汰一半数目的细菌，复制剩余的另一半细菌，该策略并不能保证能够在下一代保留适应值最优的细菌，从而影响算法的收敛速度。在迁徙操作中对每个细菌给定相同的迁徙概率 $P_{\rm ed}$，容易丢失精英个体，降低种群的多样性。

25.7.1　趋向性操作的分析与改进

趋向行为确保了细菌的局部搜索能力，但固定的步长 C 面临两个主要问题：

（1）步长大小不容易确定。步长太大虽使细菌迅速向目标区域移动，提高了搜索效率，却也容易离开目标区域而找不到最优解或者陷入局部最优；步长过小，获得高精度计算结果的同时也降低了计算效率，此外还可能使算法陷入局部极小区域造成算法早熟或不熟。

（2）能量不同的细菌取相同的步长，无法体现出能量高低不同的细菌之间的步长差异，在一定程度上降低了细菌趋向行为的寻优精度。

因此，对于收敛速度和计算精度而言，每个细菌的步长大小都起着主要决定作用。这就需要我们根据细菌和最优点之间的距离来调节步长。如果距离远则加大步长，如果距离近则减小步长。

我们可以考虑赋予细菌灵敏度的概念以调节游动步长，即在一个趋向性步骤内细菌具有灵敏度记忆功能。每个细菌按照以下步骤进行趋向性操作。

步骤 1：灵敏度赋值

$$V = \frac{J_i}{J_{\max}}\left(X_{\max} - X_{\min}\right) \times \text{rand} \tag{25.5}$$

其中，V 是灵敏度，$X_{\max}$ 和 $X_{\min}$ 表示变量的边界，J 为适应值。

步骤 2（翻转）：产生随机向量 $\Delta(i)$，进行方向调整，按照

$$\theta^i\left(j+1,k,l\right) = \theta^i\left(j,k,l\right) + C(i)\frac{\Delta(i)}{\sqrt{\Delta^T(i)\Delta(i)}}$$

更新细菌位置和适应值。

步骤 3（游动）：如果翻转的适应值改善，则按照翻转的方向进行游动，直到适应值不再改善。游动步长采用式（25.6）调整。

$$C(i) = C(i) \times V \tag{25.6}$$

步骤 4：按照式（25.7）线性递减灵敏度。

$$V = \frac{\text{step}_{\max} - \text{step}_i}{\text{step}_{\max}} \times V \tag{25.7}$$

一般地，在迭代的开始，种群中的大部分细菌个体距离全局最优点较远，为了增加算法的全局搜索能力，游动步长 $C(i)$ 应该较大。但是，随着迭代的持续进行，许多细菌个体越来越靠近全局最优值，这时，游动步长 $C(i)$ 应该减小以便增加每个细菌个体的局部搜索能力。由式（25.6）和式（25.7）可知，赋予记忆灵敏度的自适应移动步长可以使整个算法的收敛速度加快。

25.7.2　复制性操作的分析与改进

在标准细菌觅食算法的复制操作中，细菌能量值 J_{health} 按照一次趋向性操作中细菌个体经过的所有位置的适应值的累积和从小到大的顺序进行排列（能量值越大表示细菌越健康），淘汰掉前 $S_r = \dfrac{S}{2}$ 个能量函数值较小的细菌，选择后 S_r 个能量值较大的细菌进行相同复制。

这种操作方式复制出来的子代细菌和其母代细菌觅食能力完全相同，在将觅食能力特别好的细菌进行复制的同时，虽复制了排在前 50%名的细菌，但这些细菌的觅食能力并不排在前 50%，因而该策略并不能保证能够在下一代保留适应值最优的细菌。显然，标准 BFO

算法在这一操作上还有所欠缺。

有学者提出在细菌觅食的复制操作中，嵌入分布估计算法。分布估计算法 EDA（Estimation Of Distribution Algorithm）是基于变量的概率分布的一种随机搜索算法。它通过对优秀个体的采样和空间的统计分布分析，进而建立相应的概率分布模型，并以此概率模型产生下一代个体，如此反复迭代，实现群体的进化。

具体步骤如下。

步骤 1：在经过一个完整的趋向循环后，对每个细菌按照能量（适应值的累加和）进行排序。

步骤 2：淘汰能量较差的半数细菌，对能量较好的半数细菌进行分布估计再生。假设待优化变量的每一维度相互独立，并且各维度之间服从高斯分布，按式（25.8）和式（25.9）进行复制。

$$X_{\mu,\sigma} = r_{\text{norm}} \times \sigma + \mu \tag{25.8}$$

$$r_{\text{norm}} = \sqrt{-2\ln r_1} \times \sin\left(2\pi r_2\right) \tag{25.9}$$

其中，r_1和r_2是区间[0，1]之间的均匀分布随机数，μ和σ分别为细菌较优位置的分维度均值和标准差向量，乘积采用点乘。

25.7.3　迁徙性操作的分析与改进

在标准细菌觅食算法的迁徙操作中，算法只是以某一固定的概率将细菌群体重新分配到寻优空间当中去，以此改善细菌跳出局部极值的能力。但是该算法中对每个细菌赋予相同的迁徙概率P_{ed}，如果随机数小于这个数，就对该细菌进行迁徙，这对于那些位于全局最优值附近获得较好能量的细菌来说，相当于丢失了精英个体，迁徙实际上变成了解的退化。

有学者提出一个自适应迁徙概率P_{self}，所有细菌按照式（25.10）进行自适应概率迁徙。

$$P_{\text{self}}\left(i\right) = \frac{J_{\text{health}}^{\max} - J_{\text{health}}^{i}}{J_{\text{health}}^{\max} - J_{\text{health}}^{\min}} \times P_{\text{ed}} \tag{25.10}$$

式（25.10）中，J_{health}为能量值函数，P_{ed}为基本迁移概率。

为了提高算法后期的细菌群体多样性，按照细菌群体在生命周期内已经获得的能量大小进行概率迁移，能量值大的细菌迁移概率小，能量值小的细菌迁移概率大，迁移概率按照遗传算法中的轮盘赌方法作为选择机制。由于采用了轮盘赌方法进行选择，J_{health}最小的肯定被迁移，所以在式中乘以基本迁移概率。

25.8　本 章 小 结

细菌觅食优化算法是继遗传算法、蚁群算法、粒子群算法和人工鱼群算法以来新提出的智能优化算法，这十年来越来越多地引起了研究者的关注。本章首先简单介绍了该算法的生物学基础，然后介绍了该算法四大主要操作的基本原理，再给出了该算法的详细步骤与流程，最后对算法参数的选择进行了详细的分析，并辅以函数模型优化分析为例，给出了具体的细菌觅食优化算法的 MATLAB 源代码，给广大细菌觅食优化算法学习者及算法研究者一个参考，同时也希望广大读者在此基础上继续改进与深入研究。

第 26 章 基于匈牙利算法的指派问题优化分析

匈牙利算法最早是由匈牙利数学家 D.Konig 用来求矩阵中 0 元素的个数的一种方法，由此他证明了“矩阵中独立 0 元素的最多个数等于能覆盖所有 0 元素的最少直线数”。1955 年由 w・w・Kuhn 在求解著名的指派问题时引用了这一结论，并对具体算法做了改进，仍然称为匈牙利算法。匈牙利算法是求解指派问题的一个很好的算法，它可以求出问题的精确解。匈牙利算法可用来求解著名的指派问题、婚配问题、锁具装箱问题及任何完全或非完全的赋权二分图的最优（大）匹配问题。

学习目标：

（1）熟练运用匈牙利算法优化求解分配问题；

（2）熟练掌握利用 MATLAB 实现匈牙利算法源程序等。

26.1 匈牙利算法

1955 年，库恩（w・w・Kuhn）提出了匈牙利算法，它是一种关于指派问题的求解方法。匈牙利算法引用了匈牙利数学家康尼格（D.konig）的一个关于矩阵中独立 0 元素个数的定理：矩阵中独立 0 元素的个数等于能够覆盖所有 0 元素的最少直线数。

匈牙利算法的成立依托于下面两个数学定理。

定理 1：从指派问题的评价矩阵 $\left[C_{ij}\right]_{n\times n}$ 上的每一行元素中分别减去或加上一个常数 u_i（被称为该行的位势），从每一列元素中分别减去或加上一个常数 v_j（被称为该列的位势），将得到一个新的评价矩阵 $\left[b_{ij}\right]_{n\times n}$，新矩阵中的元素 $b_{ij}=C_{ij}-u_i-v_j$，则 $\left[b_{ij}\right]_{n\times n}$ 的最优解就是 $\left[C_{ij}\right]_{n\times n}$ 的最优解。这里 C_{ij} 和 b_{ij} 均为非负值。

定理 2：若评价矩阵 $\left[C_{ij}\right]_{n\times n}$ 中的元素可划分为“0”与非“0”两种数据类型，则评价矩阵中的独立 0 元素（位于不同行不同列的“0”元素）的最大个数等于覆盖该矩阵中所有“0”元素的最少直线数。如果最少直线数为 n，则独立“0”元素的个数为 n，将这些独立 0 元素对应的元素值改为 1，其余元素值改为 0，就得到指派问题的最优解。

匈牙利算法的基本思想是修改效益矩阵的行或列，使得每一行或列中至少有一个为 0 的元素，经过修正后，直至在不同行和不同列中至少有一个 0 元素，从而得到与这些 0 元素相对应的一个完全分配方案。

当它用于效益矩阵时，这个完全分配方案就是一个最优分配，它使总的效益为最小。这种方法总是在有限步内收敛于一个最优解。该方法的理论基础是：在效益矩阵的任何行或列中，加上或减去一个常数后不会改变最优分配。其求解步骤如下。

第一步，修正效益矩阵，使之变成每一行和每一列至少有一个0元素的缩减矩阵：（1）从效益矩阵的每一行元素减去各该行中最小元素；（2）再从所得缩减矩阵的每列减去各该列的最小元素。

第二步，试制一个完全分配方案，它对应于不同行不同列只有一个0元素的缩减矩阵，以求得最优解：（1）如果得到分布在不同行不同列的 N 个0元素，那么就完成了求最优解的过程，结束。（2）如果所分布于不同行不同列中的0元素不够 N 个，则转下步。

第三步，作出覆盖所有0元素的最少数量的直线集合：（1）标记没有完成分配的行。（2）标记已标记行上所有未分配0元素所对应的列。（3）对标记的列中，已完成分配的行进行标记。（4）重复（2）和（3）直到没有可标记的0元素。（5）对未标记的行和已标记的列画纵和横线，这就得到能覆盖所有0元素的最少数量的直线集合。

第四步，修改缩减矩阵，以达到每行每列至少有一个0元素的目的：（1）在没有直线覆盖的部分中找出最小元素。（2）对没有画直线的各元素都减去这个元素。（3）对画了横线和直线交叉处的各元素都加上这个最小元素。（4）对画了一根直线或横线的各元素保持不变。（5）转第二步。

26.2 匈牙利算法计算实例步骤

假设效率矩阵 $\left(c_{ij}\right)$ 为待求解矩阵，且对于任意一个矩阵其某一行或某一列的各个元素加上或者减去同一个常数 d 其最优解不变。因为匈牙利算法的优化方向是求最大值，所以如果问题是求矩阵的最大值，则需要把效率矩阵中的目标函数转换成求最小值，再使用匈牙利法求解。

以下列矩阵为例：

$$C=\begin{bmatrix}2 & 11 & 3 & 8\\5 & 6 & 1 & 9\\7 & 4 & 10 & 2\\8 & 10 & 7 & 5\end{bmatrix}$$

计算步骤如下。

（1）先让矩阵 C 中每行元素减去该行元素中的最小值，再让每列元素减去该列元素中的最小值，这样每行必然会产生至少一个0元素：

$$C=\begin{bmatrix}2 & 11 & 3 & 8\\5 & 6 & 1 & 9\\7 & 4 & 10 & 2\\8 & 10 & 7 & 5\end{bmatrix}\to\begin{bmatrix}0 & 9 & 1 & 6\\4 & 5 & 0 & 8\\5 & 2 & 8 & 0\\3 & 5 & 2 & 0\end{bmatrix}\to\begin{bmatrix}0 & 7 & 1 & 6\\4 & 3 & 0 & 8\\5 & 0 & 8 & 0\\3 & 3 & 2 & 0\end{bmatrix}$$

（2）先找出仅有一个“0”元素的行，并划去与该“0”同列的其他“0”元素，然后找出仅有一个“0”元素的列，并划去与该“0”同行的其他“0”元素。

$$\begin{bmatrix}0 & 7 & 1 & 6\\4 & 3 & 0 & 8\\5 & 0 & 8 & 0\\3 & 3 & 2 & 0\end{bmatrix}\to\begin{bmatrix}0 & 7 & 1 & 6\\4 & 3 & 0 & 8\\5 & 0 & 8 & \phi\\3 & 3 & 2 & 0\end{bmatrix}$$

（3）观察矩阵中的 0 元素的个数是否等于矩阵的阶数，若两者相等则算法结束，否则需要对矩阵进行变化，直到矩阵中 0 元素的个数与矩阵的阶数相等则算法结束。

$$\begin{bmatrix} 0 & 7 & 1 & 6 \\ 4 & 3 & 0 & 8 \\ 5 & 0 & 8 & \phi \\ 3 & 3 & 2 & 0 \end{bmatrix} \rightarrow \begin{bmatrix} 1 & 0 & 0 & 0 \\ 0 & 0 & 1 & 0 \\ 0 & 1 & 0 & 0 \\ 0 & 0 & 0 & 1 \end{bmatrix}$$

26.3　指派问题的数学模型

设有 n 个人(或机器等) A_1 , A_2 , A_3 , …, A_n , 分配去完成 n 项不同的任务 B_1 , B_2 , B_3 , …, B_n 。已知第 i 人完成第 j 项任务的费用为 c_{ij} (i,j =1，2，…，n)，要求拟定一个指派方案，使每个人做一件事，且使总费用最小。

设 $x_{ij} = \begin{cases} 1，第i人完成第j项任务 \\ 0，\text{others} \end{cases}$ ，则指派问题的数学模型为：

$$\min \quad Z = \sum_{i=1}^{n}\sum_{j=1}^{n} c_{ij} x_{ij}$$

$$s.t.\begin{cases} \sum_{j=1}^{n} x_{ij} = 1, i = 1,2,\cdots,n \\ \sum_{i=1}^{n} x_{ij} = 1, j = 1,2,\cdots,n \\ x_{ij} = 0或1, i,j = 1,2,\cdots,n \end{cases}$$

$C = \left(c_{ij}\right)_{n\times n}$ 称为指派问题的系数矩阵。问题的每一个可行解可以用矩阵表示为 $X = \left(x_{ij}\right)_{n\times n}$ ，称为解矩阵。

匈牙利算法是求解指派问题的一个非常好的算法，算法的整个过程都是在系数矩阵 C 上完成的，对于目标函数求最大值的指派问题，令 $M = \max\limits_{1\leqslant i,j\leqslant n} c_{ij}$ ，矩阵 $\left[M - c_{ij}\right]_{n\times n}$ 应用匈牙利算法就可求得最优解。

例如，求如表 26-1 所示的效率矩阵指派问题的最优解（极小值）：

表 26-1　效率矩阵指派问题

任务 / 人员	A	B	C	D
甲	1	1	7	4
乙	0	6	3	0
丙	8	7	1	8
丁	2	8	0	3
戊	8	2	4	1

采用匈牙利算法对表 26-1 中甲、乙、丙和丁四个人进行任务分配，程序如下：

```
% 匈牙利算法
clc,clear,close all                      % 清屏、清工作区、关闭窗口
warning off                          % 消除警告
feature jit off                          % 加速代码执行
A=[1 1 7 4
0 6 3 0
8 7 1 8
2 8 0 3
8 2 4 1];
 [Matching,Cost] = Hungarian(A)
```

匈牙利算法程序如下：

```
function [Matching,Cost] = Hungarian(Perf)
% [MATCHING,COST] = Hungarian_New(WEIGHTS)
% 匈牙利算法
% 给定一个 n x n 矩阵的边权矩阵，使用匈牙利算法求解最小边权值和问题，类似最小树问题
% 如果矩阵中出现 inf，则表示没有边与之相连
% 输出：
%       Matching 为一个 n x n 的矩阵，只有 0 和 1
%        COST 为对应 Matching 处为 1 所在位置的元素和

 % 初始化变量
 Matching = zeros(size(Perf));  % 初始化

  % 移除 Inf，加速算法执行效率
  % 针对每一列找 inf
   num_y = sum(~isinf(Perf),1);  % 求列和
  % 针对每一行找 inf
   num_x = sum(~isinf(Perf),2);  % 行和

   % 寻找独立的列向量和行向量
   x_con = find(num_x~=0);
   y_con = find(num_y~=0);

  % 缩减矩阵
   P_size = max(length(x_con),length(y_con));  % 最大值
   P_cond = zeros(P_size);                     % 初始化操作
   P_cond(1:length(x_con),1:length(y_con)) = Perf(x_con,y_con);
   if isempty(P_cond) % 如果为空
     Cost = 0;
     return
   end

     % 计算边权矩阵
     Edge = P_cond;              % 赋值
     Edge(P_cond~=Inf) = 0;      % 不等于 inf 置为 0
     % 修正权效矩阵
     cnum = min_line_cover(Edge);

     % 对未标记的行和已标记的列画纵、横线 P
     Pmax = max(max(P_cond(P_cond~=Inf))); % 最大值
     P_size = length(P_cond)+cnum;         % 长度
     P_cond = ones(P_size)*Pmax;           % 初始化
     P_cond(1:length(x_con),1:length(y_con)) = Perf(x_con,y_con);
```

```
%*************************************************
% 主要求解步骤
%*************************************************
  exit_flag = 1;   % 初始化
  stepnum = 1;  % 初始化
  while exit_flag
    switch stepnum
      case 1
        [P_cond,stepnum] = step1(P_cond);       % 函数 step1()
      case 2
        [r_cov,c_cov,M,stepnum] = step2(P_cond); % 函数 step2()
      case 3
        [c_cov,stepnum] = step3(M,P_size);       % 函数 step3()
      case 4
        [M,r_cov,c_cov,Z_r,Z_c,stepnum] = step4(P_cond,r_cov,c_cov,M);  %
函数 step4()
      case 5
        [M,r_cov,c_cov,stepnum] = step5(M,Z_r,Z_c,r_cov,c_cov);    % 函数
step5()
      case 6
        [P_cond,stepnum] = step6(P_cond,r_cov,c_cov);              % 函数
step6()
      case 7
        exit_flag = 0;
    end
  end

% 移除所有的虚拟节点
Matching(x_con,y_con) = M(1:length(x_con),1:length(y_con));
Cost = sum(sum(Perf(Matching==1)));                     % 求和

%*****************************************************************
%   STEP 1:找每行最小元素
%*****************************************************************
function [P_cond,stepnum] = step1(P_cond)  % 函数

  P_size = length(P_cond);      % 长度

  % 每一行循环计算
  for ii = 1:P_size
    rmin = min(P_cond(ii,:));
    P_cond(ii,:) = P_cond(ii,:)-rmin;
  end

  stepnum = 2;

%*********************************************************************
%   STEP 2: 寻找 P_cond 中的 0 元素
%*********************************************************************
function [r_cov,c_cov,M,stepnum] = step2(P_cond)  % 函数

% 定义变量
  P_size = length(P_cond);
  r_cov = zeros(P_size,1);                   % 记录 元素为 0 所在的行
  c_cov = zeros(P_size,1);                   % 记录 元素为 0 所在的列
  M = zeros(P_size);                   % A mask that shows if a position is
starred or primed
```

```
  for ii = 1:P_size
    for jj = 1:P_size
      if P_cond(ii,jj) == 0 && r_cov(ii) == 0 && c_cov(jj) == 0
        M(ii,jj) = 1;
        r_cov(ii) = 1;
        c_cov(jj) = 1;
      end
    end
  end

% 重新初始化操作
  r_cov = zeros(P_size,1);    % 初始化，记录被覆盖行的下标
  c_cov = zeros(P_size,1);    % 初始化，记录被覆盖列的下标
  stepnum = 3;               % 第 3 步

%**************************************************************************
%   STEP 3: 给定每一类一个 0
%**************************************************************************
function [c_cov,stepnum] = step3(M,P_size)  % 函数

  c_cov = sum(M,1);            % 求和
  if sum(c_cov) == P_size
    stepnum = 7;               % 第 7 步
  else
    stepnum = 4;               % 第 4 步
  end

%**************************************************************************
%   STEP 4: 寻找没有被覆盖为 0 的元素，如果在该行没有 0 元素，则返回到第 5 步 Step 5
%           否则，直到覆盖该元素为 0
%**************************************************************************
function [M,r_cov,c_cov,Z_r,Z_c,stepnum] = step4(P_cond,r_cov,c_cov,M)  %
函数

P_size = length(P_cond);

zflag = 1;
while zflag
   % 寻找第一个未被覆盖的 0 元素
    row = 0; col = 0; exit_flag = 1;
    ii = 1; jj = 1;
    while exit_flag
        if P_cond(ii,jj) == 0 && r_cov(ii) == 0 && c_cov(jj) == 0
          row = ii;
          col = jj;
          exit_flag = 0;
        end
        jj = jj + 1;
        if jj > P_size;
            jj = 1; ii = ii+1;
        end
        if ii > P_size;
            exit_flag = 0;
        end
    end

   % 如果没有被覆盖为 0 元素时，则转到 step 6
```

```
    if row == 0          % 判断
      stepnum = 6;       % step6
      zflag = 0;         % 清 0
      Z_r = 0;           % 清 0
      Z_c = 0;           % 清 0
    else
      % Prime the uncovered zero
      M(row,col) = 2;
      % 在该行，有一个起始 0 元素，覆盖该行，用一个含有 0 元素的列去修正该列
      % Cover the row and uncover the column containing the zero
        if sum(find(M(row,:)==1)) ~= 0
          r_cov(row) = 1;
          zcol = find(M(row,:)==1);
          c_cov(zcol) = 0;
        else
          stepnum = 5;
          zflag = 0;
          Z_r = row;
          Z_c = col;
        end
    end
end

%**************************************************************************
% STEP 5: Z0 为已寻到的 0 元素 in Step 4.Z1 为 Z0 列的其他 0 元素, Z2 为主要的 0 元素, 去掉所有
%         0 的序列，保留主要的 0 元素，  返回到 Step 3
%**************************************************************************
function [M,r_cov,c_cov,stepnum] = step5(M,Z_r,Z_c,r_cov,c_cov)  % 函数
  zflag = 1;
  ii = 1;
  while zflag
    % 寻找列所在的起始 0 元素
    rindex = find(M(:,Z_c(ii))==1);
    if rindex > 0
      % 保存起始 0
      ii = ii+1;
      % 保存起始 0 所在的行
      Z_r(ii,1) = rindex;
      % The column of the starred zero is the same as the column of the
      % primed zero
      Z_c(ii,1) = Z_c(ii-1);
    else
      zflag = 0;
    end

    % Continue if there is a starred zero in the column of the primed zero
    if zflag == 1;
      % Find the column of the primed zero in the last starred zeros row
      cindex = find(M(Z_r(ii),:)==2);
      ii = ii+1;
      Z_r(ii,1) = Z_r(ii-1);
      Z_c(ii,1) = cindex;
```

```
    end
  end

  % UNSTAR all the starred zeros in the path and STAR all primed zeros
  for ii = 1:length(Z_r)
    if M(Z_r(ii),Z_c(ii)) == 1
      M(Z_r(ii),Z_c(ii)) = 0;
    else
      M(Z_r(ii),Z_c(ii)) = 1;
    end
  end

  % 清除
  r_cov = r_cov.*0;
  c_cov = c_cov.*0;

  % Remove all the primes
  M(M==2) = 0;

stepnum = 3;

% *************************************************************************
% STEP 6: 在每一行叠加一个很小的值，在每一列减去一个很小的这个值
%         返回到 step 4
% *************************************************************************
function [P_cond,stepnum] = step6(P_cond,r_cov,c_cov)  % 函数
a = find(r_cov == 0);
b = find(c_cov == 0);
minval = min(min(P_cond(a,b)));

P_cond(find(r_cov == 1),:) = P_cond(find(r_cov == 1),:) + minval;
P_cond(:,find(c_cov == 0)) = P_cond(:,find(c_cov == 0)) - minval;

stepnum = 4;

function cnum = min_line_cover(Edge)  % 函数
  % Step 2
    [r_cov,c_cov,M,stepnum] = step2(Edge);
  % Step 3
    [c_cov,stepnum] = step3(M,length(Edge));
  % Step 4
    [M,r_cov,c_cov,Z_r,Z_c,stepnum] = step4(Edge,r_cov,c_cov,M);
  % Calculate the deficiency
    cnum = length(Edge)-sum(r_cov)-sum(c_cov);
```

运行程序输出结果如下：

```
Matching =

     0     1     0     0
     1     0     0     0
     0     0     0     0
     0     0     1     0
     0     0     0     1
```

```
Cost =

     6
```

有结果可知，甲做 B 任务，乙做 A 任务，丙不做任务，丁做 C 任务，戊做 D 任务。匈牙利算法对于目标分配是适用的，且仿真速度较快。

26.4　本 章 小 结

匈牙利算法可以用于求解多种形式的指派问题，其基本思想是寻找独立 1 元素组，而独立 1 元素组与图论中对集是一个等价概念，所以与图论中求解赋权二分图最优对集、最大对集的思想是一脉相承的。因此，实际中凡是能够转化为求解赋权二分图最优对集、最大对集的问题，均可用匈牙利算法来解决。

第 27 章　基于人工蜂群算法的函数优化分析

自然界中的群居昆虫，它们虽然个体结构简单，但是通过个体间的合作却能够表现出极其复杂的行为能力。受这些社会性昆虫群体行为的启发，研究者通过模拟这些群体的行为提出了群集智能算法。这些群集智能算法的出现，使得一些比较复杂且难于用经典优化算法进行处理的问题得到了有效的解决，同时这些算法已不断地运用于解决实际问题中，在很多领域得到了广泛的应用，如调度问题、人工神经网络和组合优化问题等工程领域。人工蜂群算法（ABC）是一种模拟蜜蜂采蜜行为的群集智能优化算法，它为解决存在于科学领域的全局优化问题提供了一种新的方法。由于它具有控制参数少、易于实现及计算简单等优点，已经被越来越多的研究者所关注。

学习目标：

（1）熟练运用人工蜂群算法优化求解分配问题；

（2）熟练掌握利用 MATLAB 实现人工蜂群算法源程序等。

27.1　人工蜂群算法概述

人工蜂群算法（ABC）作为一种模拟蜜蜂蜂群智能搜索行为的生物智能优化算法，2008 年引入国内，是一种新型的全局寻优算法，能够解决计算机科学、管理科学和控制工程等领域的几乎全部全局优化问题。又由于人工蜂群算法（ABC）控制参数少、易于实现和计算简洁，从而成为学术界研究的焦点。ABC 算法已经成功地应用到各个领域，如图像处理、调度问题、旅行商问题、人工神经网络训练、动态路径选择、蛋白高级结构预测和无线传感器网络等。此外，ABC 算法还与其他方法相互结合，比如将粒子群算法、分布式思想、局部搜索算子和保持种群多样性策略等与 ABC 算法相结合，以此提高算法的整体优化性能。

ABC 算法把优化问题的解看作是具有经验和智慧的智能个体即蜜蜂，将优化问题的目标函数值度量成蜜蜂对环境的适应能力，将定量问题形象化和智能化，为解决大量复杂的实际问题提供了新的思路。ABC 算法在各个领域中的成功应用，显示了 ABC 算法具有强大的生命力，无论从理论研究还是应用研究的角度分析，ABC 算法及其应用研究都具有重要的学术意义和现实价值。

27.2　蜜蜂采蜜机理

蜜蜂具有群集智能应必备的两个条件：自组织性和分工合作性。虽然单个蜜蜂的行为很简单，但是由单个蜜蜂所组成的群体却能够表现出极其复杂的行为，它们可以在任何复杂的环境下以很高的效率从花朵中采集花蜜，同时还能够很快的适应环境的改变。

通常在一个蜂巢中，有三种类型的蜜蜂：蜂王、雄蜂和工蜂。它们有着十分严密的组织和严格的纪律，三种蜜蜂，各司其职，分工合作。蜂王的任务是产卵，雄蜂的任务是和蜂王交配繁殖后代，而工蜂是蜜蜂王国里最为辛劳的蜜蜂，它要负责清洁、哺育、筑巢、守卫和采蜜等各项工作。

工蜂总是在一定的范围内进行采蜜，由于各个蜜蜂采蜜经验的不同，它们的采蜜速度和方法存在着一定的差异。但是工蜂具有较强的学习能力，它们可以把与食物源相关的各种信息联系起来形成条件反射；同时，工蜂的学习速度也是很快的，虽然单个工蜂的采蜜行为常常趋于特化，但作为整体的蜂群却能够对环境的变化做出迅速的反应，它可以调动大部分成员到一种收益率较高的食物源上采蜜，这样既能够充分地利用集中的食物资源，又能有效地利用分散的食物资源。

通常在一个蜂群中，大多数的工蜂都首先留在蜂巢内，只有少数作为“侦察员”四处寻找食物源。这些“侦察员”专门负责寻找新的食物源，一旦发现有了新的采蜜地点，它们就会变成采集蜂，并飞回蜂巢跳“摇摆舞”来指出食物源的所在地、蜂巢与食物源之间的距离及食物源所携带花蜜的多少，通知在蜂巢内的蜜蜂一块去采蜜。在蜂巢中的工蜂不仅可以通过“侦察员”的“摇摆舞”来判别食物源的方向和距离，还可以从它们跳舞的兴奋程度感受食物源所含花蜜的多少，蜜蜂之间通过“摇摆舞”的交流使整个蜂群向收益率较高的食物源靠近。因此，蜜蜂奇妙的采蜜对策不仅可以使它们得到较好的花蜜，而且也能对食物源的变化做出快速的反应，当旧的食物源被耗尽或者是有更好的食物源出现的时候，“侦察员”们可以借助于召唤行为迅速引导蜂群转向新的食物源。

蜂群采蜜主要包括三个基本元素：食物源、被雇佣的蜜蜂和未被雇佣的蜜蜂；两种最为基本的行为模型：为食物源招募蜜蜂和放弃某个食物源。

（1）食物源：食物源的价值由很多方面的因素来决定，如食物源离蜂巢的远近、所含花蜜的丰富程度及可获得花蜜的难易程度等等。为简单起见，食物源的价值统一由“收益率”来表示，“收益率”越高，说明此食物源可以招募更多的蜜蜂，从而得到充分的开采。

（2）被雇佣的蜜蜂：称为采蜜蜂，它们主要的任务是探索开发食物源，跟其发现的食物源一一对应。采蜜蜂储存着与食物源相关的信息，如食物源相对于蜂巢的距离、方向和食物源所含花蜜的丰富程度，并且将这些信息与其他蜜蜂共同分享。

（3）未被雇佣的蜜蜂：有两种非雇佣蜂，分别是观察蜂（在舞蹈区等待的蜜蜂）和侦察蜂，它们的主要任务是开采食物源。观察蜂在蜂巢里等待，不仅从采蜜蜂处分享食物源的信息，而且利用一种选择策略以一定的选择概率选择食物源并对其进行开采。侦察蜂在蜂巢附近搜索新的较好的食物源替代原来较差的食物源，侦察蜂的个数一般为蜂群个数的5%~10%。

在蜜蜂群体智能形成的过程中，蜜蜂之间的信息交流是最重要的环节，而舞蹈区是蜂巢中最重要的信息交换地。采蜜蜂在舞蹈区通过跳“摇摆舞”与其他蜜蜂共同分享食物源的信息，观察蜂则是通过采蜜蜂所跳的“摇摆舞”来获得当前食物源的信息的，所以，观察蜂要以最小的资源耗费来选择到哪个食物源采蜜。因此，蜜蜂被招募到某个食物源的概率与食物源的收益率成正比。

初始时刻，蜜蜂的搜索不受任何先验知识的决定，是完全随机的。此时的蜜蜂有以下两种选择：

（1）它转变成为侦察蜂，并且由于一些内部动机或可能的外部环境自发地在蜂巢附近搜索食物源；

（2）在观看了“摇摆舞“之后，它可能被招募到某个食物源，并且开始开采食物源。

在蜜蜂确定食物源后，它们利用自己本身的存储能力来记忆位置信息并开始采集花蜜。此时，蜜蜂将转变成为“雇佣蜂”。蜜蜂在食物源处采集完花蜜，回到蜂巢并卸下花蜜后有如下选择：

（1）放弃食物源成为非雇佣蜂；

（2）跳“摇摆舞“为所对应的食物源招募更多的蜜蜂，然后回到食物源采蜜；

（3）继续在同一食物源采蜜而不进行招募。

蜜蜂在采蜜时所表现出来的这种自组织性和合理分配性主要由其自身的基本性质所决定的，它们所特有的基本性质如下。

（1）正反馈性：食物源的花蜜量与食物源被选择的可能性成正比；

（2）负反馈性：蜜蜂停止对较差食物源的开采过程；

（3）波动性：在某个食物源被放弃时，随机搜索一个食物源替代原食物源；

（4）互动性：蜜蜂在舞蹈区与其他蜜蜂共同分享食物源的相关信息。

本章介绍的人工蜂群算法（Artificial Bee Colony algorithm，ABC）就是模拟以上介绍的蜂群的采蜜行为而提出的。

27.3　算 法 原 理

人工蜂群算法（ABC）是由 Karaboga 于 2005 年提出的一种新颖的群集智能优化算法。人工蜂群算法（ABC）主要模拟蜂群的智能采蜜行为，蜜蜂根据各自的分工进行不同的采蜜活动，并实现蜜源信息的共享和交流，从而找到问题的最优解。

在人工蜂群算法（ABC）中，人工蜂群包含 3 个组成部分：采蜜蜂、观察蜂和侦察蜂。在蜂群中，出去寻找蜜源的蜜蜂是采蜜蜂，在舞蹈区内等待选择蜜源的蜜蜂是观察蜂，而在一定情况下进行随机搜索蜜源的蜜蜂是侦察蜂。在蜂群进化过程中，采蜜蜂和观察蜂负责执行开采过程，而侦察蜂执行探索过程。群体的一半由采蜜蜂构成，另一半由观察蜂构成。每一处蜜源仅仅有一个采蜜蜂，也就是采蜜蜂的个数与蜜源的个数相等。

蜜蜂执行搜索活动的过程可概括为：

（1）采蜜蜂确定蜜源，对其进行开采并记忆蜜源的相关信息，与观察蜂共同分享它们所开采的蜜源的相关信息；

（2）观察蜂以一定的选择策略在邻近的蜜源里选择蜜源；

（3）被放弃的蜜源处的采蜜蜂转变为侦察蜂，并且开始随机搜索新的蜜源。

人工蜂群算法（ABC）中的每一个循环搜索主要包括三个步骤：

（1）把采蜜蜂和观察蜂与蜜源一一对应起来，并且计算蜜源的花蜜量；

（2）确定侦察蜂；

（3）蜜蜂根据自身或外界的信息搜索蜜源。

人工蜂群算法的主要步骤如下。

1. 初始化

（i）种群个体初始化，蜂群食物源数量（解的个数）；
（ii）设定个体取值范围，最大迭代循环。

2. 重复以下过程

（a）将采蜜蜂与蜜源一一对应，同时确定蜜源的花蜜量；
（b）观察蜂根据采蜜蜂所提供的信息以一定的选择策略选择蜜源，同时确定蜜源的花蜜量；
（c）确定侦察蜂，并寻找新的蜜源；
（d）记忆迄今为止最好的蜜源；

3. 判断终止条件是否成立

在人工蜂群算法（ABC）中，每个蜜源的位置代表优化问题的一个可能解，蜜源的花蜜量对应于相应解的质量或适应度。采蜜蜂的个数或观察蜂的个数与种群中解的个数相等。

首先，随机产生初始群体 P 即 SN 个初始解，SN 为采蜜蜂数也等于蜜源数目。每个解 $X_i\left(i=1,2,\cdots,SN\right)$ 是一个 D 维的向量，D 为优化参数的个数。

在初始化以后，以这些初始解为基础，采蜜蜂、观察蜂和侦察蜂开始进行循环搜索。采蜜蜂根据它记忆中的局部信息产生一个新的候选位置并检查新位置的花蜜量，如果新位置优于原位置，则该蜜蜂记住新位置并忘记原位置。所有的采蜜蜂完成搜索过程后，它们将记忆中的蜜源信息通过舞蹈区与观察蜂共享。观察蜂根据从采蜜蜂处得到的信息，按照与花蜜量相关的概率选择一个蜜源位置，并像采蜜蜂那样对记忆中的位置做一定的改变，并检查新候选位置的花蜜量，若新位置优于记忆中的位置，则用新位置替换原来的蜜源位置，否则保留原位置。

观察蜂根据与蜜源相关的概率值 p_i 选择蜜源，p_i 根据表达式（27.1）来计算：

$$p_i=\frac{\mathrm{fit}_i}{\sum_{n=1}^{SN}\mathrm{fit}_n} \tag{27.1}$$

其中 fit_i 为解 X_i 的适应度值，$\left(i=1,2,\cdots,SN\right)$，$SN$ 为种群中解的个数。

为了从原蜜源的位置产生一个候选位置，ABC 算法运用表达式（27.2）产生：

$$v_{ij}=x_{ij}+\phi_{ij}\left(x_{ij}-x_{kj}\right) \tag{27.2}$$

其中 k 为不同于 i 的蜜源，j 为随机选择的下标，ϕ_{ij} 为[−1，1]之间的随机数，它控制着 x_{ij} 邻域内蜜源位置的产生，式（27.2）为人工群算法的搜索方程。候选位置形象的代表着原蜜源位置 x_{ij} 与邻域内随机的一个蜜源 x_{kj} 之间的对比关系。因此，在搜索空间中，随着搜索向最优解的靠近，步长在自适应的减少。

假如蜜源位置 X_i 经过“limit”次采蜜蜂和观察蜂的循环搜索之后，不能够被改进，那么该位置将被放弃，此时采蜜蜂转变为侦察蜂，并随机搜索一个蜜源替换原蜜源。“limit”是 ABC 算法中一个重要的控制参数，它控制着侦察蜂的选择。

侦察蜂搜索新蜜源的操作如下：

$$x_i^j=x_{\min}^j+\mathrm{rand}\left(0,1\right)\left(x_{\max}^j-x_{\min}^j\right) \tag{27.3}$$

实际上，ABC 算法中包含四个选择过程：（1）观察蜂根据一定的选择概率选择蜜源的全局选择过程；（2）采蜜蜂和观察蜂结合自身的局部信息进行邻域搜索产生候选位置的局部选择过程；（3）所有人工蜂对新旧蜜源进行比较，保留较好蜜源的贪婪选择过程；（4）侦察蜂搜索新蜜源的随机选择过程。

由以上的分析可知，ABC 算法作为一种群集智能随机优化算法，能够实现模拟蜂群的高效采蜜行为，而且在全局搜索能力和局部搜索能力之间有一个较好的平衡，从而使得算法的性能得到了很大的提升。

27.4　ABC 算法流程

基本 ABC 算法中搜索方程具有很大的随机性，为了加快算法的收敛速度使种群能够朝着较好个体的方向进化，对 ABC 算法搜索方程的改进是很有必要的。并且改进算法的实现步骤只是把原来的搜索方程替换为改进的搜索方程，其余都不改变。所以，首先介绍一下基本 ABC 算法的实现步骤，具体过程如下：

（1）随机产生 CSN（蜂群规模）个初始解，将其中一半与采蜜蜂对应，并计算各个解的适应度值，将最优解记录下来；

（2）置 Cycle=1；

（3）采蜜蜂根据公式（27.2）进行邻域搜索产生新解 v_{ij}，计算其适应度值，并对 x_{ij} 和 v_{ij} 进行贪婪选择；

（4）根据公式（27.1）计算与 x_i 相关的选择概率 P_i；

（5）观察蜂根据轮盘赌选择法以概率 P_i 选择食物源，并根据公式（27.2）进行邻域搜索产生新解，计算适应度值，并对 x_{ij} 和 v_{ij} 进行贪婪选择；

（6）判断是否有要放弃的解，如果存在，则采用公式（27.3）进行随机搜索产生一个新解替换旧解；

（7）记录迄今为止最好的解；

（8）Cycle = Cycle +1，若 Cycle<MCN，则转（3）；否则，输出最优结果。

开发能力是指探测搜索空间以寻找那些可能的最优区域，它以保持群体内的多样性为其主要目的；而开采能力是指开采搜索空间以充分利用群体内当前所具有的有效信息，使算法将搜索的侧重点放在那些具有较高适应度值的个体上。在实际操作中，开发和开采是相互矛盾的，为了使算法的优化能力得到较好的提升，两者之间必须有一个有效的权衡。

需要说明的是，根据搜索方程（27.2），新解是通过把旧解移向或远离种群中随机选择的某个个体来产生的，由此产生的新的候选解随机性大；另一方面，ABC 算法的搜索方程（27.2）中的参数都是随机的。所以，搜索方程（27.2）具有较强的全局搜索能力，而局部搜索能力较弱。

27.5　人工蜂群算法函数优化与 MATLAB 实现

选取下列测试对象。

Sphere()函数：

$$f(x)=\sum_{i=1}^{D} x_i^2 \text{，} \quad -100 \leqslant x_i \leqslant 100$$

由该函数可知，$x_i = 0$ 时，$\min(f(x)) = 0$。

采用人工蜂群算法实现该函数的最小值寻优计算。

算法的初始化操作如下：

```
% 人工蜂群算法
% 参数说明：
% Foods [FoodNumber][D];            % 初始化的食物源
% ObjVal[FoodNumber];               % 目标函数
% Fitness[FoodNumber];              % 适应度值，目标函数值的倒数
% trial[FoodNumber];                % 拖尾参数
% prob[FoodNumber];                 % 计算的概率值
% solution [D];                          % 产生的新解，候选位置 produced by
v_{ij}=x_{ij}+\phi_{ij}*(x_{kj}-x_{ij}) j is a randomly chosen parameter and
k is a randomlu chosen solution different from i*/
% ObjValSol;                   % 新解下的目标函数值
% FitnessSol;                  % 新解的适应度值
% neighbour, param2change; 对应于方程 v_{ij}=x_{ij}+ \phi_{ij} *(x_
{kj}-x_{ij})*/
% GlobalMin;                   % 目标函数值最小值
% GlobalParams[D];                  % 每一次运行该算法得到的最优个体值，未知数的解
% GlobalMins[runtime];        % 循环计算该算法的次数，记录下的最小解，验证算法的鲁棒
性和稳定性
clc,clear,close all
warning off
feature jit off
tic
% 算法参数
NP=20;                         % 蜂群大小
FoodNumber=NP/2;               % 蜂群食物源数量，也就是产生解的个数
limit=100;             % 经过“limit”次采蜜蜂和观察蜂的循环搜索之后，不能够被改进，
那么该位置将被放弃
maxCycle=500;                       % 最大迭代循环

%/* Problem specific variables*/
objfun='Sphere';                    % 待优化函数
D=100;                         % 未知数为 100 个
ub=ones(1,D)*100;                   % 未知量取值下边界
lb=ones(1,D)*(-100);                % 未知量取值上边界
runtime=1;                     % 算法运行次数，一般设置 1 即可

GlobalMins=zeros(1,runtime);        % 适应度最小值初始化
```

设定初始个体取值，计算目标函数值和适应度值，程序如下：

```
% 初始化变量值
Range = repmat((ub-lb),[FoodNumber 1]);                % 最大值
Lower = repmat(lb, [FoodNumber 1]);                    % 最小值
Foods = rand(FoodNumber,D) .* Range + Lower;           % 初始化个体

ObjVal=feval(objfun,Foods);                            % 目标函数值
```

```
Fitness=calculateFitness(ObjVal);                    % 适应度值，取其导数，为最小值

% 设定拖尾矩阵，初始化
trial=zeros(1,FoodNumber);

% 找到最好的食物源
BestInd=find(ObjVal==min(ObjVal));
BestInd=BestInd(end);
GlobalMin=ObjVal(BestInd);                           % 函数值最小
GlobalParams=Foods(BestInd,:);                       % 相应的食物源个体
```

采蜜蜂进行候选解的选择，程序如下：

```
% 采蜜蜂
    for i=1:(FoodNumber)
        % 参数随机可变
        Param2Change=fix(rand*D)+1;
        % 随机选择相连个体
        neighbour=fix(rand*(FoodNumber))+1;
        % 随机选择的个体不等于 i
        while(neighbour==i)
            neighbour=fix(rand*(FoodNumber))+1;
        end;

       sol=Foods(i,:);                          % 个体选择
       %  /*v_{ij}=x_{ij}+\phi_{ij}*(x_{kj}-x_{ij}) */

sol(Param2Change)=Foods(i,Param2Change)+(Foods(i,Param2Change)-Foods(ne
ighbour,Param2Change))*(rand-0.5)*2;

       % 个体取值范围约束
        ind=find(sol<lb);                              % 最小值约束
        sol(ind)=lb(ind);
        ind=find(sol>ub);                         % 最大值约束
        sol(ind)=ub(ind);

        % 估计新的目标函数值和适应度值
        ObjValSol=feval(objfun,sol);
        FitnessSol=calculateFitness(ObjValSol);

       % 更新最优个体值
       if (FitnessSol>Fitness(i))       % 如果新产生的个体值适应度值越大，则表明函数
值越小，则个体最优
            Foods(i,:)=sol;
            Fitness(i)=FitnessSol;
            ObjVal(i)=ObjValSol;
            trial(i)=0;
        else
            trial(i)=trial(i)+1; % /*if the solution i can not be improved,
increase its trial counter*/
       end;
    end;
```

观察蜂通过概率 $p_i=\dfrac{\text{fit}_i}{\sum\limits_{n=1}^{SN}\text{fit}_n}$ 值计算，决定是否产生下一个候选解，程序如下：

```
% 观察蜂
```

```
% 计算概率
% 观察蜂根据与蜜源相关的概率值选择蜜源，概率值计算公式
% prob(i)=a*fitness(i)/max(fitness)+b*/
prob=(0.9.*Fitness./max(Fitness))+0.1;
i=1;
t=0;
while(t<FoodNumber)
    if(rand<prob(i))
        t=t+1;
        % 继续随机选择个体
        Param2Change=fix(rand*D)+1;
        % 随机选择相连个体
        neighbour=fix(rand*(FoodNumber))+1;
        % 随机选择的个体不等于 i
        while(neighbour==i)
            neighbour=fix(rand*(FoodNumber))+1;
        end;
       sol=Foods(i,:);  % 个体选择
       %  /*v_{ij}=x_{ij}+\phi_{ij}*(x_{kj}-x_{ij}) */

sol(Param2Change)=Foods(i,Param2Change)+(Foods(i,Param2Change)-Foods(ne
ighbour,Param2Change))*(rand-0.5)*2;

       % 个体取值范围约束
       ind=find(sol<lb);                   % 最小值约束
       sol(ind)=lb(ind);
       ind=find(sol>ub);                % 最大值约束
       sol(ind)=ub(ind);

       % 估计新的目标函数值和适应度值
       ObjValSol=feval(objfun,sol);
       FitnessSol=calculateFitness(ObjValSol);

       % 更新最优个体值
       if  (FitnessSol>Fitness(i))          % 如果新产生的个体值适应度值越大，则表明
函数值越小，则个体最优
            Foods(i,:)=sol;
            Fitness(i)=FitnessSol;
            ObjVal(i)=ObjValSol;
            trial(i)=0;
        else
            trial(i)=trial(i)+1; % /*if the solution i can not be improved,
increase its trial counter*/
       end;
    end;

    i=i+1;
    if  (i==(FoodNumber)+1)
        i=1;
    end;
end;
```

假如蜜源位置 X_i 经过“limit”次采蜜蜂和观察蜂的循环搜索之后，不能够被改进，那么该位置将被放弃，此时采蜜蜂转变为侦察蜂，并随机搜索一个蜜源替换原蜜源。“limit”是 ABC 算法中一个重要的控制参数，它控制着侦察蜂的选择。侦察蜂搜索新蜜源的操作如下：

```
% 侦察蜂
% 如果某一次循环拖尾次数大于设定 limit，则重新更新个体，重新计算
ind=find(trial==max(trial));
ind=ind(end);
if (trial(ind)>limit)
    Bas(ind)=0;
    sol=(ub-lb).*rand(1,D)+lb;
    ObjValSol=feval(objfun,sol);
    FitnessSol=calculateFitness(ObjValSol);
    Foods(ind,:)=sol;
    Fitness(ind)=FitnessSol;
    ObjVal(ind)=ObjValSol;
end;
```

分析以上蜂群寻优过程后，则其主函数如下：

```
% 人工蜂群算法
clc,clear,close all
warning off
feature jit off
tic
% 算法参数
NP=20;                        % 蜂群大小
FoodNumber=NP/2;              % 蜂群食物源数量，也就是产生解的个数
limit=100;         % 经过“limit”次采蜜蜂和观察蜂的循环搜索之后，不能够被改进，那么该
位置将被放弃
maxCycle=500;                    % 最大迭代循环

%/* Problem specific variables*/
objfun='Sphere';                 % 待优化函数
D=100;                        % 未知数为 100 个
ub=ones(1,D)*100;                % 未知量取值下边界
lb=ones(1,D)*(-100);             % 未知量取值上边界
runtime=1;                    % 算法运行次数，一般设置 1 即可

GlobalMins=zeros(1,runtime);    % 适应度最小值初始化

for r=1:runtime

% 初始化变量值
Range = repmat((ub-lb),[FoodNumber 1]);         % 最大值
Lower = repmat(lb, [FoodNumber 1]);            % 最小值
Foods = rand(FoodNumber,D) .* Range + Lower;  % 初始化个体

ObjVal=feval(objfun,Foods);                       % 目标函数值
Fitness=calculateFitness(ObjVal);                 % 适应度值，取其导数，为最小值

% 设定拖尾矩阵，初始化
trial=zeros(1,FoodNumber);

% 找到最好的食物源
BestInd=find(ObjVal==min(ObjVal));
BestInd=BestInd(end);
GlobalMin=ObjVal(BestInd);                  % 函数值最小
GlobalParams=Foods(BestInd,:);               % 相应的食物源个体
```

```
iter=1;
while ((iter <= maxCycle)),  % 迭代开始

% 采蜜蜂
    for i=1:(FoodNumber)
        % 参数随机可变
        Param2Change=fix(rand*D)+1;
        % 随机选择相连个体
        neighbour=fix(rand*(FoodNumber))+1;
        % 随机选择的个体不等于 i
        while(neighbour==i)
            neighbour=fix(rand*(FoodNumber))+1;
        end;

       sol=Foods(i,:);  % 个体选择
       %  /*v_{ij}=x_{ij}+\phi_{ij}*(x_{kj}-x_{ij}) */

sol(Param2Change)=Foods(i,Param2Change)+(Foods(i,Param2Change)-Foods(ne
ighbour,Param2Change))*(rand-0.5)*2;

       % 个体取值范围约束
        ind=find(sol<lb);                        % 最小值约束
        sol(ind)=lb(ind);
        ind=find(sol>ub);                        % 最大值约束
        sol(ind)=ub(ind);

        % 估计新的目标函数值和适应度值
        ObjValSol=feval(objfun,sol);
        FitnessSol=calculateFitness(ObjValSol);

       % 更新最优个体值
       if (FitnessSol>Fitness(i))            % 如果新产生的个体值适应度值越大，则表明
函数值越小，则个体最优
            Foods(i,:)=sol;
            Fitness(i)=FitnessSol;
            ObjVal(i)=ObjValSol;
            trial(i)=0;
        else
            trial(i)=trial(i)+1; % /*if the solution i can not be improved,
increase its trial counter*/
       end;
    end;

% 观察蜂
% 计算概率
% 观察蜂根据与蜜源相关的概率值选择蜜源，概率值计算公式
% prob(i)=a*fitness(i)/max(fitness)+b*/
prob=(0.9.*Fitness./max(Fitness))+0.1;
i=1;
t=0;
while(t<FoodNumber)
    if(rand<prob(i))
        t=t+1;
        % 继续随机选择个体
        Param2Change=fix(rand*D)+1;
        % 随机选择相连个体
        neighbour=fix(rand*(FoodNumber))+1;
```

```
        % 随机选择的个体不等于 i
        while(neighbour==i)
            neighbour=fix(rand*(FoodNumber))+1;
        end;
       sol=Foods(i,:);                  % 个体选择
       %  /*v_{ij}=x_{ij}+\phi_{ij}*(x_{kj}-x_{ij}) */

sol(Param2Change)=Foods(i,Param2Change)+(Foods(i,Param2Change)-Foods(ne
ighbour,Param2Change))*(rand-0.5)*2;

       % 个体取值范围约束
       ind=find(sol<lb);                     % 最小值约束
       sol(ind)=lb(ind);
       ind=find(sol>ub);                     % 最大值约束
       sol(ind)=ub(ind);

       % 估计新的目标函数值和适应度值
       ObjValSol=feval(objfun,sol);
       FitnessSol=calculateFitness(ObjValSol);

       % 更新最优个体值
       if (FitnessSol>Fitness(i))          %如果新产生的个体值适应度值越大，则表明
函数值越小，则个体最优
            Foods(i,:)=sol;
            Fitness(i)=FitnessSol;
            ObjVal(i)=ObjValSol;
            trial(i)=0;
        else
            trial(i)=trial(i)+1; % /*if the solution i can not be improved,
increase its trial counter*/
       end;
    end;

    i=i+1;
    if (i==(FoodNumber)+1)
        i=1;
    end;
end;

    % 记录最好的目标函数值
    ind=find(ObjVal==min(ObjVal));
    ind=ind(end);
    if (ObjVal(ind)<GlobalMin)
        GlobalMin=ObjVal(ind);              % 最优目标函数值
        GlobalParams=Foods(ind,:);          % 最优个体
    end;

% 侦察蜂
% 如果某一次循环拖尾次数大于设定 limit，则重新更新个体，重新计算
ind=find(trial==max(trial));
ind=ind(end);
if (trial(ind)>limit)
    Bas(ind)=0;
    sol=(ub-lb).*rand(1,D)+lb;
    ObjValSol=feval(objfun,sol);
    FitnessSol=calculateFitness(ObjValSol);
    Foods(ind,:)=sol;
    Fitness(ind)=FitnessSol;
```

```
    ObjVal(ind)=ObjValSol;
end;

fprintf('iter=%d ObjVal=%g\n',iter,GlobalMin);
iter=iter+1;

end % End of ABC

GlobalMins(r)=GlobalMin;
end; % end of runs
toc
% save all
disp('最优解为：')
GlobalParams
disp('最优目标函数值为：')
GlobalMin
```

相应的目标函数程序如下：

```
function ObjVal=Sphere(Colony,xd)
S=Colony.*Colony;
ObjVal=sum(S');
```

适应度值计算如下：

```
function fFitness=calculateFitness(fObjV)
fFitness=zeros(size(fObjV));
ind=find(fObjV>=0);
fFitness(ind)=1./(fObjV(ind)+1);
ind=find(fObjV<0);
fFitness(ind)=1+abs(fObjV(ind));
```

运行程序输出结果如下：

```
iter=1 ObjVal=200.998
iter=2 ObjVal=177.968
iter=3 ObjVal=168.366
iter=4 ObjVal=159.713
……
iter=498 ObjVal=0.00170827
iter=499 ObjVal=0.00170827
iter=500 ObjVal=0.00170827

最优解为：
GlobalParams =
  Columns 1 through 6
    0.0039    0.0009   -0.0367    0.0062    0.0004    0.0008
  Columns 7 through 10
   -0.0013   -0.0173   -0.0006    0.0004
最优目标函数值为：
GlobalMin =
0.0017

时间已过 1.332091 秒。
```

由此可知，$f(x)=\sum_{i=1}^{10}x_i^2$，有最小值，$x_1=0.0039$，$x_2=0.0009$，$x_3=-0.0367$，$x_4=0.0062$，$x_5=0.0004$，$x_6=0.0008$，$x_7=-0.0013$，$x_8=-0.0173$，$x_9=-0.0006$，$x_{10}=0.0004$，$\min(f(x))=0.0017$。理论上，$x_i=0$，$i=1,2,3,\cdots,10$，$\min(f(x))=0$。因此人工蜂群算法计算函数最优解是可行的，且计算速度很快，具有较好的寻优能力。

27.6　人工蜂群算法 ABC 探讨

在进化算法中，广大学者们对其进化搜索方程的研究有很多，并且通过算法改进，使算法的性能有了一定的提升。比如，在粒子群算法（PSO）中，学者们主要针对粒子群优化算法的早熟问题，在粒子的平均位置或全局最优位置上加入高斯扰动以阻止粒子陷入局部最优，还有学者通过分析粒子群算法更新方程的缺陷，加入用于避免陷入局部最优的扰动项（加入惯性权重等）对其进行改进，使得改进算法在优化性能上有了较大的提高；同样，在差分进化算法（DE）中，有学者对其差分变异方程进行改进，以进一步提升算法的整体性能，如有学者在差分进化算法（DE）中引入三角法变异，将个体看作超三角形的中心点并且沿着超三角形的三条边分别以不同的步长移动来产生新的变异个体，从而帮助算法跳出局部最优；有学者利用质心变异操作对差分进化算法的变异方程进行改进等等。

由于人工蜂群算法（ABC）的搜索方程与 PSO 算法的进化方程、DE 算法的差分变异方程很相似，因此受研究者对 PSO 算法进化方程和 DE 算法变异方程改进的启发，一些学者也对 ABC 算法中的搜索方程进行改进以提升算法的性能，如有学者提出了基于改进搜索方程的 ABC 算法，利用全局最优解的信息指导候选解的搜索从而提高了 ABC 算法的开采能力；有学者在 ABC 算法的搜索方程中引入上一代个体的信息及引入灵敏度对观察蜂的选择机制进行改进；也有学者分别在采蜜蜂、观察蜂和侦察蜂阶段的搜索方程中引进全局最优解的信息以加快收敛速度。

ABC 算法的搜索方程具有较好的全局搜索能力，但其局部搜索能力体现较弱。而在基于种群的进化算法中，全局搜索和局部搜索之间达到有效的平衡才能使算法的性能得到很好的提升。

27.6.1　基于最优解指导的人工蜂群算法

受到 DE 算法中差分思想的启发，提出式（27.4）所示的改进搜索方程：

$$v_{ij}=x_{\text{best},j}+\phi_{ij}\left(x_{r1,j}-x_{r2,j}\right) \tag{27.4}$$

式（27.4）中，$r1$ 和 $r2$ 为不同于 i 的两个随机个体，ϕ_{ij} 为[−1，1]之间的随机数。

在改进的搜索方程中，新的候选解是通过在上一次迭代得到的最优解附近开采新的搜索区域，利用最优解的信息指导解的搜索以提高其开采能力，随机选取两个个体做差分来引导蜜蜂开发探索尽可能的最优区域以提高其开发能力。

27.6.2　混合人工蜂群算法

人工蜂群算法的搜索方程侧重于提高开发探索能力，却以牺牲算法的开采能力为代价。为此，有学者受 PSO 算法进化方程的启发，给出了一个新的搜索方程如下：

$$v_{ij} = x_{ij} + \phi_{ij}\left(x - x_{ij}\right) + \psi_{ij}\left(p_{ij} - p_{g}\right) \tag{27.5}$$

其中 k、j 和 ϕ_{ij} 的选取与式（27.4）相同，ψ_{ij} 为[0,1.5]之间的随机数。可以看出新的搜索方程由于有最优位置 p_g 的引导，在保证探索开发能力的同时也提高了开采能力。

27.7　本 章 小 结

2005 年，土耳其学 Karaboga D 根据蜜蜂采蜜机制提出的一种新型群智能优化算法——人工蜂群算法（ABC），2008 年被引入国内。目前对人工蜂群算法 ABC 的研究主要集中在针对各类优化问题提高算法性能的研究和应用研究两大方面。ABC 算法模拟蜜蜂的采蜜机制，通过蜂群的相互协作和转化指导搜索，与差分进化算法、粒子群算法和进化算法等一样，在本质上是一种统计优化，算法操作简单、设置参数少及鲁棒性高，但收敛速度更快和收敛精度更高。虽然研究时间不长，但因其性能良好，受到人们广泛关注，已成为解决非线性连续优化问题的有效工具，并已被成功应用到多个领域。由于搜索方程具有一定的贪婪性，使算法在进化前期性能较好，而在进化后期最优解变化不明显，因此，可以考虑在算法进行到一定阶段的时候加入一些具有很好全局搜索性能的算子来改善或提升算法的性能，从而得到更好的优化结果。

第 28 章　基于改进的遗传算法的城市交通信号优化分析

随着人民生活水平的不断提高，汽车进入寻常百姓家中也已成为现实，随之而来的城市交通问题则日益突现出来。因此，采用现代科学手段，研究一些智能化的方法来解决城市交通管理问题，就成为当务之急。为了缓解城市交通拥挤，本章在分析了城市道路单交叉路口交通流特性的基础上，首先建立了以车辆平均延误时间最短，以相位有效绿灯时间和饱和度为约束条件的非线性函数模型，利用改进的遗传算法对模型进行求解，得到在固定周期下的最优配时方案，仿真结果表明获得了理想的效果。

学习目标：

（1）熟练运用基本遗传算法优化求解城市交通信号问题；

（2）熟练运用改进遗传算法优化求解城市交通信号问题；

（3）熟练掌握利用 MATLAB 实现基本遗传算法源程序；

（4）熟练掌握利用 MATLAB 实现改进遗传算法源程序等。

28.1　遗传算法基本理论

28.1.1　遗传算法简介

遗传算法简称 GA，是 1962 年由美国 Michigan 大学 Holland 教授提出的模拟自然界遗传机制和生物进化论而成的一种并行随机搜索最优化方法。

遗传算法的思想源于达尔文的生物进化论和孟德尔的遗传学说。生物体可以通过遗传和变异来适应于外界环境。在进化论中，每一物种在不断的发展过程中都是越来越适应环境，物种的每个个体的基本特征被后代所继承，但后代又不完全同于父代，这些新的变化，若适应环境，则被保留下来，否则，将被淘汰。

遗传学认为，遗传以基因的形式包含在染色体中，每个基因有特殊的位置并控制某个特殊的性质。每个基因产生的个体对环境有一定的适应性。基因杂交和突变可能产生对环境适应性强的后代，通过优胜劣汰的自然选择，适应度值高的基因结构就保存下来。

遗传算法借鉴“适者生存”的遗传学理论，将优化问题的求解表示成“染色体”的“适者生存”过程，通过“染色体”群的一代代复制、交叉和变异的进化，最终得到的是最适应环境的个体，从而得到问题的最优解或者满意解。这是一种高度并行、随机和自适应的通用优化算法。

遗传算法的一系列优点使它近年来越来越受到重视，在解决众多领域的优化问题中得到了广泛的应用，其中也包括在交通信号方面的优化。

28.1.2　遗传算法的基本原理

在遗传算法中，将 n 维决策向量 $X=\left[x_1,x_2,\cdots,x_n\right]^T$ 用 n 个记号符 $X_i\left(i=1,2,\cdots,n\right)$ 所组成的符号串 X 来表示：

$$X=X_1X_2\cdots X_n\Rightarrow X=\left[x_1,x_2,\cdots x_n\right]^T$$

把每一个 X_i 看成一个遗传基因，它的所有可能取值称为等位基因，这样，X 就可看作是由 n 个遗传基因所组成的一个染色体。一般情况下，染色体的长度 n 是固定的，但对一些问题 n 也可以是变化的。根据不同的情况，等位基因可以是一组整数，也可以是某一范围之内的实数值，或者是纯粹的一个记号。最简单的等位基因是由 0 和 1 这两个整数组成的，相应的染色体就可以表示为一个二进制符号串。这种编码所形成的排列形式 X 是个体的基因型，与它对应的 X 值是个体的表现型。

染色体 X 也称为个体 X，对于每一个个体 X，要按照一定的规则确定出其适应度。个体的适应度与其对应的个体的表现型 X 的目标函数值相关联，X 越接近于目标函数的最优点，其适应度越大。

在遗传算法 GA 中，决策变量 X（待求未知量）组成了问题的解空间。对问题最优解的搜索是通过对染色体 X 的搜索来进行的，从而由所有的染色体 X 就组成了问题的搜索空间。

生物的进化是以集群为主体的。与此相对应，遗传算法的运算对象是由 M 个个体所组成的集合，称为群体。与生物一代一代的自然进化过程相类似，遗传算法的运算过程也是一个反复迭代过程，第 t 代群体记作 $p(t)$，经过一代遗传和进化后，得到第 t+1 代群体，他们也是由多个个体组成的集合，记作 $p(t+1)$。这个群体不断地经过遗传和进化操作，并且每次都按照优胜劣汰的规则将适应度较高的个体更多地遗传到下一代，这样最终在群体中将会得到一个优良的个体 X，它所对应的表现型 X 将达到或接近于问题的最优解 X^*。

生物的进化过程主要是通过染色体之间的交叉和染色体的变异来完成的。与此相对应，遗传算法中最优解的搜索过程也模仿生物的这个进化过程，使用所谓的遗传算子作用于群体 $p(t)$，进行下述遗传操作，从而得到新一代的群体 $p(t+1)$。

遗传算法包括三个基本操作：选择、交叉和变异。

这些基本操作又有许多不同的方法，使得遗传算法在使用时具有不同的特色。

（1）选择：根据各个个体的适应度，按照一定的规则或方法，从第 t 代群体中选择出一些优良的个体遗传到下一代群体中。

（2）交叉：将群体内的各个个体随机搭配成对，对每对个体，以某个概率交换它们之间的部分染色体。

（3）变异：对群体中的每一个体，以某一概率改变某一个或某一些基因座上的基因值为其他的等位基因。

28.1.3　遗传算法的特点

遗传算法是模拟生物自然环境中的遗传和进化过程而形成的一种自适应全局优化概率搜索算法。是一类可用于复杂系统优化计算的鲁棒搜索算法，与其他一些优化算法相比，它具有很多特点。

传统的优化算法主要有三种：枚举法、启发式算法和搜索算法。

1. 枚举法

枚举法在可行解集合内枚举所有可行解，以求出精确最优解。对于连续函数，该方法要求先对其进行离散化处理，这样就可能因离散处理而永远达不到最优解。此外，当枚举空间比较大时，该算法的求解效率非常低，极其耗时。

2. 启发式算法

启发式算法是寻求一种能产生可行解的启发式规则，以找到一个最优解或近似最优解。启发式算法的求解效率比较高，但对每一个需求解的问题必须找出其特有的启发式规则，这个启发式规则一般无通用性，不适合于其他问题。

3. 搜索算法

搜索算法在可行解集合的一个子集内进行搜索操作，以找到问题的最优解或者近似最优解。搜索算法虽然保证不了一定能够得到问题的最优解，但若适当的利用一些启发知识，就可在近似解的质量和效率上达到一种较好的平衡。

遗传算法的主要特点为以下几点：

（1）遗传算法是对要寻优参数的编码进行操作，而不是对参数本身。

（2）遗传算法是从“群体”出发（多个初始解个体）开始的并行操作，而不是从一个点开始。因而可以有效地防止搜索过程收敛于局部最优解，而且有较大的可能求得全局最优解。

（3）遗传算法采用目标函数来确定基因的遗传概率，而不需要其他的推导和附属信息，从而对问题的依赖性较小。所以遗传算法对于待寻优的函数基本无限制，它既不要求函数连续，更不要求可微，即可以是数学解析式所表达的显函数（大多数问题），也可以是其他方式的隐函数（用数值解描述的函数方程）甚至是神经网络（例如第 6 章遗传算法优化的 BP 神经网络）等隐函数。

（4）遗传算法的操作均使用随机概率的方式，而不是确定性的规则。

（5）遗传算法在解空间内不是盲目地穷举或完全随机测试，而是一种启发式搜索，其搜索效率往往优于其他方法。

（6）遗传算法更适合大规模复杂问题的优化。

28.2　基本遗传算法的工作流程

基本遗传算法的工作流程和结构形式如图 28-1 所示，它的运行过程是一个典型的迭代过程，其必须完成的工作和基本步骤如下：

（1）选择编码策略，把参数集合空间转化为编码后的个体空间；

（2）根据实际问题定义适应度函数；

（3）确定遗传策略，包括种群大小，选择、交叉和变异方法，以及确定选择概率、交叉概率和变异概率等遗传参数；

（4）随机初始化生成初始群体；

（5）计算当前种群中个体编码串解码后的适应度；

（6）按照遗传策略，运用选择、交叉和变异算子作用于群体，形成下一代种群；

（7）判断种群性能是否满足某一指标，或者已完成预定迭代次数满足则输出最佳个体，退出。不满足则返回（6）。

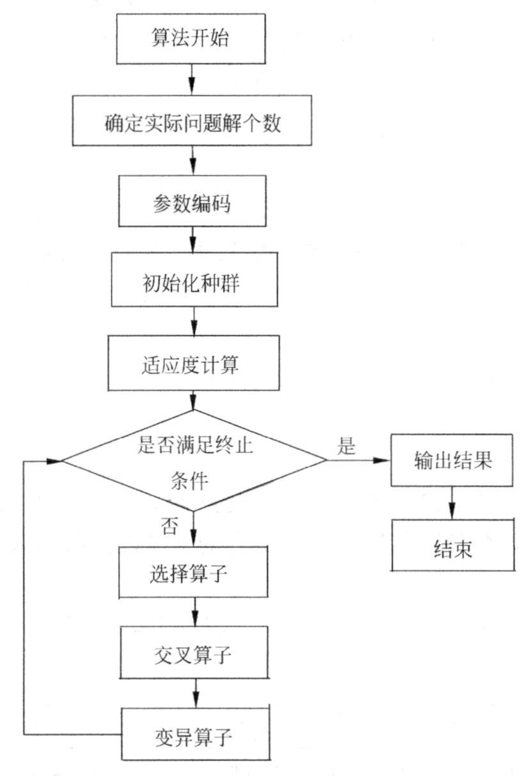

图 28-1　基本遗传算法的流程

28.3　遗传算法的基本要素

在应用遗传算法时，需要解决以下几个基本要素：编码、适应度函数、遗传算子、控制参数的选择和约束条件的处理。

28.3.1　编码问题

遗传算法不能直接处理问题空间的参数，而需要把问题的可行解从其解空间转换到遗传算法所能处理的搜索空间中，这一转换方法就称为编码。一般来说，由于遗传算法的鲁棒性，它对编码的要求并不苛刻。但由于编码的方法对于个体的染色体排列形式，以及个体从搜索空间的基因型到解空间的表现型的转换和遗传算子的运算都有很大影响，因此编码方法在很大程度上决定了如何进行群体的遗传进化运算及遗传进化运算的效率。因此，作为遗传算法流程中第一步的编码技术，是遗传算法理论与应用研究中需要首先认真解决的课题。

针对一个具体应用问题，应用最为广泛的是二进制编码和浮点数（十进制）编码。

1．二进制编码

二进制编码方法是遗传算法中最常用的一种编码方法，它使用的编码符号集是由二进制符号 0 和 1 所组成的二值符号集{0，1}，它所构成的个体基因型是一个二进制编码符号串，其符号串的长度与问题所要求的精度有关。

其主要优点在于编码和解码操作简单，交叉和变异等遗传操作便于实现，而且便于利用模式定理进行理论分析等。

其缺点在于不便于反映所求问题特定知识，对于一些连续函数的优化问题等，也由于遗传算法的随机特性而使得其局部搜索能力较差，对于一些多维和高精度要求的连续函数优化，二进制编码存在着连续函数离散化时的映射误差，个体编码串较短时，可能达不到精度要求；而个体编码串的长度较长时，虽然能提高精度，但却会使算法的搜索空间急剧扩大，增加了计算复杂性，降低了运算效率。

2．十进制编码

针对二进制编码方法的这些缺点，人们提出了个体的浮点数编码方法。所谓浮点数编码方法，是指个体的每个基因值用某一范围内的一个浮点数来表示，个体的编码长度等于其决策变量的个数。

例如，若某一个优化问题含有 5 个变量 $x_i\left(i=1,2,\cdots,5\right)$，每个变量都有其对应的上下限$\left[U_{\min}^i,U_{\max}^i\right]$，则 X：

5.60	6.50	3.50	3.70	5.00

X 表示一个体的基因型，其对应的表现型是： $x=\left[5.60,6.50,3.50,3.70,5.00\right]^T$。

在十进制编码方法中，必须保证基因值在给定的区间限制范围内，遗传算法中所使用的交叉和变异等遗传算子也必须保证其运算结果所产生的新个体的基因值也在这个区间限制范围内。

十进制编码方法有下面几个优点：

（1）适合于在遗传算法中表示范围较大的数。

（2）适合于精度要求较高的遗传算法。

（3）便于较大空间的遗传搜索。

（4）改善了遗传算法的计算复杂性，提高了运算效率。

（5）便于遗传算法与经典优化方法的混合使用。

（6）便于设计针对问题的专门知识的知识型遗传算子。

（7）便于处理复杂的决策变量约束条件。

28.3.2　适应度函数

度量个体适应度的函数称为适应度函数，它是根据目标函数确定的用于区分群体中个体好坏的标准，是算法演化过程的驱动力，也是进行自然选择的唯一依据。

适应度函数总是非负的，任何情况下都希望其值越大越好（以极大值为目标进行阐述）。而目标函数可能有正有负，因此需要在目标函数与适应度函数之间进行变换。由解空间中某一点的目标函数 $f(x)$ 到搜索空间中对应个体的适应度函数值 $\text{Fit}(f(x))$ 的转换方法基本上有以下三种。

（1）直接将待求解的目标函数转化为适应度函数。

（2）将待求解的目标函数做适当处理后再转化为适应度函数。

若目标函数为最小化问题，则

$$\text{Fit}(f(x))=\begin{cases}c_{\max}-f(x), f(x)<c_{\max}\\0,\text{others}\end{cases} \tag{28.1}$$

式（28.1）中，$c_{\max}$ 为一个适当的相对比较大的数，是 $f(x)$ 的最大值估计，可以是一个合适的输入值。

若目标函数为最大化问题，则

$$\text{Fit}(f(x))=\begin{cases}f(x)-c_{\min}, f(x)>c_{\min}\\0,\text{others}\end{cases} \tag{28.2}$$

式中，$c_{\min}$ 为 $f(x)$ 的最小值估计，可以是一个合适的输入值。

（3）若目标函数为最小问题，则

$$\text{Fit}(f(x))=\frac{1}{1+c+f(x)}，\quad c\geqslant 0，\quad c+f(x)\geqslant 0 \tag{28.3}$$

若目标函数为最大化问题，则

$$\text{Fit}(f(x))=\frac{1}{1+c-f(x)}，\quad c\geqslant 0，\quad c-f(x)\geqslant 0 \tag{28.4}$$

式（28.3）~式（28.4）中，c 为目标函数界线的保守估计值。

在遗传算法中，各个个体被遗传到下一代的群体中的概率是由该个体的适应度来确定的。经过实践表明，“如何确定适应度”对遗传算法的性能有较大的影响。有时在遗传算法运行的不同阶段，还需要对个体的适应度进行适当的扩大或缩小。这种对个体适应度所做的扩大或者缩小变换就称为适应度尺度变换，常用的尺度变换的方法如下。

（1）线性变换

设原有的适应度函数为 f，变换后的适应度函数为 f'，则线性变换可表示为：

$$f'=\alpha f+\beta \tag{28.5}$$

式（28.5）中，系数 α 和 β 可以根据具体情况，按不同选择原则确定。

（2）幂函数变换

$$f'=f^k \tag{28.6}$$

式（28.6）中，幂指数 k 与所求的优化问题有关。

（3）指数变换

$$f'=\mathrm{e}^{-\alpha f} \tag{28.7}$$

式（28.7）中，系数α决定了选择的强制性，其值越小，选择的强制就越趋向于那些具有较大适应度的染色体。

28.3.3　选择算子

选择又称为复制，是在群体中选择生命力强的个体产生新的群体的过程。遗传算法使用选择算子来对群体中的个体进行优胜劣汰操作，根据每个个体的适应度大小选择，适应度较高的个体被遗传到下一代群体中的概率较大；反之亦然。这样就可以使得群体中个体的适应度值不断接近最优解。选择算子确定的好坏，直接影响到遗传算法的计算结果。

下面介绍几种典型常用的选择算子。

1．轮盘赌选择

其基本思想是：每个个体进入下一代的概率就等于它的适应度值与整个种群中个体适应度值和的比例，适应度越高，被选中的可能性就越大。假设规模为 n 的种群中，第 i 个染色体适应度函数值为 $f(x_i)$，则其被选择的概率为：

$$p_i = \frac{f(x_i)}{\sum_{i=1}^{n} f(x_i)},\quad (i=1,2,\cdots,n) \tag{28.8}$$

由于这种选择方法是随机操作的原因，误差比较大，有时甚至连适应度较高的个体也选择不上。

2．随机竞争选择

随机竞争选择与轮盘赌选择基本一样。在随机竞争选择中，每次按轮盘赌选择机制选取一对个体，然后让这两个个体进行竞争，适应度高的被选中，如此反复，直到选满为止。

3．随机遍历选择

随机遍历选择提供了零偏差和最小个体扩展。设定 npointer 为需要选择的个体数目，等距离选择个体，选择指针的距离为$\frac{1}{\text{npointer}}$，第一个指针的位置由$\left[1,\frac{1}{\text{npointer}}\right]$区间的均匀随机数决定。

4．排序选择

排序选择的主要思想是对群体中的所有个体按其适应度大小进行排序，基于这个排序来分配各个个体被选中的概率。

在前面所介绍的一些选择操作方法中，其选择依据主要是各个个体适应度的具体数值。一般要求它取非负值，这就使得我们在选择操作之前，必须先对一些负的适应度进行变换处理。而排序选择方法的主要着眼点是个体适应度之间的大小关系。对个体适应度是否取正值或负值以及个体适应度之间的数值差异程度并无特别要求。

排序选择方法具体操作过程如下。

首先对群体中的所有个体按其适应度大小进行降序排序，然后根据具体求解问题，设计一个概率分配方案，按上述排列次序将概率值分配给各个个体。再以各个个体所分配到的概率值作为其能够被遗传到下一代的概率，基于这些概率值用比例选择的方法来产生下一代种群。

排序选择方法的主要问题就是概率的分配问题，如常用的线性排序法概率分配如下：种群中按适应度排在第 k 的染色体的选择概率为

$$p_k = q - (k-1) \times r \tag{28.9}$$

式（28.9）中，q 为最好染色体选择概率，q_0 为最坏染色体选择概率，参数 r 按下式确定

$$r = \frac{q - q_0}{\text{pop\_size} - 1} \tag{28.10}$$

5. 联赛选择

联赛选择也是一种基于个体适应度之间大小关系的选择法。

其基本思想是：每次选取几个个体之中适应度最高的一个个体遗传到下一代群体中。在联赛选择操作中，只有个体适应度之间的大小比较运算。而无个体适应度之间的算术运算，所以它对个体适应度是取正值还是取负值无特别要求。

联赛选择的具体操作过程是：首先从群体中随机选取 m 个个体进行适应度大小的比较，将其适应度最高的个体遗传到下一代。将上述过程重复 n 次，就可得到下一代群体中的 n 个个体。

28.3.4　交叉算子

在生物的自然进化过程中，两个同源染色体通过交配而重组，形成新的染色体，从而产生新的个体或物种，交配重组是生物遗传和进化过程中的一个主要环节。

在遗传算法中也使用交叉算子来产生新的个体。交叉运算是遗传算法区别于其他进化算法的重要特征，它在遗传算法中起着关键作用，是产生新个体的主要方法。

下面介绍几种适合于二进制编码个体或十进制编码个体的交叉算子。

1. 单点交叉

单点交叉（One-point Crossover）又称为简单交叉，是最常用和最基本的交叉操作算子。它以二值串中的随机选择点开始，对每一对相互配对的个体，依设定的交叉概率在其交叉点处相互交换两个个体的部分染色体，从而产生出两个新的个体。

2. 两点交叉与多点交叉

两点交叉（Two-point Crossover）是指在个体编码串中随即设置两个交叉点，然后再进行部分基因交换。两点交叉的具体过程是：

（1）在相互配对的两个个体编码串中随即设置两个交叉点。

（2）交换两个个体在所设定的两个交叉点之间的部分染色体。

可以将两点交叉的概念推广至多点。也就是指在个体编码串中随即设置多个交叉点，

然后进行基因交换。多点交叉又称广义交叉，其操作过程与单点和双点交叉类似。

3．均匀交叉

均匀交叉是指两个配对个体的每个基因座上的基因都以相同的交叉概率进行交换，从而形成两个新的个体。其具体运算可通过设置一屏蔽字来确定新个体的各个基因如何由哪一个父代个体来提供。

均匀交叉的主要操作过程如下：

首先随机产生一个与个体编码串长度等长的屏蔽字 $W=\omega_1\omega_2\omega_3\cdots\omega_i\cdots\omega_L$，其中 L 是个体编码串长度。然后由下述规则从 A 和 B 两个父代个体中产生出两个新的子代个体 A' 和 B'。

（1）若 $\omega_i=0$，则 A' 在第 i 个基因座上的基因值继承 A 的对应基因值，B' 在第 i 个基因座上的基因值继承 B 的对应基因值。

（2）若 $\omega_i=1$，则 A' 在第 i 个基因座上的基因值继承 B 的对应基因值，B' 在第 i 个基因座上的基因值继承 A 的对应基因值。

4．算术交叉

算术交叉是指由两个个体的线性组合而产生出两个新的个体。为了能够进行线性组合运算，算术交叉的操作对象一般是浮点数编码所表示的个体。

假设在两个个体 X_A^t 和 X_B^t 之间进行算术交叉，则交叉运算后所产生的两个新个体为：

$$\begin{cases} X_A^{t+1}=\alpha X_B^t+(1-\alpha)X_A^t \\ X_B^{t+1}=\alpha X_A^t+(1-\alpha)X_B^t \end{cases} \tag{28.11}$$

其中，α 为一个参数，α 可以是一个常数，也可以是一个由进化代数所决定的变量。

算术交叉的主要操作过程如下。

（1）确定两个个体进行线性组合时的系数 α。

（2）根据式（28.11）生成两个新个体。

28.3.5　变异算子

遗传算法中所谓的变异运算，是指将个体染色体编码串中的某些基因座上的基因值用该基因座的其他等位基因来替换，从而形成一个新的个体。变异是遗传算法生成新个体的主要方法之一，变异运算可以使算法在运行过程中维持种群的多样性，有效避免早熟，起到改善遗传算法局部搜索能力的作用。

遗传算法中变异算子也应根据不同的要求进行选择和设计，下面是几种常用的变异算子。

1．基本位变异

基本位变异操作是指对个体编码串中以变异概率、随机指定的某一位或某几位基因座上的值做变异运算，其具体操作过程如下：

（1）对个体的每一个基因座，依变异率 p_m 指定其为变异点。

（2）对每一个指定的变异点，对其基因值做取反运算或用其他等位基因值代替，从而产生出一个新的个体。

2. 均匀变异

操作是指分别用符合某一范围内均匀分布的随机数，以某一较小的概率来替换个体染色体中各个基因上原有的基因值。

均匀变异的具体操作过程是：

（1）依次指定个体编码中的每个基因座为变异点。

（2）对每一个变异点，以变异概率从对应基因的取值范围内取一随机数来替代原来的基因值。

均匀变异操作特别适合应用于遗传算法的初期运行阶段，它使得搜索点可以在整个搜索空间内自由地移动，从而可以增加种群的多样性。

3. 边界变异

边界变异操作是上述均匀变异操作的一个变形。在进行边界变异操作时，随机地取基因座的两个对应边界基因值之一去替代原有的基因值。当变量的取值范围特别宽，并且无其他约束条件时，边界变异会带来不好的作用。但它特别适用于最优点位于或者接近于可行解的边界时的一类问题。

28.3.6 控制参数的选择

遗传算法中有下面几个参数对遗传算法的运行有很大影响，分别是：个体编码串长度 l、群体大小 M、交叉概率 p_c、变异概率 p_m 和终止代数 T。

(1) 编码串长度 l：使用二进制编码表示个体时，编码串长度 l 的选取与问题所要求的求解精度有关；使用浮点数编码来表示个体时，编码串长度 l 与决策变量的个数 n 相等；另外，也可使用变长度的编码来表示个体。

（2）群体大小 M：当 M 取值较小时，可提高遗传算法的运算速度，但却降低了群体的多样性，有可能会引起遗传算法的早熟现象；而当 M 取值较大时，又会使得遗传算法的运行效率降低。一般建议的取值范围是 20~100。

（3）交叉概率 p_c：交叉概率一般取值较大。但如果太小，它会破坏群体中的优良模式，对进化运算不利。一般建议的取值范围是 0.4~0.99。另外，也可使用自适应的思想来确定交叉概率 p_c。

（4）变异概率 p_m：若变异概率 p_m 取值太大，则容易破坏群体中的优良模式，使得遗传算法的搜索趋于随机性；若取值过小，则它产生新个体和抑制早熟的能力会较差。

一般建议的取值范围是 0.0001~0.1。

（5）终止代数 T：终止代数 T 是表示遗传算法运行结束条件的一个参数，一般建议的取值范围是 100~1000。至于遗传算法的终止条件，还可以利用别的判定准则，如：当连续几代个体平均适应度的差异小于某个极小的阀值时或当群体中所有个体适应度的方差小于某一极小的阀值时。

28.3.7　约束条件处理

在遗传算法中必须对约束条件进行处理，但目前尚无处理各种约束条件的一般方法，根据具体问题可选择下列三种方法，即搜索空间限定法、可行解变换法和罚函数法。

1. 搜索空间限定法

搜索空间限定法的基本思想是对遗传算法的搜索空间的大小加以限制，使得搜索空间中表示一个个体的点与解空间中表示一个可行解的点有一一对应的关系。对一些比较简单的约束条件通过适当编码使搜索空间与解空间一一对应，限定搜索空间能够提高遗传算法的效率。在使用搜索空间限定法时必须保证交叉和变异之后的新个体在解空间中有对应解。

2. 可行解变换法

可行解变换法的基本思想是在由个体基因型到个体表现型的变换中，增加使其满足约束条件的处理过程，即寻找个体基因与个体表现型的多对一变换关系，扩大了搜索空间，使进化过程中所产生的个体总能通过这个变换而转化成解空间中满足约束条件的一个可行解。可行解变换法对个体的编码方法、交叉运算和变异运算等无特殊要求，但运行效率下降。

3. 罚函数法

罚函数法的基本思想是对在解空间中无对应可行解的个体计算其适应度时，减去一个罚函数，从而降低该个体的适应度，使该个体被遗传到下一代群体中的概率减小。

罚函数法可以用式（28.12）对个体的适应度进行调整：

$$F'(x)=\begin{cases}F(x),x\text{满足约束条件}\\F(x)-P(x),x\text{不满足约束条件}\end{cases}\tag{28.12}$$

式（28.12）中，$F(x)$为原适应度函数；$F'(x)$为调整后的新适应度函数；$P(x)$为罚函数。

28.4　遗传算法的模式定理

遗传算法通过对群体中多个个体的迭代搜索来逐步找出问题的最优解。这个搜索过程是通过个体之间的优胜劣汰、交叉重组和突然变异等遗传操作来实现，这些操作从本质上而言包含了大量的随机性操作，但实质上，可以从数学机理来分析遗传算法的有效性和合理性。

遗传算法的数学理论基础就是模式定理。模式即种群中个体中的相似模块，它描述了在某些位置上具有相似结构特征的个体编码串的一个子集。

以二进制编码串为例，模式是基于三个字符集（0、1 和*）的字符串，符号*代表任意字符，可以是 0 或 1。若模式 H=*10*，则串 0100、0101、1100 和 1101 是它的子集。

遗传算法的本质是对模式所进行的一系列运算，即通过选择算子将当前群体中的优良模式遗传到下一代群体中，通过交叉算子进行模式的重组，通过变异算子进行模式的突变。通过这些遗传运算，一些较差的模式逐步被淘汰，而一些较好的模式逐步被遗传和进化，最终就可达到问题的最优解，模式定理的定义式表达如下：

$$m(H,t+1) \geqslant m(H,t) \times \frac{f(H)}{\bar{f}} \times \left[1 - p_c \times \frac{\delta(H)}{l-1} - p_m \times O(H)\right] \tag{28.13}$$

式（28.13）中：$m(H,t+1)$表示在 t+1 代种群中存在模式 H 的个体数目；$m(H,t)$表示在 t 代种群中存在模式 H 的个体数目；$f(H)$表示在 t 代种群中包含模式 H 的个体平均适应度；$\bar{f}$ 表示在 t 代种群中所有个体的平均适应度；l 表示个体的长度；p_c 表示交叉概率；p_m 表示变异概率；$\delta(H)$表示模式 H 的定义距（定义距，第一个确定位置和最后一个确定位置之间的距离）；$O(H)$表示模式 H 的模式阶（模式阶，模式 H 中确定位置的个数）。

模式定理可以说明，适应度高、定义距小和模式阶低的模式在后代中可以快速增长。在搜索后期，大部分染色体都具有相同或类似的模式，简单的交叉操作对定义距小和模式阶低的模式改变不大；另一方面，如果变异率很小，则对这样的模式不会产生影响。所以，在后期局部搜索时，染色体进化速度很慢，即使繁殖了很多代，也可能达不到显著的进化效果。因此，遗传算法的一个大的缺点就是全部搜索能力不强。

模式定理是遗传算法的基本理论，为遗传算法的有效性提供了合理的理论依据。模式定理保证了较优的模式（遗传算法的较优解）的数目呈指数增长，同时也给出了模式在选择、交叉和变异作用下子代中产生个体数目的下限值。

28.5　遗传算法的改进

尽管遗传算法有许多优点，也有许多专家学者对遗传算法进行不断的研究，但目前存在的问题依然很多，如：

(1) 适应度值标定方式多种多样，没有一个简洁和通用的方法，不利于对遗传算法的使用。

（2）遗传算法的早熟（即很快收敛到局部最优解而不是全局最优解）现象是迄今为止最难处理的关键问题。

（3）快要接近最优解时在最优解附近左右摆动，收敛较慢。

自从 1975 年 J.H.Holland 系统提出遗传算法的完整结构和理论以来，众多学者一直致力于推动遗传算法的发展，对编码方式、控制参数的确定和交叉机理等进行深入的研究，提出了各种变形的遗传算法。其基本途径概括起来主要有以下几个方面：

(1) 改进遗传算法的组成成分或者使用技术，如选用优化控制参数和适合问题特性的编码技术等。

（2）采用混合遗传算法。

（3）采用动态自适应技术，在进化过程中调整算法控制参数和编码精度。

（4）采用非标准的遗传操作算子。

（5）采用并行计算。

28.5.1　适应度值标定

初始群体中可能存在特殊个体的适应度值超常（如很大）。为了防止其统治整个群体并误导群体的发展方向而使算法收敛于局部最优解，需限制其繁殖。在计算临近结束，遗传算法逐渐收敛时，由于群体中个体适应度值比较接近，继续优化选择较为困难，造成在最优解附近左右摇摆。此时应将个体适应度值加以放大，以提高选择能力，这就是适应度值的标定。

针对适应度值标定问题本章提出以下计算公式：

$$f' = \frac{1}{f_{\min} + f_{\max} + \delta}\left(f + \left|f_{\min}\right|\right) \tag{28.14}$$

式（28.14）中，f' 为标定后的适应度值，f 为原适应度值，$f_{\max}$ 为适应度值的一个上界，$f_{\min}$ 为适应度值的一个下界，δ 为开区间（0，1）内的一个正实数。

若 $f_{\max}$ 未知，可用当前代或目前为止的群体中的最大值来代替。若 $f_{\min}$ 未知，可用当前代或目前为止的群体中的最小值来代替。取 δ 的目的是防止分母为零和增加遗传算法的随机性。$\left|f_{\min}\right|$ 是为了保证标定后的适应度值不出现负数。

由图 28-2 可知，若 $f_{\max}$ 与 $f_{\min}$ 差值越大，则角度 α 越小，即标定后的适应度值变化范围小，防止超常个体统治整个群体；反之则越大，标定后的适应度值变化范围增大，拉开群体中个体之间的差距，避免算法在最优解附近摆动现象发生。这样就可以根据群体适应度值放大或缩小，变更选择压力。

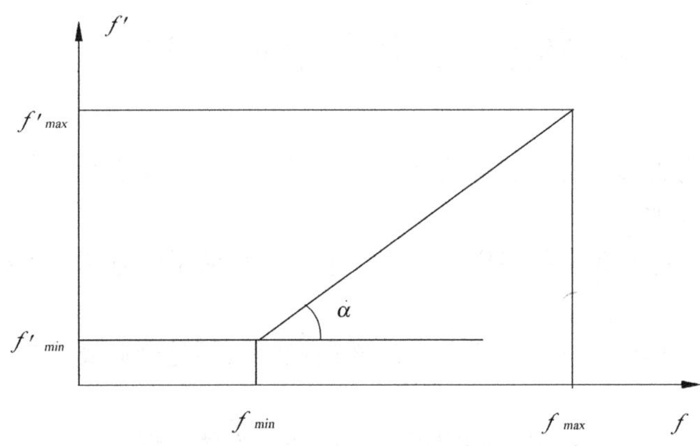

图 28-2　适应度值的标定

28.5.2　改进的自适应交叉变异率

遗传算法的参数中交叉概率 p_c 和变异概率 p_m 的选择是影响遗传算法行为和性能的关键所在，直接影响算法的收敛性。

对于交叉概率 p_c，p_c 越大，新个体产生的速度就越快。然而，p_c 过大时遗传模式被破坏的可能性也越大，使得具有高适应度的个体结构很快就会被破坏；但是如果 p_c 过小，会使得搜索过程缓慢，以至停滞不前。

对于变异概率 p_m，如果 p_m 过小，就不容易产生新的个体结构；如果 p_m 取值过大，那么遗传算法就变成了纯粹的随机搜索算法。针对不同的优化问题，需要反复实验来确定 p_c 和 p_m，这是一件繁琐的工作，而且很难找到适应于每个问题的最佳值。

对于 GA 中相关参数进行动态调整则称为自适应遗传算法，已有许多学者对自适应遗传算法进行了研究。自适应交叉和变异概率是根据个体的适应度值动态的调整 p_c 和 p_m。当种群个体适应度值趋于一致时，适当增加 p_c 和 p_m，而当种群适应度值比较分散时，减小 p_c 和 p_m 的值。同时，对于适应度值高于群体平均适应度值的个体，采用较低的 p_c 和 p_m；反而对于适应度值低于群体平均适应度值的个体则采用较高的 p_c 和 p_m。因此，自适应的 p_c 和 p_m，能够提供相对某个解的最佳 p_c 和 p_m。

自适应遗传算法在保持群体多样性的同时，保证遗传算法的收敛性。可用下面两公式动态调整个体的交叉变异概率。

$$p_c = \begin{cases} \dfrac{k_1\left(f_{\max} - f'\right)}{f_{\max} - f_{\min}}, f' \geqslant f_{\text{avg}} \\ k_2, f' < f_{\text{avg}} \end{cases} \tag{28.15}$$

$$p_m = \begin{cases} \dfrac{k_3\left(f_{\max} - f\right)}{f_{\max} - f_{\text{avg}}}, f \geqslant f_{\text{avg}} \\ k_4, f < f_{\text{avg}} \end{cases} \tag{28.16}$$

在式（28.15）和式（28.16）中，$f_{\max}$ 为群体中最大的适应值；f_{avg} 为每代群体的平均适应值；f' 为要交叉的两个个体中较大的适应值；f 为要变异个体的适应值。

这里，只要设定 k_1、k_2、k_3 和 k_4 在（0，1）区间取值，就可以自适应调整了。

（1）当适应度值低于平均适应度值时，说明该个体是性能不好的个体，对它就可以采用较大的交叉率和变异率；如果适应度值高于平均适应度值，说明该个体性能优良，对它就可以根据其适应度值取相应的交叉率和变异率。

（2）当适应度值越接近最大适应度值时，交叉率和变异率就越小。

（3）当适应度值等于最大适应度值时，交叉率和变异率的值为零。

这种调整方法对于群体处于进化后期比较合适，但对于进化初期不利，因为进化初期群体中较优的个体几乎处于一种不发生变化的状态，而此时的优良个体不一定是优化的全局最优解，这容易使进化走向局部最优解的可能性增加。

为此，可做进一步的改进，使群体中最大适应度值的个体的交叉率和变异率不为零，分别提高到 p_{c2} 和 p_{m2}，经过上述改进，p_c 和 p_m 计算表达式如下：

$$p_c = \begin{cases} p_{c1} - \dfrac{\left(p_{c1} - p_{c2}\right)\left(f' - \text{flavg}\right)}{f_{\max} - f_{\text{avg}}}, f' \geqslant f_{\text{avg}} \\ p_{c1}, f' < f_{\text{avg}} \end{cases} \tag{28.17}$$

$$p_m = \begin{cases} p_{m1} - \dfrac{\left(p_{m1} - p_{m2}\right)\left(f_{\max} - f\right)}{f_{\max} - f_{\text{avg}}}, f \geqslant f_{\text{avg}} \\ p_{m1}, f < f_{\text{avg}} \end{cases} \tag{28.18}$$

28.6　基于改进遗传算法的道路交通信号优化

对城市道路交叉路口交通信号灯实施合理优化控制，有利于缓解日趋紧张的交通拥挤现象，提高交通效益。对于城市交通，由于道路上的交通车流呈现很大的随机性，车辆行驶过程是一种随机过程，因而实施相位控制也应针对不同的车流情况采取不同的方案。对交叉路口交通信号的优化控制，有以下几种方法：

（1）针对信号周期进行优化；

（2）针对相位信号配时（或绿信比）进行优化；

（3）针对周期和相位信号配时（或绿信比）同时进行优化，甚至还包括相位信号顺序的优化。

配时方案的改变，对各个车道的车流影响很大。目前，对于城市交通网络的优化控制研究，国内外的一些刊物刊载过一些有关文章，但大多是针对城市交通网路的交通流分配进行优化。也有个别文献提出了针对信号周期或信号时间区间进行优化，而所采用的优化方法大多为传统的优化方法，如黄金分割法、爬山法和网格搜索法等。但对于交叉口多相位交通信号配时优化控制还很少涉及，这一节将针对单交叉路口多相位的交通信号采用改进的遗传算法优化方法配时进行讨论。

28.6.1　城市交通信号控制优化问题分析

城市交通信号控制系统的控制对象是由各种车辆组成的及在被控制的区域内道路往上行驶的交通流。从控制理论角度来分析，无论是一个交叉口，还是由数以百计的路口组成的被控制区域，都是所谓的被控对象，都可以用同样形式的数学形式来表达其各种变量之间的关系，对一个交叉路口作为被控对象的情况，也是一个非线性的时变系统。

与一般的寻求极值的静态优化不同，交通控制的优化是动态优化问题。在交通控制的优化问题中，无论是状态变量还是控制变量都是随着时间在变化的，这些变量本身也是时间的函数，与静态优化不同，我们要从动态的概念来理解交通控制优化问题。

交通控制优化问题可以表述为：寻求一组随时间变化的控制变量时间 $U(k)$，使得被控区域的交通流从初始状态 $X^*(0)$ 按照使得某种性能指标最优的轨迹运动，在时刻 k 转移到状态 $X^*(k)$。由于系统在优化过程中是不断迭代进行的，所以系统总是处于在寻找到的优化状态之间不断地转移过程之中，所以 k 时刻的状态表示成上标带*号的 $X^*(k)$。

对于非线性时变系统，如果系统的特性总在不断地随时间而变化，那么从理论上讲变量之间的关系就无法确定下来，或者说不是一种单值的确定性的对应关系，而是一种多值的和随机的对应关系。目前，通常采取以下两个办法来近似地研究和处理。

（1）假设时变系统的时变速度比较慢，比系统的输入和输出之间的动态过程慢得多，在这个假设条件下，就可以认为在一个小的时间区间内系统是时不变的。这样就可以借用静态优化算法来研究和处理问题。

（2）降低对问题解的要求，不必寻求最优解，退而求次优或满意解。在这个前提下，就可以放宽原问题的限制，针对与原问题近似的问题来优化，得到对原问题而言是次优解或满意解。

这种处理非线性时变系统思路完全适用于交通信号控制的优化问题，在不得已的情况下，寻求次优解和满意解已成为人们的共识，交通控制的优化问题正好是遇到了理论上解决不了的非线性时变系统的动态优化问题。

在交通控制优化的时间区间内，可以把交通控制系统看成是时不变的系统，可以应用静态优化的方法来研究和处理变量之间的映射关系。这就为解决交通控制优化问题提供了新的途径。

28.6.2　以车辆平均延误时间最小为目标的单交叉路口优化配时

城市道路单交叉路口一方面是构成线控和区域控制的基础，另一方面，即使将来实现线控和面控，但在线控和面控不能覆盖的区域还会有大量独立控制的交叉口存在，因此，针对单交叉路口信号的合理配时，是实现有效控制的关键，对单交叉路口信号配时的研究具有重要的意义。

在城市道路交叉路口信号优化配时中，关于交叉口交通效益的评价指标，国内外常用的有通行能力、饱和度、延误、服务水平、停车次数、油耗和排队长度等等。其中，车辆延误时间和车辆排队长度是使用频率相对较高的两个性能指标。

本节选用车辆延误时间为性能指标确定单交叉路口的绿信比。考虑到城市多个交叉路口协调控制的需要，在同一子控制区内的各交叉口采用相同的信号周期长度，在一天中的某个时间段内其周期是相对固定的，动态调整的可能性很小（一些路口可以采用双周期，具体是哪些路口要根据实时交通数据进行计算来确定）。因此，本节研究相对固定周期条件下，针对交叉口交通流的实时变化情况的信号配时方案，以实现信号交叉口的优化控制，提高单交叉路口的车辆通行能力，并减小路口总的车辆延误时间。

对于延误的计算模型有很多，这里根据本节研究对象的特征，选用 Webster 延误计算模型。Webster 延误计算模型是在统计平衡态理论的基础上得出的，在交叉路口交通量不是十分拥挤的条件下，即交通流饱和度较小的情况下比较准确，随着交通流饱和度由小于 1 逐渐趋近于 1 时，其得到的延误与实际估计的延误差异逐渐增大。这是因为车辆进入道口形成一种稳态的交通流（如泊松分布流）所需要的瞬态时间大于或者等于稳态时间。

28.6.3　非线性模型的建立

以实时采集的路上交通流数据为基础，以一个周期内交叉口的车辆平均延误时间最少为目标，建立目标优化函数。采用 Webster 延误估算公式，每辆车在交叉口的平均延误为 d。

$$d=\frac{C(1-\lambda)^2}{2(1-\lambda x)}+\frac{x^2}{2q(1-x)}-0.65\left(\frac{C}{q^2}\right)^{\frac{1}{3}}x^{(2+5\lambda)} \tag{28.19}$$

式（28.19）中，d——每辆车的平均延误(s)；C——周期时长(s)；λ——绿信比；q——流量$(\mathrm{pch/h})$；x——饱和度。

式（28.19）中的第一项是由车辆均衡到达交叉口而引起的延误，称为均匀（Uniform）延误：

$$d_u = \frac{C(1-\lambda)^2}{2(1-\lambda x)} \tag{28.20}$$

式（28.19）中的第二项是由于车辆到达的随机性引起的延误，称为随机（Random）延误：

$$d_r = \frac{x^2}{2q(1-x)} \tag{28.21}$$

式（28.19）中的第三项数值很小，在实际计算时，可忽略不计。这样就有：

$$d = \frac{C(1-\lambda)^2}{2(1-\lambda x)} + \frac{x^2}{2q(1-x)} \tag{28.22}$$

这里以典型的 4 相位平面交叉口为例，可以得出总的延误计算公式：

$$D = \sum_{i=1}^{4}\sum_{j=1}^{2}\left\{q_{ij}\left[\frac{C(1-\lambda_i)^2}{2(1-\lambda_i x_{ij})} + \frac{{x_{ij}}^2}{2q_{ij}(1-x_{ij})}\right]\right\} \tag{28.23}$$

式（28.23）中，q_{ij} 为第 i 相位第 j 进口道的车流量，$(\mathrm{pch/h})$；x_{ij} 为第 i 相位第 j 进口道上的车流饱和度；λ_i 为第 i 相位的绿信比，$\lambda_i = \dfrac{t_i}{C}$。

优化过程是针对交叉路口 4 个相位的有效绿灯时间进行实时优化，这里要满足一定的约束条件。

$$t_1 + t_2 + t_3 + t_4 = C - L$$

考虑交叉口行人过马路时的安全需要，每相位最短绿灯时间不得小于某值 e（这里取最小绿灯时间为 10(s)），因此每一相位的配时须满足条件：

$$e \leqslant t_i \leqslant C - L - 3\times 10 \tag{28.24}$$

式（28.24）中，L 为总的损失时间(s)。

考虑到最大饱和度约束，合理的信号配时设计及某时段内周期的合理给定应能保证在合理正确的信号配时情况下，各相位的饱和度均不过大，避免造成交叉口道出现交通拥堵的现象。本节假定各相位各交叉路口均不大于 0.85。

$$x = \frac{q}{N} = \frac{q}{s\dfrac{g_e}{C}} = \frac{Cq}{sg_e} \leqslant 0.85 \tag{28.25}$$

式（28.25）中，q 为实际流量$(\mathrm{pch/h})$，N 为通行能力$(\mathrm{pch/h})$，s 为饱和流量$(\mathrm{pch/h})$，g_e 为有效绿时（s），即：

$$g_e \geqslant \frac{Cq}{0.85s} = \frac{Cy}{0.85} \tag{28.26}$$

式（28.26）中，y 为流量比。对每一相位，均将其最大的 y 值代入得到每相位的最小绿灯时间要求：

$$t_i = g_{e_i} \geqslant \frac{Cy_{i,\max}}{0.85} \tag{28.27}$$

综上所述约束条件如下：

$$\begin{cases} \sum_{i=1}^{4} C-L \\ e \leqslant t_i \leqslant C-L-3\times 10 \\ t_i = g_{e_i} \geqslant \dfrac{Cy_{i,\max}}{0.85} \end{cases} \tag{28.28}$$

28.6.4　仿真分析

某 4 相位交叉口，各相车流如图 28-3 所示。为研究问题的简便，假设直行和右转公用一个相位，即红灯时间禁止车辆左转，这种禁止措施对行人安全有利。交通流量的单位为 vhp（Vehicle Per Hour）。

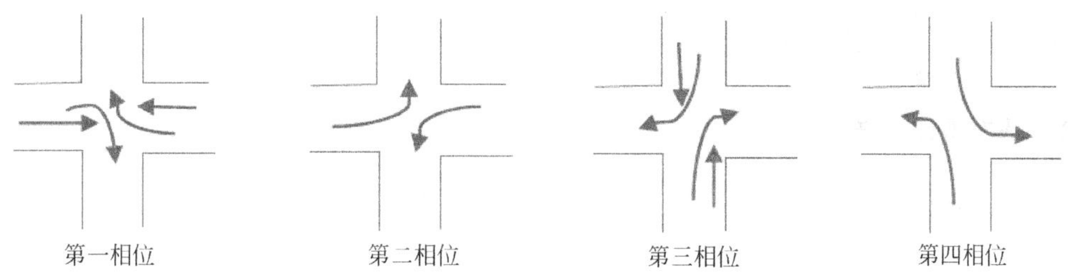

图 28- 3　相位信号控制交通流图

某交叉口各进口道车流量有关数据如表 28-1 所示。

表 28- 1　某交叉口各进口道车流量有关数据

相　　位	进口道	交通流量 q	饱和流量 x	流量比 y
第一相位	东进口	368	2000	0.184
	西进口	462	2000	0.231
第二相位	东进口	152	960	0.158
	西进口	121	960	0.16
第三相位	南进口	311	1800	0.173
	北进口	360	1800	0.173
第四相位	南进口	128	960	0.134
	北进口	115	960	0.120

假设信号周期为 C=140（s），其中总的损失时间为 10（s），各相位最小绿灯时间为 10（s）。假设各相位黄灯时间和损失时间相等，则有效绿灯时间即为实际的绿灯时间。

在不改变交叉口几何条件的情况下，根据表 28-1 所示的交通量，利用所建立的数学模型及解法，确定各相位有效绿灯时长。

由最大饱和度限制得到各相位最短绿灯时间：

$$t_i = g_{e_i} \geqslant \frac{Cy_{i,\max}}{0.85} \tag{28.29}$$

对于第 1 相位，取较大的 y 值代入，得 $g_{e1} \geqslant 38(s)$，同样其他各相位取相应的流量比可以得到，$g_{e2} \geqslant 26(s)$，$g_{e3} \geqslant 33(s)$，$g_{e4} \geqslant 22(s)$。

将有关数据代入约束条件式，整理后且将等式约束化为不等式约束，得到约束条件如下：

$$\begin{cases} t_1+t_2+t_3+t_4=C-L=130 \\ 38\leqslant t_1 \leqslant 130-26-33-22=59 \\ 26\leqslant t_2 \leqslant 130-38-33-22=37 \\ 33\leqslant t_3 \leqslant 130-38-26-22=44 \\ 22\leqslant t_4 \leqslant 130-38-26-33=33 \end{cases} \tag{28.30}$$

相应的目标函数如下：

$$D=\sum_{i=1}^{4}\sum_{j=1}^{2}\left\{q_{ij}\left[\frac{C(1-\lambda_i)^2}{2(1-\lambda_i x_{ij})}+\frac{{x_{ij}}^2}{2q_{ij}(1-x_{ij})}\right]\right\} \tag{28.31}$$

其中，$\lambda_i=\frac{t_i}{C}$，C=140。

1. 基本遗传算法

采用基本遗传计算，参数设置如下：

```
%% GA
%% 清空环境变量
clc,clear,close all                          % 清屏、清工作区、关闭窗口
warning off                                  % 消除警告
feature jit off                              % 加速代码执行
%% 遗传算法参数初始化
maxgen = 50;                                 % 进化代数，即迭代次数
sizepop = 50;                                % 种群规模
pcross = [0.7];                              % 交叉概率选择，0 和 1 之间
pmutation = [0.1];                           % 变异概率选择，0 和 1 之间
% 城市交通信号系统参数
C = 140;
L = 10;
load('data.mat')                             % 包含交通流量 q 及饱和流量 xij
q = q./3600;                                 % 转化为秒 s
xij = xij./3600;                             % 转化为秒 s
%染色体设置
lenchrom=ones(1,3);     % t1、t2、t3
bound=[38,59;26,37;33,44;];     % 数据范围
%-------------------------种群初始化--------------------------------
individuals=struct('fitness',zeros(1,sizepop), 'chrom',[]);  %将种群信息定义为一个结构体
avgfitness = [];                                      %每一代种群的平均适应度
bestfitness = [];                                     %每一代种群的最佳适应度
bestchrom = [];                                       %适应度最好的染色体
```

相应的目标函数即适应度函数如下：

```
function [f] = fun(x)
% 城市交通信号系统参数
C = 140;                % 信号周期
```

```
L = 10;                         % 总损失时间
load('data.mat')                % 包含交通流量 q 及饱和流量 xij
q = q./3600;                    % 转化为秒 s
xij = xij./3600;                % 转化为秒 s
%该函数用来计算适应度值
t1 = x(1);
t2 = x(2);
t3 = x(3);
t4 = C-L - t1-t2-t3;
lamda(1) = t1/C;                % 为第 1 相位的绿信比
lamda(2) = t2/C;                % 为第 2 相位的绿信比
lamda(3) = t3/C;                % 为第 3 相位的绿信比
lamda(4) = t4/C;                % 为第 4 相位的绿信比
f = 0;                          % 适应度值初始化
for i=1:4
   for j=1:2
      f   =   f   +   (   C*(1-lamda(i)).^2/2/(1-lamda(i)*xij(i,j))   +
xij(i,j).^2/2/q(i,j)/(1-xij(i,j)) )*q(i,j);
   end
end
f = abs(f);
```

初始化种群如下：

```
%% 初始化种群
for i=1:sizepop
   % 随机产生一个种群
   individuals.chrom(i,:)=Code(lenchrom,bound); % 编码（binary 和 grey 的编码结果为一个实数，float 的编码结果为一个实数向量）
   x=individuals.chrom(i,:);
   % 计算适应度
   individuals.fitness(i)=fun(x);                    % 染色体的适应度
end
```

迭代循环函数如下：

```
%% 找最好的染色体
[bestfitness bestindex] = min(individuals.fitness);
bestchrom = individuals.chrom(bestindex,:);     % 最好的染色体
% 记录每一代进化中最好的适应度和平均适应度
trace = [bestfitness];

%% 迭代求解最佳初始阈值和权值
% 进化开始
for i=1:maxgen
   disp(['迭代次数:    ',num2str(i)])
   % 选择
   individuals=Select(individuals,sizepop);
   % 交叉

individuals.chrom=Cross(pcross,lenchrom,individuals.chrom,sizepop,bound
);
   % 变异

individuals.chrom=Mutation(pmutation,lenchrom,individuals.chrom,sizepop
,i,maxgen,bound);
```

```
    % 计算适应度
    for j=1:sizepop
       x=individuals.chrom(j,:);                    % 解码
       individuals.fitness(j)=fun(x);               % 染色体的适应度
    end

    % 找到最小和最大适应度的染色体及它们在种群中的位置
    [newbestfitness,newbestindex]=min(individuals.fitness);
    [worestfitness,worestindex]=max(individuals.fitness);
    % 代替上一次进化中最好的染色体
    if bestfitness>newbestfitness
       bestfitness=newbestfitness;
       bestchrom=individuals.chrom(newbestindex,:);
    end
    individuals.chrom(worestindex,:)=bestchrom;          % 剔除最差个体
    trace=[trace;bestfitness]; %记录每一代进化中最好的适应度
end
x = [bestchrom, C-L-sum(sum(bestchrom))]             % 最佳个体值
D = trace(end)       % 延误误差 D
E = D./sum(sum(q));  % 平均延误 E

%% 遗传算法结果分析
figure('color',[1,1,1]),
plot(1:length(trace),trace(:,1),'b--');
title(['适应度曲线  ' '终止代数=' num2str(maxgen)]);
xlabel('进化代数');  ylabel('适应度');
legend('fz 最佳适应度');
```

其中，染色体是否合格检验，程序如下：

```
function flag=test(lenchrom,bound,code)
% lenchrom   input : 染色体长度
% bound      input : 变量的取值范围
% code       output: 染色体的编码值
t=code; %先解码
C = 140;  % 信号周期
L = 10;   % 总损失时间
t4 = C-L - t(1)-t(2)-t(3);
flag=1;
if
(t(1)<bound(1,1))||(t(2)<bound(2,1))||(t(3)<bound(3,1))||(t(1)>bound(1,
2))||(t(2)>bound(2,2))||(t(3)>bound(3,2))||t4<22||t4>33
   flag=0;
end
```

从当前种群中选择适应度高和淘汰适应度低的个体的操作过程叫选择。

选择操作的主要作用是避免有效基因的损失，其目的是以更大的概率使得优化的个体（或解）生存下来，从而提高计算效益和全局收敛性。选择操作是遗传算法中极其重要的一个环节，它是建立在群体中个体的适应度评估基础上进行的。选择操作的实现方式有很多，在遗传算法中一般采取概率选择,概率选择是根据个体的适应度函数的值来进行的，适应度高的个体被选中的概率也大。

相应的选择算子程序如下：

```
function ret=select(individuals,sizepop)
% 该函数用于进行选择操作
```

```
% individuals input    种群信息
% sizepop    input    种群规模
% ret        output   选择后的新种群

%求适应度值倒数
fitness1=1./individuals.fitness; %individuals.fitness 为个体适应度值

%个体选择概率
sumfitness=sum(fitness1);
sumf=fitness1./sumfitness;

%采用轮盘赌法选择新个体
index=[];
for i=1:sizepop   %sizepop 为种群数
   pick=rand;
   while pick==0
      pick=rand;
   end
   for i=1:sizepop
      pick=pick-sumf(i);
      if pick<0
         index=[index i];
         break;
      end
   end
end

%新种群
individuals.chrom=individuals.chrom(index,:);   %individuals.chrom 为种群
中个体
individuals.fitness=individuals.fitness(index);
ret=individuals;
```

遗传算法中的交叉操作的作用是组合出新的个体，方法是将相互配对的染色体按某种方式相互交换其部分基因。遗传算法区别于其他进化算法的重要特征是交叉运算，它在遗传算法中起着关键作用。

交叉操作根据交叉算子将种群中的两个个体以一定的概率随机地在某些基因位进行基因交换，从而产生新的个体。其目的是获得下一代的优良个体，提高遗传算法的搜索能力。

交叉操作具体又是什么含义呢？前面章节已经介绍，这里不再重复。

交叉算子程序如下：

```
function ret=Cross(pcross,lenchrom,chrom,sizepop,bound)
%本函数完成交叉操作
% pcorss                input  : 交叉概率
% lenchrom              input  : 染色体的长度
% chrom     input  : 染色体群
% sizepop               input  : 种群规模
% ret                   output : 交叉后的染色体
 for i=1:sizepop  %每一轮 for 循环中，可能会进行一次交叉操作，染色体是随机选择的，交
叉位置也是随机选择的，%但该轮 for 循环中是否进行交叉操作则由交叉概率决定（continue 控
制）
    % 随机选择两个染色体进行交叉
    pick=rand(1,2);
    while prod(pick)==0
       pick=rand(1,2);
```

```
    end
    index=ceil(pick.*sizepop);
    % 交叉概率决定是否进行交叉
    pick=rand;
    while pick==0
       pick=rand;
    end
    if pick>pcross
       continue;
    end
    flag=0;
    while flag==0
       % 随机选择交叉位
       pick=rand;
       while pick==0
          pick=rand;
       end
       pos=ceil(pick.*sum(lenchrom)); %随机选择进行交叉的位置，即选择第几个变量
进行交叉，注意：两个染色体交叉的位置相同
       pick=rand; %交叉开始
       v1=chrom(index(1),pos);
       v2=chrom(index(2),pos);
       chrom(index(1),pos)=pick*v2+(1-pick)*v1;
       chrom(index(2),pos)=pick*v1+(1-pick)*v2;          %交叉结束
       flag1=test(lenchrom,bound,chrom(index(1),:));  %检验染色体 1 的可行性
       flag2=test(lenchrom,bound,chrom(index(2),:));  %检验染色体 2 的可行性
       if   flag1*flag2==0
          flag=0;
       else flag=1;
       end    %如果两个染色体不是都可行，则重新交叉
    end
 end
ret=chrom;
```

变异运算是染色体上某等位基因发生的突变现象，是产生新个体的另一种方法。变异是指染色体编码串以一定概率选择基因在染色体的位置，通过改变基因值来形成新的个体的操作，它改变了染色体的结构和物理形状。变异的主要目的是维持群体的多样性，防止出现未成熟收敛现象，此外还能使遗传算法具有局部的随机搜索能力。

变异算子如下：

```
function ret=Mutation(pmutation,lenchrom,chrom,sizepop,num,maxgen,bound)
% 本函数完成变异操作
% pcorss                input   : 变异概率
% lenchrom              input   : 染色体长度
% chrom                 input   : 染色体群
% sizepop               input   : 种群规模
% opts                  input   : 变异方法的选择
% pop                   input   : 当前种群的进化代数和最大的进化代数信息
% bound                 input   : 每个个体的上界和下界
% maxgen                input   : 最大迭代次数
% num                   input   : 当前迭代次数
% ret                   output  : 变异后的染色体

for i=1:sizepop    %每一轮 for 循环中，可能会进行一次变异操作，染色体是随机选择的，变
异位置也是随机选择的，
```

```
    %但该轮 for 循环中是否进行变异操作则由变异概率决定（continue 控制）
    % 随机选择一个染色体进行变异
    pick=rand;
    while pick==0
        pick=rand;
    end
    index=ceil(pick*sizepop);
    % 变异概率决定该轮循环是否进行变异
    pick=rand;
    if pick>pmutation
        continue;
    end
    flag=0;
    num = 0;
    chrom1 = chrom(i,:);
    while flag==0&&num<=20
        % 变异位置
        pick=rand;
        while pick==0
            pick=rand;
        end
        pos=ceil(pick*sum(lenchrom));  %随机选择了染色体变异的位置，即选择了第
pos 个变量进行变异

        pick=rand; %变异开始
        fg=(rand*(1-num/maxgen))^2;
        if pick>0.5
            chrom(i,pos)=chrom(i,pos)+(bound(pos,2)-chrom(i,pos))*fg;
        else
            chrom(i,pos)=chrom(i,pos)+(chrom(i,pos)-bound(pos,1))*fg;
        end   %变异结束
        flag=test(lenchrom,bound,chrom(i,:));      %检验染色体的可行性
        num = num+1;  % 检验次数设置
    end
    if num>20          % 如果大于 20 次，则不变异
        chrom(i,:) = chrom1;
    end
end
ret=chrom;
```

运行程序输出结果如下：

```
x =
   43.7368   27.7222   36.4617   22.0793

D =
   25.9295
```

得到如图 28-4 所示的适应度值变化曲线图。

2．改进的遗传算法

针对适应度值标定问题本节提出以下计算公式：

$$f' = \frac{1}{f_{\min} + f_{\max} + \delta}\left(f + |f_{\min}|\right)$$

式中，f' 为标定后的适应度值，f 为原适应度值，$f_{\max}$ 为适应度值的一个上界，$f_{\min}$

为适应度值的一个下界，δ 为开区间（0，1）内的一个正实数。

则程序中适应度变化如下：

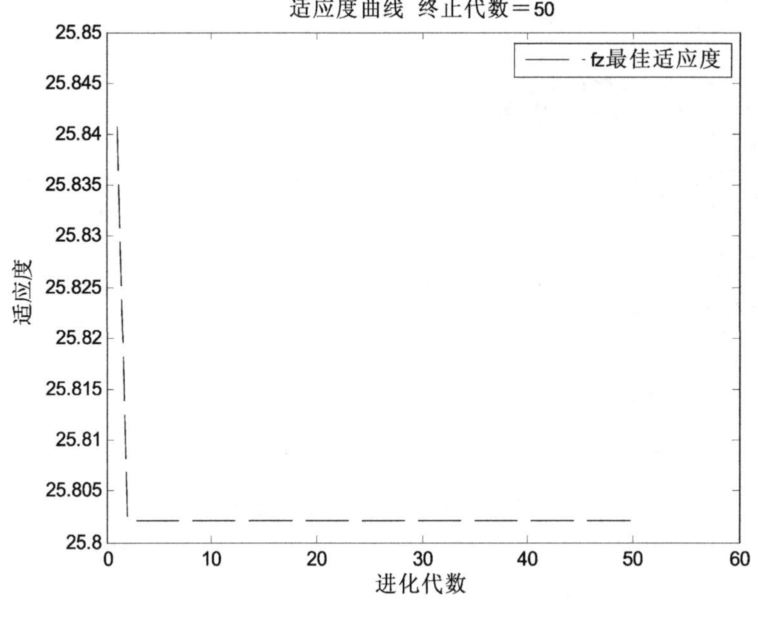

图 28-4　适应度值变化曲线

```
%% 迭代求解最佳初始阀值和权值
% 进化开始
for i=1:maxgen
    disp(['迭代次数：   ',num2str(i)])
    % 选择
    individuals=Select(individuals,sizepop);
    % 交叉

individuals.chrom=Cross(pcross,lenchrom,individuals.chrom,sizepop,bound
);
    % 变异

individuals.chrom=Mutation(pmutation,lenchrom,individuals.chrom,sizepop
,i,maxgen,bound);

    % 计算适应度
    for j=1:sizepop
        x=individuals.chrom(j,:);                          % 解码
        individuals.fitness(j)=fun(x);                     % 染色体的适应度
    end
    fmax = max(individuals.fitness);                       % 适应度最大值
    fmin = min(individuals.fitness);                       % 适应度最小值
    favg = mean(individuals.fitness);                      % 适应度平均值
    individuals.fitness   =   (individuals.fitness   +   abs(fmin))./(fmax+
fmin+delta);                                               %适应度标定

    % 找到最小和最大适应度的染色体及它们在种群中的位置
    [newbestfitness,newbestindex]=min(individuals.fitness);
    [worestfitness,worestindex]=max(individuals.fitness);
    % 代替上一次进化中最好的染色体
```

```
    if bestfitness>newbestfitness
        bestfitness=newbestfitness;
        bestchrom=individuals.chrom(newbestindex,:);
    end
    individuals.chrom(worestindex,:)=bestchrom;              % 剔除最差个体
    trace=[trace;bestfitness];                               %记录每一代进化中最好
的适应度
end
x = [bestchrom, C-L-sum(sum(bestchrom))]                     % 最佳个体值
D = fun(bestchrom)                                           % 延误误差 D
E = D./sum(sum(q));                                          % 平均延误 E
```

自适应遗传算法在保持群体多样性的同时，保证遗传算法的收敛性。可用下面两公式动态调整个体的交叉变异概率。

$$p_c=\begin{cases}\dfrac{k_1\left(f_{\max}-f'\right)}{f_{\max}-f_{\min}}, f'\geqslant f_{\text{avg}}\\ k_2, f'<f_{\text{avg}}\end{cases}$$

$$p_m=\begin{cases}\dfrac{k_3\left(f_{\max}-f\right)}{f_{\max}-f_{\text{avg}}}, f\geqslant f_{\text{avg}}\\ k_4, f<f_{\text{avg}}\end{cases}$$

其中交叉算子程序修改为：

```
function ret=Cross(pcross,lenchrom,chrom,sizepop,bound)
%本函数完成交叉操作
% pcorss          input   : 交叉概率
% lenchrom        input   : 染色体的长度
% chrom           input   : 染色体群
% sizepop         input   : 种群规模
% ret             output  : 交叉后的染色体
k1 = 0.6;  k2 = 0.7;
k3 = 0.001;  k4 = 0.01;
% 计算适应度
for j=1:sizepop
    x=chrom(j,:);                        % 解码
    f(j)=fun(x);                         % 染色体的适应度
end
fmax = max(f);                           % 适应度最大值
fmin = min(f);                           % 适应度最小值
favg = mean(f);                          % 适应度平均值

 for i=1:sizepop  %每一轮 for 循环中，可能会进行一次交叉操作，染色体是随机选择的，交
叉位置也是随机选择的，%但该轮 for 循环中是否进行交叉操作则由交叉概率决定（continue 控
制）
     % 随机选择两个染色体进行交叉
     pick=rand(1,2);
     while prod(pick)==0
         pick=rand(1,2);
     end
     index=ceil(pick.*sizepop);

     f1 = fun( chrom(index(1),:) );                % 个体适应度值
     f2 = fun( chrom(index(2),:) );                % 个体适应度值
```

```
    f3 = max(f1,f2);                    % 两者中大者
    if f3>=favg
       pcross = k1*(fmax - f3)./(fmax-favg);
    else
       pcross = k2;
    end

    % 交叉概率决定是否进行交叉
    pick=rand;
    while pick==0
       pick=rand;
    end
    if pick>pcross
       continue;
    end
    flag=0;
    while flag==0
       % 随机选择交叉位
       pick=rand;
       while pick==0
          pick=rand;
       end
       pos=ceil(pick.*sum(lenchrom)); %随机选择进行交叉的位置，即选择第几个变量
进行交叉，注意：两个染色体交叉的位置相同
       pick=rand; %交叉开始
       v1=chrom(index(1),pos);
       v2=chrom(index(2),pos);
       chrom(index(1),pos)=pick*v2+(1-pick)*v1;
       chrom(index(2),pos)=pick*v1+(1-pick)*v2;              %交叉结束
       flag1=test(lenchrom,bound,chrom(index(1),:));         %检验染色体 1 的
可行性
       flag2=test(lenchrom,bound,chrom(index(2),:));         %检验染色体 2 的
可行性
       if   flag1*flag2==0
          flag=0;
       else flag=1;
       end    %如果两个染色体不是都可行，则重新交叉
    end
 end
ret=chrom;
```

变异算子修改为：

```
function ret=Mutation(pmutation,lenchrom,chrom,sizepop,num,maxgen,bound)
% 本函数完成变异操作
% pcorss              input  : 变异概率
% lenchrom            input  : 染色体长度
% chrom     input  : 染色体群
% sizepop             input  : 种群规模
% opts                input  : 变异方法的选择
% pop                 input  : 当前种群的进化代数和最大的进化代数信息
% bound               input  : 每个个体的上界和下界
% maxgen              input  : 最大迭代次数
% num                 input  : 当前迭代次数
% ret                 output : 变异后的染色体
k1 = 0.6;   k2 = 0.7;
k3 = 0.001; k4 = 0.01;
```

```
% 计算适应度
for j=1:sizepop
    x=chrom(j,:);                   % 解码
    f(j)=fun(x);                    % 染色体的适应度
end
fmax = max(f);                      % 适应度最大值
fmin = min(f);                      % 适应度最小值
favg = mean(f);                     % 适应度平均值

for i=1:sizepop   %每一轮 for 循环中，可能会进行一次变异操作，染色体是随机选择的，变异位置也是随机选择的，
    %但该轮 for 循环中是否进行变异操作则由变异概率决定（continue 控制）
    % 随机选择一个染色体进行变异
    pick=rand;
    while pick==0
        pick=rand;
    end
    index=ceil(pick*sizepop);

     f1 = fun( chrom(index(1),:) );          % 个体适应度值
     f3 = max(f1);                           % 两者中大者
     if f3>=favg
         pmutation = k3*(fmax - f3)./(fmax-favg);
     else
         pmutation = k4;
     end

    % 变异概率决定该轮循环是否进行变异
    pick=rand;
    if pick>pmutation
        continue;
    end
    flag=0;
    num = 0;
    chrom1 = chrom(i,:);
    while flag==0&&num<=20
        % 变异位置
        pick=rand;
        while pick==0
            pick=rand;
        end
        pos=ceil(pick*sum(lenchrom));         %随机选择了染色体变异的位置，即选择了第 pos 个变量进行变异

        pick=rand; %变异开始
        fg=(rand*(1-num/maxgen))^2;
        if pick>0.5
            chrom(i,pos)=chrom(i,pos)+(bound(pos,2)-chrom(i,pos))*fg;
        else
            chrom(i,pos)=chrom(i,pos)-(chrom(i,pos)-bound(pos,1))*fg;
        end   %变异结束
        flag=test(lenchrom,bound,chrom(i,:));    %检验染色体的可行性
         num = num+1;                         % 检验次数设置
    end
```

```
    if num>20                                          % 如果大于 20 次，则不变异
        chrom(i,:) = chrom1;
    end
end
ret=chrom;
```

运行程序输出结果如下：

```
x =
   43.6595   26.5835   37.2125   22.5446

D =
   25.8881
```

得到如图 28-5 所示的适应度值变化曲线图。

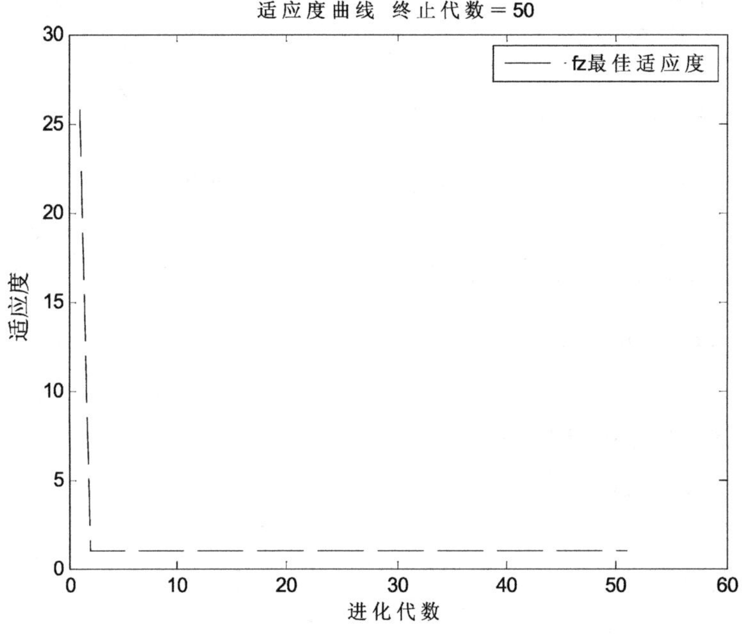

图 28-5　适应度值曲线图

3．对比显示

对比简单遗传算法和改进的遗传算法，程序如下：

```
%% 清空环境变量
clc,clear,close all                % 清除变量空间
warning off                        % 消除警告
feature jit off                    % 加速代码执行
ysw1
hold on
ysw2
%% 改进的遗传算法结果分析
plot(1:length(trace),trace(:,1),'b--');
title(['适应度曲线  ' '终止代数＝' num2str(maxgen)]);
xlabel('进化代数');   ylabel('适应度');
legend('fz 最佳适应度');
```

运行程序输出图形如图 28-6 所示。

由图 28-6 可知，改进的遗传算法在收敛性好于简单遗传算法，且不易于陷入局部最优，然而改进的遗传算法耗时比较长，这也是改进的同时带来的缺陷，在实际应用中，应该合理均衡算法效果。

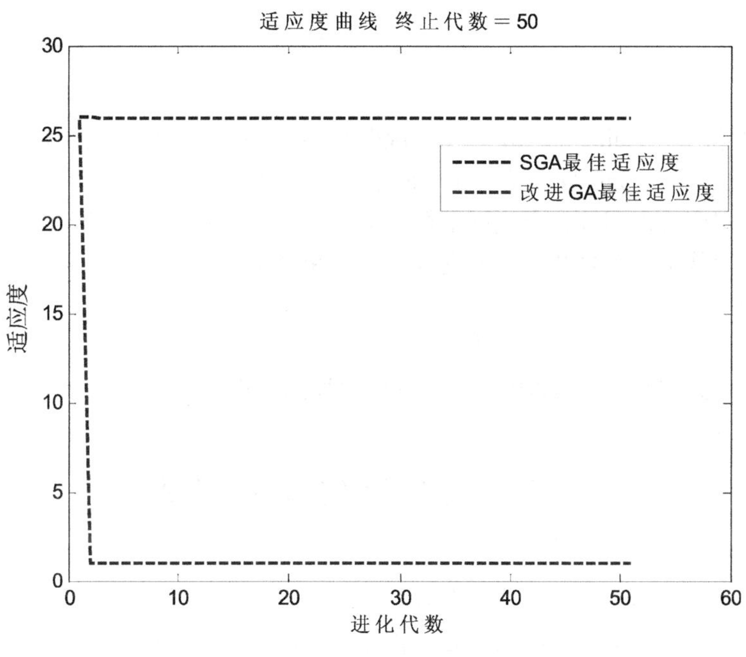

图 28-6　运行结果

28.7　本 章 小 结

遗传算法是模拟自然界遗传机制和生物进化论而成的一种随机搜索优化方法，由于其隐含并行性和较强的全局搜索特性，使其具有其他常规优化算法无法拥有的优点。然而，与经典的方法比较，遗传算法还是一门新兴的学科，无论是在其理论上还是实现方法上都有待进一步完善，只有对其不断的改进，才能更好地发挥遗传算法的性能和特点，使其更广泛的应用于工程实践。

第 29 章　基于差分进化算法的函数优化分析

差分进化算法是 Rainer Storn 和 Kenneth Price 于 1995 年提出的一种简单而有效的不确定性搜索方法。由于 DE 算法基本原理简单，受控参数少，进行随机和并行的全局搜索，已在机器智能和模式识别等多个领域中得到了广泛应用，并取得了良好的效果。因此，本章在现有研究的基础上对算法的性能进行了研究和分析。

学习目标：

（1）熟练运用差分进化算法优化求解函数寻优问题；

（2）熟练掌握利用 MATLAB 实现差分进化算法源程序等。

29.1　差分进化算法概述

近年来，各种生物智能算法层出不穷，通过仿照生物觅食能力，从而形成一系列的高级算法。这些算法具有较好的泛化能力、较好的稳定性、鲁棒性及有效性，并且能够对非线性、高维方程和多重积分问题实现快速求解，针对算法的全局寻优能力以及局部寻优能力，广大学者们纷纷致力于这类算法的研究，并应用到各行各业。

20 世纪 60 年代初，美国 Michigan 大学的 J.Holland 教授借鉴与生物进化机制提出了自适应机器人学习，即成为后来广受人们关注的遗传算法；I.Rechenberg 和 L.J.Foge 等人都面临着各自研究领域所遇到的复杂问题，受生物种群进化过程和生物习性的启发，分别提出了进化策略（ES—Evolutionary Strategies）和进化规则（EP—Evolutionary Programming）。后来学者们把这类仿生算法统一称为“进化计算”（Evolutionary Computation）。

现行的智能算法的普及与应用，得力于计算机技术的普及，计算机性能的提升，使得生物进化算法得以蓬勃发展。生物进化算法能够解决传统算法所不能解决的问题，用户只需要根据自己的工程问题，建立好相应的数学模型。这个数学模型对变量的个数无限制，对于变量约束条件无限制（前提是合理的约束条件），对于目标函数的多重性无限制，运行进化算法能够很轻易地进行求解，并且给出较为精确的解及满意解。经过大量的学者应用研究，基于生物智能算法，利用计算机帮助寻找和判断最佳方案或最优参数，已经在科学研究、工程设计和经济管理中发挥着越来越大的作用，并且产生了直接和巨大的经济效益。

差分进化算法（DE 算法）的主要特性是通过个体间的差异实现个体变异。变异向量由随机选取的个体向量与另外两个随机选取的个体间的差向量求和得到。相比于经典的变异算子，更加贴近个体重组变异算子的差分是 DE 算法特有的。DE 算法的这个主要特性是由于在它进行变异的时候有一个自我参照的变异向量，使得它在搜索空间内能够循序渐进的搜索。

由于进化算法自身的特点，是基于优胜劣汰的自然选择原理对种群中的个体进行淘汰和保留，因此算法本身具有一定的自组织、自学习和自适应等特点，其寻优方式很容易在多种领域中得到应用。

差分进化算法（DE 算法）和其他生物智能算法（粒子群算法 PSO 和遗传算法 GA 等）一样，也容易陷入局部最优，主要归结为生物进化算法均类比于暴力搜索算法，采用初始的种群进行有限的迭代寻优，进而找出相对有效的最优解作为用户满意解。当然智能算法寻优过程是可控的，然而当寻优次数增大时，生物智能算法是全局收敛的，因此保证生物个体的多样性及增大生物进化代数都极大的影响着算法全局寻优能力。

差分进化算法（DE 算法）具有多种进化模式，大概有 10 种，每种模式各有其特点：

（1）有的模式利于算法进行全局搜索，但是收敛速度慢；

（2）有的模式利于保持算法的收敛速度和优化方向，但是容易陷入局部极小点。

差分进化算法（DE 算法）目前还处于研究阶段，算法理论有待学者进一步改进。并且差分进化算法（DE 算法）目前也只是停留在数值仿真及函数寻优计算上，具体的硬件支持技术目前还没有。差分进化算法（DE 算法）在算法理论及算法的收敛性等方面还存在一定的不足，还有待学者去证明，此外，对于算法进化模式的研究也缺少一定的理论证明。

为了改善和提高算法的寻优性能，已经有不少学者对差分进化算法（DE 算法）进行了大量的实验研究、分析和改进。

广大学者的主要研究方向包括：控制参数的选取、进化模式的改进、种群重构和改善种群多样性等。这些方法都使算法的性能得到了一定的改善。

29.2　差分进化算法的基本原理

DE 算法通过采用浮点矢量进行编码生成种群个体。在 DE 算法寻优的过程中，首先，从父代个体间选择两个个体进行向量做差生成差分矢量；其次，选择另外一个个体与差分矢量求和生成实验个体；然后，对父代个体与相应的实验个体进行交叉操作，生成新的子代个体；最后在父代个体和子代个体之间进行选择操作，将符合要求的个体保存到下一代群体中去。

DE 算法的实现步骤如下：

对于求解具有 n 个连续变量的全局优化问题。可将全局优化问题转化为求解如下函数的最小值问题：

$$\begin{cases} \min \\ \qquad f(x), x=[x_1, x_2, \cdots, x_n] \\ s.t. \\ \qquad a_j \leqslant x_j \leqslant b_j, j=1,2,\cdots,D \end{cases} \tag{29.1}$$

式（29.1）中，D 表示问题空间解的维数，b_j 和 a_j 分别表示 x_j 的上下限。

DE 算法流程如下。

1．初始化种群

随机产生初始化种群：

$$\{x_i(0) \mid x_i(0)=[x_{i1},x_{i2},x_{i3},\cdots,x_{iD}], i=1,2,\cdots NP\} \tag{29.2}$$

$$\begin{cases} x_{ij}=a_j+\text{rand}\times(b_j-a_j) \\ i=1,2,\cdots,NP, j=1,2,\cdots,D \end{cases} \tag{29.3}$$

式（29.2）和式（29.3）中，NP 表示种群大小，$X_i(0)$ 表示初始化种群中第 i 个个体，x_{ij} 表示第 i 个个体的第 j 个分量，rand 表示（0，1）区间内均匀分布的随机数。

2．变异

DE 算法通过差分方式实现变异操作。基本方法是在当前种群中随机选取两个相异个体，将他们的差向量缩放后与另外的待变异个体进行向量运算，生成新个体：

$$V_i(g+1)=X_{r_1}(g)+F\times(X_{r_2}(g)-X_{r_3}(g)) \tag{29.4}$$

式（29.4）中，$i \neq r_1 \neq r_2 \neq r_3$，$i=1,2,\cdots,NP$，$r_1$、$r_2$ 和 r_3 均为区间[1，NP]内的随机整数，F 表示缩放因子，g 表示进化代数，$X_i(g)$ 表示第 g 代种群中第 i 个个体。

通过变异后，第 g 代种群产生一个新的中间种群：

$$\{V_i(g+1), i=1,2,\cdots,NP\} \tag{29.5}$$

3．交叉

对第 g 代种群 $\{X_i(g), i=1,2,\cdots,NP\}$ 及其变异的中间种群 $\{V_i(g+1), i=1,2,\cdots,NP\}$ 进行相应个体间的交叉操作：

$$u_{ij}(g+1)=\begin{cases} v_{ij}(g+1), \text{if rand} \leqslant CR \text{ or } j=j_{\text{rand}} \\ x_{ij}(g), \text{otherwise} \end{cases} \tag{29.6}$$

式（29.6）中，$i=1,2,\cdots,NP$，$j=1,2,\cdots,D$，rand 表示区间（0，1）内均匀分布的随机数，$U_i(g+1)=[u_{i1},u_{i2},u_{i3},\cdots,u_{iD}]$ 表示第 g+1 代新种群中第 i 个个体，$u_{ij}(g+1)$ 和 $v_{ij}(g+1)$ 分别表示 $U_i(g+1)$ 和 $V_i(g+1)$ 中的第 j 个分量，CR 表示交叉概率，j_{rand} 为区间[1，D]内的随机整数。这种交叉策略可确保 $U_i(g+1)$ 中至少有一个分量由 $V_i(g+1)$ 中的相应分量贡献。

交叉方式分为指数交叉和二项交叉两种方式，分别如图 29-1 和图 29-2 所示。

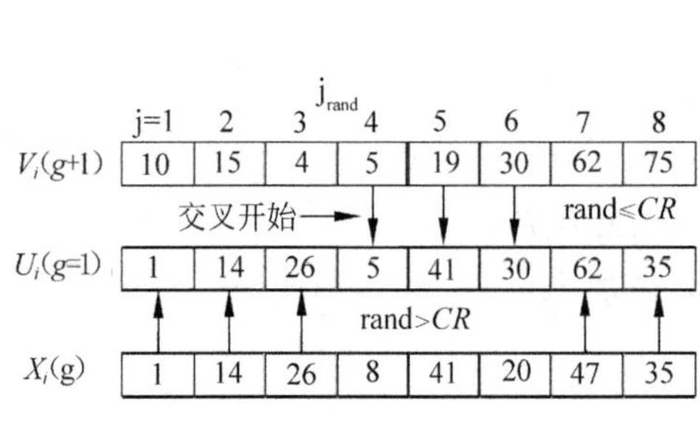

图 29-1　指数交叉过程

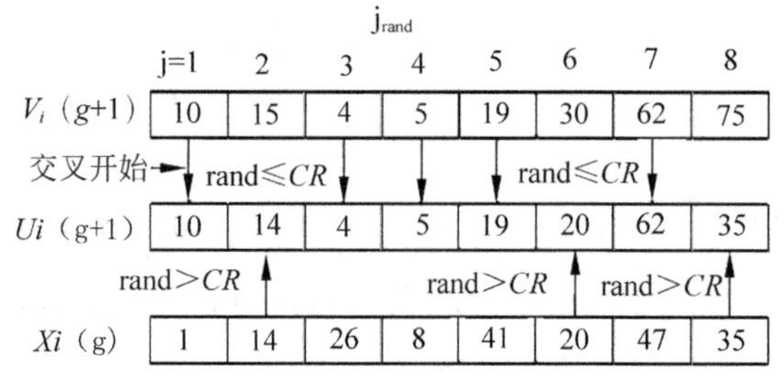

图 29-2　二项交叉过程

在算法进行过程中，为了保证解的有效性，必须判断生成的试验个体的各个分量是否在问题的搜索空间内，满足条件的个体予以保留，并用种群初始化的方式生成新个体替换不满足条件的个体。如式（29.7）所示：

$$u_{ij}\left(g+1\right)=\begin{cases}a_j+\text{rand}\times\left(b_j-a_j\right),\text{if } u_{ij}\left(g+1\right)<a_j \text{ or } u_{ij}\left(g+1\right)>b_j\\ u_{ij}\left(g+1\right),\text{otherwise}\end{cases}\tag{29.7}$$

式（29.7）中，$i=1,2,\cdots,NP$，$j=1,2,\cdots,D$。

4．选择操作

DE 算法采用贪婪策略，根据目标函数的大小来选择进入新种群中的个体：

$$X_i\left(g+1\right)=\begin{cases}U_i\left(g+1\right),\text{if } f\left(U_i\left(g+1\right)\right)\leqslant f\left(X_i\left(g\right)\right)\\ X_i\left(g\right),\text{otherwise}\end{cases}\tag{29.8}$$

式（29.8）中，$i=1,2,\cdots,NP$。

5．终止条件

如果迭代次数 g 超过了最大迭代次数 G_m 或者求解精度达到要求时，则停止搜索；否则将对种群再次执行变异、交叉和选择等操作，直至满足条件为止。

通过上述对基本 DE 算法的介绍和分析，可以得到算法流程图如图 29-3 所示。

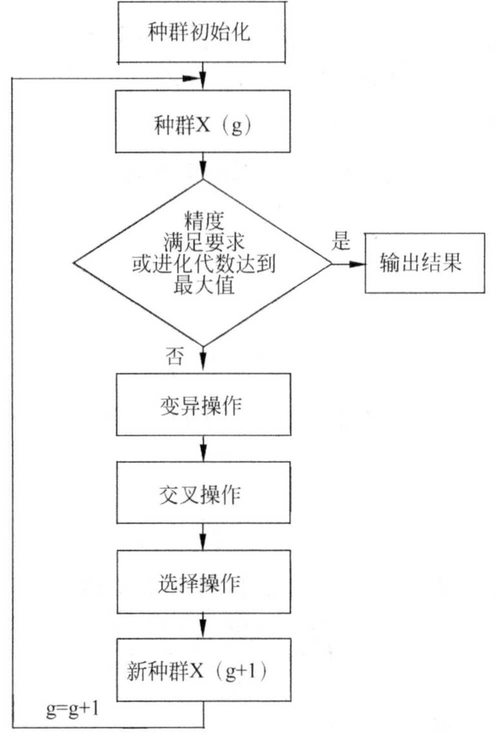

图 29-3　算法流程图

29.3　差分进化算法的受控参数

DE 算法主要的控制参数包括：种群规模（*NP*）、缩放因子（*F*）和交叉概率（*CR*）。

NP 主要反映算法中种群信息量的大小，*NP* 值越大种群信息包含的越丰富，但是带来的后果就是计算量变大，不利于求解。反之，使种群多样性受到限制，不利于算法求得全局最优解，甚至会导致搜索停滞。

CR 主要反映的是在交叉的过程中，子代与父代、中间变异体之间交换信息量的大小程度。*CR* 的值越大，信息量交换的程度越大。反之，如果 CR 的值偏小，将会使种群的多样性快速减小，不利于全局寻优。

相对于 *CR*，*F* 对算法性能的影响更大，*F* 主要影响算法的全局寻优能力。*F* 越小，算法对局部的搜索能力更好，*F* 越大算法越能跳出局部极小点，但是收敛速度会变慢。此外，*F* 还影响种群的多样性。

有学者证明了 *F* 和 *D* 对种群多样性的影响，经过证明，得出如下结论：

$$E\left(\mathrm{Var}(Y)\right)=\left(2F^2+\frac{D-1}{D}\right)\mathrm{Var}(X) \tag{29.9}$$

$$E\left(\mathrm{Var}(Z)\right)=\left(2F^2p_m-\frac{2p_m}{D}+\frac{p_m^2}{D}+1\right)\mathrm{Var}(X) \tag{29.10}$$

式（29.9）和式（29.10）中，*X* 表示初始种群中的个体，*Y* 表示变异后的中间个体，*Z* 表示交叉后的个体。Var（*X*）、Var（*Y*）和 Var（*Z*）分别表示相应个体的方差，p_m 表示新一代个体向量中每个分量被替换的概率。

从式（29.10）中可以看出，种群多样性保持不变时，有：

$$2F^2p_m-\frac{2p_m}{D}+\frac{p_m^2}{D}+1=1 \tag{29.11}$$

即：

$$2F^2p_m-\frac{2p_m}{D}+\frac{p_m^2}{D}=0 \tag{29.12}$$

对于二项分布来说，在种群多样性保持不变的条件下，可以得到 *CR* 和 *F* 的关系式，如式（29.13）所示。

$$p_m=CR\left(1-\frac{1}{D}\right)+\frac{1}{D} \tag{29.13}$$

将式（29.13）带入式（29.12）中，化简得到式（29.14）所示。

$$F=\sqrt{\frac{2D-CR(D-1)-1}{2D^2}} \tag{29.14}$$

同理，对于指数分布来说，

$$p_m=\frac{1-CR^D}{D(1-CR)} \tag{29.15}$$

将式（29.15）带入式（29.12）中，化简得到式（29.16）所示。

$$F=\sqrt{\frac{2D(1-CR)+CR^D-1}{2D^2(1-CR)}} \tag{29.16}$$

29.4　基于 DE 算法的函数优化与 MATLAB 实现

考虑下列函数对象，Rastrigin()函数：

$$\min f(x_i)=\sum_{i=1}^{D}[x_i^2-10\cos(2\pi\, x_i)+10]$$

其中，$x_i\in[-5.12,5.12]$。

该函数是个多峰值的函数，在 $(x_1,x_2,\cdots,x_n)=(0,0,\cdots 0)$ 处取得全局最小值 0，在 $\{x_i\in(-5.12,5.12),i=1,2,\cdots n\}$ 范围内大约有 $10n$ 个局部极小点，此函数同 Griewank()函数类似，也是一种典型的非线性的多模态函数，峰形呈高低起伏不定，所以很难优化查找到全局最优值。

对于 Rastrigin()函数图形，MATLAB 程序如下：

```
% %% 经典测试函数
% % finding the mimimum value.
% clc % 清屏
% clear all;              % 删除 workplace 变量
% close all;              % 关掉显示图形窗口
function DrawRastrigin ()
    % 绘制 Rastrigin 函数图形
    x = [-5 : 0.05 : 5 ];
    y = x;
    [X, Y] = meshgrid (x, y) ;
    [row, col] = size (X) ;
    for  l = 1 :col
         for  h = 1 :row
            z (h, l)  = Rastrigin ([X (h, l) , Y (h, l) ]) ;
        end
    end
    mesh (X, Y, z) ;
    shading interp
end

function y = Rastrigin (x)
    % Rastrigin 函数
    % 输入 x，给出相应的 y 值，在 x = ( 0 , 0 , …, 0 ) 处有全局极小点 0.
    [row, col] = size (x) ;
    if  row > 1
        error ( ' 输入的参数错误 ' ) ;
    end
    y = sum (x.^2 - 10 * cos ( 2 * pi * x)  + 10 ) ;
    y =y;
end
```

程序运行结果如图 29-4 所示。

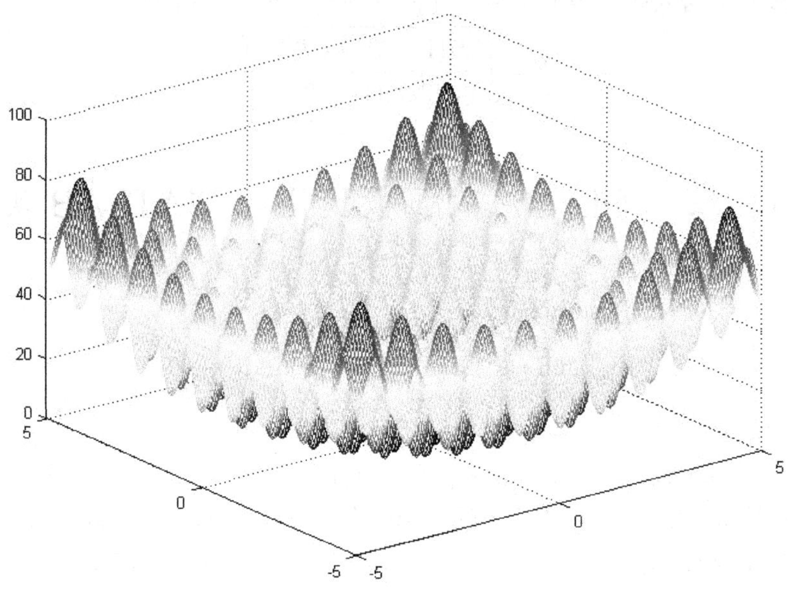

图 29-4　Rastrigin()函数图形

针对该 Rastrigin()函数图形编写适应度函数，程序如下：

```
function y=fitness(x);
   y=sum(x.^2-10.*cos(2.*pi.*x)+10);
end
```

采用差分算法进行该适应度函数寻优计算，初始化操作如下：

```
%% DE
%% 清空环境变量
clc,clear,close all           % 清屏、清工作区、关闭窗口
warning off                   % 消除警告
feature jit off               % 加速代码执行
F0 = 0.5;                     % 是变异率
Gm = 100;                     % 最大迭代次数
Np = 100;                     % 种群规模
CR = 0.9;                     % 杂交参数
G = 1;                        % 初始化代数
N = 10;                       % 所求问题的维数，即待求解未知数个数
ge = zeros(1,Np);             % 各代的最优目标函数值
bestx = zeros(Np,N);          % 各代的最优解
% 解范围
xmin = -5.12;                 % 下限
xmax = 5.12;                  % 上限
% 产生初始种群
X0 = (xmax-xmin)*rand(Np,N)+xmin;
X = X0;
% 候选解初始化
X1new = zeros(Np,N);          % 初始化
X1_new = zeros(Np,N);         % 初始化
X1 = zeros(Np,N);             % 初始化
```

```
value = zeros(1,Np);              % 初始化
```

进化差分算法主函数循环迭代计算，程序如下：

```
while G<=Gm   % 迭代开始
    disp(['迭代次数:   ',num2str(G)])

    for i=1:Np
        %产生 j,k,p 三个不同的数
        a=1;b = Np;
        dx = randperm(b-a+1)+a-1;
        j=dx(1);k=dx(2);p=dx(3);
        if j==i
            j=dx(4);
        elseif k==i
            k=dx(4);
        elseif p==i
            p=dx(4);
        end

        % 变异算子
        namd=exp(1-Gm/(Gm+1-G));
        F=F0*2.^namd;

        bon = X(p,:)+F*(X(j,:)-X(k,:));                % 个体更新
        if (bon>xmin)&(bon<xmax)                        % 防止变异超出边界
            X1new(i,:)=bon;
        else
            X1new(i,:)=(xmax-xmin)*rand(1,N)+xmin;
        end
    end
    % 杂交操作
    for i=1:Np
        if rand>CR                                      % 利用二项分布来交叉
            X1_new(i,:)= X(i,:);
        else
            X1_new(i,:) = X1new(i,:);
        end
    end
    % 竞争操作
    for i=1:Np
        if fitness(X1_new(i,:))<fitness(X(i,:))
            X1(i,:)=X1_new(i,:);
        else
            X1(i,:)=X(i,:);
        end
    end
   % 找出最小值
    for i=1:Np
        value(i)=fitness(X1(i,:));
    end
    [fmin,nmin]=min(value);
    ge(G)=fmin;
    bestx(G,:) = X1(nmin,:);
    G=G+1;
    X = X1;
end
bestx(end,:)  % 函数最优解
```

运行程序输出结果如下：

```
ans =

  Columns 1 through 6

    1.6077    1.0502   -1.0347   -2.9589   -2.1215    1.0193

  Columns 7 through 10

   -0.0735    1.1823    1.0755   -0.8976
ans =

   54.1489
```

该函数是个多峰值的函数，在 $(x_1, x_2, \cdots, x_n) = (0, 0, \cdots 0)$ 处取得全局最小值 0，由该函数计算结果可知，$x_1 = 1.6077$，$x_2 = 1.0502$，$x_3 = -1.0347$，$x_4 = -2.9589$，$x_5 = -2.1215$，$x_6 = 1.0193$，$x_7 = -0.0735$，$x_8 = 1.1823$，$x_9 = 1.0755$，$x_{10} = -0.8976$ 时，有：

$$\min f(x_i) = \sum_{i=1}^{10}[x_i^2 - 10\cos(2\pi\, x_i) + 10] = 54.1489$$

绘制适应度函数曲线如下：

```
%% 差分进化算法结果分析
figure('color',[1,1,1]),
plot(1:length(ge),ge,'b--');
title(['适应度曲线  ' '终止代数=' num2str(Gm)]);
xlabel('进化代数');   ylabel('适应度');
legend('最佳适应度');
```

运行程序输出图形如图 29-5 所示。

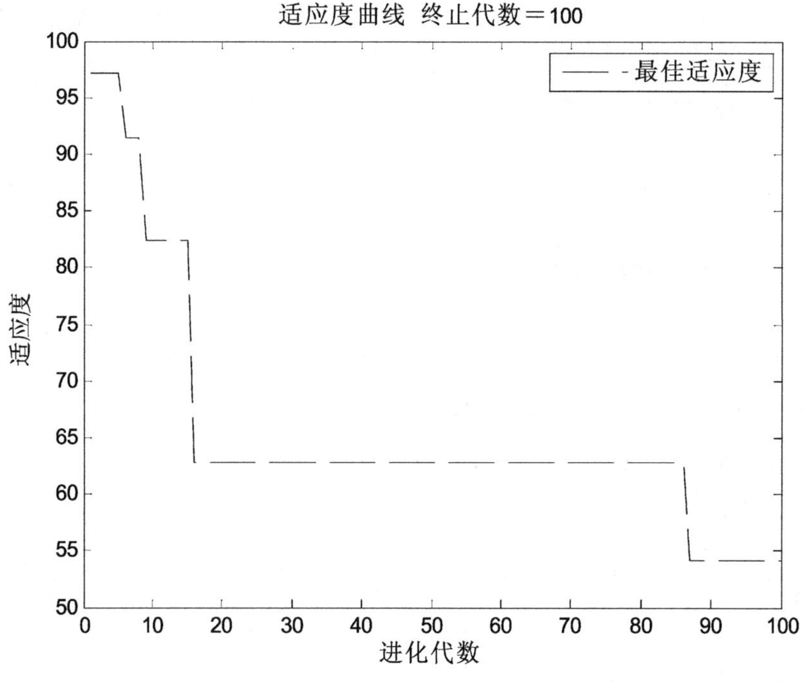

图 29-5　适应度曲线

采用 DE 算法进行函数的寻优计算，算法求解速度较快，但是由计算结果可知，DE 算法易陷入局部最优。这也是一般生物智能算法的通病，因此有必要进行算法的改进分析。

29.5　差分进化算法的改进

基本 DE 算法在求解的过程中，随着进化代数的增加，会使种群的多样性变小，过早的收敛到局部极小点，或者致使算法停滞，这对依靠种群差异来进行进化的算法来说无疑是致命的，使算法的性能在进化的过程中变差。

为了解决基本 DE 算法的上述缺陷，针对 DE 算法的特点，目前主要的改进方法是针对进化模式和控制参数的优化，还有一些改进方法是将 DE 算法与其他一些智能算法进行结合使用。

29.5.1　进化模式的改进

差分进化算法的进化模式大致可以分为十种方式，如表 29-1 所示。

表 29-1　差分进化模式种类

序号	差分进化模式	序号	差分进化模式
1	DE/best/1/exp	6	DE/best/1/bin
2	DE/rand/1/exp	7	DE/rand/1/bin
3	DE/rand – to - best/1/exp	8	DE/rand – to - best/1/bin
4	DE/best/2/exp	9	DE/best/2/bin
5	DE/rand/2/exp	10	DE/rand/2/bin

这 10 种进化模式可以用下面的通式表示：

$$DE/x/y/z \tag{29.17}$$

式（29.17）中，*DE* 代表差分进化算法，*x* 表示种群中的待变异个体（个体可以随机产生，也可以是当前种群中的最优个体），*y* 表示差异向量的个数，*z* 表示交叉的模式（包括二项交叉和指数交叉）。

在这 10 种进化模式中根据交叉模式可以分为两大类：二项交叉和指数交叉。

二项交叉对于父代种群和子代种群间的信息交叉更为充分，能够充分利用各代种群间的信息，对于算法能够起到很大的加速作用，因而在实际应用中大部分采用二项交叉。

根据进化模式分为三类：rand、best 和 rand-to-best。

（1）rand 能够更好的保存种群的多样性，但是这样会使种群的收敛速度变慢，不利于算法的寻优。

（2）best 虽然克服了收敛速度慢的缺点，但是这种方式对种群的多样性造成了严重的破坏，使种群很快的失去了全局信息，不利于算法求解全局最优解，致使算法陷入局部极小点。

在这 10 种进化模式当中，通常采用的是 DE/rand/1/bin 和 DE/best/1/bin，前者有利于保持种群的多样性，但是进化速度比较慢，而后者则是收敛速度比较快，但是容易陷入局部极小点。

针对上述问题，有很多学者对进化模式进行改进，Fan Hui-yuan 等提出了一种三角进化模式：

$$x_i(g)=\frac{1}{3}\left[x_{r_1}(g)+x_{r_2}(g)+x_{r_3}(g)\right]+(p_2-p_1)\left[x_{r_1}(g)-x_{r_2}(g)\right] \\ +(p_3-p_2)\left[x_{r_2}(g)-x_{r_1}(g)\right]+(p_1-p_3)\left[x_{r_3}(g)-x_{r_1}(g)\right] \tag{29.18}$$

式（29.18）中，$i\neq r_1\neq r_2\neq r_3$，$p_i=\dfrac{\left|f\left(x_i(g)\right)\right|}{\left|f\left(x_{r_1}(g)\right)+f\left(x_{r_2}(g)\right)+f\left(x_{r_3}(g)\right)\right|}$。

也有学者分析了差分进化算法的收敛性，并利用随机泛函的随机原理映射给出了具体理论证明。证明结果表明差分进化算法是一种能够收敛的算法，并且提出了一种多模式系统的差分进化算法，通过将 DE/rand/1/bin、DE/best/1/bin 和 DE/rand-to-best/1/bin 三种进化模式进行结合使用，使得差分进化算法的性能得到了改善。

29.5.2　控制参数的选取和优化

差分进化算法 DE 的控制参数比较少，因而算法对于参数的选取非常的敏感。

差分进化算法 DE 主要涉及的控制参数有三个：种群规模（NP）、缩放因子（F）和交叉概率（CR）。

在参数的选择上，常见的做法是根据实际经验来选取：$NP\in[5D, 10D]$，$F\in[0.5, 1]$，$CR\in[0.8, 1]$。这样在一定程度上既保证了较高的求解精度，又能具有良好的收敛速度。但是同一个参数对于不同的问题的求解效果也是完全不同的，即在对每个问题求解的时候要重新设置参数，以便能够求解出全局最优解。即便是对于同一个问题，在不同的求解阶段算法对求解性能的要求也是不一样的。因此，采用自适应的方法对算法进行改进。

自适应参数（F 和 CR）会在一定程度上改善全局搜索和局部搜索之间的关系，降低了算法对参数的敏感性。在算法中，当 F 较大时，算法就容易逃出局部极小点，但是收敛的速度会变慢，反之，算法虽然收敛速度变快，却容易陷入局部极小点；当 CR 较大时，算法容易发生早熟收敛现象，反之，算法稳定，成功率高，种群多样性能够得到很好的保持，但收敛速度慢。因此，为了防止早熟收敛现象的发生，同时又能保证较快的收敛速度，采取自适应机制对 F 和 CR 进行赋值。

根据算法对于 F 和 CR 的不同需求，线性的变化策略如式（29.19）所示：

$$F=F_{\max}-\left(F_{\max}-F_{\min}\right)\times\frac{g}{G_m} \tag{29.19}$$

$$CR=CR_{\min}+\left(CR_{\max}-CR_{\min}\right)\times\frac{g}{G_m} \tag{29.20}$$

在式（29.19）和式（29.20）中，$F_{\max}$ 和 $F_{\min}$ 分别表示 F 的上下限；$CR_{\max}$ 和 $CR_{\min}$ 分别表示 CR 的上下限。

此外还有根据 F 和 CR 在计算过程中的作用，有学者提出了另外一种线性变化方式：

$$F(g+1)=F(g)-\frac{F_{\max}-F(0)}{G_{\max}} \tag{29.21}$$

$$CR(g+1)=CR(g)-\frac{CR(0)-CR_{\min}}{G_{\max}} \tag{29.22}$$

在式（29.21）~式（29.22）中，$F(0)$ 表示 F 的初始值；$CR(0)$ 表示 CR 的初始值；$G_{\max}$ 表示最大迭代次数。

此外，由于 DE 算法对控制参数的选取非常敏感，F 和 CR 的选取可以按照这个经验范围来选取。

$$F\in\begin{cases}[0.2,0.6],D\leqslant 10\\ [0.6,0.9],D>10\end{cases} \tag{29.23}$$

$$CR\in\begin{cases}[0.1,0.5],P=1\\ [0.6,0.9],P>1\end{cases} \tag{29.24}$$

在式（29.24）中，D 表示问题的维数，P 表示函数峰值的个数。

也有学者提出了一种较为简易的自适应调整缩放因子 F 的方案：

$$F_g=F_{\min}=\text{rand}(0,1)\times(F_{\max}-F_{\min}) \tag{29.25}$$

在式（29.25）中，$F_{\min}=0.2$；$F_{\max}=\begin{cases}0.9,D<10\\ 0.6,D\geqslant 10\end{cases}$，$F_g$ 表示第 g 代种群的缩放因子。

29.5.3　差分进化算法与其他算法的结合

在优化算法中，除了差分进化算法外，还有许多优秀的算法。每种算法都具有不同的搜索思想，具有自身的优缺点。为了弥补 DE 算法的缺点，提高算法的寻优性能，将 DE 算法与其他优秀的算法（如粒子群优化算法和模拟退火算法等）进行结合使用也是学者研究的热点。

模拟退火算法也是一种启发式的优化算法，而且模拟退火算法的计算过程简单及鲁棒性强，适用于并行处理，可用于求解复杂的非线性优化问题。鉴于模拟退火算法的特点，有学者采用模拟退火的方式来确定选择概率 $p(g)$：

$$p(g+1)=\frac{p(g)}{\log(10+g\times AS)} \tag{29.26}$$

在式（29.26）中，AS 为模拟退火的速度，选择概率随着进化代数的增加而减少。

粒子群优化算法（Particle Swarm Optimization，PSO），也属于进化算法中的一种，和遗传算法相似，从随机解开始，以迭代的方式通过适应度函数对解进行评价来寻找最优解，但它比遗传算法更为简单，没有遗传算法的“交叉”和“变异”操作。PSO 算法具有算法简单、计算精度高和收敛速度快等优点，因此有学者采用 PSO 算法形式实现变异操作：

$$\begin{cases}L_i=x_i+\lambda'(x_{\text{best}}-x_i)+\kappa'(x_p-x_q)\\ G_i=x_i+\lambda(x_{\text{best}}-x_i)+\kappa(x_r-x_s)\\ u_i=\omega G_i+(1-\omega)L_i\end{cases} \tag{29.27}$$

在式（29.27）中，L_i 和 G_i 分别表示局部搜索向量和全局搜索向量；$r,s\in(1,NP)$，$p,q\in(i-k,i+k)$，x_p 和 x_q 为 x_i 的 k 邻域：λ'、λ、κ'、κ 和 ω 均为常数，ω 越大全局搜

索能力越强，越小局部搜索能力越强。

还有学者将 DE 算法与 PSO 算法进行结合使用，则通过交替使用 PSO 操作和差分进化的变异操作，进而改进算法的性能。

29.6　本 章 小 结

在最优化领域中，一些常规的计算方法如牛顿法、共扼梯度法和单纯形法等很难解决多峰及高维等复杂的优化问题。针对这类问题，人们通过模拟自然界的进化过程，进而提出各种模拟算法用于解决这类问题。近年来，一种新的进化算法——差分进化算法（Differential Evolution Algorithm，DE），被各国学者所广泛关注。它的主要特点是算法简单、收敛速度快及所需领域知识少。通过大量研究发现，DE 算法具有很强的收敛能力，比较适合于解决复杂的优化问题。

本章首先分析了研究 DE 算法的基本原理，接着对 DE 算法相关的研究问题，如算法的基本结构、算法特点、参数设置、改进方法、实现模式及应用等做了较为系统的研究，并将 DE 算法用于解决函数最优化设计应用问题，取得较好的设计效果。

第30章　基于鱼群算法的函数优化分析

人工鱼群算法（AFSA）是最近几年由国内学者提出的一种基于动物行为的群体智能优化算法，是行为主义人工智能的一个典型应用，该算法已经成为交叉学科中一个非常活跃的前沿性研究问题。但该算法的研究刚刚起步，一些思想处于萌芽阶段，理论基础薄弱，同时算法本身存在保持探索与开发平衡的能力较差、运行后期搜索的盲目性较大、寻优结果精度低和运算速度慢等缺点，从而影响了该算法搜索的质量和效率。因此研究人工鱼群算法，加强其理论基础，解决算法本身存在的问题，完善算法，提高算法求解各类优化问题的适应性及算法的优化性能，拓展其应用领域，对群体智能算法的研究与应用具有促进和推动作用。

学习目标：

（1）熟练运用人工鱼群算法优化求解函数寻优问题；

（2）熟练掌握利用 MATLAB 实现人工鱼群算法源程序等。

30.1　人工鱼群算法的生物学基础

30.1.1　鱼类的感觉

人工鱼群算法是一种仿生算法，仿照鱼群的行为特征，既然该算法来自鱼群的行为特征，我们首先得了解一下鱼类的感觉。鱼群在水中的感觉和人的感觉差不多，只不过人类的感觉更多而已，鱼类在水中能够快速和敏捷的游动以及寻觅食物，靠的是鱼群之间能够信息互享及鱼群的感觉。鱼群的感觉，同样鸟类、蜂群及蚁群等均有，而鱼群对外界的刺激，主要来源于鱼群自身对外界刺激的信息分析能力，从而尽可能觅食而躲避被吞食。

30.1.2　鱼类的几种主要行为

鱼类的行为主要有觅食行为、集群行为、繁殖行为、躲避逃逸行为、洄游行为、追逐行为、随机游动和离开行为等。

1．觅食行为

在觅食行为中，虽然一些鱼类主要是视觉定向，另一些鱼类主要是依靠嗅觉，但是鱼类奇异的感觉给予它们觅食行为中一种极大的灵活性，总是趋向食物源一边。水中的环境促进鱼类感觉功能超过其他器官的进化程度，鱼类通过感觉系统可以察觉潜在食物的存在，或者是已经存在的食物，并跟踪气味向食物游去，最后通过视觉、味觉、感觉或者通过电定位来捕获食物。

2．集群行为

集群行为是鱼类经过长期自然选择而被保留的一种适应性，对鱼类的生存起着十分有利的作用。集群行为可以为自身提供一定的安全性，还能增大为鱼群进行捕食猎物的概率。人们发现，基本上全部鱼都有鱼群行为，不管是小型鱼还是大型鱼，都自发的溶于鱼群行列。由此可以断定，集群行为在捕食鱼生活中也有一定的作用。

大量的鱼形成群体之后，不仅感觉器官总数会增加，而且还可以增加搜索面积。鱼群中的一个成员找到了食物，其他成员也可以捕食。鱼是通过鱼自身之间的某种交流，进行信息的互享。如果鱼群中成员之间的最大距离的保持在各自的视线之内，则整个鱼群的搜索面积最大。因此，鱼类在群体中比单独行动时能更多更快找到食物。

Radakov 指出，捕食鱼的集群也是一种适应，其作用在于更容易地捕食猎物，主要表现在以下几个方面：

（1）围捕水中的猎物时，首先得切断水中猎物的退路；

（2）将水中的猎物从其隐蔽场所赶出，鱼群根据自己的特性，将猎物赶到某处，群体中的所有鱼便捕食处于各自附近的猎物；

（3）如果鱼群中的某些鱼发现猎物，那么，其行为的变化也将会成为信号并传递至其他鱼。于是，群体中的所有鱼便能捕食猎物；

（4）使水中的猎物失去方向性即迷失方向。

与单独个体鱼相比，鱼群对不利环境变化有较强的抵抗能力。集群行为在鱼类洄游过程中也有一定适应意义，集群性鱼类能更快地找到洄游路线，并且能够较易发现某些定向标记。

3．繁殖行为

鱼类的繁殖是保证种族的延续，对后代的数量和质量有着很重要的影响。因此，鱼类的繁殖行为是鱼类生命活动中的一个重要环节。各种鱼类不但具有一些共同特点，而且每种鱼也有各自的特点。每种鱼都有着独特的生殖条件，这也是鱼类对其生活环境长期适应的结果。

4．躲避逃逸行为

对所有的动物而言，躲避碰撞和被捕是最重要及最常见的生理行为。当鱼探测到潜在的碰撞时，立即躲避。当鱼探测到左边有障碍物，就向右转，当探测到右边有障碍物时，就向左侧转，当探测到前部有障碍物时，就向左或向右转弯。以实现躲避障碍物和避免碰撞。同样的，当鱼探测到左边有捕食者时，则向右转；右边有捕食者时，则向左转；前边有捕食者时，则向左或向右转；后面有捕食者时，则全速前进，以躲避捕食者和避免被捕。

5．洄游行为

鱼在游泳时不断地摆动尾部以获得前进的动力，虽然鱼群在水中运动所消耗的能量极少，但为了克服游泳的阻力，洄游的鱼群也和迁移雁群一样排成一定的队形，这种队形使参加洄游的每一条鱼前进过程中的能量消耗降低到最小。

6. 追逐行为

鱼类为了获得更多的食物，不断觅食，食物随水波漂浮或流动，当鱼群遇到猎物时，鱼群不断地追逐这些食物目标。另外当鱼出现求偶意图时，不断追逐求偶对象。为了捕获更多的食物或防止被捕，鱼不断追逐鱼群中最优位置的个体。当某条鱼发现该处食物丰富时，其他鱼会快速尾随而至。

7. 随机游动和离开行为

当鱼休闲时，鱼也选择单独出没，轻松的自由游动。

除了以上鱼类行为外，还有发声、放电、发光和变色等行为。

30.2　鱼群的概念

1. 鱼群的概念

时刻调整自己的速度和方向，以配合群中其他成员，如此形成的一个庞大的鱼的集合即称为鱼群，图 30-1 所示为海底鱼群图。

图 30-1　现实鱼群

2. 鱼群的外部状态

对于不同种的鱼类，鱼群的形状和大小都是不同的。即使同一种类的鱼，鱼群的状态也将会随时间、地点、鱼的生理状态及环境条件等而变化。

有学者研究发现，有些鱼群的形状随着其行为的改变而改变，鱼群在缓慢游泳时成两端变细的形状，在捕食猎物时，鱼群形状为圆形，鱼群在防御时，则鱼群成密集的形状或包围捕食鱼的形状，在受到进一步威吓时会潜入深处。鱼类的主要群体队形如图 30-2 所示。

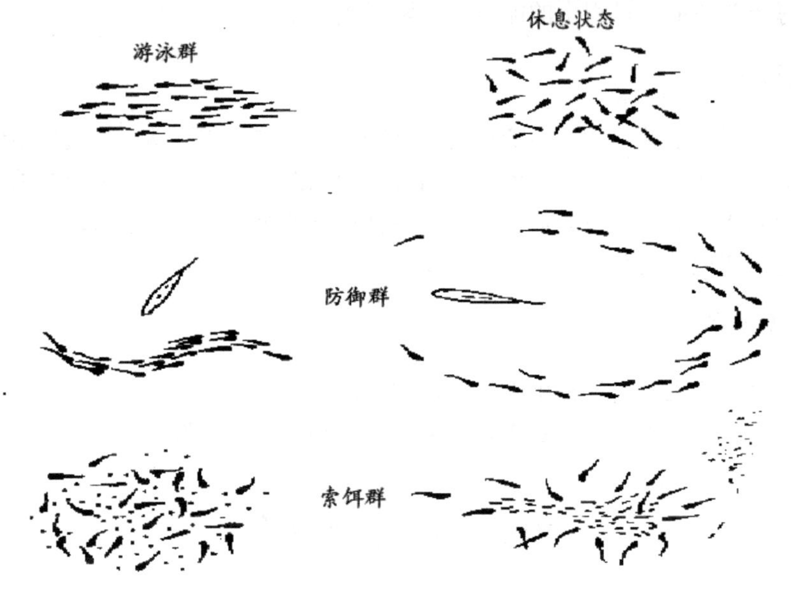

图 30-2　鱼类的主要群体队形

3. 鱼群的内部状态

鱼群的内部状态是相当混乱的，或者说是很随机的，而且这种状态是由于每条鱼都遵守一些简单的行为规则而形成的。鱼群中的每个个体在其周围都要保持一定的空间。每一种鱼都有一特定的最小接近距离，邻近的鱼不能超越此距离。最小接近距离取决于鱼的大小，通常约为体长的 3/10。但是，最小接近距离并非就是鱼群中鱼与鱼之间通常所保持的距离。在每一种鱼中，都有一种对其最邻近鱼的典型偏好距离，通常是一个鱼体长。由于鱼不断调节自身的方向，所以，群体中各尾鱼之间的空间关系总是在发生改变。这样一来，即使对同一尾鱼来说，它到最邻近鱼的距离也并不是一样的。任何一种鱼都还有这样的一种倾向，即它总是使最邻近鱼与自己体轴保持在一定角度上，这一角度被称为偏好角度，偏好角度也是一个统计学上的量。在任何时刻，只有几尾鱼与其最邻近鱼保持在偏好角度上。但就长时间而言，各尾鱼主要都是与其最邻近鱼保持在偏好角度上。总之，大多数鱼群的结构看来都是以同样的方式，即通过保持偏好距离和偏好角度而组织起来的。

30.3　鱼群算法的基本思想

人工鱼群算法 （Artificial Fish Swarm Algorithm，简称 AFSA）是受鱼群行为的启发，由国内李晓磊博士于 2002 年提出的一种基于动物行为的群体智能优化算法，是行为主义人工智能的一个典型应用，这种算法源于鱼群的觅食行为。

在一片水域中，鱼往往能自行或尾随其他鱼，找到食物源多的地方，因而鱼生存数目最多的地方一般就是本水域中食物源最多的地方。人工鱼群算法根据这一特点，通过构造人工鱼来模仿鱼群的觅食、聚群、追尾及随机行为，从而实现问题的寻优。

鱼类的活动中，觅食行为、聚群行为、追尾行为和随机行为与我们的待寻优函数问题有着较密切的关系，如何利用简便有效的方式来构造并实现这些行为将是人工鱼群算法主要面临的问题。

觅食行为是一种鱼群循着食物多的方向游动的行为，在寻优过程中则是向较优方向前进。

在聚群行为中，为了保证生存和躲避危害，鱼会自然地聚集成群。鱼聚群时所遵守的规则有 3 条：

（1）分隔规则，尽量避免与临近伙伴过于拥挤；

（2）对准规则，尽量与临近伙伴的平均方向一致；

（3）内聚规则，尽量朝临近伙伴的中心移动。

追尾行为就是一种向临近的最活跃者追逐的行为，在寻优算法中可以理解为是向附近的最优伙伴前进的过程。

30.4　人工鱼模型

人工鱼群算法采用自下而上的设计方法，所以，首先着重构造人工鱼的模型。

人工鱼个体的状态可表示为向量 $X=\left(x_1,x_2,\cdots,x_n\right)$，其中 $x_i\left(i=1,2,\cdots,n\right)$ 为欲寻优的变量；人工鱼当前所在位置的食物浓度表示为 $Y=f\left(X\right)$，其中 Y 为目标函数值；人工鱼个体之间的距离表示为 $d_{ij}=\left\|X_i,X_j\right\|$；Visual 表示人工鱼的感知距离；Step 表示人工鱼移动的最大步长；δ 为拥挤度因子。

30.4.1　觅食行为

设人工鱼当前状态为 X_i，在其感知范围内随机选择一个状态 X_j，如果在求极大问题中，$Y_i<Y_j$（或在求极小问题中，$Y_i>Y_j$），则向该方向前进一步；反之，再重新随机选择状态 X_j，判断是否满足前进条件；这样反复尝试 try_number 次后，如果仍不满足前进条件，则随机移动一步。

觅食行为流程如下。

主循环：

```
For (i 从 1 到 try_number)
        Xj = Xi + Visual*rand();
        If Yt<Yj
            Xt(best) = Xt + (Xj-Xi)/(||Xj-Xi||)*step *rand();
Else
            Xt(best)= Xt + step *rand();
End
End
```

其中，rand()为产生的随机数，||*Xj*−*Xi*||表示 *Xj* 到 *Xi* 的距离。

30.4.2　聚群行为

设人工鱼当前状态为 X_i，探索当前邻域内（即 $d_{ij} < \text{Visual}$）的伙伴数目 n_f 及中心位置 X_c，如 $\frac{Y_c}{n_f} > \delta Y_i$，表明伙伴中心有较多的食物并且不太拥挤，则朝伙伴的中心位置方向前进一步；否则执行觅食行为。

聚群行为流程如下。

（1）初始化伙伴数目 *nf* = 0 及中心位置 *Xc*=0；

（2）主循环：For（j 从 1 到 friend_number）。

```
    If  dij<Visual（人工鱼的感知距离）
        nf = nf+1;
        Xc = Xc+Xj;
        Xc = Xc/nf;
       If  Yj/nf>δYi
           Xt(best) = Xt + (Xj-Xi)/(||Xj-Xi||)*step *rand();
Else
           进行鱼群的觅食行为;
End
End
```

其中，rand()为产生的随机数，||*Xj*−*Xi*||表示 *Xj* 到 *Xi* 的距离，$d_{ij} = \left\| X_i, X_j \right\|$表示人工鱼个体之间的距离。

30.4.3　追尾行为

设人工鱼当前状态为 X_i，探索当前邻域内（即 $d_{ij} < \text{Visual}$）的伙伴数目 Y_j 为最大的伙伴 X_j，如果 $\frac{Y_j}{n_f} > \delta Y_i$，表明伙伴 X_j 的状态具有较高的食物浓度并且其周围不太拥挤，则朝伙伴 X_j 的方向前进一步；否则执行觅食行为。

追尾行为流程如下。

（1）初始化 $Y_{\max} = -\infty$，即 $Y_{\max}$ 为一个极小的数；

（2）主循环：

```
For (j 从 1 到 friend_number)
            If  dij<Visual 且 Yj>Ymax
              , Ymax=Yj,Xj=Xmax
End
End
```

（3）初始化伙伴数目 *nf* = 0；

（4）主循环：

```
For (j 从 1 到 friend_number)
        If d_ij<Visual
            nf = nf+1;
End
End
```

（5）判断食物浓度：

```
    If Yj/nf > δYi
        Xt(best) = Xt + (Xj-Xi)/(||Xj-Xi||)*step *rand();
Else
        进行鱼群的觅食行为；
End
```

其中，rand()为产生的随机数，$\|Xj-Xi\|$表示 Xj 到 Xi 的距离，$d_{ij}=\|X_i,X_j\|$表示人工鱼个体之间的距离。

30.4.4　随机行为

随机行为的实现较简单，就是在视野中随机选择一个状态，然后向该方向移动，其实，它是觅食行为的一个缺省行为。

30.4.5　约束行为

在寻优过程中，由于聚群行为和随机行为等操作的作用，容易使得人工鱼的状态变得不可行，这时就需要加入相应的约束来对其进行规整化，使它们由无效状态或不可行状态转变成可行的。

30.4.6　公告板

公告板用来记录最优人工鱼个体的状态。各人工鱼个体在寻优过程中，每次行动完毕就检验自身状态与公告板的状态，如果自身状态优于公告板状态，就将公告板的状态改写为自身状态，这样就使公告板记录下历史最优的状态。

30.4.7　移动策略

移动策略是原行为评价的一种延伸，可以依旧采用原行为评价的模式，也可以采取一定的行动策略，如先进行追尾行为，如果没有进步再进行觅食行为，如果还没有进步则进行聚群行为，如果依然没有进步就进行随机移动行为。

30.5　人工鱼群算法的特点及流程

（1）并行性：多个 AF 并行的进行搜索；

（2）简单性：算法中仅使用了目标问题的函数值；

（3）全局性：算法具有很强的跳出局部极值的能力（因为在觅食行为中具有随机特性）；

（4）快速性：算法中虽然有一定的随机因素，但总体是步步向最优搜索；

（5）跟踪性：随着工作状况或其他因素的变更造成的极值点的漂移，具有快速跟踪变化的能力。

现实中的鱼群表现聚群行为和觅食行为，当然在水中游动，位置是随机的，其他的鱼都是尾随前面的鱼，表现一种群体行为。人工鱼群算法则将鱼觅食行为进行简化，如图 30-3 所示。

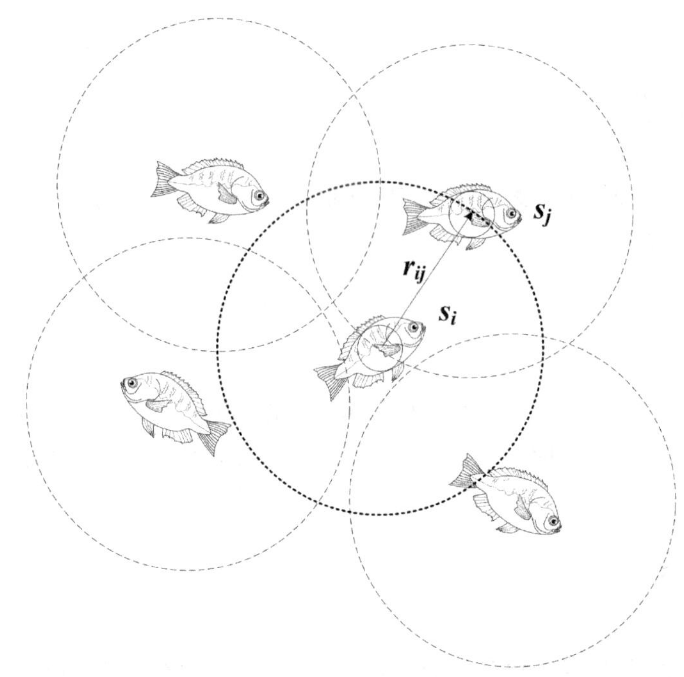

图 30-3　人工鱼群算法

鱼群的中心鱼 s_i 为鱼群的优化点，具体的人工鱼群算法流程如下。

（1）确定种群规模 fishnum，在变量可行域内随机生成 fishnum 个个体，迭代次数 gen，设定人工鱼的可视域 Visual，半径为 r_{ij}（鱼 s_i 到鱼 s_j 的距离），步长 step，拥挤度因子 δ，尝试次数 try_number。

（2）计算初始鱼群各个体适应值，取最优人工鱼状态及其值赋给公告板。

（3）个体通过觅食、聚群和追尾行为更新自己，生成新鱼群。

（4）评价所有个体。若某个体优于公告板，则将公告板更新为该个体。

（5）当公告板上最优解达到满意误差界内，算法结束，否则转（3）。

30.6　基于鱼群算法的函数寻优及 MATLAB 实现

应用人工鱼群算法进行函数寻优分析，待分析函数编程如下：

```
clc,clear,close all                              % 清屏和清除变量
warning off                                      % 消除警告
tic                                              % 开始计时
>> figure('color',[1,1,1])
>> peaks

z =  3*(1-x).^2.*exp(-(x.^2) - (y+1).^2) ...
   - 10*(x/5 - x.^3 - y.^5).*exp(-x.^2-y.^2) ...
   - 1/3*exp(-(x+1).^2 - y.^2)
toc                                          % 结束计时
```

运行程序输出图形如图 30-4 所示。

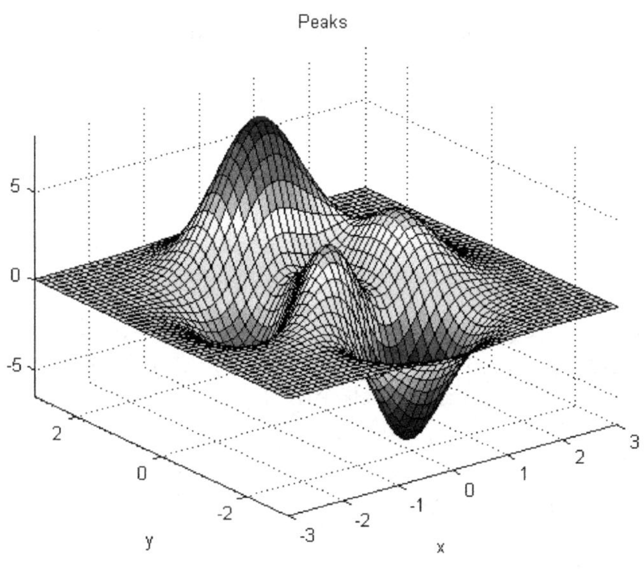

图 30-4　待寻优函数

该函数存在一个极大值点，因此，采用人工鱼群算法进行函数寻优，应该找到该极大值点，人工鱼群算法程序如下：

```
clc,clear,close all              % 清屏和清除变量
warning off                      % 消除警告
tic                              % 开始计时
figure(1);hold on                % 新建图形窗口，并设置图形保持句柄
%% 参数设置
fishnum=100;                     % 生成 100 只人工鱼
MAXGEN=50;                       % 最多迭代次数
try_number=100;                  % 最多试探次数
visual=1;                        % 感知距离
delta=0.618;                     % 拥挤度因子
```

```
step=0.1;                           % 步长

%% 初始化鱼群
lb_ub=[-10,10,2;];
X=AF_init(fishnum,lb_ub);           % 初始化
LBUB=[];
for i=1:size(lb_ub,1)
    LBUB=[LBUB;repmat(lb_ub(i,1:2),lb_ub(i,3),1)];
end
gen=1;
BestY=-1*ones(1,MAXGEN);            % 每步中最优的函数值
BestX=-1*ones(2,MAXGEN);            % 每步中最优的自变量
besty=-100;                         % 最优函数值
Y=AF_foodconsistence(X);            % 待优化目标函数
while gen<=MAXGEN
    disp(['迭代步数:   ',num2str(gen)])        % 显示迭代步数

    for i=1:fishnum
        % 聚群行为
        [Xi1,Yi1]=AF_swarm(X,i,visual,step,delta,try_number,LBUB,Y);
        % 追尾行为
        [Xi2,Yi2]=AF_follow(X,i,visual,step,delta,try_number,LBUB,Y);
        if Yi1>Yi2
            X(:,i)=Xi1;
            Y(1,i)=Yi1;
        else
            X(:,i)=Xi2;
            Y(1,i)=Yi2;
        end
    end

    [Ymax,index]=max(Y);
    figure(1);                                          % 图形窗口(1)
    plot(X(1,index),X(2,index),'.','color',[gen/MAXGEN,0,0])      % 画图
    if Ymax>besty            % 更新最优个体
        besty=Ymax;
        bestx=X(:,index);
        BestY(gen)=Ymax;
        [BestX(:,gen)]=X(:,index);
    else
        BestY(gen)=BestY(gen-1);
        [BestX(:,gen)]=BestX(:,gen-1);
    end
    gen=gen+1;
end
plot(bestx(1),bestx(2),'ro','MarkerSize',100)          % 绘制最优个体图形
xlabel('x')                                             % x 轴标记
ylabel('y')                                             % y 轴标记
title('鱼群算法迭代过程中最优坐标移动')

%% 优化过程图
figure
plot(1:MAXGEN,BestY)
xlabel('迭代次数')
ylabel('优化值')
title('鱼群算法迭代过程')
disp(['最优解 X:  ',num2str(bestx','%1.5f   ')])
```

```
disp(['最优解 Y:  ',num2str(besty,'%1.5f\n')])
toc                                           % 结束计时
```

相应的待优化函数即适应度函数如下：

```
function [Y]=AF_foodconsistence(X)
fishnum=size(X,2);
for i=1:fishnum
    x = X(1,i); y = X(2,i);
    Y(1,i) = 3*(1-x).^2.*exp(-(x.^2) - (y+1).^2) ...          % 目标函数
   - 10*(x/5 - x.^3 - y.^5).*exp(-x.^2-y.^2) ...
   - 1/3*exp(-(x+1).^2 - y.^2);
end
```

考虑鱼群的聚群行为，鱼在游动过程中为了保证自身的生存和躲避危害会自然地聚集成群。鱼聚群时所遵守的规则有三条：分割规则、对准规则和内聚规则。人工鱼 x_i 搜索其视野内的伙伴数目 n 及中心位置 x_j，若 $x_j/n>\delta x_i$，表明伙伴中心位置状态较优且不太拥挤，则 x_i 朝伙伴的中心位置 x_j 移动一步，否则执行觅食行为。

鱼群的聚群行为编程如下：

```
function
[Xnext,Ynext]=AF_swarm(X,i,visual,step,deta,try_number,LBUB,lastY)
% 聚群行为
% 输入：
% X               所有人工鱼的位置
% I               当前人工鱼的序号
% visual          感知范围
% step            最大移动步长
% deta            拥挤度
% try_number      最大尝试次数
% LBUB            各个数的上下限
% lastY           上次的各人工鱼位置的食物浓度
% 输出：
% Xnext           Xi 人工鱼的下一个位置
% Ynext           Xi 人工鱼的下一个位置的食物浓度
Xi=X(:,i);
D=AF_dist(Xi,X);
index=find(D>0 & D<visual);
nf=length(index);
if nf>0
    for j=1:size(X,1)
        Xc(j,1)=mean(X(j,index));
    end
    Yc=AF_foodconsistence(Xc);
    Yi=lastY(i);
    if Yc/nf>deta*Yi
        Xnext=Xi+rand*step*(Xc-Xi)/norm(Xc-Xi);
        for i=1:length(Xnext)
            if  Xnext(i)>LBUB(i,2)        % 上限判断
                Xnext(i)=LBUB(i,2);
            end
            if  Xnext(i)<LBUB(i,1)        % 下限判断
                Xnext(i)=LBUB(i,1);
            end
        end
        Ynext=AF_foodconsistence(Xnext);
```

```
    else
        [Xnext,Ynext]=AF_prey(Xi,i,visual,step,try_number,LBUB,lastY);
    end
else
    [Xnext,Ynext]=AF_prey(Xi,i,visual,step,try_number,LBUB,lastY);
end
```

考虑鱼群的追尾行为，追尾行为指鱼向其可视区域内的最优方向移动的一种行为。人工鱼 x_i 搜索其视野内所有伙伴中的函数最优伙伴 x_j，如果 $x_j/n > \delta x_i$，表明最优伙伴的周围不太拥挤，则人工鱼 x_i 朝函数最优伙伴 x_j 移动一步，否则执行觅食行为。

鱼群的追尾行为编程如下：

```
function
[Xnext,Ynext]=AF_follow(X,i,visual,step,deta,try_number,LBUB,lastY)
% 追尾行为
% 输入：
% X             所有人工鱼的位置
% I             当前人工鱼的序号
% visual        感知范围
% step          最大移动步长
% deta          拥挤度
% try_number    最大尝试次数
% LBUB          各个数的上下限
% lastY         上次的各人工鱼位置的食物浓度
% 输出：
% Xnext         Xi 人工鱼的下一个位置
% Ynext         Xi 人工鱼的下一个位置的食物浓度

Xi=X(:,i);
D=AF_dist(Xi,X);
index=find(D>0 & D<visual);
nf=length(index);
if nf>0
    XX=X(:,index);
    YY=lastY(index);
    [Ymax,Max_index]=max(YY);
    Xmax=XX(:,Max_index);
    Yi=lastY(i);
    if Ymax/nf>deta*Yi;
        Xnext=Xi+rand*step*(Xmax-Xi)/norm(Xmax-Xi);
        for i=1:length(Xnext)
            if  Xnext(i)>LBUB(i,2)          % 上限设置
                Xnext(i)=LBUB(i,2);
            end
            if  Xnext(i)<LBUB(i,1)          % 下限设置
                Xnext(i)=LBUB(i,1);
            end
        end
        Ynext=AF_foodconsistence(Xnext);
    else

[Xnext,Ynext]=AF_prey(X(:,i),i,visual,step,try_number,LBUB,lastY);
    end
else
    [Xnext,Ynext]=AF_prey(X(:,i),i,visual,step,try_number,LBUB,lastY);
end
```

求解完成，相应的画图程序如下：

```
%% 画图显示
figure('color',[1,1,1])                                    % 设置图形背景为白色
peaks                                                      % 目标函数
hold on                                                    % 图形保持句柄
plot3(bestx(1),bestx(2),besty,'b.','Markersize',40)        % 画图
```

运行程序输出结果如下：

```
最优解 X:  -0.01258     1.57757
最优解 Y:  8.10590
时间已过 13.276607 秒。
```

输出图形如图 30-5~图 30-7 所示。

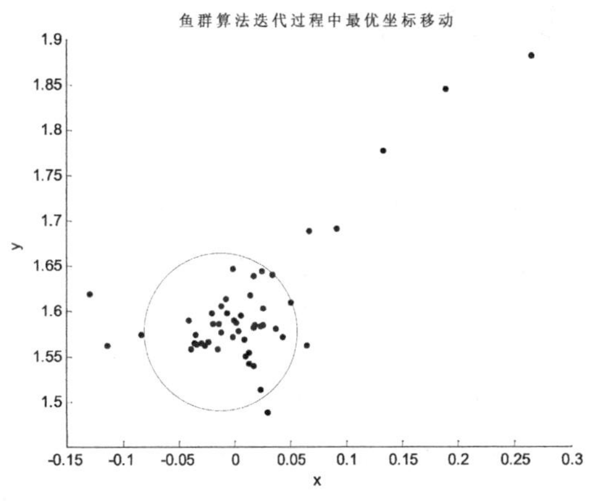

图 30-5　最优鱼位置更新

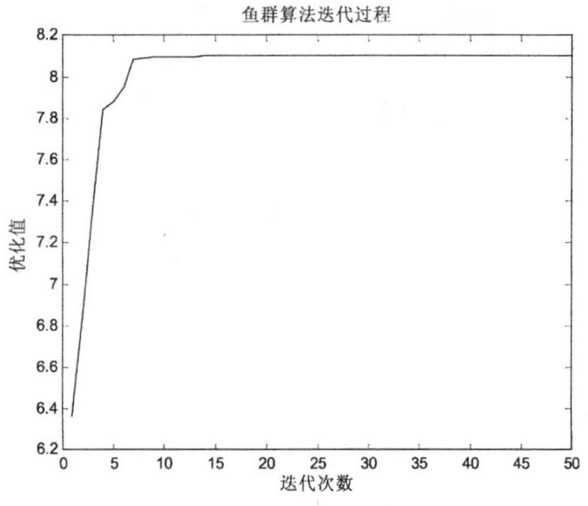

图 30-6　目标优化值适应度曲线

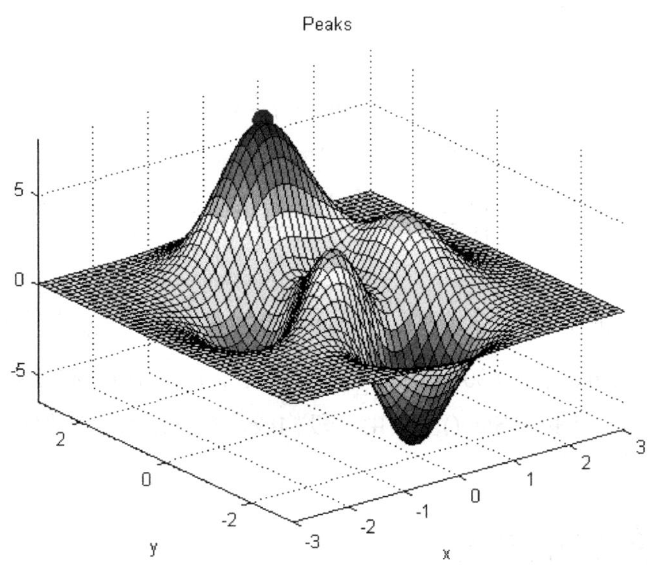

图 30-7　寻优点

如图 30-5~图 30-7 所示，采用人工鱼群算法，能够精确的进行函数寻优，且不易陷入局部最优。

30.7　人工鱼群算法的改进分析

人工鱼群算法具有克服局部极值和取得全局极值的良好能力，算法中仅使用了目标问题的函数值，对搜索空间有一定的自适应能力，并具有对初值与参数选择不敏感、鲁棒性强、简单易实现、收敛速度快和使用灵活等诸多优点。但该算法具有保持探索与开发平衡的能力较差、算法运行后期搜索的盲目性较大、寻优结果精度低和运算速度慢等缺点，从而影响了该算法搜索的质量和效率。

针对以上问题，对基本人工鱼群算法的改进技术进行了深入研究。

30.7.1　非线性动态调整视野和步长

有学者研究表明，视野对算法中各行为和收敛性能都有较大的影响。视野范围较大，人工鱼的全局搜索能力强并快速收敛，视野范围较小，人工鱼的局部搜索能力强。步长大，收敛速度快，但有时会出现振荡现象；步长小，收敛速度慢，但求解精度高。

根据上面的分析，越是难优化的函数，越需要加强全局搜索能力，一旦定位到最优解的大致位置，则需要加强局部搜索能力。因此，在算法运行前期，为了增强算法的全局搜索能力和收敛速度，采用较大的视野和步长，使人工鱼在更大的范围内进行粗搜索，随着搜索的进行，视野和步长逐步减小，最后算法逐步演化为局部搜索，定位在最优解附近区域并进行精细搜索，从而提高了算法的局部搜索能力和寻优结果的精度。视野 Visual 和步长 Step 可按式（30.1）动态调整：

$$\begin{cases} \text{Visual} = \text{Visual} \times a + \text{Visual}_{\min} \\ \text{Step} = \text{Step} \times a + \text{Step}_{\min} \\ a = \exp\left(-30 \times \left(\dfrac{t}{T_{\max}}\right)^{s}\right) \end{cases} \tag{30.1}$$

其中 s 为大于 1 的整数，一般情况下 Visaul 初值为 $\dfrac{x_{\max}}{4}$（$x_{\max}$ 为搜索范围的最大值），Step 为 Visual/8，$\text{Visual}_{\min} = 0.001$，$\text{Step}_{\min} = 0.0002$，$t$ 为当前迭代次数，$T_{\max}$ 为最大迭代次数。该视野 Visual 和步长 Step()函数由三段构成，算法运行初期保持最大值，然后逐渐由大变小，最后保持最小。

30.7.2　对觅食行为的改进

在觅食行为中，人工鱼随机选择一个状态，如果该状态优于当前位置，则向该方向前进一步。这种方式搜索速度慢，为了加快搜索速度，没有必要向该方向移动一步，人工鱼可以直接移动到该位置，从而提高了搜索速度。

在基本人工鱼群算法的觅食行为中，在感知范围内随机选择一个状态 x_j，这种方式下，人工鱼只能向前方前进，人工鱼不能后退，即使在人工鱼的后方发现食物，人工鱼也只能向前方运动。但在实际上，人工鱼不仅用视觉感知周围环境，而且还可以通过听觉、嗅觉、触觉、侧线和电感觉，了解它们在环境中所处的空间位置，感知环境的变化。当后方发现食物时，人工鱼可以调整游动方向，转头向后方的食物捕食。

设人工鱼 i 的当前状态为 x_i，在其感知范围内按式（30.2）随机选择一个状态 $x_j=\left(x_{j1},x_{j2},\cdots,x_{jD}\right)$，如果 $Y_j<Y_i$，则人工鱼 i 直接移动到 x_j 状态；反之，再重新按式（30.2）随机选择状态 x_j，判断是否满足前进条件；反复 try_number 次后，如果仍不满足前进条件，则随机移动一步，即 $x_j=\left(x_{j1},x_{j2},\cdots,x_{jD}\right)$ 按式（30.3）产生，然后人工鱼 i 移动到 x_j 状态。

$$x_{jd}=x_{id}\left(1+\left(2\text{rand}-1\right)\text{Visual}\right) \tag{30.2}$$

$$x_{jd}=x_{id}\left(1+\left(2\text{rand}-1\right)\text{Step}\right) \tag{30.3}$$

其中，$i,j=1,2,\cdots,n$；$d=1,2,\cdots,D$；rand 为[0，1]之间的随机数。

30.8　本章小结

生物信息学是一门涵盖生物学、数学、化学、物理学和计算机科学等学科的年轻科学，也是近年来发展非常迅速的研究领域。基本人工鱼群算法将基于鱼群行为的人工智能思想引入到解决函数优化的问题中，根据自然界中鱼类寻找食物的行为特点，推演出人工鱼的四种行为模型：随机行为、觅食行为、聚群行为和追尾行为。该算法具有对初值参数选择不敏感、鲁棒性强和简单易实现等优点。

参 考 文 献

[1] 余胜威. MATLAB 优化算法案例分析与应用. 北京：清华大学出版社，2014

[2] 刘金琨. 先进 PID 控制 MATLAB 仿真（第 3 版）. 北京：电子工业出版社，2011

[3] 余胜威. MATLAB 车辆工程应用实战. 北京：清华大学出版社，2014

[4] 胡洁. 细菌觅食优化算法的改进及应用研究. 武汉理工大学，2012

[5] 何子述，夏威，程婷，贾可新. 现代数字信号处理及其应用. 北京：电子工业出版社，2011

[6] 余胜威. MATLAB 数学建模经典案例实战. 北京：清华大学出版社，2014

[7] 郭晶莹，吴晴，商庆瑞. 基于 MATLAB 实现的指纹图像细节特征提取. 计算机仿真，2007,24(1)

[8] 沈亚强. 低信噪比下基于短时分形维数的语音端点检测. 仪器仪表学报，2006,27(6)

[9] 银建霞. 人工蜂群算法的研究及其应用. 西安电子科技大学，2012

[10] 余胜威，丁建明. 转向架构架焊缝表面质量检测研究. 铁道科学与工程学报，2015

[11] 杨建华. 遗传算法的改进及其在城市交通信号优化控制中的应用研究. 长安大学，2007

[12] 呼忠权. 差分进化算法的优化及其应用研究[D]. 燕山大学，2013

[13] 余胜威，曹中清. 基于人群搜索算法的 PID 控制器参数优化. 计算机仿真，2014,31(9):347-350

[14] 王联国. 人工鱼群算法及其应用研究. 兰州理工大学，2009,6

[15] 刘金琨. 滑模变结构控制 MATLAB 仿真. 北京：清华大学出版社，2012

[16] 康宇. 滑模变结构理论的研究与运用. 合肥工业大学，2002

[17] 刘峰华，曹中清，余胜威. 转向架构架焊缝边缘检测算法对比研究. 计算机应用研究，2015